UG NX 中文版机械设计从入门到精通

胡仁喜　刘昌丽　等编著

机 械 工 业 出 版 社

本书围绕一个最常见的机械部件——减速器讲述了 UG NX 2022 年最新版本的各种功能。全书共 16 章，第 1~5 章主要介绍 UG NX 基础功能与建模方法；第 6~12 章主要讲述减速器上各个零件的绘制方法；第 13 章主要讲述减速器各零部件的装配关系；第 14 章主要讲述在 UG 环境下生成工程图的方法以及工程图的编辑；第 15 章主要讲述有限元分析；第 16 章主要讲述运动仿真的创建以及运动分析。

本书随书配赠多媒体资料，包含全书基础知识与实例操作过程录屏 AVI 文件和实例源文件。

全书主题明确，解说详细，紧密结合工程实际，实用性强。适合于做计算机辅助机械设计的教学课本和自学指导用书。

图书在版编目（CIP）数据

UG NX 中文版机械设计从入门到精通/胡仁喜等编著.
—北京：机械工业出版社, 2022.9
ISBN 978-7-111-71145-2

Ⅰ. ①U… Ⅱ. ①胡… Ⅲ. ①机械设计－计算机辅助设计－应用软件
Ⅳ. ①TH122

中国版本图书馆 CIP 数据核字(2022)第 117633 号

机械工业出版社（北京市百万庄大街 22 号　邮政编码 100037）
策划编辑：曲彩云　　　　责任编辑：王　珑
责任校对：刘秀华　　　　责任印制：任维东
北京中兴印刷有限公司印刷
2022 年 10 月第 1 版第 1 次印刷
184mm×260mm・27.75 印张・686 千字
标准书号：ISBN 978-7-111-71145-2
定价：99.00 元

电话服务　　　　　　　　网络服务
客服电话：010-88361066　机　工　官　网：www.cmpbook.com
010-88379833　机　工　官　博：weibo.com/cmp1952
010-68326294　金　　书　　网：www.golden-book.com
封底无防伪标均为盗版　　机工教育服务网：www.cmpedu.com

前　言

UG NX 是西门子公司出品的集 CAD、CAM、CAE 于一体的软件系统。它的功能覆盖了从概念设计到产品生产的整个过程，并且广泛应用在汽车、航天、模具加工及设计、医疗器材等行业。它提供了强大的实体建模技术和高效能的曲面建构功能，能够完成复杂的造型设计。除此之外，强大的装配功能、2D 出图功能、模具加工功能及与 PDM 之间的紧密结合，使 UG NX 在工业界成为独具特色的高级 CAD/CAM 系统。

UG 自从 1990 年进入我国以来，以其强大的功能和工程背景，已经在我国的航空、航天、汽车、模具和家电等领域得到广泛的应用，尤其是 UG 软件 PC 版本的推出，为 UG 在我国的普及起到了良好的推动作用。

UG NX 具有以下优势：

◆ 可以为机械设计、模具设计以及电器设计提供一套完整的设计、分析和制造方案。

◆ 是一个完全的参数化软件，可以为零部件的系列化建模、装配和分析提供强大的基础支持。

◆ 可以管理 CAD 数据以及整个产品开发周期中所有相关数据，实现逆向工程（Reverse Design）和并行工程（Concurrent Engineer）等先进设计方法。

◆ 可以完成包括自由曲面在内的复杂模型的创建，同时在图形显示方面运用了区域化管理方式，节约了系统资源。

◆ 具有强大的装配功能，并在装配模块中运用了引用集的设计思想，为节省计算机资源提供了行之有效的解决方案，可以极大地提高设计效率。

本书内容（包括实例的讲解）完全由专业人士根据自身多年的工作经验以及自己的心得编写。本书将理论与实践相结合，所有的实例都围绕减速器设计展开，具有很强的针对性。读者在学习本书之后，可以很快地学以致用，提高机械设计能力。

本书分为 16 章，第 1~5 章主要介绍 UG NX 基础功能与建模方法；第 6~12 章主要讲述减速器中零部件的设计方法；第 13 章主要讲述减速器各零部件的装配关系；第 14 章主要讲述在 UG NX 环境下生成工程图的方法以及工程图的编辑；第 15 章主要讲述有限元分析；第 16 章主要讲述运动仿真的创建以及运动分析。

为了配合读者学习本书内容，随书配赠了电子资料包，内容包含了全书基础知识和实例操作过程录屏 AVI 文件和实例源文件，可以帮助读者更加形象直观地学习 UG NX。读者可以登录百度网盘（地址 https://pan.baidu.com/s/1Qe4o2H782hNz3F7YLQ3hPw，密码：swsw）下载电子资料包。

由于编者水平有限，书中不足之处在所难免，望广大读者致函 714491436@qq.com 予以指正。，也欢迎加入三维书屋图书学习交流群（QQ：334596627）交流探讨。

编　者

前 言

目　录

前言
第 1 章　UG NX 入门......1
1.1　UG NX 用户界面......2
1.2　视图布局设置......3
1.2.1　布局功能......3
1.2.2　布局操作......5
1.3　工作图层设置......7
1.3.1　图层的设置......7
1.3.2　图层类别......8
1.3.3　图层的其他操作......9
1.4　选择对象的方法......10
1.4.1　“类选择”对话框......10
1.4.2　上边框条......12
1.4.3　部件导航器......12
1.5　对象操作......12
1.5.1　改变对象的显示方式......12
1.5.2　隐藏对象......13
1.5.3　对象变换......14
1.5.4　移动对象......17
1.6　坐标系操作......18
1.6.1　坐标系的变换......18
1.6.2　坐标系的定义......19
1.6.3　坐标系的保存和显示......20
1.7　UG NX 参数预设置......20
1.7.1　草图预设置......20
1.7.2　制图预设置......21
1.7.3　装配预设置......23
1.7.4　建模预设置......25
1.8　信息查询......27
1.8.1　对象信息......27
1.8.2　点信息......28
1.8.3　表达式信息......28
第 2 章　曲线......30
2.1　曲线种类......31
2.1.1　点......31
2.1.2　点集......31
2.1.3　直线和圆弧......33
2.1.4　基本曲线......34

2.1.5 多边形......36
2.1.6 艺术样条......37
2.1.7 螺旋......39
2.1.8 椭圆......40
2.1.9 抛物线......41
2.1.10 双曲线......41
2.1.11 规律曲线......41
2.1.12 文本......43
2.2 曲线操作......43
2.2.1 相交曲线......43
2.2.2 截面曲线......44
2.2.3 抽取曲线......45
2.2.4 偏置曲线......46
2.2.5 复合曲线......47
2.2.6 投影......48
2.2.7 镜像......49
2.2.8 桥接......49
2.2.9 简化......50
2.2.10 缠绕/展开......51
2.2.11 组合投影......51
2.3 曲线编辑......52
2.3.1 编辑曲线参数......52
2.3.2 修剪曲线......53
2.3.3 分割曲线......53
2.3.4 拉长曲线......54
2.3.5 编辑圆角......54
2.3.6 曲线长度......54
2.3.7 光顺样条......55
2.4 综合实例——齿形轮廓线......56
第3章 草图......62
3.1 创建草图......63
3.2 草图曲线......64
3.2.1 简单草图曲线......64
3.2.2 复杂草图曲线......65
3.2.3 编辑草图曲线......67
3.3 草图定位......70
3.4 草图约束......70
3.4.1 尺寸约束......71
3.4.2 草图关系......72
3.5 综合实例——拨叉草图......75

第 4 章　实体建模......81
4.1　基准建模......82
4.1.1　基准平面......82
4.1.2　基准轴......82
4.1.3　基准坐标系......83
4.2　设计特征......84
4.2.1　块......84
4.2.2　圆柱......85
4.2.3　圆锥......86
4.2.4　球......86
4.2.5　拉伸......87
4.2.6　旋转......88
4.2.7　沿引导线扫掠......90
4.2.8　管......90
4.2.9　孔......91
4.2.10　凸台......93
4.2.11　腔......94
4.2.12　垫块......96
4.2.13　键槽......97
4.2.14　槽......99
4.2.15　三角形加强筋......99
4.3　特征操作......101
4.3.1　拔模......101
4.3.2　边倒圆......102
4.3.3　倒角......103
4.3.4　螺纹......104
4.3.5　抽壳......106
4.3.6　阵列特征......107
4.3.7　阵列面......108
4.3.8　镜像特征......109
4.3.9　拆分......110
4.4　特征编辑......110
4.4.1　参数编辑......110
4.4.2　编辑位置......111
4.4.3　移动特征......112
4.4.4　特征重新排列......113
4.4.5　替换特征......114
4.4.6　抑制/取消抑制特征......114
4.5　综合实例......115
4.5.1　机座......115

4.5.2 端盖......124
第 5 章 装配......133
5.1 装配概述......134
5.2 自底向上装配......134
5.2.1 添加组件......134
5.2.2 引用集......135
5.2.3 放置......137
5.3 爆炸图......139
5.3.1 新建爆炸图......139
5.3.2 自动爆炸......139
5.3.3 编辑爆炸图......140
5.4 装配检验......141
5.5 组件家族......142
5.6 装配序列化......144
5.7 装配布置......145
5.8 综合实例——齿轮泵装配......146
5.8.1 装配组件......146
5.8.2 装配爆炸图......152
第 6 章 简单零件设计......156
6.1 键、销、垫片类零件......157
6.1.1 键......157
6.1.2 销......159
6.1.3 平垫圈类零件......162
6.2 端盖......164
6.2.1 小封盖......164
6.2.2 大封盖......173
6.2.3 小通盖......173
6.2.4 大通盖......174
6.3 油封圈和定距环......175
6.3.1 低速轴油封圈......175
6.3.2 定距环......176
第 7 章 螺栓和螺母设计......177
7.1 螺栓头的绘制......178
7.1.1 生成六棱柱......178
7.1.2 生成螺栓头倒角......179
7.2 螺栓的绘制......181
7.2.1 生成螺栓......181
7.2.2 生成螺纹......182
7.3 生成螺母......183
7.4 其他零件......186

第 8 章　轴承设计......188
8.1　绘制草图......189
8.2　绘制内外圈......193
8.3　绘制滚子......196
8.3.1　绘制单个滚子......195
8.3.2　生成多个滚子......195
第 9 章　轴的设计......198
9.1　传动轴......199
9.1.1　传动轴主体......199
9.1.2　键槽......201
9.1.3　倒角、螺孔和定位孔......203
9.2　齿轮轴......205
9.2.1　齿轮轴主体......205
9.2.2　倒圆角和倒斜角......210
第 10 章　齿轮设计......213
10.1　创建齿轮主体轮廓......214
10.1.1　创建齿轮主体......214
10.1.2　创建齿轮腹板......215
10.1.3　创建轴孔......217
10.2　辅助结构设计......218
10.2.1　创建减重孔......219
10.2.2　倒角及圆角......220
第 11 章　减速器机盖设计......222
11.1　机盖主体设计......223
11.1.1　创建机盖的中间部分......223
11.1.2　创建机盖的端面......225
11.1.3　创建机盖的整体......227
11.1.4　抽壳......229
11.1.5　创建大滚动轴承凸台......232
11.1.6　创建小滚动轴承凸台......235
11.2　机盖附件设计......239
11.2.1　轴承孔拔模......240
11.2.2　创建窥视孔......241
11.2.3　吊环......244
11.2.4　孔系......248
11.2.5　圆角......252
11.2.6　螺纹孔......254
第 12 章　减速器机座设计......261
12.1　机座主体设计......262
12.1.1　创建机座的中间部分......262

12.1.2 创建机座上端面......263
12.1.3 创建机座的整体......265
12.1.4 抽壳......267
12.1.5 创建壳体的底板......268
12.1.6 挖槽......270
12.1.7 创建大滚动轴承凸台......272
12.1.8 创建小滚动轴承凸台......275
12.2 机座附件设计......279
12.2.1 创建加强肋......279
12.2.2 拔模面......281
12.2.3 创建油标孔......284
12.2.4 吊环......290
12.2.5 放油孔......292
12.2.6 孔系......294
12.2.7 圆角......297
12.2.8 螺纹孔......298
第 13 章 减速器装配......303
13.1 轴组件装配......304
13.1.1 低速轴组件轴-键配合......304
13.1.2 低速轴组件齿轮-轴-键配合......306
13.1.3 低速轴组件轴-定距环-轴承配合......307
13.1.4 高速轴组件......308
13.2 箱体组件装配......309
13.2.1 窥视孔盖-机盖配合......309
13.2.2 机座-油标配合......310
13.2.3 机座-油塞配合......311
13.2.4 端盖组件装配......311
13.3 机座与轴配合......312
13.3.1 机座-低速轴配合......312
13.3.2 机座-高速轴配合......313
13.3.3 机盖-机座配合......314
13.3.4 定距环、端盖、闷盖的装配......314
13.3.5 螺栓、销等联接......316
第 14 章 创建工程图......317
14.1 设置工程图环境......318
14.1.1 新建图纸......318
14.1.2 编辑图纸......318
14.2 建立工程视图......319
14.2.1 添加视图......319
14.2.2 输入视图......319

14.2.3 建立投影视图......320
14.2.4 建立局部放大图......321
14.2.5 建立剖视图......321
14.3 修改工程视图......322
14.3.1 移动和复制视图......322
14.3.2 对齐视图......323
14.3.3 删除视图......325
14.4 尺寸标注、样式及修改......325
14.4.1 尺寸标注......325
14.4.2 尺寸样式......327
14.4.3 尺寸修改......328
14.4.4 注释......328
14.5 综合实例......331
14.5.1 轴工程图......331
14.5.2 齿轮泵装配工程图......342
第 15 章 有限元分析......347
15.1 分析模块的介绍......348
15.2 有限元模型和仿真模型的建立......349
15.3 模型准备......349
15.3.1 理想化几何体......351
15.3.2 移除几何特征......351
15.4 材料属性......352
15.5 添加载荷......355
15.5.1 载荷类型......355
15.5.2 载荷添加方案......355
15.6 边界条件的加载......356
15.6.1 边界条件类型......356
15.6.2 约束类型......357
15.7 划分网格......357
15.7.1 网格类型......357
15.7.2 零维网格......358
15.7.3 一维网格......359
15.7.4 二维网格......359
15.7.5 三维四面体网格......360
15.7.6 接触网格......361
15.7.7 表面接触......362
15.8 创建解法......363
15.8.1 解算方案......363
15.8.2 步骤-子工况......364
15.9 单元操作......364

15.9.1 拆分壳......365
15.9.2 合并三角形单元......365
15.9.3 移动节点......366
15.9.4 删除单元......366
15.9.5 创建单元......366
15.9.6 单元拉伸......367
15.9.7 单元旋转......368
15.9.8 单元复制和平移......368
15.9.9 单元复制和投影......369
15.9.10 单元复制和反射......369
15.10 分析......370
15.10.1 求解......370
15.10.2 分析作业监视器......370
15.11 后处理控制......372
15.11.1 后处理视图......372
15.11.2 标识（确定结果）......375
15.11.3 动画......376
15.12 综合实例——传动轴有限元分析......376
第 16 章 运动仿真......386
16.1 机构分析基本概念......387
16.1.1 机构的组成......387
16.1.2 机构自由度的计算......387
16.2 仿真模型......388
16.3 运动分析首选项......390
16.4 运动体及运动副......392
16.4.1 运动体......392
16.4.2 运动副......393
16.4.3 齿轮齿条副......396
16.4.4 齿轮副......397
16.4.5 线缆副......398
16.4.6 点线接触副......398
16.4.7 线线接触副......399
16.4.8 点面副......400
16.5 连接器和载荷......400
16.5.1 弹簧......400
16.5.2 阻尼......401
16.5.3 标量力......402
16.5.4 矢量力......403
16.5.5 标量扭矩......403
16.5.6 矢量扭矩......404

16.5.7 弹性衬套......405
16.5.8 2D 接触......406
16.5.9 3D 接触副......406
16.6 模型编辑......407
16.6.1 主模型尺寸编辑......407
16.6.2 编辑运动对象......408
16.7 标记和智能点......409
16.7.1 标记......409
16.7.2 智能点......409
16.8 封装......410
16.8.1 测量......410
16.8.2 追踪......411
16.8.3 干涉......411
16.9 解算方案的创建和求解......412
16.9.1 解算方案的创建......412
16.9.2 求解......412
16.10 运动分析......413
16.10.1 动画......413
16.10.2 生成图表......414
16.10.3 运行电子表格......416
16.10.4 载荷传递......416
16.11 综合实例......417
16.11.1 连杆滑块运动机构......417
16.11.2 阀门凸轮机构......422

第 1 章

UG NX 入门

UG NX 功能覆盖了从概念设计到产品生产的整个过程，并且广泛应用在汽车、航天、模具加工及设计、医疗器材等行业。它提供了强大的实体建模技术和高效能的曲面建构功能，能够完成复杂的造型设计。除此之外，强大的装配功能、2D 出图功能、模具加工功能及与 PDM 之间的紧密结合，使 UG NX 成为一套独具特色的高级 CAD/CAM 系统。

本章主要介绍 UG NX 的一般操作和基本功能。

重点与难点

- UG NX 用户界面
- 视图布局、工作图层设置
- 选择对象的方法、对象操作
- 坐标系操作
- UG NX 参数预设置
- 信息查询

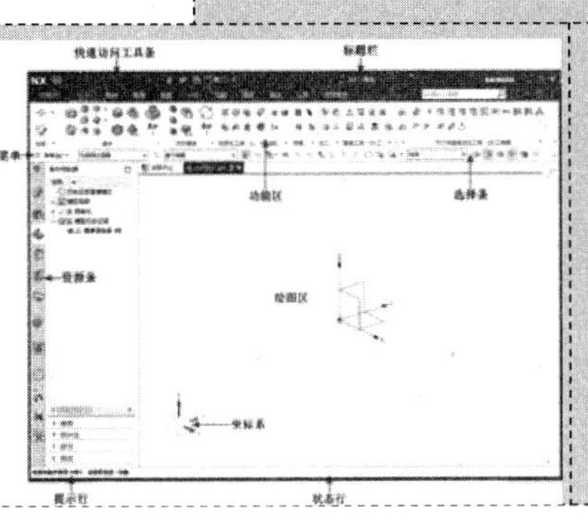

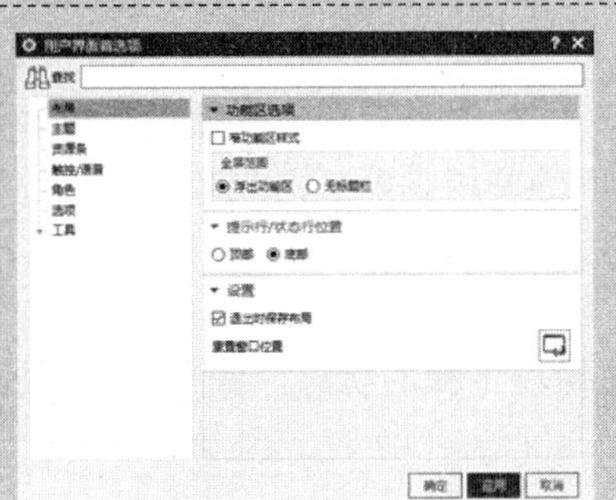

1.1 UG NX 用户界面

UG NX 界面倾向于 Windows 风格，功能强大，设计友好。创建一个部件文件后的 UG NX 主界面如图 1-1 所示。

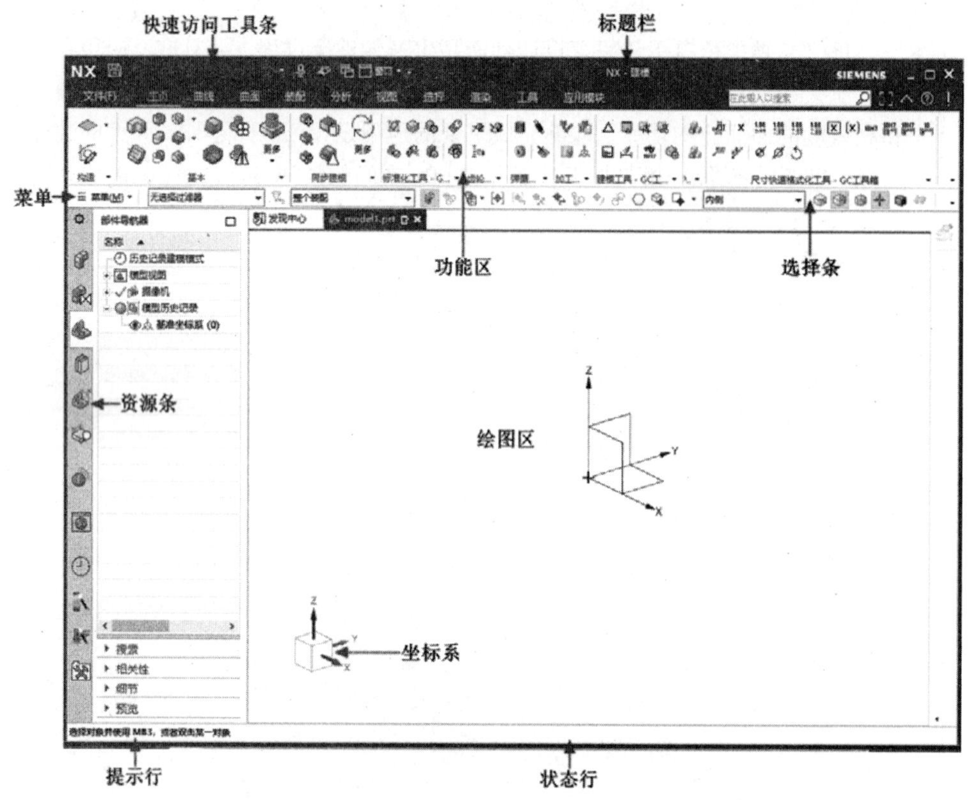

图 1-1　UG NX 主界面

1）标题栏：用于显示 UG NX 软件名称及当前模块。

2）菜单栏：用于显示 UG NX 中的各功能菜单。主菜单是经过分类并固定显示的。通过菜单可激发各层级联菜单。UG NX 的绝大多数功能都能在菜单上找到。

3）功能区：用于显示 UG NX 的常用功能（以“主页”选项卡为例的功能区如图 1-2 所示）。

4）绘图区：用于显示模型及相关对象。

5）提示行：用于显示下一操作步骤。

6）状态行：用于显示当前操作步骤的状态，或当前操作的结果。

图 1-2　功能区

7）部件导航器：用于显示建模的先后顺序和父子关系。可以直接在相应的条目上单击鼠标右键，快速地进行各种操作。

注：UG NX 在界面上进行了优化，用户可以选择“菜单”→“首选项”→“用户界面”命令，在弹出如图 1-3 所示的“用户界面首选项”对话框中根据自己的习惯设置布局和主题。

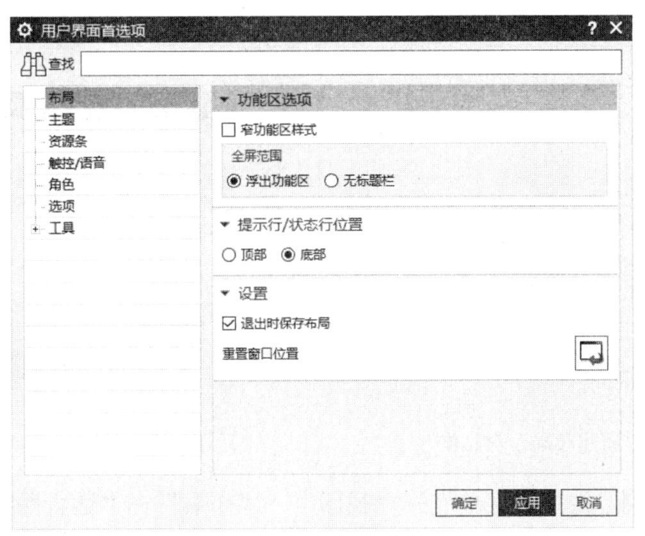

图 1-3　“用户界面首选项”对话框

1.2 视图布局设置

视图布局的主要作用是在绘图区内显示多个视角的视图，使用户能够更加方便地观察和操作模型。用户可以定义系统默认的视图，也可以生成自定义的视图布局。

同一布局中，只有一个视图是工作视图，其他视图都是非工作视图。在进行视图操作时，默认都是针对工作视图的。用户可以随时改变工作视图。

1.2.1　布局功能

布局功能主要用于控制视图布局的状态和各视图显示的角度。用户可以将绘图区分为多个

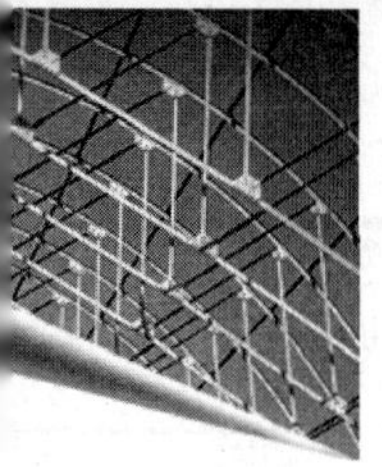

视图，以方便进行组件细节的编辑和实体观察。

1）新建视图布局。选择“菜单”→“视图”→“布局”→“新建”命令，弹出如图 1-4 所示的“新建布局”对话框，该对话框用于设置布局的形式和各视图的视角。

2）打开视图布局。选择“菜单”→“视图”→“布局”→“打开”命令，弹出如图 1-5 所示的“打开布局”对话框，该对话框用于选择要打开的某个布局，系统会按该布局的方式来显示图形。

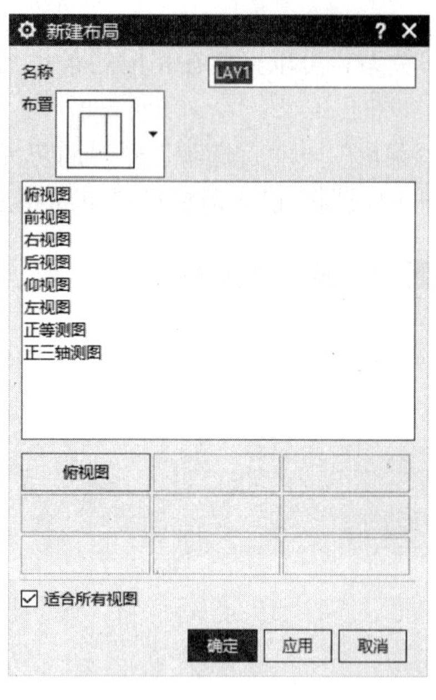

图 1-4 “新建布局”对话框

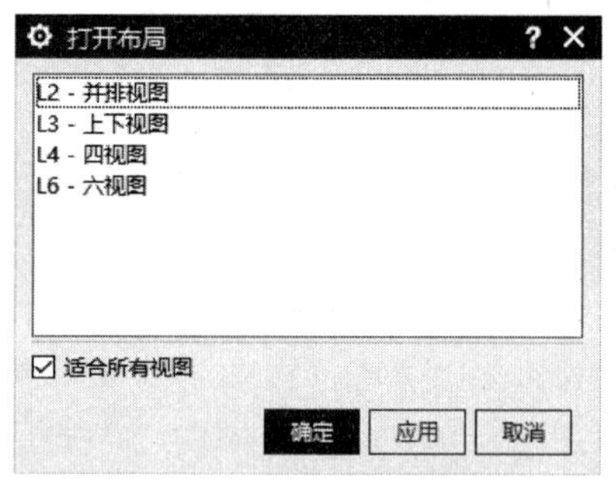

图 1-5 “打开布局”对话框

3）适合所有视图。选择“菜单”→“视图”→“布局”→“适合所有视图”命令，系统就会自动地调整当前视图布局中所有视图的中心和比例，使实体模型最大程度地吻合在每个视图边界内，只有在定义了视图布局后，该命令才被激活。

4）更新显示布局。选择“菜单”→“视图”→“布局”→“更新显示”命令，系统就会自动进行更新操作。当对实体进行修改以后，可以使用更新操作，使每一幅视图实时显示。

5）重新生成布局。选择“菜单”→“视图”→“布局”→“重新生成”命令，系统就会重新生成视图布局中的每个视图。

6）替换视图。选择“菜单”→“视图”→“布局”→“替换视图”命令或单击“视图”选项卡，选择“操作”组→“更多”库→“替换视图”图标，弹出如图 1-6 所示的“视图替换为”对话框，该对话框用于替换布局中的某个视图。

7）删除布局。选择“菜单”→“视图”→“布局”→“删除”命令，当存在用户删除的布局时，弹出如图 1-7 所示的“删除布局”对话框，该对话框用于从列表框中选择要删除的视图布局后，系统会将其删除。

8）保存布局。选择“菜单”→“视图”→“布局”→“保存”命令，系统则用当前的视图布局名称保存修改后的布局。

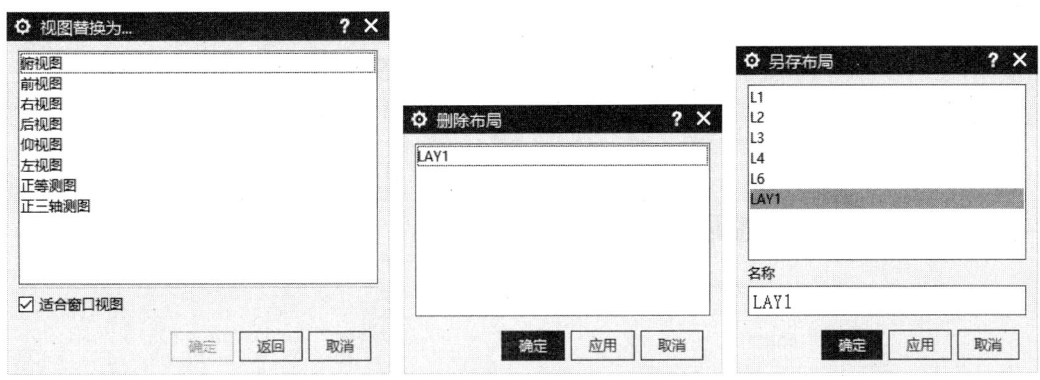

图 1-6　“视图替换为”对话框　　图 1-7　“删除布局”对话框　　图 1-8　“另存布局”对话框

选择“菜单”→“视图”→“布局”→“另存为”命令，弹出如图 1-8 所示的“另存布局”对话框，在列表框中选择要更换名称进行保存的布局，在“名称”文本框中输入一个新的布局名称，系统会用新的名称保存修改过的布局。

1.2.2　布局操作

布局操作主要用于在指定视图中改变模型的显示尺寸和显示方位。

1）适合窗口。选择“菜单”→“视图”→“操作”→“适合窗口”命令或在“视图”选项卡中选择“操作”组中的“适合窗口”图标，系统会在不改变模型原来的显示方位的情况下，自动将模型中所有对象尽可能最大地显示在绘图区的中心。

2）缩放。选择“菜单”→“视图”→“操作”→“缩放”命令，弹出如图 1-9 所示的“缩放视图”对话框。系统会在不改变模型原来的显示方位的情况下，按照用户指定的数值缩放整个模型。

3）显示非比例缩放。选择“菜单”→“视图”→“操作”→“显示非比例缩放”命令，系统会要求用户使用鼠标拖拽一个矩形，然后按照矩形的比例，缩放实际的图形。

4）旋转。选择“菜单”→“视图”→“操作”→“旋转”命令，弹出如图 1-10 所示的“旋转视图”对话框。该对话框可用于将模型沿指定的轴线旋转指定的角度，或绕坐标原点自由旋转模型，在不改变模型的显示大小的情况下使模型的显示方位发生变化。

5）原点。选择“菜单”→“视图”→“操作”→“原点”命令，弹出如图 1-11 所示的“点”对话框。该对话框可用于指定视图的显示中心。视图将立即重新定位到指定的中心。

6）漫游选项。选择“菜单”→“视图”→“导航”→“漫游选项”命令，弹出如图 1-12 所示的“漫游选项”对话框。当选择“菜单”→“视图”→“导航”→“漫游”命令来启用漫游时，可以移动鼠标进行导航。按住鼠标左键和鼠标中键，在拖动鼠标时可以连续导航部件或装配。按住鼠标左键和鼠标中键并拖动鼠标时，光标将变为形状。

7）镜像显示。选择“菜单”→“视图”→“操作”→“镜像显示”命令，系统会根据用户已经设置好的镜像平面（默认状态下为当前 WCS 的 XZ 平面），生成镜像显示。

8）设置镜像平面。选择“菜单”→“视图”→“操作”→“设置镜像平面”命令，系统

会出现动态坐标系，方便用户对镜像平面进行设置。

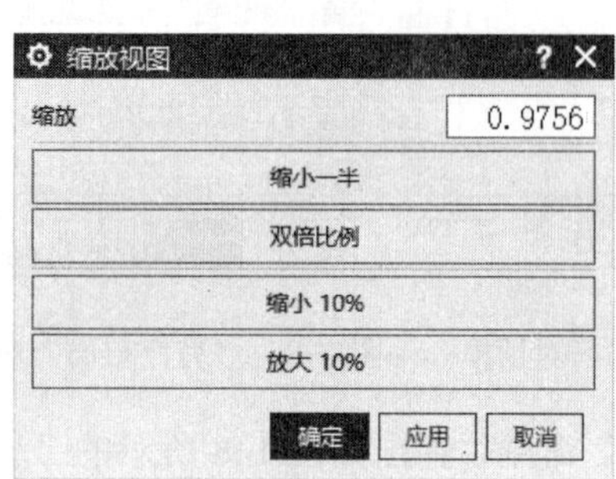

图 1-9 “缩放视图”对话框

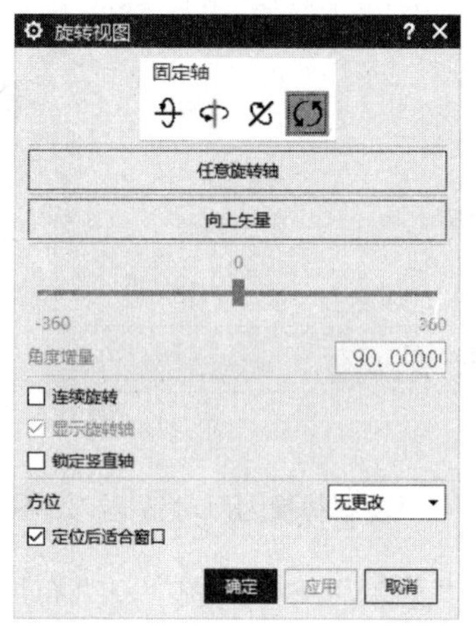

图 1-10 “旋转视图”对话框

9）截面。选择“菜单”→“视图”→“截面”→“新建截面”命令，弹出如图 1-13 所示的“视图剖切”对话框，该对话框用于设置一个或多个平面来截取当前对象，以便详细观察截面特征。

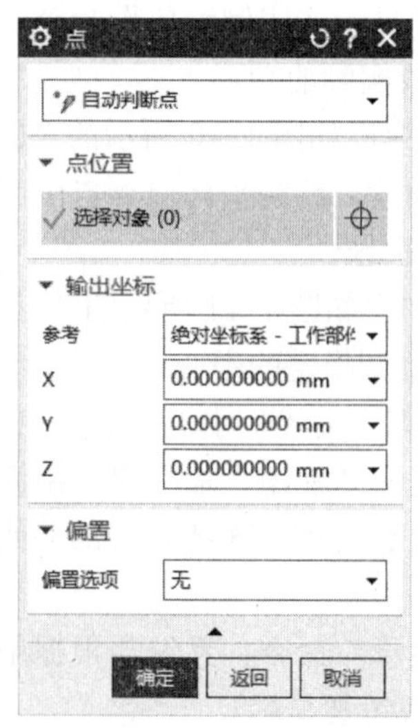

图 1-11 “点”对话框

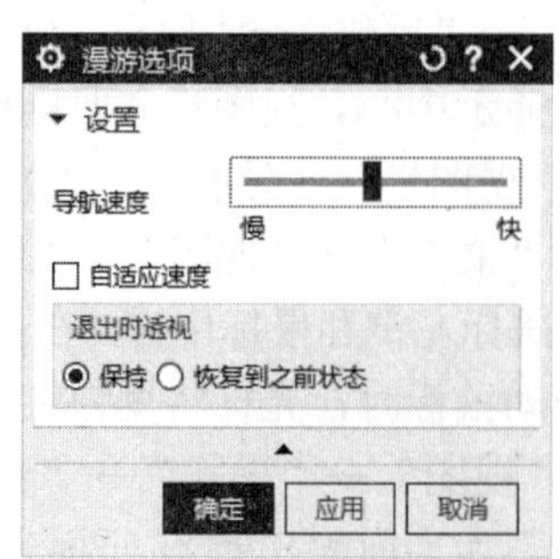

图 1-12 “漫游选项”对话框

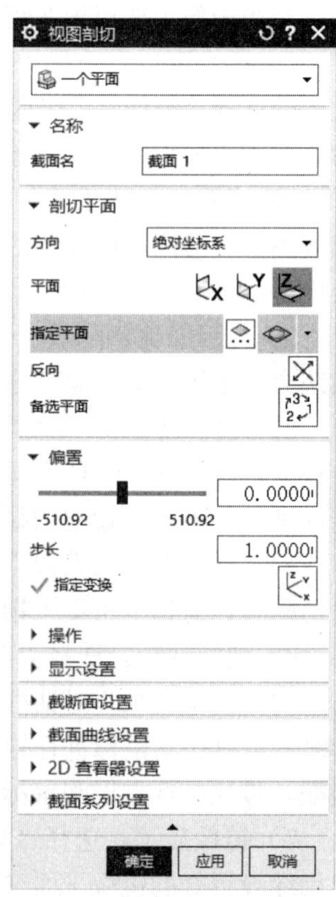

图 1-13 “视图剖切”对话框

单击“确定”按钮关闭“视图剖切”对话框后，模型将保留截面状态。若想在退出以后恢复正常状态，可以选择“菜单”→“视图”→“截面”→“剪切截面”命令。

10）恢复。选择“菜单”→“视图”→“操作”→“恢复”命令，可以恢复视图为原来的视图显示状态。

11）重新生成工作视图。选择“菜单”→“视图”→“操作”→“重新生成工作视图”命令，可以移除临时显示的对象并更新任何已修改的几何体的显示。

1.3 工作图层设置

图层是用于在空间使用不同的层次来放置几何体的一种设置。图层相当于传统设计使用的透明图纸。每个图层上存放模型中的部分对象，所有图层叠加起来就构成了整个模型。

在一个组件的所有图层中，只有一个图层是当前工作图层，所有工作只能在当前工作图层上进行。其他图层通过对可见性、可选择性等进行设置可用来辅助工作。如果要在某图层中创建对象，则应在创建前使其成为当前工作图层。

为了便于各图层的管理，图层用图层号来表示和区分，图层号不能改变。每一模型文件中最多可包含 256 个图层，分别用 1～256 表示。

引入图层可使得模型中对各种对象的管理更加有效和方便。

1.3.1　图层的设置

用户可根据实际需要和习惯设置自己的图层标准，通常可根据对象类型来设置图层和图层的类别，见表 1-1。

表 1-1　图层设置

图层号	对象	类别名
1～20	实体	SOLID
21～40	草图	SKETCHES
41～60	曲线	CURVES
61～80	参考对象	DATUMS
81～100	片体	SHEETS
101～120	工程图对象	DRAF
121～140	装配组件	COMPONENTS

选择“菜单”→“格式”→“图层设置”命令或单击“视图”选项卡的“层”组中的“图层设置”图标，弹出如图 1-14 所示的“图层设置”对话框。

1）工作图层：将指定的一个图层设置为工作图层。

2）按范围/类别选择图层：用于输入范围或图层种类的名称，以便进行筛选操作。

3）类别过滤器：用于控制图层类列表框中显示的图层类条目。可使用通配符*，表示接收

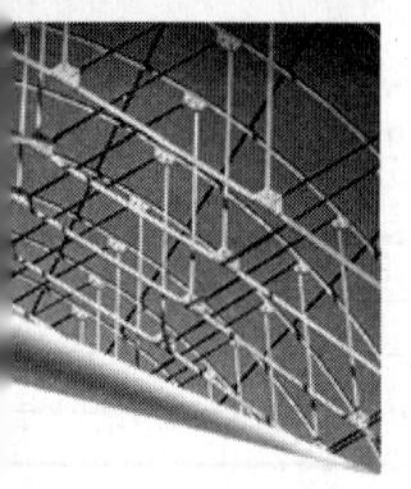

所有的图层种类。

1.3.2 图层类别

为更有效地对图层进行管理，可将多个图层构成一组，每一组称为一个图层类。图层类用名称来区分，必要时还可附加一些描述信息。通过图层类，可同时对多个图层进行可见性或可选性的改变。同一图层可属于多个图层类。

选择“菜单”→“格式”→“图层类别”命令或单击“视图”选项卡的“层”组→“更多”库→“层”库中的“图层类别”图标，弹出如图 1-15 所示的“图层类别”对话框。

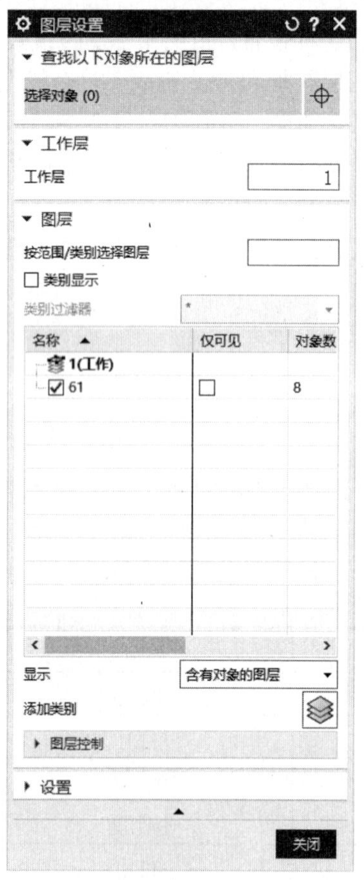

图 1-14 “图层设置”对话框

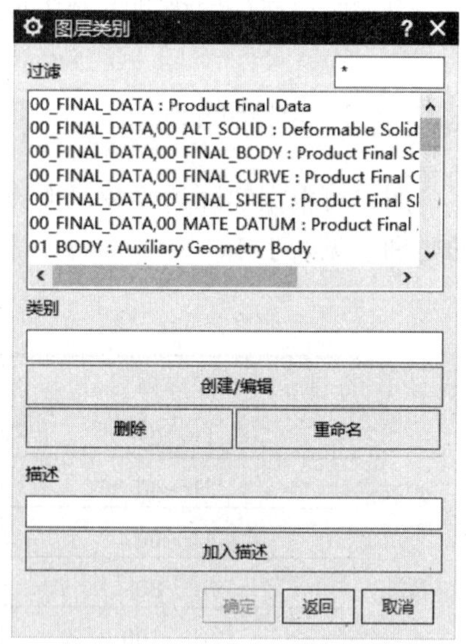

图 1-15 “图层类别”对话框

1）过滤：用于控制图层类别列表框中显示的图层类条目，可使用通配符。

2）类别列表框：用于显示满足过滤条件的所有图层类条目。

3）类别：用于在下面的文本框中输入要建立的图层类名。

4）创建/编辑：用于建立新的图层类并设置该图层类所包含的图层，或编辑选定图层类所包含的图层。

5）删除：用于删除选定的一个图层类。

6）重命名：用于改变选定的一个图层类的名称。

7）描述：用于显示选定的图层类的描述信息，或输入新建图层类的描述信息。

8）加入描述：新建图层类时，若在“描述”下面的文本框中输入了该图层类的描述信息，需单击该按钮才能使描述信息有效。

1.3.3　图层的其他操作

1）在视图中可见：用于在多视图布局显示的情况下，单独控制指定视图中各图层的属性，而不受图层属性的全局设置的影响。选择“菜单”→“格式”→“视图中可见图层”命令，弹出如图 1-16 所示的“视图中可见图层”对话框。在该对话框中选中“Trimetric”，单击“确定”按钮，弹出如图 1-17 所示的“视图中可见图层”对话框。

图 1-16　“视图中可见图层”视图选择对话框

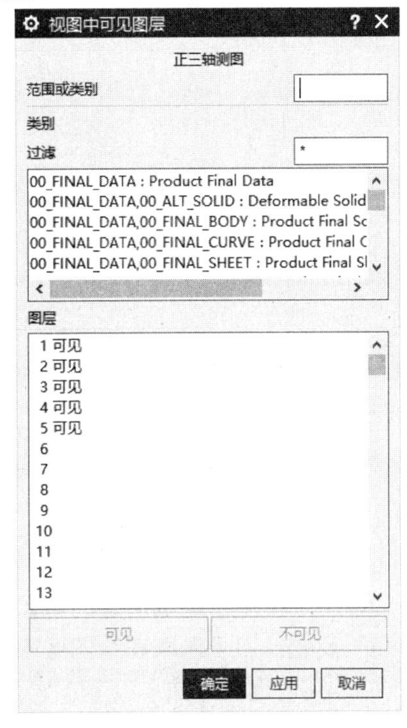

图 1-17　“视图中可见图层”对话框

2）移动至图层：用于将选定的对象从其原图层移动到指定的图层中，原图层中不再包含这些对象。选择“菜单”→“格式”→“移动至图层”或单击“视图”选项卡的“层”组中的“移动至图层”图标，可进行移动至图层操作。

3）复制至图层：用于将选定的对象从其原图层复制一个备份到指定的图层。原图层中和目标图层中都包含这些对象。选择“菜单”→“格式”→“复制至图层”或单击“视图”选项卡的“层”组→“更多”库→“层”库中的“复制至图层”图标，用于“复制至图层”操作。

1.4 选择对象的方法

选择对象是使用最普遍的操作，在很多操作特别是对对象编辑操作中都需要选择对象。

1.4.1 “类选择”对话框

通过“类选择”对话框可选择各种各样的对象。在该对话框中一次可选择一个或多个对象，提供了多种选择方法及对象类型过滤方法，非常方便，“类选择”对话框如图 1-18 所示。

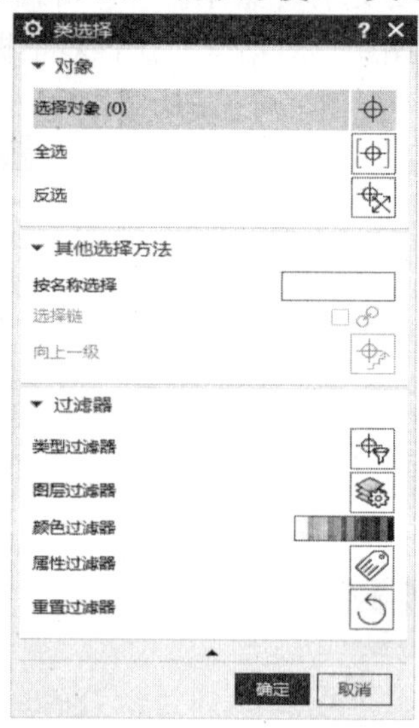

图 1-18 “类选择”对话框

（1）对象：

1）选择对象：用于选取对象。

2）全选：用于选取所有的对象。

3）反选：用于选取在绘图区中未被用户选中的对象。

（2）其他选择方法：

1）按名称选择：用于输入预选取对象的名称，可使用通配符“？”或“*”。

2）选择链：用于选择首尾相接的多个对象。选择方法是首先单击对象链中的第一个对象，然后再单击最后一个对象，使所选对象高亮显示，最后单击“确定”按钮，结束选择对象的操作。

3）向上一级：用于选取上一级的对象。只有在选取了含有群组的对象时，该按钮才会被激活，单击该按钮，系统自动选取群组中当前对象的上一级对象。

温馨提示：此对话框相当于一个辅助工具，提供了一些选择命令（如：对象显示命令等），从而使操作更加方便快捷。

（3）过滤器：

1）类型过滤器：单击“类型过滤器”按钮，弹出如图 1-19 所示的“按类型选择”对话框，在该对话框中可设置在对象选择中需要包括或排除的对象类型。当选取“曲线”或“基准”等对象类型时，单击“细节过滤”按钮，还可以在弹出的如图 1-20 所示的对话框中做进一步限制。

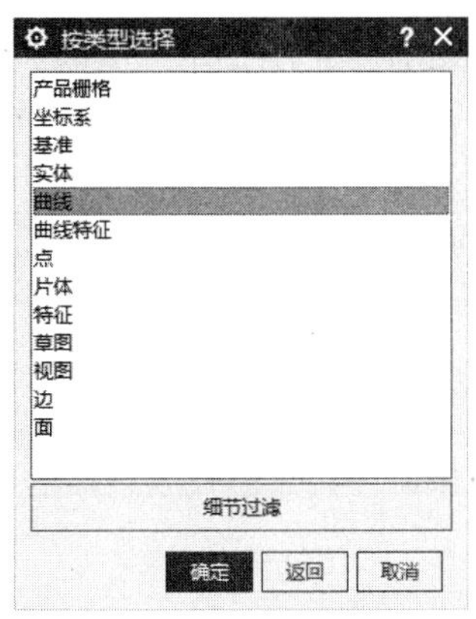

图 1-19　“按类型选择”对话框

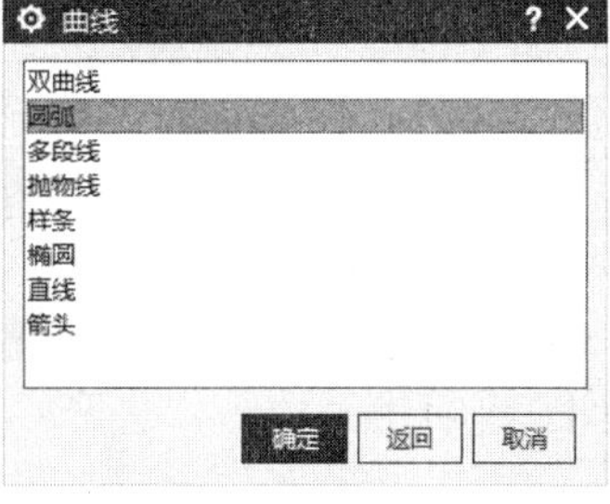

图 1-20　“曲线”对话框

2）图层过滤器：单击“图层过滤器”按钮，弹出如图 1-21 所示的“按图层选择”对话框，在该对话框中可以设置在选择对象时需包括或排除的对象的所在图层。

3）颜色过滤器：单击“颜色过滤器”按钮，弹出如图 1-22 所示的“对象颜色”对话框，在该对话框中可通过指定的颜色来限制选择对象的范围。

4）属性过滤器：单击“属性过滤器”按钮，弹出如图 1-23 所示的“按属性选择”对话框，在该对话框中，可按对象线型、线宽或其他自定义属性进行过滤。

5）重置过滤器：单击“重置过滤器”按钮，可恢复成默认的过滤方式。

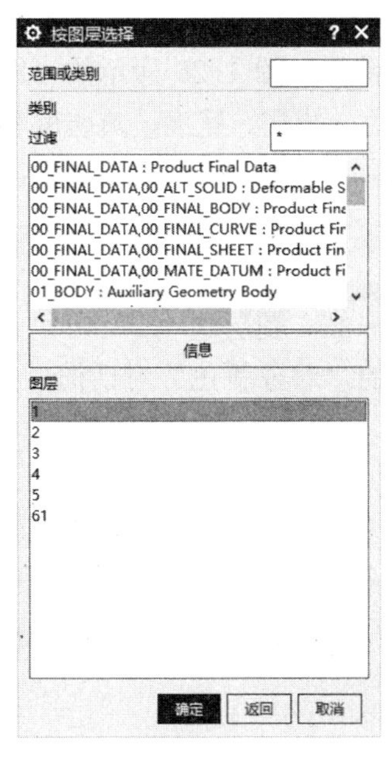

图 1-21　“按图层选择”对话框

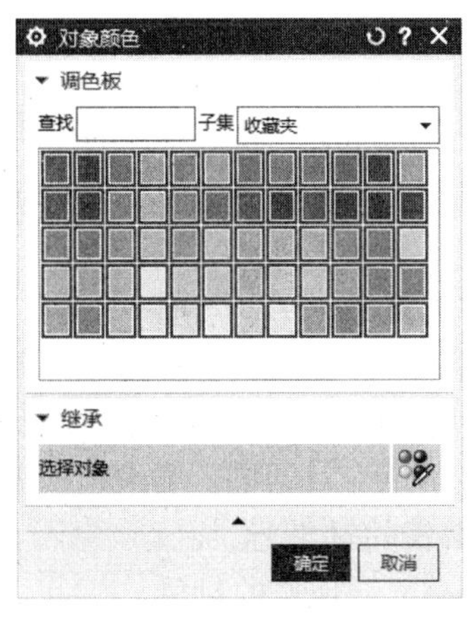

图 1-22　“对象颜色”对话框

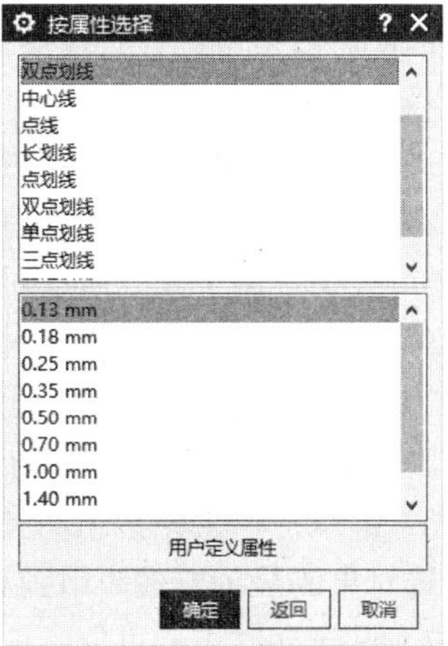

图 1-23　“按属性选择”对话框

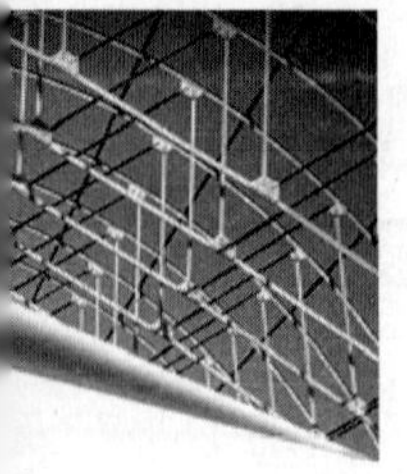

1.4.2 上边框条

在功能区的最右边单击鼠标右键，在弹出的快捷菜单中选中“上边框条”，使其前面出现对钩，打开如图 1-24 所示的“上边框条”，可利用选择“上边框条”中的命令来实现对象的选择。

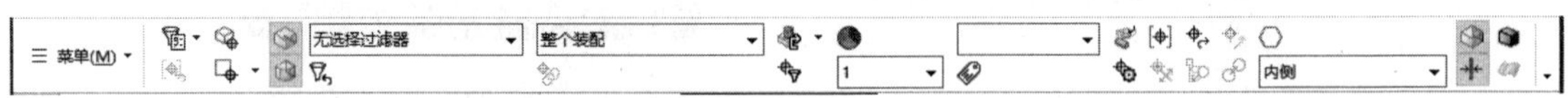

图 1-24 上边框条

1.4.3 部件导航器

在绘图区左侧的“资源条”中单击按钮，弹出如图 1-25 所示的“部件导航器”对话框。在该对话框中可选择要选择的对象。

1.5 对象操作

1.5.1 改变对象的显示方式

选择“菜单”→“编辑”→“对象显示”命令或是按下组合键 Ctrl+J，弹出如图 1-18 所示的“类选择”对话框，选择要编辑的对象，单击“确定”按钮，弹出如图 1-26 所示的“编辑对象显示”对话框，在该对话框中可编辑所选择对象的图层、颜色、线型、宽度、透明度和着色状态等参数。单击“确定”按钮即可完成编辑并退出对话框，单击“应用”按钮则不退出对话框，可以接着进行其他操作。

“编辑对象显示”对话框中的选项说明如下：

1）图层：用于指定选择对象放置的图层。系统规定的图层为 1～256 图层。

2）颜色：用于改变所选对象的颜色，可以调出如图 1-22 所示的“对象颜色”对话框。

3）线型：用于修改所选对象的线型（不包括文本）。

4）宽度：用于修改所选对象的线宽。

5）应用于选定体的所有面。该复选框可控制 6 个选项（颜色、栅格数-U、栅格数-V、透明度、局部着色、面分析），勾选该复选框可将 6 个选项的编辑操作应用于所选实体的所有面。

6）继承：单击该按钮，弹出“继承”对话框，要求选择需要从哪个对象上继承设置，并将所选对象的显示方式应用到正在编辑的对象上。

7）重新高亮显示对象：重新高亮显示所选的对象。

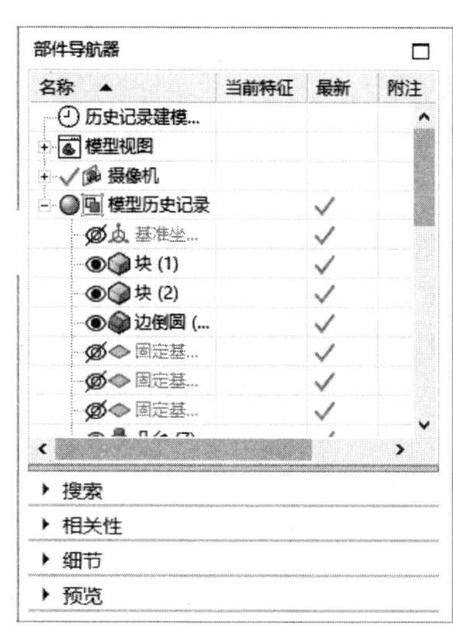

图 1-25　“部件导航器”对话框

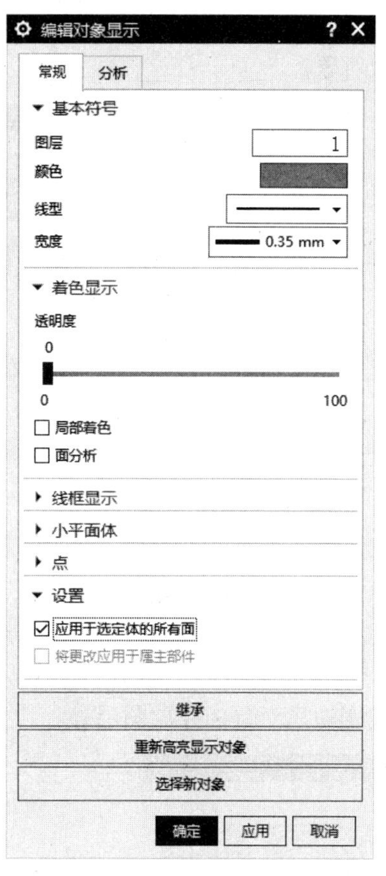

图 1-26　“编辑对象显示”对话框

1.5.2　隐藏对象

当绘图区内图形太多，不便于操作时，需要将暂时不需要的对象隐藏，如模型中的草图、基准面、曲线、尺寸、坐标和平面等。“菜单”→“编辑”→“显示和隐藏”菜单下的子菜单提供了隐藏和取消隐藏命令。部分命令说明如下：

1）隐藏：执行该命令（或按下组合键 Ctrl+B），可隐藏选中的对象。在“类选择”对话框中可以通过类型选择需要隐藏的对象或是直接选取。

2）反转显示和隐藏：该命令用于反转当前所有对象的显示或隐藏状态，即显示的全部对象将会隐藏，而隐藏的将会全部显示。

3）显示：执行该命令可将所选的隐藏对象重新显示出来。单击该命令，将会弹出“类选择”对话框，此时绘图区中将显示所有已经隐藏的对象，用户可以在其中选择需要重新显示的对象。

4）显示所有此类型对象：执行该命令将重新显示某类型的所有隐藏对象，并提供了“类型”“图层”“其他”“重置”和“颜色”5 种过滤方式，如图 1-27 所示。

UG NX

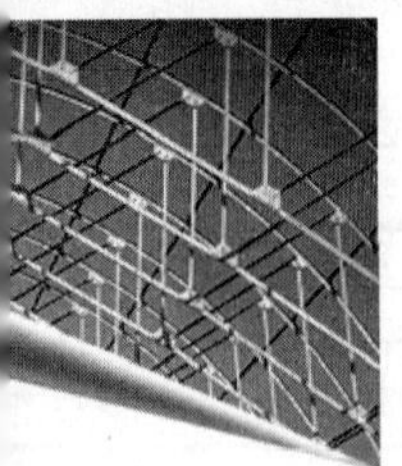

5）全部显示：执行该命令（或按下组合键 Shift+Ctrl+U），将重新显示所有在可选图层上的隐藏对象。

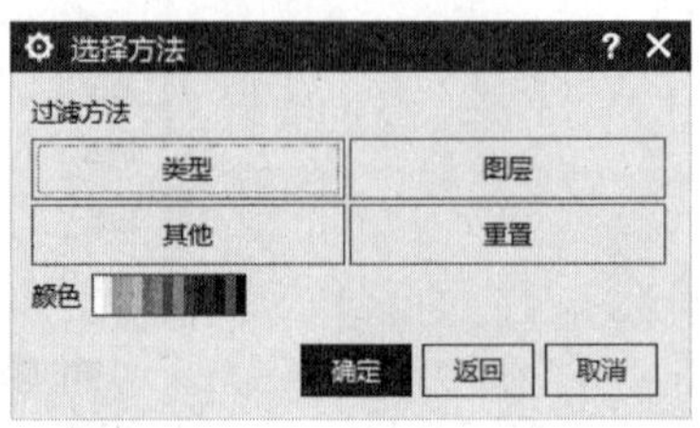

图 1-27 “选择方法”对话框

1.5.3 对象变换

选择“菜单”→“编辑”→“变换”命令，弹出如图 1-28 所示的“变换”对话框，选择对象后单击“确定”按钮，弹出如图 1-29 所示的“变换”对话框（该对话框在操作变换对象时经常用到），可被变换的对象包括直线、曲线、面、实体等。。在执行“变换”命令的最后操作时，都会弹出如图 1-30 所示的对话框。在该对话框中可选择新的变换对象，改变变换方法，指定变换后对象的存放图层等。

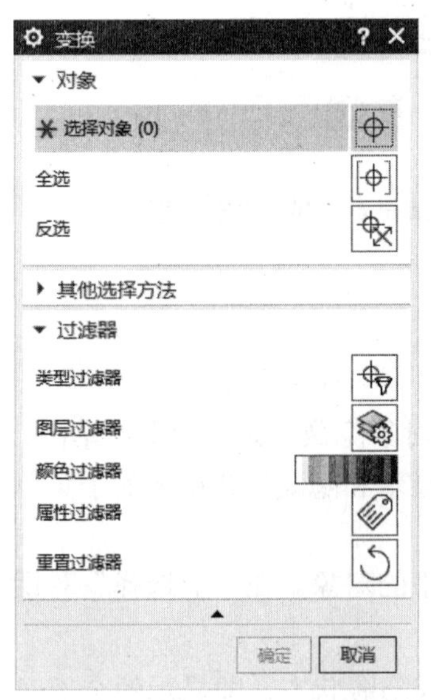

图 1-28 “变换”对话框 1

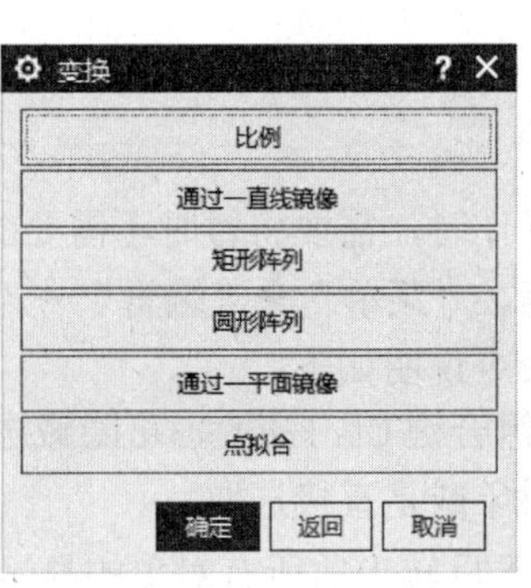

图 1-29 “变换”对话框 2

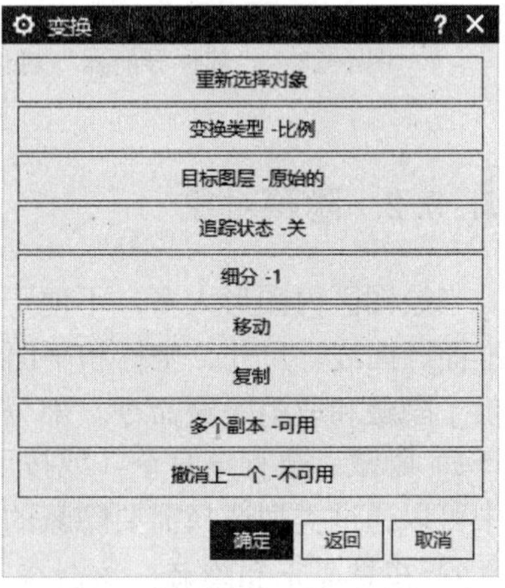

图 1-30 “变换”对话框 3

图 1-29 所示对话框中的选项说明如下：

（1）比例：用于将选取的对象相对于指定参考点成比例的缩放尺寸。选取的对象在参考点处不移动。选中该选项，在系统弹出的点构造器选择一参考点后，在系统弹出的对话框中有两种选择：

- 比例：用于设置均匀缩放。
- 非均匀比例：选中该选项后，在弹出的对话框中可设置 XC、YC、ZC 方向上的缩放比例。

注意

片体进行非均匀比例缩放前，应先缩放其定义曲线。

（2）通过一直线镜像：用于将选取的对象相对于指定的参考直线做镜像，即在参考直线的相反侧建立源对象的一个镜像。

选中该选项后，在系统弹出的如图 1-31 所示的对话框中有三种选择：

- 两点：用于指定两点，两点的连线即为参考线。
- 现有的直线：选择一条已有的直线（或实体边缘线）作为参考线。
- 点和矢量：用点构造器指定一点，再在矢量构造器中指定一个矢量，将通过指定点的矢量作为参考直线。

（3）矩形阵列：用于将选取的对象从指定的阵列原点开始，沿坐标系 XC 和 YC 方向（或指定的方位）建立一个等间距的矩形阵列。系统先将源对象从指定的参考点移动或复制到目标点（阵列原点），然后沿 XC、YC 方向建立阵列。

选中该选项后，系统会弹出如图 1-32 所示的对话框，其中：

- DXC：表示 XC 方向间距。
- DYC：表示 YC 方向间距。

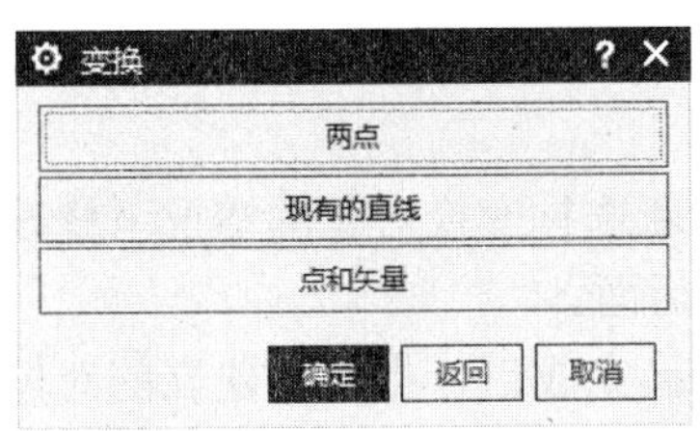

图 1-31 “通过一直线镜像”选项

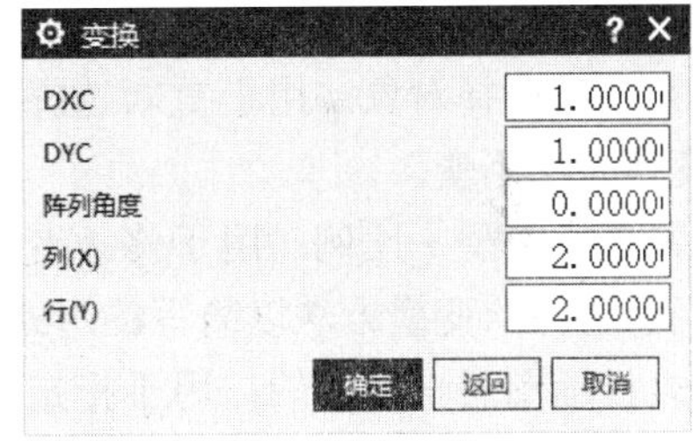

图 1-32 “矩形阵列”选项

（4）圆形阵列：用于将选取的对象从指定的阵列原点开始，绕目标点（阵列中心）建立一个等角间距的环形阵列。

选中该选项后，系统会弹出如图 1-33 所示的对话框，其中：

- 半径：用于设置环形阵列的半径值，该值等于目标对象上的参考点到目标点之间的距离。
- 起始角：定位环形阵列的起始角（与 XC 正向平行为零）。

（5）通过一平面镜像：用于将选取的对象相对于指定参考平面做镜像。即在参考平面的相反侧建立源对象的一个镜像。选中该选项后，系统会弹出如图 1-34 所示的对话框，可在其中选择或创建一参考平面，然后选取源对象完成镜像操作。

（6）点拟合：用于将选取的对象从指定的参考点集缩放、重定位或修剪到目标点集上。选中该选项后，系统会弹出如图 1-35 所示的对话框，其中：

- 3-点拟合：允许用户通过 3 个参考点和 3 个目标点来缩放和重定位对象。
- 4-点拟合：允许用户通过 4 个参考点和 4 个目标点来缩放和重定位对象。

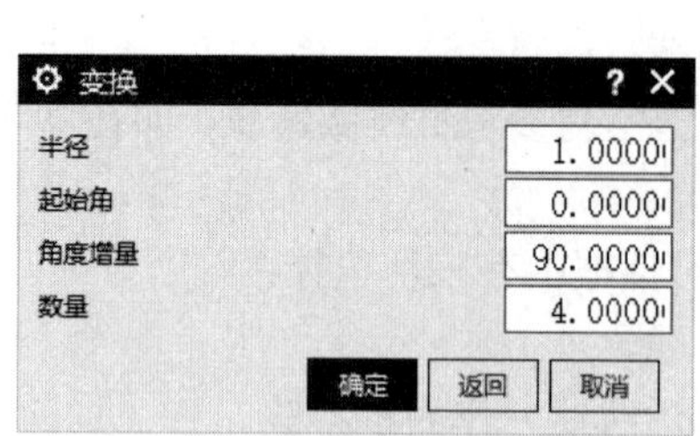

图 1-33 “圆形阵列”选项

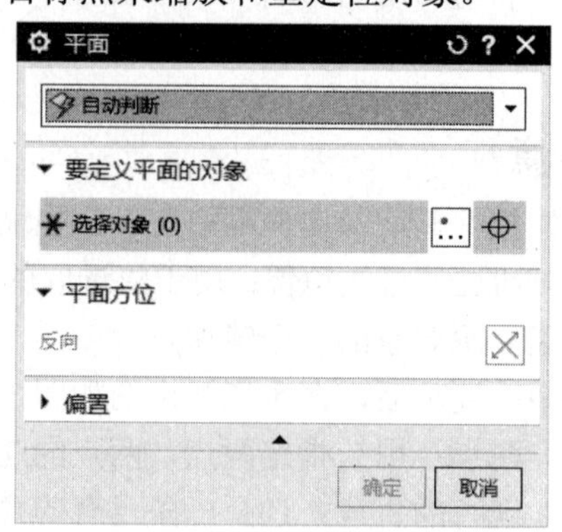

图 1-34 “平面” 对话框

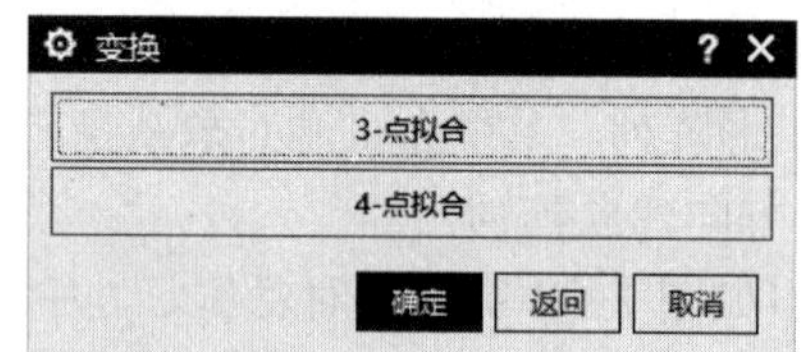

图 1-35 “点拟合”选项

图 1-30 所示对话框中的选项说明如下：

1）重新选择对象：用于重新选择对象。通过类选择器对话框可选择新的变换对象，而保持原变换方法不变。

2）变换类型 - 比例：用于修改变换方法，即在不重新选择变换对象的情况下修改变换方法，当前选择的变换方法以简写的形式显示在“-”符号后面。

3）目标图层 - 原始的：用于指定目标图层，即在变换完成后，指定新建立的对象所在的图层。单击该选项后，会有以下 3 种选项：

工作的：变换后的对象放在当前的工作图层中。

原先的：变换后的对象保持在源对象所在的图层中。

指定：变换后的对象被移动到指定的图层中。

4）追踪状态 - 关：是一个开关选项，用于设置跟踪变换过程。当其设置为“开”时，则在源对象与变换后的对象之间画连接线。该选项可以和“平移”“旋转”“比例”“镜像”或“重定位”等变换方法一起使用，以建立一个封闭的形状。

需要注意的是，该选项对于源对象类型为实体、片体或边界的对象在变换操作时不可用。跟踪曲线独立于图层设置，总是建立在当前的工作图层中。

5）细分 - 1：用于等分变换距离，即把变换距离（或角度）分割成几个相等的部分，实际变换距离（或角度）是其等分值。指定的值称为“等分因子”。

该选项可用于“平移”“比例”“旋转”等变换操作。例如，“平移”变换实际变换的距离是原指定距离除以“等分因子”的商。

6）移动：用于移动对象，即变换后将源对象从其原来的位置移动到由变换参数所指定的新位置。如果所选取的对象和其他对象间有父子依存关系（即依赖于其他父对象而建立），则只有选取了全部的父对象，一起进行变换后才能使用“移动”选项。

7）复制：用于复制对象，即变换后将源对象从其原来的位置复制到由变换参数所指定的新位置。对于依赖其他父对象而建立的对象，复制后的新对象中数据关联信息将会丢失（即它不再依赖于任何对象而独立存在）。

8）多个副本 - 可用：用于按指定的变换参数和复制个数在新位置复制多个源对象。相当于一次完成了多个“复制”命令操作。

9）撤销上一个 - 不可用：用于撤销最近一次的变换操作。但源对象依旧处于选中状态。

1.5.4 移动对象

选择“菜单”→“编辑”→“移动对象”命令，弹出如图 1-36 所示的“移动对象”对话框。

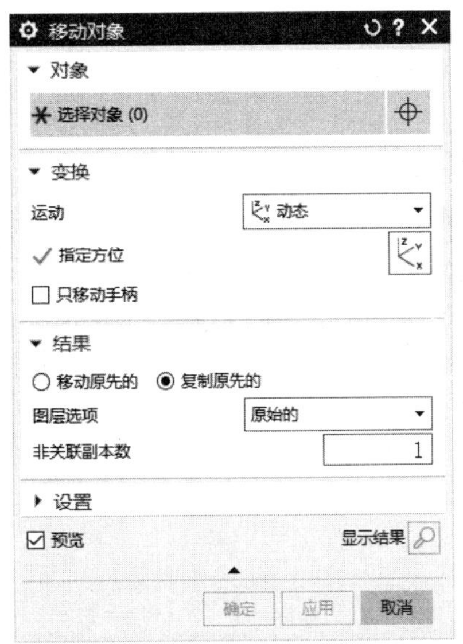

图 1-36 “移动对象”对话框

（1）运动：

1）距离：用于将选择的对象由原来的位置按指定的距离移动到新的位置。

2）点到点：选择参考点和目标点后，以这两个点之间的距离和由参考点指向目标点的方向决定对象的平移距离和方向。

3）根据三点旋转：用于提供三个位于同一个平面内且垂直于矢量轴的参考点，让对象围绕旋转中心，按照这三个点与旋转中心连线形成的角度逆时针旋转。

4）将轴与矢量对齐：用于将对象绕参考点从一个轴向另外一个轴旋转一定的角度。首先选择起始轴，然后确定终止轴（这两个轴决定了旋转角度的方向），此时用户可以清楚地看到两个矢量的箭头出现在选择轴上，当单击“确定”按钮以后，箭头平移到参考点。

5）动态：用于将选取的对象相对于参考坐标系中的位置和方位移动（或复制）到目标坐标系中，使建立的新对象的位置和方位相对于目标坐标系保持不变。

（2）移动原先的：用于移动对象，即变换后将源对象从其原来的位置移动到由变换参数所指定的新位置。

（3）复制原先的：用于复制对象，即变换后将源对象从其原来的位置复制到由变换参数所指定的新位置。对于依赖其他父对象而建立的对象，复制后的新对象中数据关联信息将会丢失，即它不再依赖于任何对象而独立存在。

（4）非关联副本数：用于按指定的变换参数和复制个数在新位置复制多个源对象。

1.6 坐标系操作

1.6.1 坐标系的变换

选择“菜单”→“格式”→“WCS”命令，弹出如图 1-37 所示的子菜单。子菜单中的命令可用于对坐标系进行变换以产生新的坐标系。

1）原点：通过定义当前 WCS 的原点来移动坐标系的位置。但该命令仅移动坐标系的位置，而不会改变坐标轴的方向。

2）动态：能通过步进的方式移动或旋转当前的 WCS。用户可以在绘图区中移动坐标系到指定位置，也可以设置步进参数使坐标系逐步移动到指定的距离参数。

3）旋转：通过当前的 WCS 绕其某一坐标轴旋转一定角度，来定义一个新的 WCS。选择该命令，将会弹出如图 1-38 所示的对话框，在对话框中可以设置坐标系绕哪个轴旋转（同时指定从一个轴转向另一个轴），在“角度”文本框中可以输入需要旋转的角度（角度可以为负值）。

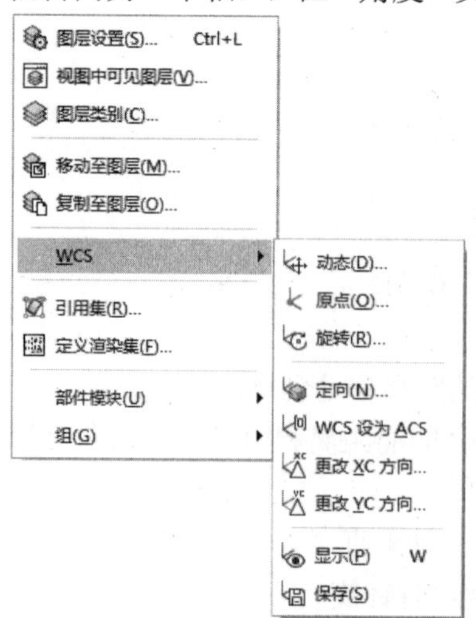

图 1-37 坐标系子菜单

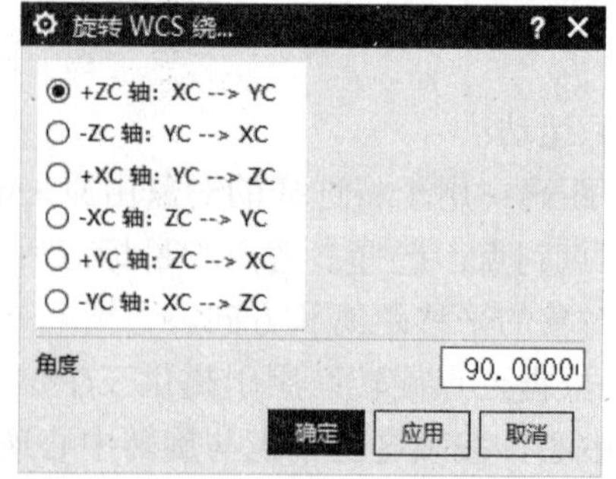

图 1-38 “旋转 WCS 绕”对话框

注意

可以直接双击坐标系，使坐标系处于动态移动状态，用鼠标拖动原点处的方块，可以将坐标系沿 X、Y、Z 方向任意移动，也可以绕任意坐标轴旋转。

1.6.2　坐标系的定义

选择“菜单”→“格式”→“WCS”→“定向”命令，弹出如图 1-39 所示的“坐标系”对话框，在其中可以定义一个新的坐标系。“类型”下拉列表中的部分选项的含义如下：

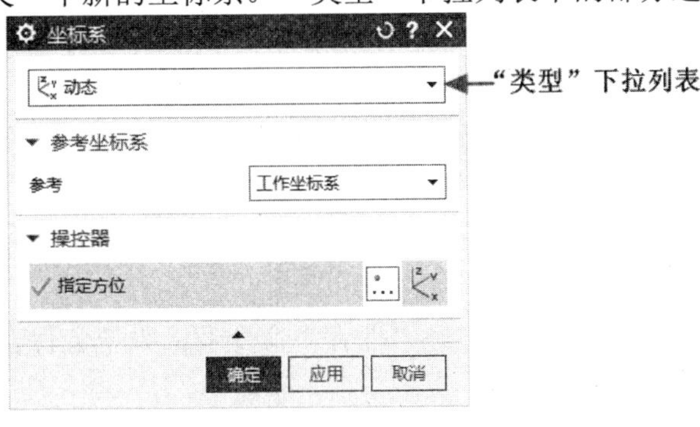

图 1-39　“坐标系”对话框

1）自动判断：该方式通过选择的对象或输入 X、Y、Z 轴方向的偏置值来定义一个坐标系。

2）原点，X 点，Y 点：该方式利用点创建功能先后指定 3 个点来定义坐标系。这 3 点分别是原点（第一点）、X 轴上的点（第二点）和 Y 轴上的点（第三点），第一点指向第二点的方向为 X 轴的正向，第一点指向第三点的方向为 Y 轴正向，Z 轴正向由 X 轴到 Y 轴按右手定则来定。

3）X 轴，Y 轴：该方式利用矢量创建的功能选择或定义两个矢量来创建坐标系。

4）X 轴，Y 轴，原点：该方式先利用点创建功能指定一个点为原点，而后利用矢量创建功能创建两矢量坐标来定义坐标系。

5）Z 轴，X 点：该方式先利用矢量创建功能选择或定义一个矢量，再利用点创建功能指定一个点来定义坐标系。其中，X 轴正向为沿点和定义矢量的垂线指向定义点的方向，Y 轴则由 Z 轴、X 轴依据右手定则导出。

6）对象的坐标系：该方式由选择的平面曲线、平面或实体的坐标系来定义一个新的坐标系。XOY 平面为选择对象所在的平面。

7）点，垂直于曲线：该方式利用所选曲线的切线和一个指定点的方法创建坐标系。曲线的切线方向即 Z 轴矢量，X 轴正向为沿点到切线的垂线指向点的方向，Y 轴正向由自 Z 轴至 X 轴矢量按右手定则来确定，切点即为原点。

8）平面和矢量：该方式通过先后选择一个平面和一矢量来定义坐标系。其中，X 轴为平面的法向矢量，Y 轴为指定矢量在平面上的投影，原点为指定矢量与平面的交点。

9）三平面：该方式通过先后选择三个平面来定义坐标系。三个平面的交点为原点，第一个平面的法向为 X 轴，Y 轴、Z 轴以此类推。

10）偏置坐标系：该方式通过输入 X、Y、Z 轴方向相对于选择坐标系的偏距来定义一个新的坐标系。

11）当前视图的坐标系：该方式用当前视图定义一个新的坐标系。XOY 平面为当前视图所在平面。

注意

如果不太熟悉上述操作，可以直接选择“自动判断”模式，系统会依据当前情况做出创建坐标系的判断。

1.6.3　坐标系的保存和显示

选择“菜单”→“格式”→“WCS”→“显示”命令后，系统会显示或隐藏以前的工作坐标系。

选择“菜单”→“格式”→“WCS”→“保存”命令后，系统会保存当前设置的工作坐标系，以便在以后的工作中调用。

1.7　UG NX 参数预设置

1.7.1　草图预设置

选择“菜单”→“首选项”→“草图”命令，弹出如图 1-40 所示的“草图首选项”对话框。该对话框中有“草图设置”“会话设置”和“部件设置”三个选项卡。

1.“草图设置”选项卡

在“草图首选项”对话框中选中“草图设置”选项卡，显示的参数设置如图 1-40 所示。

（1）尺寸标签：用于设置尺寸的文本内容。其下拉列表框中包含：

1）表达式：用于设置用尺寸表达式作为尺寸文本内容。

2）名称：用于设置用尺寸表达式的名称作为尺寸文本内容。

3）值：用于设置用尺寸表达式的值作为尺寸文本内容。

（2）屏幕上固定文本高度：勾选该复选框，在放大或缩小草图时尺寸文本保持固定大小。

2.“会话设置”选项卡

在“草图首选项”对话框中选中“会话设置”选项卡，显示的参数设置如图 1-41 所示。

（1）对齐角：用于设置捕捉角度，它用来控制不采取捕捉方式绘制直线时是否自动为水平或垂直直线。如果所画直线与草图工作平面 XC 轴或 YC 轴的夹角小于或等于该参数值，则所画直线会自动为水平或垂直直线。

（2）动态草图显示：勾选该复选框可隐藏非常小的几何体的约束和顶点符号。如果要显示这些草图对象（而不论关联几何体的大小如何），则取消选中此复选框。

（3）更改视图方向：该复选框用于控制草图退出激活状态时，工作视图是否回到原来的方向。

（4）保持图层状态：该复选框用于控制图层状态。当草图激活后，它所在的图层自动成为当前图层。勾选该复选框，当草图退出激活状态时，草图图层会回到激活前的图层。

3．“部件设置”选项卡

在“草图首选项”对话框中选中“部件设置”选项卡，显示的参数设置如图 1-42 所示。在该对话框中可设置“曲线”“尺寸”等草图对象的颜色。

图 1-40　“草图首选项”对话框　　图 1-41　“会话设置”选项卡　　图 1-42　“部件设置”选项卡

1.7.2　制图预设置

制图首选项的设置是对包括尺寸参数、文字参数、单位和视图参数等制图注释参数的预设置。在制图模式下，选择“菜单”→“首选项”→“制图”命令，系统弹出如图 1-43 所示的“制图首选项”对话框。该对话框中包含了 12 个文件夹，打开某个文件夹，对话框中就会显示相应的选项。下面介绍常用的几种参数的设置方法。

1．尺寸

设置与尺寸相关的参数的时候，根据标注尺寸的需要，用户可以利用对话框中上部的尺寸和直线/箭头文件夹进行设置。在尺寸设置中主要有以下几个选项：

（1）尺寸线：根据标注的尺寸的需要，确定箭头之间是否有线，或者修剪尺寸线。

（2）方向和位置：在“方位”下拉列表中可以选择 5 种文本的放置位置，如图 1-44 所示。

图 1-43 “制图首选项”对话框

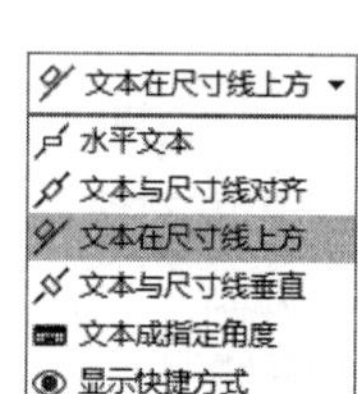

图 1-44 尺寸值的放置位置

（3）公差：可以设置最高 6 位的精度和 11 种类型的公差。图 1-45 所示为可以设置的 11 种类型的公差的形式。

（4）倒斜角：系统提供了 4 种类型的倒角样式。可以设置分割线样式和间隔，也可以设置指引线的格式。

2. 公共

（1）直线/箭头：“直线/箭头”选项卡如图 1-46 所示。

1）箭头：用于设置剖视图中的截面线箭头的参数。可以改变箭头的大小和箭头的长度以及箭头的角度。

2）箭头线：用于设置截面的延长线的参数。可以修改剖面延长线长度以及图形框之间的距离。

“直线/箭头”选项卡中可以设置尺寸线箭头的类型和箭头的形状参数，同时还可以设置尺寸线、延长线和箭头的显示颜色、线型和线宽。在设置参数时，用户根据要设置的尺寸和箭头的形式，可在对话框中选择箭头的类型，并且输入箭头的参数值。如果需要，还可以在下面的选项中改变尺寸线和箭头的颜色。

（2）文字：设置文字参数时，可先选择文字对齐位置和文字对正方式，再选择要设置的文本颜色和宽度，最后在“高度”“NX 字体间隙因子”“文本宽高比”和“行间隙因子”等文本框中输入参数。这时用户可在预览窗口中看到文字的显示效果。

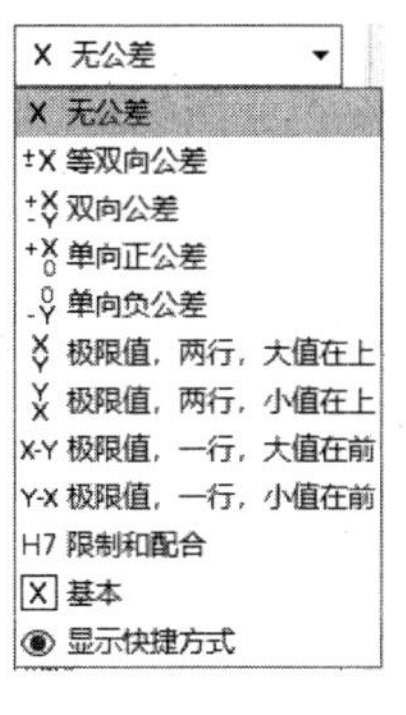

图 1-45　11 种公差形式

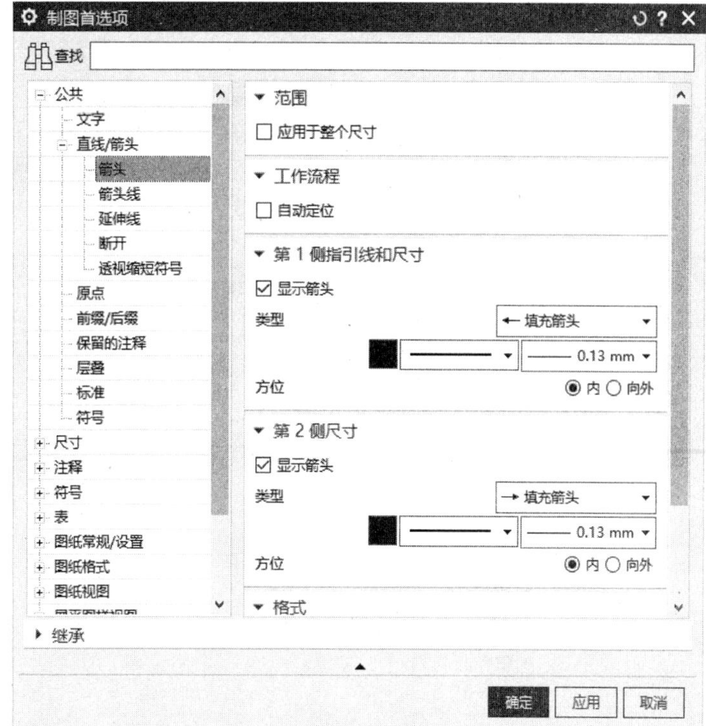

图 1-46　“直线/箭头”界面

（3）符号：可以设置符号的颜色、线型和线宽等参数。

3．注释

用于设置各种标注的颜色、线型和线宽。

剖面线/区域填充：用于设置各种填充线/剖面线的样式和类型，并且可以设置角度和线型。在此选项卡中设置了区域内可以填充的图形以及比例和角度等，如图 1-47 所示。

4．表

用于设置二维工程图表格的格式、文字标注等参数。

（1）零件明细表：用于指定生成明细表时，默认的符号、标号顺序、排列顺序和更新控制等。

（2）单元格：用来设置表格中每个单元格的格式、内容和边界线等。

1.7.3　装配预设置

选择“菜单”→“首选项”→“装配”命令，弹出如图 1-48 所示的“装配首选项”对话框。下面介绍该对话框中的主要选项。

1）显示更新报告：用于设置加载装配后是否自动显示更新报告。

2）选择组件成员：用于设置是否首先选择组件。勾选该复选框，则在选择属于某个子装配的组件时，首先选择子装配中的组件，而不是子装配。

图 1-47 选择“剖面线/区域填充”选项

图 1-48 “装配首选项”对话框

1.7.4　建模预设置

选择“菜单”→“首选项”→“建模”命令，弹出如图 1-49 所示的“建模首选项”对话框。下面介绍该对话框中主要的选项卡。

（1）“常规”选项卡（见图 1-50）：

1）体类型：用于控制在利用曲线创建三维特征时，是生成实体还是片体。

2）密度：用于设置实体的密度。该密度值只对以后创建的实体起作用。其下方的“密度单位”下拉列表用于设置密度的默认单位。

3）U 形网格线/V 形网格线：用于设置实体或片体表面在 U 和 V 方向上栅格线的数目。如果其下方 U 向计数和 V 向计数的参数值大于 0，则当创建表面时，表面上就会显示网格曲线。网格曲线只是一个显示特征，其显示数目并不影响实际表面的精度。

（2）“自由曲面”选项卡（见图 1-50）：

1）曲线拟合方法：用于选择生成曲线时的拟合方式。包括“三次”“五次”和“高阶”三种拟合方式。

2）平的面类型：控制自由曲面特征的创建类型。包括“平面”和“B 曲面”两种类型。

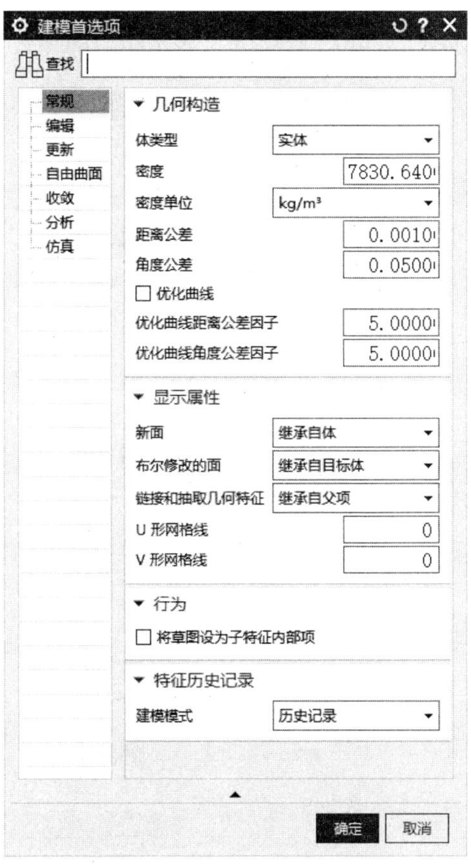

图 1-49　“建模首选项”对话框

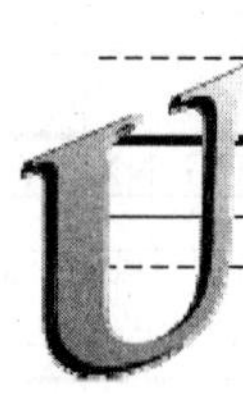

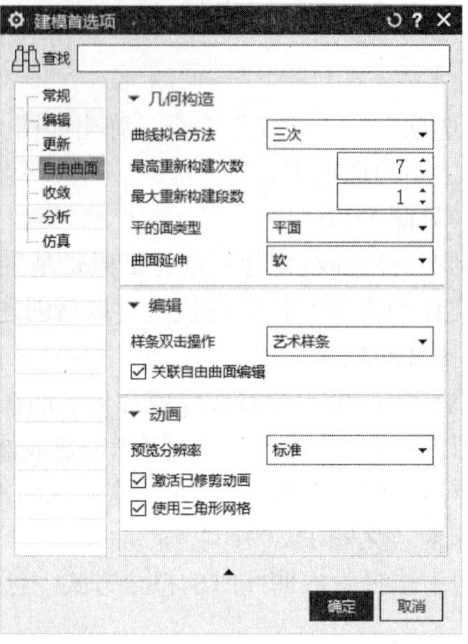

图 1-50　“自由曲面”选项卡

（3）“分析”选项卡：选中“分析”选项卡，显示相应的参数设置内容，如图 1-51 所示。

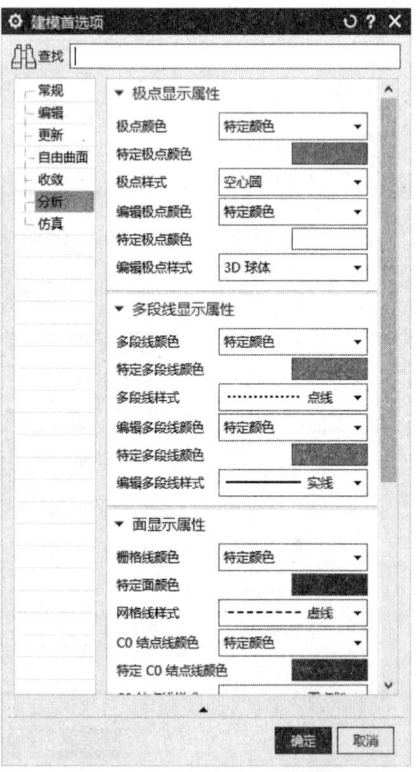

图 1-51　“分析”选项卡

1.8 信息查询

1.8.1　对象信息

选择“菜单”→“信息”→“对象”命令，系统会列出所有对象的信息。用户也可查询指定对象的信息，如点、直线和艺术样条等。

1）点。当获取点时，系统除了列出一些共同信息之外，还会列出点的坐标值。

2）直线。当获取直线时，系统除了列出一些共同信息之外，还会列出直线的长度、角度、起点坐标、终点坐标等信息。

3）艺术样条。当获取艺术样条时，系统除列出一些共同信息之外，还会列出艺术样条的属主部件、属主图层、特征状态等信息，如图 1-52 所示。获取信息后，对绘图区的图像可按 F5 键或“刷新”命令来刷新屏幕。

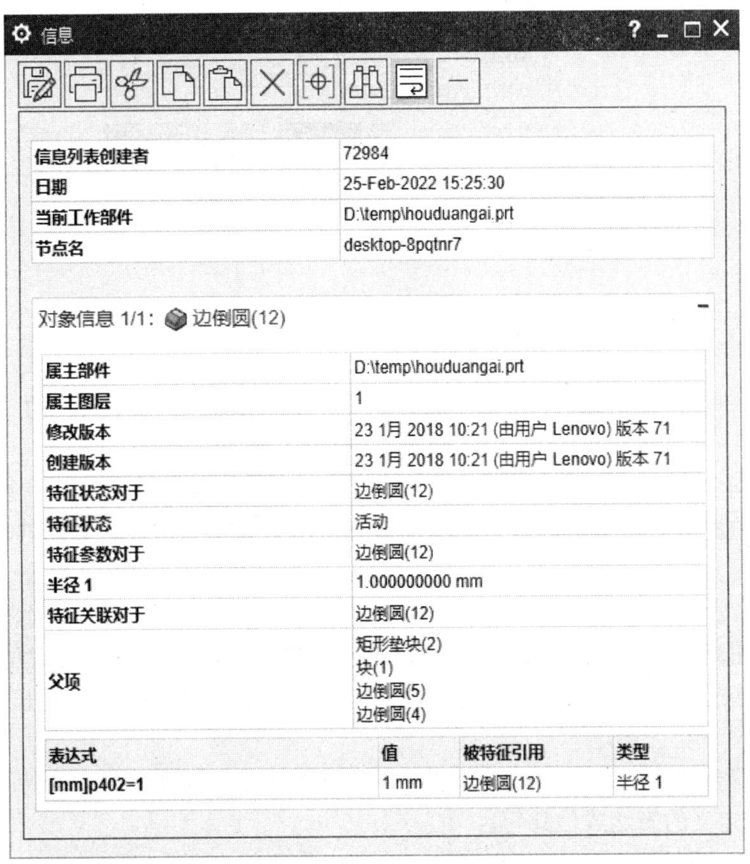

图 1-52　“信息”对话框

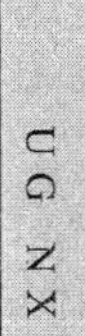

1.8.2　点信息

选择“菜单”→“信息”→“点”命令，弹出如图 1-53 所示的“点”对话框，其中列出了指定点的信息。

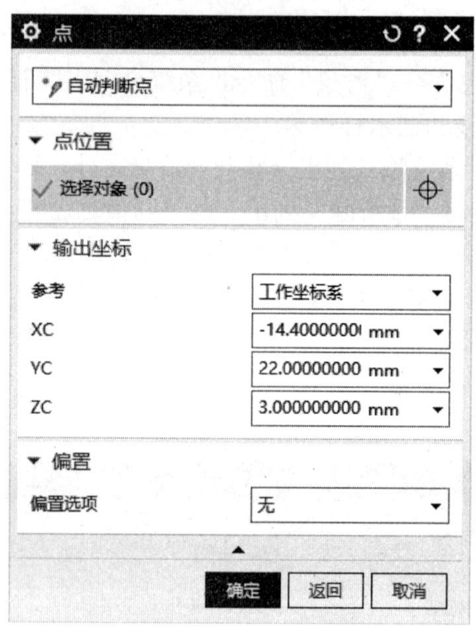

图 1-53　“点”对话框

1.8.3　表达式信息

选择“菜单”→“信息”→“表达式”命令之后弹出如图 1-54 所示的“表达式”子菜单。其相关功能如下：

1）全部列出：表示在信息窗口中列出当前工作部件中的所有表达式信息。

2）列出装配中的所有表达式：表示在信息窗口中列出当前显示装配件的每一组件中的表达式信息。

3）列出会话中的全部：表示在信息窗口中列出当前操作中的每一部件的表达式信息。

4）按草图列出表达式：表示在信息窗口中列出选择草图中的所有表达式信息。

5）列出装配约束：表示如果当前部件为装配件，则在信息窗口中列出其匹配的约束条件信息。

6）按引用全部列出：表示在信息窗口中列出当前工作部件中包含的特征、草图、匹配约束条件、用户定义的表达式信息等。

7）列出所有测量：表示在信息窗口中列出工作部件中所有几何测量表达式及相关信息，如测量类型和被特征引用情况等。

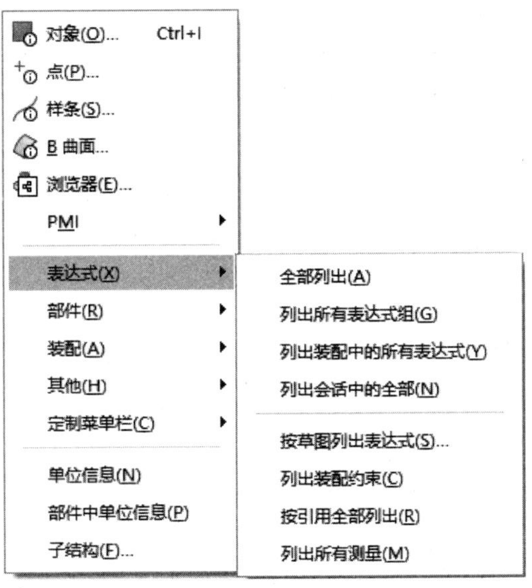
对象(O)... Ctrl+I
点(P)...
样条(S)...
B 曲面...
浏览器(E)...
PMI
表达式(X)
部件(R)
装配(A)
其他(H)
定制菜单栏(C)
单位信息(N)
部件中单位信息(P)
子结构(F)...
全部列出(A)
列出所有表达式组(G)
列出装配中的所有表达式(Y)
列出会话中的全部(N)
按草图列出表达式(S)...
列出装配约束(C)
按引用全部列出(R)
列出所有测量(M)

图 1-54　“表达式”子菜单

第2章

曲线

曲线是UG建模的基础，利用UG的曲线功能可以建立点、直线、圆弧、圆锥曲线和样条曲线等。

本章将介绍建模模块中建立曲线、曲线操作以及编辑曲线的方法。

重点与难点

- 曲线种类
- 曲线操作
- 曲线编辑

UG NX

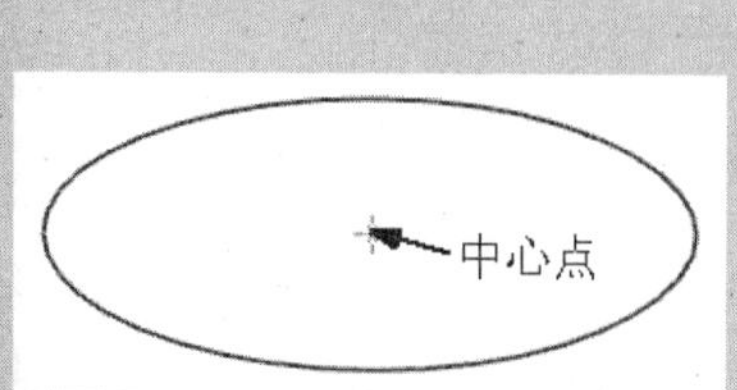

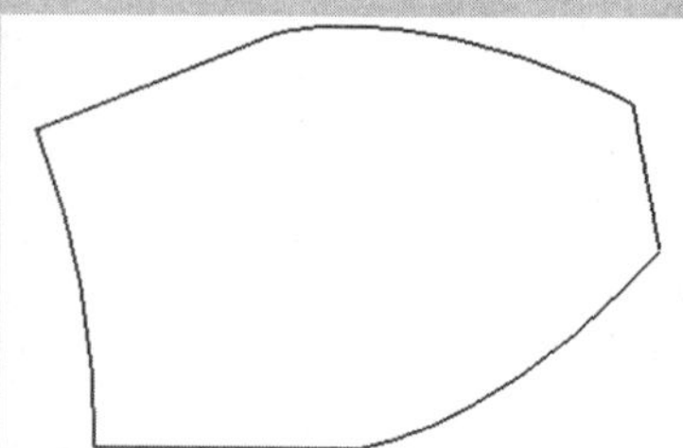

2.1 曲线种类

2.1.1　点

选择“菜单”→“插入”→“基准”→“点”命令，或单击“曲线”选项卡中的“基本”组→“点下拉菜单”中的“点”图标＋，弹出如图 2-1 所示的“点”对话框。

1）类型：可以在“类型”下拉列表框中选择点的捕捉方法。

2）输出坐标：

可以在如图 2-1 所示的对话框中的“XC”“YC”和“ZC”文本框中输入坐标值来确定点，还可以在“参考”下拉列表中选择一种方式来指定点的位置。

当用户选择“工作坐标系”选项时，在文本框中输入的坐标值是对应于工作坐标系的，这个坐标系是系统提供的一种坐标功能，可以任意移动和旋转，而点的位置和当前的工作坐标相关。当用户选中“绝对坐标系-工作部件”或者“绝对坐标系-显示部件”时，坐标文本框的标识变为“X、Y、Z”，此时输入的坐标值为绝对坐标值，它是对应于绝对坐标系的，这个坐标系是系统默认的坐标系，其原点与轴的方向永远保持不变。

3）设置：设置点之间是否关联。

2.1.2　点集

选择“菜单”→“插入”→“基准”→“点集”命令，或单击“曲线”选项卡，选择“基本”组→“点下拉菜单”中的“点集”图标⁺⁺₊，弹出如图 2-2 所示的“点集”对话框。

（1）曲线点：用于在曲线上创建点集。

曲线点产生方法：在该下拉列表中可选择曲线上点的创建方法。下拉列表中的选项包括：

- 等弧长：用于在点集的起始点和结束点之间按点间等弧长来创建指定数目的点集。
- 等参数：用于以曲线曲率的大小来确定点集的位置。曲率越大，产生点的距离越大，反之则越小。
- 几何级数：选择“几何级数”，则在该对话框中会增加一个比率文本框。在设置完其他参数数值后，还需要指定一个比率值，用来确定点集中彼此相邻的后两点之间的距离与前两点距离的倍数。
- 弦公差：根据所给出弦公差的大小来确定点集的位置。弦公差值越小，产生的点数越多，反之则越少。
- 增量弧长：用于输入各点之间的路径长度。弧长距离必须小于或等于所选择曲线的长度，并且大于 0。当选择曲线时，会显示其圆弧总长度，此时可以输入弧长（两点之间所需的路径长度）。总的点数和部分弧长（剩余的路径长度值）将基于输入的弧长和选中曲线的圆弧总长度来计算。
- 投影点：用于利用一个或多个放置点向选定的曲线做垂直投影，在曲线上生成点集。

- 曲线百分比：用于通过曲线上的百分比位置来确定一个点集。

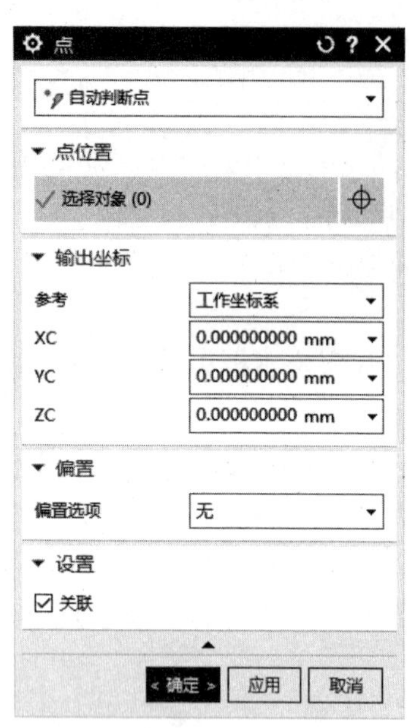

图 2-1 “点”对话框

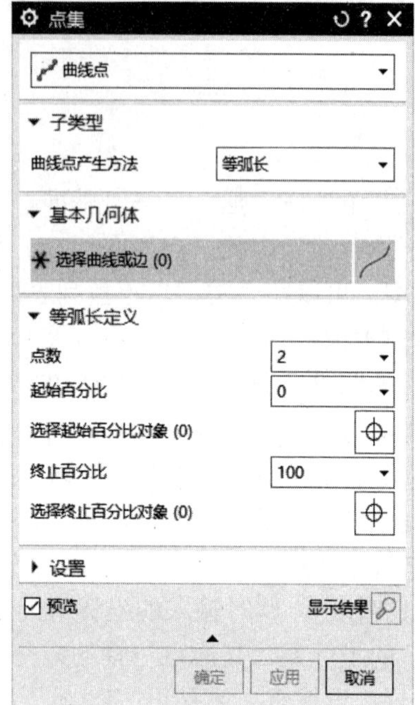

图 2-2 “点集”对话框

（2）样条点：用于利用绘制样条曲线时的定义点来创建点集。选择该类型，按照系统提示选取曲线，然后根据这条样条曲线的定义点来创建点集。

样条点类型：在该下拉列表中可选择样条曲线上点的创建类型。下拉列表中的选项包括：

- 定义点：用于利用绘制样条曲线时的定义点来创建点集。
- 结点：用于利用绘制样条曲线时的节点来创建点集。
- 极点：用于利用绘制样条曲线时的极点来创建点集。

（3）面的点：用于产生曲面上的点集。选择该类型后的对话框如图 2-3 所示。

1）阵列定义：用于设置曲面上点集的点数。点集分布在曲面的 U 和 V 方向上，在“U 向”和“V 向”文本框中分别输入用户所需的点数。

2）阵列限制：用于设置点集的边界。

- 对角点：用于以对角点方式来限制点集的分布范围。选中该单选按钮时，按照系统提示在绘图区中选取一点，完成后再选取另一点，即可以这两点为对角点设置点集的边界。
- 百分比：用于以曲面参数百分比的形式来限制点集的分布范围。选中该单选按钮时，可在如图 2-3 所示对话框中的“起始 U 值”“终止 U 值”“起始 V 值”和“终止 V 值”文本框中分别输入相应数值来设置对应于选定曲面 U、V 方向的点集的分布范围。

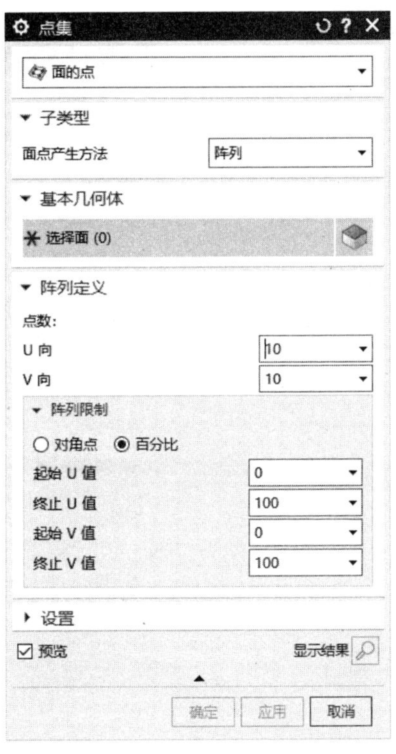

图 2-3　“点集”对话框

2.1.3　直线和圆弧

绘制直线的方式主要有三种：一是选择“菜单”→“插入”→“曲线”→“直线”命令；二是选择“菜单”→“插入”→“曲线”→“直线和圆弧”命令，再选择用户所需的选项；三是选择“菜单”→“插入”→“曲线”→“基本曲线（原有）”命令。同样，圆弧的绘制也有类似的三种方式。下面介绍绘制直线和圆弧的第一种方式。

（1）直线。选择“菜单”→“插入”→“曲线”→“直线”命令或单击“曲线”选项卡中的“基本”组→“直线”图标/，打开如图 2-4 所示的“直线”对话框。

1）开始：用于设置直线的起点形式。

2）结束：用于设置直线的终点形式和方向。

3）支持平面：用于设置直线平面的形式，有“自动平面”“锁定平面”和“选择平面”三种方式。

4）限制：用于设置直线的点的起始位置和结束位置，有“值”“在点上”和“直至选定”三种限制方式。

5）关联：勾选该复选框，可设置直线之间相互关联。

（2）圆弧。选择“菜单”→“插入”→“曲线”→“圆弧/圆”命令或单击“曲线”选项卡中的“基本”组→“圆弧/圆”图标，打开如图 2-5 所示的“圆弧/圆”对话框。

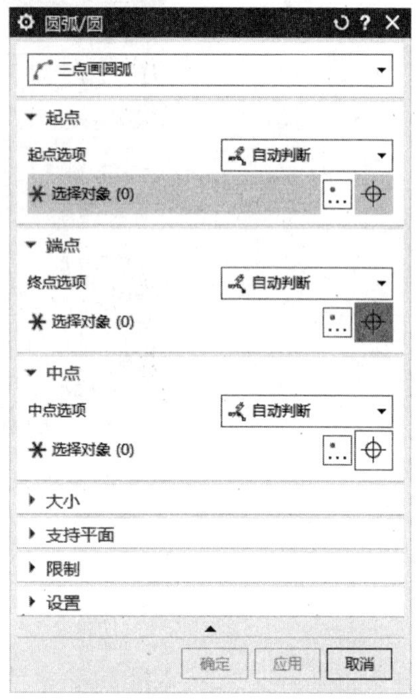

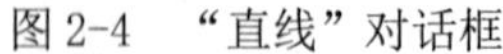
图 2-4 “直线”对话框　　　　图 2-5 “圆弧/圆”对话框

圆弧/圆的绘制类型包括“三点画圆弧”和“从中心开始的圆弧/圆”两种类型。“圆弧/圆”对话框中的其他参数的含义和“直线”对话框中的相应部分相同。

2.1.4 基本曲线

选择“菜单”→“插入”→“曲线”→“基本曲线（原有）”命令，或单击“曲线”选项卡中的“基本曲线（原有）”图标，弹出如图 2-6 所示的“基本曲线”对话框和如图 2-7 所示的“跟踪条”对话框。

（1）直线：

1）无界：勾选该复选框，可绘制一条无界直线。只有取消“线串模式”勾选，该选项才能被激活。

2）增量：用于以增量形式绘制直线，给定起点后，可以直接在绘图区指定结束点，也可以在“跟踪条”对话框中输入结束点相对于起点的增量。

3）点方法：在下拉列表框中可选择设置点的方式。

4）线串模式：勾选该复选框，绘制连续曲线，直到单击“打断线串”按钮为止。

5）锁定模式：在画一条与绘图区中的已有直线相关的直线时，如果涉及对其他几何对象的操作，使用“锁定模式”可以记住开始选择对象的关系，随后可以选择其他直线。

6）平行于：用来绘制平行于“XC”轴、“YC”轴和“ZC”轴的平行线。

7）按给定距离平行于：用来绘制多条平行线。其选项包括：

- 原始的：生成的平行线始终是对应于用户选定的曲线。通常只能生成一条平行线。
- 新的：生成的平行线始终对应于在它前一步生成的平行线，通常用来生成多条等距离的平行线。

图 2-6　“基本曲线”对话框

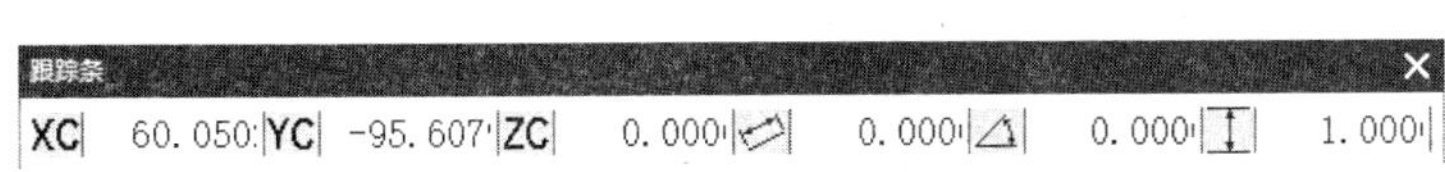

图 2-7　“跟踪条”对话框

（2）圆弧：单击图标，打开如图 2-8 所示的“基本曲线”对话框和如图 2-9 所示的“跟踪条”对话框。

1）整圆：勾选该复选框，可绘制一个整圆。

2）增量：在画弧过程中确定大圆弧或小圆弧。

3）创建方法：通过“起点，终点，圆弧上的点”和“中心点，起点，终点”两种方法创建圆弧。

其他参数的含义和如图 2-6 所示对话框中的含义相同。

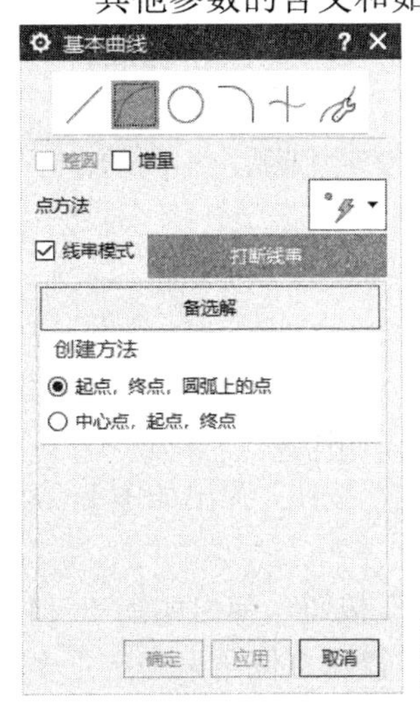

图 2-8　“基本曲线”对话框

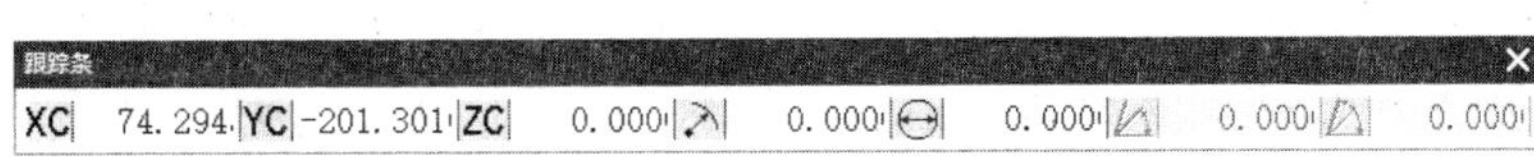

图 2-9　“跟踪条”对话框

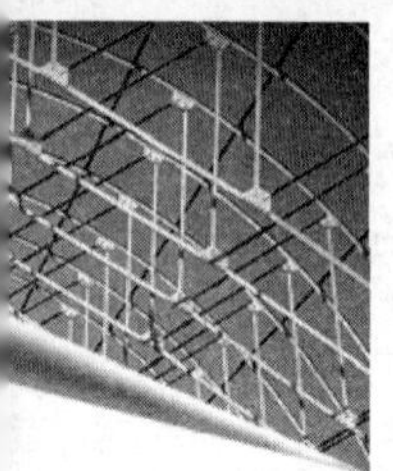
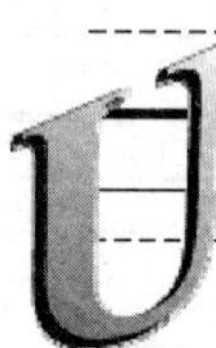

（3）圆：单击○图标，打开的“基本曲线”对话框如图 2-10 所示。

1）绘制圆的方法：先指定圆心，然后指定半径或直径来绘制圆。

2）多个位置：当在绘图区绘制了一个圆后，勾选该复选框，在绘图区指定圆心后可生成与已绘制圆同样大小的圆。

（4）圆角：在如图 2-10 所示的对话框中单击⌒图标，弹出如图 2-11 所示的“曲线倒圆”对话框。曲线倒圆方法有：

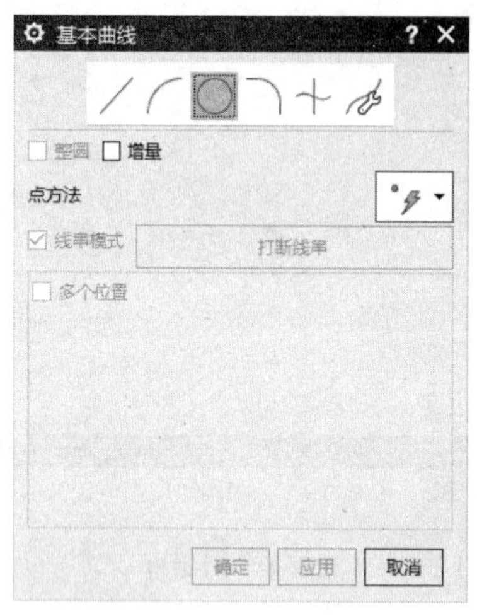

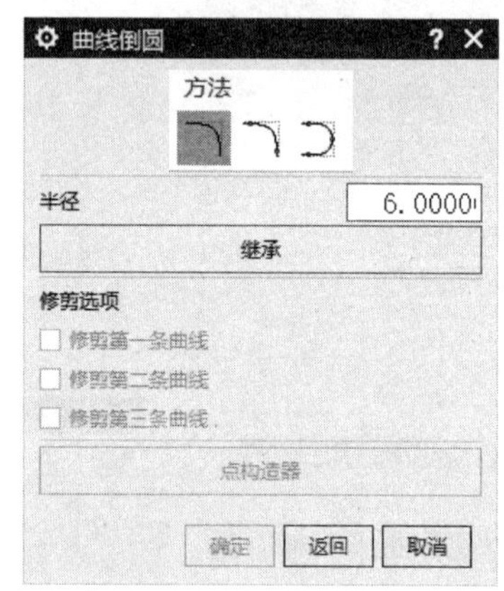

图 2-10 “基本曲线”对话框

图 2-11 “曲线倒圆”对话框

1）⌒简单圆角：只能用于对直线的倒圆。其创建步骤如下：

- 在如图 2-11 所示的对话框中的“半径”文本框中输入数值，或单击“继承”按钮，在绘图区选择已存在的圆弧，则倒圆的半径和所选圆弧的半径相同。
- 单击两条直线的倒圆处，生成倒圆并同时修剪直线。

2）⌒曲线圆角：不仅可以对直线倒圆，也可以对曲线倒圆，圆弧按照选择曲线的顺序逆时针产生。在生成圆弧时，用户也可以通过“修剪选项”选项来决定在倒圆角时是否修剪曲线。

3）⊃曲线圆角：同⌒曲线圆角一样，按照选择曲线的顺序逆时针产生圆弧，不同的是不需用户输入倒圆半径，系统自动计算半径值。

2.1.5 多边形

选择“菜单”→“插入”→“曲线”→“多边形(原有)”命令，弹出如图 2-12 所示的“多边形”对话框。在该对话框中的“边数”文本框中输入数值，单击“确定”按钮，弹出如图 2-13 所示的“多边形”生成方式对话框。

1）内切圆半径。在如图 2-13 所示的对话框中单击“内切圆半径”按钮，弹出如图 2-14 所示的“多边形”输入参数对话框，在该对话框中输入多边形内切圆半径和方位角来确定正多边形的形状，单击“确定”按钮，弹出“点”对话框，指定一点作为正多边形的中心位置，单击“确定”按钮，创建多边形。

图 2-12　“多边形”对话框

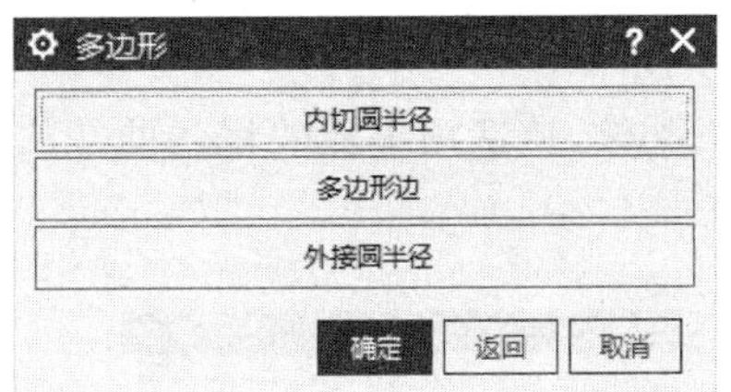

图 2-13　“多边形”生成方式对话框

2）多边形边。在如图 2-13 所示的对话框中单击“多边形边”按钮，弹出如图 2-15 所示的“多边形”输入参数对话框，在该对话框中输入的多边形边(侧)和方位角来确定正多边形的形状，单击“确定”按钮，弹出“点”对话框，指定一点作为正多边形的中心位置，单击“确定”按钮，创建多边形。

图 2-14　“多边形”输入参数（内切圆半径）对话框

图 2-15　“多边形”输入参数（侧）对话框

3）外接圆半径。在如图 2-13 所示的对话框中单击“外接圆半径”按钮，弹出如图 2-16 所示的“多边形”输入参数对话框，在该对话框中输入用户指定的外接圆半径和方位角来确定正多边形的形状，单击“确定”按钮，弹出“点”对话框，指定一点作为正多边形的中心位置，单击“确定”按钮，创建多边形。

图 2-16　“多边形”输入参数（外接圆半径）对话框

2.1.6　艺术样条

选择“菜单”→“插入”→“曲线”→“艺术样条”命令，即可弹出如图 2-17 所示的对话框。

UG 中生成的所有样条都是非均匀有理 B 样条。系统提供了两种生成 B 样条的方式。

1．类型

系统提供了“根据极点”和“通过点”两种方法来创建艺术样条曲线。

（1）根据极点：该选项中所给定的数据点称为曲线的极点或控制点。样条曲线靠近它的各个极点，但通常不通过任何极点（端点除外）。使用极点可以对曲线的总体形状和特征进行更

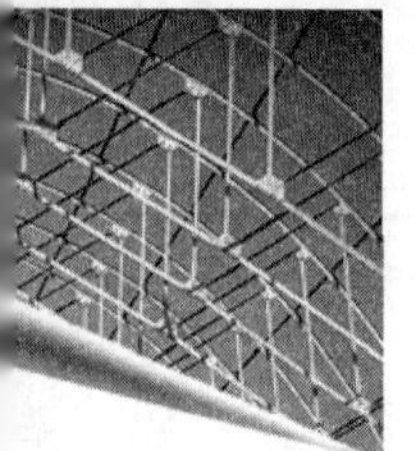

好的控制。该选项还有助于避免曲线中多余的波动（曲率反向）。选择“根据极点”后的对话框如图 2-17 所示。

（2）通过点：该选项生成的样条曲线将通过一组数据点。“通过点”后的对话框如图 2-18 所示。

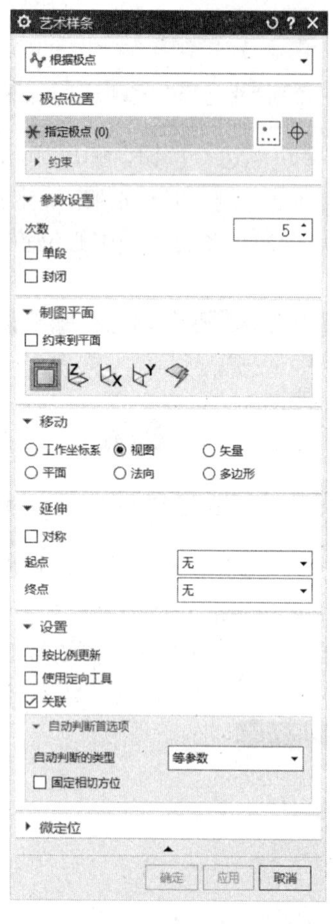

图 2-17　“艺术样条”对话框

图 2-18　“通过点”类型对话框

2. 点/极点位置

定义样条点或极点位置。

3. 参数设置

该项可调节曲线类型和次数以改变样条曲线。

（1）单段：样条可以生成为“单段”，每段限制为 25 个点。“单段”样条为 Bezier 曲线。

（2）封闭：通常样条是非闭合的，曲线开始于一点，而结束于另一点。选择“封闭”选项可以生成开始和结束于同一点的封闭样条。该选项仅可用于多段样条。当生成封闭样条时，不必将第一个点指定为最后一个点，样条会自动封闭。

（3）次数：这是一个代表定义曲线的多项式次数的数学概念。次数通常比样条线段中的点数小 1，因此样条的点数不得少于次数。UG 样条的次数必须介于 1 和 24 之间。但是建议用户在生成样条时使用三次曲线（次数为3）。

4．制图平面

该项可以选择和创建艺术样条所在平面，可以绘制指定平面的艺术样条。

5．移动

在指定的方向上或沿指定的平面移动样条点和极点。

（1）工作坐标系：在工作坐标系的指定 X、Y、Z 方向上或沿工作坐标系的一个主平面移动点或极点。

（2）视图：相对于视图平面移动极点或点。

（3）矢量：用于定义所选极点或多段线的移动方向。

（4）平面：选择一个基准平面、基准坐标系或使用指定平面来定义一个平面，可在其中移动选定的极点或多段线。

（5）法向：沿曲线的法向移动点或极点。

6．延伸

（1）对称：勾选此复选框，可在所选样条的指定开始和结束位置上展开对称延伸。

（2）起点/终点：

1）无：不创建延伸。

2）按值：用于指定延伸的值。

3）按点：用于定义延伸的位置。

7．设置

（1）自动判断的类型：

1）等参数：将约束限制为曲面的 U 向和 V 向。

2）截面：允许约束同任何方向对齐。

3）法向：根据曲线或曲面的正常法向自动判断约束。

4）垂直于曲线或边：从点附着对象的父级自动判断 G1（相切）、G2（曲率）或 G3（流）约束。

（2）固定相切方位：勾选此复选框，与邻近点相对的约束点的移动不会影响方位，并且方向保留为静态。

2.1.7　螺旋

选择“菜单”→“插入”→“曲线”→“螺旋”命令或单击“曲线”选项卡中的“高级”组→“螺旋”图标，弹出如图 2-19 所示的“螺旋”对话框。

（1）类型。包括“沿矢量”和“沿脊线”两种。

（2）方位。用于设置螺旋线指定方向的偏转角度。

（3）大小。用于设置螺旋线旋转半径的方式及大小。

1）规律类型：螺旋曲线每圈半径或直径按照指定的规律变化。

2）值：螺旋曲线每圈半径或直径按照规律类型变化。

（4）步距。用于设置螺旋线每圈之间的导程。

（5）长度。按照圈数或起始/终止限制来指定螺旋线长度。

（6）旋转方向。用于指定绕螺旋轴旋转的方向，分为“左手”和“右手”两种。

图 2-19　“螺旋”对话框

2.1.8　椭圆

选择“菜单”→“插入”→“曲线”→“椭圆(原有)”命令，或单击“曲线”选项卡中的“椭圆（原有)”” 图标◯，弹出“点”对话框，选择椭圆中心点后弹出“椭圆”对话框，如图 2-20 所示。在其中输入参数后，单击“确定”按钮，生成的椭圆如图 2-21 所示。

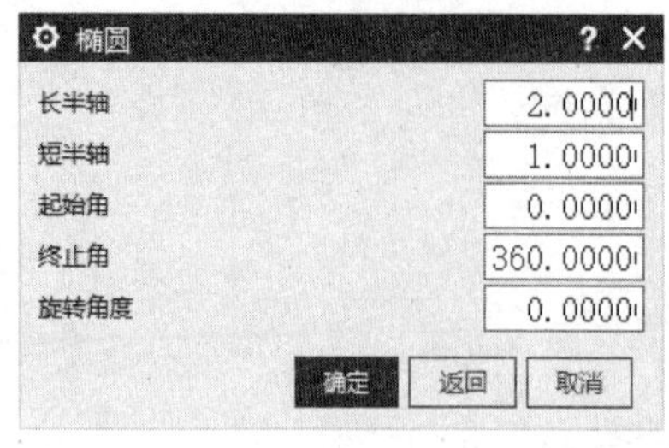

图 2-20　“椭圆”对话框

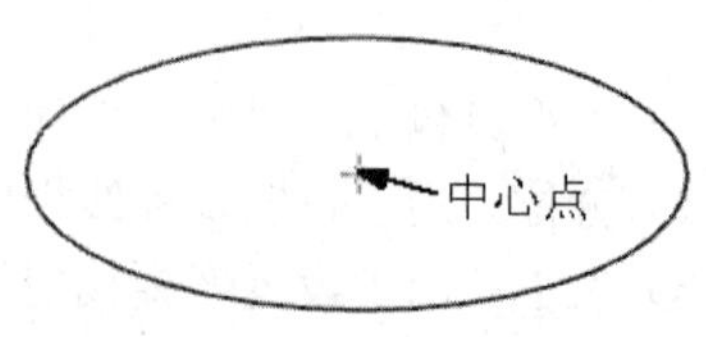

图 2-21　生成椭圆

2.1.9 抛物线

单击“曲线”选项卡中的“非关联”组→“抛物线”图标，系统首先弹出“点”对话框，选择抛物线中心点后。系统弹出“抛物线”对话框，如图 2-22 所示。输入参数后，单击“确定”按钮，生成的抛物线如图 2-23 所示。

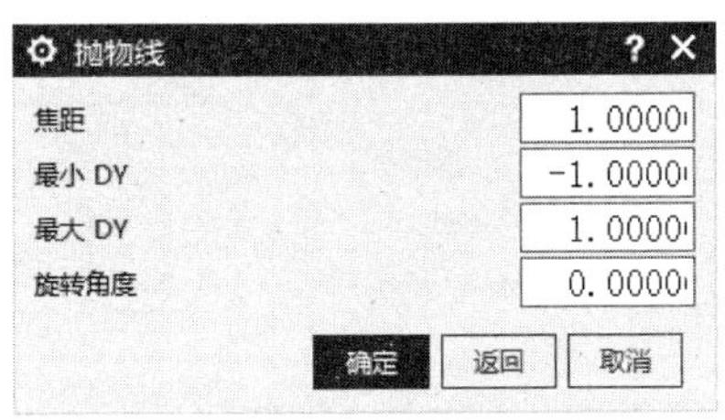

图 2-22 “抛物线”对话框

图 2-23 抛物线

2.1.10 双曲线

单击“曲线”选项卡中的“非关联”组→“双曲线”图标，系统弹出“点”对话框，选择双曲线中心点后系统弹出“双曲线”对话框，如图 2-24 所示。在其中输入参数后，单击“确定”按钮，生成的双曲线如图 2-25 所示。根据定义，双曲线包含两条曲线，分别位于中心的两侧。在 UG NX 中，只绘制其中的一条曲线。

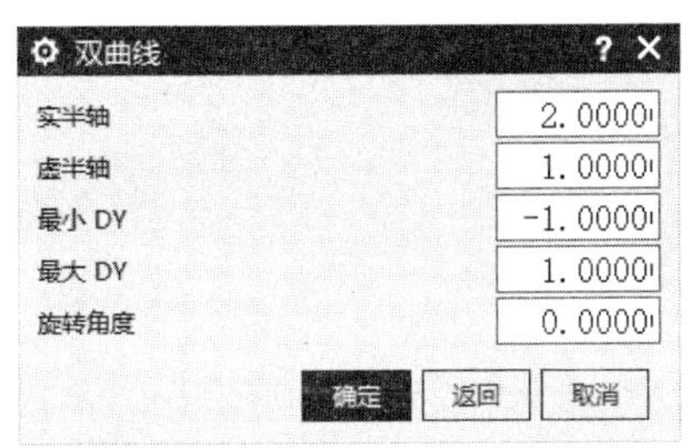

图 2-24 “双曲线”对话框

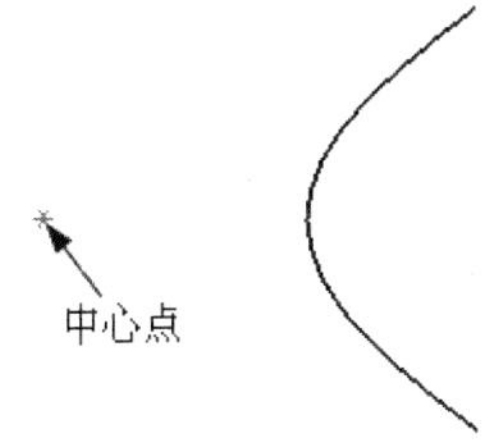

图 2-25 生成双曲线

2.1.11 规律曲线

选择“菜单”→“插入”→“曲线”→“规律曲线”命令或单击“曲线”选项卡中的“高级”组→“更多”库→“高级”库中的“规律曲线”图标，弹出如图 2-26 所示的“规律曲线”对话框。

1）恒定。定义某分量是常值。曲线在三维坐标系中表示为二维曲线。选择该选项，可在如图 2-27 所示的对话框中输入参数值。

2）线性。定义曲线某分量的变化按线性变化。选择该选项，显示如图 2-28 所示的对话

框。在该对话框中指定起点和终点，曲线的某分量就会在起点和终点之间按线性规律变化。

图 2-26 “规律曲线”对话框

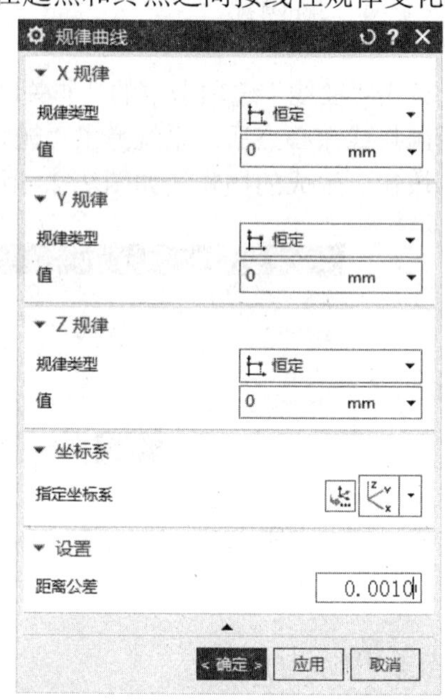

图 2-27 “规律类型”为“恒定”

图 2-28 “规律类型”为“线性”

3）三次。定义曲线某分量按三次多项式变化。

4）沿脊线的线性。利用两个点或多个点沿脊线线性变化。当选择脊线后，可以指定若干个点，每个点都对应一个数值。

5）沿脊线的三次。利用两个点或多个点沿脊线三次多项式变化。当选择脊线后，可以指定若干个点，每个点都对应一个数值。

6）根据方程。利用表达式或表达式变量定义曲线某分量。在使用该选项前，应先在工具表达式中定义表达式或表达式变量。

7）根据规律曲线。选择一条已存在的光滑曲线定义规律曲线。在选择了这条曲线后，系统还需用户选择一条直线作为基线，为规律曲线定义一个矢量方向。如果用户未指定基线，则系统会默认选择绝对坐标系的 X 轴作为规律曲线的矢量方向。

2.1.12　文本

选择“菜单”→“插入”→“曲线”→“文本”命令或单击“曲线”选项卡中的“基本”组→“文本”图标A，打开如图 2-29 所示的“文本”对话框。在该对话框中可以给指定的几何体创建文本。给圆弧创建的文本如图 2-30 所示。

图 2-29　“文本”对话框

图 2-30　给圆弧创建文本

2.2　曲线操作

2.2.1　相交曲线

相交曲线是利用两个曲面相交生成交线。选择“菜单”→“插入”→“派生曲线”→“相交曲线”命令或单击“曲线”选项卡中的“派生”组→“相交曲线”图标，弹出如图 2-31 所示的“相交曲线”对话框。在该对话框中可以创建两组对象的交线，各组对象可以为一个或

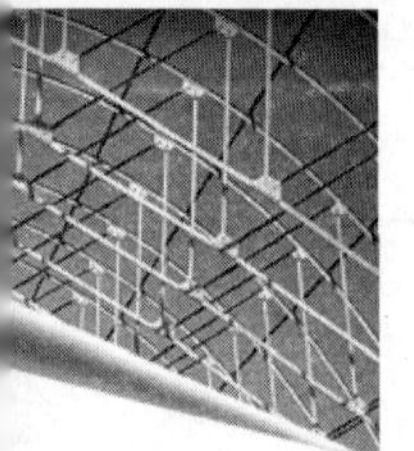

者多个曲面（若为多个曲面必须属于同一实体）和参考面，或片体，或实体。

图 2-31 “相交曲线”对话框

1）第一组：用于确定欲产生交线的第一组对象。

2）指定平面：用于设定第一组或第二组对象的选择范围为平面或参考面或基准面。

3）保持选定：用于设置在单击“应用”按钮后，是否自动重复选择第一组或第二组对象的操作。

4）第二组：用于确定欲产生交线的第二组对象。

5）高级曲线拟合：曲线拟合的阶次。可以选择“三次”“五次”或者“高级”，一般推荐使用三次。

6）距离公差：该选项用于设置距离公差。其默认值是在建模预设置对话框中设置的。

7）关联：用于指定相交曲线是否关联。当对源对象进行更改时，关联的相交曲线会自动更新。该复选框默认设置为勾选。

2.2.2 截面曲线

选择“菜单”→“插入”→“派生曲线”→“截面曲线”命令或单击“曲线”选项卡中的“派生”组→“更多”库→“从体”库中的“截面曲线”图标，弹出如图 2-32 所示的“截面曲线”对话框。在该对话框中可设定与选定的表面或平面等对象相交的截面，生成相交的几何对象。一个平面与曲线相交会建立一个点，一个平面与一表面或一平面相交会建立一截面曲线。

（1）选定的平面。在绘图区选择已有平面作为截面。

（2）平行平面。设置一组等间距的平行平面作为截面。选择该选项，打开的对话框如

图 2-33 所示。

图 2-32　“截面曲线”对话框

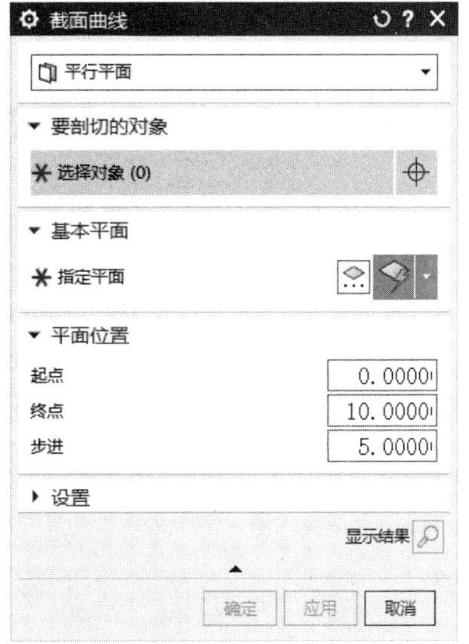

图 2-33　选择“平行平面”选项

1）起点：表示起始平行平面和基准平面的间距。

2）终点：表示终止平行平面和基准平面的间距。

3）步进：表示平行平面的间距。

（3）径向平面。设定一组等角度扇形展开的放射面作为截面。选择该选项后，打开的对话框如图 2-34 所示。

（4）垂直于曲线的平面。设定一个或一组与选定曲线垂直的平面作为截面。选择该选项后，打开的对话框如图 2-35 所示。

2.2.3　抽取曲线

选择“菜单”→“插入”→“派生曲线”→“抽取（原有）”命令或单击“曲线”选项卡中的“抽取曲线（原有）”图标，弹出如图 2-36 所示的“抽取曲线”对话框。在该对话框中可设置用于基于一个或多个选定对象的边缘和表面生成曲线的选项。抽取的曲线与原对象无相关性。

1）边曲线。用于抽取表面或实体的边缘。单击该按钮，弹出如图 2-37 所示的“单边曲线”对话框，系统提示用户选择边缘，单击“确定”按钮，完成抽取所选边缘。

2）轮廓曲线。用于从轮廓被设置为不可见的视图中抽取曲线，如抽取球的轮廓线。

3）完全在工作视图中。用于对视图中的所有边缘抽取曲线。此时产生的曲线与工作视图的设置有关。

4）阴影轮廓。用于对选定对象的不可见轮廓线抽取曲线。

5）精确轮廓。使用可产生精确效果的 3D 曲线算法在工作视图中创建显示体轮廓的曲线。

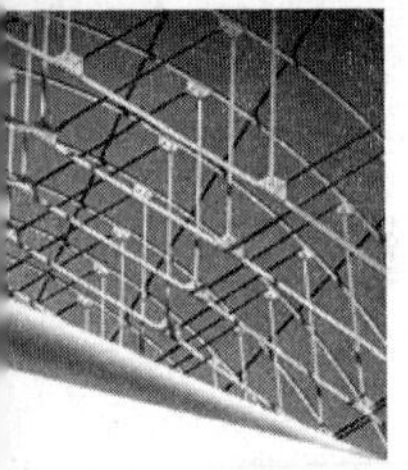

图 2-34　选择“径向平面”选项　图 2-35　选择“垂直于曲线的平面”选项　图 2-36　“抽取曲线”对话框

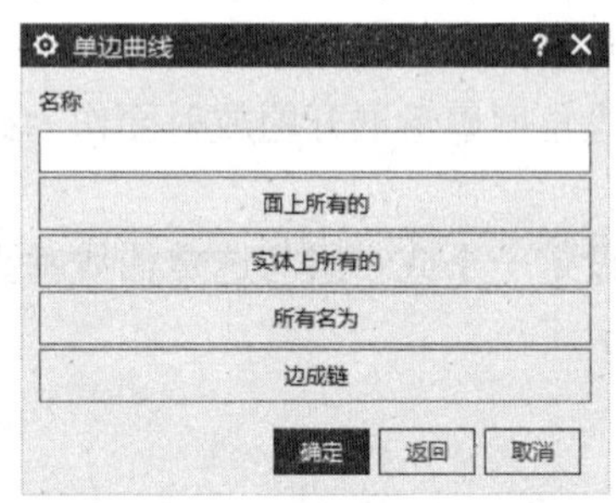

图 2-37　“单边曲线”对话框

2.2.4　偏置曲线

偏置曲线即对已存在的曲线以一定的方式进行偏置得到的新曲线。新得到的曲线与原曲线是相关的，即当原曲线发生改变时，新的曲线也会随之改变。

选择“菜单”→“插入”→“派生曲线”→“偏置”命令或单击“曲线”选项卡中的→“派生”组→“偏置曲线”图标，弹出如图 2-38 所示的“偏置曲线”对话框。其中“类型”下拉列表框中的选项可用于设置曲线的偏置方式。

1）距离。根据给定的偏置距离来偏置曲线。选择该类型后的对话框如图 2-38 所示，在“距离”和“副本数”文本框中输入偏置距离和产生偏置曲线的数量，再设定好其他参数后，即可生成偏置曲线。

2）拔模。选择该类型后的对话框如图 2-39 所示，在“高度”“角度”和“副本数”文本框中分别输入数值，再设置和其他参数，单击“确定”按钮，即可生成偏置曲线。这种方式是将曲线按指定的拔模角度偏置到与曲线所在平面相距拔模高度的平面上。

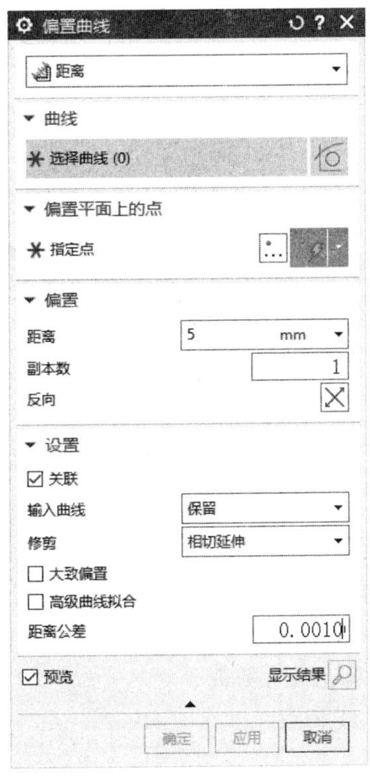

图 2-38　“偏置曲线”对话框

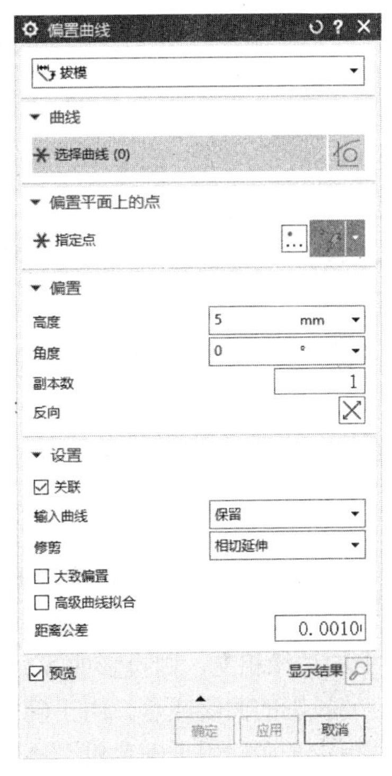

图 2-39　旋转“拔模”类型

3）规律控制。按规律曲线控制偏置距离来偏置曲线。选择该类型后的对话框如图 2-40 所示，从中选择相应的偏置距离的规律控制方式后，逐步按照系统提示进行操作即可生成偏置曲线。

4）3D 轴向。按照三维空间内指定的矢量方向和偏置距离来偏置曲线。用户按照生成矢量的方法指定矢量方向，然后输入需要偏置的距离即可生成相应的偏置曲线。选择该类型后的对话框如图 2-41 所示。

2.2.5　复合曲线

使用复合曲线命令可以创建选择的曲线或边的关联复制曲线。

选择“菜单”→“插入”→“派生曲线”→“复合曲线”命令，弹出如图 2-42 所示的“复合曲线”对话框。其中“曲线”按钮用于选择要复制的曲线，“连结曲线”下拉列表框中的选项可以指定是否要将复合曲线的线段连结成单条曲线。

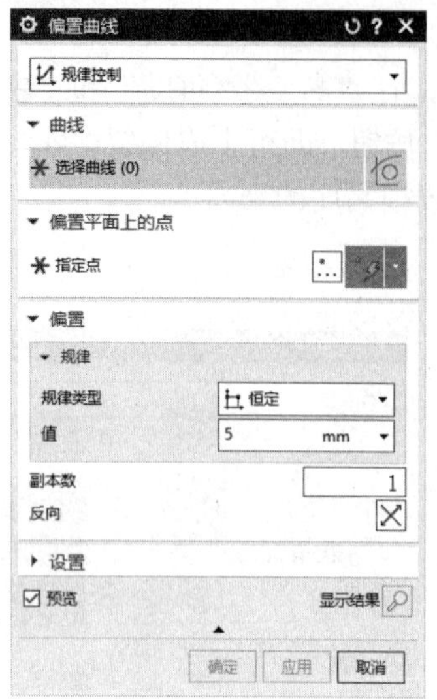

图 2-40　选择“规律控制”类型

图 2-41　选择“3D 轴向”类型

2.2.6　投影

选择“菜单”→“插入”→“派生曲线”→“投影”命令或单击“曲线”选项卡中的“派生”组→“投影曲线”图标，弹出如图 2-43 所示的“投影曲线”对话框。通过设置该对话框中的选项将曲线或点沿某一方向投影到现有曲面、平面或参考平面上。如果投影曲线与面上的孔或面上的边缘相交，则投影曲线会被面上的孔或边缘所剪裁。

（1）要投影的曲线或点。用于确定要投影的曲线和点。

（2）指定平面。用于确定投影所在的面或平面。

（3）方向。用于指定将对象投影到片体、面和平面上时所使用的方向。其下拉列表框中的选项包括：

1）沿面的法向：该选项用于沿着面和平面的法向投影对象。

2）朝向点：该选项可向一个指定点投影对象。对于投影的点，可以在选中点与投影点之间的直线上获得交点。

3）朝向直线：该选项可沿垂直于一指定直线或基准轴的矢量投影对象。对于投影的点，可以在通过选中点垂直于指定直线的直线上获得交点。

4）沿矢量：该选项可沿指定矢量（该矢量是通过“矢量”对话框定义的）投影选中的对象。可以在该矢量指示的单个方向上投影曲线，或者在两个方向（指示的方向和它的反方向）上投影曲线。

5）与矢量成角度：该选项可将选中的曲线按与指定矢量（该矢量是使用矢量构造器定义的）成指定角度的方向投影，。根据选择的角度值（向内的角度为负值），该投影可以相对于曲线的近似形心按向外或向内的角度生成。对于点的投影，该选项不可用。

（4）关联。原曲线保持不变，在投影面上生成的与原曲线相关联的投影曲线也不变，若原曲线发生变化，投影曲线也随之发生变化。

2.2.7　镜像

选择“菜单”→“插入”→“派生曲线”→“镜像”命令或单击“曲线”选项卡中的“派生”组→“更多”库→“复制”库中的“镜像曲线”图标，弹出如图 2-44 所示的“镜像曲线”对话框。

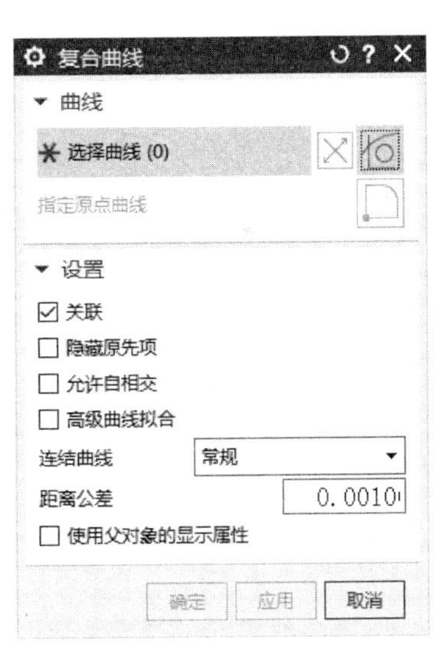

图 2-42　“复合曲线”对话框

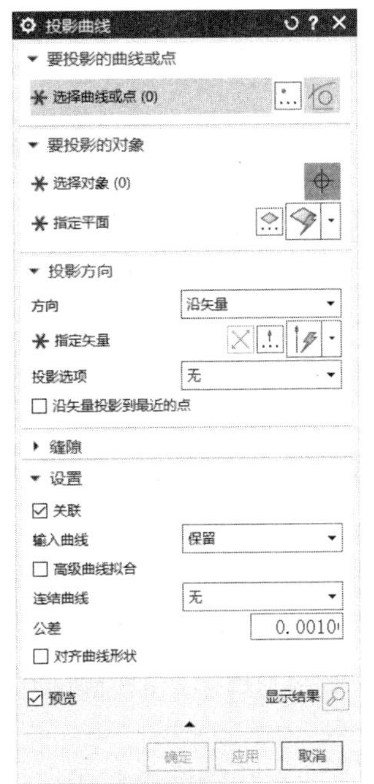

图 2-43　“投影曲线”对话框

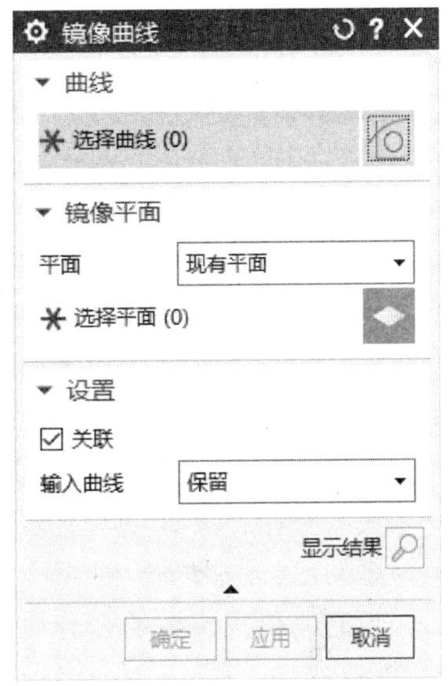

图 2-44　“镜像曲线”对话框

1）曲线：用于确定要镜像的曲线。

2）镜像平面：用于确定镜像的面和基准平面。

2.2.8　桥接

选择“菜单”→“插入”→“派生曲线”→“桥接”命令或单击“曲线”选项卡中的“派生”组中的“桥接”图标，弹出如图 2-45 所示的“桥接曲线”对话框。通过设置该对话框中的选项可将两条不同位置的曲线桥接。

（1）起始对象。用于确定桥接操作的第一个对象。

（2）终止对象。用于确定桥接操作的第二个对象。

（3）连接。

1）连续性：

- G1（相切）：表示桥接曲线与第一条曲线、第二条曲线在连接点处相切连续，且为三

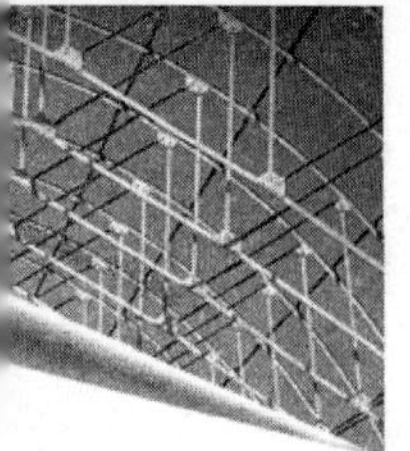

阶样条曲线。

- G2（曲率）：表示桥接曲线与第一条曲线、第二条曲线在连接点处曲率连续，且为五阶或七阶样条曲线。

2）位置：选择位置，再填入百分比，或移动滑尺上的滑块，可确定点在曲线上的百分比位置。

3）方向：基于几何体定义曲线方向。

（4）约束面。用于限制桥接曲线所在面。

（5）半径约束。用于限制桥接曲线的半径的类型和大小。

（6）形状控制

1）相切幅值：通过改变桥接曲线与第一条曲线和第二条曲线连接点的切矢量值，来控制桥接曲线的形状。切矢量值的改变是通过调节“起始”和“结束”滑尺，或直接在“起始”和“结束”下拉列表中选择切矢量值来实现的。

2）深度和歪斜度：当选择该控制方式时，“起始”和“结束”滑尺将切换为“深度”和“歪斜度”滑尺。

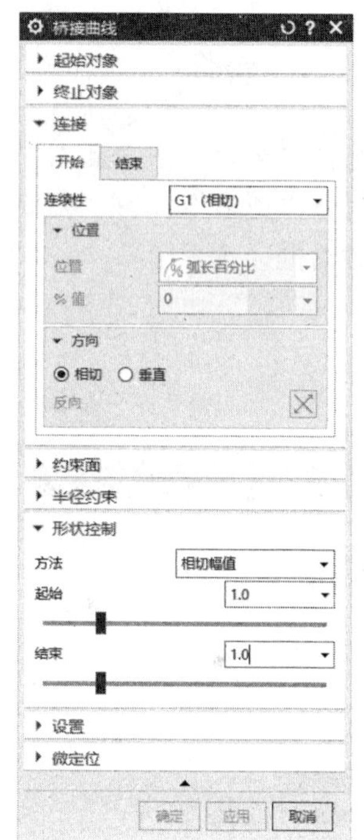

图 2-45 “桥接曲线”对话框

- 深度：是指桥接曲线峰值点的深度，即影响桥接曲线形状的曲率的百分比，其值可通过拖动下面的滑尺或直接在“深度”文本框中输入百分比确定。
- 歪斜度：是指桥接曲线峰值点的倾斜度，即沿桥接曲线从第一条曲线向第二条曲线度量时峰值点位置的百分比。

3）模板曲线：用于选择控制桥接曲线形状的参考样条曲线，是桥接曲线继承的选定参考曲线的形状。

2.2.9 简化

选择“菜单”→“插入”→“派生曲线”→“简化”命令或单击“曲线”选项卡中的“非关联”组→“更多”库→“光顺”库中的“简化曲线”图标，弹出如图 2-46 所示的“简化曲线”对话框。该对话框中的选项可用于以一条最合适的逼近曲线来简化一组选择的曲线，将这组曲线简化为圆弧或直线的组合，即将高次方曲线降成二次或一次方曲线。

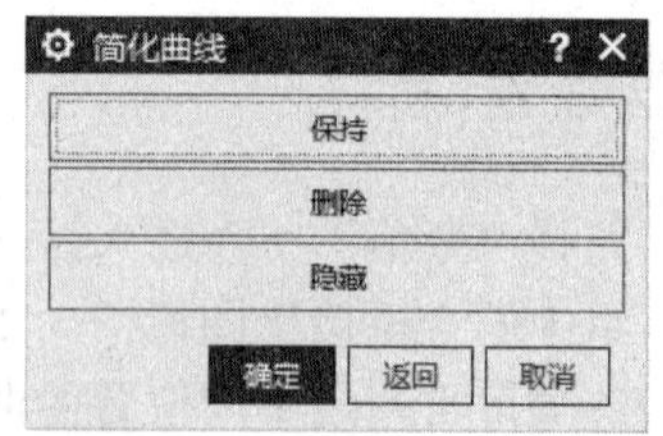

图 2-46 “简化曲线”对话框

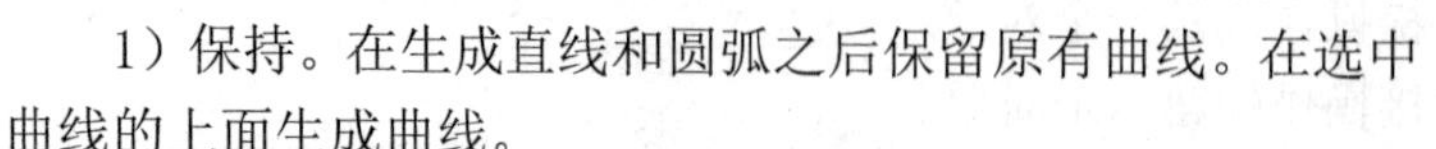

1）保持。在生成直线和圆弧之后保留原有曲线。在选中曲线的上面生成曲线。

2）删除。简化之后删除选中曲线。选中的曲线在删除之后不能再恢复（如果单击快捷访问工具条中的“撤销”按钮，可以恢复原有曲线但不再被简化）。

3）隐藏。生成简化曲线之后，将选中的原有曲线从屏幕上移除，但并未删除。

2.2.10　缠绕/展开

选择“菜单”→“插入”→“派生曲线”→“缠绕/展开曲线”命令或单击“曲线”选项卡中的“派生”组→“更多”库→“从曲线”库中的“缠绕/展开曲线”图标，弹出如图2-47所示的“缠绕/展开曲线”对话框。通过设置该对话框中的选项可将选定曲线由一平面缠绕在一锥面或柱面上生成一缠绕曲线，或将选定曲线由一锥面或柱面展开至一平面生成一条展开曲线。

1）曲线或点。用于确定欲缠绕或展开的曲线和点。

2）面。用于确定被缠绕对象的圆锥或圆柱的实体表面。

3）平面。用于确定产生缠绕的与被缠绕表面相切的平面。

4）切割线角度。用于确定实体在缠绕面上旋转时的起始角度（以缠绕面与被缠绕面的切线为基准来度量），它直接影响到缠绕或展开曲线的形状。下拉列表框中的角度在0°～360°之间。

2.2.11　组合投影

选择“菜单”→“插入”→“派生曲线”→“组合投影”命令或单击“曲线”选项卡中的“派生”组→“更多”库→“从曲线”库中的“组合投影”图标，弹出如图2-48所示的“组合投影”对话框。通过设置该对话框中的选项可将两条选定的曲线沿各自的投影方向投影生成一条新的曲线。需要注意的是，所选两条曲线的投影必须是相交的。

图2-47　“缠绕/展开曲线”对话框

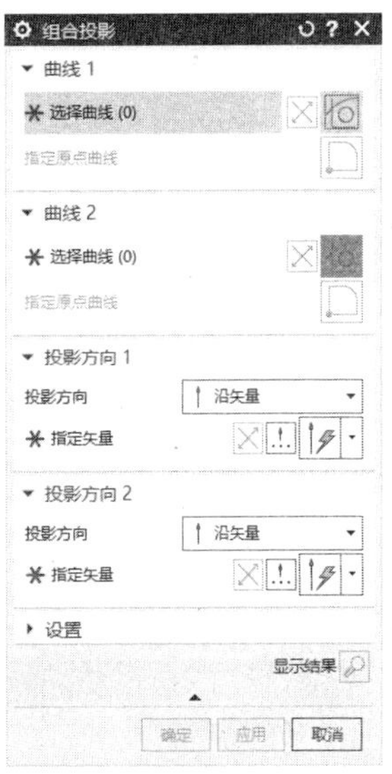

图2-48　“组合投影”对话框

1）曲线1。用于确定欲投影的第一条曲线。

2）曲线2。用于确定欲投影的第二条曲线。

3）投影方向1。用于确定第一条曲线投影的矢量方向。

4）投影方向 2。用于确定第二条曲线投影的矢量方向。

2.3 曲线编辑

2.3.1 编辑曲线参数

选择“菜单”→“编辑”→“曲线”→“参数”命令或单击“曲线”选项卡中的“编辑”组→“更多”库→“形状”库中的“编辑曲线参数”图标，弹出如图 2-49 所示的“编辑曲线参数”对话框。

在对话框中设置完相关的选项后，随后出现的系统提示会因选择编辑的对象类型不同而变化。下面介绍编辑曲线分别是直线、圆弧或圆、样条曲线时的操作方法。

1）编辑直线。当编辑曲线是直线时，可以编辑直线的端点位置和直线参数（长度和角度）。

2）编辑圆弧或圆。当编辑曲线是圆弧或圆时，可以修改圆弧或圆的参数。

3）编辑样条曲线。当选择的编辑曲线是样条曲线时，弹出如图 2-50 所示的“艺术样条”对话框，在该对话框中可修改样条曲线的参数。

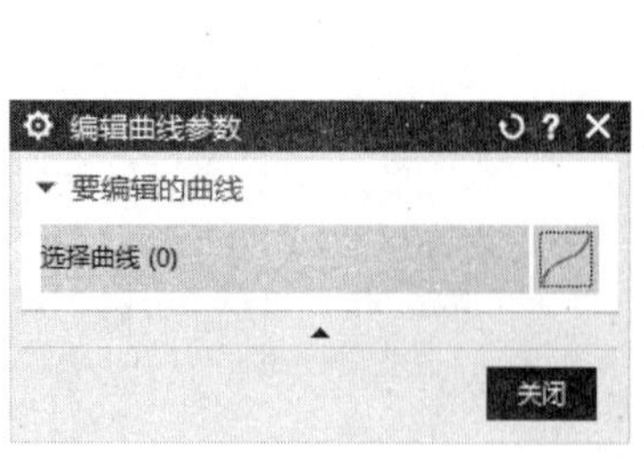

图 2-49 “编辑曲线参数”对话框

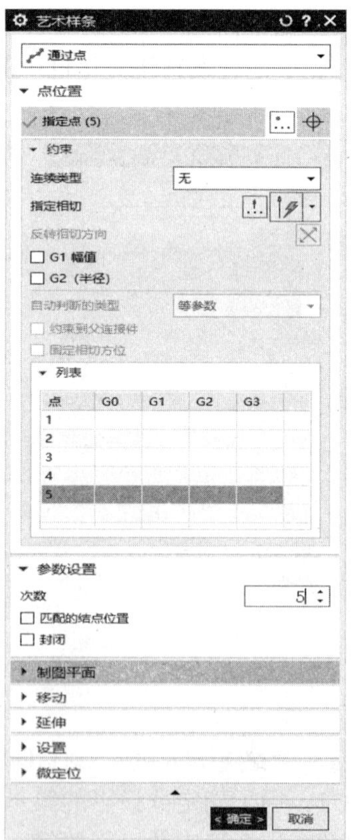

图 2-50 “艺术样条”对话框

2.3.2　修剪曲线

选择“菜单”→“编辑”→“曲线”→“修剪”命令或单击“曲线”选项卡中的“编辑”组中的“修剪曲线”图标，弹出如图2-51所示的“修剪曲线”对话框。

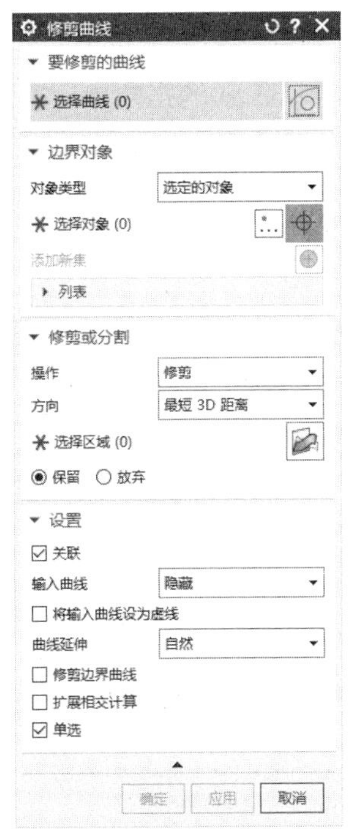

图2-51　“修剪曲线”对话框

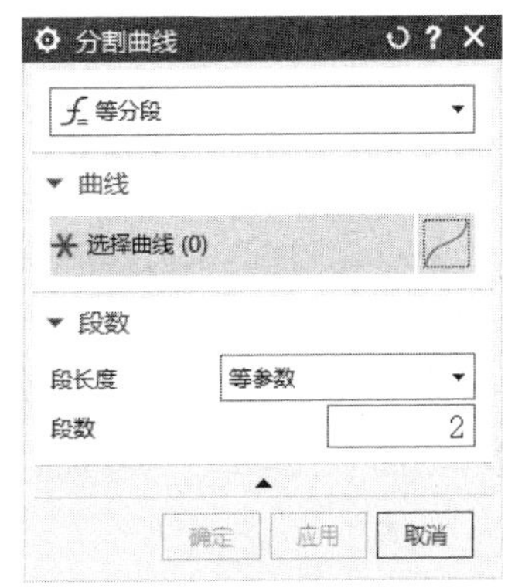

图2-52　“分割曲线”对话框

（1）要修剪的曲线。用于选择一条或多条欲修剪的曲线。

（2）边界对象。用于选择修剪操作的第一边界对象。

（3）方向。该下拉列表中的选项可用于设置边界对象与要修剪曲线的交点的判断方式。包括：

1）最短3D距离：选择该选项，表示系统按边界对象与要修剪的曲线之间的三维最短距离判断两者的交点。

2）沿方向：选择该选项，表示系统按当前方向上的边界对象与要修剪的曲线之间的最短距离判断两者的交点。

2.3.3　分割曲线

选择“菜单”→“编辑”→“曲线”→“分割”命令或单击“曲线”选项卡中“非关联”组中的“分割曲线”图标，弹出如图2-52所示的“分割曲线”对话框。通过设置该对话框中的选项可将指定曲线按指定要求分割成多个曲线段，且每一段为一独立的曲线对象。

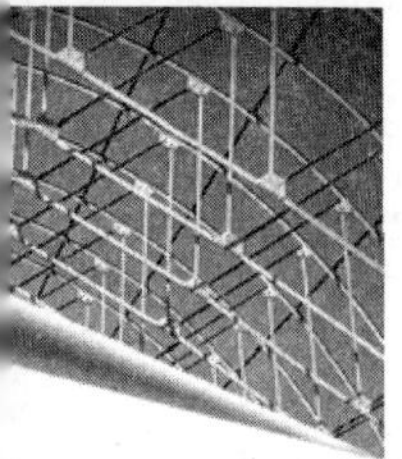

1）等分段。用于将曲线按指定的参数等分成指定的段数。

2）按边界对象。用于以指定的边界对象将曲线分割成多段，曲线在指定的边界对象处断开。边界对象可以是点、曲线、平面或实体表面。

3）弧长段数。用于按照指定每段曲线的长度进行分段。

4）在节点处。用于在指定节点处对样条曲线进行分割，分割后将删除样条曲线的参数。

5）在拐角上。该选项用于在样条曲线的拐角处（斜率方向突变处）对样条曲线进行分割。旋转该选项，再选择要分割的样条曲线，则系统会在样条曲线的拐角处分割曲线。

2.3.4 拉长曲线

选择“菜单”→“编辑”→“曲线”→“拉长（原有）”命令，弹出如图 2-53 所示的“拉长曲线”对话框。通过设置该对话框中的选项可移动或拉伸几何对象。如果选择的是对象的端点，则拉伸该对象；如果选取的是对象端点以外的位置，则移动该对象。

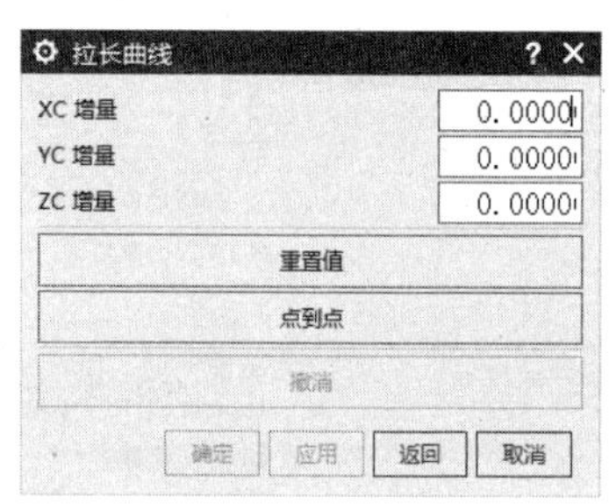

图 2-53 “拉长曲线”对话框

1）XC 增量、YC 增量和 ZC 增量。其文本框用于输入对象分别沿 XC、YC 和 ZC 坐标轴方向移动或拉伸的位移数值。

2）点到点。单击该按钮，弹出“点”对话框，在该对话框中定义一个参考点和一个目标点后，系统将以该参考点至目标点的方向和距离来移动或拉伸对象。

2.3.5 编辑圆角

选择“菜单”→“编辑”→“曲线”→“圆角（原有）”命令，弹出如图 2-54 所示的“编辑圆角”对话框。

（1）自动修剪。系统自动根据圆角来修剪其两条连接曲线。单击该按钮，系统提示依次选择已存在圆角的第一条连接曲线、圆角和第二条连接曲线，接着弹出如图 2-55 所示的“编辑圆角”参数输入对话框。在该对话框中各参数的含义如下：

1）半径：用于设定圆角的新半径值。

2）默认半径：用于设置“半径”文本框中的默认半径。

3）新的中心：勾选该复选框，可以通过设定新的一点改变圆角的大致圆心位置。取消勾选，则仍以当前圆心位置来对圆角进行编辑。

（2）手工修剪。用于在用户的干预下修剪圆角的两条曲线。

（3）不修剪。不修剪圆角的两条连接曲线。

2.3.6 曲线长度

选择“菜单”→“编辑”→“曲线”→“长度”命令或单击“曲线”选项卡中选择“编辑”

组中的“曲线长度”图标，弹出如图 2-56 所示的“曲线长度”对话框。在该对话框中可通过指定弧长增量或总弧长方式来改变曲线的长度。

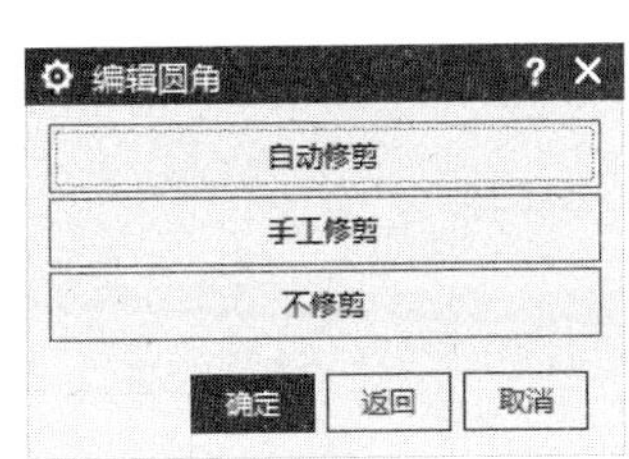

图 2-54　“编辑圆角”对话框

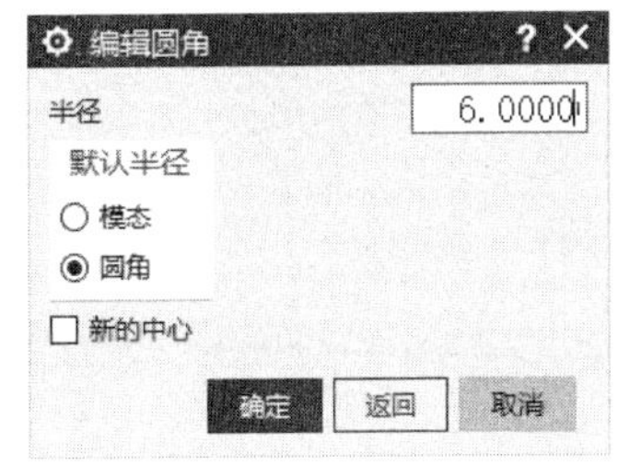

图 2-55　“编辑圆角”参数输入对话框

图 2-56　“曲线长度”对话框

（1）长度。

1）增量：表示以给定弧长增加量或减少量来编辑选定的曲线的长度。选择该选项时，在“限制”选项组中的“开始”和“结束”文本框被激活，在这两个文本框中可分别输入曲线长度在开始和结束时增加或减少的长度值。

2）总计：表示以给定总长来编辑选定曲线的长度。选择该选项，在“限制”选项组中的“总计”文本框被激活，在该文本框中可输入曲线的总长度。

（2）侧。

1）起点和终点：选择该选项，表示从选定曲线的起始点及终点开始延伸。

2）对称：选择该选项，表示从选定曲线的起始点及终点延伸一样的长度值。

2.3.7　光顺样条

选择“菜单”→“编辑”→“曲线”→“光顺样条”命令或单击“曲线”选项卡中的“非关联”组→“更多”库→“光顺”库中的“光顺样条”图标，弹出如图 2-57 所示的“光顺样条”对话框。在该对话框中可数值光顺样条曲线的曲率，使得样条曲线更加光顺。

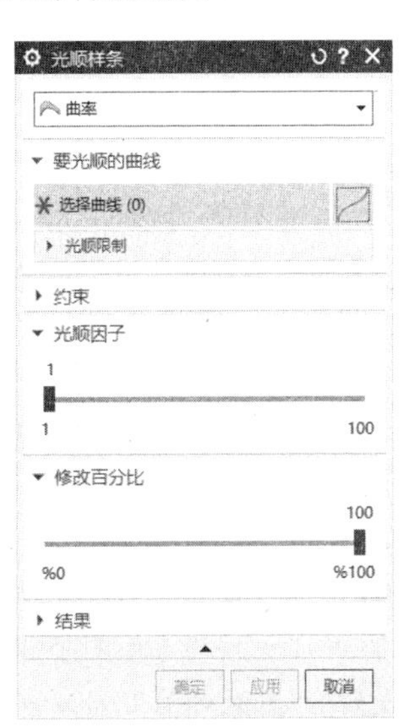

图 2-57　“光顺样条”对话框

（1）类型。

1）曲率：通过最小曲率值的大小来光顺样条曲线。

2）曲率变化：通过最小化整曲线的曲率变化来光顺样条曲线。

（2）要光顺的曲线。选择要光顺的曲线。可以通过光顺

限制中的起点百分比和终点百分比来控制曲线起点和终点的约束。

2.4 综合实例——齿形轮廓线

制作思路

首先创建曲线参数表达式，然后根据表达式创建曲线，最后通过修剪曲线完成齿形轮廓线的创建，结果如图 2-58 所示。

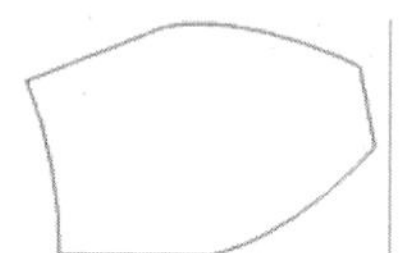

图 2-58　齿形轮廓线

01 新建文件。选择“菜单”→“文件”→“新建”命令，或者单击“主页”选项卡中的“标准”组中的“新建”图标，打开“新建”对话框，在模板中选择“模型”，在名称中输入“chixingxian”，单击“确定”按钮，进入 UG 建模环境。

02 建立参数表达式。选择“菜单”→“工具”→“表达式”命令，打开“表达式”对话框，如图 2-59 所示。在“名称”和“公式”项分别输入 m 和 3，单击“应用”按钮；然后依次输入 z 和 9，pi 和 3.1415926。注意，如果无法输入，在“量纲”中把“长度”改为“无单位”即可。

da, $(z+2)*m$；alpha, 20；db, $m*z*\cos(alpha)$；

df, $(z-2.5)*m$；t, 0；qita, 90*t；

s, $pi*db*t/4$；xt, db*cos(qita)/2+s*sin(qita)；

yt, db*sin(qita)/2-s*cos(qita)；zt, 0；

上述表达式中，m 为齿轮的模数；z 为齿轮齿数；t 为系统内部变量，在 0 和 1 之间自动变化；da 为齿轮齿顶圆直径；db 为齿轮基圆直径；df 为齿轮齿根圆直径；alpha 为齿轮压力角。

03 创建渐开线曲线。

❶选择“菜单”→“插入”→“曲线”→“规律曲线”命令，或单击“曲线”选项卡中的“高级”组→“更多”库→“高级”库→“规律曲线”图标，打开如图 2-60 所示的“规律曲线”对话框。

❷在 X、Y、Z“规律类型”下拉列表中均选择“根据方程”，单击“**确定**”按钮，生成渐开线曲线，如图 2-61 所示。

04 创建齿顶圆、齿根圆、分度圆和基圆曲线。

❶选择“菜单”→“插入”→“曲线”→“基本曲线(原有)”命令，或单击“曲线”选项卡中的“基本曲线（原有)”图标，打开“基本曲线”对话框，如图 2-62 所示。

❷在“基本曲线”对话框中单击○图标，在“点方法”下拉列表中选择“点构造器”选项。

❸打开“点”对话框，如图 2-63 所示。在对话框中输入圆心坐标为（0,0,0)，分别绘制半径为 16.5、9.75、13.5 和 12.7 的 4 个圆弧曲线，如图 2-64 所示。

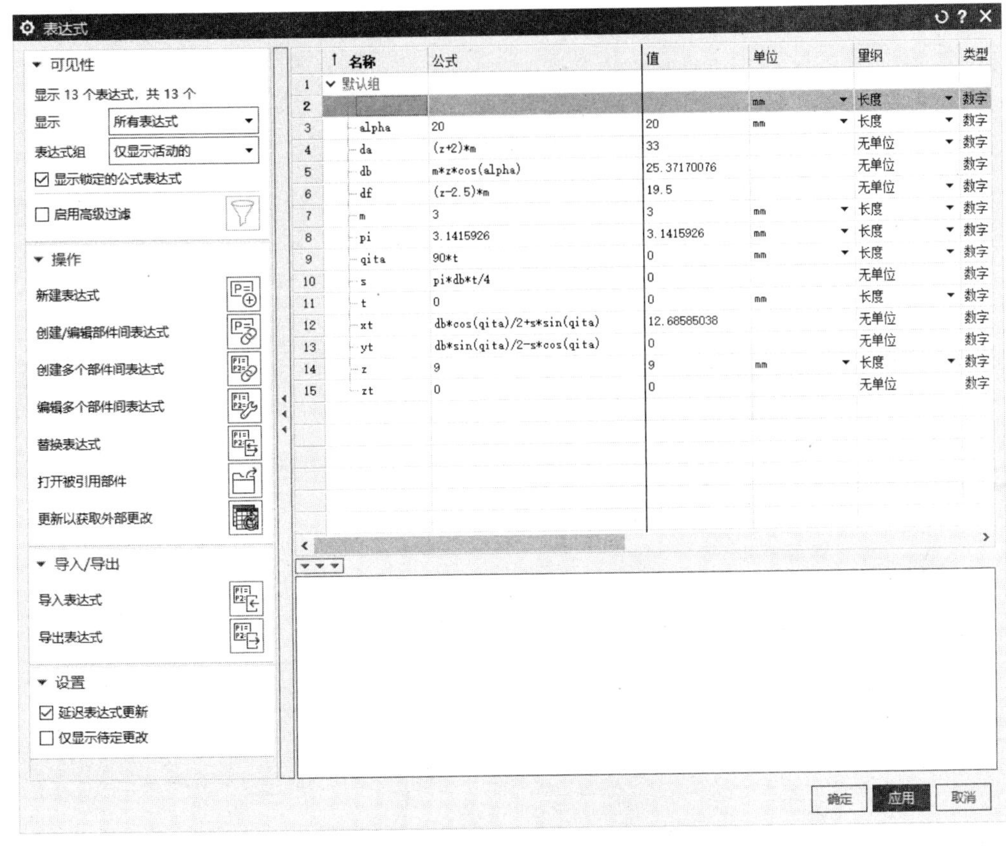

图 2-59 “表达式”对话框

规律曲线
X 规律
规律类型 根据方程
参数 t
函数 xt
Y 规律
规律类型 根据方程
参数 t
函数 yt
Z 规律
规律类型 根据方程
参数 t
函数 zt
坐标系
设置
确定 取消

图 2-60 “规律曲线”对话框

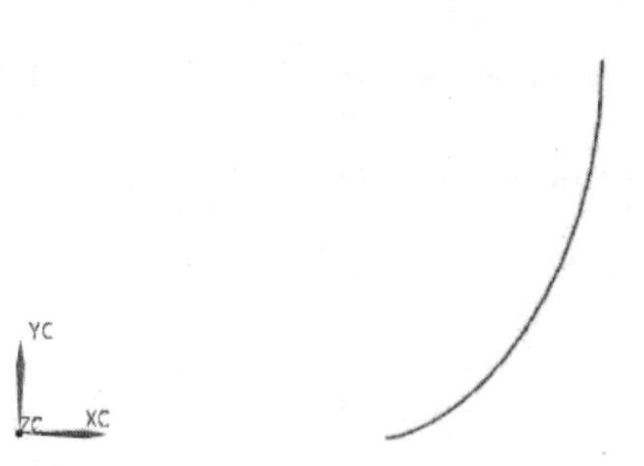

图 2-61　渐开线

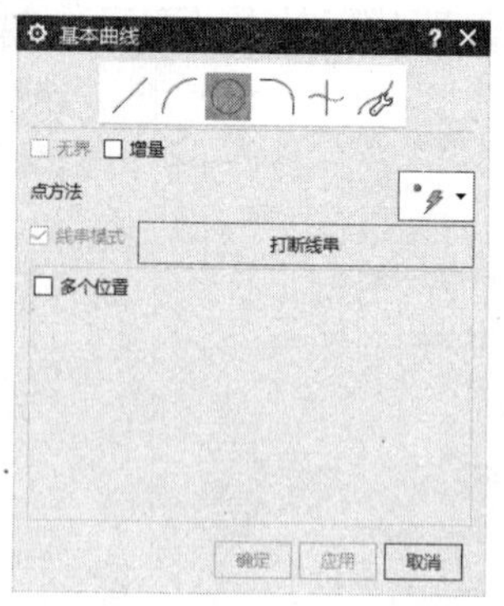

图 2-62　“基本曲线”对话框

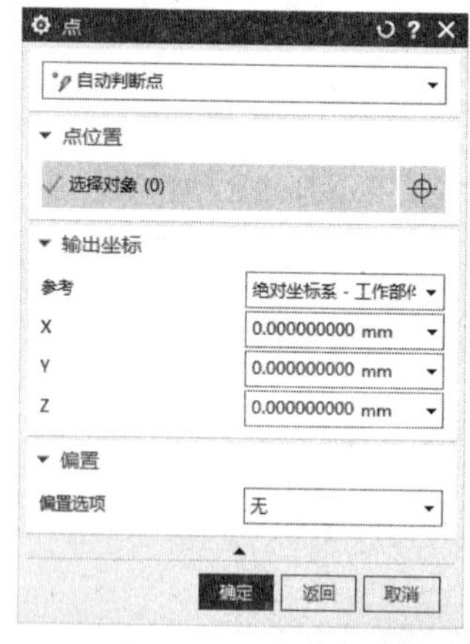

图 2-63　“点”对话框

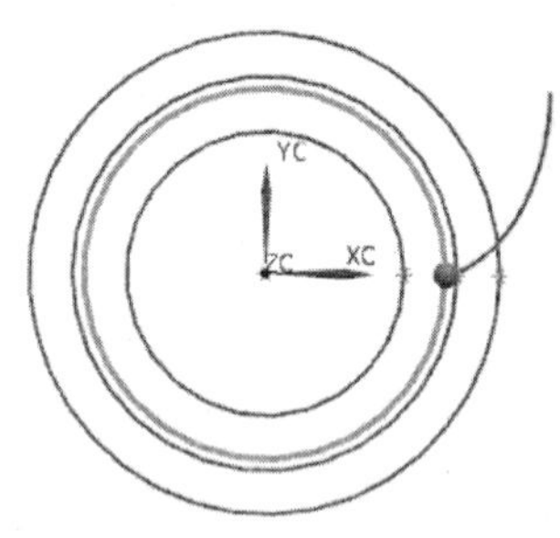

图 2-64　绘制圆

05 创建直线。

❶选择“菜单”→“插入”→“曲线”→“基本曲线(原有)”命令，或单击“曲线”选项卡中的“基本曲线（原有）”图标，打开“基本曲线”对话框。

❷单击对话框中的“直线”按钮，在“点方法”中分别选择“象限点”和“交点”，依次选择图 2-65 所示的齿根圆和交点，完成直线 1 的创建，如图 2-65 所示。单击“取消”按钮，关闭对话框。

06 修剪曲线。

❶选择“菜单”→“编辑”→“曲线”→“修剪”命令，或单击“曲线”选项卡中的“编辑”组→“修剪曲线”图标，打开“修剪曲线”对话框。

❷在“修剪曲线”对话框中设置各选项。

❸选择渐开线为要修剪的曲线，选择齿顶圆为边界对象，修剪曲线如图 2-66 所示。

07 创建直线同步骤 **05**，以渐开线与分度圆交点为起点、坐标原点为终点创建直线 2（见图 2-68）。

08 旋转复制曲线。

❶选择“菜单”→“编辑”→“移动对象”命令，打开“移动对象”对话框，如图 2-67 所示。

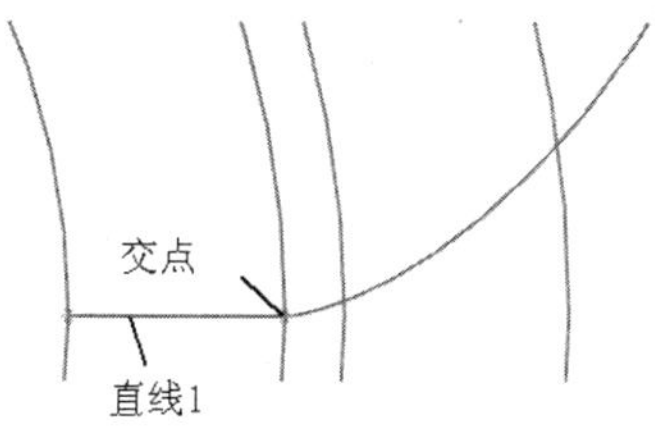

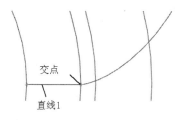

图 2-65　生成直线

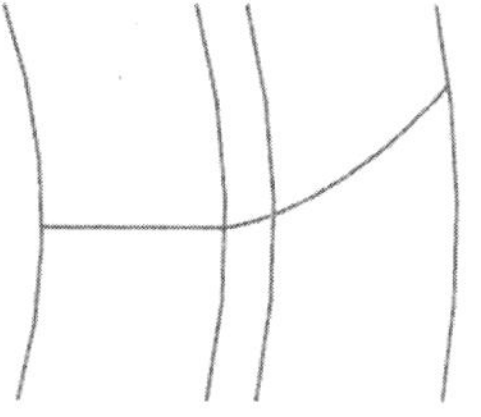

图 2-66　修剪曲线

图 2-67　“移动对象”对话框

❷选择直线 2，在“运动”下拉列表中选择“角度”选项。

❸在“指定矢量”下拉列表中选择“ZC 轴”按钮 ZC↑，轴点为原点。

❹在“角度”文本框中输入 10，在“结果”选项组中勾选“复制原先的”单选按钮，设置“非关联副本数”为 1。

❺单击“确定”按钮，生成如图 2-68 所示的曲线。

09 镜像曲线。

❶选择“菜单”→“编辑”→“变换”命令，打开“变换”对话框，如图 2-69 所示。

❷选择直线 1 和渐开线，单击“确定”按钮，打开“变换”对话框，如图 2-70 所示。单击“通过一直线镜像”按钮。

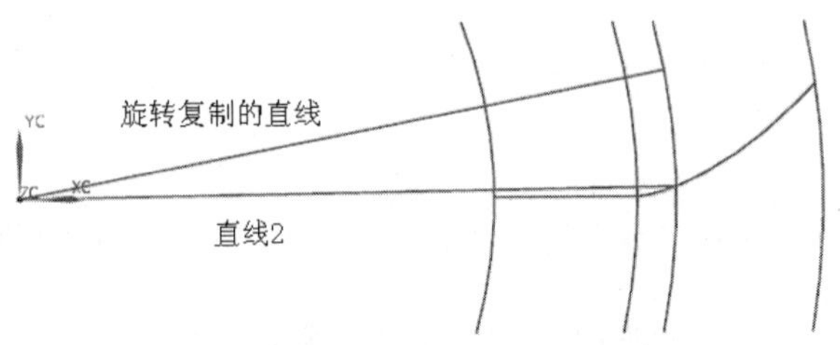

图 2-68　生成曲线

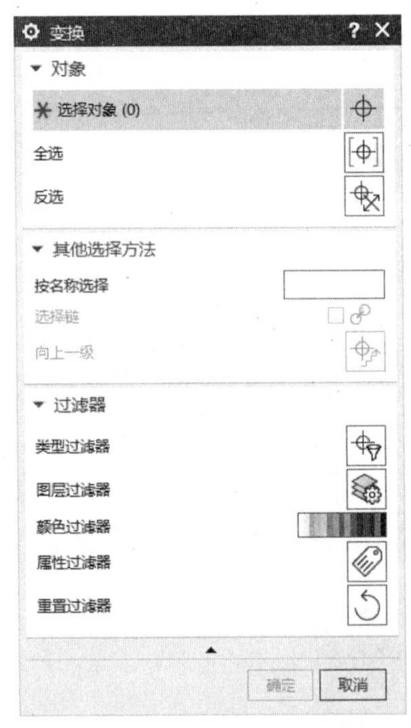

图 2-69　“变换”对话框

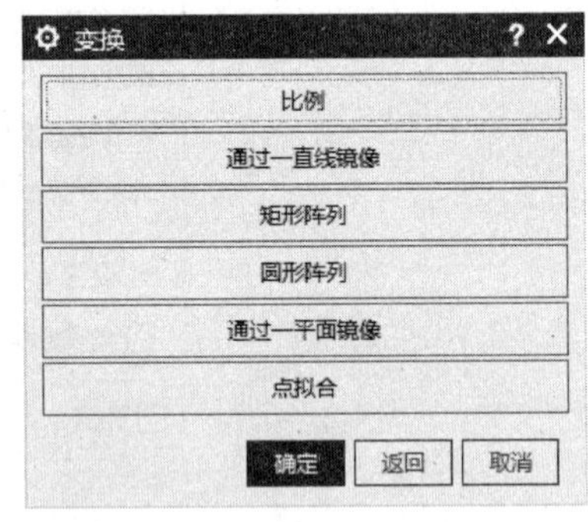

图 2-70　“变换”类型对话框

❸打开“变换”直线创建方式对话框，如图 2-71 所示。单击“现有的直线”按钮，根据系统提示选择要复制的直线。

❹打开“变换”结果对话框，如图 2-72 所示。单击“复制”按钮，完成镜像操作，结果如图 2-73 所示。

10 修剪曲线同步骤 06 ，删除并修剪曲线，生成如图 2-74 所示的齿形轮廓线。

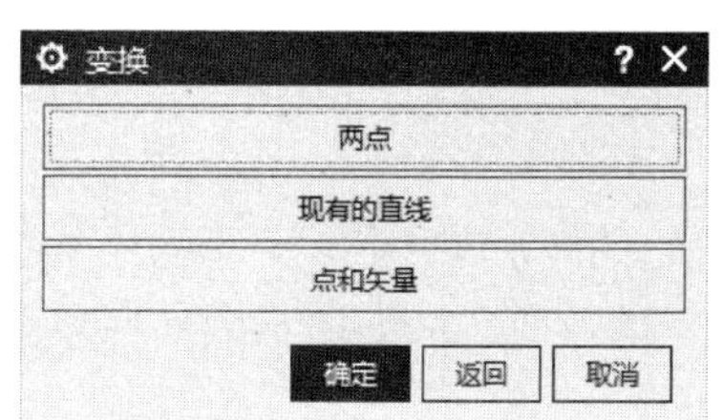

图 2-71　“变换”直线创建方式对话框

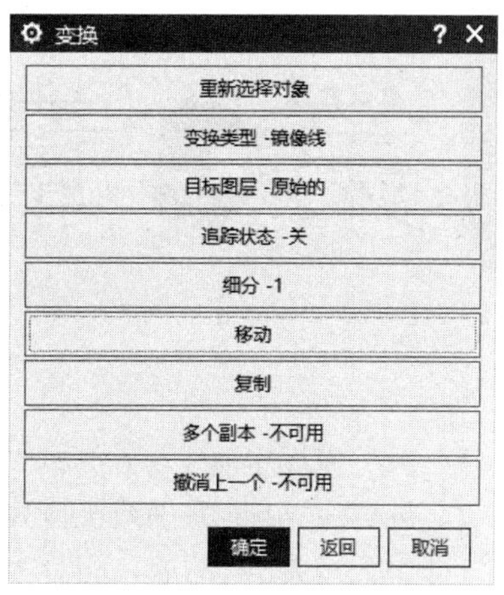

图 2-72　“变换”结果对话框

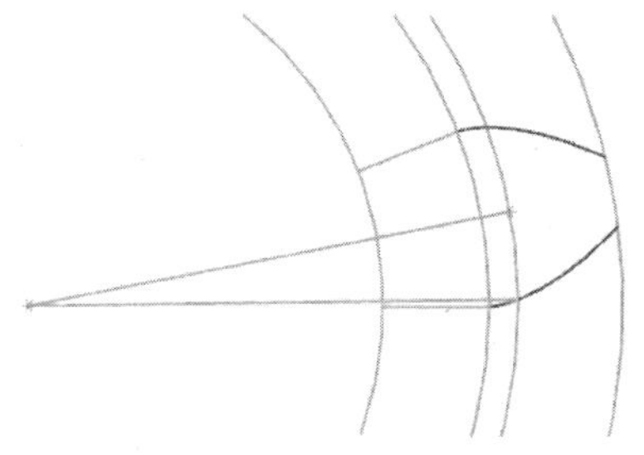

图 2-73　镜像曲线

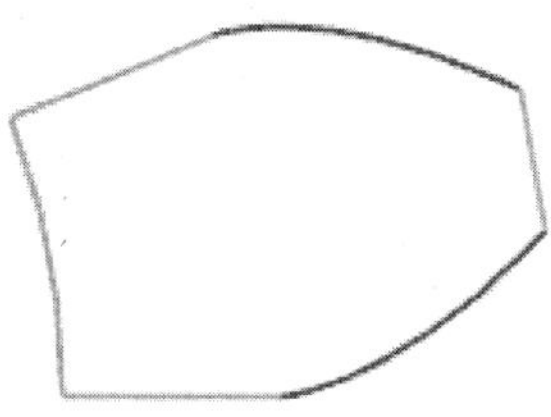

图 2-74　生成齿形轮廓线

第3章

草图

草图中曲线与建模模块中曲线的建立和编辑的方法基本相同，不同的是草图曲线更易于精确地控制曲线尺寸、形状及位置等参数。本章将介绍UG在草图中的相关操作方法及相关功能。

重点与难点

- 创建草图
- 草图曲线
- 草图定位
- 草图约束

UG NX

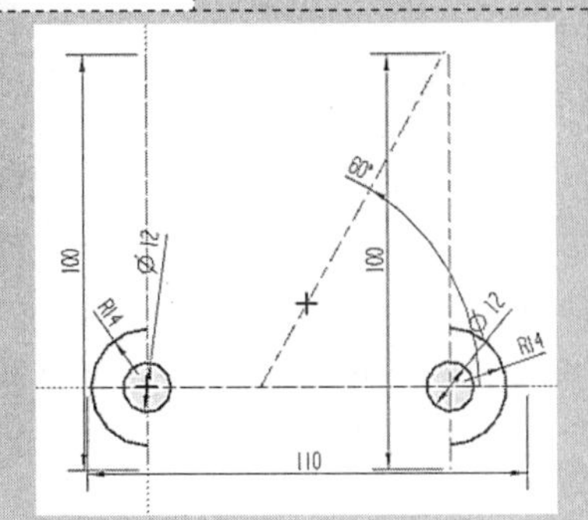

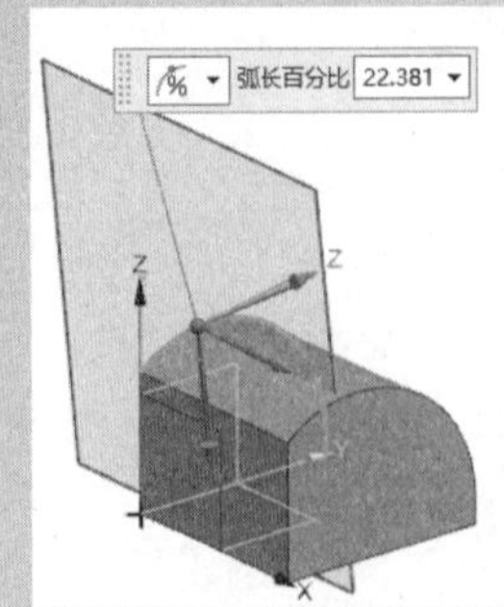

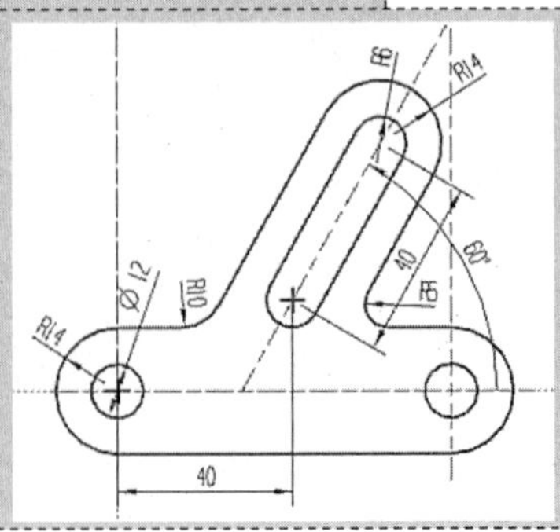

3.1 创建草图

选择“菜单”→“插入”→“草图”命令，或者单击“主页”选项卡“构造”组中的“草图”图标，弹出“创建草图”对话框。在绘图区选定平面后，单击“确定”按钮，即可打开UG NX 2011 草图绘制界面，如图 3-1 所示。

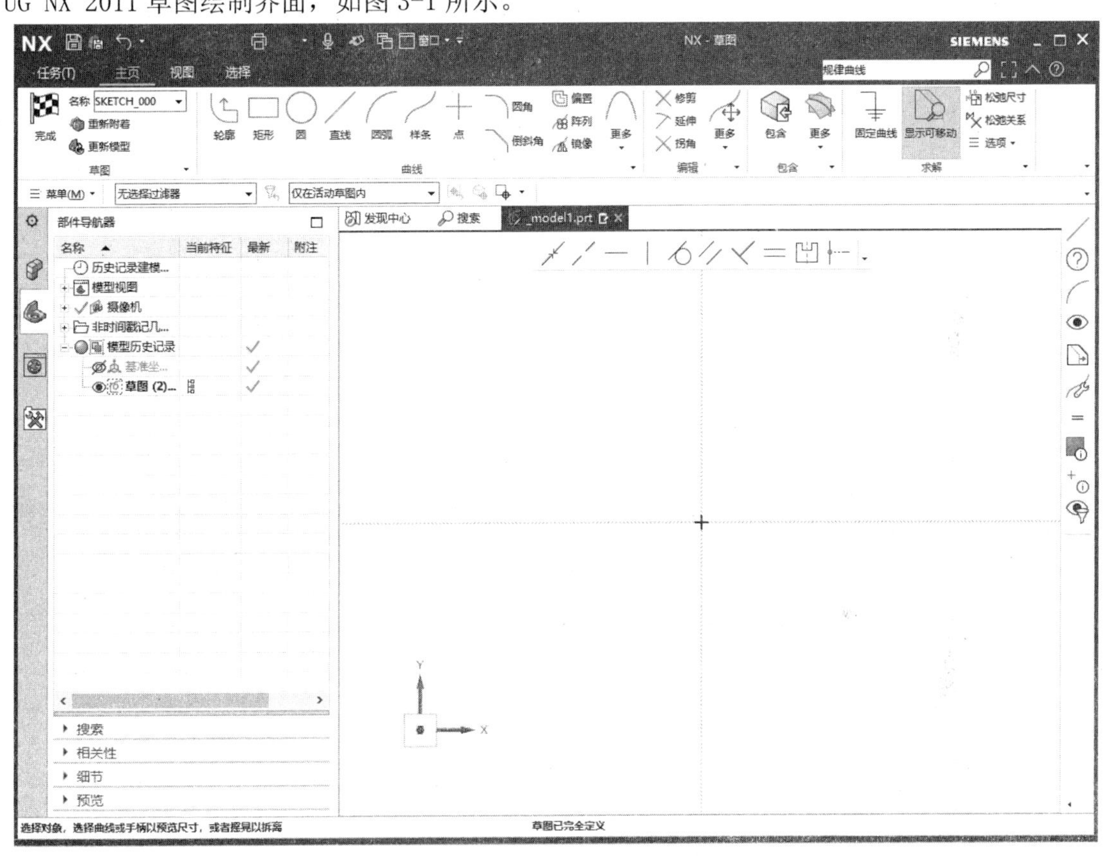

图 3-1　UG NX 草图绘制界面

单击“草图”图标，打开“创建草图”对话框，可以通过此对话框创建草图并定义其草图平面和原点，还可以设置方位，如图 3-2 所示。

1）基于平面。在对话框中选择“基于平面”类型，在绘图区选择一个平面作为草图工作平面后，可以根据需要反转平面的法向、选择水平参考、反转水平方向和更改原点的位置，然后最后单击对话框中的“确定”按钮。

2）基于路径。在如图 3-3 所示的对话框中选择“基于路径”类型，在绘图区选择一条连续的曲线作为路径，同时系统在和所选曲线的路径方向显示草图工作平面及其坐标方向，还有草图工作平面和路径相交点在曲线上的弧长百分比文本框，在该文本框中输入弧长百分比值，可以改变草图工作平面的位置，如图 3-4 所示。

图 3-2 “创建草图”对话框 1

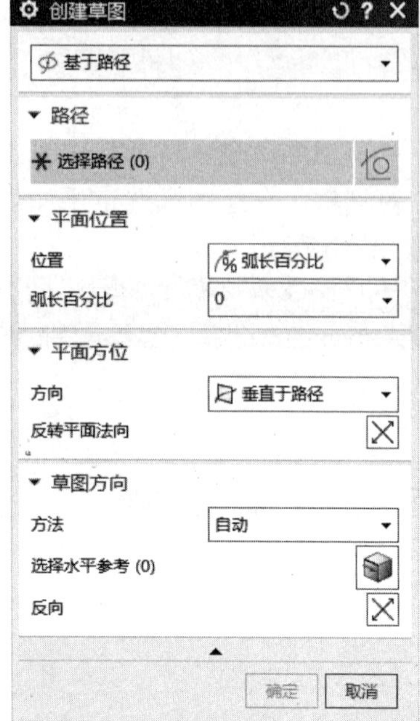

图 3-3 “创建草图”对话框 2

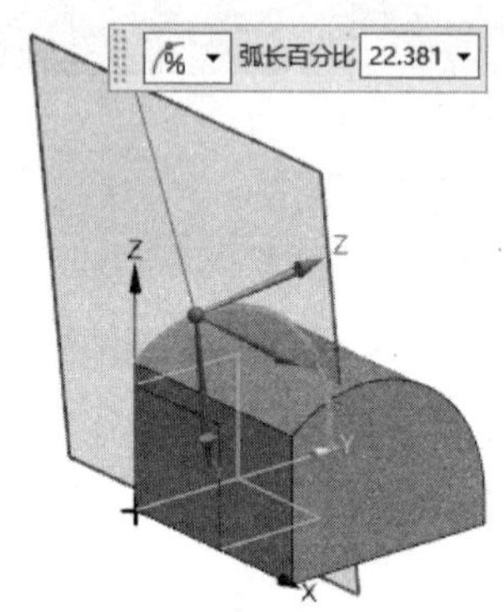

图 3-4 选择路径

3.2 草图曲线

3.2.1 简单草图曲线

（1）轮廓：选择“菜单”→“插入”→“曲线”→“轮廓”命令，或者单击“主页”选项卡“曲线”组中的“轮廓”图标，弹出如图 3-5 所示的“轮廓”对话框。

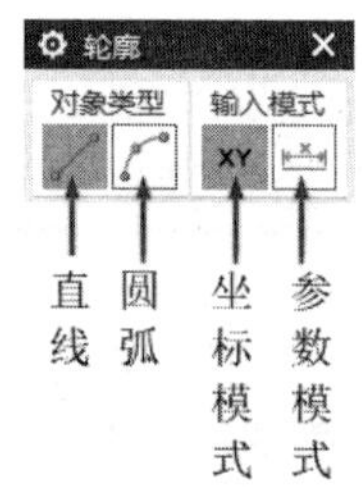

图 3-5 “轮廓”绘图对话框

1）直线：在如图 3-5 所示的对话框中单击图标，再在绘图区选择两点，可在两点之间绘制直线。

2）圆弧：在如图 3-5 所示的对话框中单击图标，在绘图区选择一点，输入半径，再在绘图区选择另一点，可在两点之间绘制圆弧。或者根据相应约束和扫描角度绘制圆弧。

3）坐标模式：在如图 3-5 所示的对话框中单击XY图标，在绘图区显示出如图 3-6 所示的“XC”和“YC”文本框，在文本框中输入数值，可确定点。

4）参数模式：在如图 3-5 所示的对话框中单击图标，在绘图区显示出如图 3-7 所示的“长度”和“角度”或者“半径”文本框，在文本框中输入数值，拖动鼠标，在适当的位置单击，可绘制直线或者圆弧。

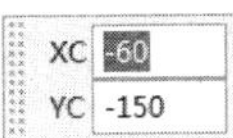

图 3-6　“坐标模式”文本框

选择直线绘制方式

半径 40.90561

选择圆弧绘制方式

图 3-7　“参数模式”文本框

（2）直线：选择“菜单”→“插入”→“曲线”→“直线”命令，或者单击“主页”选项卡“曲线”组中的“直线”图标╱，弹出如图 3-8 所示的“直线”对话框，该对话框中各个选项的含义和“轮廓”对话框中相应的选项含义相同。

（3）圆弧：选择“菜单”→“插入”→“曲线”→“圆弧”命令，或者单击“主页”选项卡“曲线”组中的【圆弧”图标⌒，弹出如图 3-9 所示的“圆弧”对话框，其中“坐标模式”和“参数模式”选项的含义和“轮廓”对话框中相应的选项含义相同。

1）三点定圆弧：在如图 3-9 所示的对话框中单击图标，可选择“三点定圆弧”方式绘制圆弧。

2）中心和端点定圆弧：在如图 3-9 所示的对话框中单击图标，可选择“中心和端点定圆弧”方式绘制圆弧。

（4）圆：选择“菜单”→“插入”→“曲线”→“圆”命令，或者单击“主页”选项卡“曲线”组中的“圆”图标○，弹出如图 3-10 所示的“圆”对话框，其中“坐标模式”和“参数模式”选项的含义和“轮廓”对话框中相应的选项含义相同。

1）圆心和直径定圆：在对话框中单击⊙图标，可选择“圆心和直径定圆”方式绘制圆。

2）三点定圆：在对话框中单击图标，可选择“三点定圆”方式绘制圆。

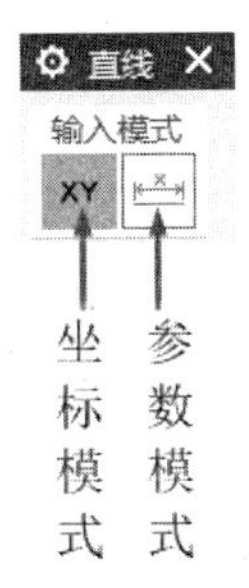

图 3-8　“直线”对话框

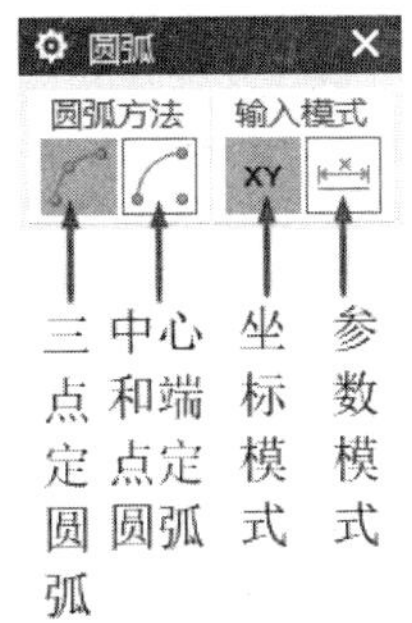

图 3-9　“圆弧”对话框

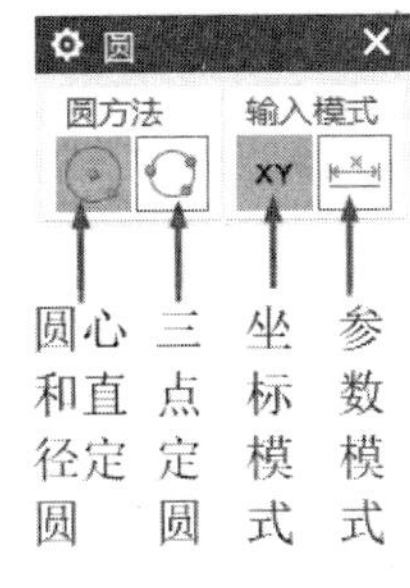

图 3-10　“圆”对话框

3.2.2　复杂草图曲线

（1）派生直线：选择一条或几条直线后，系统可自动生成其平行线或中线或角平分线。选择“菜单”→“插入”→“来自曲线集的曲线”→“派生直线”命令，或者单击“主页”选项卡中的“曲线”组→“更多”库→“曲线”库中的“派生直线”图标，弹出“派生直线”对话框，在其中可选择“派生的线条”方式绘制直线。以“派生的线条”方式绘制的草图如图 3-11 所示。

（2）矩形：选择“菜单”→“插入”→“曲线”→“矩形”命令，或者单击“主页”选项

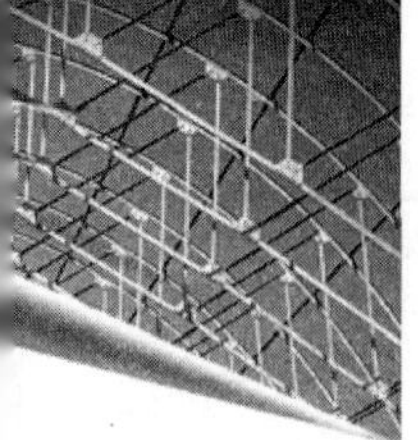
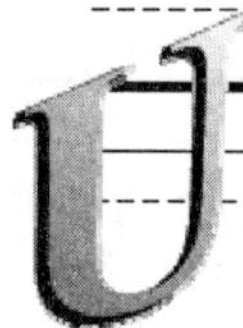

项卡“曲线”组中的“矩形”图标▭，弹出如图 3-12 所示的“矩形”对话框，其中“坐标模式”和“参数模式”选项的含义和“轮廓”对话框中对应的选项含义相同。

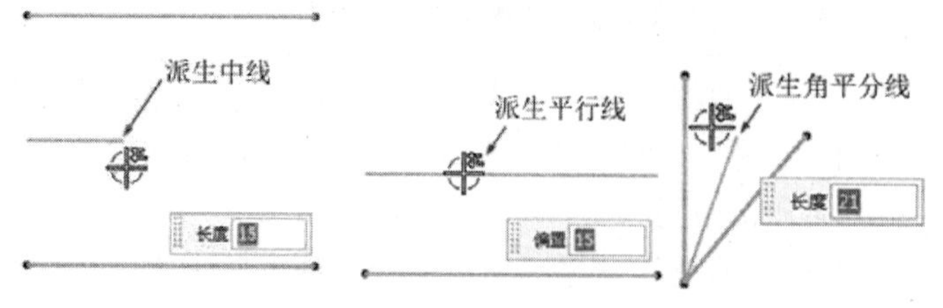

图 3-11 “派生的线条”方式绘制草图

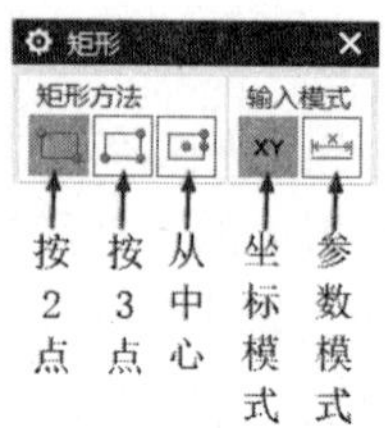

图 3-12 “矩形”对话框

1）按 2 点：在如图 3-12 所示的对话框中单击图标，选择“按 2 点”方式绘制矩形。

2）按 3 点：在如图 3-12 所示的对话框中单击图标，选择“按 3 点”方式绘制矩形。

3）从中心：在如图 3-12 所示的对话框中单击图标，选择“从中心”方式绘制矩形。

（3）拟合曲线：用最小二乘拟合生成样条曲线。选择“菜单”→“插入”→“曲线”→“拟合曲线”命令，或单击“主页”选项卡中的“曲线”组→“更多”库→“曲线”库中的“拟合曲线”图标，弹出如图 3-13 所示的“拟合曲线”对话框。该对话框中可设置“类型”“目标”“点约束”“投影法”“参数设置”等。

参数设置：“参数设置”的“方法”下拉列表框中提供了三种创建拟合样条曲线的方法：

1）次数和段数：用于根据拟合样条曲线阶次和段数生成拟合样条曲线。选择“参数设置”的“方法”下拉列表框中的次数和段数选项，则“次数”“段数”文本框和“封闭”“均匀段”复选框被激活。在文本框中输入数值，若要将样条曲线拟合到目标则勾选“封闭”复选框，若要均匀分段，则勾选“均匀段”复选框，即可创建拟合样条曲线。

2）次数和公差：用于根据拟合样条曲线次数和公差生成拟合样条曲线。选择“参数设置”的“方法”下拉列表框中的±.xx 次数和公差选项，则“次数”“公差”文本框被激活，在文本框中输入数值，即可创建拟合样条曲线。

3）模板曲线：根据模板样条曲线，生成曲线次数及结点顺序均与模板曲线相同的拟合样条曲线。选择“参数设置”的“方法”下拉列表框中的模板曲线选项，则“保持模板曲线为选定”复选框被激活，勾选该复选框表示保留所选择的模板曲线，否则移除。

（4）艺术样条：用于在绘图区指定样条曲线的各定义点来生成样条曲线。选择“菜单”→“插入”→“曲线”→“样条”命令，或者单击“主页”选项卡“曲线”组中的“样条”图标，弹出如图 3-14 所示的“艺术样条”对话框。在 “类型”下拉列表框中选择“通过点”和“根据极点”两种方法来创建艺术样条曲线。还可采用“根据极点”方法对已创建的样条曲线各个定义点进行编辑。

（5）椭圆：选择“菜单”→“插入”→“曲线”→“椭圆”命令，或者单击“主页”选项卡中的“曲线”组→“更多”库→“曲线”库中的“椭圆”图标，弹出如图 3-15 所示的“椭圆”对话框。在该对话框中可定义椭圆的中心，设置各项参数，如何单击“确定”按钮，创建椭圆。

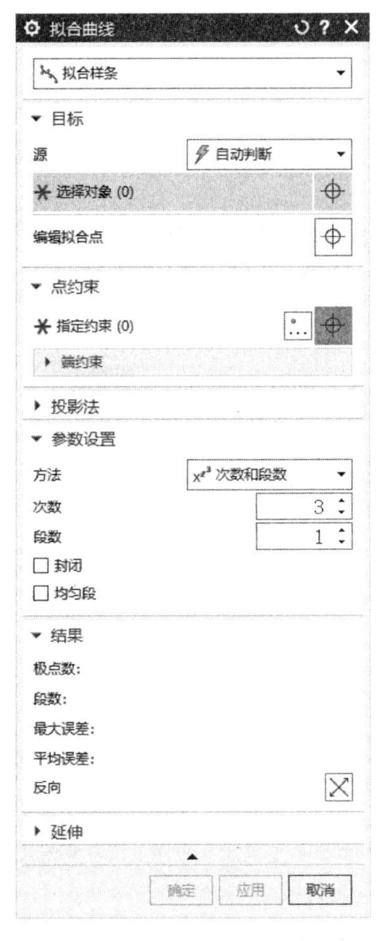

图 3-13 “拟合曲线”对话框

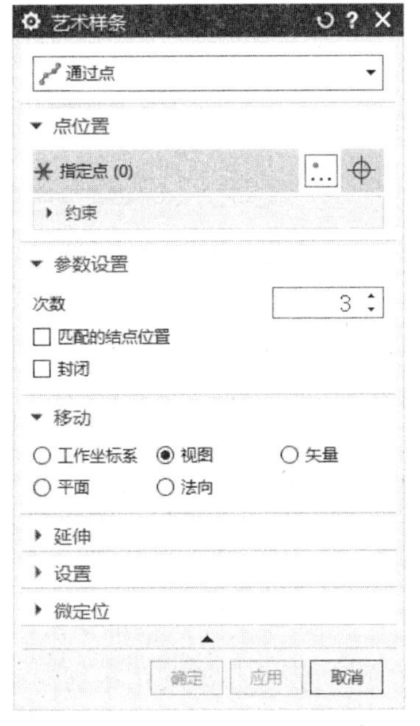

图 3-14 “艺术样条”对话框

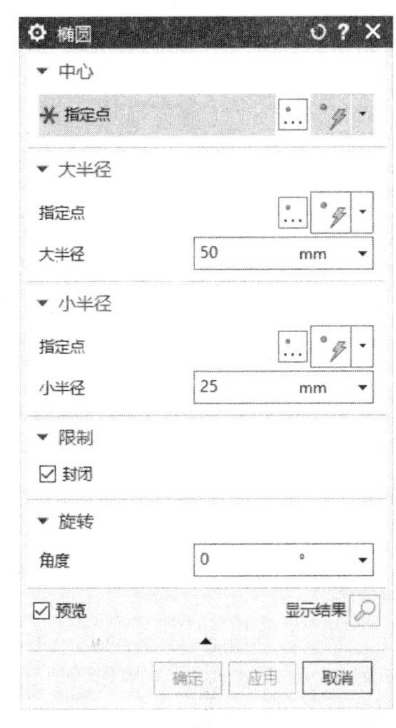

图 3-15 “椭圆”对话框

3.2.3 编辑草图曲线

1. 修剪

可以修剪一条或者多条曲线。选择“菜单”→“编辑”→“曲线”→“修剪”命令，或者单击“主页”选项卡“编辑”组中的“修剪”图标，弹出如图 3-16 所示的“修剪”对话框。在该对话框中设置选项可修剪不需要的曲线。

2. 延伸

延伸指定的曲线与边界曲线相交。选择“菜单”→“编辑”→“曲线”→“延伸”命令，或者单击“主页”选项卡“编辑”组中的“延伸”图标，弹出如图 3-17 所示的“延伸”对话框。在该对话框中设置选项可延伸指定的曲线与边界曲线相交。

3. 拐角

延伸或修剪两条曲线以生成拐角。选择“菜单”→“编辑”→“曲线”→“拐角”命令，或者单击“主页”选项卡“编辑”组中的“拐角”图标，弹出如图 3-18 所示的“拐角”对

话框。在该对话框中可选择两条曲线生成拐角。

图 3-16 “修剪”对话框

图 3-17 “延伸”对话框

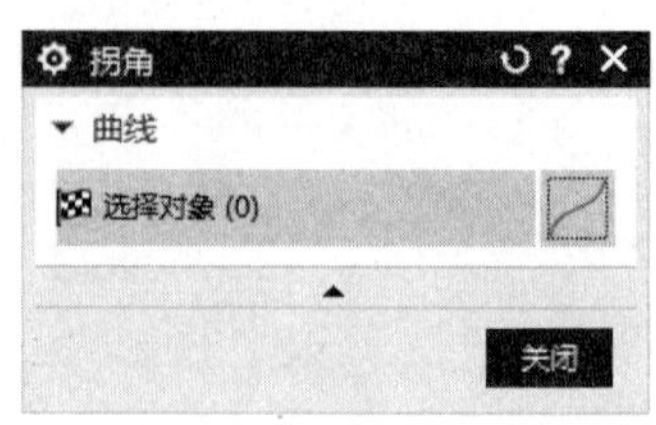

图 3-18 “拐角”对话框

4. 圆角

在两条曲线之间进行倒圆角，并且可以动态改变圆角半径。选择“菜单”→“插入”→“曲线”→“圆角”命令，或者单击“主页”选项卡“曲线”组中的“圆角”图标，弹出“半径”文本框，同时系统弹出如图 3-19 所示的“圆角”对话框。

（1）修剪：在如图 3-19 所示的对话框中单击图标，可在生成圆角后对原曲线进行修剪或延伸。选择“修剪”创建的圆角如图 3-20 所示。

（2）取消修剪：在如图 3-19 所示的对话框中单击图标，在生成圆角后对原曲线不修剪也不延伸。

（3）删除第三条曲线：在如图 3-19 所示的对话框中单击图标，在选择两条曲线和圆角半径后，系统在创建圆角的同时，自动删除和该圆角相切的第三条曲线。

（4）创建备选圆角：在如图 3-19 所示的对话框中单击图标，在选择两条曲线创建圆角后，圆角与两曲线形成环形。

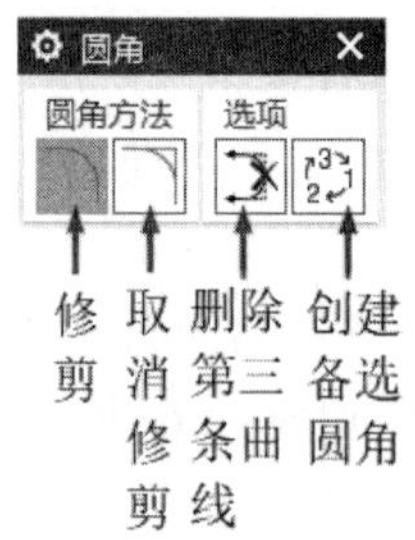

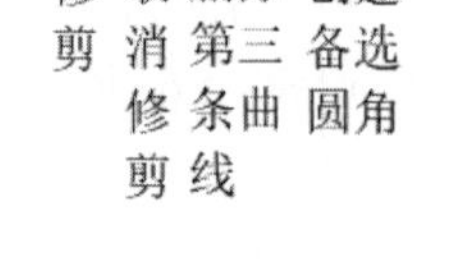

图 3-19 “圆角”对话框

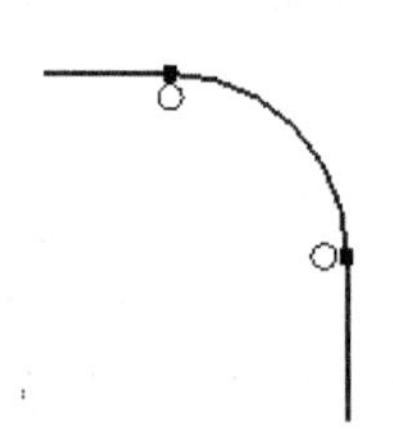

图 3-20 以“修剪”方式创建圆角

5. 镜像操作

镜像草图操作是将草图对象以一条直线直线为轴进行镜像，复制生成新的草图对象。镜像的对象与原对象形成一个整体，并且保持相关性。

单击“主页”选项卡“曲线”组中的“镜像”图标，弹出如图 3-21 所示的“镜像曲线”对话框。

在进行镜像草图对象操作时，首先在对话框中单击“选择中心线”按钮，在绘图区中选择一条镜像中心线，然后在绘图区中选择要镜像的草图对象，单击“确定”按钮，即可镜像草图，如图 3-22 所示。

图 3-21　“镜像曲线”对话框

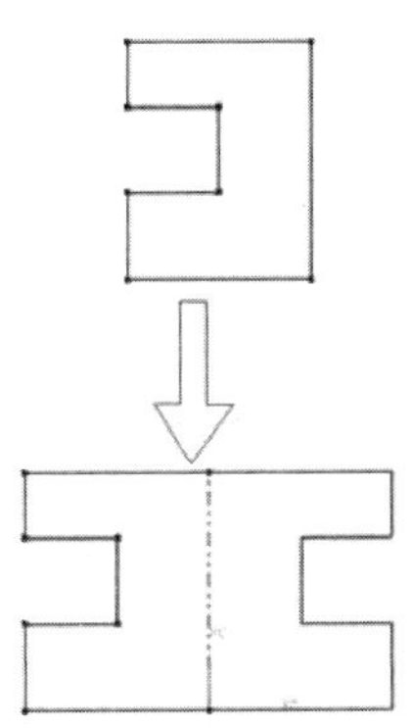

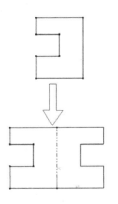

图 3-22　镜像草图

6. 偏置操作

单击“主页”选项卡“曲线”组中的“偏置”图标，系统弹出如图 3-23 所示的“偏置曲线”对话框。在“距离”文本框中输入偏置距离，选择图中的曲线，然后单击“应用”按钮，即可完成偏置操作。

偏置操作可以在草图中进行，并建立一偏置约束，修改原几何对象后抽取的曲线与偏置曲线都会被更新。偏置曲线的结果如图 3-24 所示。

7. 投影。投影到草图功能能够将抽取的对象按垂直于草图工作平面的方向投影到草图中，使之成为草图对象。单击“主页”选项卡中的“包含”组→“更多”库→“包含”库中的“投影曲线”图标，弹出“投影曲线”对话框，如图 3-25 所示。

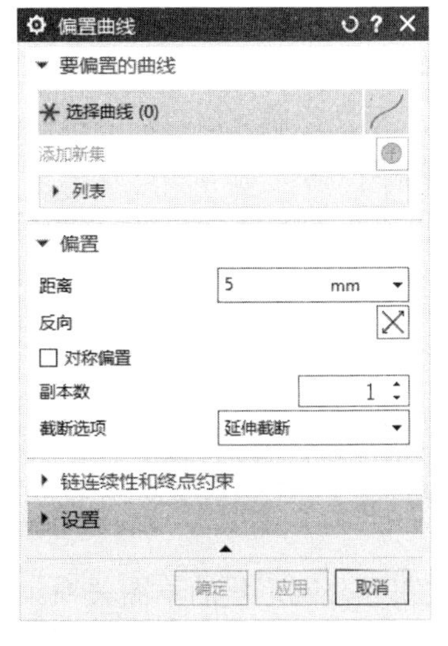

图 3-23　“偏置曲线”对话框

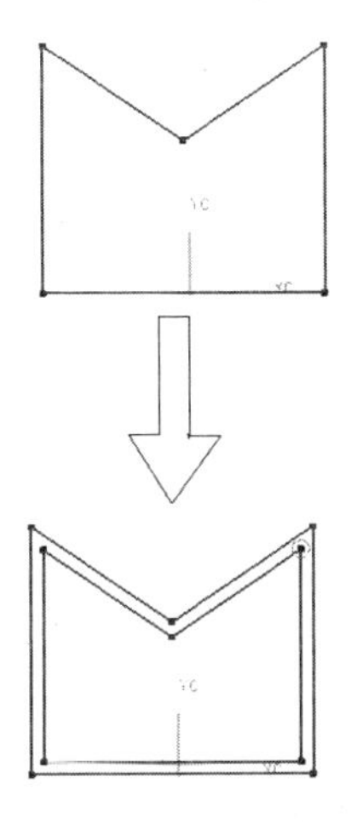

图 3-24　偏置曲线

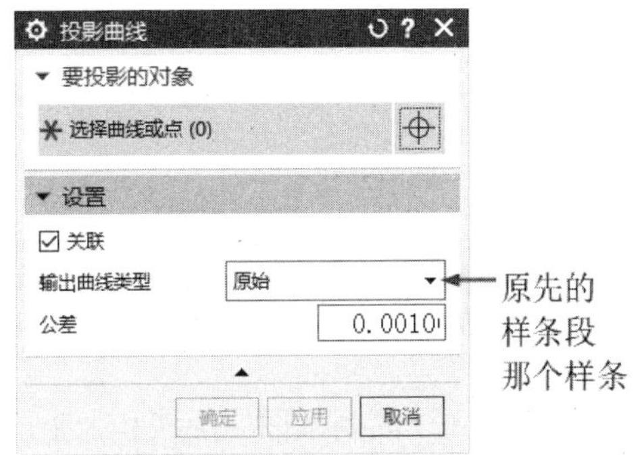

图 3-25　“投影曲线”对话框

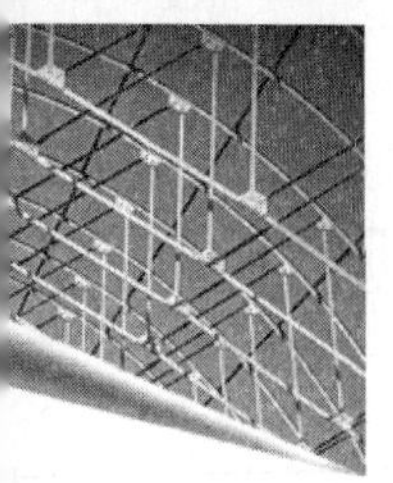

（1）关联：勾选此复选框，可使原来的曲线和投影到草图的曲线相关联。

（2）输出曲线类型

1）原始：加入草图的曲线和原来的曲线完全保持一致。

2）样条段：原曲线作为独立的样条段加入草图。

3）单个样条：原曲线被作为单个样条加入草图。

（3）公差：如果抽取的多段曲线投影到草图工作平面后它们之间的距离小于设置的公差值，则将邻接。

投影曲线是通过选择草图外部的对象建立投影的曲线或线串的。对投影有效的对象包括曲线、边缘、表面和其他草图。这些从相关曲线投影的线串之间都可以保持与原来几何体的相关性。

在进行投影操作时应该注意以下几个方面：

1）草图不能同时包含定位尺寸和投影对象。因此，在投影操作之前不能对草图进行定位操作。如果已经将草图进行了定位操作，则必须将其删除，否则不能进行投影操作。

2）投影对象必须比草图早创建。如果要对草图生成以后建立的实体或是片体进行投影操作，可用模型导航器工具调整特征生成的顺序。

3）采用关联的方式进行操作时，仍采用原来的关联性。如果原对象被修改，则投影曲线也会被更改。但是如果对原对象进行了抑制操作，在草图平面中的投影曲线仍是可见的。

4）如果选择实体或片体上的表面作为投影对象，那么实际投影的是该表面的边。如果该表面的边的拓扑关系发生了改变，增加或减少了边数，则投影后的曲线串也会做相应的改变。

5）创建草图关系时，投影的曲线串可以作为草图关系的参考对象，但是仅有“点在曲线串上”这一草图关系对投影的曲线串能起到约束作用。

3.3 草图定位

草图工作平面选定后，“主页”选项卡中的“草图”组如图 3-26 所示。系统按照先后顺序给草图取名为 SKETCH_000、SKETCH_001、SKETCH_002 等。单击“名称”右侧的按钮，弹出名称下拉列表，在该下拉列表中选择草图名称，可激活所选草图。当草图绘制完成以后，可以单击“草图”组中的“完成”图标，退出草图环境，回到基本建模环境。

图 3-26　“草图”组

3.4 草图约束

草图约束用于限制草图的形状和大小，包括限制大小的尺寸约束和限制形状的草图关系。

3.4.1　尺寸约束

选择“菜单”→“插入”→“尺寸”→“快速”命令或者单击“主页”选项卡中的“求解”组→“尺寸下拉菜单”中的“快速尺寸”图标，弹出如图 3-27 所示的“快速尺寸”对话框，在其中可选择测量方法，也可以单击“主页”选项卡中的“求解”组→“尺寸下拉菜单”中的其他尺寸约束图标（见图 3-28），选择不同的测量方法。

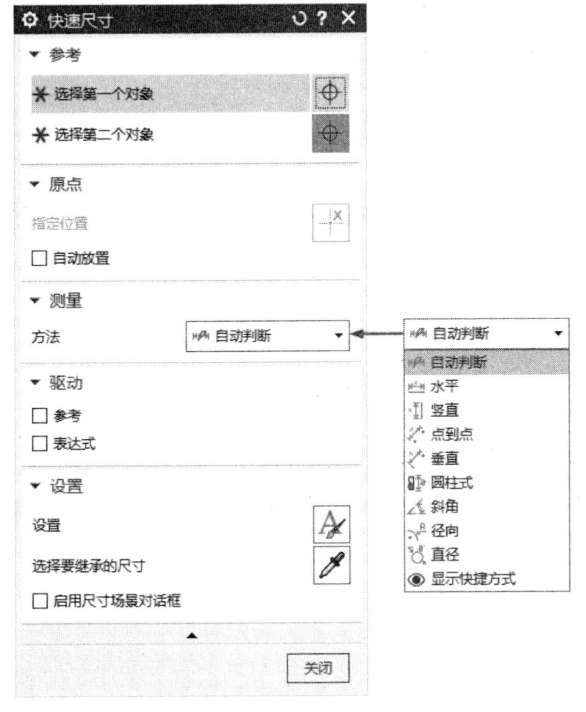

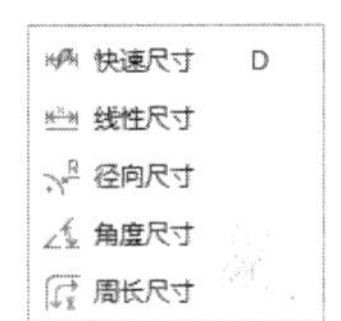

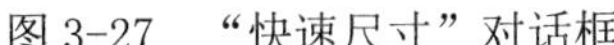
图 3-27　“快速尺寸”对话框　　图 3-28　尺寸下拉菜单

（1）快速尺寸。可用单个命令和一组基本选项快速创建不同的尺寸。下面介绍“快速尺寸”对话框中“方法”中的选项。

1）自动判断：选择该方式时，系统根据所选草图对象的类型和光标与所选对象的相对位置，采用相应的标注方法。

2）水平：选择该方式时，系统对所选对象进行水平方向（平行于草图工作平面的 XC 轴）的尺寸约束。标注该类尺寸时，在绘图区中选取同一对象或不同对象的两个控制点，系统会用两点的连线在水平方向的投影长度标注尺寸。如果旋转工作坐标系，则尺寸标注的方向也将会改变。

3）竖直：选择该方式时，系统对所选对象进行垂直方向（平行于草图工作平面的 YC 轴）的尺寸约束。标注该类尺寸时，在绘图区中选取同一对象或不同对象的两个控制点，系统会用两点的连线在垂直方向的投影长度标注尺寸。如果旋转工作坐标系，则尺寸标注的方向也将会改变。

4）点到点：选择该方式时，系统对所选对象进行平行于对象的尺寸约束。标注该类尺

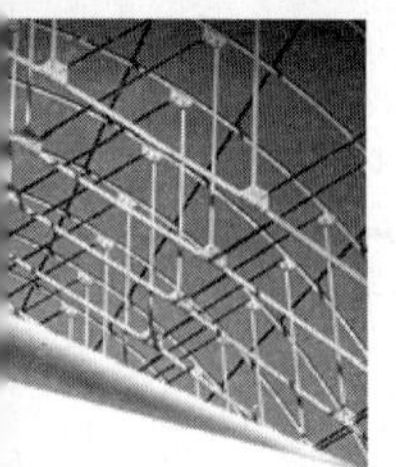

寸时，在绘图区中选取同一对象或不同对象的两个控制点，系统会用两点的连线的长度标注尺寸，尺寸线将平行于所选两点的连线方向。

5）垂直：选择该方式时，系统对所选的点到直线的距离进行尺寸约束。标注该类尺寸时，先在绘图区中选取一直线，再选取一点，则系统用点到直线的垂直距离长度标注尺寸，尺寸线垂直于所选取的直线。

6）圆柱式：选择该方式时，系统创建一个等于两个对象或点位置之间的线性距离的圆柱尺寸，直径符号会自动附加至该尺寸。

7）斜角：选择该方式时，系统对所选的两条直线进行角度尺寸约束。标注该类尺寸时，如果在绘图区中远离直线交点的位置选择两直线，则系统会标注这两直线之间的夹角。如果选取直线时光标比较靠近两直线的交点，则标注的该角度是对顶角。在标注尺寸时所选取的直线必须是在草图模式中创建的。

8）径向：选择该方式时，系统对所选的圆弧对象进行半径尺寸约束。标注该类尺寸时，如果在绘图区中选取一圆弧曲线，则系统直接标注圆弧的半径尺寸。在标注尺寸时所选取的圆弧或圆必须是在草图模式中创建的。

9）直径：选择该方式时，系统对所选的圆弧对象进行直径尺寸约束。标注该类尺寸时，如果在绘图区中选取一圆弧曲线，则系统直接标注圆弧的直径尺寸。在标注尺寸时所选取的圆弧或圆必须是在草图模式中创建的。

（2）周长尺寸：选择该方式时，系统对所选的多个对象进行周长的尺寸约束，标注该类尺寸时，如果在绘图区中选取一段或多段曲线，则系统会标注这些曲线的周长。这种方式不会在绘图区显示。

其他尺寸约束的测量方法都包含在“快速尺寸”对话框中，所以使用“快速尺寸”对话框镜像尺寸约束更加简便、快捷。

温馨提示：在创建尺寸约束时，可以通过单击“主页”选项卡“求解”组中的“松弛尺寸”图标，使该图标处于选中状态，可以开启松弛尺寸，求解器会松弛显示的尺寸以便于对其进行更改。

3.4.2 草图关系

当用户在编辑草图时，草图求解器将查找关系，如水平、竖直、相切和其他几何关系。UG NX 中提供了两种类型的关系，即找到的关系和持久关系。找到的关系只会在编辑期间需要时找到，持久关系随草图一起创建并存储。草图场景条中的大多数“设为”命令都会为曲线建立某种几何关系，此类关系可以被求解器找到，但默认情况下这些命令并不会创建持久关系。

1. 设置关系

如图 3-29 所示，位于图形窗口顶部草图场景条中的“设为”命令可将对象设置为共线、重合、水平以及其他常见的几何关系，而在编辑草图时，求解器将找到此关系。

（1）设为重合。该命令可以移动所选对象以与上一个所选对象成“重合”“同心”或“点在曲线上”关系。选择该命令后，会弹出如图 3-30 所示的“设为重合”对话框。其应用示例如图 3-31 所示。

1）运动：单击“选择运动曲线或点”按钮，可以选择要移动以与静止对象建立关系的曲线或点；单击“选择静止曲线或点”按钮，可以选择第一个对象应移至的曲线或点。

2）解算方案：在某些情况下，可能会有多个解决方案。选择“选择固定曲线或点”会通知求解器哪些对象不应移动。

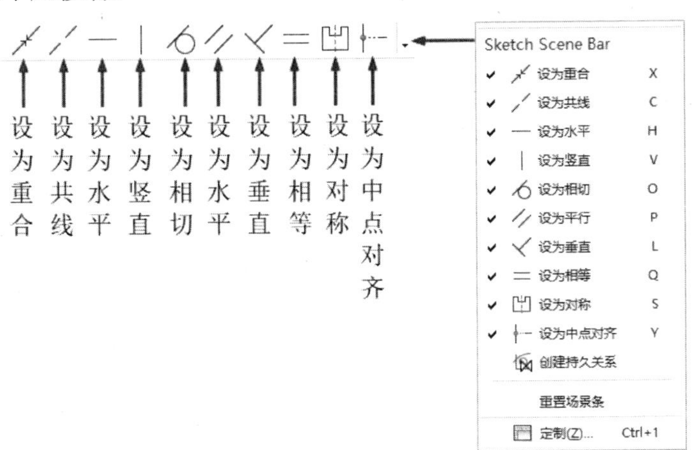

图 3-29　草图场景条

图 3-30　“设为重合”对话框

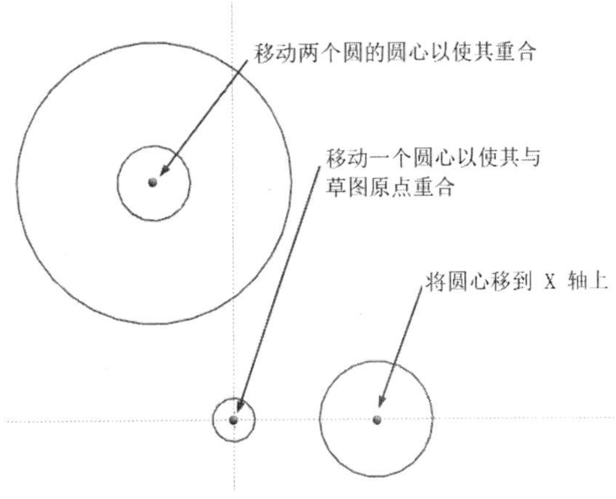

移动两个圆的圆心以使其重合

移动一个圆心以使其与草图原点重合

将圆心移到 X 轴上

图 3-31　设为重合的应用示例

（2）设为共线。该命令可以移动选定的直线以与上一个所选对象共线。

（3）设为水平。该命令可以移动所选对象以与上一个所选对象水平或水平对齐。

（4）设为竖直。该命令可以移动所选对象以与上一个所选对象竖直或竖直对齐。

（5）设为相切。该命令可以移动选定的对象以与上一个所选对象相切。

（6）设为平行。该命令可以移动选定的直线以与上一个所选直线平行。

（7）设为垂直。该命令可以移动选定的直线，使其垂直于上一所选直线。

（8）设为相等。该命令可以移动所选曲线以与上一所选曲线成“等半径”或“等长”关系。

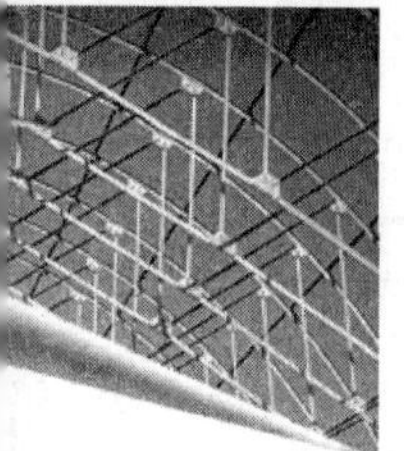

（9）设为对称。该命令可以移动所选对象以通过对称线与第二个对象成“对称”关系。

（10）设为中点对齐。该命令可以将点移至与直线中点对齐的位置。此命令会创建持久关系。

2. 创建持久关系

单击草图场景条右侧的按钮，在下拉菜单中勾选“创建持久关系”，可以将“创建持久关系”按钮显示在草图场景条中，如图 3-32 所示。当用户单击该按钮时，就会开启“创建持久关系”，草图场景条中的“设为”命令将在用于创建关系时创建持久关系，如图 3-33 所示。

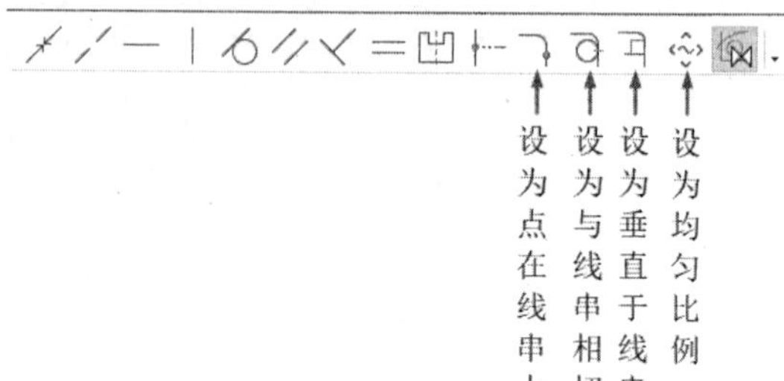

图 3-32　显示“创建持久关系”按钮　　　　图 3-33　“创建持久关系”的“设为”命令

当开启“创建持久关系”时，以下四个命令可以使用：

（1）设为点在线串上。该命令可以移动选定的点，使其与配方曲线（配方曲线是指在草图中创建的投影曲线或者相交曲线）重合，并创建持久关系。

（2）设为与线串相切。该命令可以移动选定的曲线，使其与配方曲线相切，并创建持久关系。

（3）设为垂直于线串。该命令可以移动选定的曲线，使其垂直于配方曲线，并创建持久关系。

（4）设为均匀比例。该命令可以使样条曲线均匀缩放，并创建持久关系。

3. 松弛关系

单击“主页”选项卡“求解”组中的“松弛关系”图标，使该图标处于选中状态，可以开启松弛关系。当绘制的轮廓形状存在许多尺寸或关系约束时，松弛这些关系后便可更改形状。

4. 显示持久关系

单击“主页”选项卡中的“求解”组→“选项”→“显示持久关系”图标，可以显示活动草图中的持久关系。

5. 持久关系浏览器

单击“主页”选项卡中的“求解”组→“选项”→“持久关系浏览器”图标，将弹出如图 3-34 所示的“持久关系浏览器”对话框，在该对话框中可以查询草图对象并报告其关联的持久关系、尺寸及外部引用。单击“主页”选项卡中的“求解”组→“选项”→“关系查找器设置”图标，将弹出如图 3-35 所示的“关系查找器设置”对话框，在其中可以设置在“持久关系浏览器”对话框中可以浏览到的关系。

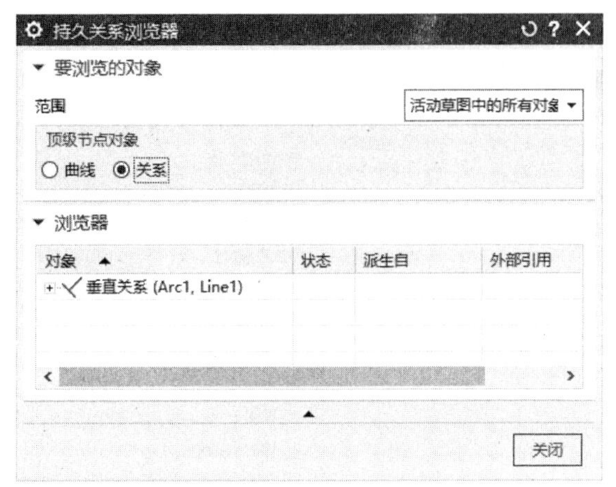

图 3-34　“持久关系浏览器”对话框

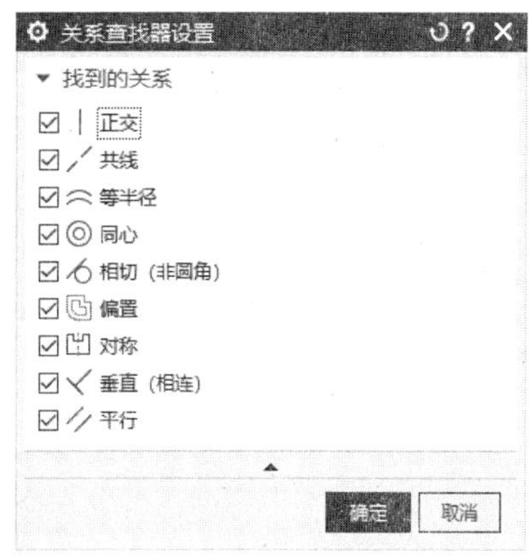

图 3-35　“关系查找器设置”对话框

3.5 综合实例——拨叉草图

制作思路

本例绘制的拨叉草图如图 3-36 所示。首先绘制构造线构建大概轮廓，然后对其进行修剪和倒圆角操作，最后标注图形尺寸，完成草图的绘制。

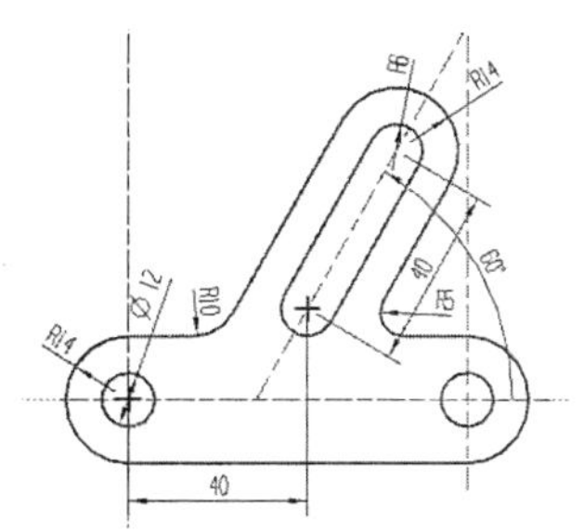

图 3-36　拨叉草图

01 新建文件。选择“菜单”→“文件”→“新建”命令，或单击“主页”选项卡“标准”组中的“新建”图标，弹出“新建”对话框，在“模板”列表框中选择“模型”选项，在“名称”文本框中输入“bochacaotu”，如图 3-37 所示。单击“确定”按钮，打开 UG 主界面。

02 创建草图。

❶选择“菜单”→“首选项”→“草图”命令，弹出如图 3-38 所示的“草图首选项”对话框。根据需要进行设置，单击“确定”按钮，完成草图预设。

UG NX

图 3-37　“新建”对话框

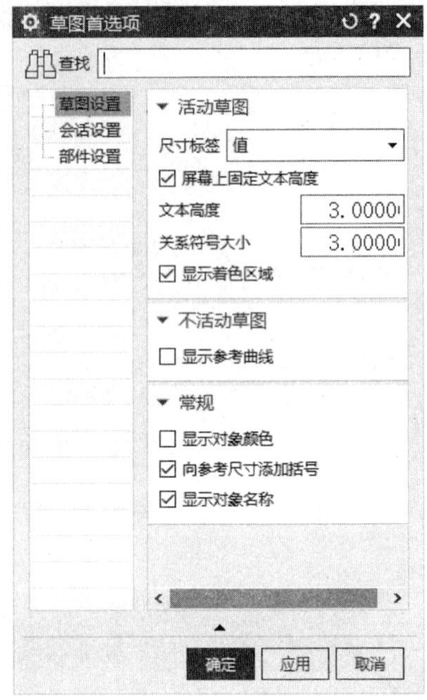

图 3-38　“草图首选项”对话框

❷选择“菜单”→“插入”→“草图”命令，或单击“主页”选项卡“构造”组中的“草图”图标，弹出“创建草图”对话框，用鼠标在绘图区选择“XY 平面/基准坐标系（0）”作为草图绘制平面，然后单击“确定”按钮，打开 UG NX 草图绘制界面。

❸选择“菜单”→“插入”→“曲线”→“直线”命令，或单击“主页”选项卡“曲线”组中的【直线”图标，弹出“直线”对话框，如图 3-39 所示。单击“坐标模式”按钮XY，在“XC”和“YC”文本框中分别输入-15 和 0。在“长度”和“角度”文本框中分别输入 110 和 0，绘制直线，如图 3-40 所示。

图 3-39　“直线”对话框

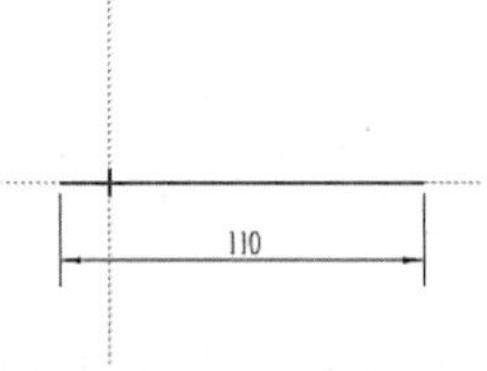

图 3-40　绘制直线

按照“XC”“YC”“长度”和“角度”文本框的输入顺序，分别输入 0、80、100、270 和 76、80、100、270，再绘制两条直线。

❹选择“菜单”→“插入”→“点”命令，弹出“草图点”对话框，如图 3-41 所示。单击“点对话框”按钮，打开“点”对话框，在对话框中输入点坐标为（40,20,0），完成点的创建。

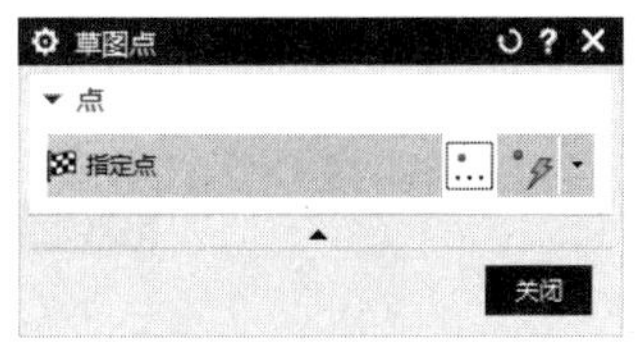

图 3-41　“草图点”对话框

❺选择“菜单”→“插入”→“曲线”→“直线”命令，弹出“直线”绘图对话框。绘制通过刚创建的点且与水平直线成 60° 角、长度为 70 的直线，如图 3-42 所示。

03 延伸曲线。单击“主页”选项卡“编辑”组中的“延伸”图标，将刚绘制的 60° 线延伸到水平线，如图 3-43 所示。

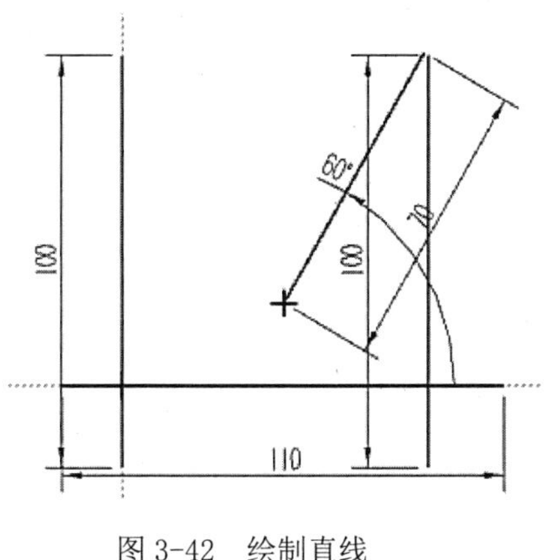

图 3-42　绘制直线

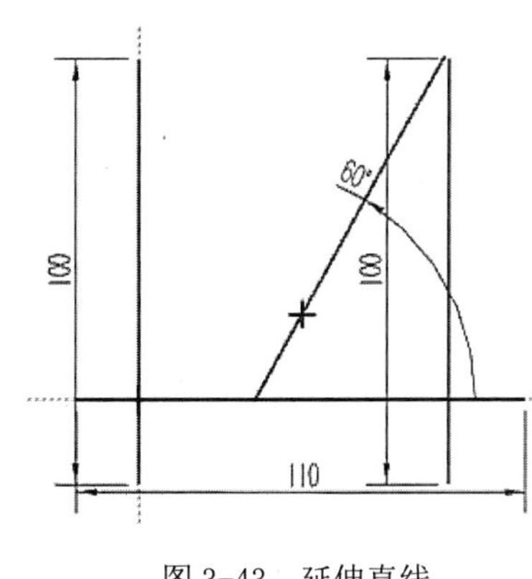

图 3-43　延伸直线

04 编辑草图对象特征。

❶依次选择所有草图对象，把光标放在其中一个草图对象上，鼠标右键单击，弹出如图 3-44 所示的快捷菜单，单击“编辑显示”按钮，弹出如图 3-45 所示的“编辑对象显示”对话框。

❷在对话框的“线型”下拉列表中选择“中心线”选项，在“宽度”下拉列表中选择“0.13 mm”选项，单击“确定”按钮，更改所选草图对象线型，结果如图 3-46 所示。

05 补充草图。

❶选择“菜单”→“插入”→“曲线”→“圆”命令，或单击“主页”选项卡“曲线”组中的“圆”图标○，弹出“圆”对话框。单击“圆心和直径定圆”按钮，以确定圆心和直径的方式绘制圆。单击“选择场景条”中的“交点”按钮，启动交点捕捉，分别捕捉两竖直直线和水平直线的交点为圆心，绘制直径为 12 的圆，如图 3-47 所示。

❷选择“菜单”→“插入”→“曲线”→“圆弧”命令，弹出“圆弧”对话框。单击“中心和端点定圆弧”按钮，以步骤❶中所绘圆的圆心为圆心，半径均为 14，扫掠角度均为 180°，绘制两圆弧，如图 3-48 所示。

❸选择“菜单”→“插入”→“来自曲线集的曲线”→“派生直线”命令，将斜中心线分

别向左、右偏移 6，结果如图 3-49 所示。

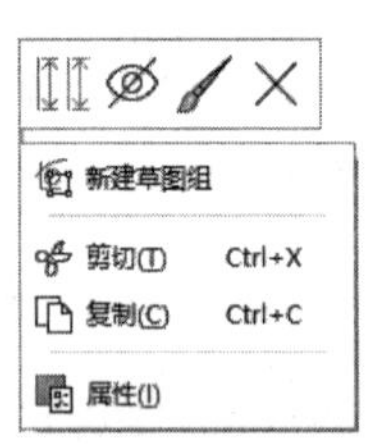

图 3-44　快捷菜单

图 3-45　“编辑对象显示”对话框

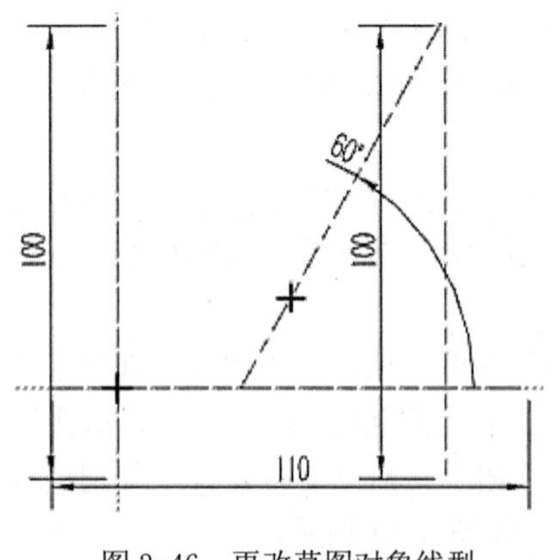

图 3-46　更改草图对象线型

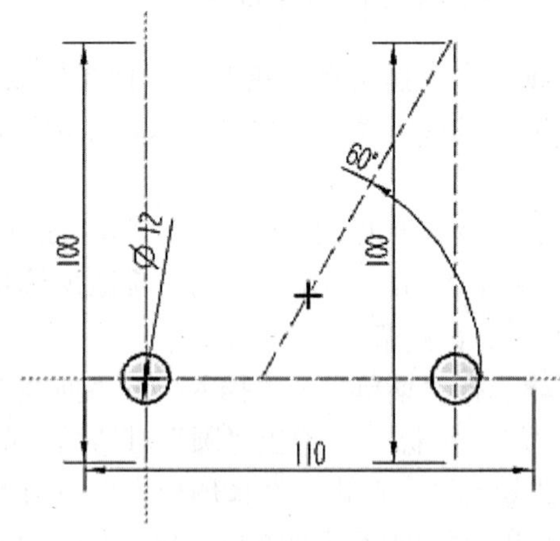

图 3-47　绘制圆

❹选择“菜单”→“插入”→“曲线”→“圆”命令，或单击“主页”选项卡“曲线”组中的“圆”图标○，弹出“圆”对话框，以步骤 02 中创建的点为圆心绘制直径为 12 的圆，然后在适当的位置绘制直径为 12 和 28 的同心圆。

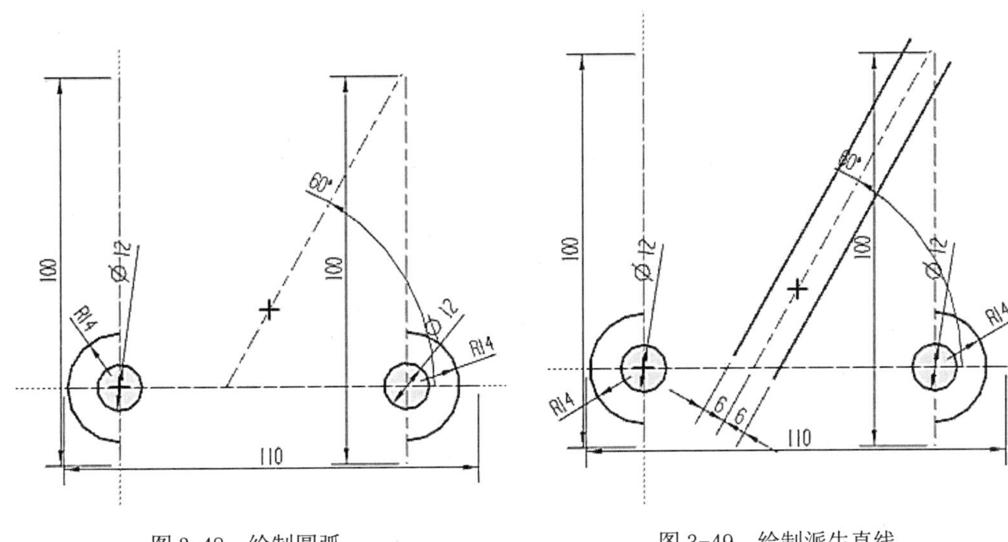

图 3-48　绘制圆弧　　　　图 3-49　绘制派生直线

❺选择“菜单”→“插入”→“曲线”→“直线”命令，弹出“直线”对话框，绘制直线将两个半圆连接起来，再对直径为28的圆绘制两条切线，结果如图3-50所示。

06 编辑草图。

❶开启“创建持久关系”，通过草图场景条中的“设为”命令对草图创建持久关系，结果如图3-51所示。

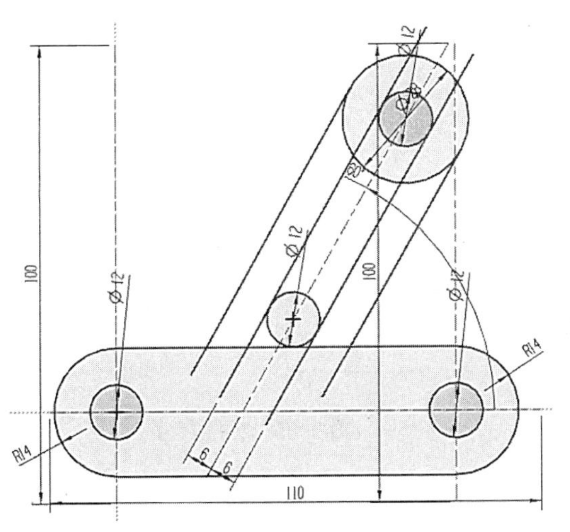

图 3-50　绘制切线

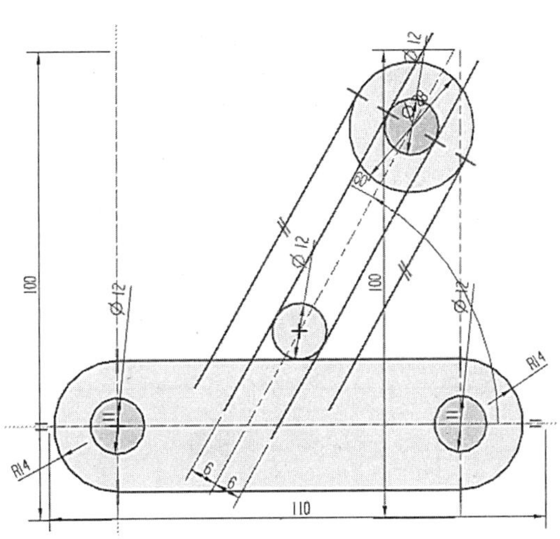

图 3-51　创建持久关系

❷单击“主页”选项卡中的“求解”组→“尺寸下拉菜单”→“快速尺寸”图标，对两小圆之间的距离进行尺寸修改，使两圆之间的距离为40，如图3-52所示。

❸选择“菜单”→“编辑”→“曲线”→“修剪”命令，或单击“主页”选项卡，选择“编

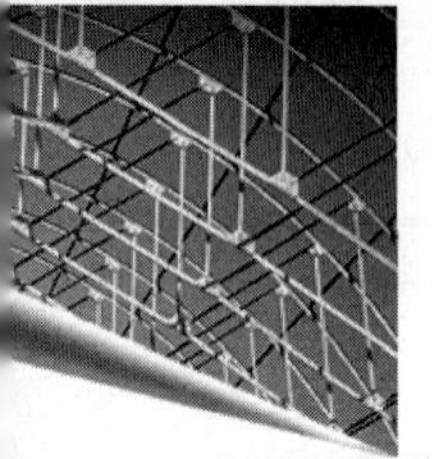

辑”组中的“修剪”图标╳，修剪草图，结果如图 3-53 所示。

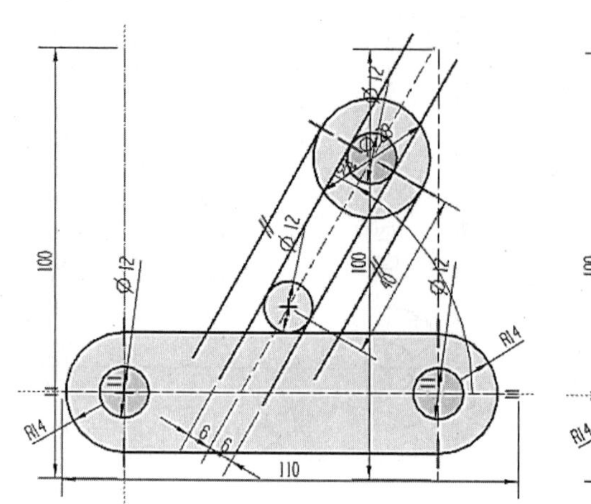

图 3-52　创建尺寸约束

图 3-53　修剪草图

❹选择“菜单”→“插入”→“曲线”→“圆角”命令，以圆角半径为 10 对左边的斜直线和水平直线进行倒圆角，再以圆角半径为 5 对右边的斜直线和水平直线进行倒圆角，结果如图 3-54 所示。

❺单击“主页”选项卡中的“求解”组“尺寸”下拉菜单中的“快速尺寸”图标，对图中未标注的尺寸进行标注，并删除重复的标注，结果如图 3-55 所示。

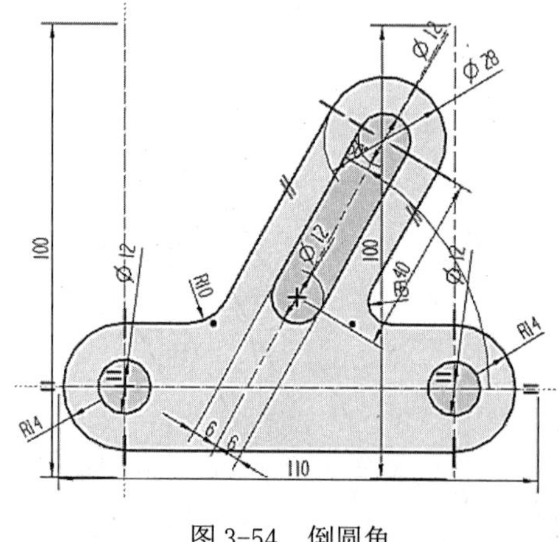

图 3-54　倒圆角

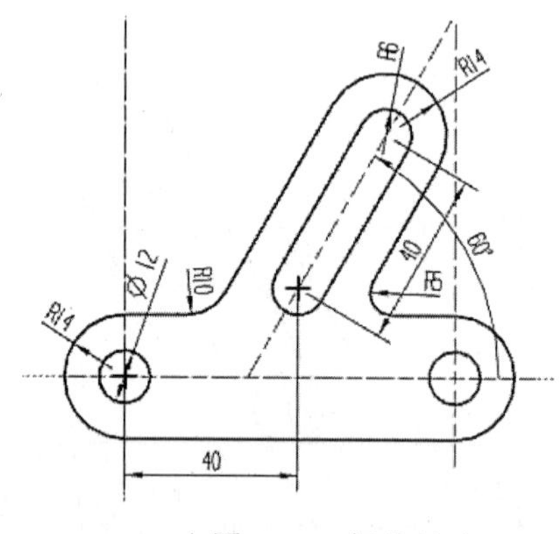

图 3-55　标注尺寸

第4章

实体建模

实体建模是CAD模块的基础和核心建模工具，UG NX 基于特征和约束的建模技术具有功能强大、操作简便的特点，并且具有交互建立和编辑复杂实体模型的能力，有助于用户快速进行概念设计和结构细节设计。

本章将主要介绍实体模型的建立与编辑方法。

重点与难点

- 基准建模
- 设计特征
- 特征操作
- 特征编辑

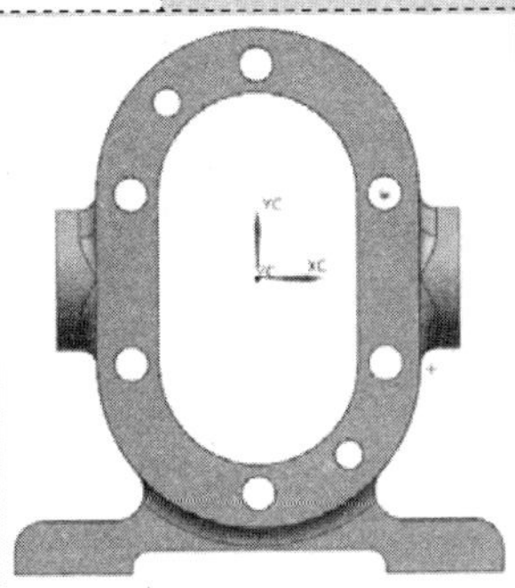

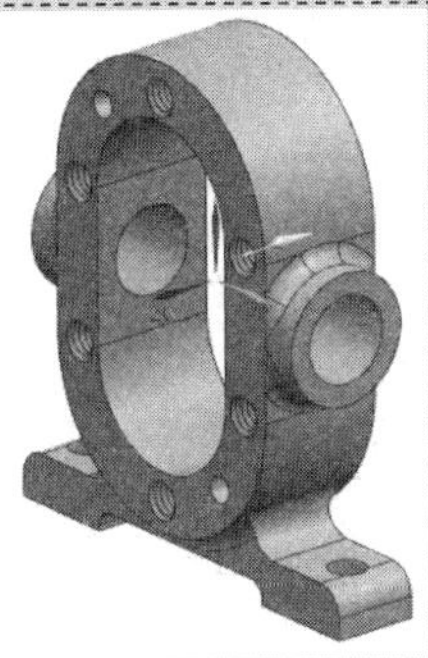

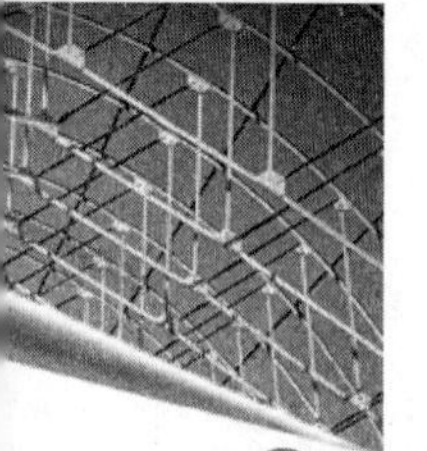

4.1 基准建模

在 UG NX 的建模过程中，经常需要建立基准平面、基准轴和基准坐标系。UG NX 提供了基准建模工具，可以通过选择“菜单”→“插入”→“基准”命令来调用。

4.1.1 基准平面

选择“菜单”→“插入”→“基准”→“基准平面”命令或单击“主页”选项卡中的“构造”组→“基准下拉菜单”中的“基准平面”图标，弹出如图 4-1 所示的“基准平面”对话框。

基准平面的创建方法如下：

1）自动判断：系统根据所选对象创建基准平面。

2）点和方向：通过选择一个参考点和一个参考矢量来创建基准平面。

3）曲线上：通过已存在的曲线，创建在该曲线某点处和该曲线垂直的基准平面。

4）按某一距离：通过偏置已存在的参考平面或基准面得到新的基准平面。

5）成一角度：通过与一个平面或基准面成指定角度来创建基准平面。

6）二等分：在两个相互平行的平面或基准平面的对称中心处创建基准平面。

7）曲线和点：通过选择曲线和点来创建基准平面。

8）两直线：通过选择两条直线，若两条直线在同一平面内，则以这两条直线所在平面为基准平面；若两条直线不在同一平面内，那么基准平面通过一条直线且和另一条直线平行。

9）相切：通过和一曲面相切且通过该曲面上的点或线或平面来创建基准平面。

10）通过对象：以对象平面为基准平面。

系统还提供了曲线上、YC-ZC 平面、XC-ZC 平面、XC-YC 平面、视图平面和按系数等方法，也就是说可选择 YC-ZC 平面、XC-ZC 平面、XC-YC 平面为基准平面，或者单击图标，创建平行于视图平面并穿过 WCS（工作坐标系）原点的固定基准平面；也可以单击图标，定义用户自己的基准平面。

4.1.2 基准轴

选择“菜单”→“插入”→“基准”→“基准轴”命令或单击“主页”选项卡中的“构造”组→“基准下拉菜单”中的“基准轴”图标，弹出如图 4-2 所示的“基准轴”对话框。

基准轴的创建方法如下：

1）自动判断：系统根据所选的对象确定要使用的最佳基准轴类型。

2）XC 轴：在 WCS 的 XC 轴上创建固定基准轴。

3）YC 轴：在 WCS 的 YC 轴上创建固定基准轴。

4）ZC 轴：在 WCS 的 ZC 轴上创建固定基准轴。

5）点和方向：从某个指定的点沿指定方向创建基准轴。

6）两点：定义两个点，经过这两个点创建基准轴。

7）曲线上矢量：创建与曲线或边上的某点相切、垂直或双向垂直，或者与另一对象垂直或平行的基准轴。

8）交点：在两个平面、基准平面或平面的相交处创建基准轴。

9）曲线/面轴：沿线性曲线或线性边，或者圆柱面、圆锥面或圆环面的轴创建基准轴。

图 4-1　“基准平面”对话框

图 4-2　“基准轴”对话框

4.1.3　基准坐标系

选择“菜单”→“插入”→“基准”→“基准坐标系”命令或单击“主页”选项卡中的“构造”组→“基准”下拉菜单中的“基准坐标系”图标，弹出如图 4-3 所示的“基准坐标系”对话框。在该对话框中可创建基准坐标系。和坐标系不同的是，基准坐标系一次建立 3 个基准面（XY、YZ 和 ZX 面）和 3 个基准轴（X、Y 和 Z 轴）。

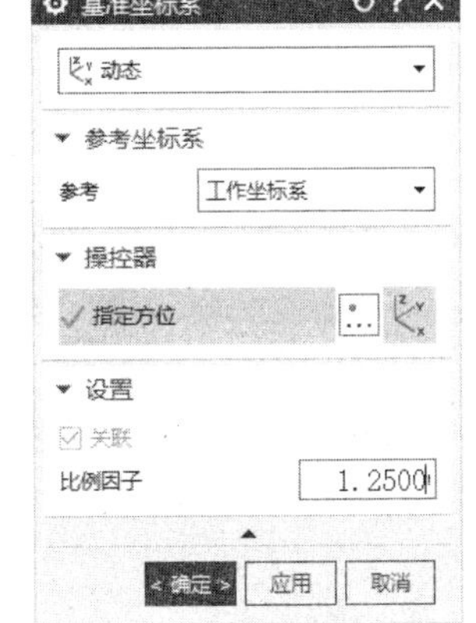

图 4-3　“基准坐标系”对话框

基准坐标系的创建方法如下：

1）动态：用户可以手动将坐标系移到任何位置作为基准坐标系，或创建一个与选定坐标系关联、动态偏置的基准坐标系。

2）自动判断：通过选择的对象或输入沿 X、Y 和 Z 坐标轴方向的偏置值来定义一个基准坐标系。

3）原点，X 点，Y 点：利用点创建功能先后指定 3 个点来定义一个基准坐标系。这 3 点应分别是原点、X 轴上的点和 Y 轴上的点。指定的第一点为原点，第一点指向第二点的方向为 X 轴的正向，从第二点至第三点按右手法则来确定 Z 轴正向。

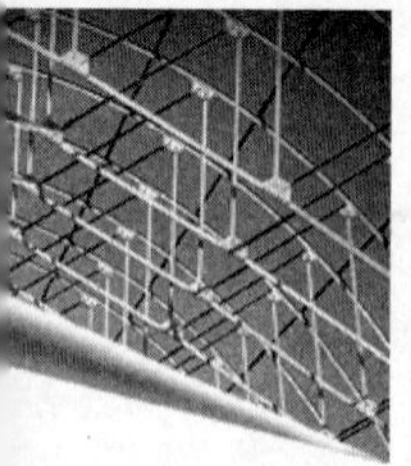

4）三平面：通过先后选择 3 个平面来定义一个基准坐标系。3 个平面的交点为基准坐标系的原点，第一个面的法向为 X 轴，第一个面与第二个面的交线方向为 Z 轴。

5）X 轴，Y 轴，原点：先利用点创建功能指定一个点作为基准坐标系原点，再利用矢量创建功能先后选择或定义两个矢量来创建基准坐标系。基准坐标系 X 轴的正向平行于第一矢量的方向，XOY 平面平行于第一矢量及第二矢量所在的平面，Z 轴正向从第一矢量在 XOY 平面上的投影矢量至第二矢量在 XOY 平面上的投影矢量按右手法则确定。

6）Z 轴，X 轴，原点：根据选择或定义的一个点和两个矢量来定义基准坐标系。Z 轴和 X 轴是矢量，原点是点。

7）Z 轴，Y 轴，原点：根据选择或定义的一个点和两个矢量来定义基准坐标系。Z 轴和 Y 轴是矢量，原点是点。

8）平面，X 轴，点：基于为 Z 轴选定的平面对象、投影到 X 轴平面的矢量以及投影到原点平面的点来定义基准坐标系。

9）平面，Y 轴，点：基于为 Z 轴选定的平面对象、投影到 Y 轴平面的矢量以及投影到原点平面的点来定义基准坐标系。

10）绝对坐标系：该方法在绝对坐标系的（0,0,0）点处定义一个新的基准坐标系。

11）当前视图的坐标系：用当前视图定义一个新的基准坐标系。XOY 平面为当前视图的所在平面。

12）偏置坐标系：通过输入沿 X、Y 和 Z 坐标轴方向相对于选定坐标系的偏距来定义一个新的基准坐标系。可根据用户选择或定义的三个点来定义基准坐标系。

13）PQR：第一个点是 P 点，用于定义原点。第二个点是 Q 点。P 点和 Q 点用于定义用户指定的主轴：X 轴、Y 轴或 Z 轴。第三个点是 R 点。R 点和主轴用于定义用户指定的主平面。例如，如果主轴是 Z 轴，可以指定正在定义的主平面是 X-Z 平面或 Y-Z 平面。系统根据这些定义创建基准坐标系。

4.2 设计特征

设计特征是实体建模的基础。通过相关操作可以建立各种基本简单实体、扫描成形特征和其他类型的特征。

4.2.1 块

选择“菜单”→“插入”→“设计特征”→“块”命令，或单击“主页”选项卡中的“基本”组→“更多”库→“设计特征”库→“块”图标，弹出如图 4-4 所示的“块”对话框。在该对话框中可通过定义角点位置和尺寸来创建块。

（1）原点和边长：通过设定块的原点和 3 条边长来建立块。操作步骤如下：

1）选择一点。

2）设置块的尺寸参数。

3）指定布尔操作类型。

4）单击“确定”或者“应用”按钮，创建块特征。

（2）两点和高度：通过定义两个点作为块底面对角线的顶点，并且设定块的高度来建立块。操作步骤如下：

1）定义两个点作为块底面对角线的顶点。

2）设定块 ZC 方向的高度（只能为正值）。

3）指定布尔操作类型。

4）单击“确定”或者“应用”按钮，创建块特征。

（3）两个对角点：通过定义两个点作为块对角线的顶点来建立块。操作步骤如下：

1）定义两个点作为块对角线的顶点。

2）指定布尔操作类型。

3）单击“确定”或者“应用”按钮，创建块特征。

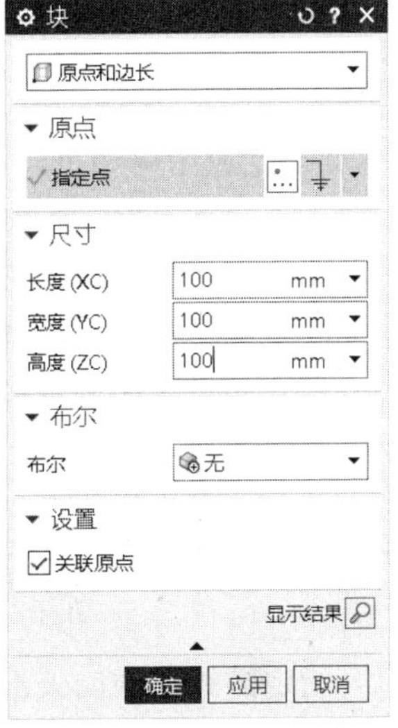

图 4-4　“块”对话框

4.2.2　圆柱

选择“菜单”→“插入”→“设计特征”→“圆柱”命令，或单击“主页”选项卡中的“基本”组→“更多”库→“设计特征”库→“圆柱”图标，弹出如图 4-5 所示的“圆柱”对话框。在该对话框中可通过定义轴位置和尺寸来创建圆柱特征。

（1）轴、直径和高度：通过指定圆柱体的直径和高度来创建圆柱特征。创建步骤如下：

1）创建圆柱轴线方向。

2）设置圆柱尺寸参数。

3）创建一个点作为圆柱底面的圆心。

4）指定布尔操作类型，创建圆柱特征。

（2）圆弧和高度：提供指定一条圆弧作为底面圆，再指定圆柱高度来创建圆柱特征。创建步骤如下：

1）设置圆柱高度。

2）选择一条圆弧作为底面圆。

3）确定是否创建圆柱。

4）若创建圆柱特征，指定布尔操作类型。

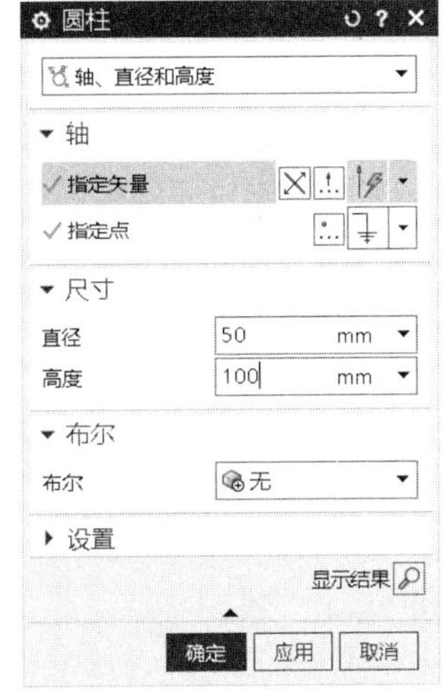

图 4-5　“圆柱”对话框

UG NX

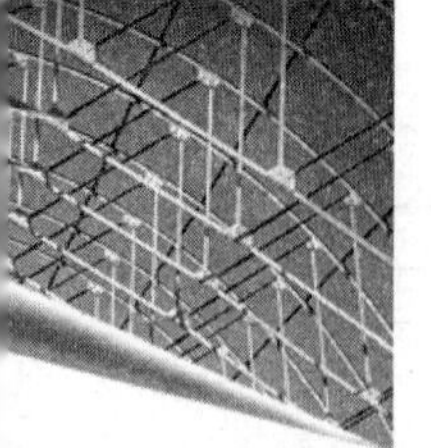

4.2.3 圆锥

选择“菜单”→“插入”→“设计特征”→“圆锥”命令，或单击“主页”选项卡中的“基本”组→“更多”库→“设计特征”库→“圆锥”图标，弹出如图 4-6 所示的“圆锥”对话框。在该对话框中可通过定义轴位置和尺寸来创建锥体。

（1）直径和高度：指定圆锥的顶部直径、底部直径和高度，创建圆锥。创建步骤如下：

1）指定圆锥的轴向矢量。

2）指定圆锥底圆中心点。

3）设定圆锥的底部直径、顶部直径和高度。

4）指定布尔操作类型。

5）单击“确定”或者“应用”按钮，创建圆锥特征。

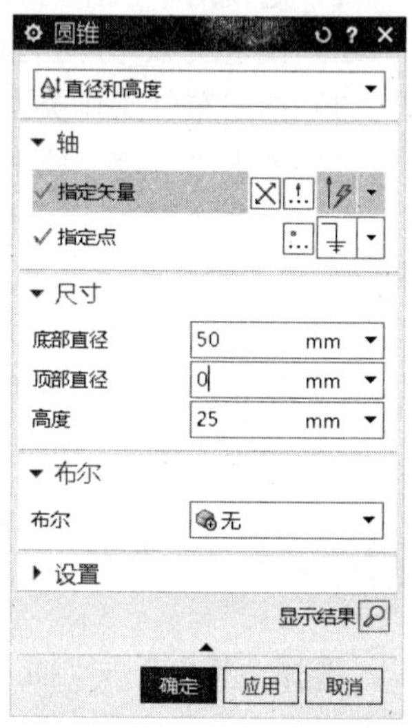

图 4-6 “圆锥”对话框

（2）直径和半角：指定圆锥的顶部直径、底部直径和锥顶半角来创建圆锥。创建步骤如下：

1）指定圆锥的轴向矢量。

2）指定圆锥底圆中心点。

3）设定圆锥的底部直径、顶部直径和半角。

4）指定布尔操作类型。

5）单击“确定”或者“应用”按钮，创建圆锥特征。

（3）底部直径，高度和半角：指定圆锥的底部直径、高度和半角，创建圆锥，其创建步骤如下：

1）指定圆锥的轴向矢量。

2）指定圆锥底圆中心点。

3）设定圆锥的底部直径、高度和半角。

4）指定布尔操作类型。

5）单击“确定”或者“应用”按钮，创建圆锥特征。

（4）顶部直径，高度和半角：指定圆锥的顶部直径、高度和半角，创建圆锥。

（5）两个共轴的圆弧：指定两个共轴的圆弧分别作为圆锥的基圆弧和顶圆弧来创建圆锥。

4.2.4 球

选择“菜单”→“插入”→“设计特征”→“球”命令，或单击“主页”选项卡中的“基本”组→“更多”库→“设计特征”库→“球”图标，弹出如图 4-7 所示的“球”对话框。在该对话框中可通过定义中心位置和尺寸来创建球体。

（1）中心点和直径：指定直径和中心位置来创建球特征。创建步骤如下：

1）在如图 4-7 所示的对话框中选择“中心点和直径”类型。

2）设定球的直径。

3）设定球心位置。

4）指定布尔操作类型。

5）单击“确定”或者“应用”按钮，创建球特征。

（2）圆弧：指定一条圆弧，将该圆弧的半径和圆心分别作为所创建球体的半径和球心来创建球特征。创建步骤如下：

1）在如图 4-7 所示的对话框中选择“圆弧”类型。

2）选择圆弧（不需要是完整的圆弧）。

3）如果创建的球不是第一个实体，系统将弹出布尔操作，在该对话框中设定布尔操作的方式。

4）指定布尔操作类型

5）系统以所选圆弧的中心作为球的球心，以所选圆弧的直径作为球的直径建立球特征。

图 4-7　“球”对话框

4.2.5　拉伸

拉伸操作是将截面轮廓草图通过拉伸生成实体或片体。其草绘截面可以是封闭的也可以是开口的，可以由一个或者多个封闭环组成，封闭环之间不能自交，但封闭环之间可以嵌套，如果存在嵌套的封闭环，在生成添加材料的拉伸特征时，系统自动认为里面的封闭环类似于孔特征。

选择“菜单”→“插入”→“设计特征”→“拉伸”命令，或者单击“主页”选项卡中的“基本”组中的“拉伸”图标，弹出如图 4-8 所示的“拉伸”对话框。在其中可选择用于定义拉伸特征的截面曲线。

图 4-8　“拉伸”对话框

（1）截面：

1）绘制截面：在如图 4-8 所示的对话框中单击按钮，可以打开草图以便创建内部草图来创建拉伸特征。

2）曲线：在如图 4-8 所示的对话框中单击图标，可以选择截面的曲线、边、草图或面来创建拉伸特征。

（2）方向：

1）指定矢量：用于设置所选对象的拉伸方向。在下拉列表中选择所需的拉伸方向或者单击对话框中的图标，弹出如图 4-9 所示的“矢量”对话框，在该对话框中可选择拉伸方向。

2）反向：在如图 4-8 所示的对话框中单击图标，可使拉伸方向反向。

（3）限制：

1）起始：用于限制拉伸的起始位置。

2）结束：用于限制拉伸的终止位置。

（4）布尔：在如图 4-8 所示对话框中的“布尔”下拉列表中可选择布尔操作命令。

图 4-9 “矢量”对话框

（5）偏置：

1）无：不创建任何偏置。

2）单侧：指在截面曲线的一侧生成拉伸特征，此时只有“结束”文本框被激活。

3）两侧：指在截面曲线的两侧生成拉伸特征，以结束值和起始值之差为实体的厚度。

4）对称：指在截面曲线的两侧生成拉伸特征，其中每一侧的拉伸长度为总长度的一半。

（6）预览：勾选该复选框后可预览绘图区的临时实体的生成状态，便于用户及时修改和调整。

4.2.6 旋转

旋转特征是由特征截面曲线绕旋转中心线旋转而成的一类特征。它适用于构造旋转体零件特征。

选择“菜单”→“插入”→“设计特征”→“旋转”命令，或者单击“主页”选项卡中的“基本”组中的“旋转”图标，弹出如图 4-10 所示的“旋转”对话框。在其中可选择用于定义旋转特征的截面曲线。

（1）截面：

1）绘制截面：在如图 4-10 所示的对话框中单击按钮，可以打开草图以便创建内部草图来创建旋转特征。

2）曲线：在如图 4-10 所示的对话框中单击图标，可以选择截面的曲线、边、草图或面来创建旋转特征。

（2）轴：

1）指定矢量：用于设置所选对象的旋转方向。在如图 4-10 所示对话框中单击“指定矢量”右边的按钮，弹出“指定矢量”下拉列表，在其中可选择旋转方向；或者单击图标，弹出如图 4-9 所示的“矢量”对话框，在该对话框中选择旋转方向。

2）反向：在如图 4-10 所示的对话框中单击图标，可使旋转轴方向反向。

3）指定点：在如图 4-10 所示的“指定点”下拉列表中旋转图标，可选择要进行旋转操作的基准点。单击该图标，可通过“捕捉”直接在绘图区中进行选择。

（3）限制：

1）起始：在设置以“值”或“直至选定”方式进行旋转操作时，用于限制旋转的起始角度。

2）结束：在设置以“值”或“直至选定”方式进行旋转操作时，用于限制旋转的终止角度。

（4）布尔：在如图 4-10 所示对话框中的“布尔”下拉列表中可选择布尔操作命令。

图 4-10　“旋转”对话框

（5）偏置

1）无：直接以截面曲线生成旋转特征。

2）两侧：指在截面曲线两侧生成旋转特征，以结束值和起始值之差为实体的厚度。

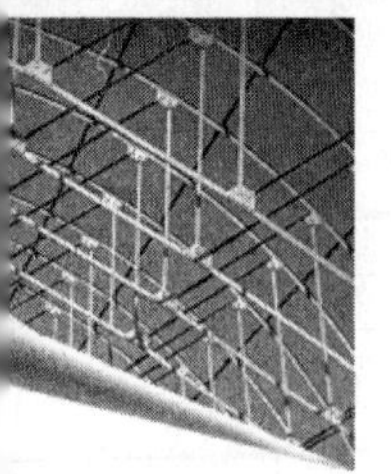

4.2.7 沿引导线扫掠

沿引导线扫掠特征是指由截面曲线沿引导线扫描而成的一类特征。

选择“菜单”→“插入”→“扫掠”→“沿引导线扫掠”命令，或者单击“曲面”选项卡中的“基本”组→“更多”库→“扫掠”库中的“沿引导线扫掠”图标，弹出如图 4-11 所示的“沿引导线扫掠”对话框。

图 4-11 “沿引导线扫掠”对话框

1. 截面：用于定义扫掠截面。
2. 引导：用于定义引导线。
3. 偏置：用于设置扫掠的偏置参数。

4.2.8 管

管特征是指把路径线作为旋转中心线旋转而成的一类特征。需要注意的是，路径线串必须光滑、相切和连续。

选择“菜单”→“插入”→“扫掠”→“管”命令，或者单击“曲面”选项卡中的“基本”组→“更多”库→“扫掠”库中的“管”图标，弹出如图 4-12 所示的“管”对话框。用户在绘图区选择路径线，在该对话框中设置参数后，单击“确定”按钮，即可创建管特征。

图 4-12 “管”对话框

（1）外径：用于设置管道的外径，其值必须大于 0。

（2）内径：用于设置管道的内径，其值必须大于或等于0，且小于外径。

（3）输出：用于设置管道面的类型，选定的类型不能在编辑中被修改。

1）多段：用于设置管道表面为多段面的复合面。

2）单段：用于设置管道表面有一段或两段表面。

4.2.9　孔

选择“菜单”→“插入”→“设计特征”→“孔”命令，或者单击“主页”选项卡中的“基本”组中的“孔”图标，弹出如图4-13所示的“孔”对话框。通过设置该对话框中的选项可对实体添加孔。

（1）简单：创建具有指定直径、深度和尖端顶锥角的简单孔。选择此类型后的对话框如图4-13所示。

1）形状：确定孔的形状和尺寸。在“孔大小”下拉列表中选择孔的形式（包括“定制”“钻孔尺寸”和“螺钉间隙”3种），然后根据选择的孔的形式，可以设定孔的尺寸。

2）位置：指定孔的位置。可以直接选取已存在的点或通过单击“绘制截面”按钮，在草图中创建点。

3）方向：指定孔的方向（包括“垂直于面”和“沿矢量”两种）。

4）限制：指定孔深和顶锥角。

（2）沉头：创建具有指定直径、深度、顶锥角、沉头直径和沉头深度的沉头孔。选择此类型后的对话框如图4-14所示。

1）形状：确定孔的外形和尺寸。在“孔大小”下拉列表中选择孔特征的形式，然后根据选择的形式，可以设置孔径和孔的沉头部分的尺寸。

2）倒斜角：用于创建与孔共轴的倒角。可以将“起始倒斜角”“终止倒斜角”“颈部倒斜角”添加到孔特征。当勾选各复选框时，需设置“偏置”和“角度”两个参数。

（3）埋头：创建有指定直径、深度、顶锥角、埋头直径和埋头角度的埋头孔。选择此类型后的对话框如图4-15所示。

1）形状：可以设置孔的埋头直径和埋头角度。

2）退刀槽：当勾选“应用退刀槽”复选框时，需设置“深度”参数。

（4）锥孔：创建具有指定锥角和直径的锥孔。选择此类型后的对话框如图4-16所示。可以通过“锥角”文本框来指定孔的锥角。

（5）有螺纹：创建螺纹孔，其尺寸标注由“标准”“螺纹尺寸”和“径向进刀”定义。选择“有螺纹”类型后的，将其对话框如图4-17所示。

1）形状：在“标准”下拉列表中选择用于创建螺纹特征的选项和参数；在“大小”下拉列表中选择尺寸型号，系统提供了M1.0～M200的螺纹尺寸；在“径向进刀”下拉列表中选择啮合半径，系统提供了0.75、Custom和0.5三种；在“螺纹深度”文本框中输入尺寸；通过“左旋”“右旋”单选按钮来确定螺纹是左旋或是右旋。

2）限制：当勾选“将孔深与螺纹深度关联”复选框时，可以将孔深指定为超过螺纹深度的螺距的倍数。

图 4-13 “孔”对话框 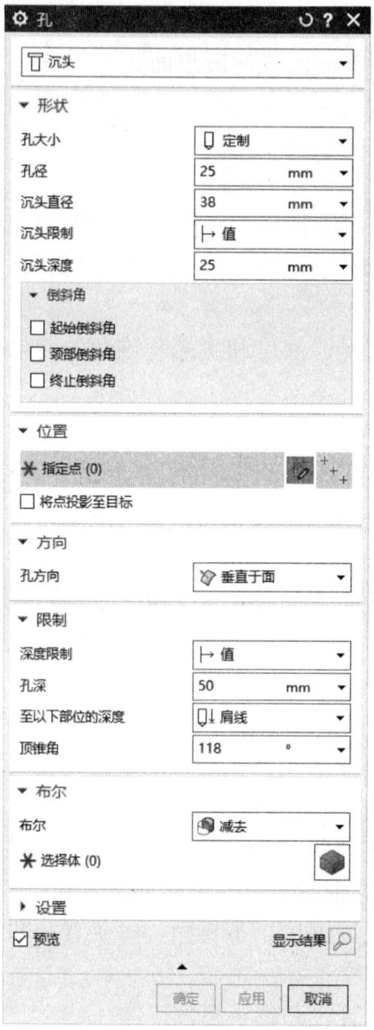　　图 4-14 选择“沉头”类型 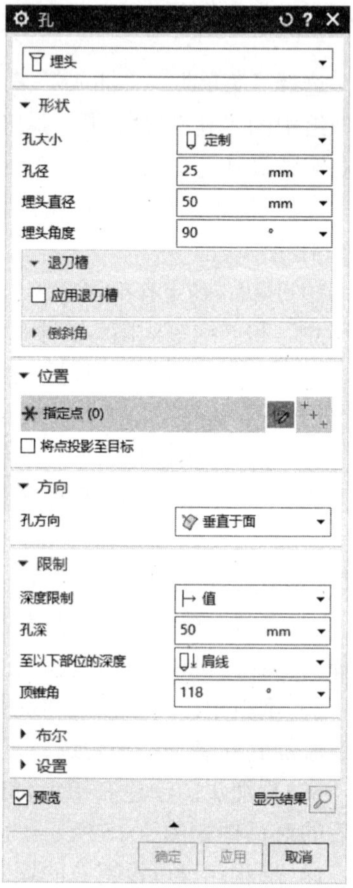　　图 4-15 选择“埋头”类型

（6）孔系列：创建系列孔。选择该类型后的对话框如图 4-18 所示。

孔的创建步骤如下：

1）选择孔的类型。

2）选择放置面。

3）打开草图绘制界面，确定孔的位置。

4）返回到建模环境，在“孔”对话框中设置孔的参数，单击“确定”或者“应用”按钮，完成孔的创建。

图 4-16　选择“锥孔”类型　　图 4-17　选择“有螺纹”类型　　图 4-18　选择“孔系列”类型

4.2.10　凸台

选择“菜单”→“插入”→“设计特征”→“凸台（原有）”命令，弹出如图 4-19 所示的“凸台”对话框。通过设置该对话框中的选项可在已存在的实体表面上创建圆柱形或圆锥形凸台。

（1）选择步骤：选择放置面。放置面是指在实体上开始创建凸台的平面形表面或者基准平面。

（2）过滤：通过限制可用的对象类型来选择对象。在其下拉列表中的选项有“任意”“面”和“基准平面”。

（3）凸台的形状参数：

1）直径：凸台在放置面上的直径。

2）高度：凸台沿轴线的高度。

3）锥角：锥度角。若指定为 0，则为圆柱形凸台。正的角度值为向上收缩（即在放置面上的直径最大），负的角度值为向上扩大（即在放置面上的直径最小）。

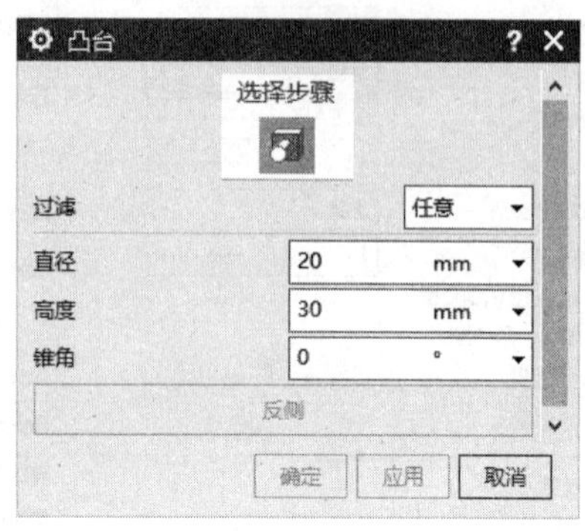

图 4-19 “凸台”对话框

（4）反侧。若选择的放置面为基准平面，可单击此按钮改变圆台的凸起方向。

凸台的创建步骤如下：

1）选择放置面。

2）设置凸台的形状参数，然后单击“确定”或者“应用”按钮。

3）定位凸台在放置面的位置或者直接单击“确定”按钮，创建凸台。

4.2.11 腔

选择“菜单”→“插入”→“设计特征”→“腔（原有）”命令，弹出如图 4-20 所示的“腔”对话框。通过该对话框可从实体中移除材料或用沿矢量对截面进行投影生成的面来修改片体。

（1）圆柱形：单击“圆柱形”按钮，在绘图区选择了放置面后，弹出如图 4-21 所示的“圆柱腔”对话框。

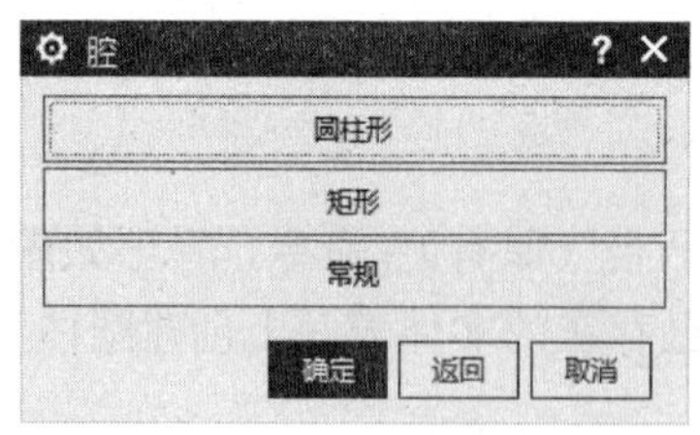

图 4-20 “腔”对话框

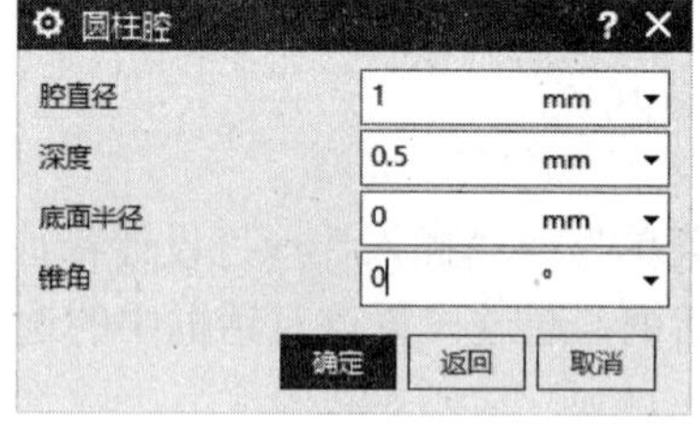

图 4-21 “圆柱腔”对话框

1）腔直径：用于设置圆柱形腔的直径。

2）深度：用于设置圆柱形腔的深度。

3）底面半径：用于设置圆柱形腔底面的圆弧半径。它必须大于或等于 0，并且小于深度。

4）锥角：用于设置圆柱形腔的倾斜角度。它必须大于或等于 0。

圆柱形腔体的创建步骤如下：

1）选择放置面。

2）设置腔体的形状参数。

3）定位腔体的位置。

4）单击“确定”按钮，创建圆柱形腔体。

（2）矩形：单击“矩形”按钮，在绘图区选择了放置面和水平参考对象后，弹出如图 4-22 所示的“矩形腔”对话框。

1）长度：用于设置矩形腔体的长度。

2）宽度：用于设置矩形腔体的宽度。

3）深度：用于设置矩形腔体的深度。

4）拐角半径：用于设置矩形腔深度方向直边处的拐角半径。其值必须大于或等于 0。

5）底面半径：用于设置矩形腔底面周边的圆弧半径。其值必须大于或等于 0，且小于拐角半径。

6）锥角：用于设置矩形腔的倾斜角度。其值必须大于或等于 0。

矩形腔体的创建步骤如下：

1）选择放置面。

2）设置腔体的形状参数。

3）定位腔体的位置。

4）单击“确定”按钮，创建矩形腔体。

（3）常规：单击“常规”按钮，弹出如图 4-23 所示的“常规腔”对话框。

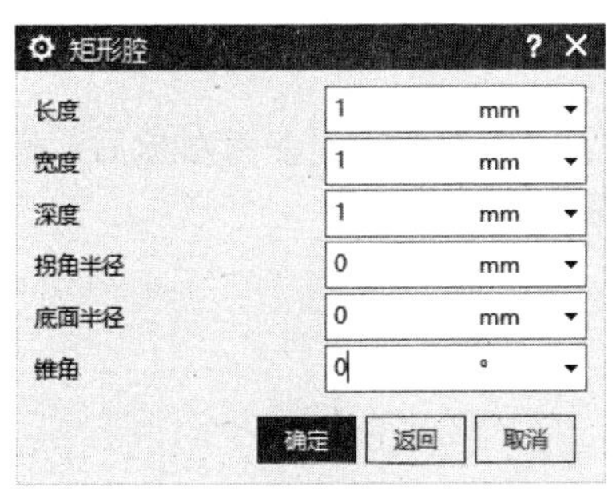

图 4-22　“矩形腔”对话框

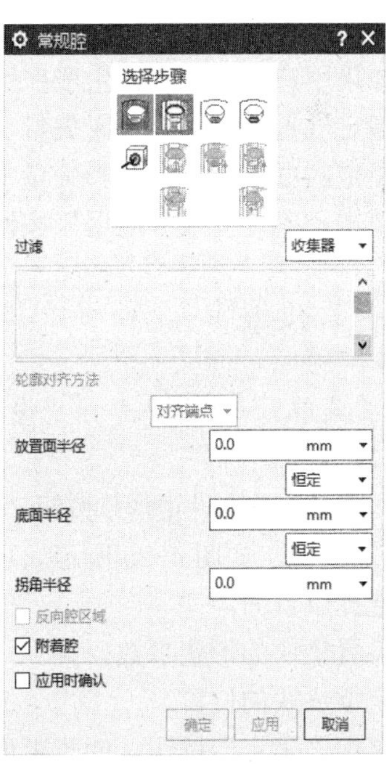

图 4-23　“常规腔”对话框

1）放置面：用于放置常规腔体顶面的实体表面。

2）放置面轮廓：用于定义常规腔体在放置面上的顶面轮廓。

3）底面：用于定义常规腔体的底面。可通过偏置或转换或在实体中选择底面来定义。

4）底面轮廓曲线：用于定义通用腔体的底面轮廓线。可以从实体中选取曲线或边来定义，也可通过转换放置面轮廓线来定义。

5）目标体：用于使常规腔体生成在所选取的实体上。

6）放置面轮廓线投影矢量：用于指定放置面轮廓线的投影方向。

7）底面轮廓曲线投影矢量：用于指定底面轮廓曲线的投影方向。

8）轮廓对齐方法：用于指定放置面轮廓线和底面轮廓曲线的对齐方式。只有在放置面轮廓线与底面轮廓曲线都是单独选择的曲线时才能被激活。

9）放置面半径：用于指定常规腔体的顶面与侧面间的圆角半径。

10）底面半径：用于指定常规腔体的底面与侧面间的圆角半径。

11）拐角半径：用于指定常规腔体侧边的拐角半径。

12）附着腔：勾选“附着腔”复选框，若目标体是片体，则创建的常规腔体为片体，并与目标片体缝合成一体；若目标体是实体，则创建的常规腔体为实体，并从实体中删除常规腔体。去除勾选，则创建的常规腔体为一个独立的实体。

常规腔体的创建步骤如下：

1）选择放置面。

2）选择放置面轮廓（必须是封闭曲线）。

3）选择底面。

4）选择底面轮廓曲线（也必须是封闭曲线）。

5）如果用户需要把腔体生成在所选取的实体上，则选择目标体（可选）。

6）指定放置面轮廓线投影矢量（可选）。

7）指定底面轮廓曲线投影矢量（可选）。

8）单击“确定”或“应用”按钮，创建腔体。

4.2.12 垫块

选择“菜单”→“插入”→“设计特征”→“垫块（原有）”命令，弹出如图 4-24 所示的“垫块”对话框。

（1）矩形：单击“矩形”按钮，然后在绘图区选择了放置面和水平参考对象后，弹出“矩形垫块”对话框。如图 4-25 所示。矩形垫块的创建步骤如下：

1）选择放置面。

2）设置垫块的形状参数。

3）定位垫块的位置。

4）单击“确定”按钮，创建矩形垫块。

（2）常规：单击“常规”按钮，弹出“常规垫块”对话框，如图 4-26 所示。其中各选项的功能与“腔”的“常规”选项类似，此处不再赘述。

常规垫块的创建步骤如下：

1）选择放置面。

2）选择放置面轮廓（必须是封闭曲线）。

3）选择底面。

4）选择底面轮廓曲线（也必须是封闭曲线）。

5）如果用户需要把垫块生成在所选取的实体上，则选择目标体（可选）。

6）指定放置面轮廓线投影矢量（可选）。

7）指定底面轮廓曲线投影矢量（可选）。

8）单击“确定”或“应用”按钮，创建垫块。

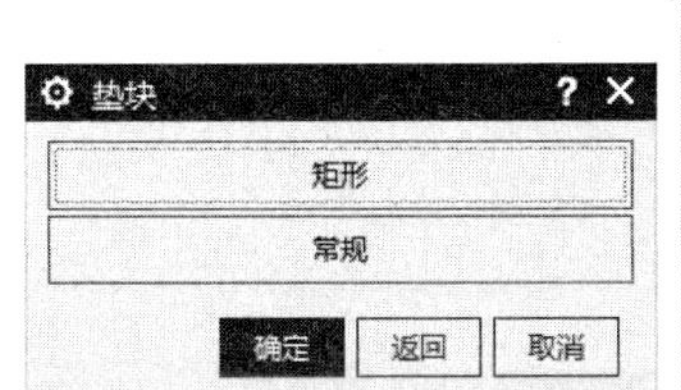

图 4-24 “垫块”对话框

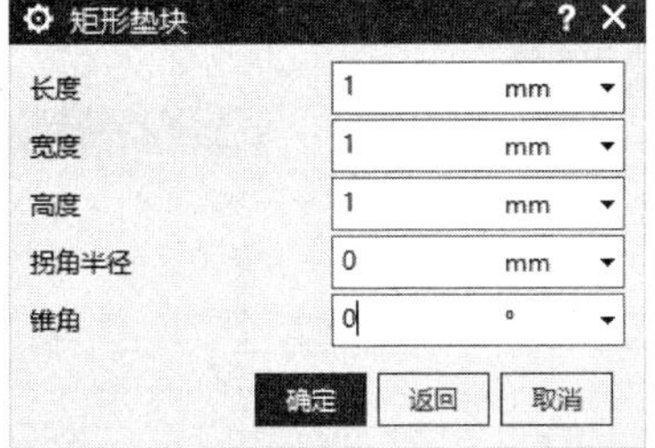

图 4-25 “矩形垫块”对话框

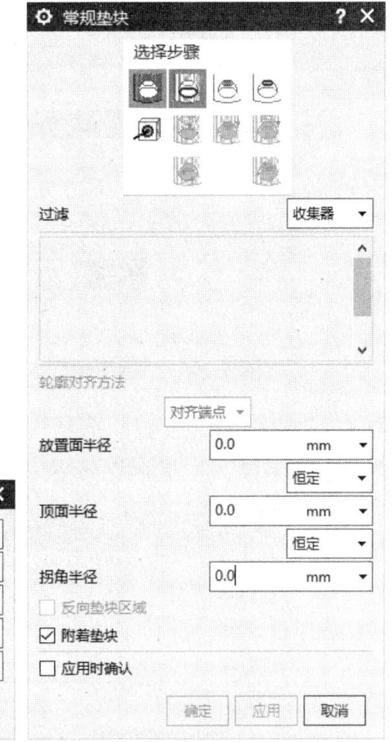

图 4-26 “常规垫块”对话框

4.2.13 键槽

选择“菜单”→“插入”→“设计特征”→“键槽（原有）”命令，弹出如图 4-27 所示的“槽”对话框。通过该对话框可以直槽形状添加一条通道，使其通过实体或在实体内部。

（1）键槽的类型

1）矩形槽：沿着底边生成有尖锐边缘的槽。“矩形槽”对话框如图 4-28 所示。

2）球形端槽：生成一个有完整半径底面和拐角的槽。“球形槽”对话框如图 4-29 所示。

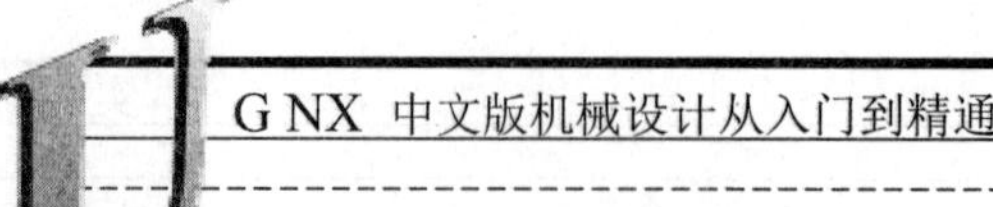

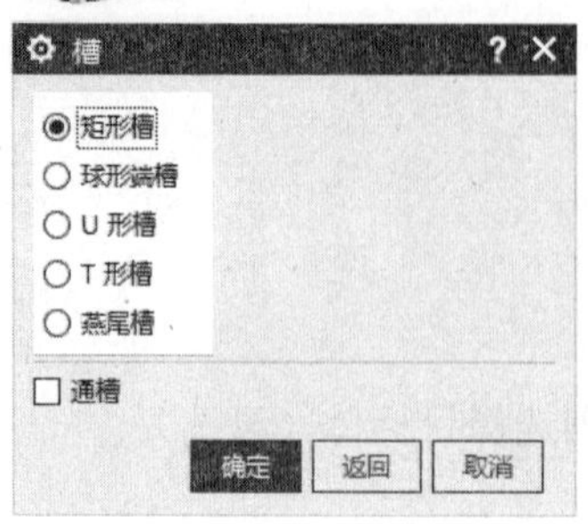

图 4-27　“槽”对话框

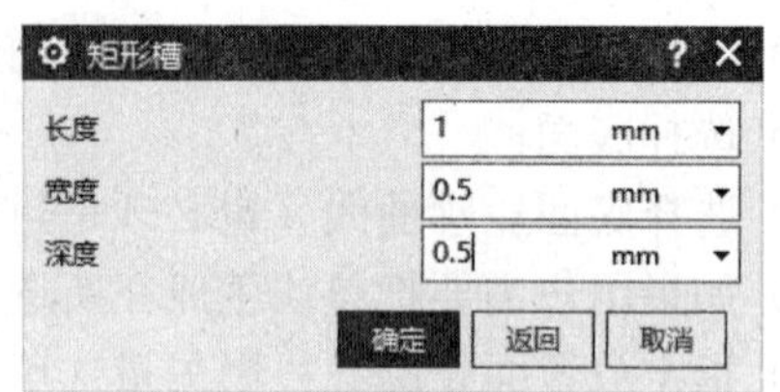

图 4-28　“矩形槽”对话框

3）U 形槽：生成截面形状为 U 形的槽。这种槽有圆的转角和底面半径。“U 形键槽”对话框如图 4-30 所示。

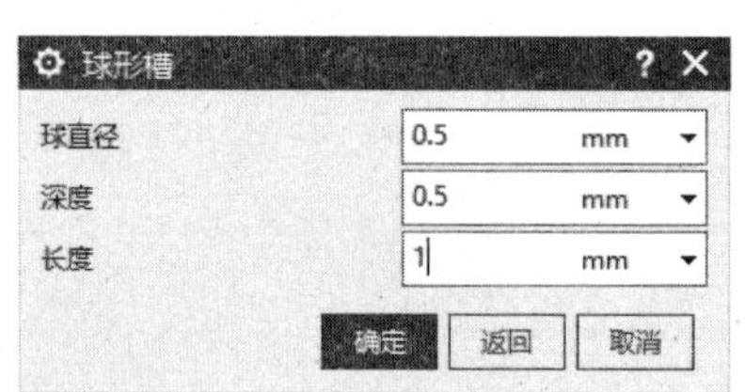

图 4-29　“球形槽”对话框

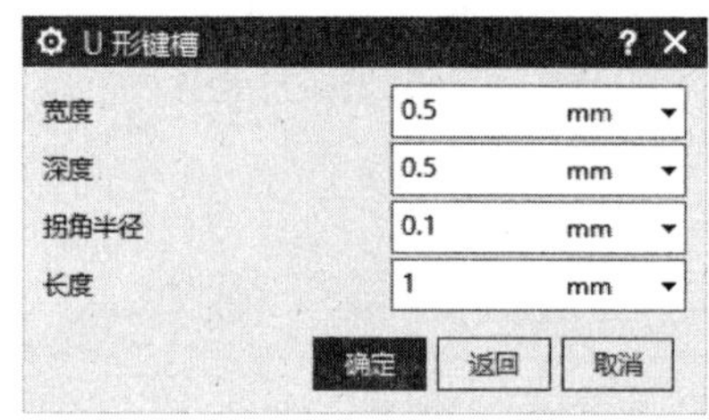

图 4-30　“U 形键槽”对话框

4）T 形槽：生成截面形状为 T 形的槽，“T 形槽”对话框如图 4-31 所示。

5）燕尾槽：生成截面形状为燕尾形的槽，“燕尾槽”对话框如图 4-32 所示。

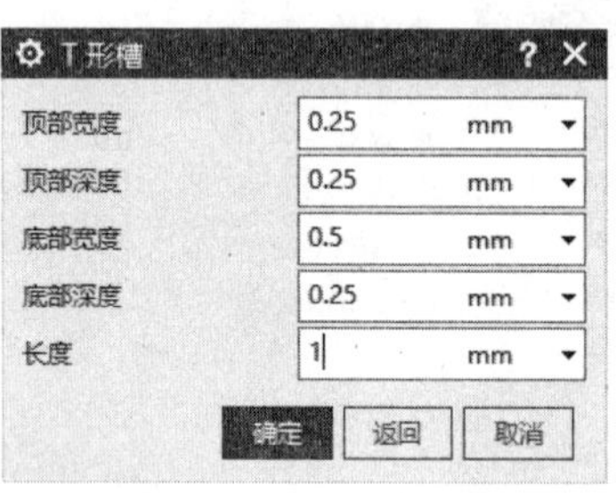

图 4-31　“T 形槽”对话框

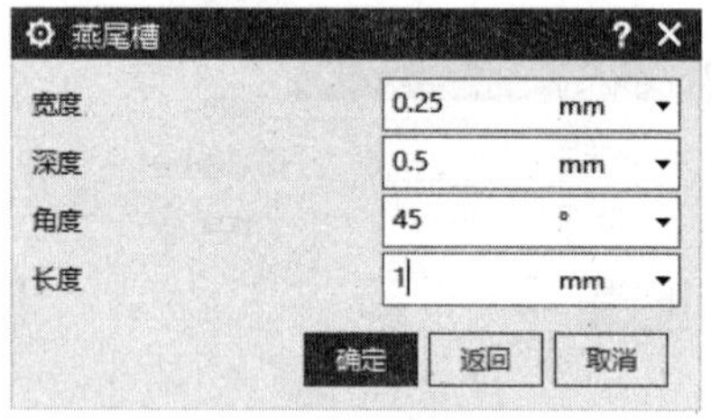

图 4-32　“燕尾槽”对话框

（2）通槽：用于确定是否创建通的键槽。若勾选该复选框，则创建通槽，需要选择放置面。键槽的创建步骤如下：

1）选择键槽的类型。

2）选择放置面。

3）选择键槽的放置方向，也就是水平参考方向。

4）设置键槽的形状参数。

5）定位键槽的位置。

6）单击“确定”按钮，创建键槽。

4.2.14　槽

选择“菜单”→“插入”→“设计特征”→“槽”命令，或单击“主页”选项卡中的“基本”组→“更多”库→“细节特征”库→“槽”图标，弹出如图 4-33 所示的“槽”对话框。通过该对话框可将一个外部或内部槽添加到实体的圆柱形或锥形面。

1）矩形。截面形状为矩形。“矩形槽”对话框如图 4-34 所示。

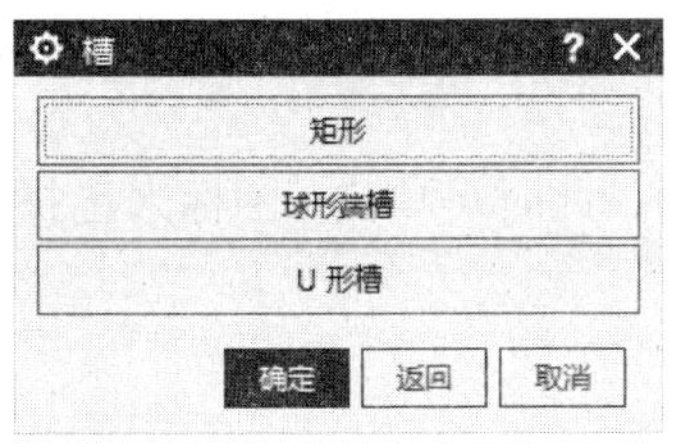

图 4-33　“槽”对话框

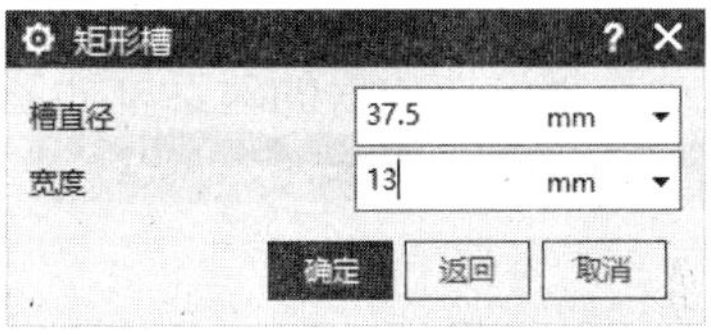

图 4-34　“矩形槽”对话框

2）球形端槽。截面形状为半圆形。“球形端槽”对话框如图 4-35 所示。

3）U 形槽。截面形状为 U 形。“U 形槽”对话框如图 4-36 所示。

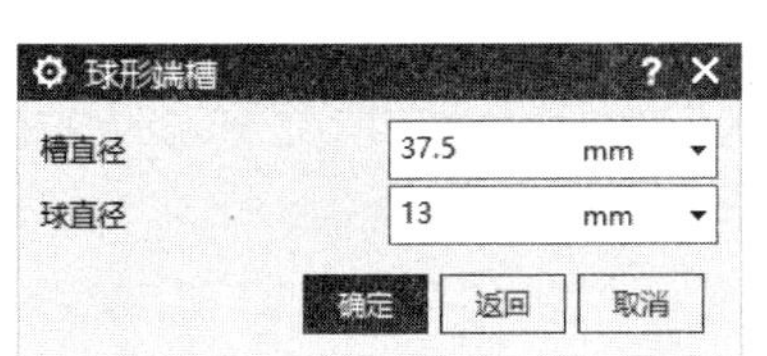

图 4-35　“球形端槽”对话框

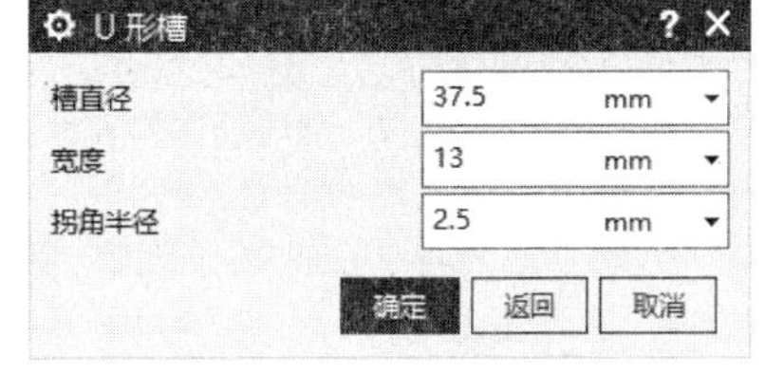

图 4-36　“U 形槽”对话框

槽的创建步骤如下：

1）选择槽的类型。

2）选择圆柱面或圆锥面为放置面。

3）设置槽的形状参数。

4）定位槽的位置。

5）单击“确定”按钮，创建槽。

4.2.15　三角形加强筋

选择“菜单”→“插入”→“设计特征”→“三角形加强筋（原有）”命令，弹出如图 4-37 所示的“三角形加强筋”对话框。通过该对话框可沿着两个相交面的交线创建一个三角形加强筋特征。

（1）第一组：单击该图标，在绘图区选择三角形加强筋的第一组放置面。

（2）第二组：单击该图标，在绘图区选择三角形加强筋的第二组放置面。

（3）位置曲线：用于选择两组面多条交线中的一条交线作为三角形加强筋的位置曲线。在选择的第二组放置面超过两个曲面时，该图标被激活。

（4）位置平面：用于指定与工作坐标系或绝对坐标系相关的平行平面或在绘图区指定一个已存在的平面位置来定位三角形加强筋。

（5）方位平面：用于指定三角形加强筋的倾斜方向的平面。方向平面可以是已存在平面或基准平面，默认的方向平面是已选两组平面的法向平面。

（6）修剪选项：用于设置三角形加强筋的剪裁方式。

（7）方法：用于设置三角形加强筋的定位，包括：

1）沿曲线：通过两组面交线的位置来定位。可通过指定“弧长”或“弧长百分比”值来定位。

2）位置：选择该选项后的对话框如图 4-38 所示。此时可单击图标来选择定位方式。

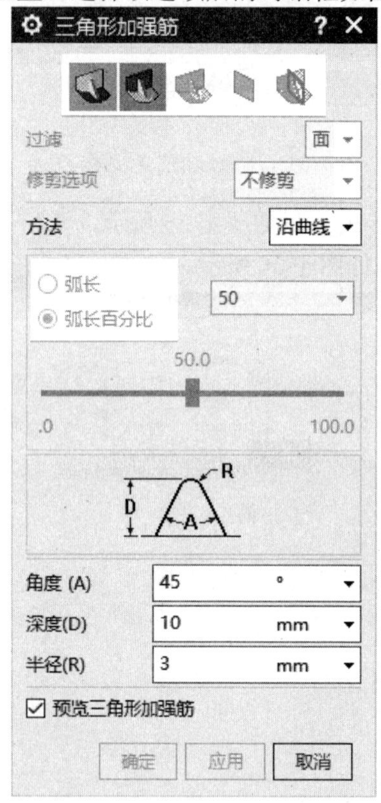

图 4-37 “三角形加强筋”对话框

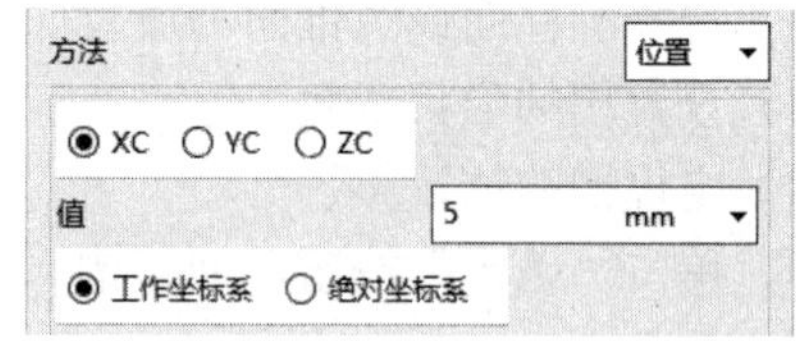

图 4-38 选择“位置”选项

三角形加强筋的创建步骤如下：

1）选择第一组放置面。

2）选择第二组放置面。

3）若需要，选择位置曲线。

4）选择一种定位方法，确定三角形加强筋的位置。

5）若需要，选择方向平面。

6）设置三角形加强筋的形状参数。

7）单击“确定”或“应用”按钮，创建三角形加强筋。

4.3 特征操作

4.3.1　拔模

选择“菜单”→“插入”→“细节特征”→“拔模”命令，或者单击“主页”选项卡中的“基本”组中的“拔模”图标，弹出如图 4-39 所示的“拔模”对话框。通过该对话框可指定脱模方向，从指定的参考点开始施加一个斜度到指定的表面或实体边缘线上。拔模的类型包括：

（1）面：选择“面”类型后的对话框如图 4-39 所示。通过该对话框可从参考平面开始，与脱模方向成拔模角度，对指定的实体表面进行拔模。

（2）边：选择“边”类型后的对话框如图 4-40 所示。通过该对话框可从实体边开始，与脱模方向成拔模角度，对指定的实体表面进行拔模。

（3）与面相切：选择“与面相切”类型后的对话框如图 4-41 所示。通过该对话框可与脱模方向成拔模角度对实体进行拔模，并使拔模面相切于指定的实体表面。

（4）分型边：选择“分型边”类型后的对话框如图 4-42 所示。通过该对话框可从参考面开始，与脱模方向成拔模角度，沿指定的分割边对实体进行拔模。

图 4-39　“拔模”对话框

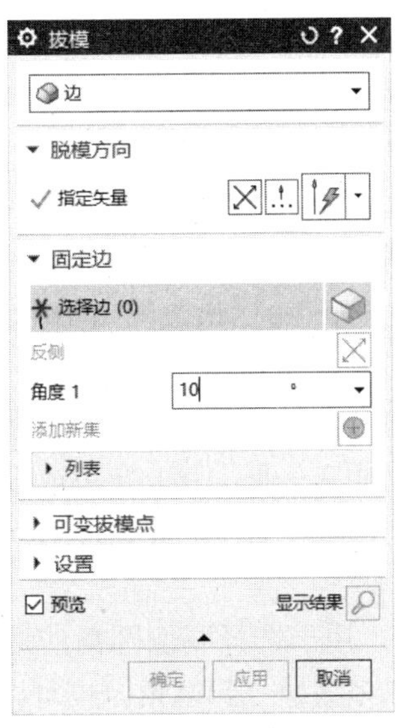

图 4-40　“边”类型

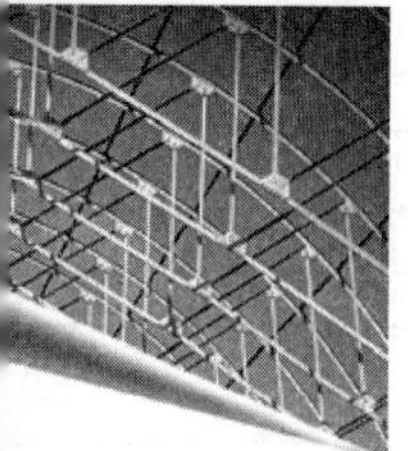

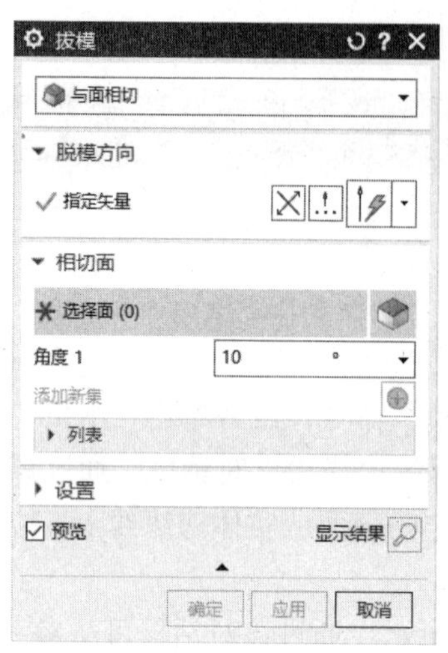

图 4-41 选择“与面相切”类型

图 4-42 选择“分型边”类型

拔模的创建步骤如下：

1）指定拔模的类型。

2）指定脱模方向。

3）选择固定面。对于“边”类型选择参考边，“与面相切”类型没有这个步骤。

4）选择要拔模的面。对于“分型边”类型，选择分型边。

5）设置要拔模的角度。

6）单击“确定”或“应用”按钮，创建拔模特征。

4.3.2 边倒圆

选择“菜单”→“插入”→“细节特征”→“边倒圆”命令，或者单击“主页”选项卡中的“基本”组→“倒圆”下拉菜单中的“边倒圆”图标，弹出如图 4-43 所示的“边倒圆”对话框。通过该对话框可在实体上沿边缘去除材料或添加材料，使实体上的尖锐边缘变成圆滑表面（圆角面）。可以沿一条边或多条边同时进行倒圆操作。沿边的长度方向，倒圆半径可以不变也可以是变化的。

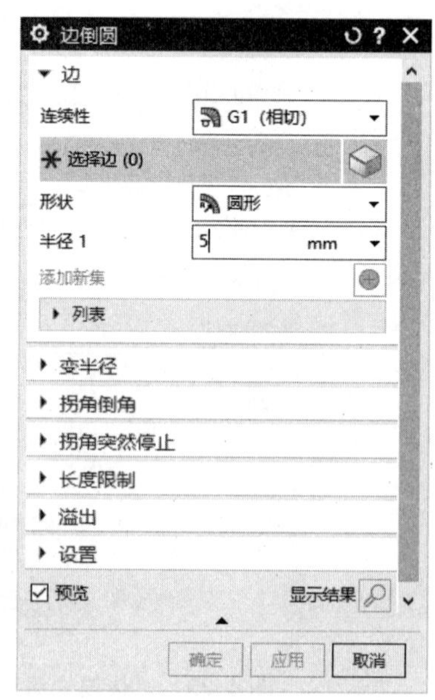

图 4-43 “边倒圆”对话框

（1）边：用于选择要倒圆角的边。设置固定半径的倒角，可以多条边一起倒角。也可以在绘图区通过拖动半径的控制手柄来改变半径大小。

（2）变半径：用于在一条边上定义不同的点，然后在各点设置不同的倒圆角半径。

（3）拐角倒角：用于在指定的边缘上从一个指定的点回退一段距离，产生一个回退的倒圆角效果。

（4）拐角突然停止：用来指定一个点，使该点处的边倒圆在边的末端突然停止。

（5）溢出：

1）跨光顺边滚动：用于设置在溢出区域是否光滑的、。若勾选该复选框，系统将生成与其他邻接面相切的倒圆角面。

2）沿边滚动：用于设置在溢出区域是否存在陡边。若勾选该复选框，系统将以邻接面的边创建到圆角。

3）修剪圆角：勾选该复选框，允许倒圆角在相交的特殊区域生成，并移动不符合几何要求的陡边。

建议用户在倒圆角操作时，将三个“溢出”方式全部选中，当溢出发生时，系统会自动地选择溢出方式，使结果最好。

倒圆角的创建步骤如下：

1）选择倒圆边。

2）指定倒圆半径。

3）设置其他相应的选项。

4）单击“确定”或“应用”按钮，创建边倒圆。

4.3.3　倒角

选择“菜单”→“插入”→“细节特征”→“倒斜角”命令，或者单击“主页”选项卡中的“基本”组中的“倒斜角”图标，弹出如图 4-44 所示的“倒斜角”对话框。通过该对话框可在已存在的实体上沿指定的边缘做倒角操作。

（1）选择边：选择要倒角的边。

（2）横截面：

1）对称：与倒角边邻接的两个面采用同一个偏置方式来创建简单的倒角。选择该方式后，“距离”文本框被激活，在该文本框中输入倒角边要偏置的值，单击“确定”按钮，即可创建“对称”倒角。

2）非对称：与倒角边邻接的两个面分别采用不同的偏置值来创建倒角。选择该方式后，“距离 1”和“距离 2”文本框被激活，在这两个文本框中输入距离值，单击“确定”按钮，即可创建“非对称”倒角。

3）偏置和角度：由一个偏置值和一个角度来创建倒角。选择该方式后，“距离”和“角度”文本框被激活，在这两个文本框中输入距离值和角度，单击“确定”按钮，即可创建倒角。

图 4-44　“倒斜角”对话框

倒角的创建步骤如下：

1）选择倒角边缘。

2）指定倒角类型。

3）设置倒角形状参数。

4）设置其他相应的参数。

5）单击“确定”或“应用”按钮，创建倒斜角。

4.3.4 螺纹

选择“菜单”→“插入”→“设计特征”→“螺纹”命令，或者单击“主页”选项卡中的“基本”组→“更多”库→“细节特征”库→“螺纹”图标，弹出如图 4-45 所示的“螺纹”对话框。

（1）螺纹类型：

1）符号：用于创建符号螺纹。符号螺纹用虚线表示，并不显示螺纹实体，这样做的好处是在工程图阶段可以生成符合国家标准的符号螺纹，同时节省内存，加快运算速度。推荐用户采用符号螺纹的方法。

2）详细：用于创建详细螺纹。详细螺纹是把所有螺纹的细节特征都表现出来。这种方式很消耗硬件内存并速度，所以一般情况下不建议使用。

首次螺纹时，如果选择的圆柱面为外表面则生成外螺纹，如果选择的圆柱面为内表面则生成内螺纹。

（2）输入：在下拉列表中可以选择定义螺纹参数的方法，有“螺纹表”和“手动”两个选项。当选择“手动”时，“螺纹”对话框如图 4-46 所示。

1）螺纹表：用于选择\ugii\modeling_standards 目录下 NX_Thread_Standard.xml 文件中指定的螺纹标准。

2）手动：用于手工输入螺纹的参数。

（3）其他选项：

1）外径：该选项在“输入”设置为“手动”时显示，用于输入螺纹大径的数值。

2）内径：该选项在“输入”设置为“手动”时显示，用于输入螺纹小径的数值。

3）螺距：该选项在“输入”设置为“手动”时显示，用于输入螺距的数值。

4）角度：该选项在“输入”设置为“手动”时显示，用于输入螺纹角度的数值。

5）螺纹标准：该选项在“输入”设置为“螺纹表”时显示，用于创建螺纹表。在下拉列表中可以为要创建的螺纹选择行业标准。

6）使螺纹规格与圆柱匹配：该选项在“输入”设置为“螺纹表”时显示，勾选该复选框后，可以将所选圆柱面的直径与螺纹标准中相应的螺纹规格匹配。

7）螺纹规格：该选项在“输入”设置为“螺纹表”时显示，当取消勾选“使螺纹规格与圆柱匹配”复选框时，在“螺纹规格”的下拉列表中会列出螺纹标准中的所有螺纹规格以供选用。系统提供了 M1.0～M200 的螺纹规格。

8）旋向：用于设置螺纹的旋转方向，有“右旋”和“左旋”两种方式。

9）螺纹头数：用于设置螺纹的头数，即创建单头螺纹还是多头螺纹。

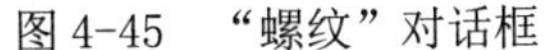
图 4-45　“螺纹”对话框

图 4-46　选择“手动”选项

10）方法：在下拉列表中列出了螺纹加工方法，如 Cut（切削）、(Rolled) 碾轧、(Ground) 磨削或（Milled）铣削。

11）螺纹限制：在下拉列表中列出了螺纹长度的确定方式。其中，“值”表示螺纹应用于指定距离，“完整”表示螺纹应用于圆柱体整个长度，“短于完整”表示根据指定的螺距倍数值应用螺纹。

12）螺纹长度：该文本框在“螺纹限制”设置为“值”用于指定从选定的起始对象测量的螺纹长度。

13）孔尺寸首选项：在勾选“使螺纹规格与圆柱匹配”复选框并在为内螺纹选择圆柱面时可以使用。该下拉列表中的选项用于指定所选圆柱面的直径是大径还是攻丝直径（这会影响软件对螺纹规格的选择）。

14）轴尺寸首选项：在勾选“使螺纹规格与圆柱匹配”复选框时可用，并在为外螺纹选择

圆柱面时可以使用。该下拉列表中的选项用于指定所选圆柱面的直径是大径还是轴直径（这会影响软件对螺纹规格的选择）。

螺纹的创建步骤如下：

1）指定螺纹类型。

2）设置螺纹的形状参数。

3）选择一个圆柱放置面。

4）如果需要，选择起始面。

5）设置螺纹的其他选项。

6）单击“确定”或“应用”按钮，创建螺纹。

4.3.5 抽壳

选择“菜单”→“插入”→“偏置/缩放”→“抽壳”命令，或者单击“主页”选项卡中的“基本”组中的“抽壳”图标，弹出如图4-47所示的“抽壳”对话框。

1）打开：选择该类型，将在抽壳之前移除体的面。

2）封闭：选择该类型，将对体的所有面进行抽壳，且不移除任何面，选择“封闭”后的对话框如图4-48所示。

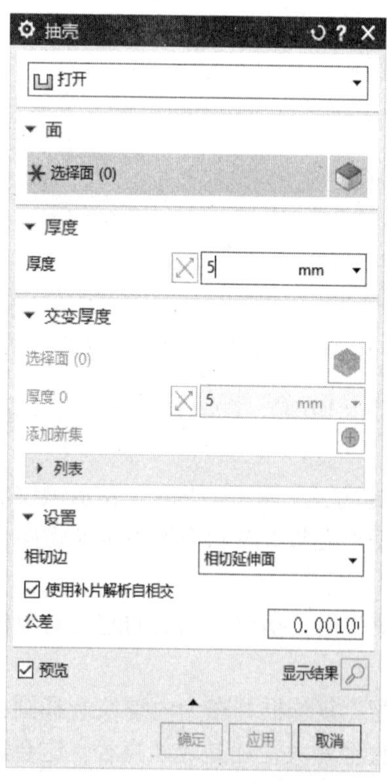

图4-47 “抽壳”对话框

图4-48 选择“封闭”类型

抽壳的创建步骤如下：

1）指定抽壳的类型。

2）选择要抽壳的表面或选择要抽壳的实体。

3）设置其他参数。

4）单击“确定”或“应用”按钮，创建抽壳特征。

4.3.6　阵列特征

选择“菜单”→“插入”→“关联复制”→“阵列特征”命令，或者单击“主页”选项卡中的“基本”组中的“阵列特征”图标，弹出如图 4-49 所示的“阵列特征”对话框。

（1）线性阵列：用于以矩阵阵列的形式来复制所选的实体特征，该阵列方式使阵列后的对象成矩形排列。在如图 4-49 所示的对话框中选择要阵列的特征，单击“确定”按钮，完成线性阵列。

1）方向 1：用于设置阵列第一方向的参数。

指定矢量：用于设置第一方向的矢量方向。

间距：用于指定间距方式，包括“数量和间隔”“数量和跨度”“间隔和跨度”以及“列表”四种。

2）方向 2：用于设置阵列第二方向的参数。

线性阵列的创建步骤如下：

1）选择线性阵列类型。

2）选择一个或多个要阵列的特征。

3）设置线性阵列参数。

4）预览阵列的创建结果。

5）单击“确定”或“应用”按钮，创建线性阵列。

（2）圆形阵列：用于以圆形阵列的形式来复制所选的实体特征，该阵列方式使阵列后的成员成圆周排列。选择“圆形”布局，在如图 4-50 所示的“阵列特征”对话框中输入参数，即可完成圆形阵列的创建。

1）数量：用于输入阵列中成员特征的总数目。

2）间隔角：用于输入相邻两成员特征之间的环绕间隔角度。

圆形阵列的创建步骤如下：

1）选择圆形阵列类型。

2）选择一个或多个要阵列的特征。

3）设置圆形阵列参数。

4）指定旋转轴线，可用“矢量”对话框指定旋转轴或利用基准轴。

5）预览阵列的创建结果。

6)单击“确定”或“应用”按钮，创建圆形阵列。

图 4-49 “阵列特征”对话框

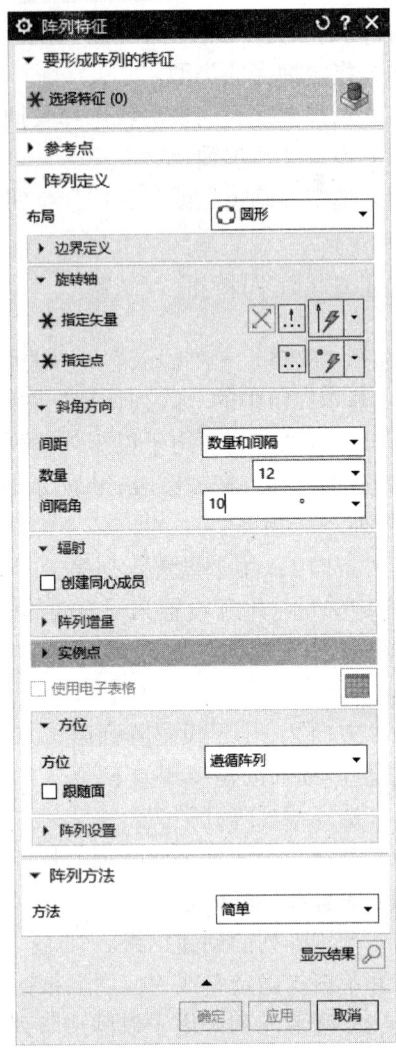

图 4-50 选择“圆形”布局

4.3.7 阵列面

选择“菜单”→“插入”→“同步建模”→“重用”→“阵列面”命令，或者单击“主页”选项卡中的“同步建模”组→“更多”库→“重用”库中的“阵列面”图标，弹出如图 4-51 所示的“阵列面”对话框。

阵列面主要用于一些非参数化实体，可以在找不到相对应特征的情况下直接阵列其表面。“阵列面”对话框与“阵列特征”对话框基本相同，不再详细介绍。

圆形阵列面的创建步骤如下：

1）选择圆形阵列类型。

2）选择一个或多个要阵列的面。

3）设置圆形阵列参数。

4）指定旋转轴线，可用“矢量”对话框指定旋转轴或利用基准轴。

5）预览阵列的创建结果。

6）单击“确定”或“应用”按钮，创建圆形阵列。

4.3.8　镜像特征

选择“菜单”→“插入”→“关联复制”→“镜像特征”命令，或者单击“主页”选项卡中的“基本”组中的“镜像特征”图标，弹出如图 4-52 所示的“镜像特征”对话框。通过该对话框可以基准平面来镜像所选实体中的某些特征。

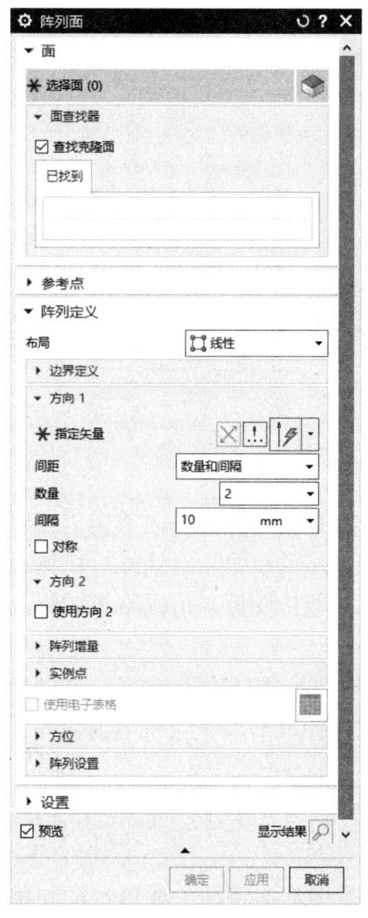

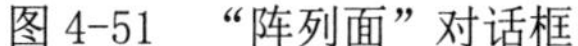
图 4-51　“阵列面”对话框

图 4-52　“镜像特征”对话框

1）要镜像的特征：用于选择镜像的特征，直接在绘图区选择。

2）参考点：用于定义镜像的位置。

3）镜像平面：用于选择镜像平面。可在“平面”下拉列表中选择镜像平面，也可以通过“平面”按钮直接在视图中选取镜像平面。

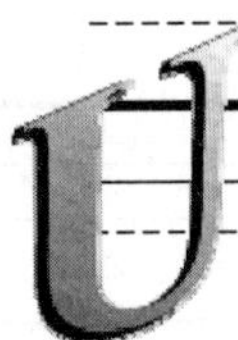

镜像特征的创建步骤如下：

1）从绘图区直接选取镜像特征。

2）选择参考点

3）选择镜像平面。

4）单击“确定”或“应用”按钮，创建镜像特征。

4.3.9 拆分

选择“菜单”→“插入”→“修剪”→“拆分体”命令，或者单击“主页”选项卡中的“基本”组→“更多”库→“修剪”库中的“拆分体”图标，系统弹出如图 4-53 所示的“拆分体”对话框。

图 4-53 “拆分体”对话框

拆分体的创建步骤如下：

1）选择要拆分的实体。

2）选择或定义拆分面或几何体。

3）单击“确定”按钮完成拆分操作。

4.4 特征编辑

4.4.1 参数编辑

选择“菜单”→“编辑”→“特征”→“编辑参数”命令，或者单击“主页”选项卡中的“编辑特征参数”图标，弹出如图 4-54 所示的“编辑参数”对话框。在该对话框中可选择要编辑的特征（若“主页”选项卡内无“编辑特征参数”图标，可以将该图标添加到功能区的“主页”选项卡中）。

可以通过三种方式编辑特征参数：在绘图区双击要编辑参数的特征；在“编辑参数”对话框的特征列表框中选择要编辑参数的特征名称；在部件导航器上鼠标右键单击相应的特征，然后选择“编辑参数”命令。

随选择特征的不同，弹出的“编辑参数”对话框形式也有所不同。根据各对话框的相似性，现将编辑特征参数介绍如下：

（1）编辑一般实体特征参数：一般实体特征是指基本特征、成形特征与用户自定义特征等。选择要编辑的特征，弹出创建所选特征时对应的参数对话框，在其中修改需要改变的参数值即可。

（2）编辑参数选项：在编辑某些特征时，会显示“编辑参数”的选项而非创建特征的对话框。例如，当所选特征为键槽和槽特征时，“编辑参数”对话框如图 4-55 所示。

1）特征对话框：用于编辑特征中的相关参数。单击该按钮，弹出创建目标特征时的参数对话框，在其中可以修改目标特征的特征参数值。修改参数后，特征会按指定的参数进行修改。

2）重新附着：用于重新指定所选特征的附着面。可以把建立在一个面上的特征重新附着到新的面上去。

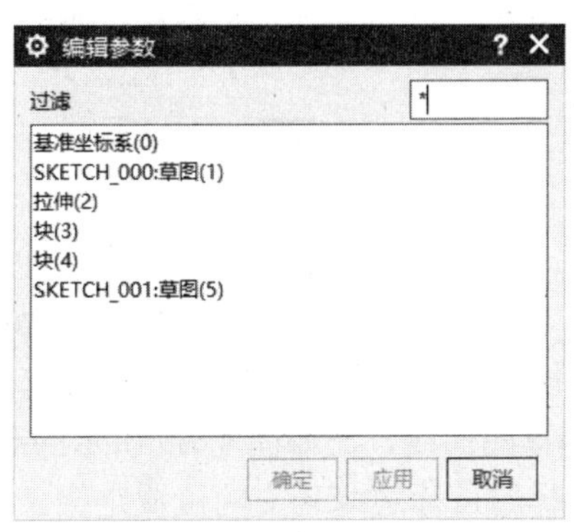

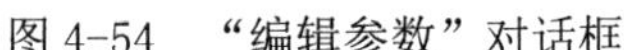
图 4-54　“编辑参数”对话框

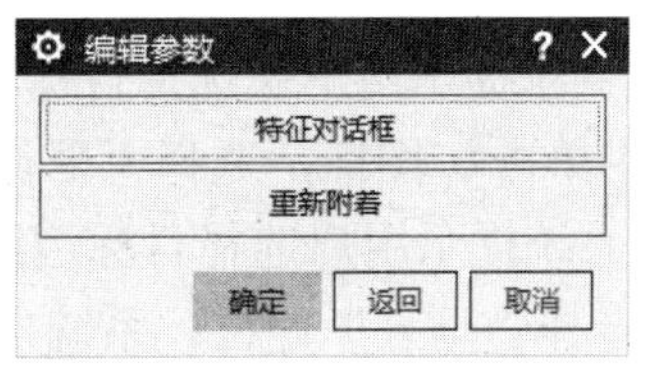

图 4-55　“编辑参数”对话框

（3）编辑其他特征参数：这种编辑特征参数中的特征包括拔模、抽壳、倒角、边倒圆等特征。其编辑参数对话框就是创建对应特征时的对话框，只是有些选项和按钮是灰显的。其编辑方法与创建时的方法相同。

4.4.2　编辑位置

选择“菜单”→“编辑”→“特征”→“编辑位置”命令，打开“编辑位置”特征选择列表框，选择要编辑位置的特征，单击“**确定**”按钮，弹出“编辑位置”对话框，选择“添加尺寸”选项，弹出如图 4-56 所示的“定位”对话框。该对话框中有 9 种定位方法：

1）水平：系统自动以当前草图平面的 X 方向作为水平方向。在如图 4-56 所示的对话框中单击图标，弹出如图 4-57 所示的“水平”对话框，选择一个已经存在的目标实体，然后选择要定位的草图曲线，弹出如图 4-58 所示的“创建表达式”对话框。在下拉列表中选择所需数值即可。

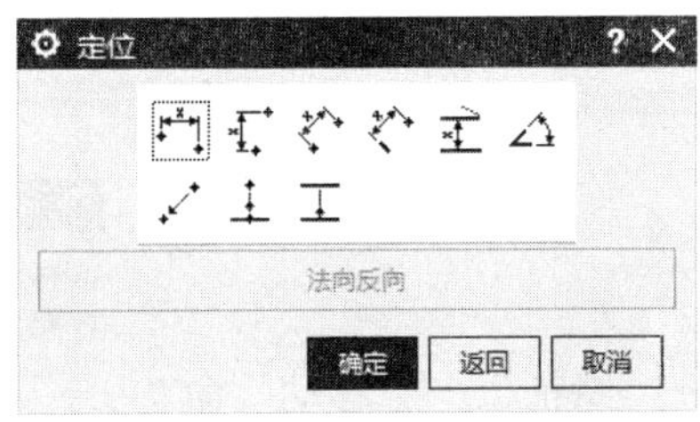

图 4-56　“定位”对话框

2）竖直：整个设置过程和“水平”定位一样。在如图 4-56 所示的对话框中单击图标，然后选择“竖直”定位，系统自动以当前草图平面的 Y 方向作为竖直方向。

UG NX

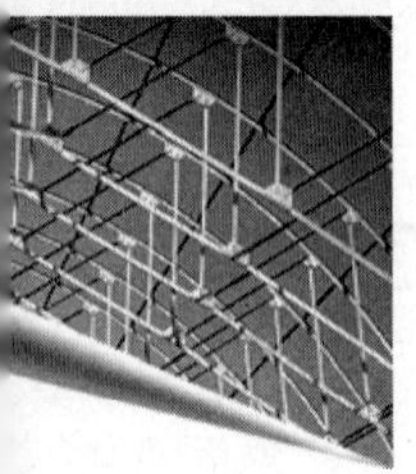

图 4-57 “水平”对话框

图 4-58 “创建表达式”对话框

3）平行：系统提示用户先选择目标实体上的点，然后选择草图曲线上的点，在如图 4-56 所示的对话框中单击图标，选择“平行”定位，系统自动以两点之间的距离进行定位。

4）垂直：系统提示用户选择目标边缘，然后选择草图曲线，在如图 4-56 所示的对话框中单击图标，选择“垂直”定位。系统自动按照与选择的目标边缘正交的位置定位。

5）按一定距离平行。选择顺序和以上定位方法一样，但是目标边缘和草图边缘必须平行。在如图 4-56 所示的对话框中单击图标，选择“按给定距离平行”定位，系统自动按照两平行线之间的距离定位。

6）斜角：适用于目标边缘和草图曲线成一定角度的情形。选择顺序和以上定位方法一样，需要注意的是：在选择时要注意端点的选择，靠近线条的不同端点表示的角度是不一致的。在如图 4-56 所示的对话框中单击图标，选择“角度”定位，系统自动按照两条线之间的角度定位。

7）点落在点上：选择顺序和以上定位方法一样，但不弹出“创建表达式”对话框。在目标边缘和草图曲线上分别指定一点，在如图 4-56 所示的对话框中单击图标，选择“点落在点上”定位，使两点重合（即两点之间距离为 0）进行定位。

8）点到线：选择顺序和以上定位方法一样，但不弹出“创建表达式”对话框。在如图 4-56 所示的对话框中单击图标，选择“点落在线上”定位，在草图曲线上指定一点，使该点位于目标边缘上，也就是点到目标边缘的距离为零来定位。

9）直线到直线：选择顺序和以上定位方法一样，但不弹出“创建表达式”对话框。在如图 4-56 所示的对话框中单击图标，选择“线落在线上”定位，在目标体和草图曲线上分别指定一条直边，使两边重合进行定位。

4.4.3 移动特征

选择“菜单”→“编辑”→“特征”→“移动”命令或单击“主页”选项卡中的“移动特征”图标，弹出“移动特征”特征列表框，选中要移动的特征后，单击“确定”按钮，弹出如图 4-59 所示的“移动特征”对话框。若“主页”选项卡内无“移动特征”图标，可以将该图标添加到功能区的“主页”选项卡中。

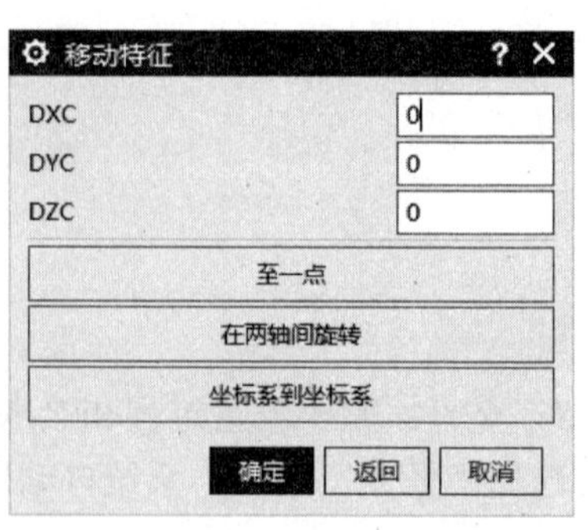

图 4-59 “移动特征”对话框

1）DXC、DYC 和 DZC：可以在文本框中分别输入在 X、

Y 和 Z 方向上需要增加的数值。

2）至一点：可以把对象移动到一点。单击该按钮，弹出“点”对话框，系统提示用户先后指定两点，然后用这两点确定一个矢量，把对象沿着这个矢量移动一个距离，而这个距离就是指定的两点间的距离。

3）在两轴间旋转：单击该按钮，弹出“点”对话框，系统提示用户选择一个参考点，接着弹出“矢量”对话框，系统提示用户指定两个参考轴。

4）坐标系到坐标系：可以把对象从一个坐标系移动到另一个坐标系。

4.4.4　特征重新排列

选择“菜单”→“编辑”→“特征”→“重排序”命令或单击“主页”选项卡中的“特征重排序”图标，弹出如图 4-60 所示的“特征重排序”对话框。若“主页”选项卡内无“特征重排序”图标，可以将该图标添加到功能区的“主页”选项卡中。

在“过滤”列表框中选择要重新排序的特征，或者在绘图区直接选取特征，选取的特征显示在“重定位特征”列表框中，选择排序方法“之前”或“之后”，然后在“重定位特征”列表框中选择定位特征，单击“确定”或“应用”按钮，完成重排序。

在部件导航器中，鼠标右键单击要重排序的特征，弹出如图 4-61 所示的快捷菜单，选择“重排在前”或“重排在后”命令，然后在弹出的对话框中选择定位特征可以进行重排序。

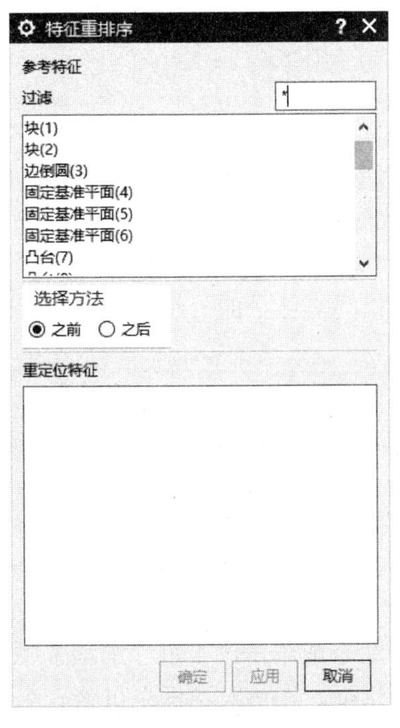

图 4-60　“特征重排序”对话框

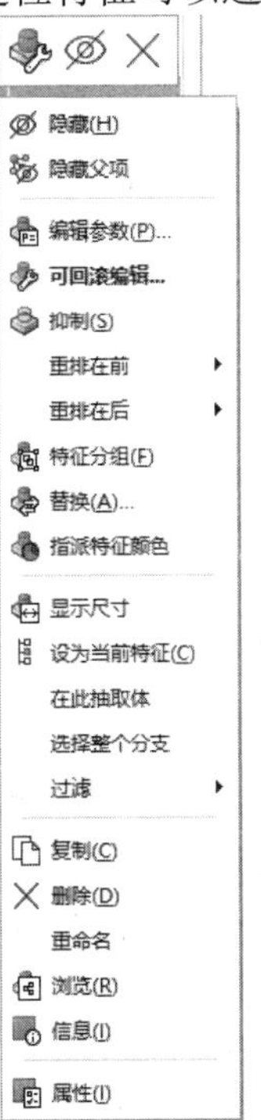

图 4-61　快捷菜单

4.4.5 替换特征

选择“菜单”→“编辑”→“特征”→“替换”命令或单击“主页”选项卡中的“编辑”组中的“替换特征”图标，弹出如图 4-62 所示的“替换特征”对话框。在该对话框中可更新实体与基准的特征，并提供用户快速找到要编辑的步骤来提高创建模型的效率。

图 4-62 “替换特征”对话框

1）原始特征：用于选择要替换的特征。可以是相同实体上的一组特征、基准轴或基准平面特征。

2）替换特征：可以是同一零件中不同实体上的一组特征。如果要替换的特征为基准轴，则替换特征也需为基准轴；如果要替换的特征为基准平面，则替换特征也需为基准平面。

3）映射：选择替换后新的父子关系。

4.4.6 抑制/取消抑制特征

选择“菜单”→“编辑”→“特征”→“抑制”命令或单击“主页”选项卡中的“抑制特征”图标，弹出如图 4-63 所示的“抑制特征”对话框。在该对话框中可将一个或多个特征从绘图区和实体中临时删除。被抑制的特征并没有从特征数据库中删除，可以通过“取消抑制”命令重新显示。

选择“菜单”→“编辑”→“特征”→“取消抑制”命令或单击“主页”选项卡中的“取消抑制特征”图标，弹出如图4-64所示的“取消抑制特征”对话框。通过该对话框可使已抑制的特征重新显示。

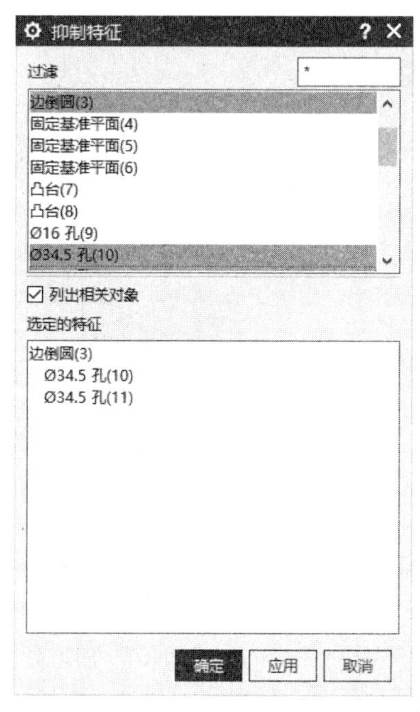

图4-63　“抑制特征”对话框

图4-64　“取消抑制特征”对话框

4.5 综合实例

4.5.1　机座

制作思路

本例通过在机座主体的不同方位进行孔、腔体操作，重点介绍了基准平面和基准轴的使用。生成的机座模型如图4-65所示模型。

01 新建文件。选择“菜单”→“文件”→“新建”命令，或单击“主页”选项卡中的“标准”组中的“新建”图标，打开“新建”对话框，在“模板”列表框中选择“模型”，在“名称”文本框中输入“jizuo”，单击“确定”按钮，打开UG主界面。

02 创建块。

❶选择“菜单”→“插入”→“设计特征”→“块”命令，或单击“主页”选项卡中的“基本”组→“更多”库→“设计特征”库→“块”图标，打开“块”对话框，如图4-66所示。

❷在对话框的“长度”“宽度”“高度”文本框中分别输入56、24、84.76。

❸单击“指定点”中的“点对话框”按钮，打开“点”对话框，根据系统提示输入坐标值（-28,-12,-42.38）确定块生成原点，单击“确定”按钮，完成块 1 的创建。

❹步骤同上，在点（-42.5,-8,-50）处创建长、宽、高分别为 85、16、9 的块 2。然后用布尔操作合并上述两实体，结果如图 4-67 所示。

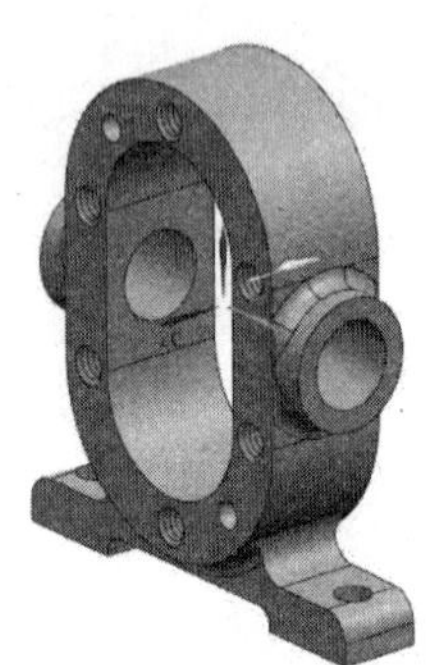
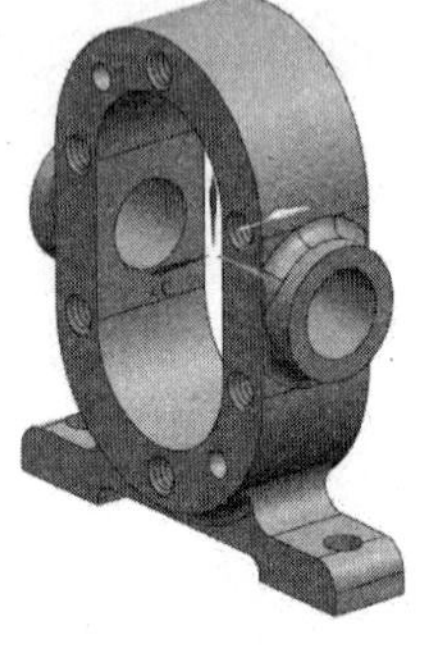

图 4-65　机座模型

图 4-66　“块”对话框

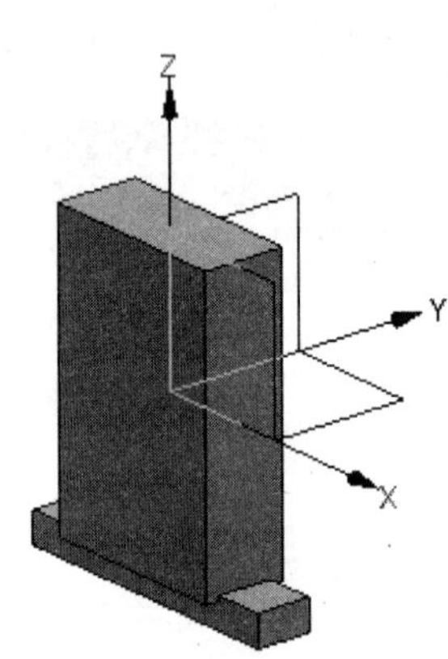

图 4-67　创建块

03 边倒圆。

❶选择“菜单”→“插入”→“细节特征”→“边倒圆”命令或单击“主页”选项卡中的“基本”组中的“倒圆”下拉菜单中的“边倒圆”图标，打开如图 4-68 所示的“边倒圆”对话框。

❷设置半径为 28，对块 1 的上、下端面进行倒圆，结果如图 4-69 所示。

04 创建基准平面。

❶选择“菜单”→“插入”→“基准”→“基准平面”命令或单击“主页”选项卡中的“构造”组→“基准下拉菜单”中的“基准平面”图标，打开“基准平面”对话框如图 4-70 所示。

❷选择“XC-YC 平面”类型，单击“应用”按钮，完成基准平面 1 的创建。

❸选择“XC-ZC 平面”类型，单击“应用”按钮，完成基准平面 2 的创建。

❹选择“YC-ZC 平面”类型，单击“确定”按钮，完成基准平面 3 的创建，结果如图 4-71 所示。

05 创建圆台。

❶选择“菜单”→“插入”→“设计特征”→“凸台（原有）”命令，打开“凸台”对话框如图 4-72 所示。

❷在“凸台”对话框的“直径”“高度”和“锥角”文本框中分别输入 24、7、0。

❸在绘图区中选择块 1 的侧面为放置面，单击“确定”按钮。

❹打开“定位”对话框，单击“垂直”定位图标，选择基准平面 1，输入距离参数 0，单

击“应用”按钮，选择基准平面 2，输入距离参数 0，单击“确定”按钮，完成凸台 1 的创建。

❺步骤同上，在块 1 的另一侧面创建凸台 2，结果如图 4-73 所示。

图 4-68　“边倒圆”对话框

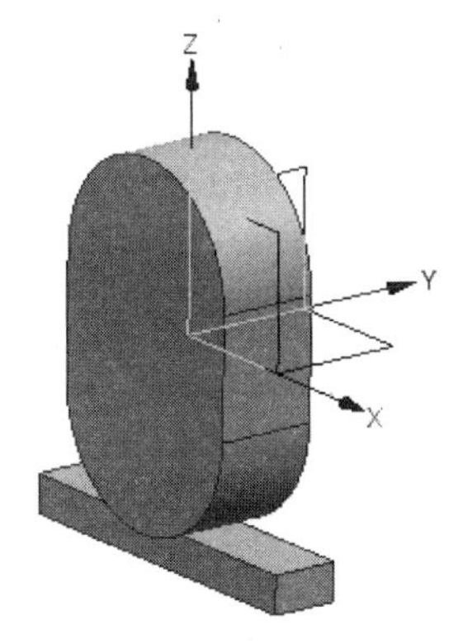

图 4-69　倒圆角

图 4-70　“基准平面”对话框

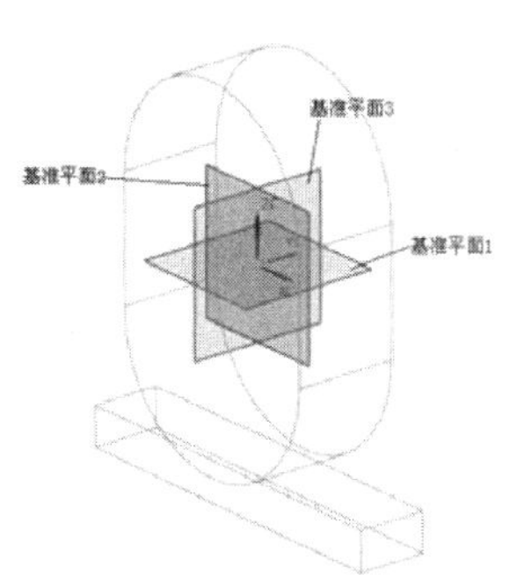

图 4-71　创建基准平面

图 4-72　“凸台”对话框

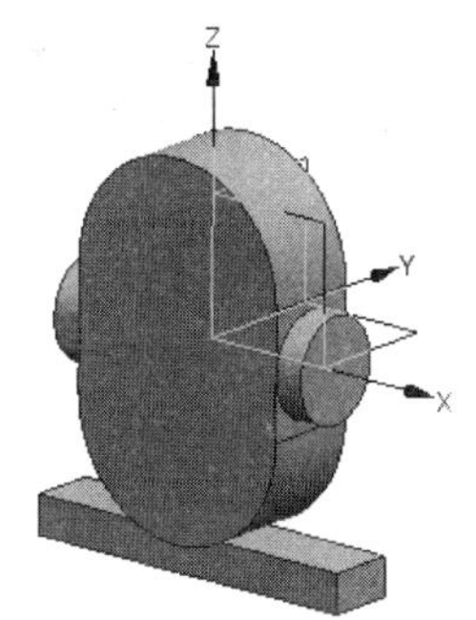

图 4-73　创建凸台

06 创建圆孔。

❶选择“菜单”→“插入”→“设计特征”→“孔”命令或单击“主页”选项卡中的“基本”组中的“孔”图标，打开“孔”对话框如图 4-74 所示。

❷在类型中选择“简单”，在“孔径”“孔深”和“顶锥角”文本框中分别输入 16、70、0。

❸捕捉凸台外表面圆的圆心为孔位置，单击“确定”按钮，在凸台中心完成圆孔 1 的创建。

❹步骤同上，在“孔径”“孔深”和“顶锥角”文本框中分别输入 34.5、24、0，设置圆心分别为块 1 上、下倒圆的圆弧中心，在块 1 的前表面创建两个参数相同的简单孔，结

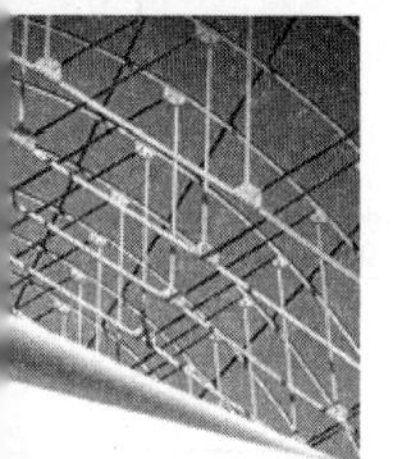

果如图 4-75 所示。

图 4-74 “孔”对话框

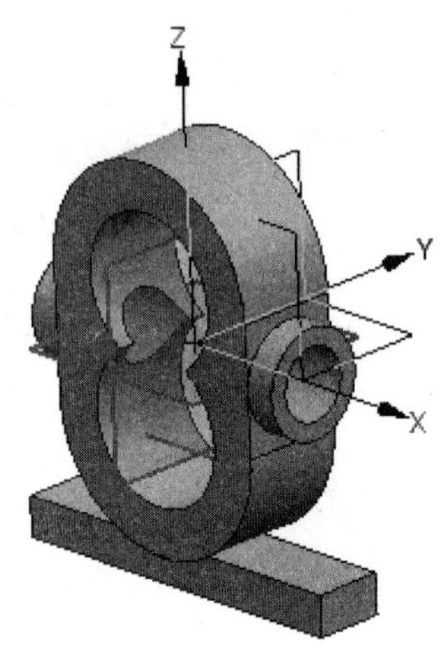

图 4-75 创建圆孔

07 创建腔体 1。

❶选择“菜单”→“插入”→“设计特征”→“腔（原有）”命令，打开“腔”对话框，如图 4-76 所示。

❷在“腔”对话框中单击“矩形”按钮，打开“矩形腔”放置面对话框，如图 4-77 所示。

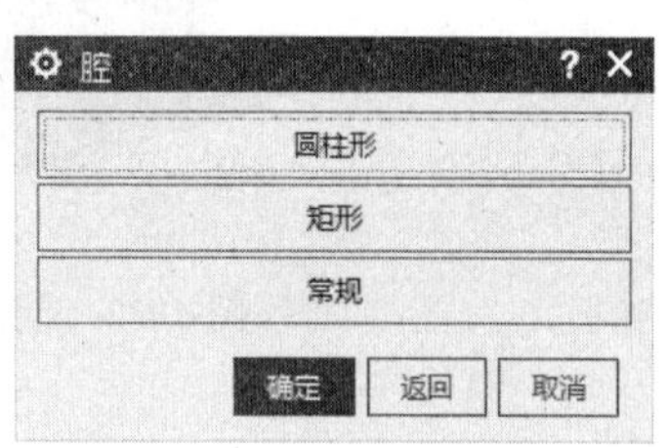

图 4-76 “腔”对话框

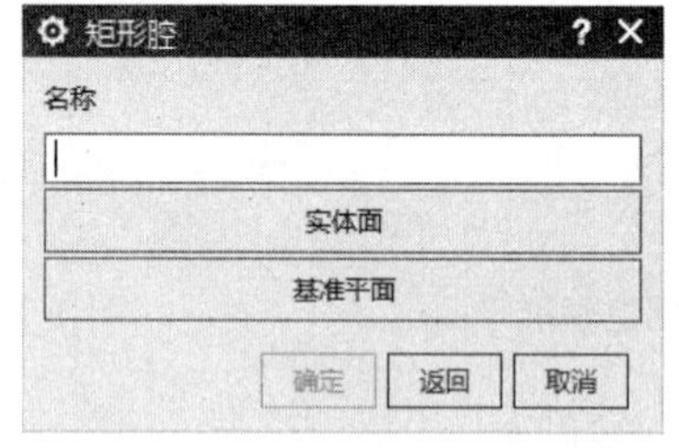

图 4-77 “矩形腔”放置面对话框

❸在绘图区中选择块 1 的前表面为腔体放置面。

❹打开“水平参考”对话框，如图 4-78 所示。按系统提示选择基准面 YC-ZC 为水平参考。

❺打开“矩形腔”参数对话框，如图 4-79 所示。在“长度”“宽度”“深度”文本框中分别输入 28.76、34.5、24，其他输入 0，单击“确定”按钮。

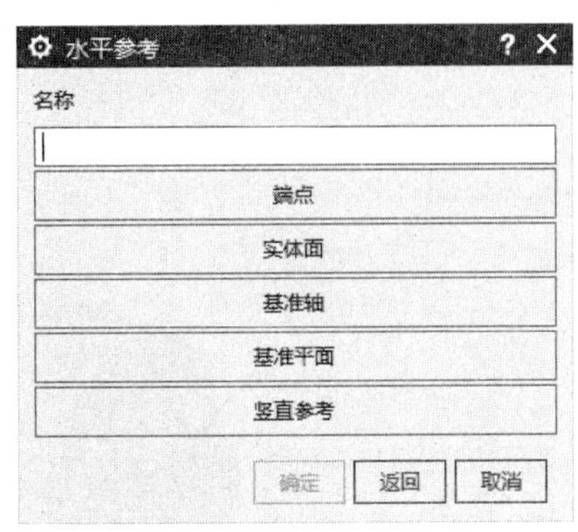

图 4-78　“水平参考”对话框

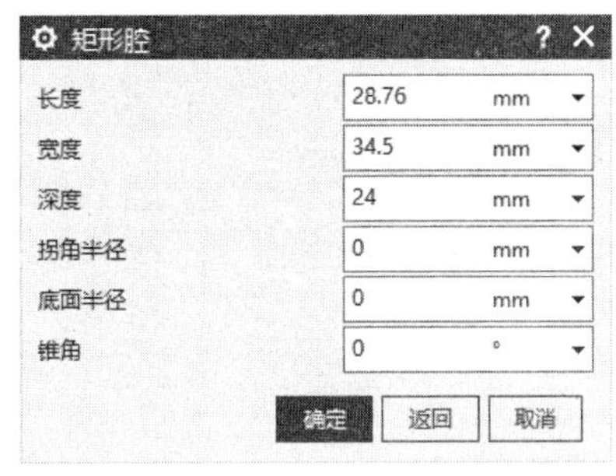

图 4-79　“矩形腔”参数对话框

❻打开“定位”对话框，如图 4-80 所示。选择“垂直”定位方式，按系统提示选择基准平面 1 为目标边，选择腔体中的 XC 向中心线为工具边，打开“创建表达式”对话框，输入 0，单击“确定”按钮。

❼在如图 4-80 的对话框中再次选择“垂直”定位方式，选择基准平面 3 为目标边，腔体中的 ZC 向中心线为工具边，在打开的“创建表达式”对话框中输入 0，单击“确定”按钮，完成定位及腔体 1 的创建，如图 4-81 所示。

08 创建腔体 2。步骤同上，设置水平参考边为块 2 与 XC 轴同向的直段边，长度、宽度、深度分别为 44、16、4，定位方式为垂直定位，目标边分别为基准平面 2 和基准平面 3，工具边分别为腔体中相应的中心线，距离都为 0，在块 2 的下表面创建腔体 2，结果如图 4-82 所示。

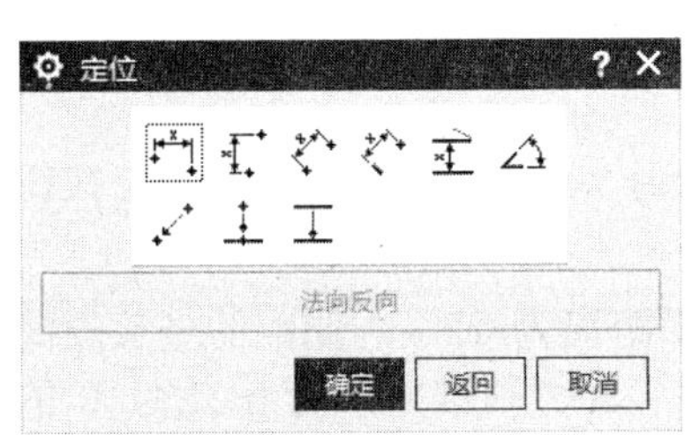

图 4-80　“定位”对话框

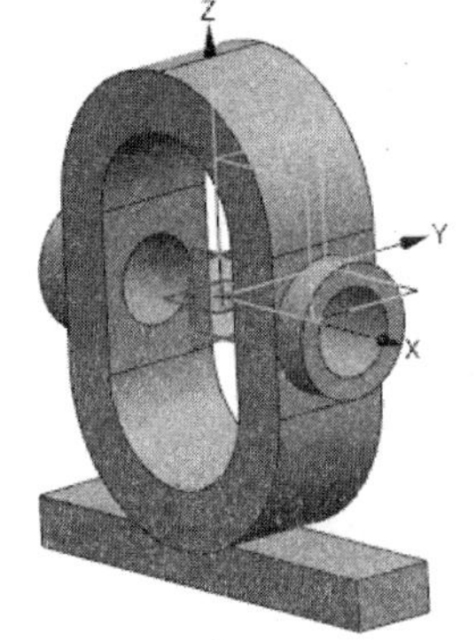

图 4-81　创建腔体 1

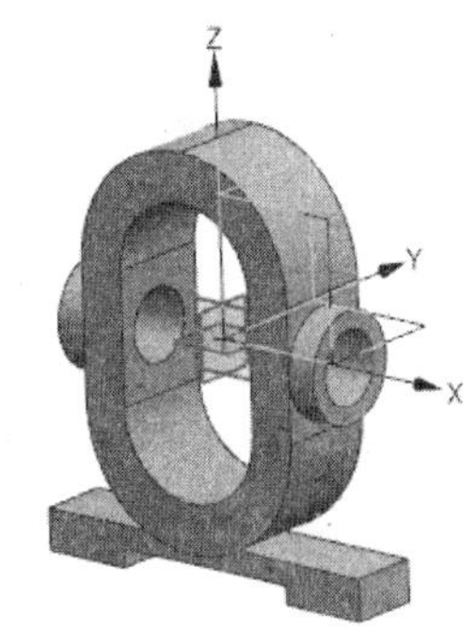

图 4-82　创建腔体 2

09 边倒圆角。

❶选择“菜单”→“插入”→“细节特征”→“边倒圆”命令或单击“主页”选项卡中的“基本”组→“倒圆”下拉菜单中的“边倒圆”图标，弹出“边倒圆”对话框，如图 4-83 所示。

❷设置曲面边 1、3、6、8 的圆角半径为 5，其他曲线倒圆角半径为 3，分别对图 4-84 所示各曲面边倒圆角，结果如图 4-85 所示。

图 4-83 “边倒圆”对话框

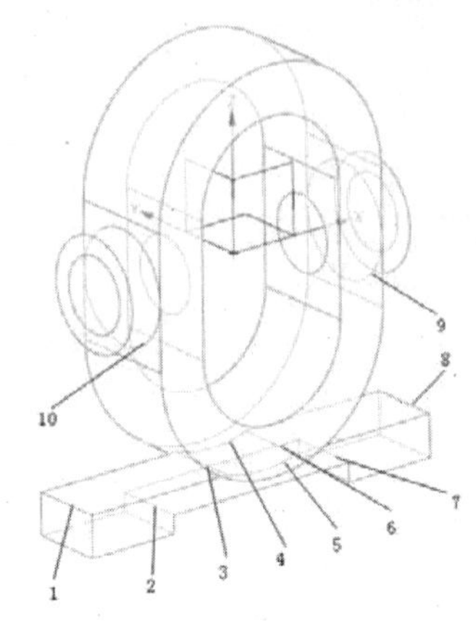

图 4-84 选择倒圆的曲面边

图 4-85 完成边倒圆

10 创建圆孔。

❶单击“主页”选项卡中的“基本”组中的“孔”图标，弹出“孔”对话框，如图 4-86 所示。

❷在类型中选择“简单”，单击“绘制截面”按钮，然后选择块 2 上表面，打开草图绘制界面，系统弹出“草图点”对话框，在 Y 轴两侧各随意绘制一点，单击“关闭”按钮。

❸单击“主页”选项卡中的“求解”组中的“快速尺寸”图标，弹出“快速尺寸”对话框，如图 4-87 所示。在该对话框的测量方法中选择水平，设置圆孔中心与原点的距离为 35，然后测量方法选择竖直，设置圆孔中心与原点的距离为 0，结果如图 4-88 所示。单击“主页”选项卡“草图”组中的图标，返回“孔”对话框。

❹在对话框中设置“孔径”“孔深”和“顶锥角”分别为 7、9、0，单击“确定”按钮，完成圆孔的创建，结果如图 4-89 所示。

11 创建圆孔。步骤同上，设置圆孔中心与原点的水平距离为 22、与原点的竖直距离为 14.38，如图 4-90 所示，在块前表面上创建“孔径”“孔深”和“顶锥角”为 6、24、0 的圆孔，结果如图 4-91 所示。

12 创建孔阵列特征。

❶选择“菜单”→“插入”→“关联复制”→“阵列特征”命令，或者单击“主页”选项卡中的“基本”组中的“阵列特征”图标，打开“阵列特征”对话框，选择步骤 **11** 所创建的孔特征，设置参数如图 4-92 所示。

❷单击“确定”按钮，完成孔的阵列，结果如图 4-93 所示。

图 4-86　“孔”对话框

图 4-87　“快速尺寸”对话框

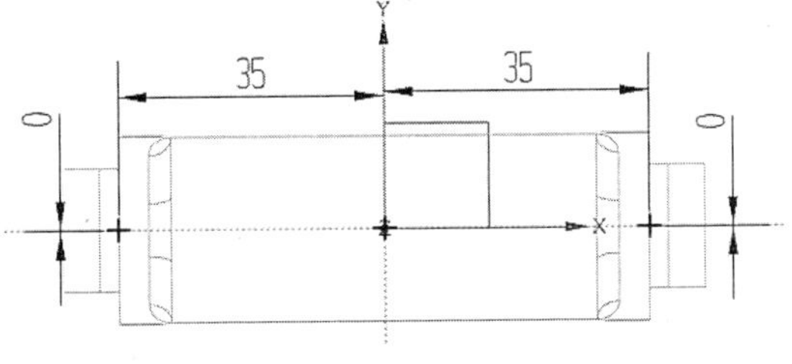

图 4-88　创建点

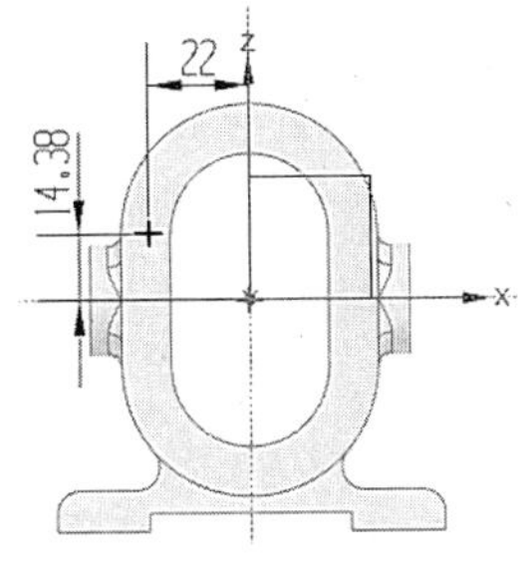

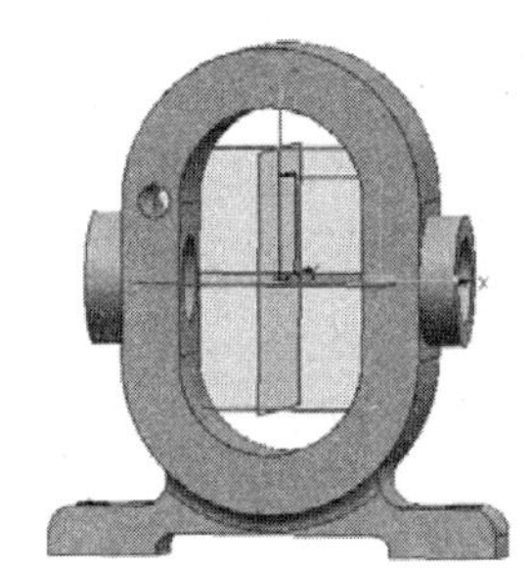

图 4-89　创建圆孔　　图 4-90　创建点　　图 4-91　创建圆孔

UG NX

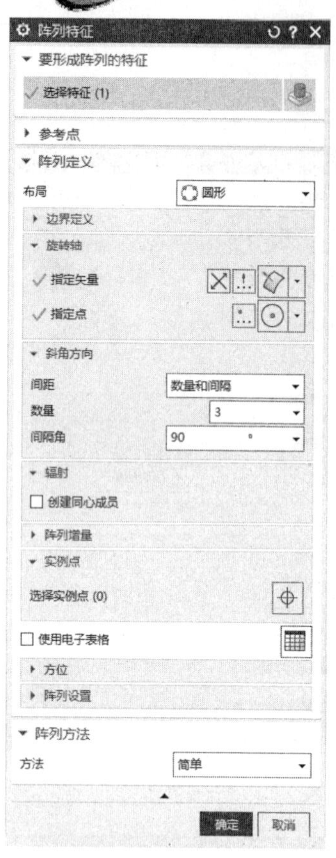

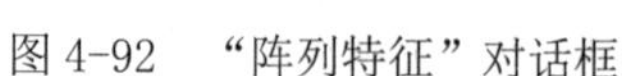
图 4-92 “阵列特征”对话框

图 4-93 阵列孔

13 创建镜像特征。

❶选择“菜单”→“插入”→“关联复制”→“镜像特征”命令，或者单击“主页”选项卡中的“基本”组中的“镜像特征”图标，打开“镜像特征”对话框，如图 4-94 所示。

❷选择步骤 **12** 阵列创建的孔特征为镜像特征。

❸在“平面”下拉列表中选择“现有平面”，选择基准平面 1 作为镜像平面，单击“确定”按钮，完成镜像特征的创建，结果如图 4-95 所示。

14 创建圆孔。

❶单击“主页”选项卡中的“基本”组中的“孔”图标，弹出“孔”对话框。

❷在类型中选择“简单”，设置参数如图 4-96 所示。单击“绘制截面”按钮，然后选择块 1 的前表面，打开草图绘制界面，系统弹出“草图点”对话框，单击“关闭”按钮。

❸单击“主页”选项卡中的“曲线”组中的“圆弧”图标，弹出“圆弧”对话框，分别以块的倒圆圆心为圆心，设置半径为 22，以水平为起始方向顺时针旋转 45°，绘制两个圆弧，再单击“主页”选项卡中的“曲线”组中的“点”图标＋，在该弹出的对话框“类型”下拉列表中选择“自动判断的点”，选择两个圆弧终点，然后选取两个圆弧鼠标右键单击，将其转换为参考，如图 4-97 所示。单击“主页”选项卡中的“草图”中的“完成”图标，返

回“孔”对话框。单击“确定”按钮，完成孔的创建，结果如图 4-98 所示。

图 4-94　“镜像特征”对话框

图 4-95　镜像孔特征

图 4-96　“孔”对话框

15 创建螺纹。

❶选择“菜单”→“插入”→“设计特征”→“螺纹”命令，或单击“主页”选项卡中的“基本”组→“更多”库→“细节特征”库→“螺纹”图标，打开“螺纹”对话框，如图 4-99 所示。

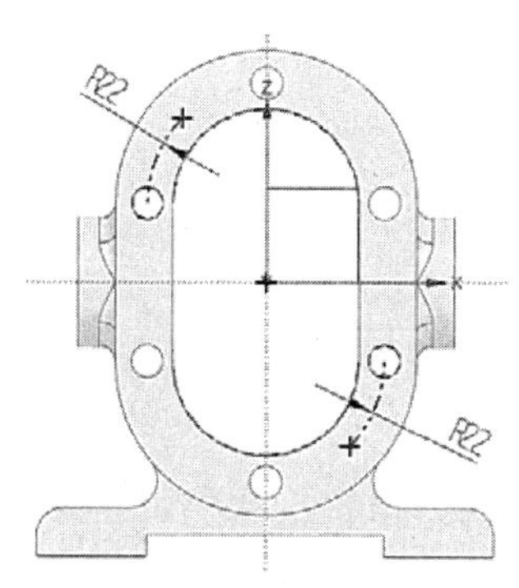

图 4-97　创建点

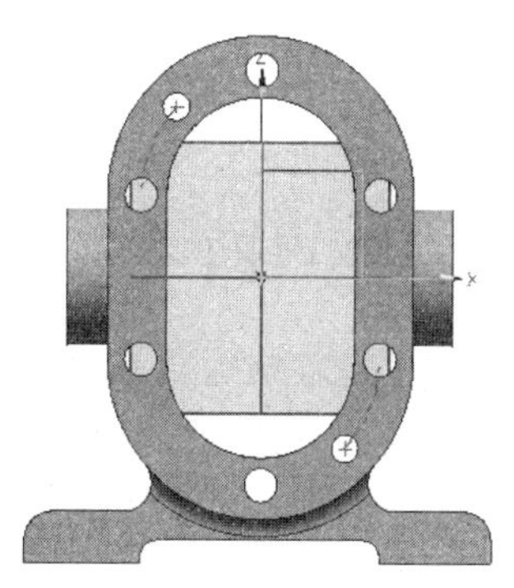

图 4-98　创建孔

❷在类型中选择“详细”，选择步骤 11 所创建的孔特征内表面，激活对话框中各选项。

❸将“输入”选项设置为“手动”，输入螺纹的各参数，单击“确定”按钮生成螺纹，螺纹将按实际样式显示。

❹步骤同上，分别选择步骤 11 和 12 创建的 6 个圆孔，创建螺纹。最后生成的机座模型如图 4-100 所示。

图 4-99 “螺纹”对话框

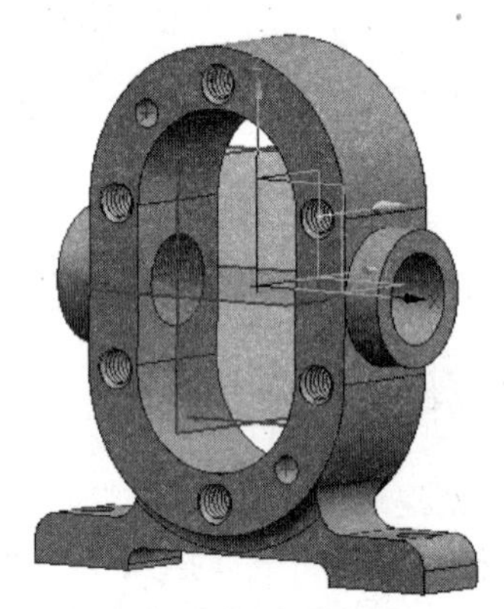

图 4-100 机座模型

4.5.2 端盖

制作思路

本例创建的齿轮泵后端盖如图 4-101 所示。首先创建一个块模型，然后在块上创建垫块和凸台，最后创建简单孔、沉头孔和螺纹。

01 新建文件。选择“菜单”→“文件”→“新建”命令，或单击“主页”选项卡中的“标准”组中的“新建”图标，弹出“新建”对话框，在“模板”列表框中选择“模型”选项，在“名称”文本框中输入“houduangai”，单击“确定”按钮，打开 UG 主界面。

02 创建块特征。

❶选择“菜单”→“插入”→“设计特征”→“块”命令，或单击“主页”选项卡中的“基本”组→“更多”库→“设计特征”库→“块”图标，弹出如图 4-102 所示的“块”对话框。

❷在“类型”下拉列表中选择“原点和边长”选项。

❸单击“原点”选项组中的图标，弹出“点”对话框，输入坐标值（-42.38,-28，0），单击“确定”按钮，返回“块”对话框。

❹设置块的长、宽、高分别为 84.76、56 和 9，单击“确定”按钮，完成块的创建，结果如图 4-103 所示。

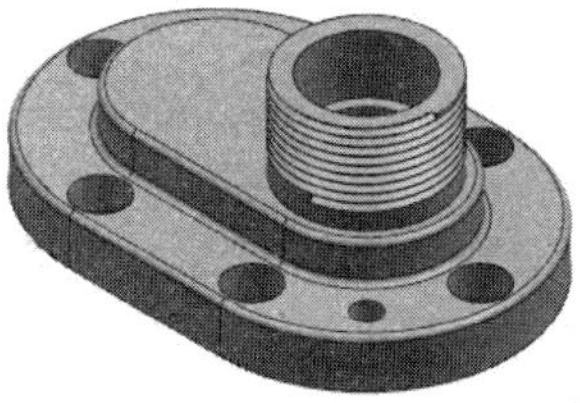

图 4-101　齿轮泵后端盖

图 4-102　“块”对话框

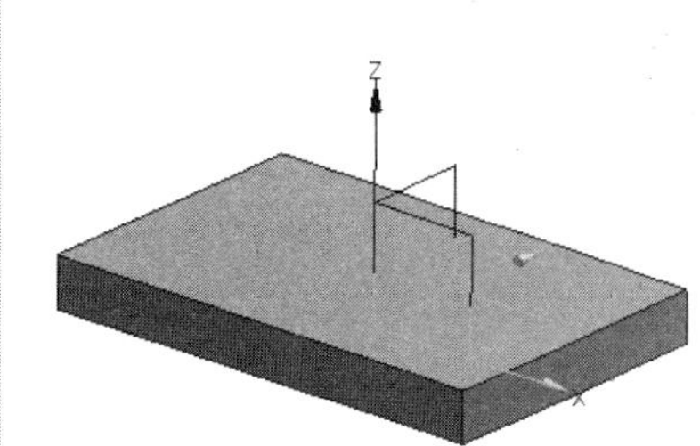

图 4-103　创建块

03 创建垫块特征。

❶选择“菜单”→“插入”→“设计特征”→“垫块（原有）”命令，弹出“垫块”对话框，如图 4-104 所示。

❷单击“矩形”按钮，弹出“矩形垫块”对话框，如图 4-105 所示。选择刚创建的块的上表面作为垫块放置面，如图 4-106 所示。

❸弹出“水平参考”对话框，如图 4-107 所示。选择如图 4-108 所示的“线段 1”，弹出“矩形垫块”参数设置对话框，在“长度”“宽度”和“高度”文本框中分别输入 60.76、32 和 7，如图 4-109 所示。单击“确定”按钮。

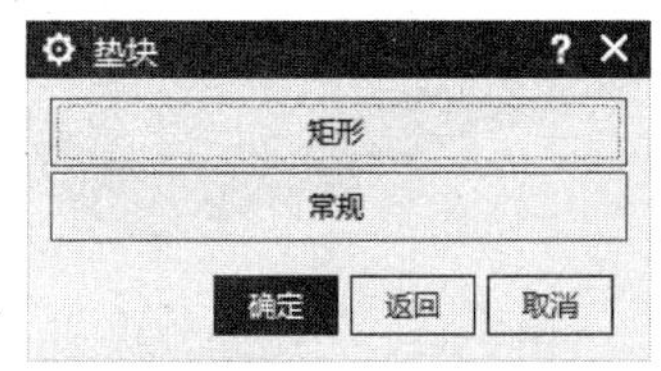

图 4-104　“垫块”对话框

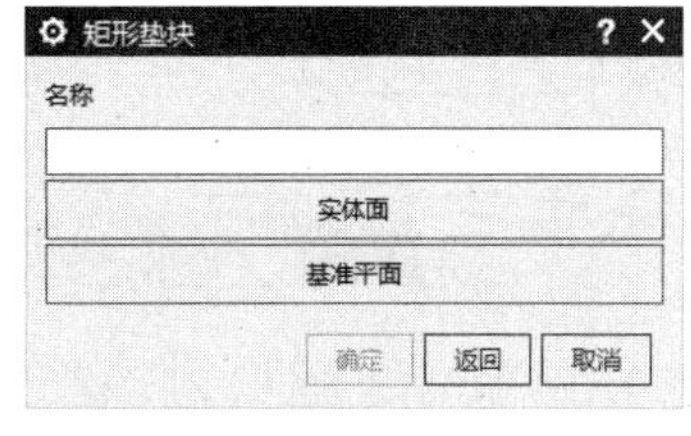

图 4-105　“矩形垫块”对话框

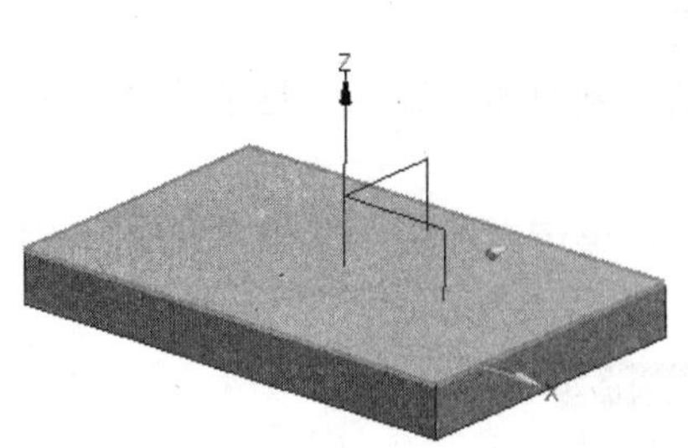
图 4-106 选择垫块放置面

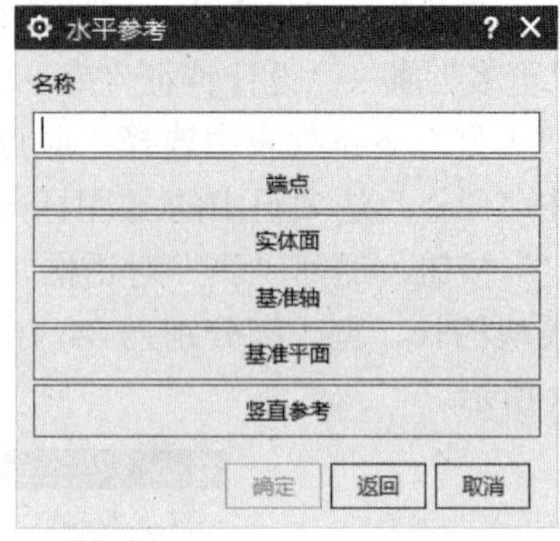

图 4-107 “水平参考”对话框

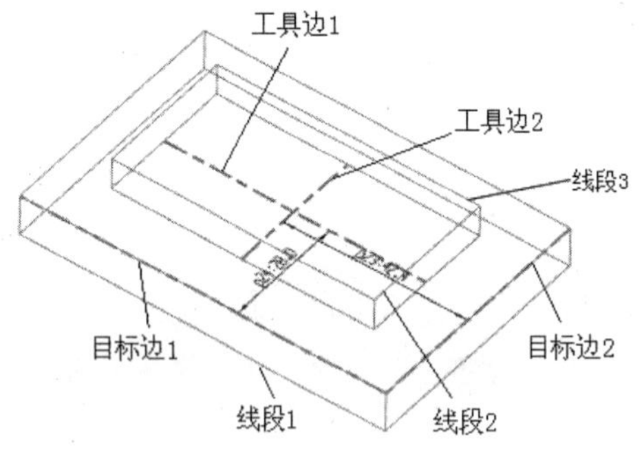

图 4-108 定位示意图

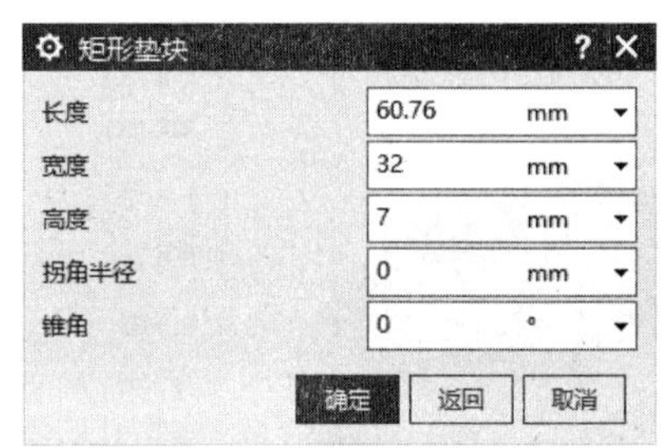

图 4-109 “矩形垫块”参数设置对话框

❹弹出“定位”对话框，如图 4-110 所示。单击“垂直”按钮，选择垂直定位方式，分别选择图 4-108 所示的“目标边 1”和“工具边 1”，在弹出的“创建表达式”对话框中输入距离 28，再选择“目标边 2”和“工具边 2”，在弹出的“创建表达式”对话框中输入距离 42.38。单击“确定”按钮，完成垫块的创建，结果如图 4-111 所示。

04 创建凸台特征。

❶选择“菜单”→“插入”→“设计特征”→“凸台（原有）”命令，弹出如图 4-112 所示的“凸台”对话框。

图 4-110 “定位”对话框

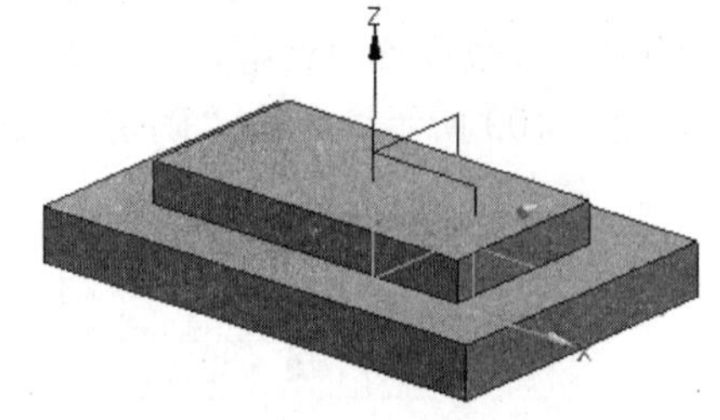
图 4-111 创建垫块特征

❷在“直径”“高度”和“锥角”文本框中分别输入 27、16 和 0，选择步骤 03 中创建的垫块上表面作为放置面，单击“确定”按钮，生成一凸台。

❸在弹出的“定位”对话框中单击“垂直”按钮，选择图 4-108 所示的“线段 2”，在弹出的“创建表达式”对话框中输入 16，再选择图 4-108 所示的“线段 3”，在弹出的“创建表达式”对话框中输入 16。单击“确定”按钮，完成凸台的创建，结果如图 4-113 所示。

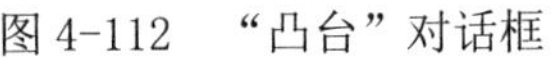

图 4-112　“凸台”对话框

图 4-113　创建凸台特征

05 边倒圆。

❶选择“菜单”→“插入”→“细节特征”→“边倒圆”命令，或单击“主页”选项卡中的“基本”组→“倒圆下拉菜单”中的“边倒圆”图标，弹出如图 4-114 所示的“边倒圆”对话框。

❷在“半径 1”文本框中输入 28，选择块的 4 个侧面作为倒圆边，单击“确定”按钮。

❸步骤同上，设置半径为 16，为垫块的 4 个侧面边倒圆，结果如图 4-115 所示。

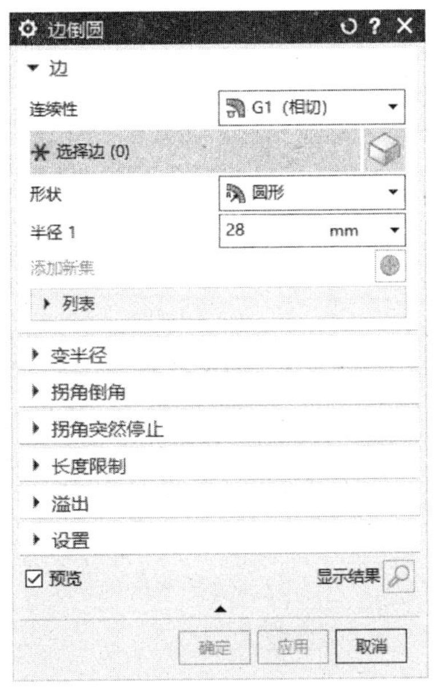

图 4-114　“边倒圆”对话框

图 4-115　边倒圆

06 创建沉头孔。

❶选择“菜单”→“插入”→“设计特征”→“孔”命令，或单击“主页”选项卡中的“基本”组中的“孔”图标，弹出“孔”对话框。

❷在类型中选择“沉头”，在“沉头直径”“沉头深度”“孔径”“孔深”和“顶锥角”文本框中分别输入 9、6、7、9 和 0，如图 4-116 所示。

❸单击“绘制截面”按钮，在绘图区选择块的上表面作为孔的放置面，打开草图绘制界面，弹出“草图点”对话框，任意放置一点。

❹单击“主页”选项卡中的“求解”组中的“快速尺寸”图标，弹出“快速尺寸”对话框，设置沉头孔中心与绝对原点水平距离为 14.38、与绝对原点竖直距离为 22，标注沉头孔定位尺寸，如图 4-117 所示。单击“主页”选项卡中的“草图”组中的图标，返回“孔”对话框。单击“确定”按钮，完成沉头孔的建立，结果如图 4-118 所示。

图 4-116 “孔”对话框

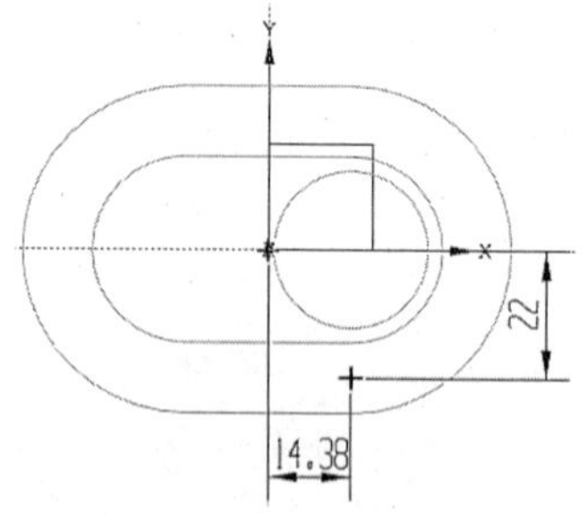

图 4-117 标注沉头孔定位尺寸

07 创建圆形阵列特征。单击“主页”选项卡中的“基本”组中的“阵列特征”图标，弹出“阵列特征”对话框，选取刚创建的孔特征为要阵列的特征，选取凸台中心轴为旋转轴，选择凸台圆心为指定点，设置数量为 3、间隔角为 90。单击“确定”按钮，完成沉头孔的阵列，结果如图 4-119 所示。

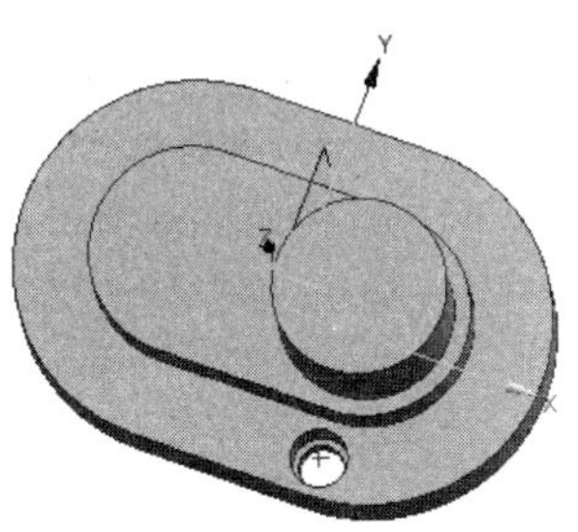

图 4-118　创建沉头孔

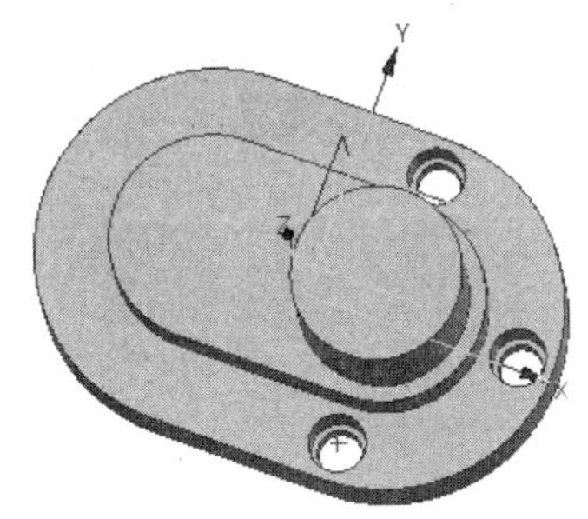

图 4-119　阵列沉头孔特征

08 镜像沉头孔特征。

❶选择“菜单”→“插入”→“关联复制”→“镜像特征”命令，或单击“主页”选项卡中的“基本”组中的“镜像特征”图标，弹出如图 4-120 所示的“镜像特征”对话框。

❷选择步骤 **07** 中阵列生成的沉头孔特征（可使用 Ctrl 键配合选择）为要镜像的特征。

❸在“平面”下拉列表中选择“现有平面”选项，选择 YZ 平面作为镜像平面，单击“确定”按钮，完成镜像特征的创建，结果如图 4-121 所示。

图 4-120　“镜像特征”对话框

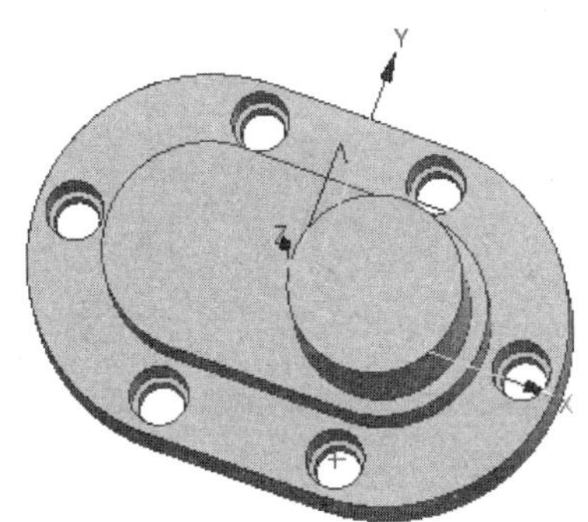

图 4-121　镜像沉头孔特征

09 创建简单孔特征。

❶单击“主页”选项卡中的“基本”组中的“孔”图标，弹出“孔”对话框，如图 4-122 所示。

❷在“类型”下拉列表中选择“简单”，在“孔径”“孔深”和“顶锥角”文本框中分别输入 5、9 和 0。

❸单击“绘制截面”按钮，在绘图区选择块的上表面作为孔的放置面。单击“主页”选

UG NX

项卡中的“曲线”组→“圆弧”图标，设置圆心为垫块边倒圆为圆心，以半径为 22 从水平轴顺时针扫掠 45°。单击“主页”选项卡中的“曲线”组→“点”，选择圆弧扫掠结束的端点，然后选取圆弧鼠标右键单击，将其转换为参考，如图 4-123 所示。

❹单击“主页”选项卡中的“草图”组中的“完成”图标，返回“孔”对话框，单击“确定”按钮，完成简单孔的创建，结果如图 4-124 所示。

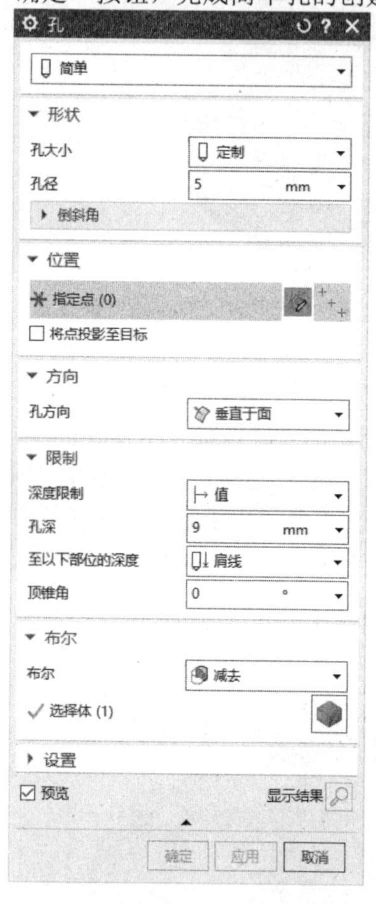

图 4-122 “孔”对话框

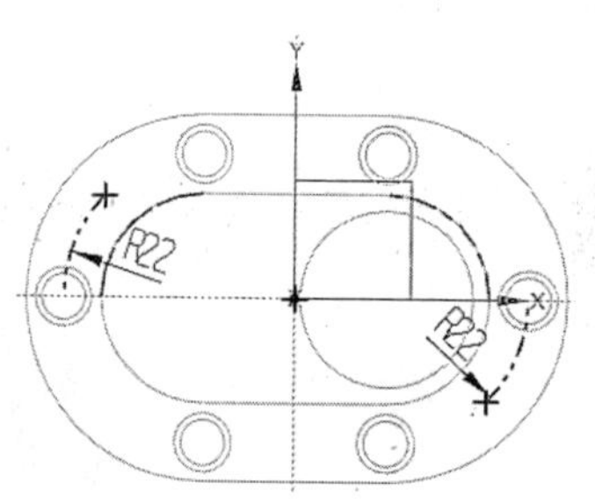

图 4-123 创建点

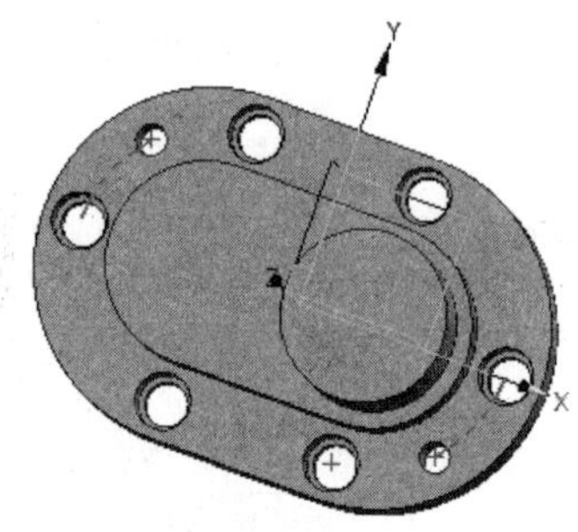

图 4-124 创建简单孔

10 创建沉头孔和简单孔。

❶选择“菜单”→“插入”→“设计特征”→“孔”命令，或单击“主页”选项卡中的“基本”组中的“孔”图标，弹出“孔”对话框。

❷选择“沉头”类型，捕捉凸台上端面的圆心，创建沉头孔。

❸在“沉头直径”“沉头深度”“孔径”“孔深”和“顶锥角”文本框中分别输入 20、11、16、32 和 0，如图 4-125 所示。

❹在“孔”对话框中单击“绘制截面”按钮，在弹出的“创建草图”对话框中平面方法选择“基于平面”，不需选择绘图区中的面，直接单击“确定”按钮。通过“点”对话框在(-14, 0, 0)处创建 “孔径”“孔深”和“顶锥角”分别为 16、11、118 带尖角的简单孔，jg 如图 4-126 所示。

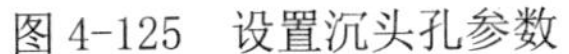

图 4-125　设置沉头孔参数

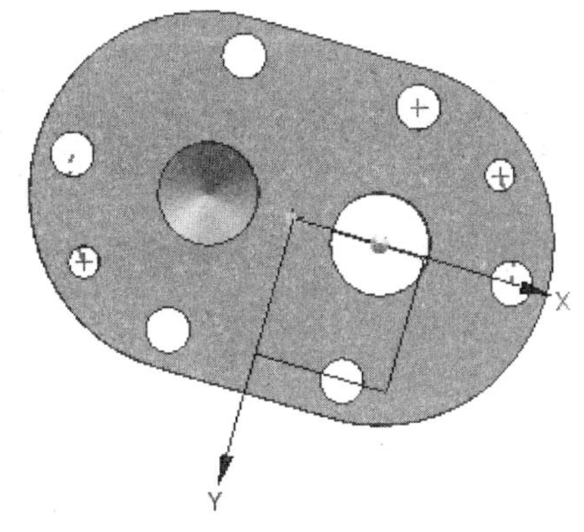

图 4-126　创建沉头孔 2 和简单孔 2

11 创建螺纹特征。

❶选择“菜单”→“插入”→“设计特征”→“螺纹”命令，或单击“主页”选项卡中的“基本”组→“更多”库→“细节特征”库→“螺纹”图标，弹出“螺纹”对话框。

❷类型选择“详细”，然后选择凸台外表面，激活对话框中各选项，在“内径”文本框中输入 25，在“螺纹长度”文本框中输入 13，在“螺距”文本框中输入 1.5，其他选项采用系统默认设置，如图 4-127 所示。单击“确定”按钮，完成螺纹的创建，结果如图 4-128 所示。

12 曲边倒圆角。设置倒圆半径为 1，分别对垫块的上、下表面外缘和块的上、下表面外缘曲边倒圆角，最终生成的齿轮泵后端盖如图 4-101 所示。

UG NX

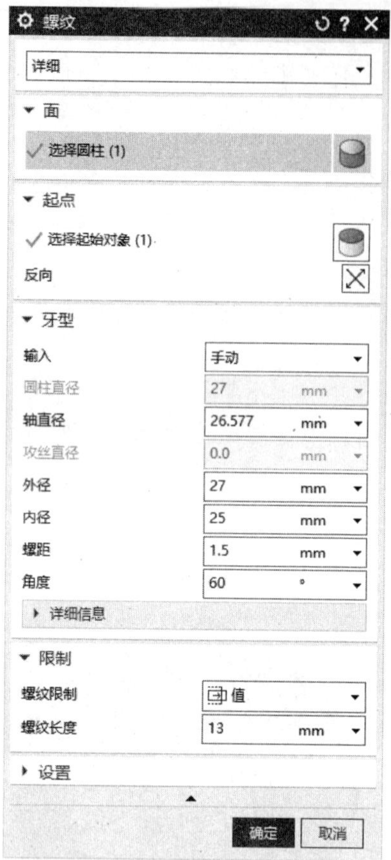

图 4-127　“螺纹”对话框

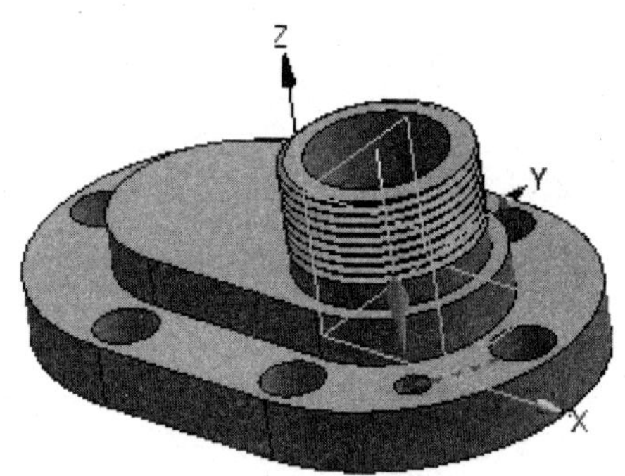

图 4-128　创建螺纹

第5章 装配

UG NX 的装配建模过程其实就是建立组件装配关系的过程。利用装配模块可以快速将零部件组合成产品，还可以在装配模块内创建新的零件模型，并产生明细列表，而且在装配中可以参照其他组进行组件配对设计，并可对装配模型进行间隙分析、重量质量管理等操作。装配模型生成后，可建立爆炸视图，并可将其引入到装配工程图中。

装配组件有两种方式：一种是首先设计好全部组件，然后将组件添加到装配体中，这种装配形式称为自底向上装配。另一种是需要根据实际情况判断装配件的大小和形状，因此要先创建一个新组件，然后在该组件中建立几何对象或将原有的几何对象添加到新建的组件中，这种装配方式称为自顶向下装配。

重点与难点

- 自底向上装配
- 爆炸图
- 装配检验
- 组件家族
- 装配序列化
- 装配布置

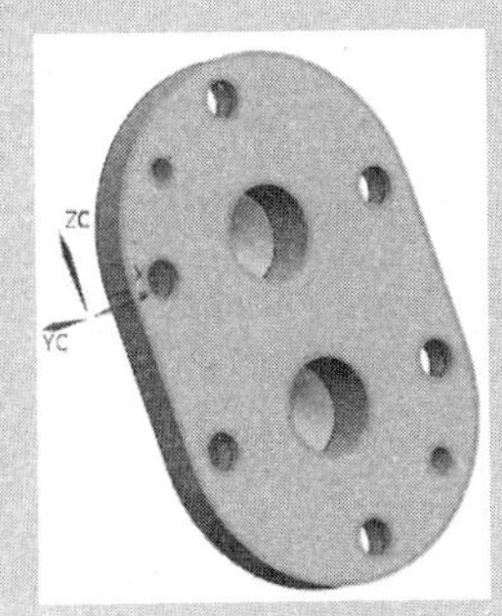

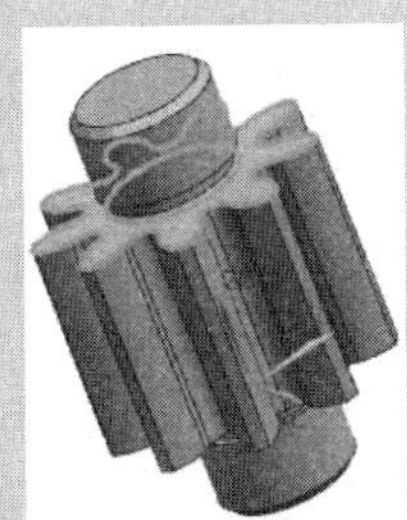

5.1 装配概述

选择“菜单”→“文件”→“新建”命令，或者单击“主页”选项卡“标准”组中的“新建”图标，打开“新建”对话框，选择装配类型，输入文件名，单击“确定”按钮，打开装配模式。

进入装配模式之后，可以利用如图 5-1 所示的“装配”选项卡进行装配操作。装配图可以直观形象地表达零件之间的配合和尺寸关系，表达部件或机器的工作原理，通过装配可以发现模型的问题和不足，从而贯懿修改和完善。

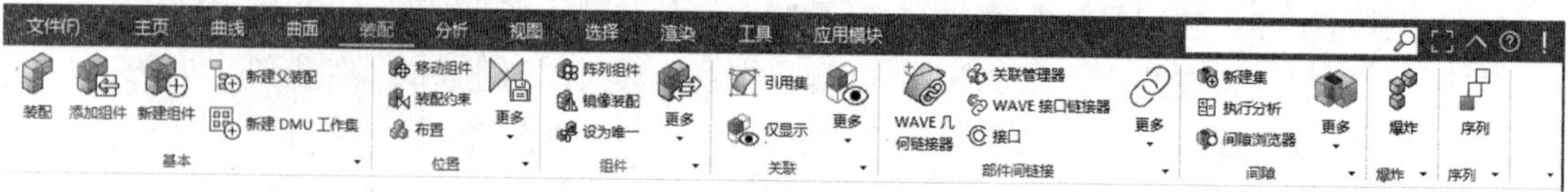

图 5-1 “装配”选项卡

5.2 自底向上装配

5.2.1 添加组件

选择“菜单”→“装配”→“组件”→“添加组件”命令或单击“装配”选项卡“基本”组中的“添加组件”图标，弹出如图 5-2 所示的“添加组件”对话框。

（1）“已加载的部件”：在该列表框中显示已加载的部件文件。若要添加的部件文件已存在于该列表框中，可以直接选择该部件文件。

（2）“打开”：单击该按钮，弹出如图 5-3 所示的“部件名”对话框，在该对话框中可选择要添加的部件文件*.prt。

（3）装配位置：用于指定组件在装配体中的位置。其下拉列表中提供了“对齐”“绝对坐标系-工作部件”“绝对坐标系-显示部件”和“工作坐标系”4 种装配位置。

（4）引用集：用于改变引用集。默认引用集是模型，表示只包含整个实体的引用集。用户可以在其下拉列表中选择所需的引用集。

（5）图层选项：用于设置添加组件到装配体中的哪一层。其下拉列表中提供了以下选项：

1）工作的：表示添加组件放置在装配组件的工作层中。

2）原始的：表示添加组件放置在该部件创建时所在的图

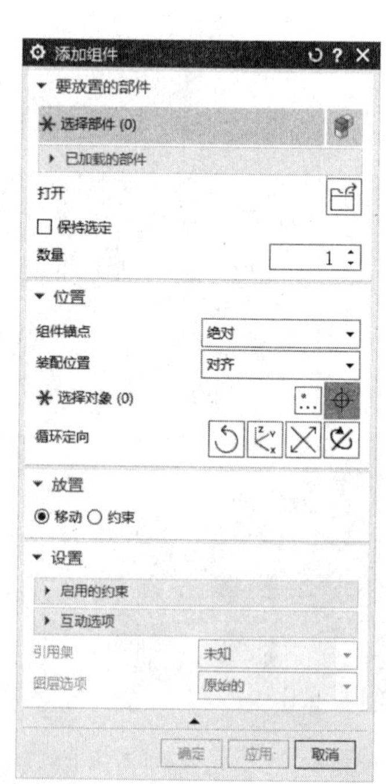

图 5-2 “添加组件”对话框

层中。

3）按指定的：表示添加组件放置在另行指定的图层中。

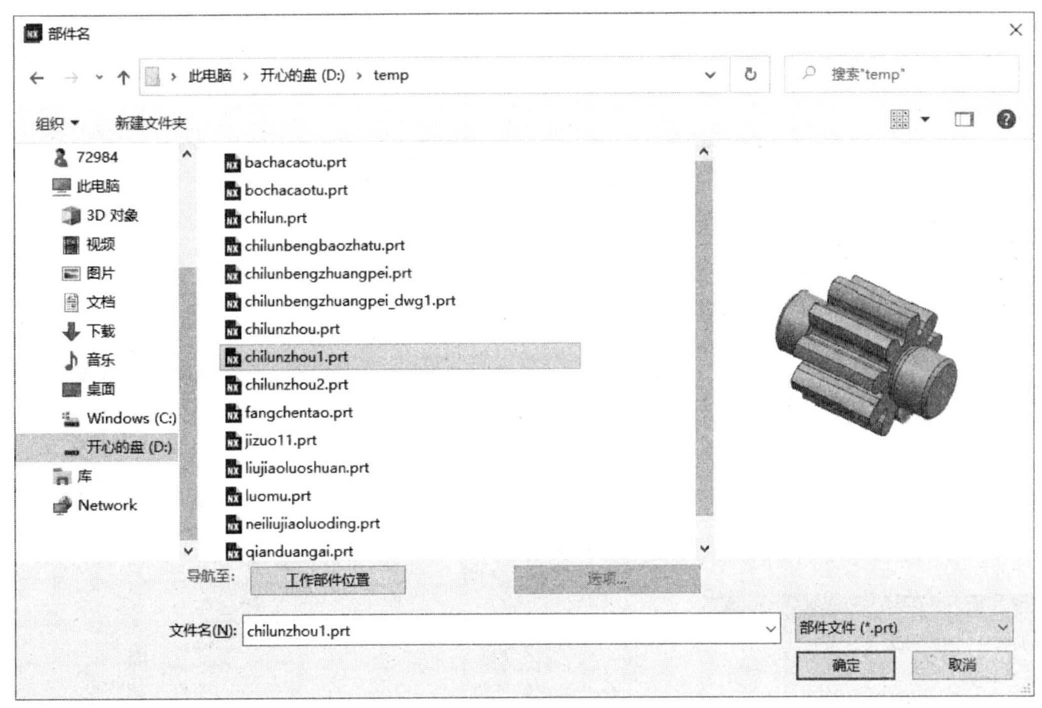

图5-3　“部件名”对话框

5.2.2　引用集

在零件设计中生成了大量的草图、基准平面及其他辅助图形数据，如果要显示装配体中各组件和子装配的所有数据，不仅容易混淆图形，而且要加载组件所有的数据，需要占用大量内存，不利于装配工作的进行。于是，在UG NX 2011的装配中，为了优化大模型的装配，引入了引用集的概念。通过引用集的操作，用户可以在需要的几何信息之间自由操作，同时避免了加载不需要的几何信息，极大地优化了装配的过程。

（1）引用集的概念。引用集是用户在零、组件中定义的部分几何对象，它可以代表相应的零组件进行装配。引用集可以包含下列数据：实体、组件、片体、曲线、草图、原点、方向、坐标系、基准轴及基准平面等。引用集可以单独装配到组件中。一个零、组件可以有多个引用集。UG NX 2011系统包含的默认的引用集有：

1）模型：只包含整个实体的引用集。

2）整个部件：表示引用集是整个组件，即引用组件的全部几何数据。

3）空：表示引用集是空的引用集，即不含任何几何对象。当组件以空的引用集形式添加到装配体中，在装配体中看不到该组件。

（2）“引用集”对话框。选择“菜单”→“格式”→“引用集”命令，弹出如图5-4所示

的“引用集”对话框。在该对话框中可对引用集进行创建、移除、更名、编辑属性、查看信息等操作。

1）添加新的引用集：用于创建引用集。组件和子装配都可以创建引用集。组件的引用集既可在组件中建立，也可在装配体中建立。如果组件要在装配体中创建引用集，必须使其成为工作部件。

2）移除：用于移除组件或子装配中已创建的引用集。在“引用集”对话框中选中需要移除的引用集后，单击该图标，即可将其移除。

3）设为当前：用于将所选引用集设置为当前引用集。

4）属性：用于编辑所选引用集的属性。单击该图标，弹出如图 5-5 所示的“引用集属性”对话框。在该对话框中可输入属性的名称和属性值。

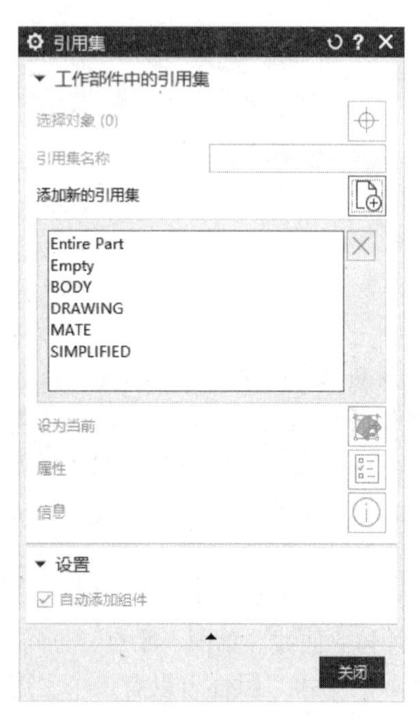

图 5-4 “引用集”对话框

图 5-5 “引用集属性”对话框

5）信息：单击该图标，弹出如图 5-6 所示的“信息”对话框。通过该对话框可输出当前零、组件中已存在的引用集的相关信息。

在正确地建立了引用集并将其保存以后，在“引用集”选项就可以看到用户自己设定的引用集了。在添加了零件以后，还可以通过装配导航器在定义的不同引用集之间切换。

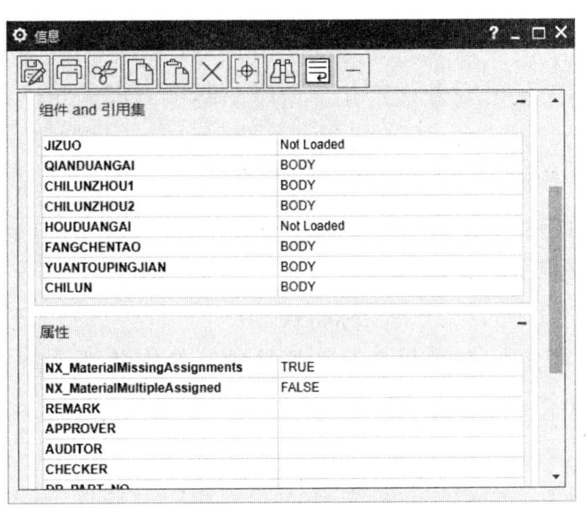

图5-6　“信息”对话框

5.2.3　放置

在装配过程中除了添加组件，还需要确定组件间的关系。这就要求对组件进行定位。UG NX提供了两种放置方式。

1. 约束

按照约束条件确定组件在装配中的位置。在如图5-2所示的对话框中选择“约束”选项后单击“确定”按钮，或选择“菜单”→“装配”→“组件位置”→“装配约束”命令或单击“装配”选项卡 “位置”组中的“装配约束”图标，弹出如图5-7所示的“装配约束”对话框。在该对话框中可通过配对约束确定组件在装配中的相对位置。

（1）接触对齐：用于定位两个贴合或对齐配对对象。

（2）同心：用于将相配组件中的一个对象定位到基础组件中的一个对象的中心上，其中一个对象必须是圆柱或轴对称实体。

（3）距离：用于指定两个相配对象间的最小三维距离。距离可以是正值也可以是负值，正负号确定相配对象是在目标对象的哪一边。

（4）固定：用于将对象固定在其当前位置。

（5）平行：用于约束两个对象的方向矢量彼此平行。

（6）垂直：用于约束两个对象的方向矢量彼此垂直。

（7）对齐/锁定：用于对齐不同对象中的两个轴，同时防止绕公共轴旋转。通常，当需要将螺栓完全约束在孔中时，这将作为约束条件之一。

（8）等尺寸配对：用于约束半径相同的两个对象，如圆边或椭圆边、圆柱面或球面。该约束确认中心线重合且半径相等，如果以后半径变为不等，则该约束变得无效。这对于销或螺栓定位在孔中非常有用。

（9）胶合：用于将对象约束到一起，以使它们作为刚体移动。该约束只能应用于组件，或组件和装配级的几何体，其他对象不可选。

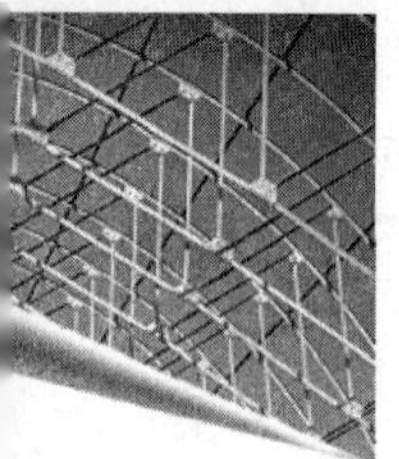

（10）角度：用于在两个对象之间定义角度尺寸，约束相配组件到正确的方位上。角度约束可以在两个具有方向矢量的对象间产生，角度是两个方向矢量间的夹角。这种约束允许配对不同类型的对象。

（11）中心：用于约束两个对象的中心对齐。

1）1 对 2：用于将相配对象中的一个对象定位到基础组件中的两个对象的对称中心上。

2）2 对 1：用于将相配组件中的两个对象定位到基础组件中的一个对象上，并与其对称。当选择该选项时，选择步骤中的第三个图标将被激活。

3）2 对 2：用于将相配组件中的两个对象与基础组件中的两个对象成对称布置。选择该选项时，选择步骤中的第四个图标被激活。

2．移动

如果使用配对的方法不能满足用户的实际需要，还可以通过手动编辑的方式来进行定位。在如图 5-2 所示的对话框中选择“移动”选项并指定方位后单击“确定”按钮，或在选择“菜单”→“装配”→“组件位置”→“移动组件”命令，或单击“装配”选项卡“位置”组中的“移动组件”图标，弹出如图 5-8 所示的“移动组件”对话框，在绘图区选择要移动的组件，单击“确定”按钮。

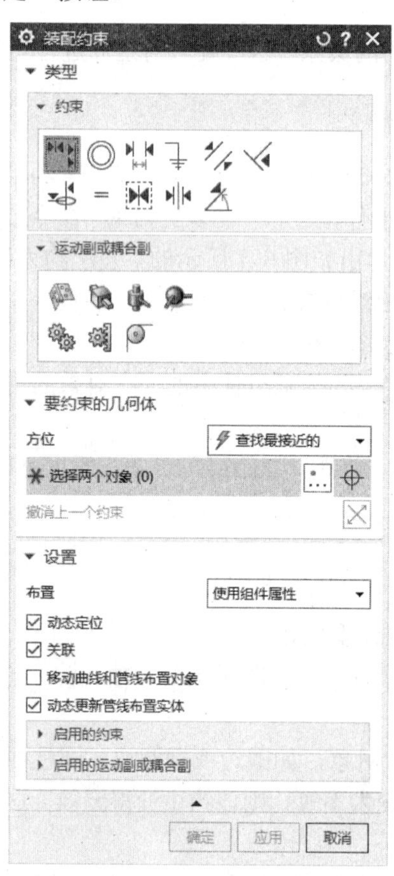

图 5-7　“装配约束”对话框

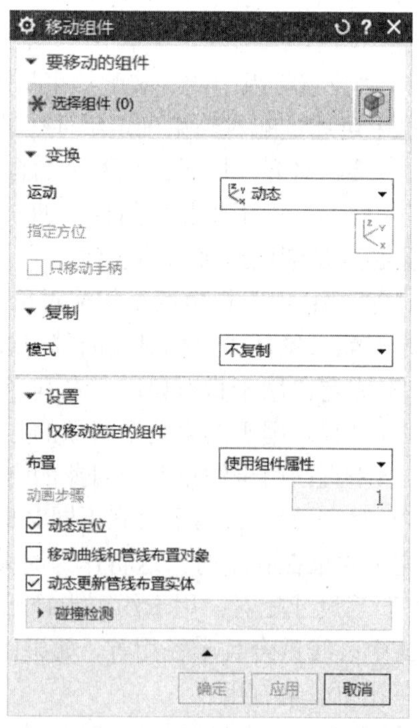

图 5-8　“移动组件”对话框

（1）动态：用于通过拖动、使用图形窗口中的场景对话框选项或使用“点”对话框来重定位组件。

（2）距离：选择该类型，选择要移动的组件，定义矢量方向和沿矢量方向的距离后可在指定矢量方向移动组件。

（3）角度：选择该类型，选择要移动的组件，选择旋转点，在“角度”文本框，输入要旋转的角度值后可绕点旋转组件。

（4）点到点：选择该类型，指定两点，系统根据这两点构成的矢量方向和两点间的距离可采用点到点的方式移动组件。

（5）根据三点旋转：选择该类型，选择要旋转的组件，在对话框中定义三个点和一个矢量后可绕轴旋转所选组件。

（6）将轴与矢量对齐：选择该类型，选择要定位的组件，指定枢轴点、起始矢量和终止矢量的方向后可在选择的两轴之间旋转所选的组件。

（7）坐标系到坐标系：选择该类型，选择要定位的组件，指定起始坐标系和终止坐标系后可采用移动坐标方式重新定位所选组件。选择一种坐标定义起始坐标系和终止坐标系后，单击“确定”按钮，则组件从起始坐标系的位置移动到终止坐标系中的相应位置。

（8）增量 XYZ：选择该类型，可沿 X、Y 和 Z 坐标轴方向将所选组件移动一个距离。如果输入的值为正，则沿坐标轴正向移动。反之，沿负向移动。

5.3 爆炸图

5.3.1　新建爆炸图

选择“菜单”→“装配”→“爆炸”命令或单击“装配”选项卡 “爆炸”组中的“爆炸”图标，弹出如图 5-9 所示的“爆炸”对话框，单击“新建爆炸”按钮，弹出如图 5-10 所示的“编辑爆炸”对话框，通过该对话框可新建爆炸图。

5.3.2　自动爆炸

UG NX 2011 可以使用自动爆炸方式完成爆炸图，即基于组件配对条件沿表面的正交方向自动爆炸组件。自动爆炸组件时，爆炸图是使用由 NX 确定的方向和距离创建的。可以选择组件进行自动爆炸，或者使用“自动爆炸所有”选项来选择和爆炸装配体中的所有组件。

在如图 5-10 所示的对话框中，在“爆炸类型”下拉列表中选择“自动”选项，然后单击“自动爆炸所有”按钮，即可对整个装配体进行爆炸图的创建。若利用鼠标选择，则可以连续选中任意多个组件，系统将对这些组件创建爆炸图。自动爆炸组件时，系统将根据“使用附加方向”选项以及每个选定组件的几何体和约束来确定爆炸的方向和距离。影响选定组件自动爆炸的移动方式的方向类型包括：

1）装配轴向，如+X、-X、+Y、-Y、+Z 和-Z。

2）组件装配约束所定义的方向（当它们与装配轴向不匹配时）。

3）装配空间中组件的坐标方向（当它们与装配轴向不匹配时）。

如果勾选“使用附加方向”复选框，系统将基于所有三种方向类型的输入，计算每个选定组件的自动爆炸方向。如果取消勾选“使用附加方向”复选框，系统将沿装配轴向自动爆炸选定的组件。

系统会自动计算每个选定组件与其他组件分开以避免碰撞所需的距离，即使完全被其他组件包围的组件也可以成功爆炸。

图 5-9　“爆炸”对话框

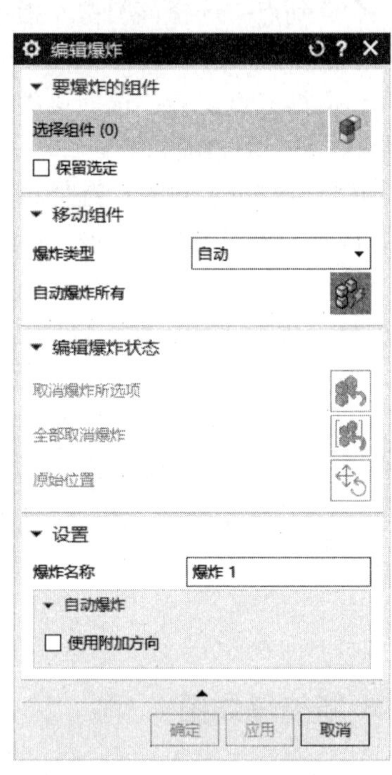

图 5-10　“编辑爆炸”对话框

5.3.3　编辑爆炸图

如果通过自动爆炸没有得到理想的爆炸效果，还可以对爆炸图进行编辑。

1）编辑爆炸图。在如图 5-9 所示“爆炸”对话框中的列表框中选中需要编辑的爆炸，然后单击“编辑爆炸”按钮，弹出如图 5-11 所示的“编辑爆炸”对话框。在“爆炸类型”下拉列表框中选择“手动”选项，用鼠标在绘图区选择需要进行调整的组件，然后在如图 5-11 所示对话框中单击“操控器”按钮，即可在绘图区通过拖动鼠标或输入 X、Y、Z 的坐标值对该组件的位置进行调整。

2）组件不爆炸。在绘图区选择不进行爆炸的组件，然后单击如图 5-11 所示“编辑爆炸”对话框中的“取消爆炸所选项”按钮，可以使已爆炸的选中组件恢复到原来的位置。如果单击“全部取消爆炸”按钮，则全部已爆炸的组件都会恢复到原来的位置。

3）删除爆炸图。在如图 5-9 所示 “爆炸”对话框中的列表框中选中需要删除的一个或多个爆炸图，然后单击“删除爆炸”按钮，即可删除所选爆炸图。

4）隐藏爆炸图。在如图 5-9 所示的“爆炸”对话框中，在列表框中选中需要隐藏的一个或多个爆炸图，然后单击“在可见视图中隐藏爆炸”按钮，即可将选中的爆炸图隐藏起来，使绘图区中的组件恢复到爆炸前的状态。

5）显示爆炸图。在如图 5-9 所示 “爆炸”对话框中的列表框中选中一个爆炸，然后单击“在工作视图中显示爆炸”按钮，即可将已建立的爆炸图显示在绘图区。

6）复制到新爆炸。在如图 5-9 所示的“爆炸”对话框中选中某个爆炸，单击“复制到新爆炸”按钮，将弹出如图 5-11 所示的“编辑爆炸”对话框，系统可根据现有爆炸创建新的爆炸。

7）查看信息。在如图 5-9 所示的“爆炸”对话框中选中某一个或多个爆炸，单击“信息”按钮ⓘ，将弹出如图 5-12 所示的“信息”窗口，在其中显示一个或多个选中的爆炸的信息。

图 5-11 “编辑爆炸”对话框

图 5-12 “信息”窗口

5.4 装配检验

装配的检验主要是检验装配体的各个部件之间的干涉、距离、角度以及各相关的部件之间的主要的几何关系是不是满足要求的条件。

装配的干涉分析就是分析装配中的各零部件之间的几何关系之间是否存在干涉现象，以确定装配是不是可行。

选择“菜单”→“分析”→“简单干涉”命令，系统弹出如图 5-13 所示的“简单干涉”

对话框。通过该对话框可以检查已经装配好的对象之间的面、边缘等几何体之间的干涉。

图 5-13 “简单干涉”对话框

5.5 组件家族

组件家族提供了通过一个模板零件快速定义一类似组件（零件或装配体）的家族的方法。该功能主要用于建立系列标准件，可以一次生成所有的相似组件。

选择“菜单”→“工具”→“部件族”命令或单击“工具”选项卡 “实用工具”组中的“部件族”图标，弹出如图 5-14 所示的“部件族”对话框。

（1）可用的列：用于选择驱动系列件的选项。其下拉列表中有“表达式”“特征”“镜像”“密度”“材料”“断言质量”“属性”和“组件”8 个选项。选择选项以后，双击该选项或者单击“在末尾添加”按钮，可以把该项添加到“选定的列”列表框中，不需要的选项还可以通过单击“移除”按钮删除。

（2）部件族电子表格：用于控制如何生成系列件。

1）创建电子表格：单击该按钮，系统自动启动 Excel 表格，选中的条目都会列举其中，如图 5-15 所示。

2）编辑电子表格:在生成 Excel 表格并保存返回 UG 环境后，单击该按钮可以重新弹出 Excel 表格进行编辑。

3）删除族：删除定义好的部件族。

（3）Excel 表格的使用：在打开的 Excel 表格中，用户可以依次填写生成系列件的编号、名称及说明。全部填写完毕以后，单击“加载项”选项卡“部件族”中的“保存族”命令，将返回到如图 5-16 所示的“部件族”对话框。

在该对话框右侧部件族电子表格的顶部可以看到以下按钮：

1）确认部件：不生成实际的零件，但是可以验证用户数据的正确性。

2）应用值：直接应用修改以后的数值。

3）更新部件：如果已经生成了零件，可以通过修改 Excel 表格来更新零件数据。

4）创建部件：系统将在指定目录下生成全部零件。

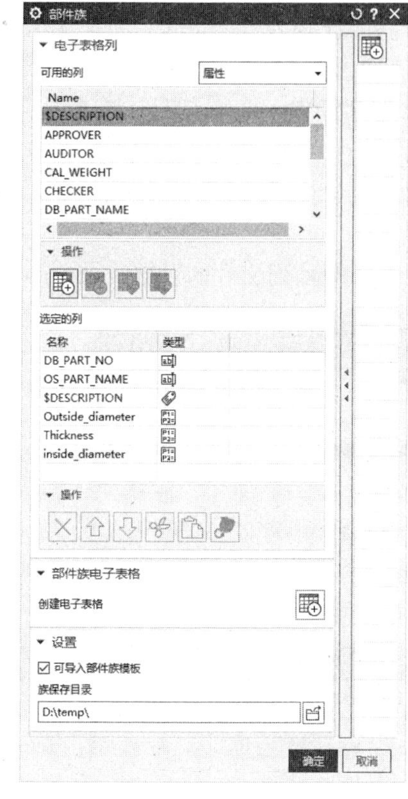

图 5-14　“部件族”对话框

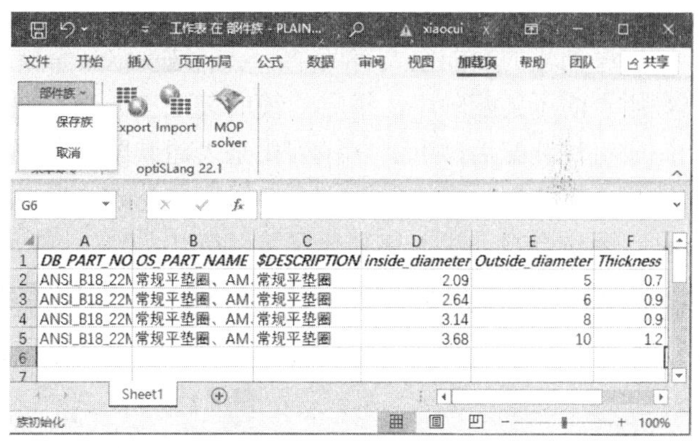

	A	B	C	D	E	F
1	DB_PART_NO	OS_PART_NAME	$DESCRIPTION	inside_diameter	Outside_diameter	Thickness
2	ANSI_B18_22N	常规平垫圈、AM.	常规平垫圈	2.09	5	0.7
3	ANSI_B18_22N	常规平垫圈、AM.	常规平垫圈	2.64	6	0.9
4	ANSI_B18_22N	常规平垫圈、AM.	常规平垫圈	3.14	8	0.9
5	ANSI_B18_22N	常规平垫圈、AM.	常规平垫圈	3.68	10	1.2

图 5-15　自动启动 Excel 表格

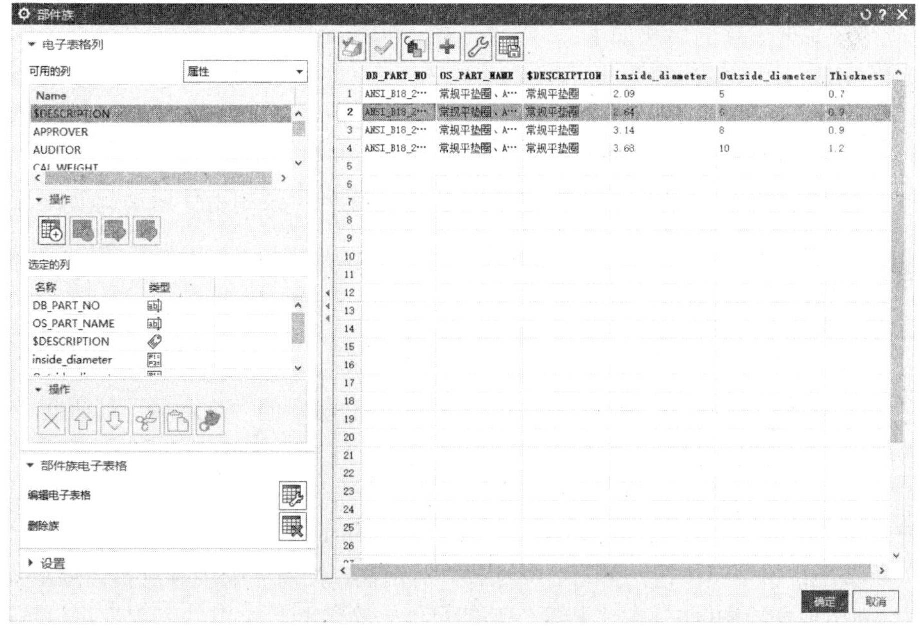

	DB_PART_NO	OS_PART_NAME	$DESCRIPTION	inside_diameter	Outside_diameter	Thickness
1	ANSI_B18_2···	常规平垫圈、A···	常规平垫圈	2.09	5	0.7
2	ANSI_B18_2···	常规平垫圈、A···	常规平垫圈	2.64	6	0.9
3	ANSI_B18_2···	常规平垫圈、A···	常规平垫圈	3.14	8	0.9
4	ANSI_B18_2···	常规平垫圈、A···	常规平垫圈	3.68	10	1.2

图 5-16　“部件族”对话框

UG NX

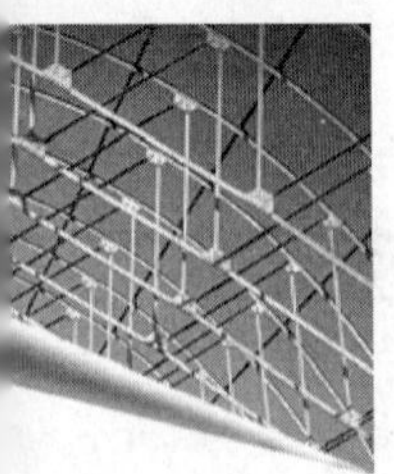

5）固定孤立部件：如果选定的部件族成员已失去与其部件族模板的链接，则重新关联该成员。

6）保存族：用户可以把电子表格和零件一起存在.prt 文件中，在需要的时候才生成，而且在装配体中还可以选择不同的系列件。

（4）可导入组件族模板：勾选该复选框，则从一个应用模块切换到其他应用模块时，保留电子表格列中的内容。

（5）族保存目录：单击“浏览...”按钮，可指定将生成的系列文件的存放目录。

5.6 装配序列化

装配序列化的功能主要有两个：一个是规定一个装配体的每个组件的时间与成本特性；另一个是用于演示装配顺序，指导一线的装配工人进行现场装配。

完成组件装配后，可建立序列化来表达装配体各组件间的装配顺序。

选择“菜单”→“装配”→“序列”命令或单击“装配”选项卡 “序列”组中的“序列”图标，系统会自动进入序列化环境并弹出如图 5-17 所示的“主页”选项卡。

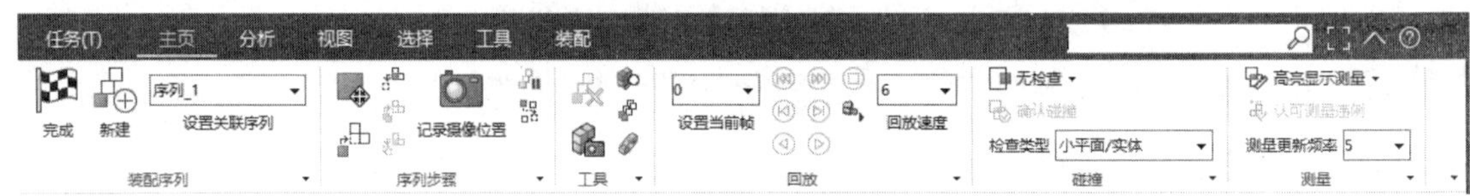

图 5-17 “主页”选项卡

该选项卡中主要选项的用法如下：

（1）完成：用于退出序列化环境。

（2）新建：用于创建一个序列。系统会自动为这个序列命名为“序列_1”，以后新建的序列为“序列_2”“序列_3”等依次命名。用户也可以自己修改名称。

（3）插入运动：单击该按钮，弹出如图 5-18 所示的“录制组件运动”工具条。该工具条用于建立一段装配动画模拟。

1）选择对象：选择需要运动的组件对象。

2）移动对象：用于移动组件。

3）只移动手柄：用于移动坐标系。

4）运动录制首选项：单击该图标，弹出如图 5-19 所示的“首选项”对话框。在该对话框中可指定步进的精确程度和运动动画的帧数。

5）拆卸：用于拆卸所选组件。

6）摄像机：用来捕捉当前的视角，以便于回放的时候在合适的角度观察运动情况。

（4）装配：单击该按钮，弹出“类选择”对话框，按照装配步骤选择需要添加的组件，该组件会自动出现在绘图区右侧。“装配”功能只能一次装配一个组件，用户可以依次选择要装配的组件，生成装配序列。

（5）一起装配：用于在绘图区选择多个组件，一次全部进行装配。该功能在“装配”

功能选中之后可选。

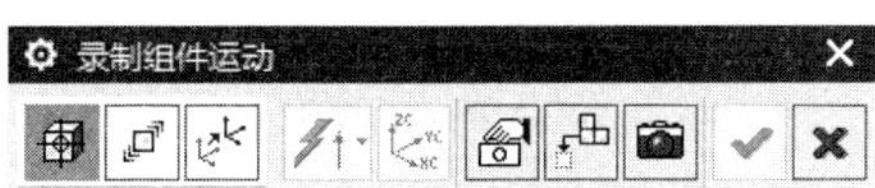

图5-18　“录制组件运动”工具条

图5-19　“首选项”对话框

（6）拆卸：用于在绘图区选择要拆卸的组件，该组件会自动返回到绘图区左侧。该功能主要是模拟反装配的拆卸序列。

（7）一起拆卸：一起装配的反过程。

（8）记录摄像位置：用于为每一步序列生成一个独特的视角。当序列演变到该步时，自动转换到定义的视角。

（9）插入暂停：单击该按钮，系统会自动插入暂停并分配固定的帧数，当回放的时候，系统看上去像暂停一样，直到走完这些帧数。

（10）抽取路径：计算所选组件的抽取路径。

（11）删除：用于删除一个序列步。

（12）在序列中查找：选择该按钮，弹出“类选择”对话框，可以选择一个组件，然后查找应用了该组件的序列。

（13）显示所有序列：用于显示所有的序列。

（14）捕捉布置：用于把当前的运动状态捕捉下来，作为一个装配序列。用户可以为这个序列取一个名字，系统会自动记录这个序列。

（15）运动包络：用于在一系列运动步骤中，在一个或多个组件占用的空间中创建小平面化的体。

定义了序列以后，即可通过如图5-20所示的“回放”组来播放装配序列。其中在最左边的下拉列表中可设置当前帧数，在最右边的下拉列表中可调节播放速度，从1~10，数字越大，播放的速度就越快。

5.7 装配布置

利用装配布置功能可使同一个零件在装配中处于不同的位置，这样可以在装配结构没有变的情况下更好地展现装配的真实性，也可使相同的多个零件处于不同的位置。

用户可以定义装配布置来为组件中一个或多个组件指定可选位置，并将这些可选位置与组件存储在一起。该功能不能为单个组件创建布置，只能为装配或子装配创建布置。

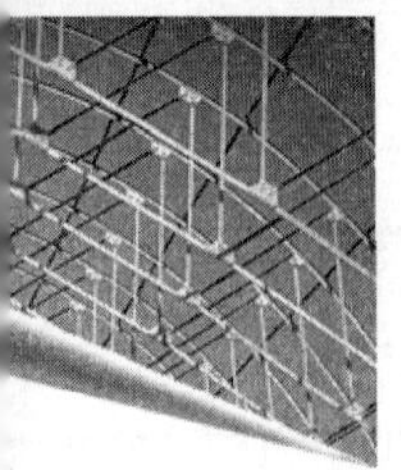

选择“菜单”→“装配”→“布置”命令或单击“装配”选项卡 “位置”组中的“布置”图标，弹出如图 5-21 所示的“装配布置”对话框。通过该对话框可实现创建、复制删除、更名、设置默认布置等功能。

打开“装配布置”对话框后，首先复制一个布置，使用装配中的重定位把需要的组件定位到新的位置上，然后退出对话框，保存文件就可以了。需要多个布置位置的可以多次重复这个操作步骤。完成设置后，就可以在不同的布置之间切换了。

图 5-20 “回放”组

图 5-21 “装配布置”对话框

5.8 综合实例——齿轮泵装配

5.8.1 装配组件

制作思路

本实例主要介绍了对齿轮泵各部件进行的装配操作，包括接触、对齐，同心等约束。齿轮泵装配模型如图 5-22 所示。

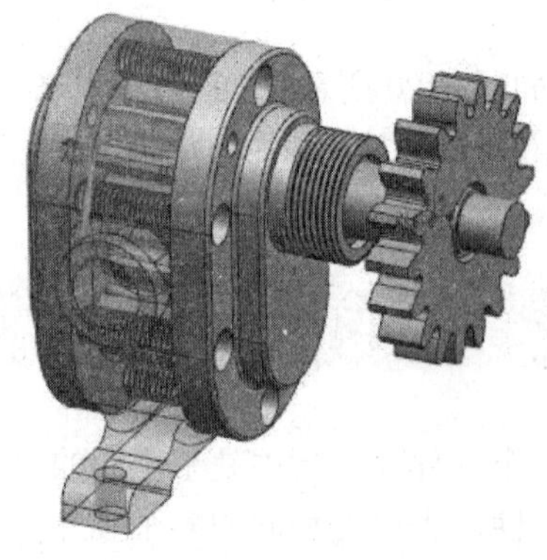

图 5-22 齿轮泵装配模型

01 新建文件。选择“菜单”→“文件”→“新建”命令，或单击“主页”选项卡“标准”组中的“新建”图标，打开“新建”对话框，在“模板”列表框中选择“装配”，输入“bengzhuangpei”，单击“确定”按钮，打开 UG 主界面。

02 加入组件。

❶选择“菜单”→“装配”→“组件”→“添加组件”命令，或单击“装配”选项卡“基本”组中的“添加组件”图标，打开“添加组件”对话框，如图 5-23 所示。

❷单击“打开”按钮图标，打开“部件名”对话框，根据组件的存储路径选择组件“jizuo.prt”，单击“确定”按钮。

❸返回到“添加组件”对话框，在“组件锚点”下拉列表中选择“绝对”，将组件放置位置定位于原点，然后单击“应用”按钮。

03 装配前端盖与机座。

❶同步骤 **02** ，在“添加组件”对话框中勾选“约束”单选按钮，以通过约束的定位方式打开前端盖组件。

❷在“添加组件”对话框中，约束类型选择“接触对齐”图标，在“方位”下拉列表中选择“接触”，如图 5-24 所示。

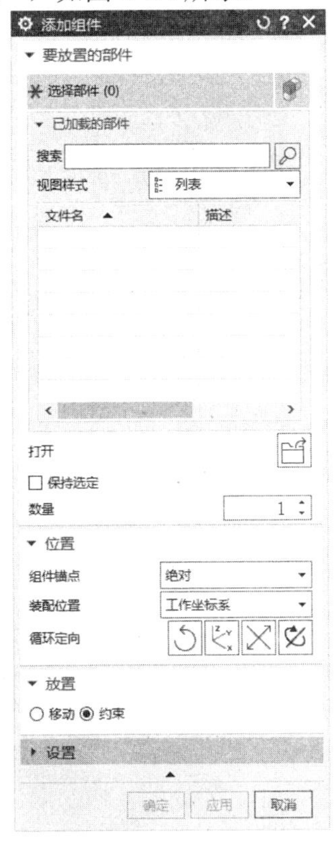

图 5-23 “添加组件”对话框 1

图 5-24 “添加组件”对话框 2

❸依次选择如图 5-25 所示机座的端面和图 5-26 所示前端盖的端面，完成面接触约束。

❹“约束类型”选择“接触对齐”图标，在“方位”下拉列表中选择“自动判断中心/轴”，

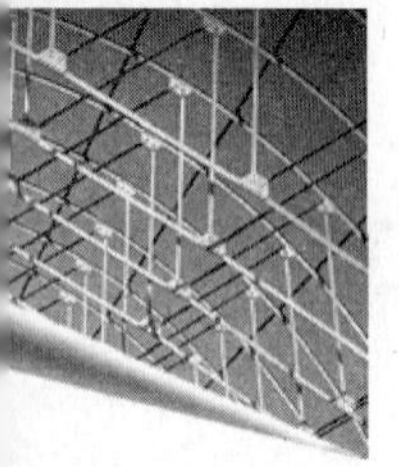

依次选择如图 5-27 所示机座的销孔圆柱面和图 5-28 所示前端盖的销孔圆柱面。

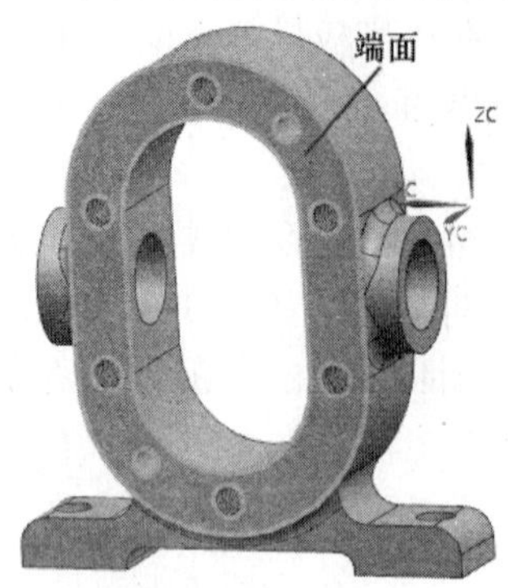

图 5-25　选择机座端面

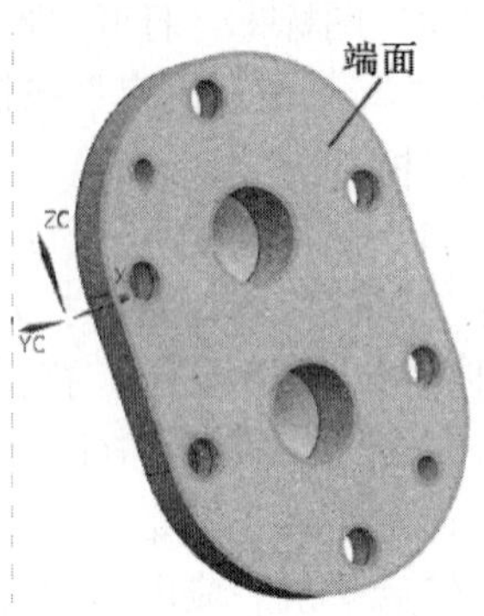

图 5-26　选择前端盖端面

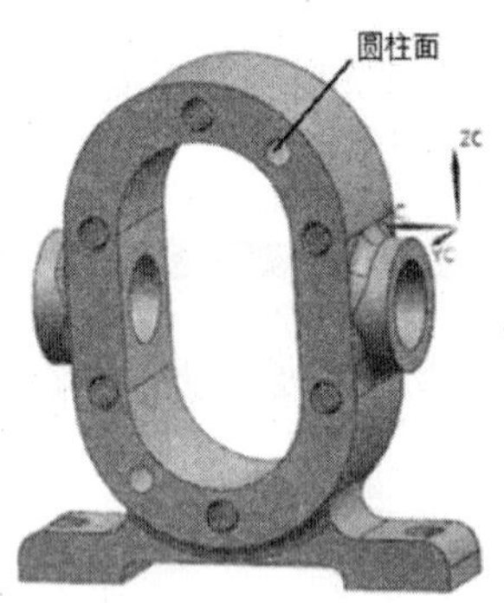

图 5-27　选择机座销孔圆柱面

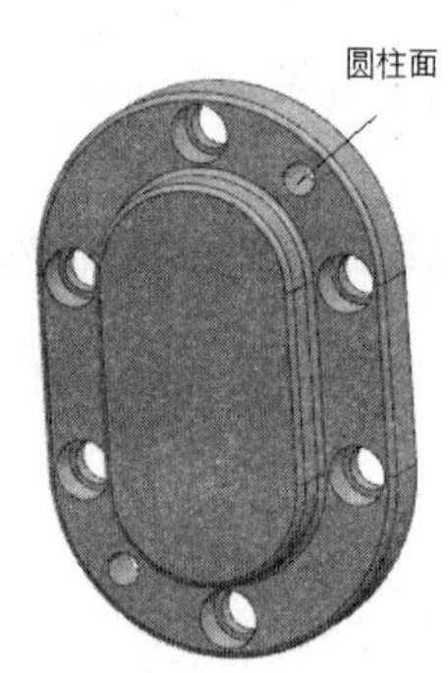

图 5-28　选择前端盖销孔圆柱面

❺在“方位”下拉列表中选择“自动判断中心/轴”，依次选择如图 5-29 所示机座的圆柱轴线和图 5-30 所示前端盖的圆柱轴线，单击“确定”按钮，完成同心约束操作，生成机座和前端盖装配模型如图 5-31 所示。

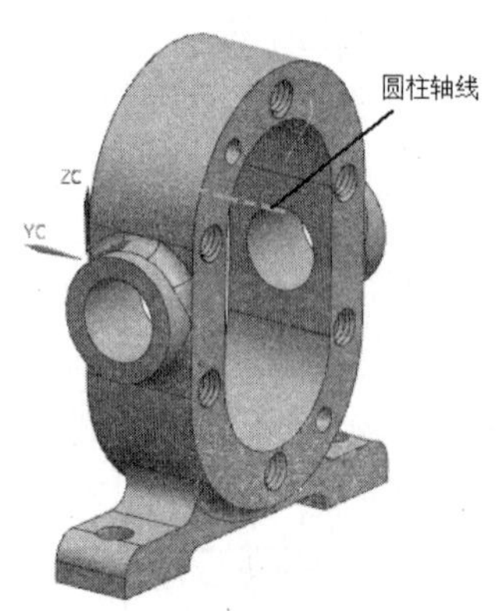

图 5-29　选择机座圆柱轴线

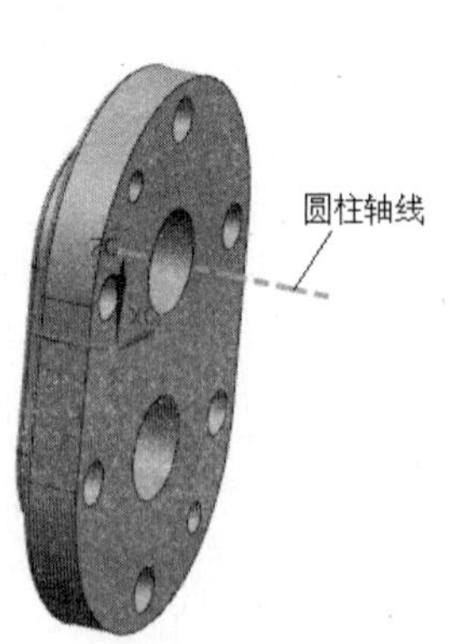

图 5-30　选择前端盖圆柱轴线

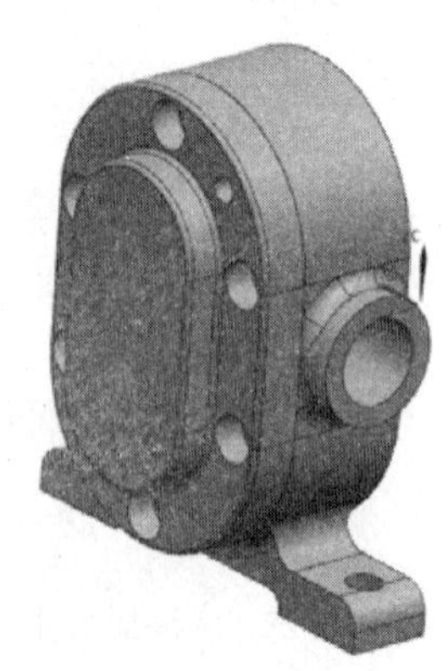

图 5-31　机座和前端盖装配模型

04 装配齿轮轴 1 和前端盖。

❶同步骤 02 ，在“添加组件”对话框中设置“放置”为“约束”，以通过约束的定位方式打开齿轮轴 1 组件。

❷选择“接触对齐”类型，在“方位”下拉列表中选择“接触”，依次选择如图 5-32 所示的前端盖内端面和图 5-33 所示齿轮轴 1 的端面，完成面对齐约束。

❸在“方位”下拉列表中选择“自动判断中心/轴”，依次选择如图 5-34 所示前端盖的孔圆柱面和图 5-35 所示齿轮轴 1 的外圆柱面，单击“确定”按钮，完成装配，结果如图 5-36 所示。

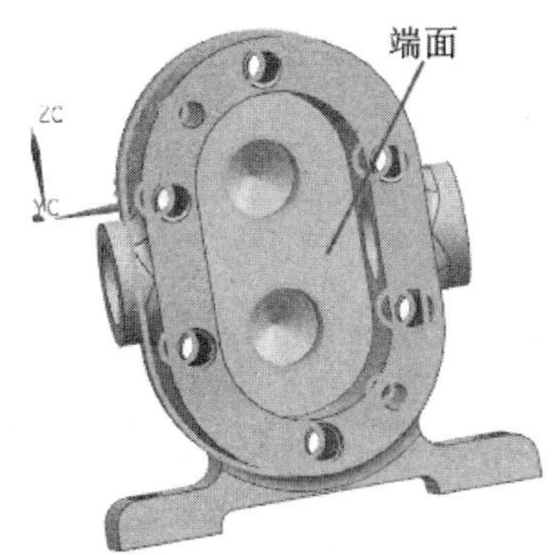

图 5-32　选择前端盖内端面

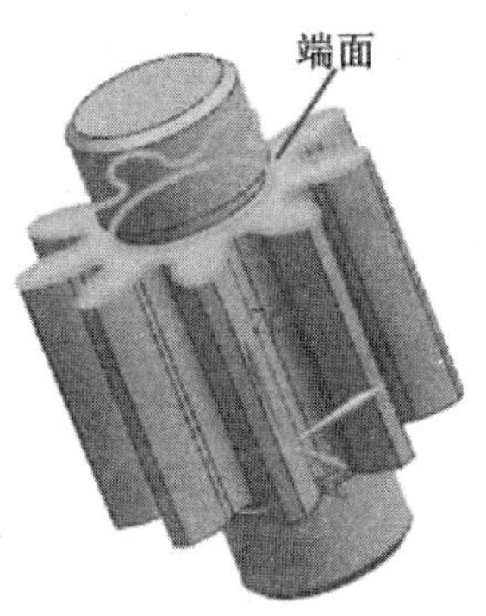

图 5-33　选择齿轮轴 1 端面

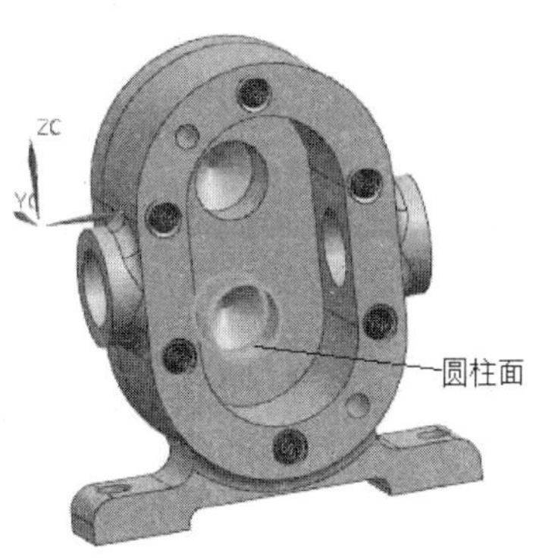

图 5-34　选择前端盖孔圆柱面

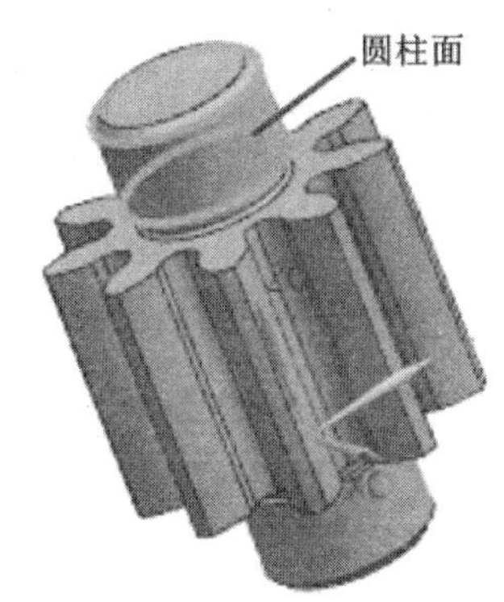

图 5-35　选择齿轮轴 1 外圆柱面

图 5-36　装配前端盖和齿轮轴 1

❹以同样的方法装配前端盖和齿轮轴 2，并添加齿轮轴 1 和齿轮轴 2 的齿轮面的接触对齐约束，结果如图 5-37 所示。

05 装配后端盖和机座。

❶同步骤 02 ，以通过约束的定位方式打开后端盖组件。

❷选择“接触对齐”类型，在“方位：下拉列表中选择“接触”，依次选择如图 5-38 所示的后端盖端面和图 5-39 所示的机座端面，完成面接触约束。

❸在“方位”下拉列表中选择“自动判断中心/轴”，依次选择如图 5-40 所示的面 1（后

UG NX

端盖圆柱面）和图 5-41 所示面 4（机座圆柱面）。

❹在“方位”下拉列表中选择“自动判断中心/轴”，依次选择如图 5-40 所示的面 3（后端盖圆柱面）和图 5-41 所示的面 2（机座圆柱面），完成同心约束操作。结果如图 5-42 所示。

06 编辑对象显示。

❶选择“菜单”→“编辑”→“对象显示”命令，打开“类选择”对话框，选择后端盖，打开“编辑对象显示”对话框，如图 5-43 所示。

图 5-37　装配前端盖和齿轮轴 2

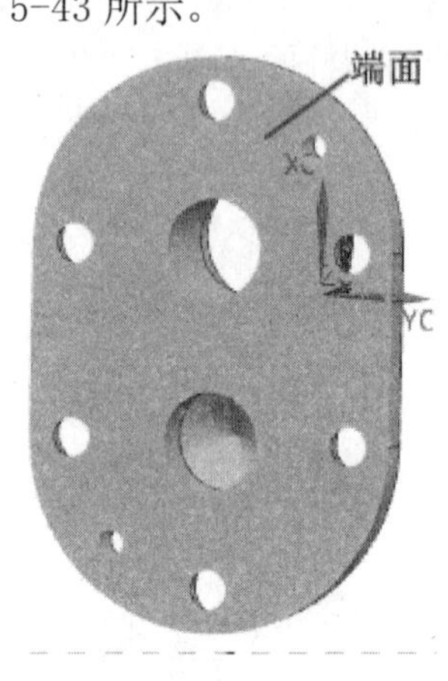

图 5-38　选择后端盖端面

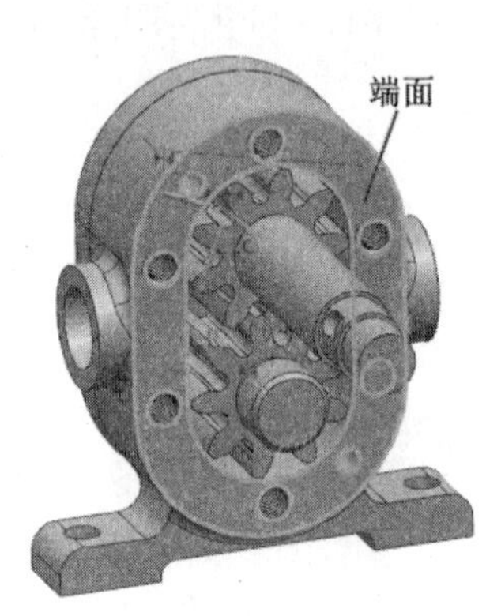

图 5-39　选择机座端面

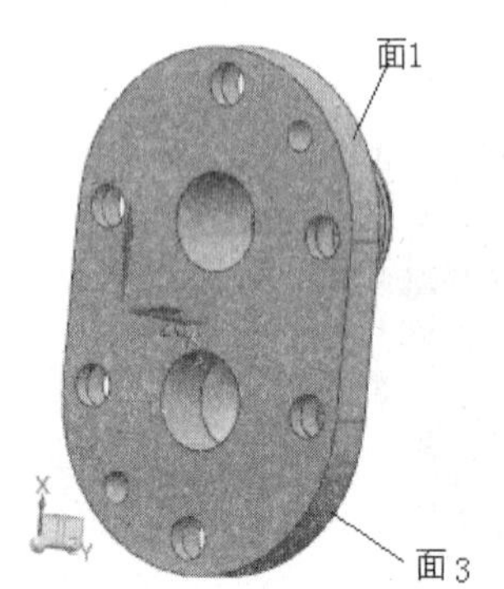

图 5-40　选择后端盖圆柱面

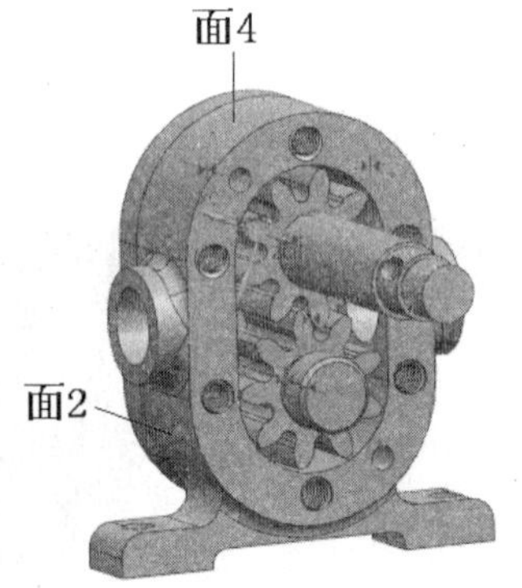

图 5-41　选择机座圆柱面

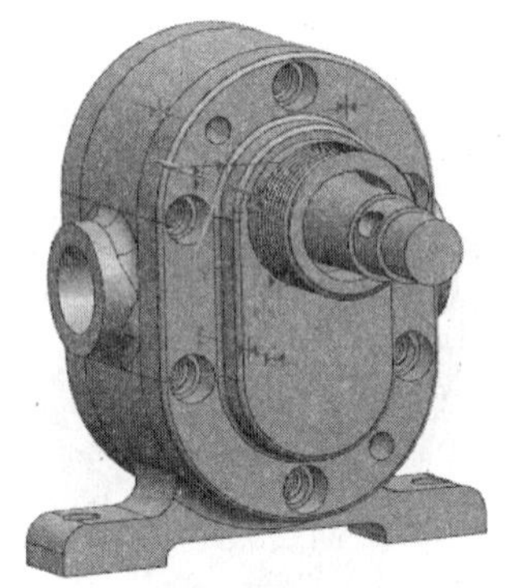

图 5-42　装配后端盖和机座

❷单击“颜色”选项，打开“对象颜色”对话框，选择“浅蓝色”（可在“查找”文本框内输入 61），单击“确定”按钮，完成颜色的设置。

❸选择机座，将“透明度”滑块拖动到 70，设置模型为透明状态。

07 装配防尘套和后端盖。

❶同步骤 **02**，在“添加组件”对话框中设置“放置”为“约束”，以通过约束的定位方式打开防尘套组件。

❷选择“接触对齐”类型，在“方位”下拉列表中选择“接触”，依次选择防尘套端面和后端盖端面，完成面对齐约束。

❸在“方位”下拉列表中选择“自动判断中心/轴”，依次选择如图 5-44 所示的后端盖圆柱面和和图 5-45 所示的防尘套圆环面，单击“确定”按钮，完成装配，结果如图 5-46 所示。

08 装配键和轴 2。

❶同步骤 02 ，在“添加组件”对话框中设置“放置”为“约束”，以通过约束的定位方式打开圆头平键组件。

❷选择“接触对齐”类型，在“方位”下拉列表中选择“接触”，依次选择如图 5-47 所示键的平端面和图 5-48 所示轴 2 的键槽底端面，完成面对齐约束。

图 5-43　“编辑对象显示”对话框

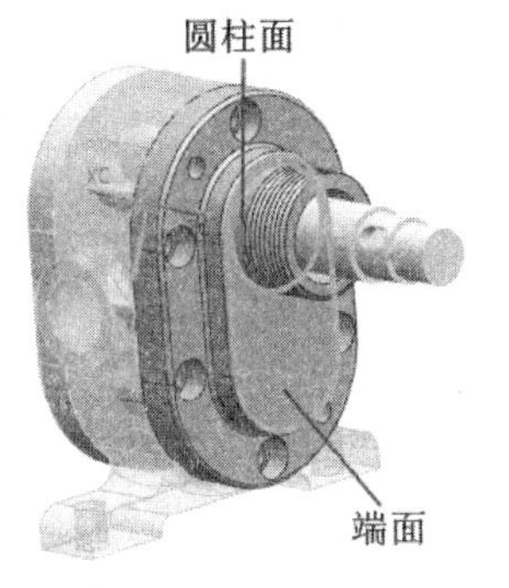

图 5-44　选择后端盖端面

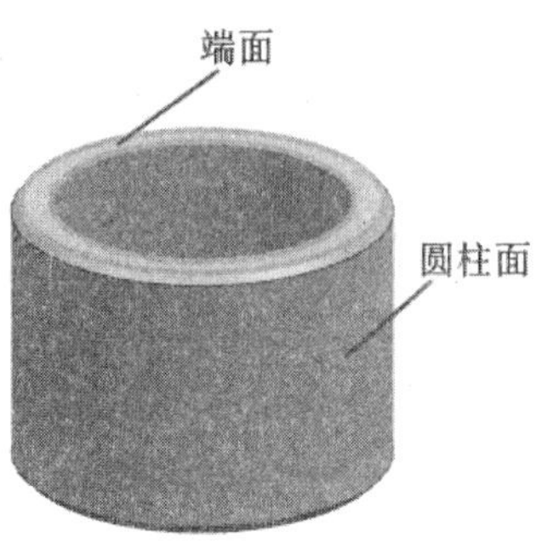

图 5-45　选择防尘套端面

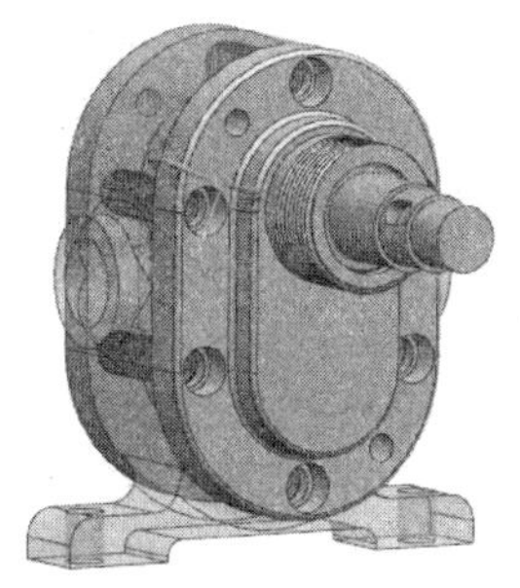

图 5-46　装配防尘套和后端盖

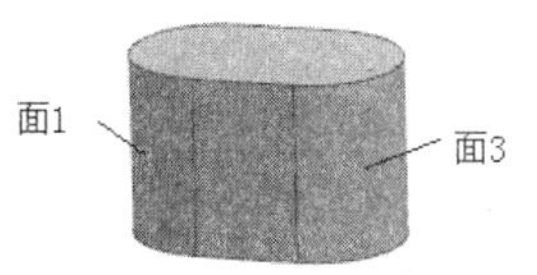

图 5-47　选择键

UG NX

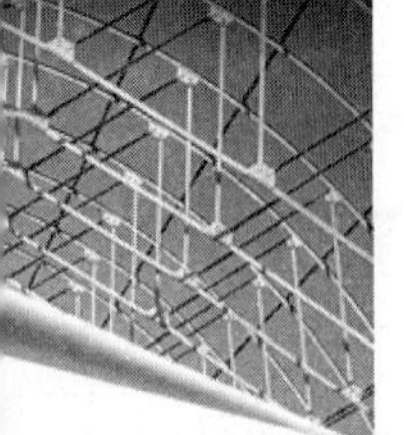

❸在“方位”下拉列表中选择“自动判断中心/轴”，分别选择如图 5-47 所示的面 1 和图 5-48 所示的面 2；图 5-47 所示的面 3 和图 5-48 所示的面 4，完成同心约束操作，结果如图 5-49 所示。

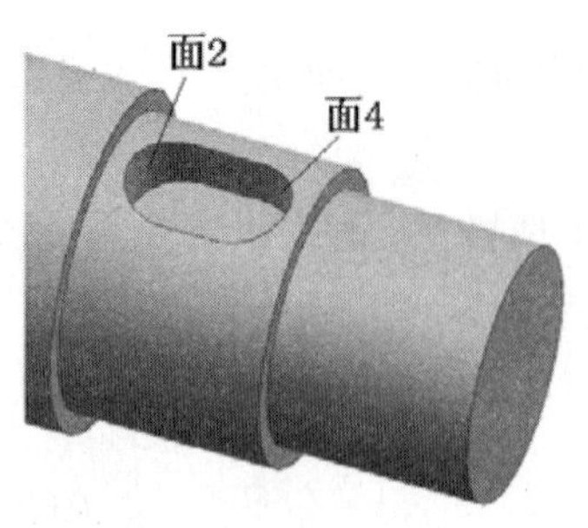

图 5-48　选择键槽

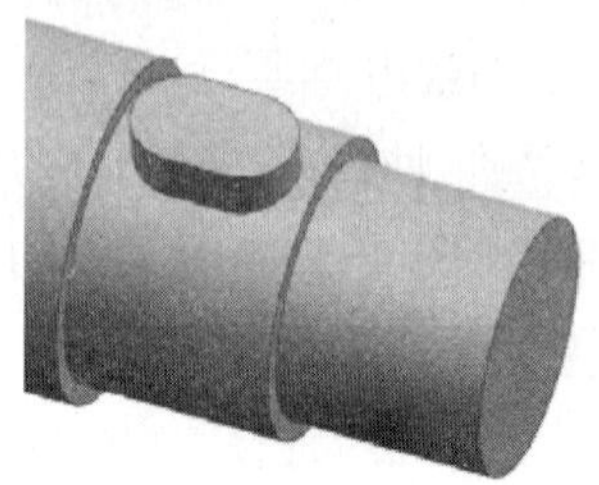

图 5-49　装配键和轴 2

09 装配大齿轮和轴 2。

❶同步骤 02 ，在“添加组件”对话框中的设置“放置”为“约束”，以通过约束的定位方式打开大齿轮组件。

❷选择“接触对齐”类型，在“方位”下拉列表中选择“接触”，依次选择如图 5-50 所示的大齿轮端面和图 5-51 所示的轴 2 端面，并选择反向，完成面对齐约束。

❸选择“接触对齐”类型，在“方位”下拉列表中选择“接触”，分别选择如图 5-50 所示的键槽一侧端面和图 5-51 所示的键一端面、图 5-50 所示的键槽另一侧端面和图 5-51 所示的键另一端面，完成对齐约束操作。

❹在“方位”下拉列表中选择“自动判断中心/轴”，依次选择大齿轮内孔面和轴 2 的圆柱面，单击“确定”按钮，完成同心配对操作，结果如图 5-52 所示。

图 5-50　选择大齿轮及其键槽

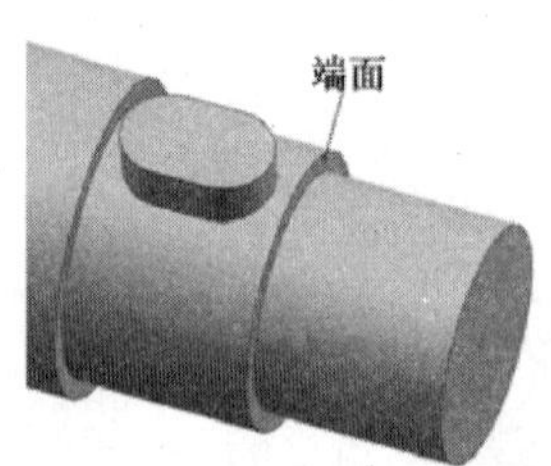

图 5-51　选择轴 2 及其键

图 5-52　装配大齿轮和轴 2

5.8.2　装配爆炸图

01 打开文件。选择“菜单”→“文件”→“打开”命令，弹出如图 5-53 所示的“打开”对话框，打开 5.8.1 节创建的装配文件“bengzhuangpei”，打开 UG 建模模式。

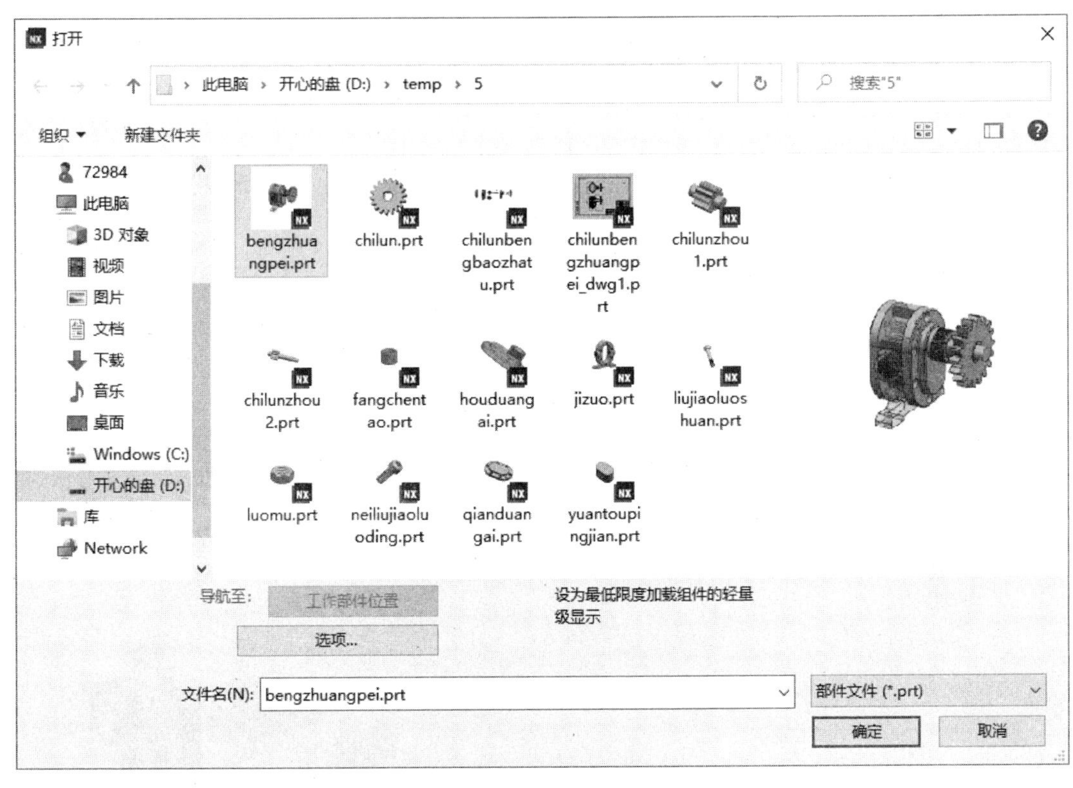

图 5-53　“打开”对话框

02 创建爆炸图。

❶选择“菜单”→“装配”→“爆炸”命令，弹出如图 5-54 所示的“爆炸”对话框。

❷单击“新建爆炸”按钮，弹出如图 5-55 所示的“编辑爆炸”对话框。

图 5-54　“爆炸”对话框

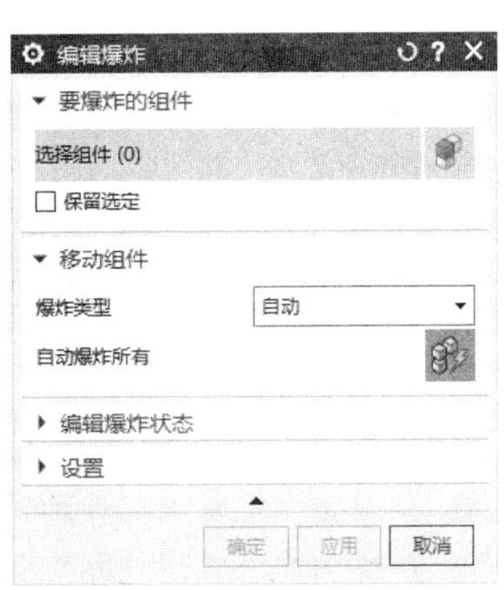

图 5-55　“编辑爆炸”对话框

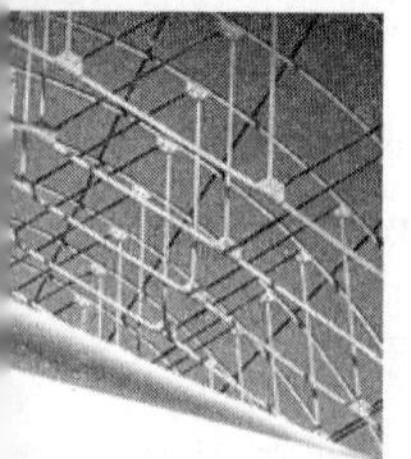

❸在绘图区选择装配图中的前端盖。

❹在“编辑爆炸”对话框中的“爆炸类型”选择“手动”（见图 5-56），激活“指定方位”，单击“点对话框”按钮或“操控器”按钮，将前端盖移动到指定位置。

❺完成移动后，单击“应用”按钮，完成前端盖的爆炸。

采用同样方法，移动其他零件，完成齿轮泵爆炸图的创建，结果如图 5-57 所示。

图 5-56 “编辑爆炸”对话框

图 5-57 创建爆炸图

03 创建不爆炸组件。在绘图区选择图 5-57 所示爆炸图的前端盖，单击“编辑爆炸”对话框中的“取消爆炸所选项”按钮，可将前端盖恢复到装配位置。

04 隐藏爆炸图。完成爆炸图的创建后，单击“确定”按钮，返回如图 5-58 所示的“爆炸”对话框，单击“在可见视图中隐藏爆炸”按钮，可以将刚刚创建的爆炸图隐藏起来。

05 删除爆炸图。在“爆炸”对话框中单击“删除爆炸”按钮，可以将刚刚创建的爆炸图删除。

06 保存爆炸图。单击快速访问工具条中的撤销图标，将界面返回到爆炸图状态。选择“菜单”→“文件”→“另存为”命令，弹出如图 5-59 所示的“另存为”对话框，在“文件名”文本框中输入“bengbaozha”，单击“确定”按钮，可以保存刚创建的爆炸图。

图 5-58　“爆炸”对话框

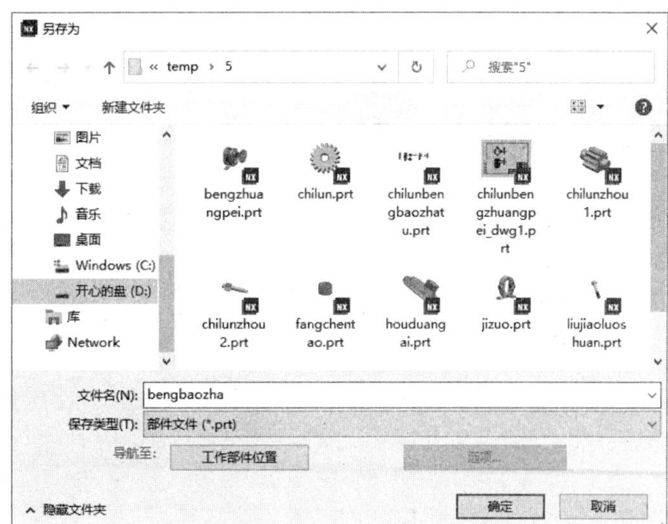

图 5-59　“另存为”对话框

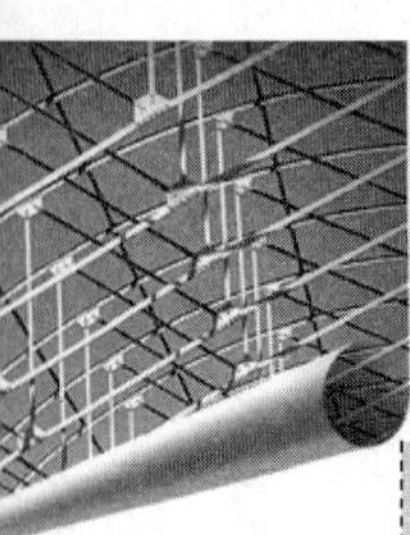

第6章

简单零件设计

本章主要通过减速器中一些简单零件的建模方法，介绍了 UG NX 建模模块的一些基本操作。减速器中的简单零件主要有键、销、垫片、端盖、封油圈、定距环等，主要起定位和密封的作用。

重点与难点

- 键、销、垫片类零件
- 端盖
- 封油圈和定距环

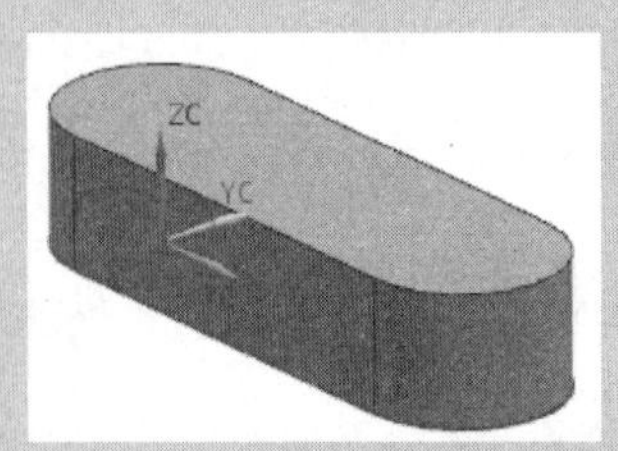

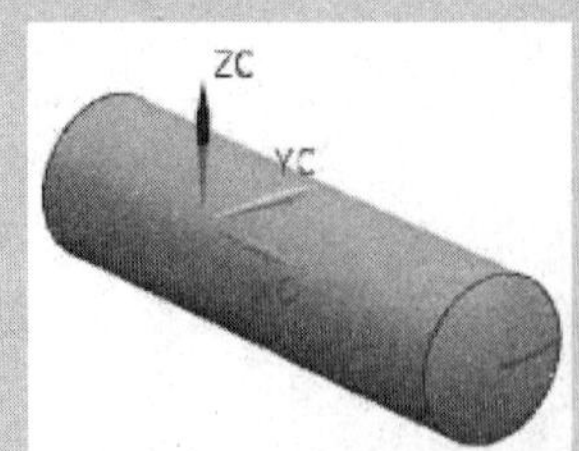

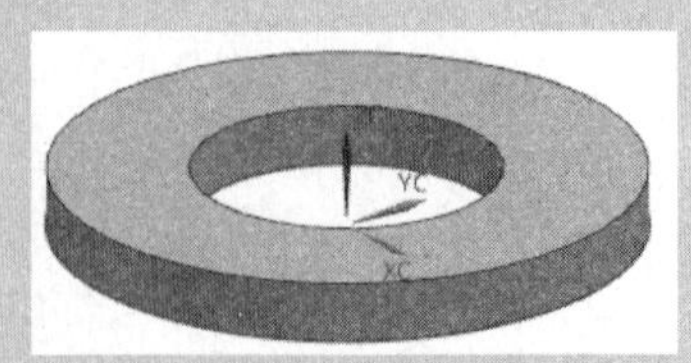

6.1 键、销、垫片类零件

制作思路

键类零件主要用于连接和传动，如减速器高速轴端的动力输入、低速轴与齿轮的连接和传动、低速轴端的动力输出。销类零件用于精确定位，如减速器底座和上盖的定位。垫片类零件主要用于螺栓、螺母的连接处。

键、销、垫片类零件的制作思路为：绘制和编辑草图曲线，通过拉伸或旋转操作建立实体，生成倒角等细节特征。

6.1.1 键

01 选择“菜单”→“文件”→“新建”命令，或者单击“主页”选项卡 “标准”组中的“新建”图标，打开“新建”对话框。选择“模型”类型，创建新部件，输入文件名为“jian”，打开建立模型模式。

02 选择“菜单”→“插入”→“草图”命令，或者单击“主页”选项卡“构造”组中的“草图”图标，系统弹出如图 6-1 所示的“创建草图”对话框。在绘图区选择 XY 平面，单击“确定”按钮，打开草图模式。

03 选择“菜单”→“插入”→“曲线”→“圆”命令，或者单击“曲线”选项卡“曲线”组中的“圆”图标，系统弹出如图 6-2 所示的“圆”对话框。该对话框中的图标从左到右分别表示“圆心和直径定圆”“三点定圆”“坐标模式”和“参数模式”。利用该对话框建立两个圆。

图 6-1　“创建草图”对话框

图 6-2　“圆”对话框

❶选择和XY图标。

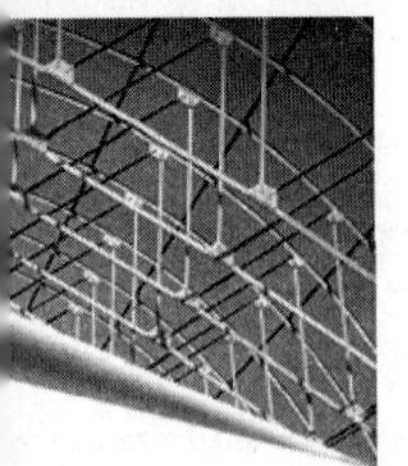

❷在系统弹出的如图 6-3 所示的上面的文本框中输入圆心坐标，两个圆的圆心坐标分别为（0,0）和（34,0），然后按 Enter 键。

❸在系统弹出的如图 6-3 所示的下面的文本框中输入圆的直径，两个圆的直径都为 16，然后按 Enter 键，建立两个圆，如图 6-4 所示。

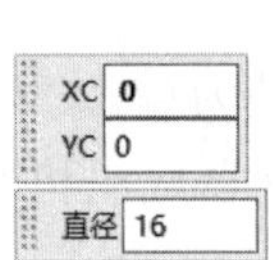

图 6-3　文本框

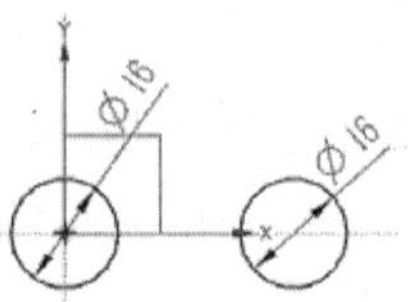

图 6-4　建立两个圆

04 选择“菜单”→“插入”→“曲线”→“直线”命令，或者单击“曲线”选项卡“曲线”组中的“直线”图标，建立两圆的公切线。方法如下：

❶将光标指向图 6-4 中左侧的圆，系统将显示所指点的坐标，在出现图标后（见图 6-5），单击建立该圆的切线（切线的起点为圆上的点）。

❷建立切线的起点后，移动光标到图 6-4 中右侧的圆，当图形如图 6-6 所示时，在“长度”和“角度”对话框中输入数值，然后按 Enter 键，建立公切线。

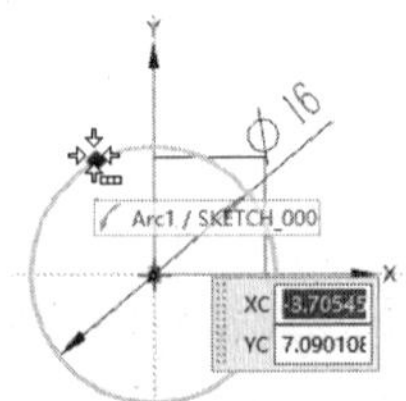

图 6-5　选择切线起点

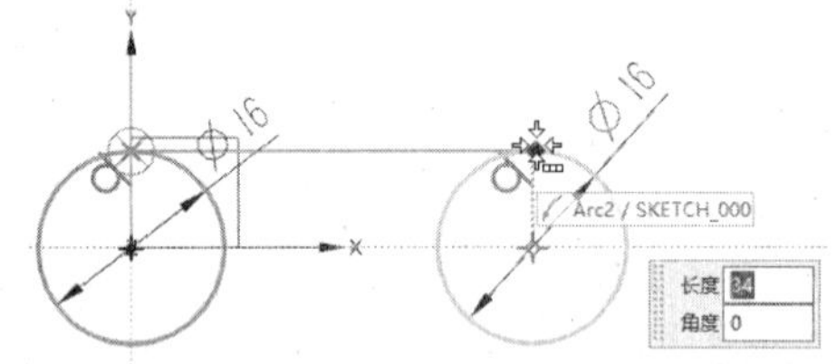

图 6-6　选择切线终点

用相同的方法，建立两圆另外一条公切线。结果如图 6-7 所示。

05 选择“菜单”→“编辑”→“曲线”→“修剪”命令，或者单击“主页”选项卡“编辑”组中的“修剪”图标，对所建草图形进行修剪，结果如图 6-8 所示。

06 单击“主页”选项卡“草图”组中的“完成”图标，退出草图模式，打开建模模式。

07 选择“菜单”→“插入”→“设计特征”→“拉伸”，或者单击“主页”选项卡“基本”组中的“拉伸”图标，系统弹出“拉伸”对话框，如图 6-9 所示。利用该对话框可拉伸草图中创建的曲线。操作方法如下：

❶系统自动选择刚刚建立的草图曲线。

❷在“指定矢量”下拉列表中选择 ZC↑ 作为拉伸方向。

❸设置终止距离为 10、其他参数均为 0。单击“确定”按钮，完成拉伸，生成的拉伸体如图 6-10 所示。

08 选择“菜单”→“插入”→“细节特征”→“倒斜角”，或者单击“主页”选项卡“基本”组中的“倒斜角”图标，系统弹出“倒斜角”对话框，如图 6-11 所示。利用该对话框可进行倒角。方法如下：

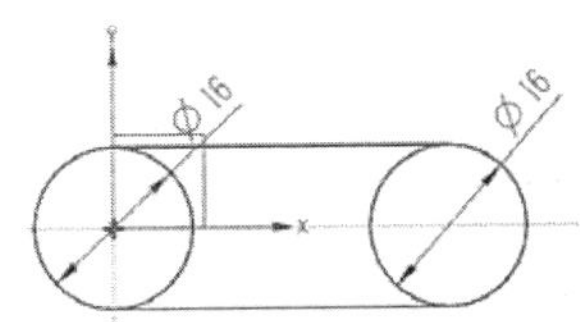

图 6-7　建立两条公切线

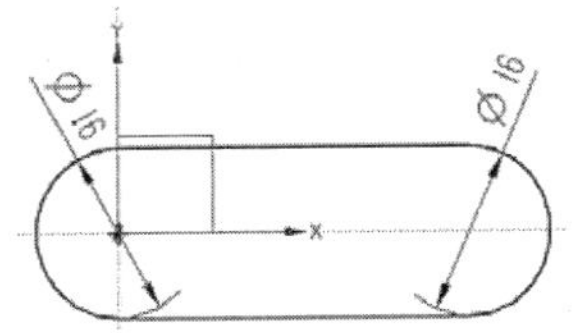

图 6-8　修剪的图形

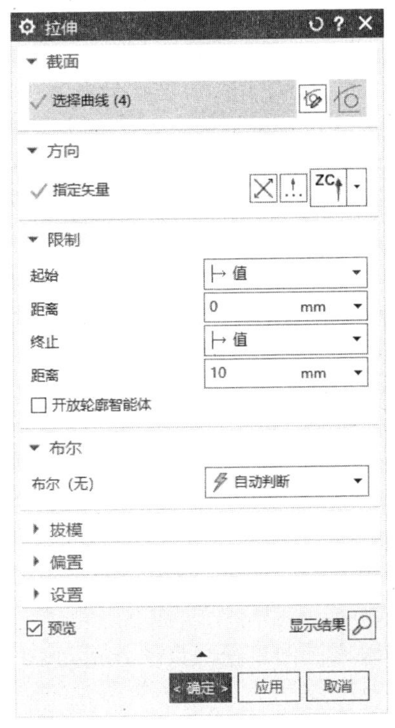

图 6-9　“拉伸”对话框

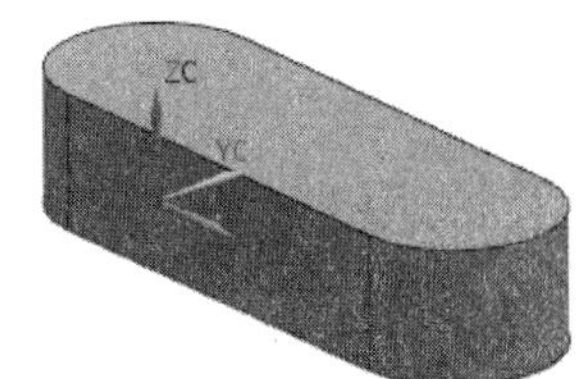

图 6-10　拉伸体

❶在图 6-11 所示的对话框中“横截面”选择“对称”，设置“距离”为 0.5。

❷选择需要倒角的边（可以直接选择拉伸体的各条边），单击“确定”按钮，完成倒角的创建，结果如图 6-12 所示。

减速器中还有两个键，可采用同样的方法创建其中一个键的底面圆的直径为 14，圆心距离为 46，拉伸高度为 9，另外一个键的圆直径为 8，圆心距离为 42，拉伸高度为 7，两个键的倒角偏置值都是 0.5。

6.1.2　销

01 选择“菜单”→“文件”→“新建”命令，或者单击“主页”选项卡，选择“标准”组中的“新建”图标，打开“新建”对话框。选择“模型”类型，创建新部件，输入文件名为“xiao”，打开建立模型模式。

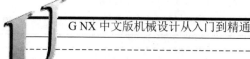

图 6-11　“倒斜角”对话框

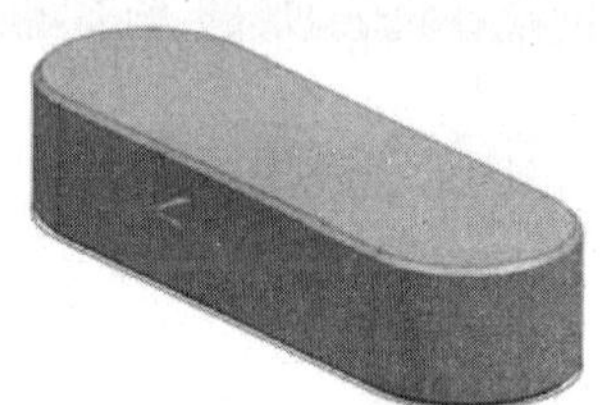

图 6-12　创建倒角

02 选择“菜单”→“插入”→“草图”命令，或者单击“主页”选项卡“构造”组中的“草图”图标，打开草图模式。

03 选择“菜单”→“插入”→“曲线”→“圆”命令，或者单击“主页”选项卡，选择“曲线”组中的“圆”图标○，系统弹出如图 6-2 所示对话框，利用该对话框建立圆。

此处需要建立两个圆，方法如下：

❶选择⊙和XY。

❷在系统弹出的如图 6-3 所示的上面的文本框中输入圆心坐标，两个圆的圆心坐标分别为（0,0）和（13.44,0），然后按 Enter 键。

❸在系统弹出的如图 6-3 所示的下面的文本框中输入圆的直径，直径分别为 16 和 17.2，然后按 Enter 键，建立两个圆，结果如图 6-13 所示。

04 选择“菜单”→“插入”→“点”命令，或者单击“主页”选项卡 “曲线”组中的“点”图标十，系统弹出“草图点”对话框，如图 6-14 所示，单击“点对话框”按钮，打开“点”对话框，在 X、Y、Z 文本框中输入点的坐标值，建立点。

此处建立 4 个点，第一个点：X=-7、Y=10、Z=0；第二个点：X=-7、Y=-10、Z=0；第三个点：X=21、Y=10、Z=0；第四个点：X=21、Y=-10、Z=0。

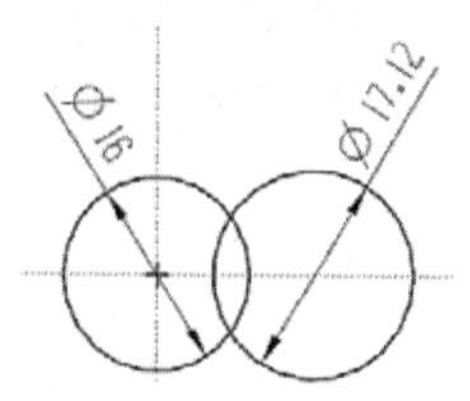

图 6-13　生成的圆

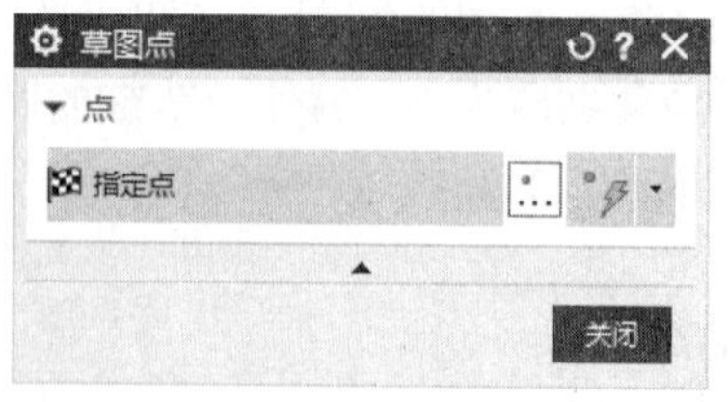

图 6-14　“草图点”对话框

05 选择“菜单”→“插入”→“曲线”→“直线”命令，或者单击“主页”选项卡“曲线”组中的“直线”图标╱，分别连接第一点和第二点、第三点和第四点创建直线，同时在 X

轴上创建一条直线，使该直线横穿两个圆，结果如图 6-15 所示。

06 选择“菜单”→“编辑”→“曲线”→“修剪”命令，或者单击“主页”选项卡“编辑”组中的“修剪”图标，对图形进行修剪，结果如图 6-16 所示。刚刚创建的 4 个点也可以删除。

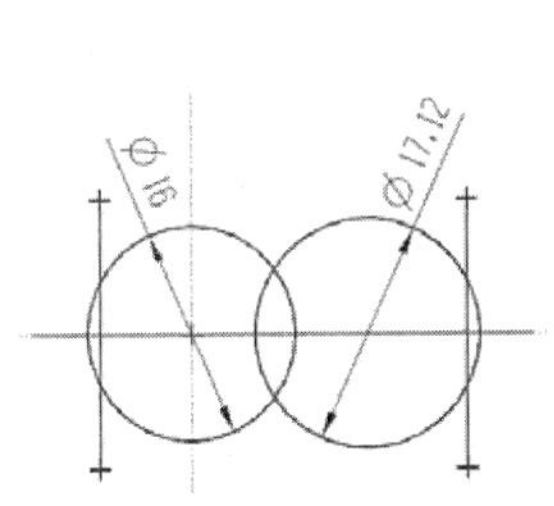

图 6-15　创建直线

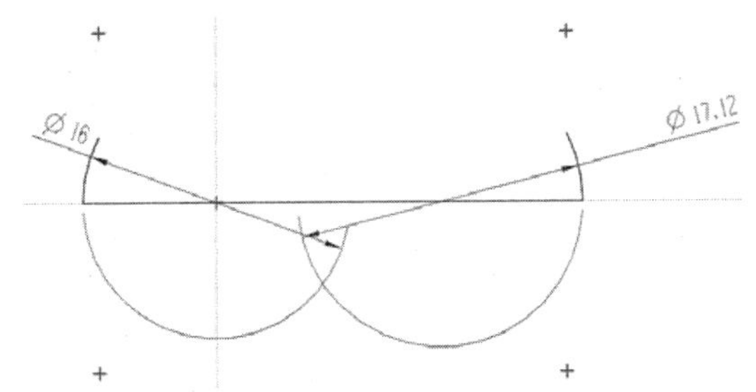

图 6-16　修剪后的图形

注意

在 X 轴上创建的直线保留圆弧之间的部分。

07 选择“菜单”→“插入”→“曲线”→“直线”命令，或者单击“主页”选项卡“曲线”组中的“直线”图标，连接剩余两个圆弧的端点，结果如图 6-17 所示。

08 单击“主页”选项卡“草图”组中的“完成”图标，退出草图模式，打开建模模式。

09 选择“菜单”→“插入”→“设计特征”→“旋转”命令，或者单击“主页”选项卡“基本”组中的“旋转”图标，系统弹出“旋转”对话框，如图 6-18 所示。利用该对话框可对草图曲线进行旋转，操作方法如下：

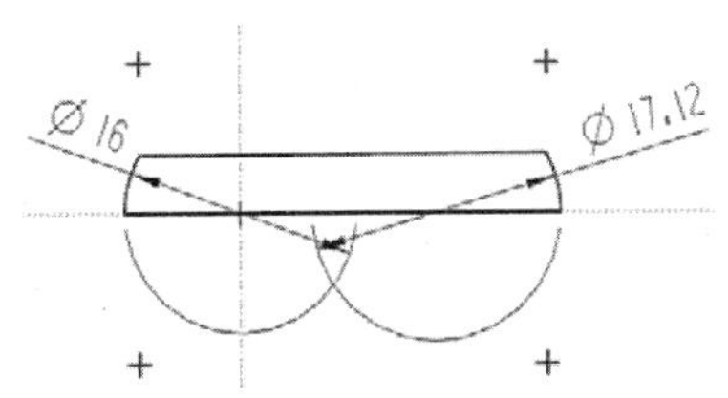

图 6-17　完整的草图

❶系统自动选择刚刚建立的草图曲线。

❷在“指定矢量”下拉列表中选择 XC 为旋转轴。

❸单击“点对话框”按钮，在系统弹出的如图 6-19 所示的“点”对话框中设置点的坐标为（0，0，0），作为旋转中心。

❹在该对话框中设置旋转起始角度为 0，结束角度为 360°。

❺单击“确定”按钮，完成旋转。

生成的销如图 6-20 所示。

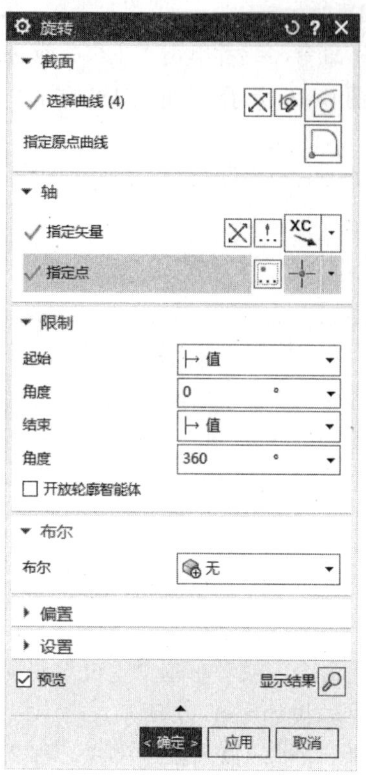

图 6-18 “旋转”对话框

图 6-19 “点”对话框

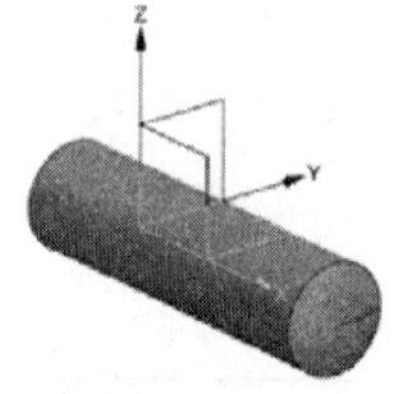

图 6-20 生成销

6.1.3 平垫圈类零件

01 选择“文件”→“新建”命令，或者单击“主页”选项卡，选择“标准”组中的“新建”图标，打开“新建”对话框。选择“模型”类型，创建新部件，输入文件名为“pingdianquan”，打开建立模型模式。

02 选择“菜单”→“插入”→“草图”命令，或者单击“主页”选项卡“构造”组中的“草图”图标，打开草图模式。

03 选择“菜单”→“插入”→“曲线”→“圆”命令，或者单击“主页”选项卡“曲线”组中的“圆”图标○，系统弹出“圆”对话框。利用该对话框建立两个圆。方法如下：

❶选择⊙和XY图标。

❷在系统弹出的如图 6-3 所示的上面的文本框中输入圆心坐标，两个圆的圆心坐标均为（0，0），然后按 Enter 键。

❸在系统弹出的如图 6-3 所示的下面的文本框中输入圆的直径，直径分别为 10.5 和 20，然后按 Enter 键，建立两个圆，结果如图 6-21 所示。

04 单击“主页”选项卡“草图”组中的“完成”图标，退出草图模式，打开建模模式。

05 选择“菜单”→“插入”→“设计特征”→“拉伸”命令，或者单击“主页”选项卡“基本”组中的“拉伸”图标，系统弹出“拉伸”对话框，如图 6-22 所示。利用该对话框可拉伸草图中创建的曲线，操作方法如下：

❶系统自动选择刚刚创建的两个圆。

❷在“指定矢量”下拉列表中选择 ZC 作为拉伸方向。

❸设置终止距离为 2，其他参数均为 0，单击“确定”按钮，完成拉伸。生成的平垫圈如图 6-23 所示。

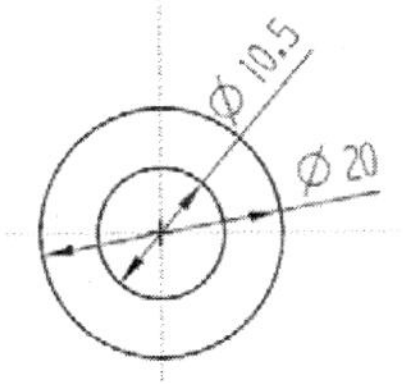

图 6-21　生成同心圆

图 6-22　“拉伸”对话框

减速器中还有一类垫片，内圆直径为 13，外圆直径为 24，厚度为 2.5，可采用同样的方法创建。

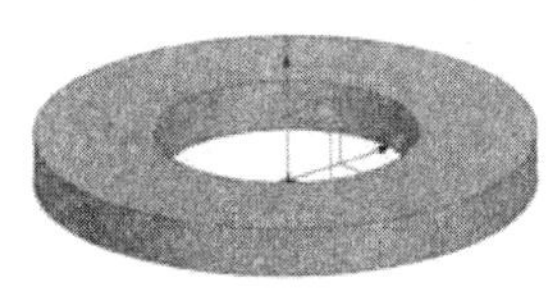

图 6-23　生成平垫圈

6.2 端盖

制作思路

端盖的制作思路为：绘制和编辑草图曲线，通过旋转草图曲线生成端盖轮廓，创建并利用环形阵列生成孔，生成倒角和螺纹等细部特征。

6.2.1 小封盖

01 选择“菜单”→“文件”→“新建”命令，或者单击“主页”选项卡，选择“标准”组中的“新建”图标，打开“新建”对话框。选择“模型”类型，创建新部件，输入文件名为“xiaofenggai”，打开建立模型模块。

02 选择“菜单”→“插入”→“草图”命令，或者单击“主页”选项卡“构造”组中的“草图”图标，系统弹出如图 6-24 所示的“创建草图”对话框。在绘图区选择 XY 平面，单击“确定”按钮，打开草图绘制界面。

03 选择“菜单”→“插入”→“曲线”→“轮廓”命令，或单击“主页”选项卡“曲线”组中的“轮廓”图标，绘制草图轮廓，如图 6-25 所示。

04 选择所有的水平直线段，使它们与 X 轴为平行关系。选择所有的竖直直线段，使它们与 Y 轴为平行关系。选择竖直直线段 4 和竖直直线段 8，使它们为共线关系。

05 单击“主页”选项卡中的“求解”组→“选项”→“显示持久关系”图标，将刚添加的所有持久关系都显示在草图上，显示持久关系的草图如图 6-26 所示。

06 单击“主页”选项卡中的“完成”图标，退出草图模式，打开建模模式。

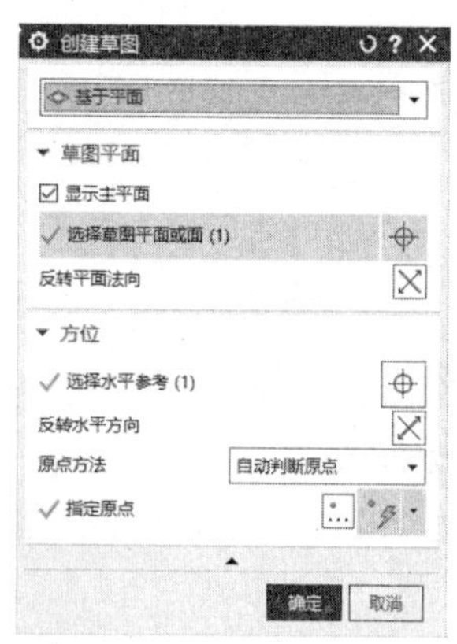

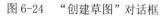

图 6-24 “创建草图”对话框

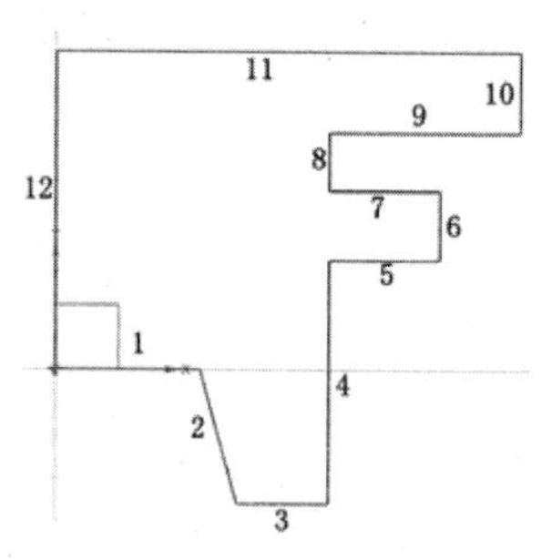

图 6-25 绘制草图轮廓

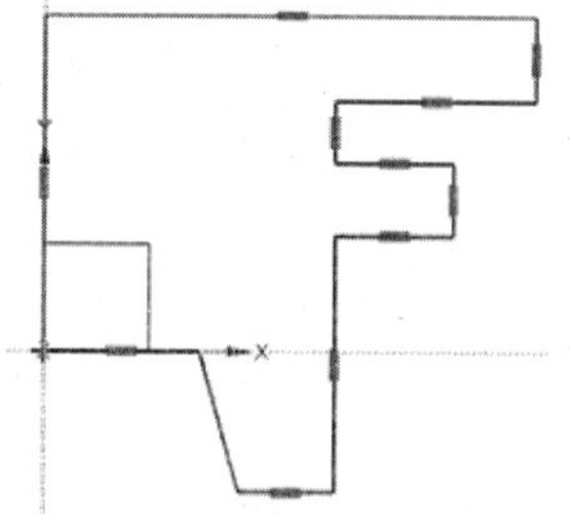
图 6-26 添加持久关系后的草图

07 选择“菜单”→“工具”→“表达式”命令，弹出“表达式”对话框，在“名称”栏中输入“d3”，在公式栏中输入“8”，如图 6-27 所示。单击“应用”按钮，将表达式列入列表框中。单击“确定”按钮退出对话框。

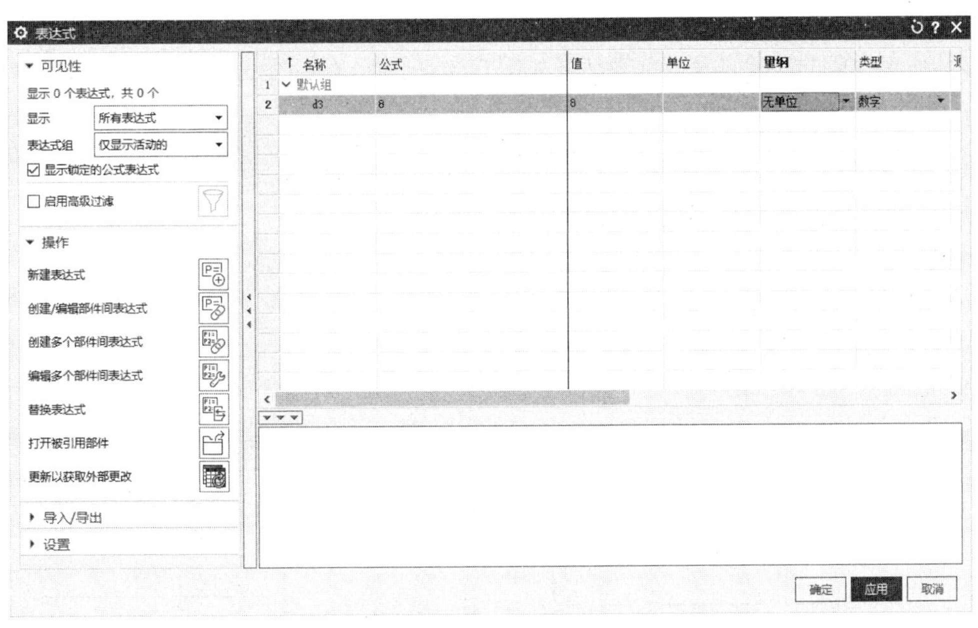

图 6-27　“表达式”对话框

08 在部件导航器中选中绘制的草图，单击鼠标右键，在弹出的快捷菜单中选择“可回滚编辑”，重新打开绘制草图界面。

09 在“草图”组中的“名称”下拉列表中选择草图“SKETCH_000”，如图 6-28 所示，打开刚绘制的草图。

图 6-28　在下拉列表中选择草图“SKETCH_000”

❶为草图添加尺寸约束，将文本高度设置为 6。选择竖直直线段 12 和竖直直线段 6，在弹出的文本框中输入尺寸名“D”，将两线间的距离设置为 40，如图 6-29 所示。

❷选择竖直直线段 12 和竖直直线段 4，在弹出的文本框中输入尺寸名“D1”，输入表达式“D-2”，将两线间的距离设置为“D-2”，如图 6-30 所示。

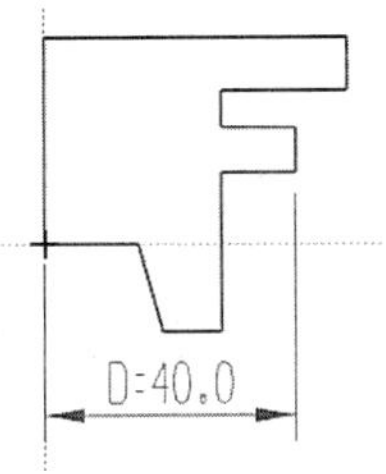

图 6-29　将两线间的距离设置为 40

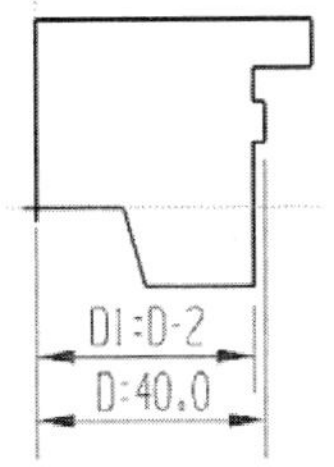

图 6-30　将两线间的距离设置为 D-2

❸选择竖直直线段 12 和竖直直线段 10，在文本框中输入尺寸名“D2”，将两线间的距离设置为“(2*D+5*d3)/2”，如图 6-31 所示。

❹其他直线段的尺寸名及尺寸表达式如图 6-32～图 6-37 所示。

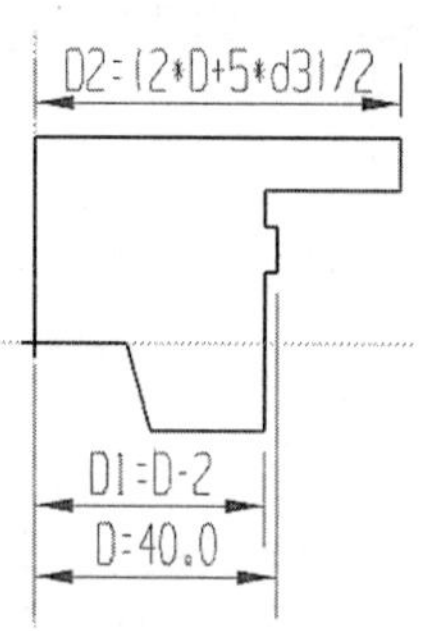

图 6-31　将两线间的距离设置为“(2*D+5*d3)/2”

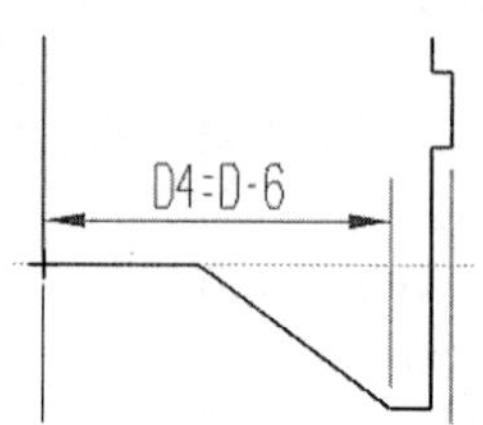

图 6-32　将两点间的距离设置为“D-6”

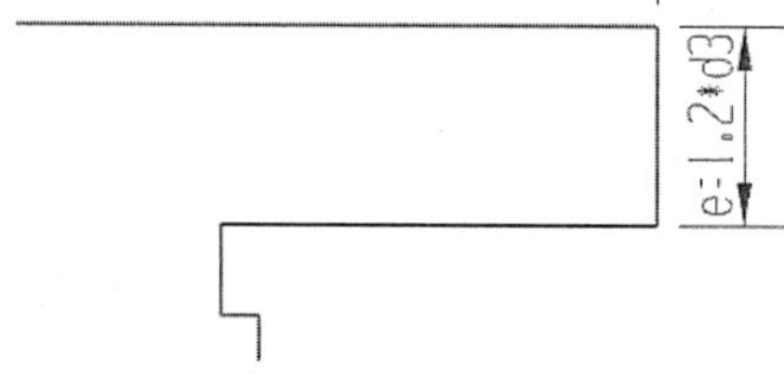

图 6-33　将线段的长度设置为“1.2*d3”

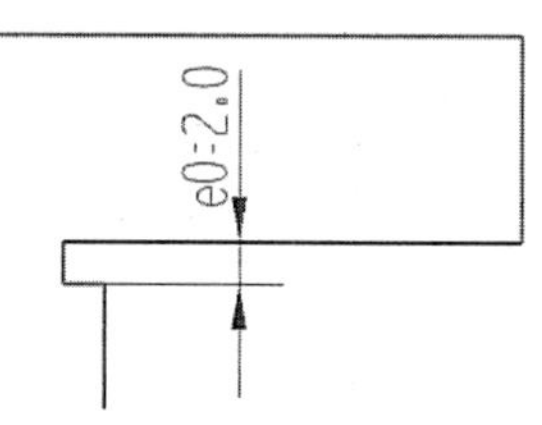

图 6-34　将线段的长度设置为“2”

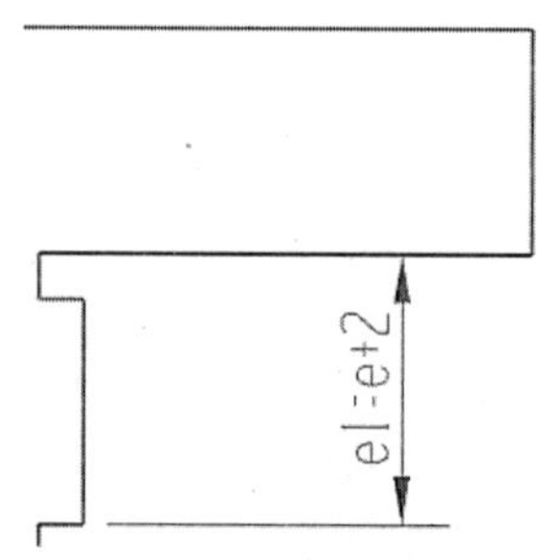

图 6-35　将两线间的距离设置为“e+2”

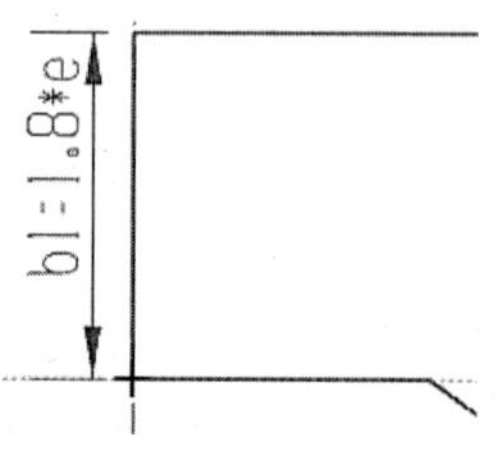

图 6-36　将两线间的距离设置为“1.8*e”

❺选择竖直直线段 4 和斜线段 2，在弹出的文本框中输入尺寸名“a”，将两线的夹角设置为 2.864，如图 6-38 所示。此时草图已完全约束，如图 6-39 所示。退出绘制草图界面。

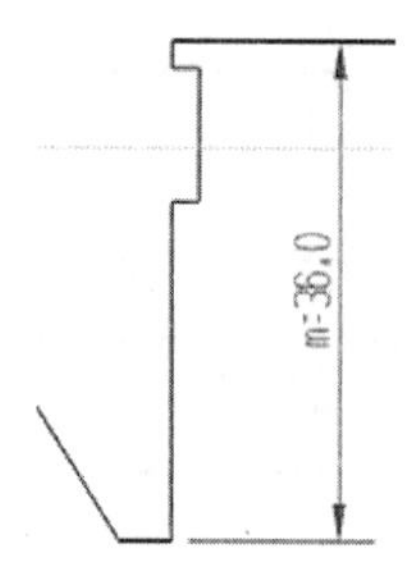

图 6-37　将两线间的距离设置为 36

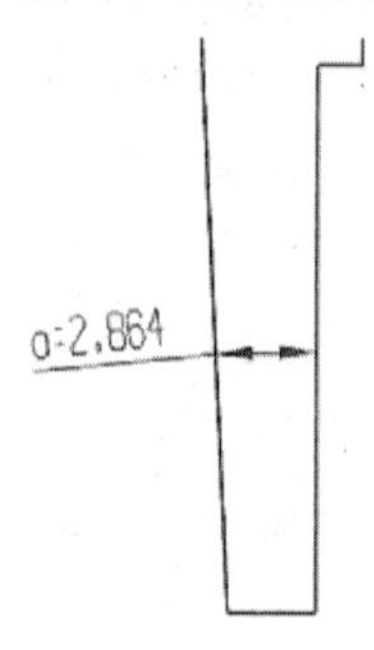

图 6-38　将两线的夹角设置为 2.864

10 选择“菜单”→“插入”→“设计特征”→“旋转”命令或者单击“主页”选项卡“基本”组中的“旋转”图标，弹出“旋转”对话框。利用该对话框可将草图曲线生成轴承的内外圈，操作方法如下：

❶系统自动选择刚绘制好的草图作为旋转体截面线串。

❷选择 YC 轴，将其作为旋转体截面线串的旋转轴。

❸指定坐标原点为旋转原点。

❹设置旋转的起始角度为 0，结束角度为 360。

❺单击“确定”按钮，生成旋转体，如图 6-40 所示。

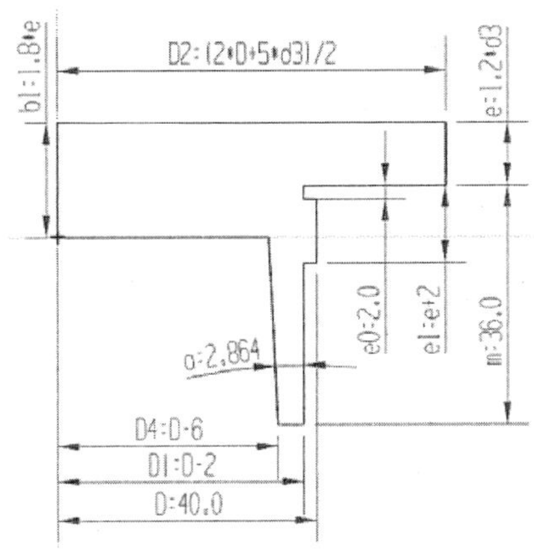

图 6-39　完整尺寸图

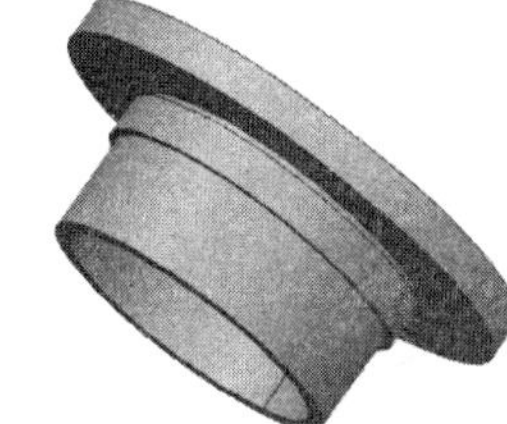

图 6-40　生成旋转体

11 设置图层。选择“菜单”→“格式”→“移动至图层”命令，将旋转体移至第 1 图层。

❶系统弹出“类选择”对话框，如图 6-41 所示。单击“类型过滤器”按钮。

❷弹出“按类型选择”对话框，在列表框中选择“实体”类型，如图 6-42 所示。单击“确定”按钮。

❸返回到“类选择”对话框。单击“全选”按钮，将要移动的对象实体全部选中。

❹单击“确定”按钮，弹出“图层移动”对话框，如图 6-43 所示。将“目标图层或类别”设置为 1，单击“确定”按钮。

12 设置图层。将当前图层改为第 21 图层。

13 创建基准平面。选择“菜单”→“插入”→“基准”→“基准平面”命令，弹出“基准平面”对话框，如图 6-44 所示。

❶在对话框的“类型”下拉列表中选择“按某一距离”类型。

❷选择旋转体底面。

❸在对话框中设置偏置“距离”为 0。单击“确定”按钮，生成一个与所选面重合的基准平面，如图 6-45 所示。

14 选择“菜单”→“插入”→“草图”命令，或者单击“主页”选项卡“构造”组中的“草图”图标，系统弹出“创建草图”对话框，在绘图区选择 XY 平面，单击“确定”按

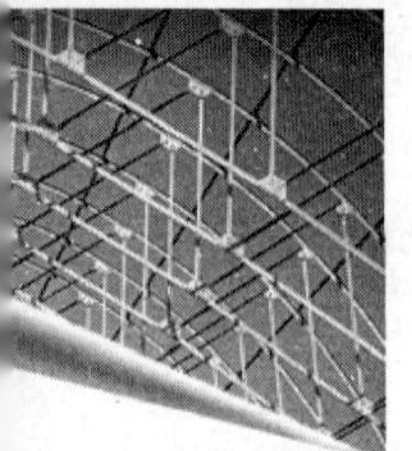

钮，打开草图模式。

图 6-41　“类选择”对话框

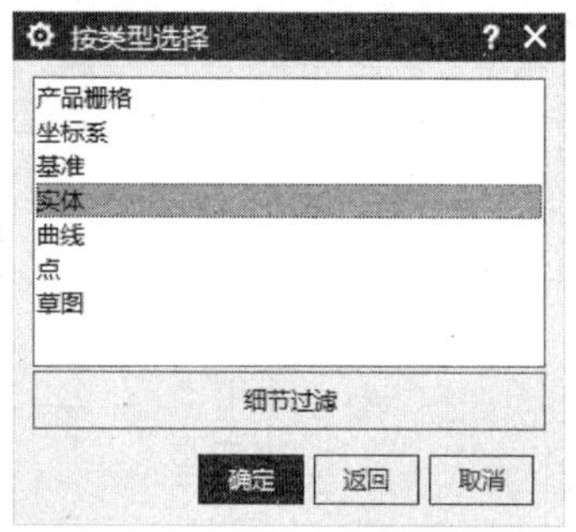

图 6-42　选择“实体”类型

图 6-43　“图层移动”对话框

图 6-44　“基准平面”对话框

15 选择“菜单”→“插入”→“曲线”→“矩形”命令，或者单击“主页”选项卡“曲线”组中的“矩形”图标□，系统弹出“矩形”对话框，如图 6-46 所示。该对话框中的图标从左到右分别表示“按 2 点”“按 3 点”“从中心”“坐标模式”和“参数模式”。利用该对话框建立矩形。方法如下：

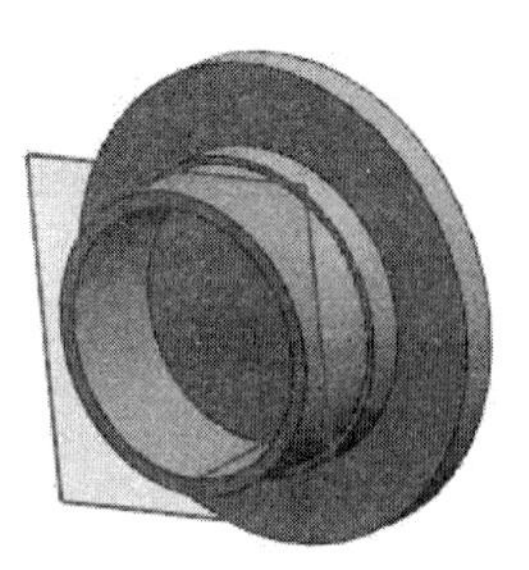

图 6-45　生成的基准平面

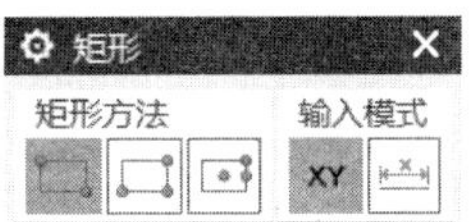

图 6-46　“矩形”对话框

❶单击图标，选择创建方式为“按 2 点”。

❷在草图中捕捉下边线后单击，然后拖曳矩形至合适处单击，绘制矩形如图 6-47 所示。

❸对草图添加尺寸约束，标注的尺寸如图 6-48 所示。

16 选择“菜单”→“任务”→“完成草图”命令，或者单击“主页”选项卡“草图”组中的“完成”图标，退出草图模式，打开建模模式。

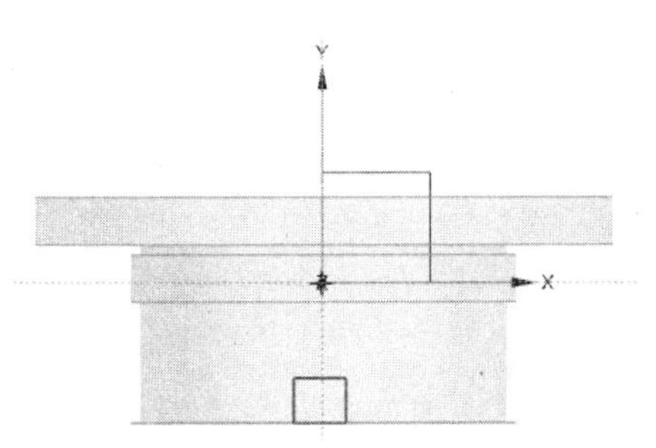

图 6-47　绘制矩形草图轮廓

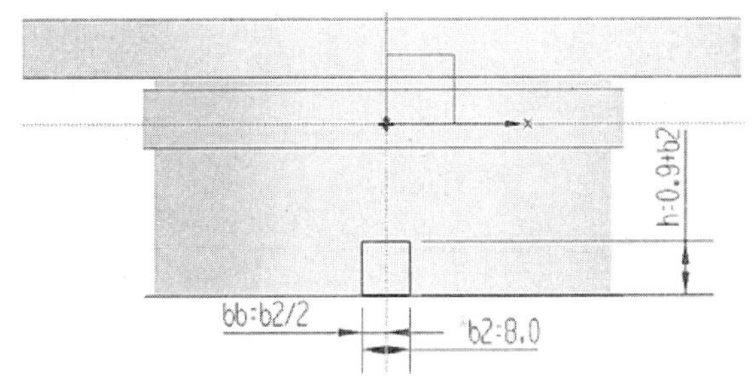

图 6-48　标注尺寸

17 选择“菜单”→“插入”→“设计特征”→“拉伸”命令或者单击“主页”选项卡“基本”组中的“拉伸”图标，系统弹出“拉伸”对话框，如图 6-49 所示。利用该对话框拉伸草图中创建的曲线，操作方法如下：

❶选择刚绘制的曲线作为拉伸曲线。

❷在“指定矢量”下拉列表中选择 ZC↑ 作为拉伸方向。

❸在“布尔”下拉列表中选择“减去”。

❹在“起始”和“终止”下拉列表中均选择“贯通”，单击“确定”按钮，完成拉伸，如图 6-50 所示。

18 选择“菜单”→“插入”→“设计特征”→“孔”命令或者单击“主页”选项卡“基本”组中的“孔”图标，弹出“孔”对话框，如图 6-51 所示。利用该对话框建立孔，操作方法如下：

❶在图 6-51 所示的对话框中选择“简单”孔类型。

❷设置“孔径”为“d3+1”、“孔深”为“直至下一个”，布尔运算设置为“减去”。

❸单击“绘制截面”按钮，在绘图区选择最大圆柱顶面作为孔的放置面，如图 6-52 所示。弹出“草图点”对话框，自动捕捉 X 轴，绘制一个点后单击“关闭”，编辑孔的定位尺寸，

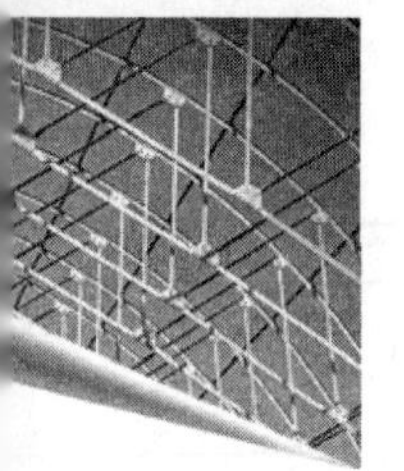

D0=（2*D+2.5*d3）/2，如图 6-53 所示。

图 6-49　“拉伸”对话框

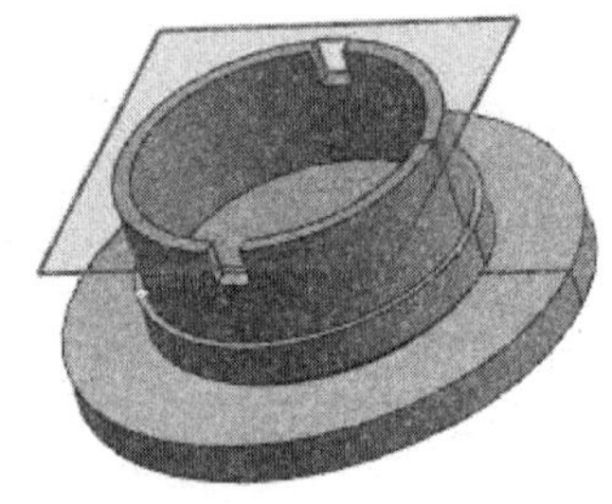

图 6-50　拉伸模型

图 6-51　“孔”对话框

❹单击“主页”选项卡中的“完成”图标，退出草图编辑状态。

❺返回“孔”对话框，单击“确定”按钮，完成孔的创建，结果如图 6-54 所示。

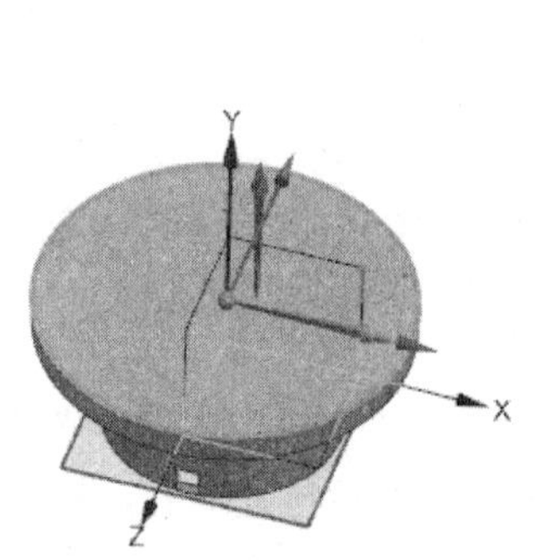

图 6-52　选择孔的放置面

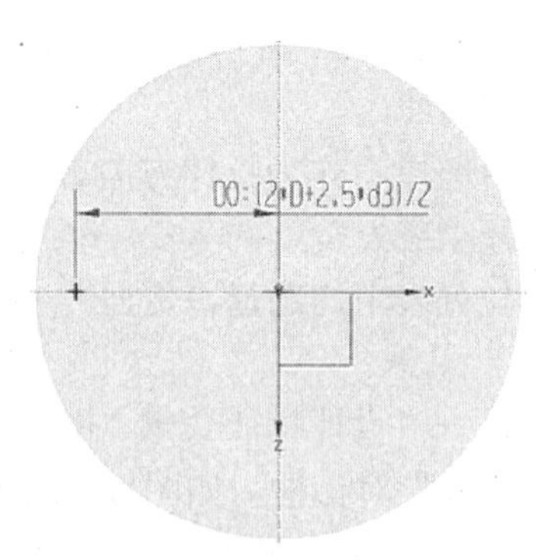

图 6-53　编辑孔的定位尺寸

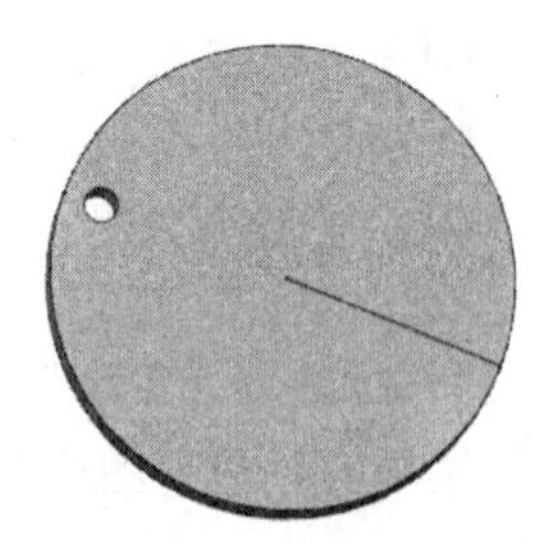

图 6-54　生成孔

19 选择“菜单”→“插入”→“关联复制”→“阵列特征”，系统弹出“阵列特征”对话框，如图 6-55 所示。利用该对话框进行圆周阵列，操作方法如下：

❶选择 “圆形” 阵列选项，“指定矢量” 设置为 YC 轴，“指定点” 设置为原点。

❷选择标注 17 创建的凹槽作为要阵列的特征。

❸输入 “数量” 为 2，“间隔角” 为 90，单击 “确定” 按钮。

❹生成阵列凹槽，如图 6-56 所示。

20 按同样方法，设置阵列 “数量” 为 6、“阵列角” 为 60，生成孔的环形阵列，结果如图 6-57 所示。

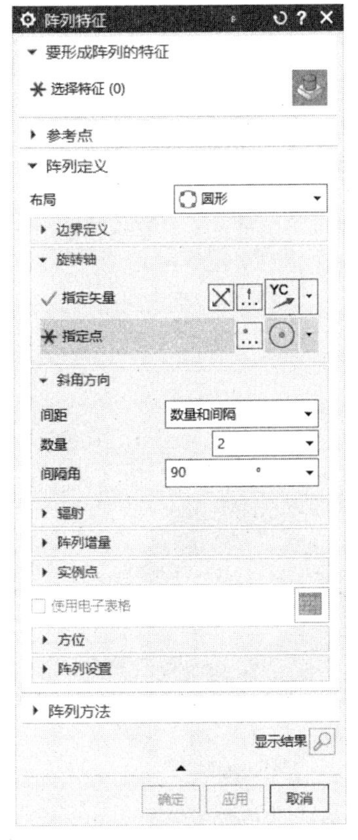

图 6-55　“阵列特征” 对话框

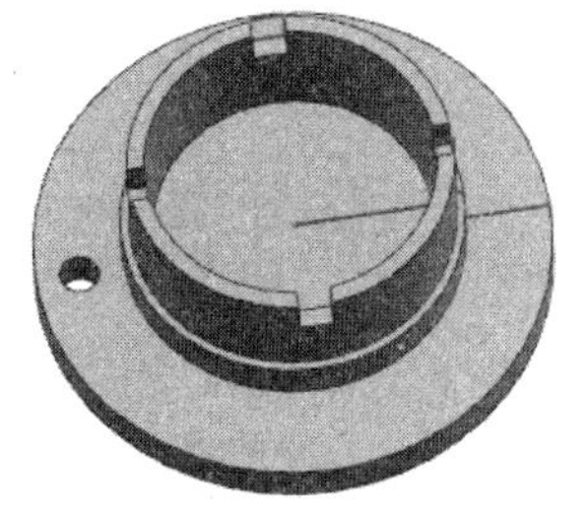

图 6-56　生成阵列凹槽

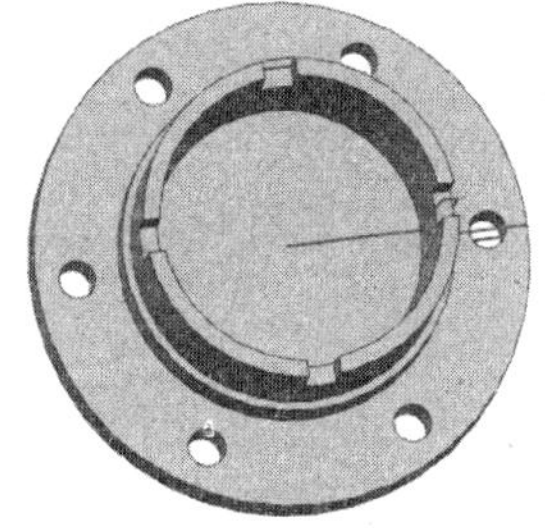

图 6-57　生成孔的环形阵列

21 选择 “菜单” → “插入” → “细节特征” → “边倒圆” 命令，或者单击 “主页” 选项卡 “基本” 组中的 “倒圆下拉菜单” 中的 “边倒圆” 图标，系统弹出 “边倒圆” 对话框，如图 6-58 所示。利用该对话框进行圆角，操作方法如下：

❶设置 “半径” 为 1。

❷选择如图 6-59 所示的边。

❸单击 “应用” 按钮，为旋转体生成一个圆角特征，如图 6-60 所示。

❹将 “边倒圆” 对话框中的圆角半径改为 6，选择如图 6-61 所示的边，单击 “确定” 按钮，在旋转体内侧生成一个圆角特征，如图 6-62 所示。

UG NX

图 6-58 “边倒圆”对话框

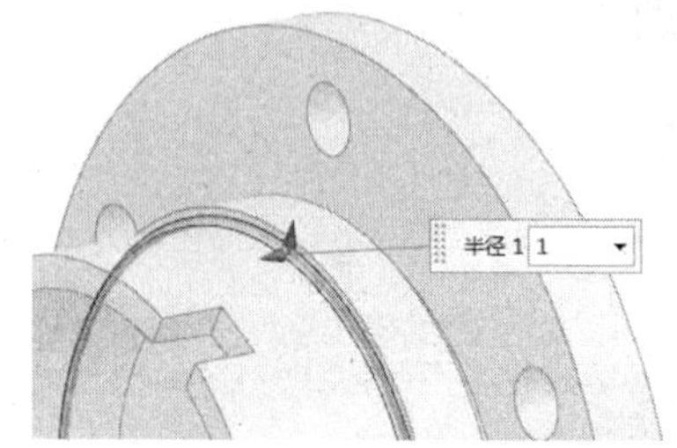

图 6-59 选择圆角边

图 6-60 生成圆角特征

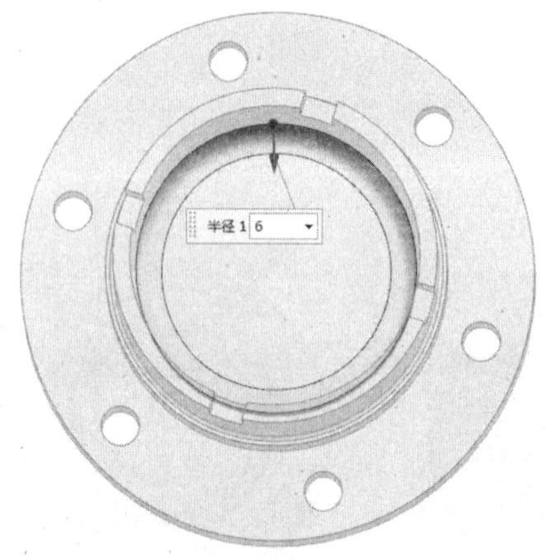

图 6-61 选择圆角边

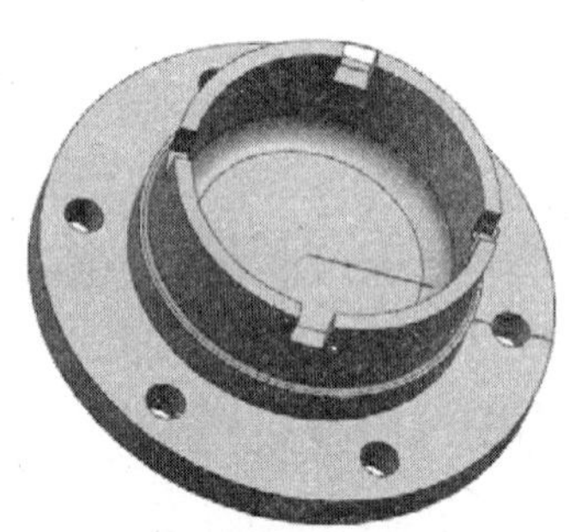

图 6-62 生成圆角特征

22 选择如图 6-63 所示的一条倒角边，将倒角距离值设置为 2。单击“确定”按钮，生成倒角特征，如图 6-64 所示。

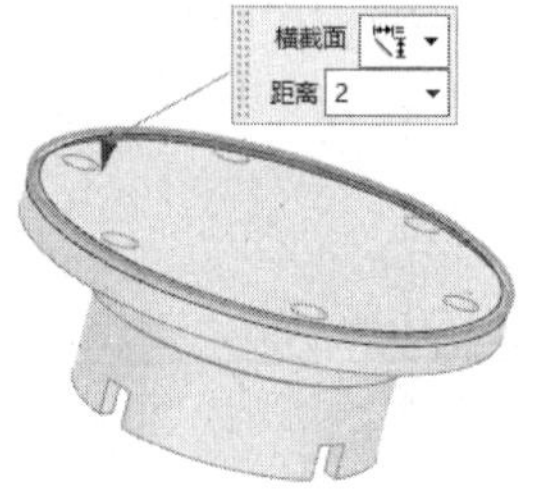

图 6-63 选择倒角边

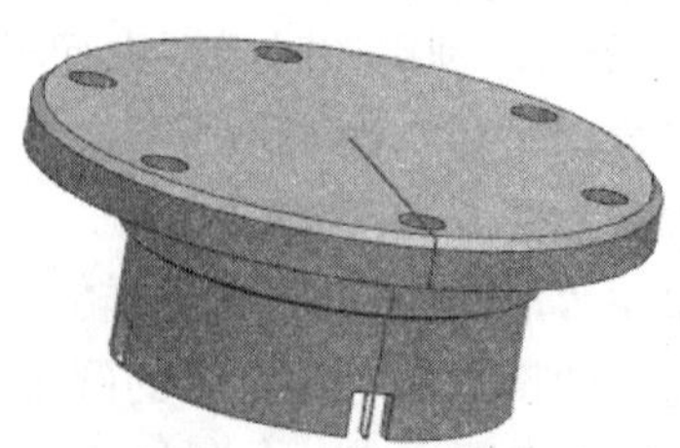

图 6-64 生成倒角

6.2.2　大封盖

01 选择“菜单”→“文件”→“打开”命令，或者单击“主页”选项卡 “标准”组中的“打开”图标，弹出“打开”对话框，查找 6.2.1 节创建的文件名为“xiaofenggai”的零件，将其打开。

02 选择“菜单”→“工具”→“表达式”命令，弹出“表达式”对话框。在列表框中选择表达式“D=40”和“m=36”，在文本框中分别将其改为“D=50”和“m=32.25”，按 Enter 键，将配合直径改为 50，将凸台部分长度改为 32.25。单击“确定”按钮，生成最终的大端盖。在同一视图下比较更改前的模型和更改后的模型，可以看到模型的尺寸有明显的变化，其中所有的径向尺寸变长，长度方向凸台尺寸变短，如图 6-65 所示。

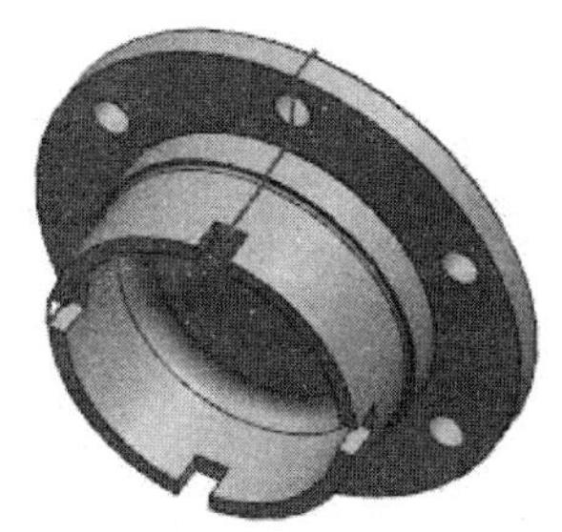

a）更改前的模型

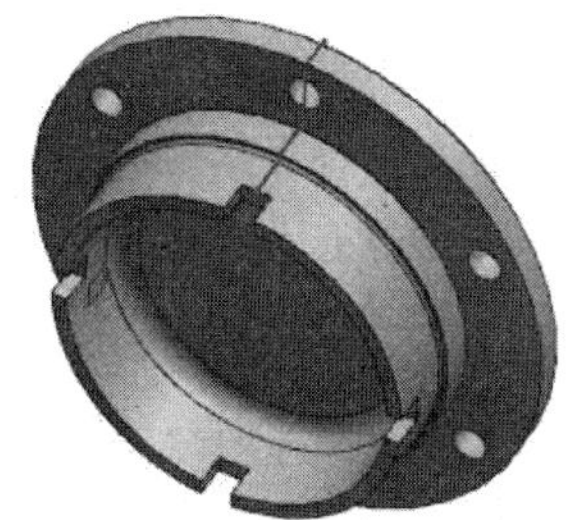

b）更改后的模型

图 6-65　更改前后模型外形尺寸的变化

03 选择“菜单”→“文件”→“另存为”命令，或者单击“文件”选项卡中的“保存”→“另存为”，弹出“另存为”对话框，在对话框中选择与小封盖相同的存盘目录，输入文件名“dafenggai”，单击“确定”按钮，完成文件保存。

6.2.3　小通盖

01 选择“菜单”→“文件”→“打开”命令，或者单击“主页”选项卡 “标准”组中的“打开”图标，弹出“打开”对话框，查找 6.2.2 节创建的文件名为“dafenggai”的零件，将其打开。

02 选择“菜单”→“文件”→“另存为”命令，弹出“另存为”对话框，在对话框中选择与大封盖相同的存盘目录，输入文件名“xiaotonggai”。

03 选择“菜单”→“插入”→“设计特征”→“孔”命令，或者单击“主页”选项卡 “基本”组中的“孔”图标，系统弹出“孔”对话框，如图 6-66 所示。利用该对话框建立孔，操作方法如下：

❶用光标捕捉轴承盖的上端面圆弧中心作为孔位置。

❷在“深度限制”下拉列表中选择“贯通体”。

UG NX

❸在“孔”对话框中设置通孔的“孔径”为 40，单击“确定”按钮。

图 6-66　“孔”对话框和最终的小通盖

6.2.4　大通盖

大通盖的设计与小通盖的设计完全一样，只需在大封盖的基础上添加一个孔径为 54 的通孔特征即可。生成的大通盖如图 6-67 所示。

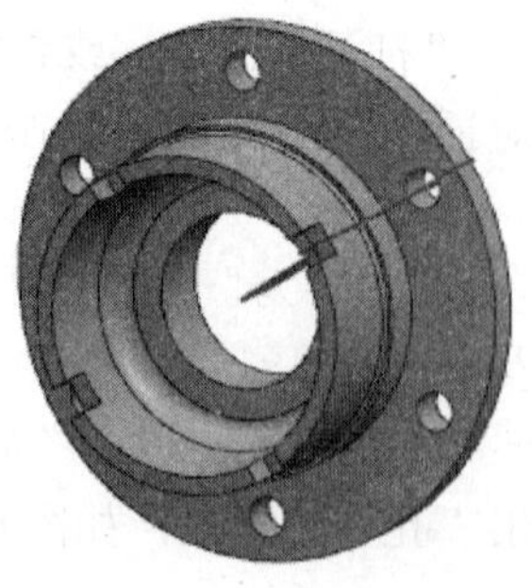

图 6-67　生成大通盖

6.3 油封圈和定距环

制作思路

油封圈和定距环可以像端盖类零件那样采用先生成草图曲线再拉伸的方法建立，也可以采用另外一种方法，即通过建立圆柱结合布尔操作的方法生成油封圈和定距环。

油封圈和定距环的制作思路：建立圆柱，进行布尔操作。

6.3.1　低速轴油封圈

01 选择“菜单”→“文件”→“新建”命令，或者单击“主页”选项卡“标准”组中的“新建”图标，打开“新建”对话框。选择“模型”类型，创建新部件，输入文件名为“youfengquan”，打开建立模型模式。

02 选择“菜单”→“插入”→“设计特征”→“圆柱”命令，或单击“主页”选项卡中的“基本”组→“更多”库→“设计特征”库→“圆柱”图标，系统弹出“圆柱”对话框，如图 6-68 所示。利用该对话框建立圆柱，操作方法如下：

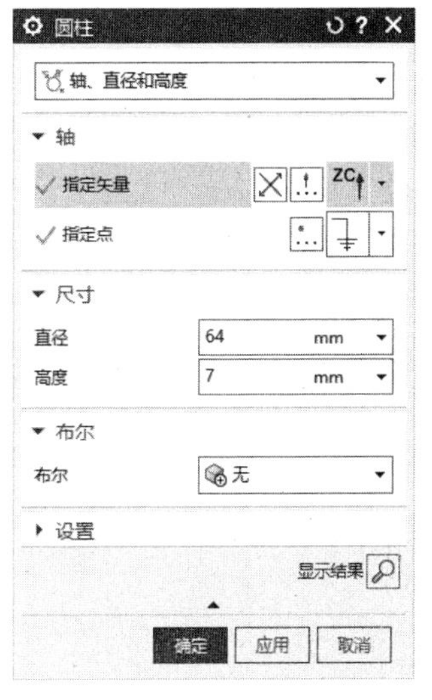

图 6-68　“圆柱”对话框

❶在图 6-68 所示的对话框中选择“轴、直径和高度”类型。

❷在“指定矢量”下拉列表中选择 ZC 作为圆柱体的轴向。

❸设置圆柱“直径”为 64、“高度”为 7。

❹单击“点对话框”按钮，系统弹出“点”对话框。在该话框中输入点坐标为（0,0,0），作为圆柱体的底面圆心。

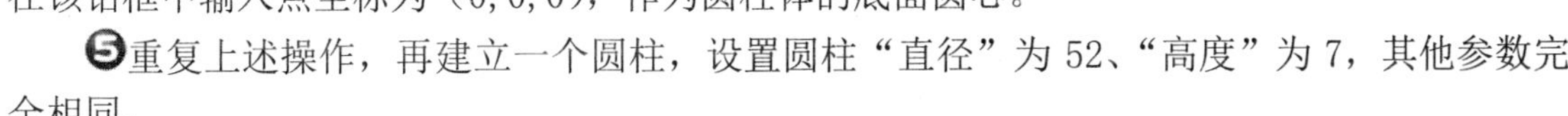

❺重复上述操作，再建立一个圆柱，设置圆柱“直径”为 52、“高度”为 7，其他参数完全相同。

❻在“布尔”下拉列表中选择“减去”，单击“确定”按钮。

生成低速轴如图 6-69 所示。

图 6-69　低速轴油封圈

生成高速轴油封圈的方法与生成低速轴油封圈的方法相同，不同的是生成高速轴油封圈时的圆柱直径分别为 46 和 38。

6.3.2 定距环

定距环的生成方法与油封圈的生成方法相同。

减速器中有多个定距环，其中有两个定距环的内、外半径为 80 和 100，厚度为 12.25；有两个定距环的内外半径为 60 和 80，厚度为 15.25；有一个定距环的内、外半径为 55 和 65，厚度为 14。

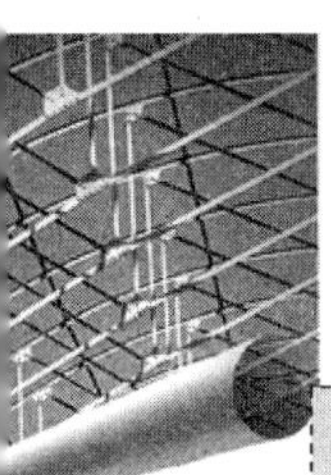

第7章 螺栓和螺母设计

螺栓和螺母是比较常见的零件，它们主要是起到紧固其他零件的作用。本章将介绍螺栓、螺母的建立方法。另外，减速器中还包含其他一些类似螺栓的零件，如油塞和油标，它们的建立方法与螺栓完全相同。

重点与难点

- 螺栓头的绘制
- 螺栓的绘制
- 生成螺母

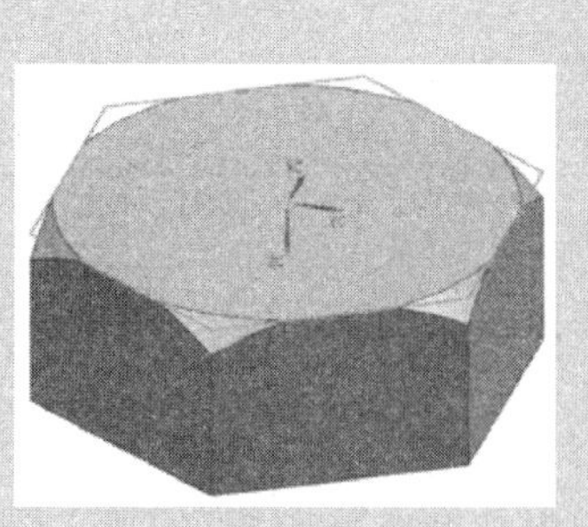

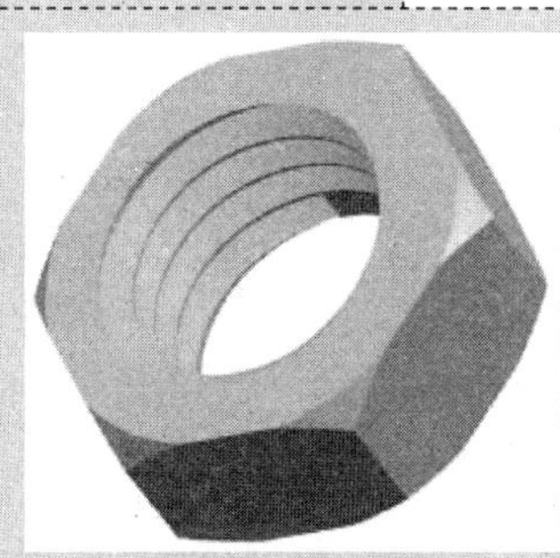

7.1 螺栓头的绘制

制作思路

螺栓主要包括两个部分：一部分为螺栓头部分的六棱柱，另一部分为螺栓部分。前者的生成方法为先创建正六边形然后拉伸，而后者是在生成的六棱柱上进行圆台操作生成螺栓。

螺栓头轮廓的制作思路为：建立正六边形；通过拉伸生成六棱柱；建立圆柱并生成倒角。

7.1.1 生成六棱柱

01 选择“菜单”→“文件”→“新建”命令，或者单击“主页”选项卡，选择“标准”组中的“新建”图标，打开“新建”对话框。选择“模型“类型，创建新部件，输入文件名为“luomao”，打开建立模型模块。

02 选择“菜单”→“插入”→“草图”命令，或者单击“主页”选项卡“构造”组中的“草图”图标，弹出“创建草图”对话框，选择 XY 平面作为工作平面，打开草图绘制界面。

03 选择“菜单”→“插入”→“曲线”→“多边形”命令，或单击“主页”选项卡中的“曲线”组→“更多”库→“曲线”库→“多边形”图标，系统弹出“多边形”对话框，如图 7-1 所示。利用该对话框建立正六边形，操作方法如下：

❶在“多边形”对话框中设置多边形“边数”为 6。

图 7-1 “多边形”对话框

❷在“大小”下拉列表中选择“边长”；勾选“长度”复选框，将长度设置为 9；勾选“旋转”复选框，将旋转设置为 0。

❸设置好多边形参数后，单击“点对话框”按钮，系统弹出“点”对话框，在该对话框中定义坐标原点为多边形的中心点，建立正六边形，然后退出草图绘制界面。

04 选择“菜单”→“插入”→“设计特征”→“拉伸”命令，或者单击“主页”选项卡“基本”组中的“拉伸”图标，系统弹出“拉伸”对话框，如图 7-2 所示。利用该对话框拉伸刚建立的正六边形，操作方法如下：

❶选择刚建立的正六边形曲线。

❷在“指定矢量”下拉列表中选择 ZC↑ 作为拉伸方向。

❸设定终止距离为 6.4，其他参数保持默认。单击“确定”按钮，完成拉伸。生成的正六棱柱如图 7-3 所示。

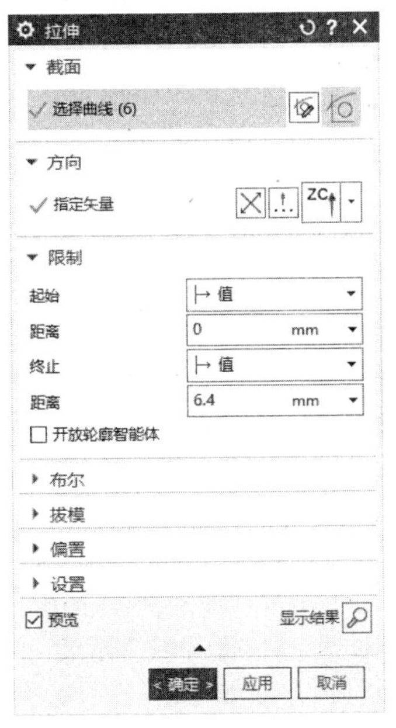

图 7-2 “拉伸”对话框

图 7-3 生成的六棱柱

7.1.2 生成螺栓头倒角

01 选择“菜单”→“插入”→“设计特征”→“圆柱”命令，或单击“主页”选项卡中的“基本”组→“更多”库→“设计特征”库中的“圆柱”图标，系统弹出如图 7-6 所示的“圆柱”对话框。利用该对话框建立圆柱体，方法如下：

❶在图 7-4 所示的对话框中选择“轴、直径和高度”类型。

❷在“指定矢量”下拉列表中选择 ZC↑ 作为圆柱体的轴向。

❸设置圆柱“直径”为 18、“高度”为 6.4。

❹单击“点对话框”按钮，系统弹出“点”对话框，在该话框中设置点的 X、Y 和 Z 坐标值为 0，作为圆柱体的底面圆心。

生成的圆柱体如图 7-5 所示。

02 选择“菜单”→“插入”→“细节特征”→“倒斜角”命令，或者单击“主页”选项卡 “基本”组中的“倒斜角”图标，系统弹出“倒斜角”对话框，如图 7-6 所示。利用该对话框进行倒角，方法如下：

❶在图 7-8 所示的对话框中“横截面”选择“对称”，设置“距离”为 1。

❷选择圆柱体的底边。

❸单击“确定”按钮，完成倒角的创建，结果如图 7-7 所示。

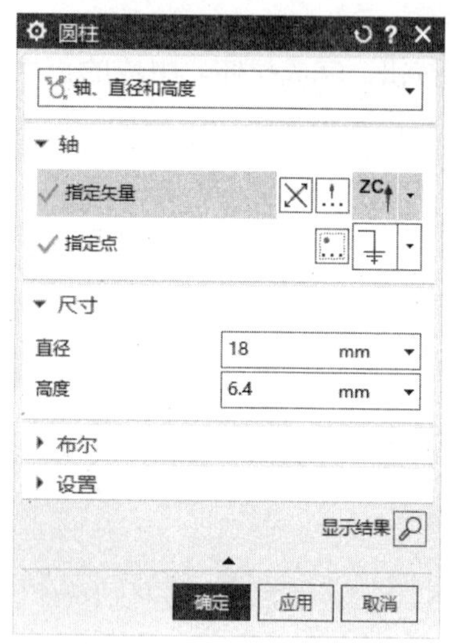

图 7-4 “圆柱”对话框

图 7-5 生成圆柱体

图 7-6 “倒斜角”对话框

03 选择“菜单”→“插入”→“组合”→“求交”命令，或者单击“主页”选项卡中的“基本”组→“组合下拉菜单”中的“求交”图标，系统弹出“求交”对话框，如图 7-8 所示。利用该对话框将圆柱体和拉伸体进行求交运算，方法如下：

❶选择圆柱体为目标体。

❷选择拉伸体为工具体，单击“确定”按钮，完成求交运算。

生成的螺栓头如图 7-9 所示。

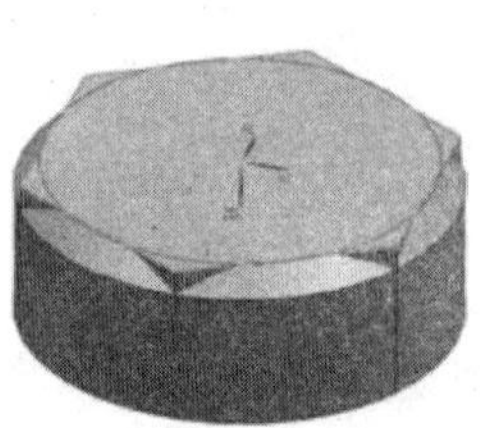

图 7-7 创建倒角

图 7-8 “求交”对话框

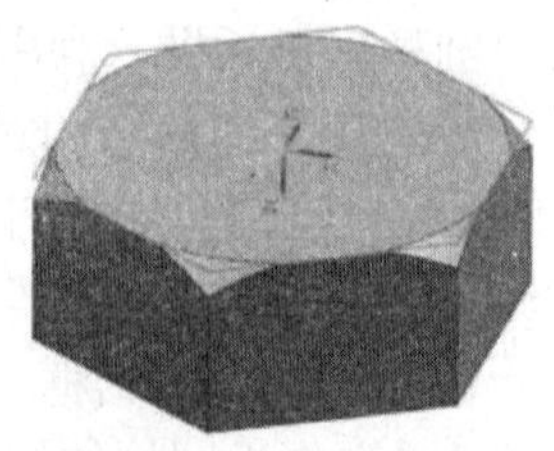

图 7-9 生成螺栓头

7.2 螺栓的绘制

制作思路

螺栓的制作思路为：建立凸台，生成倒角和螺纹。

7.2.1 生成螺栓

生成螺栓既可以使用生成圆柱体的方法，也可以使用拔圆台的方法。下面以拔圆台方法操作为例生成螺栓。操作步骤如下：

01 选择“菜单”→“文件”→“打开”命令，或者单击“主页”选项卡 “标准”组中的“打开”图标，弹出“打开”对话框，查找 7.1 节创建的文件名为“luomao”的零件，将其打开。

02 选择“菜单”→“文件”→“另存为”命令，弹出“另存为”对话框，在对话框中选择与“luomao”相同的存盘目录，输入文件名“luogan”。

03 选择“菜单”→“插入”→“基准”→“点”命令，在系统弹出的“点”对话框中设定点的坐标为 X=0、Y=0、Z=6.4，即六棱柱上表面的中心点，创建点。

04 选择“菜单”→“插入”→“设计特征”→“凸台（原有)”命令，系统弹出“凸台”对话框，如图 7-10 所示。利用该对话框建立凸台，操作方法如下：

❶在如图 7-12 所示的对话框中设置凸台“直径”为 10、“高度”为 35、“锥角”为 0，然后选择六棱柱的上表面作为凸台的放置面。

❷单击“确定”按钮，系统弹出“定位”对话框，如图 7-11 所示。选择“点到点”定位方式，以步骤 **03** 中创建的点作为定位参考点建立凸台。

生成的螺栓轮廓如图 7-12 所示。

图 7-10　“凸台”对话框

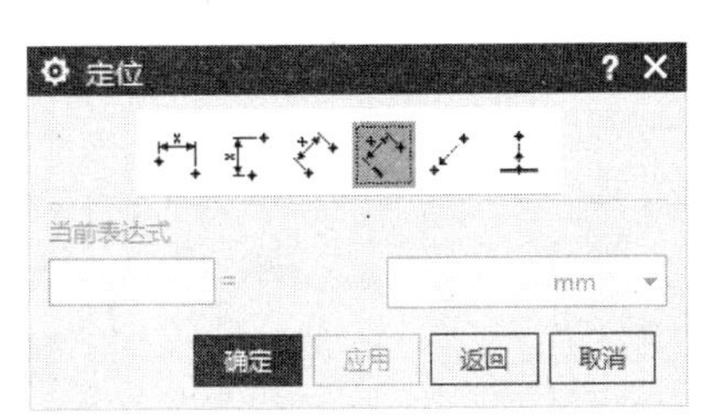

图 7-11　“定位”对话框

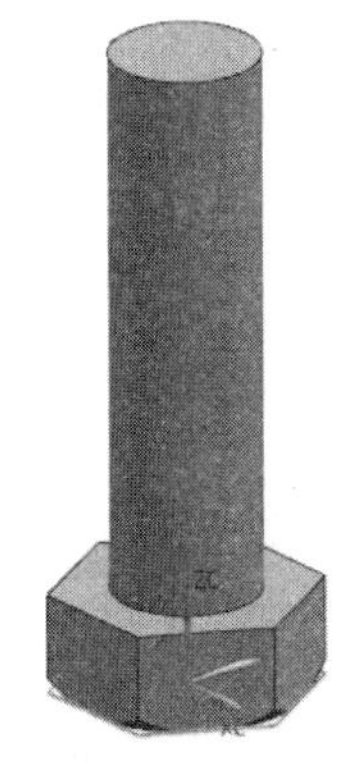

图 7-12　螺栓轮廓

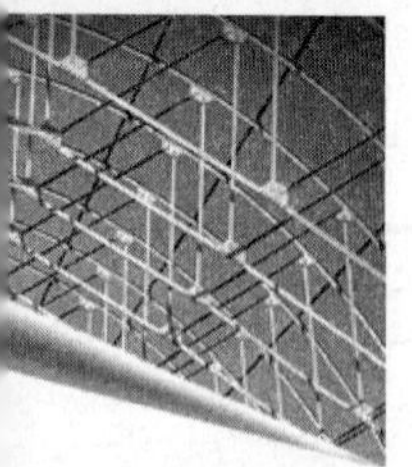

7.2.2 生成螺纹

01 选择“菜单”→“插入”→“细节特征”→“倒斜角”命令，或者单击“主页”选项卡 “基本”组中的“倒斜角”图标，设置倒角“参数”为 1，对螺栓上端进行倒角。

02 选择“菜单”→“插入”→“设计特征”→“螺纹”命令，或者单击“主页”选项卡中的“基本”组→“更多”库→“细节特征”库→“螺纹”图标，系统弹出如图 7-13 所示的“螺纹”对话框，利用该对话框建立螺纹，方法如下：

❶选择螺纹类型为“符号”。

❷选择螺栓的圆柱面作为螺纹的生成面，系统自动选择刚刚经过倒角的圆柱体的上表面作为螺纹的开始面。

❸设置“螺纹长度”为 26，其他参数不变，单击“确定”按钮，生成符号螺纹。

符号螺纹所显示的并不是真正的螺纹，而只是在所选的圆柱面上建立虚线圆，如图 7-14 所示。

选择“详细”螺纹类型的操作方法与“符号”螺纹类型的操作方法相同，生成的详细螺纹如图 7-15 所示。但是生成详细螺纹会影响系统的显示性能和操作性能，所以一般不生成详细螺纹。

图 7-13 “螺纹”对话框

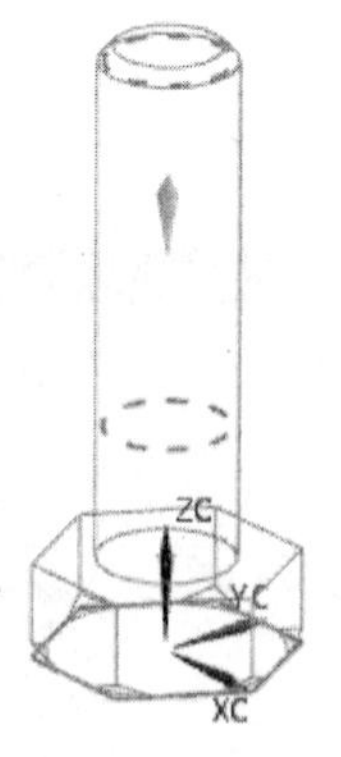

图 7-14 符号螺纹

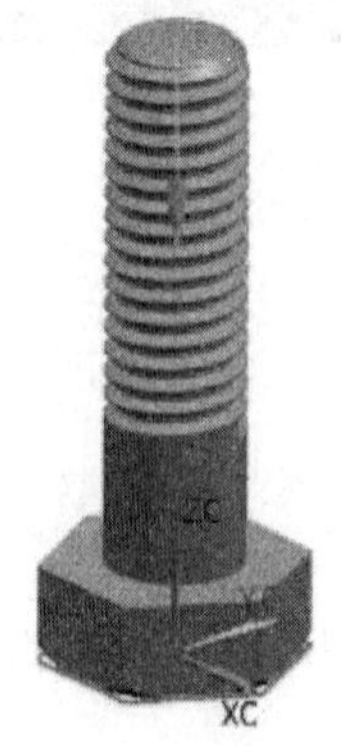

图 7-15 生成详细螺纹

7.3 生成螺母

制作思路

螺母主要包括正六棱柱和螺母中心的螺纹孔。

螺母的制作思路为：建立正六棱柱，生成螺母上下表面的倒角，建立螺母中心的孔，建立螺纹。

01 选择“菜单”→“文件”→“新建”命令，或者单击“主页”选项卡“标准”组中的“新建”图标，打开“新建”对话框。选择“模型”类型，创建新部件，输入文件名为“luomu”，打开建立模型模式。

02 选择“菜单”→“插入”→“草图”命令，或者单击“主页”选项卡“构造”组中的“草图”图标，弹出“创建草图”对话框，选择 XY 平面作为工作平面，单击“确定”按钮，打开草图模式。

03 选择“菜单”→“插入”→“曲线”→“多边形”命令，或单击“主页”选项卡中的“曲线”组→“更多”库→“曲线”库→“多边形”图标，系统弹出“多边形”对话框，如图 7-16 所示。利用该对话框建立正六边形，操作方法如下：

❶在图 7-16 所示的对话框中设置多边形“边数”为 6。

❷在“大小”下拉列表中选择“边长”，“长度”设置为 9、“旋转”设置为 0.

❸单击“点对话框”按钮，系统弹出“点”对话框。在该对话框中定义坐标原点为多边形的中心点，建立正六边形。

图 7-16　“多边形”对话框

04 选择“菜单”→“插入”→“设计特征”→“拉伸”命令，或者单击“主页”选项卡“基本”组中的“拉伸”图标，系统弹出“拉伸”对话框，如图 7-17 所示。利用该对话框拉伸刚建立的正六边形，操作方法如下：

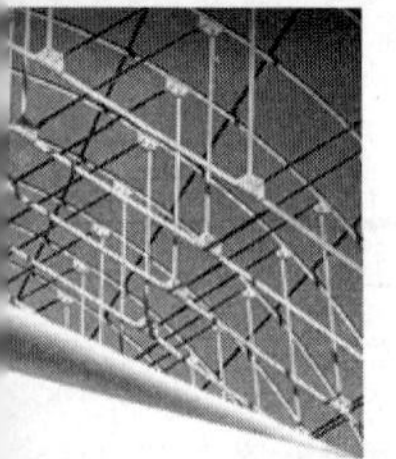

❶选择刚建立的正六边形曲线。

❷在“指定矢量”下拉列表中选择ZC↑作为拉伸方向。

❸设定“结束距离”为6.4，其他参数均为0，单击“确定”按钮，完成拉伸。

05 生成的正六棱柱如图7-18所示。

选择“菜单”→“插入”→“设计特征”→“圆柱”命令，或者单击“主页”选项卡中的“基本”组→“更多”库→“设计特征”库→“圆柱”图标，系统弹出如图7-19所示的“圆柱”对话框。利用该对话框建立圆柱体，方法如下：

图7-17 “拉伸”对话框

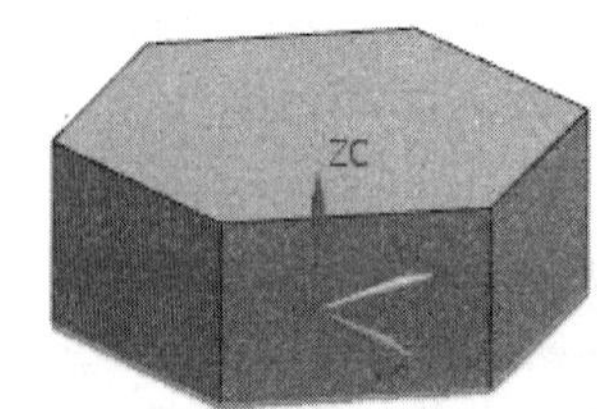

图7-18 生成正六棱柱

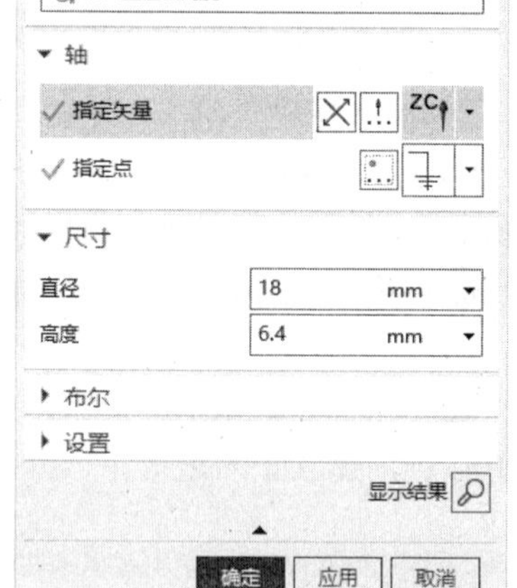

图7-19 “圆柱”对话框

❶在图7-19所示的对话框中选择“轴、直径和高度”类型。

❷在“指定矢量”下拉列表中选择ZC↑作为圆柱体的轴向。

❸设置圆柱“直径”为18、“高度”为6.4。

❹单击“点对话框”按钮，系统弹出“点”对话框。在该话框中设置点坐标为（0，0，0），作为圆柱体的底面圆心。

生成的圆柱体如图7-20所示。

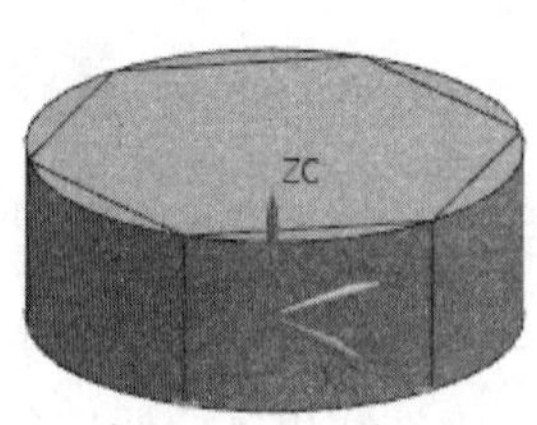

图7-20 生成圆柱体

06 选择“菜单”→“插入”→“细节特征”→“倒斜角”命令，或者单击“主页”选项卡 “基本”组中的“倒斜角”图标，系统弹出“倒斜角”对话框，如图 7-21 所示。利用该对话框进行倒角，方法如下：

❶在图 7-21 所示的对话框中“横截面”选择“对称”，设置“距离”为 1。

❷选择圆柱体的两边。

创建倒角的结果如图 7-22 所示。

07 选择“菜单”→“插入”→“组合”→“求交”命令，或者单击“主页”选项卡中的“基本”组→“组合下拉菜单”中的“求交”图标，系统弹出“求交”对话框，如图 7-23 所示。利用该对话框将圆柱体和拉伸体进行求交运算，方法如下：

图 7-21　“倒斜角”对话框

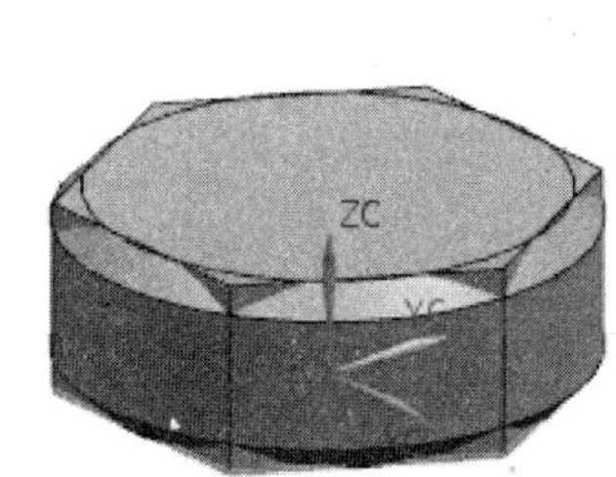

图 7-22　创建倒角

图 7-23　“求交”对话框

❶选择圆柱体为目标体。

❷选择拉伸体为工具体，单击“确定”按钮，完成求交运算。

生成的倒角六棱柱如图 7-24 所示。

08 选择“菜单”→“插入”→“设计特征”→“圆柱”命令，或者单击“主页”选项卡中的“基本”组→“更多”库→“设计特征”库→“圆柱”图标，弹出“圆柱”对话框。利用该对话框建立螺母的中心孔，方法如下：

❶选择“轴、直径和高度”类型建立圆柱。

❷在“指定矢量”下拉列表中选择 ZC↑ 方向作为圆柱轴向。

❸设置圆柱“直径”为 10、圆柱“高度”为 8。

❹在“点”对话框中设定坐标原点作为圆柱体底面圆心。

❺在布尔操作中选择“减去”选项，生成螺母的中心孔，结果如图 7-25 所示。

09 选择“菜单”→“插入”→“细节特征”→“倒斜角”命令，或者单击“主页”选项卡“基本”组中的“倒斜角”图标，在弹出的“倒斜角”对话框中设置倒角“距离”为 1，对中心孔上、下表面的两条边进行倒角。

选择“菜单”→“插入”→“设计特征”→“螺纹”命令，或者单击“主页”选项卡中的“基本”组→“更多”库→“细节特征”库中的“螺纹”图标，选择螺母中心孔作为螺纹放

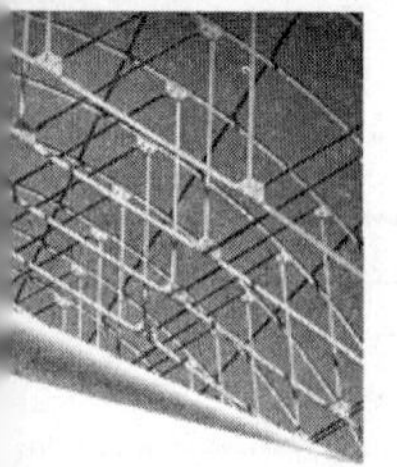

置面建立符号螺纹（方法与 7.2.2 中步骤 02 中的方法相同），结果如图 7-26 所示。

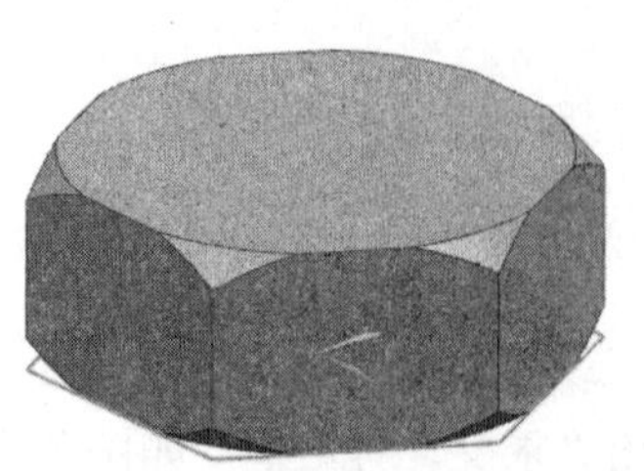
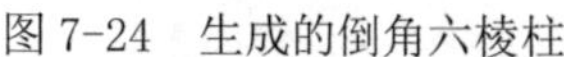

图 7-24　生成的倒角六棱柱

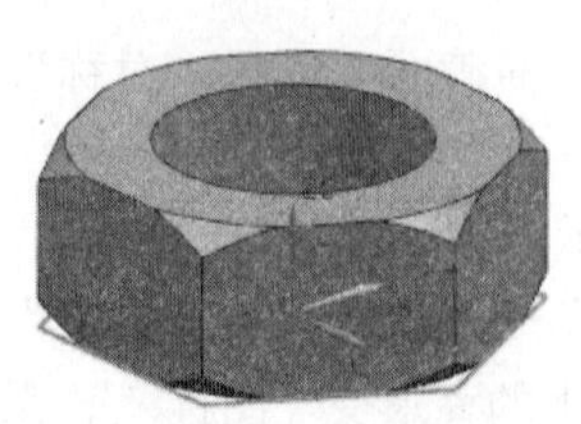

图 7-25　生成螺母中心孔

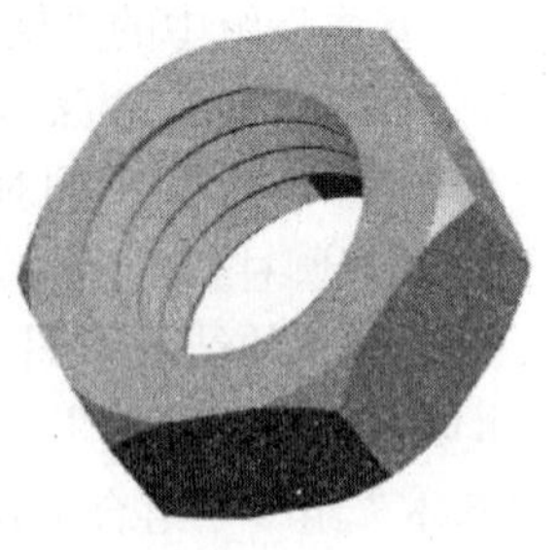

图 7-26　螺母

7.4 其他零件

减速器中还有一个油标，建立油标的方法与建立螺栓的方法基本相同，请读者自行完成。油标的尺寸如图 7-27 所示. 注意，油标中部为一段螺纹。

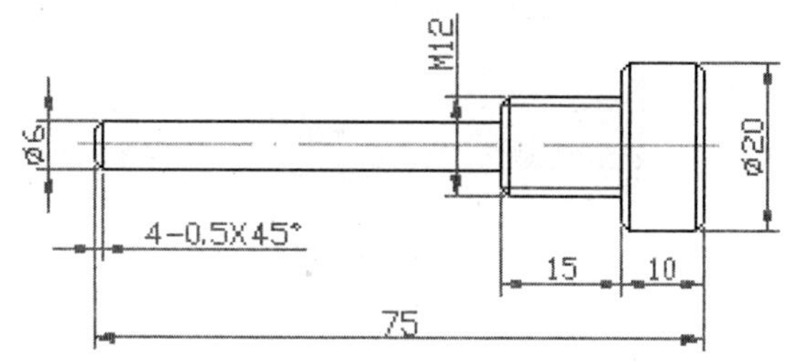

图 7-27　油标尺寸

本减速器中螺栓和螺母的数量及尺寸见表 7-1～表 7-3，参数示意图如图 7-28 所示。在不影响重要尺寸的前提下，可以对图形做些简化。

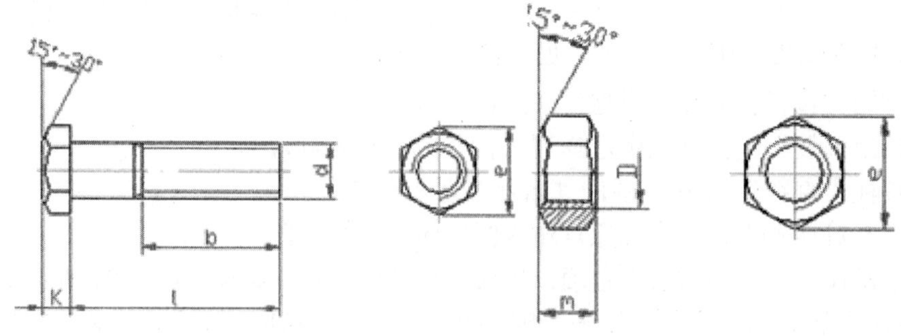

图 7-28　螺栓和螺母参数示意图

表 7-1　零件表

项目	数量	直径	长度（*l*）
螺栓	3	M10	35
螺母	2	M10	
螺栓	6	M12	100
螺母	6	M12	
螺栓	2	M6	20
螺栓	24	M8	25
螺栓	12	M6	16
油塞	1	M14	15

表 7-2　螺栓尺寸

螺纹规格 *d*	M6	M8	M10	M12	M14
e（min）	11.05	14.38	17.77	20.03	23.35
b	18	22	26	30	34
k	4	5.3	6.4	7.5	8.8

表 7-3　螺母尺寸

螺纹规格 *D*		M10	M12
e		17.77	20.03
m	MAX	8.4	10.8
	MIN	8.04	10.37

第8章

轴承设计

在减速器中用到的轴承为圆锥滚子轴承。圆锥滚子轴承是一种精密的机械支承元件，用于支承轴类零件。圆锥滚子轴承由内圈、外圈和滚子三部分组成，而且内、外圈和滚子是分离的。圆锥滚子轴承不仅能够承受径向负荷，还可以承受轴向的负荷。

建立圆锥滚子轴承时，首先绘制草图曲线，然后通过旋转生成轴承的内、外圈和单个的滚子，最后通过变换操作生成所有的滚子。

重点与难点

- 绘制草图
- 绘制内外圈
- 绘制滚子

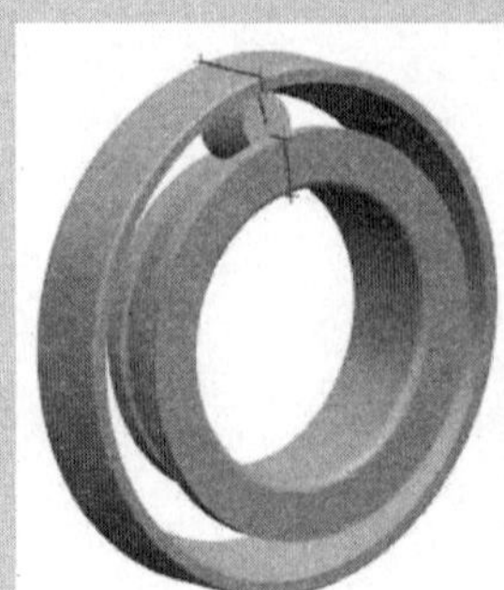

8.1 绘制草图

制作思路

圆锥滚子轴承草图的制作思路为：绘制草图轮廓曲线；通过派生直线、延伸、修剪等操作建立圆锥滚子轴承草图。

01 选择“菜单”→“文件”→“新建”命令，或者单击“主页”选项卡“标准”组中的“新建”图标，打开“新建”对话框。选择“模型”类型，创建新部件，输入文件名为“zhoucheng”，打开建立模型模式。

02 选择“菜单”→“插入”→“草图”命令，或者单击“主页”选项卡“构造”组中的“草图”图标，在绘图区选择 XY 平面，打开草图模式。

03 选择“菜单”→“插入”→“点”命令，系统弹出“草图点”对话框，如图 8-1 所示。在该对话框中输入要创建的点的坐标。此处共创建 7 个点，各点坐标分别为：点 1(0,50,0)、点 2（18,50,0）、点 3（0,42.05,0）、点 4（1.75,33.125,0）、点 5（22.75,38.75,0）、点 6（1.75,27.5,0）、点 7（22.75,27.5,0），如图 8-2 所示。这些点用于构造草图轮廓。

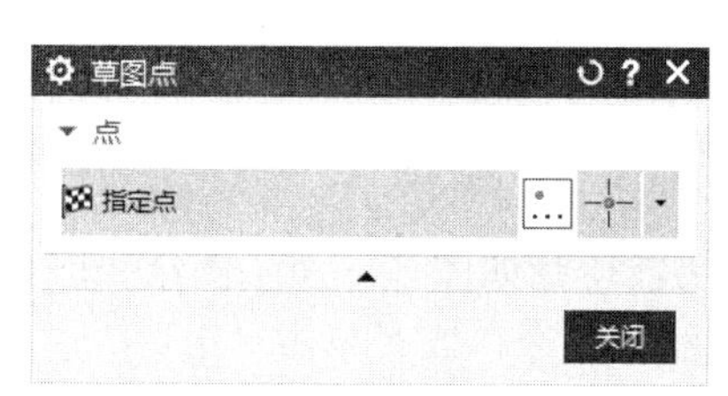

图 8-1　“草图点”对话框

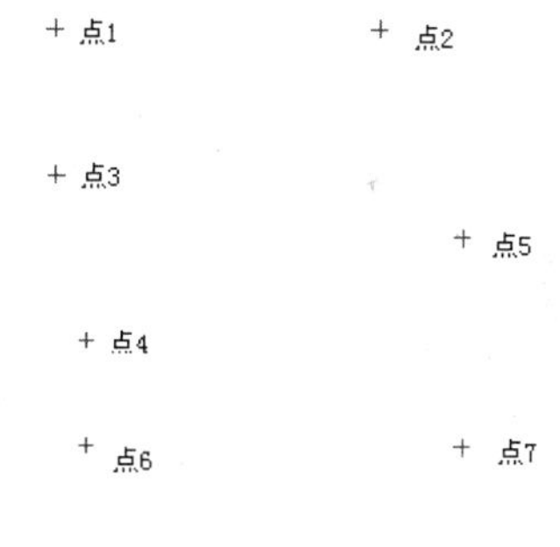

图 8-2　创建 7 个点

04 选择“菜单”→“插入”→“曲线”→“直线”命令，或者单击“主页”选项卡“曲线”组中的“直线”图标，分别连接点 1 和点 2、点 1 和点 3、点 4 和点 6、点 6 和点 7、点 7 和点 5，结果如图 8-3 所示。

05 选择点 3 作为直线的起点，绘制与 XC 轴成 15° 角的直线（直线的长度只要超过连接点 1 和点 2 生成的直线即可），结果如图 8-4 所示。

06 选择“菜单”→“插入”→“来自曲线集的曲线”→“派生直线”命令，或单击“主页”选项卡中的“曲线”组→“更多”库→“曲线”库中的“派生直线”图标，选择刚创建的直线为参考直线，以偏置值为-5.625 生成派生直线，如图 8-5 所示。接着再创建一条偏置值也是-5.625 的派生直线，如图 8-6 所示。

UG NX

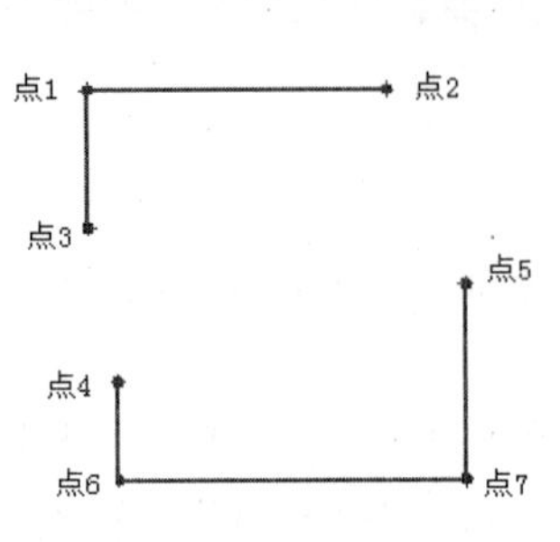

图 8-3　连接点成直线

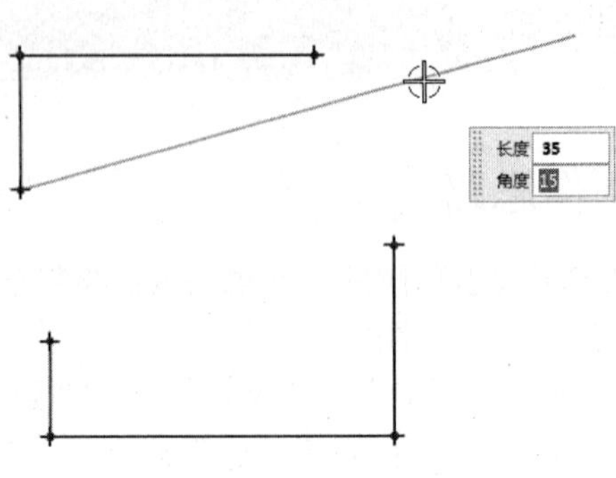

图 8-4　绘制直线

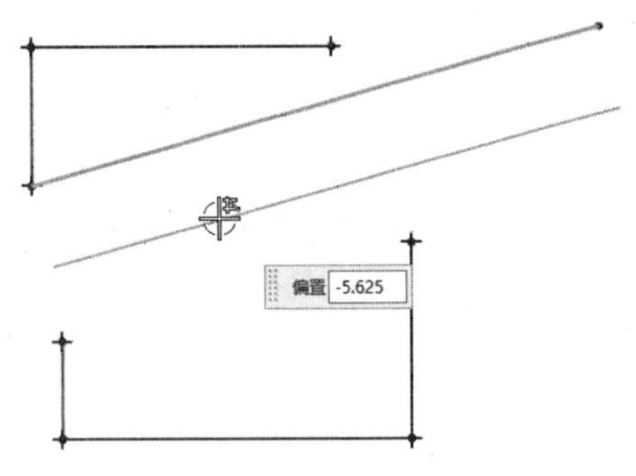

图 8-5　创建第一条派生直线

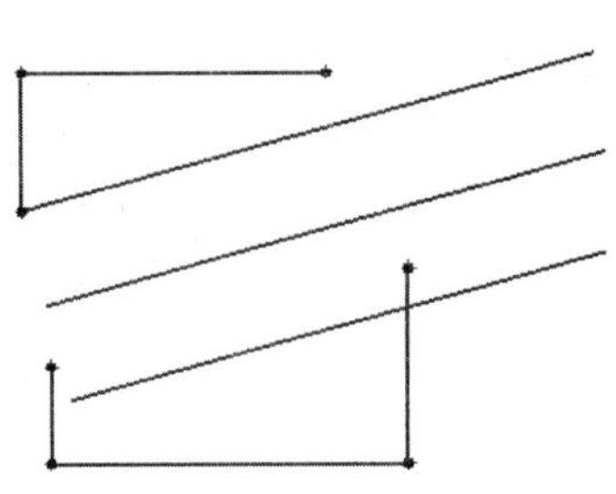

图 8-6　创建第二条派生直线

注意

创建派生直线时的偏置值也有可能是 5.625，只要能得到如图 8-5 所示的结果即可。

07 选择“菜单”→“插入”→“曲线”→“直线”命令，或者单击“主页”选项卡“曲线”组中的“直线”图标，创建一条平行于 Y 轴并且距离 Y 轴的距离为 11.375 的直线（长度能穿过新建的第一条派生直线即可），如图 8-7 所示。

08 选择“菜单”→“插入”→“点”命令，在系统弹出的“草图点”对话框中选择“交点”图标，然后选择图 8-7 中的直线 2 和直线 4，求出它们的交点。

09 选择“菜单”→“编辑”→“曲线”→“修剪”命令，或者单击“主页”选项卡“编辑”组中的“修剪”图标，将直线 2 和直线 4 修剪掉，如图 8-8 所示。图中的点 8 为刚创建的直线 2 和直线 4 的交点 8。

10 选择“菜单”→“插入”→“曲线”→“直线”命令，或者单击“主页”选项卡“曲线”组中的“直线”图标，绘制直线。选择步骤 **09** 中建立的点 8，移动鼠标，当图形如图 8-9a 所示时，表示刚绘制的直线与图 8-7 中的直线 3 平行。设置该直线长度为 7 并按 Enter 键。

在另外一个方向也创造一条平行于直线 3、长度为 7 的直线，如图 8-9b 所示。

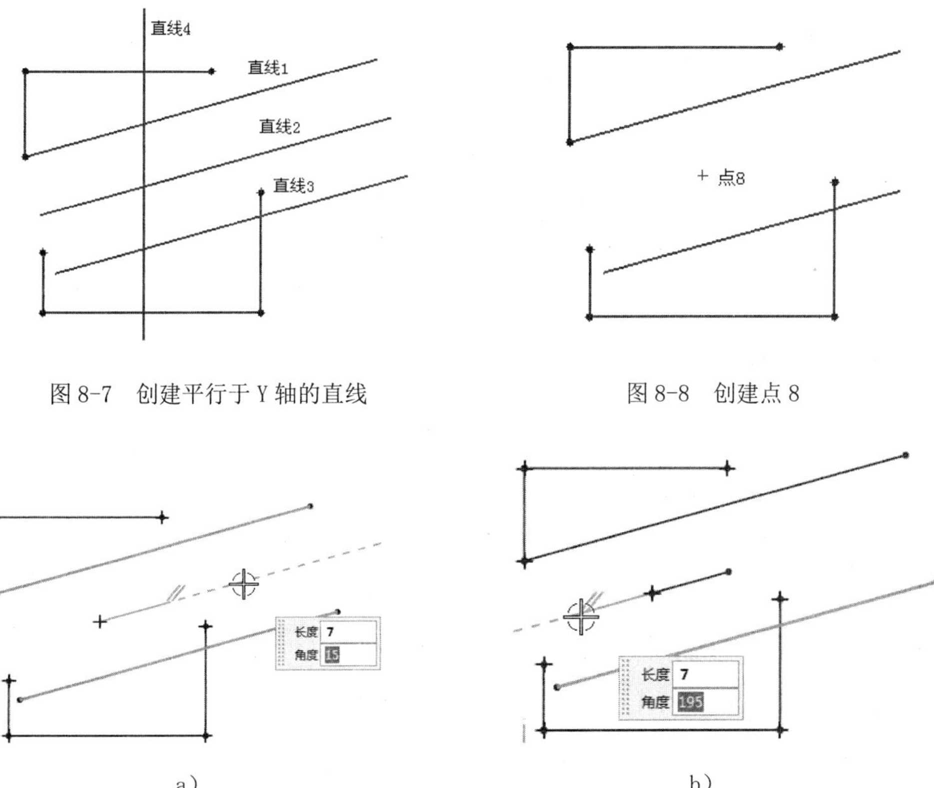

图 8-7　创建平行于 Y 轴的直线

图 8-8　创建点 8

a)

b)

图 8-9　创建直线

11 以刚创建的直线的两个端点为起点，创建两条与图 8-7 中的直线 1 垂直的直线（长度能穿过直线 1 即可），如图 8-10 所示。

12 选择“菜单”→“编辑”→“曲线”→“延伸”命令，或者单击“主页”选项卡“编辑”组中的“延伸”图标，将刚创建的两条直线延伸至直线 3，如图 8-11 所示。

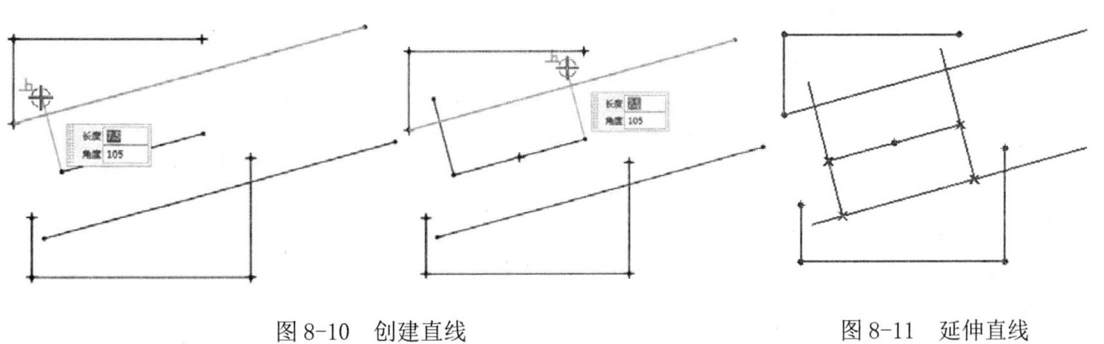

图 8-10　创建直线

图 8-11　延伸直线

13 选择“菜单”→“插入”→“曲线”→“直线”命令，或者单击“主页”选项卡“曲线”组中的“直线”图标，绘制图 8-2 中的点 4 为起点并且与 X 轴平行的直线（长度能穿过刚延伸得到的直线即可），如图 8-12a 所示。再以图 8-2 中点 5 为起点，创建一条与 X 轴平行的直线（长度也是能穿过刚延伸得到的直线即可），如图 8-12b 所示。

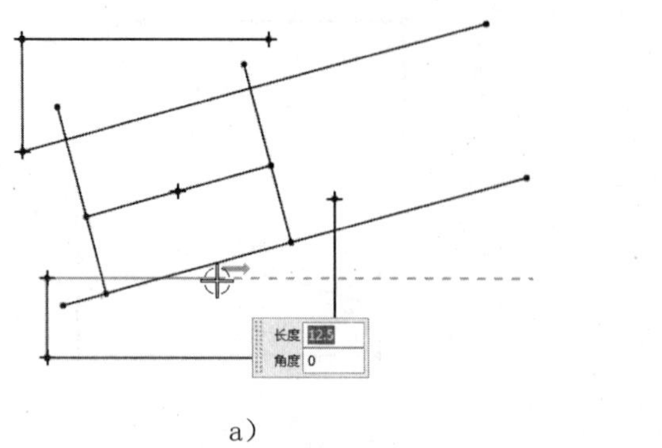

a）

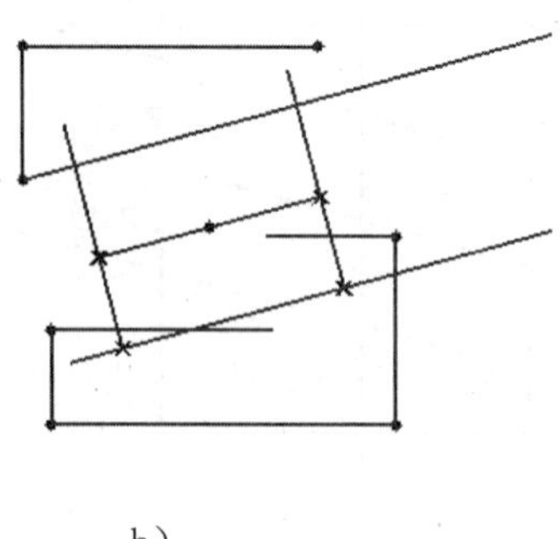

b）

图 8-12　创建直线

14 选择“菜单”→“编辑”→“曲线”→“修剪”命令，或者单击“主页”选项卡“编辑”组中的“修剪”图标╳，对草图进行修剪，结果如图 8-13 所示。

15 选择“菜单”→“插入”→“曲线”→“直线”命令，或者单击“主页”选项卡“曲线”组中的“直线”图标╱，以图 8-2 中的点 2 为起点，创建与 X 轴垂直的直线（长度能穿过图 8-7 中的直线 1 即可），如图 8-14 所示。

16 建立直线。以图 8-14 中的点 9 和点 10 为起点和终点建立直线，为建立轴承的滚子做准备。

17 选择“菜单”→“编辑”→“曲线”→“修剪”命令，或者单击“主页”选项卡“编辑”组中的“修剪”图标╳，对草图进行修剪，结果如图 8-15 所示。

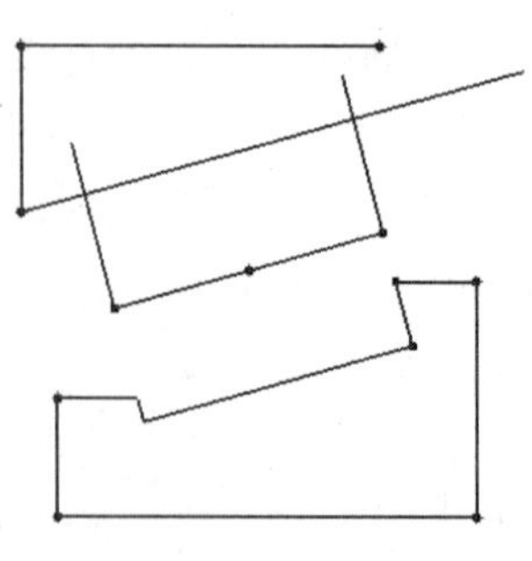

图 8-13　修剪草图

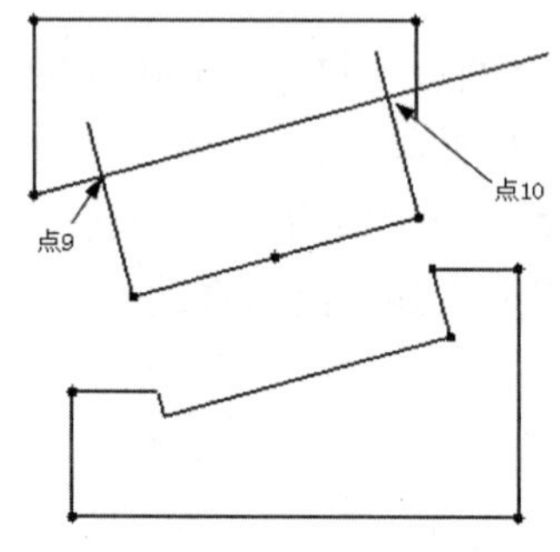

图 8-14　创建直线

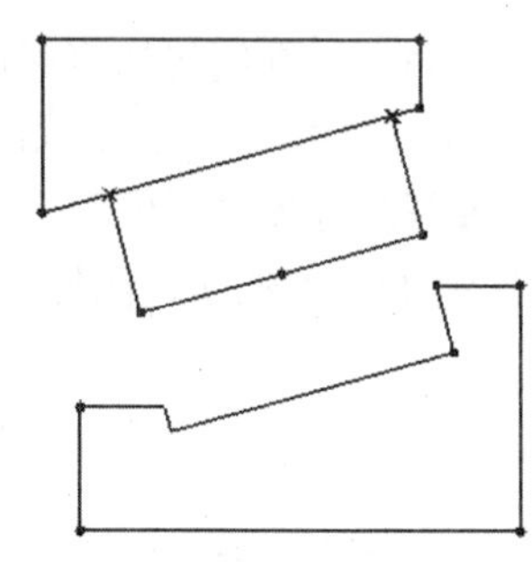

图 8-15　修剪草图

注意

在图 8-7 中直线 1 上现在有两条直线，一条为轴承外圈上的线，一条为创建轴承滚子的线，如图 8-16 所示。

18 选择“菜单”→“任务”→“完成草图”命令，或者单击“主页”选项卡“草图”组中的“完成”图标🏁，退出草图模式，打开建模模式。

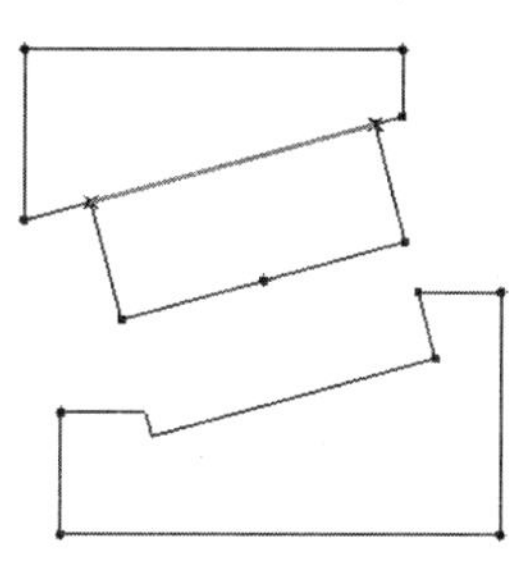
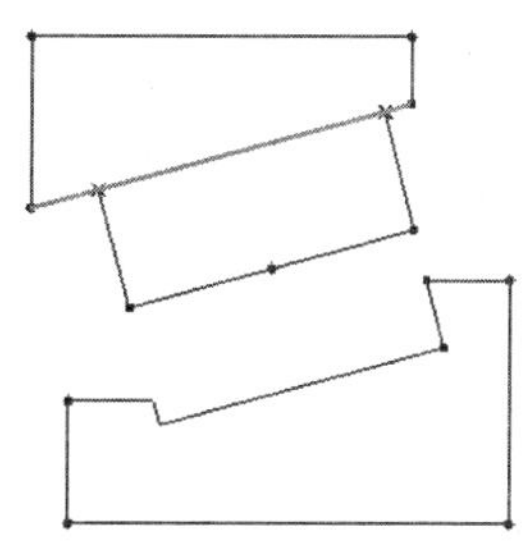

图 8-16　在直线 1 上有两条直线

8.2 绘制内外圈

制作思路

圆锥滚子轴承内外圈的制作思路为：选择草图曲线进行旋转，生成边圆角细部特征。

01 选择“菜单”→“插入”→“设计特征”→“旋转”命令，或者单击“主页”选项卡 “基本”组中的“旋转”图标，系统弹出“旋转”对话框，如图 8-17 所示。利用该对话框选择草图曲线生成轴承的内外圈，操作方法如下：

❶将位于绘图区正上方选择条中的“曲线规则”选项设置为“相连曲线”，然后选择轴承的内圈曲线。

❷在“指定矢量”下拉列表中选择 XC 方向作为旋转方向。

❸单击“点对话框”按钮，系统弹出“点”对话框如图 8-18 所示。在该对话框中设置点（0, 0, 0）作为旋转参考点。

❹设置旋转体的起始角度和结束角度分别设为 0° 和 360°，单击“确定”按钮，完成旋转操作。

生成的轴承内圈如图 8-19 所示。

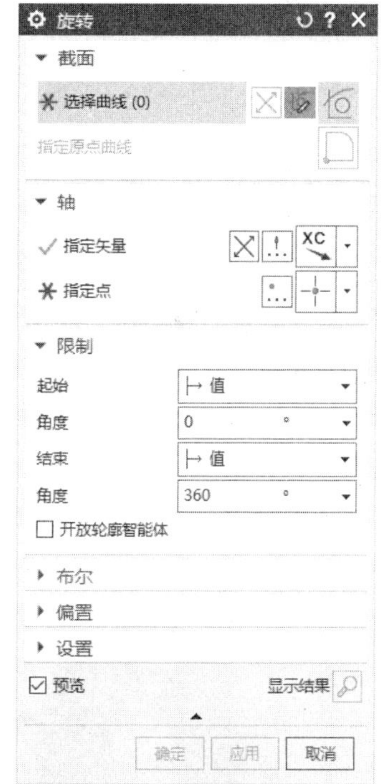

图 8-17　“旋转”对话框

02 选择如图 8-20 所示的曲线作为旋转曲线，重复步骤 **01** 中的操作，建立圆锥滚子轴承的外圈。其他参数完全相同。

注意

选择图 8-20 所示的曲线时，注意要将位于绘图区正上方场景条中的“曲线规则”选项设置为“相连曲线”。

点
光标位置
点位置
指定光标位置
输出坐标
参考 绝对坐标系 - 工作部件
X 0.000000000 mm
Y 0.000000000 mm
Z 0.000000000 mm
偏置
偏置选项 无
确定 取消

图 8-18 “点”对话框

图 8-19 生成轴承内圈

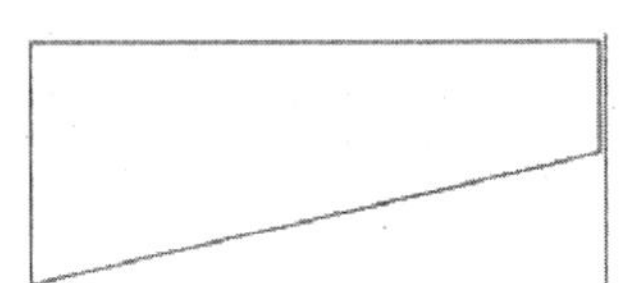

图 8-20 选择曲线

生成的轴承外圈如图 8-21 所示。

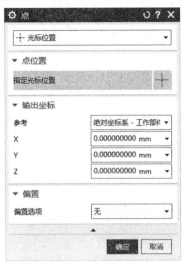

03 选择“菜单”→“插入”→“细节特征”→“边倒圆”命令，或者单击“主页”选项卡中“基本”组→“倒圆下拉菜单”中的“边倒圆”图标，系统弹出“边倒圆”对话框，如图 8-22 所示。利用该对话框进行边倒圆角操作，方法如下：

❶在“半径 1”文本框中输入边缘倒圆角的半径。

❷选择需要倒圆角的边。

❸单击“确定”或“应用”按钮，完成边缘倒圆角。

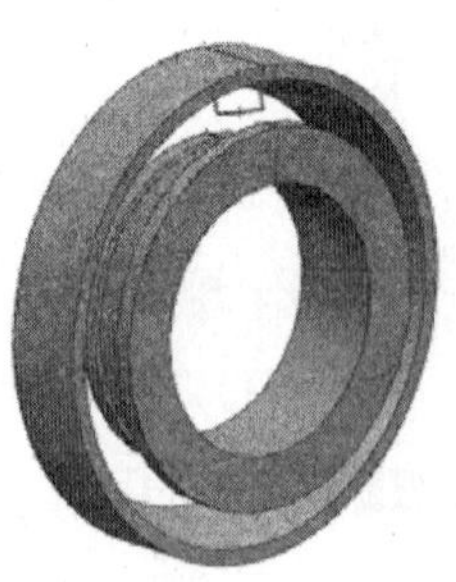

图 8-21 生成轴承外圈

图 8-22 “边倒圆”对话框

此处需要倒圆角的边有 4 条，如图 8-23 所示。其中，圆角 1 的半径为 2，圆角 2 的半径为 1.5，圆角 3 的半径为 0.8。

注意

边缘倒圆角也可以选择“菜单”→“插入”→“曲线”→“圆角”命令或者单击“主页”选项卡“曲线”组中的“圆角”图标，在草图模式下先对草图进行倒圆角，然后在建模模式下通过旋转直接生成。

创建的轴承内、外圈如图 8-24 所示。

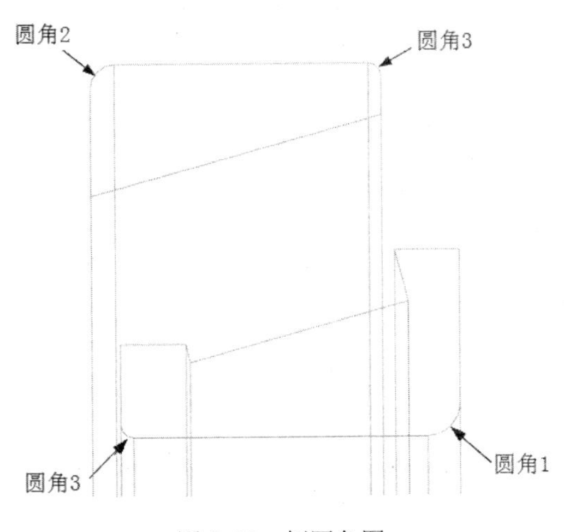

图 8-23　倒圆角图

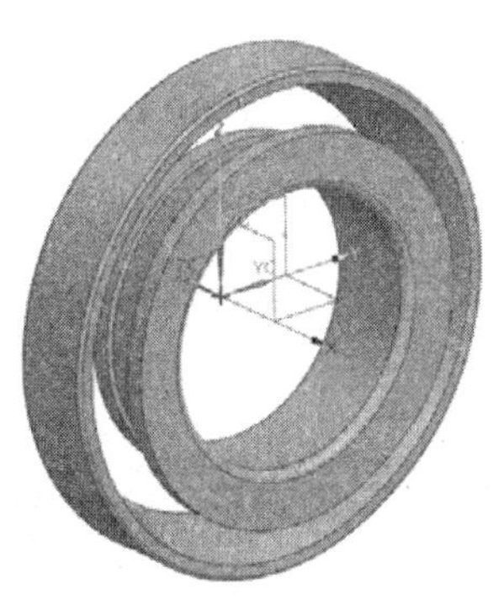

图 8-24　创建轴承内、外圈

8.3 绘制滚子

制作思路

圆锥滚子轴承的制作思路为：选择草图曲线进行旋转生成单个滚子，旋转坐标系，通过变换操作建立多个滚子。

8.3.1　绘制单个滚子

选择“菜单”→“插入”→“设计特征”→“旋转”命令，或者单击“主页”选项卡“基本”组中的“旋转”图标，系统弹出“旋转”对话框。利用该对话框选择草图曲线生成滚子，操作方法如下：

01 选择图 8-25 所示的曲线作为旋转曲线。

02 选择图 8-26 中箭头所指的直线作为旋转体的参考矢量。

03 在系统弹出的“旋转”对话框中设置旋转体的起始角度和结束角度分别为 0 和 360。生成的轴承滚子如图 8-27 所示。

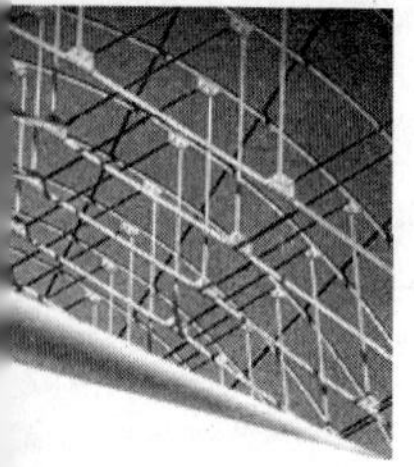

图 8-25　旋转曲线

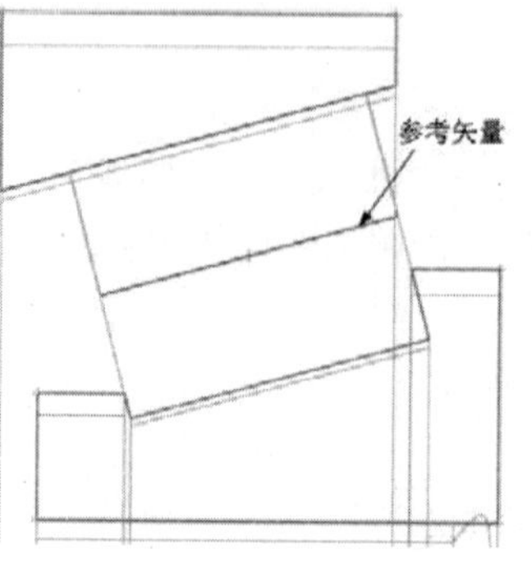

图 8-26　旋转体的参考矢量

图 8-27　生成轴承滚子

8.3.2　生成多个滚子

01 选择"菜单"→"格式"→"WCS"→"旋转"命令，系统弹出"旋转 WCS 绕…"对话框，如图 8-28 所示。选择 ◉ -YC 轴: XC --> ZC ，输入"角度"为 90，单击"确定"按钮，即在 YC 轴不变的情况下，将 XC 坐标轴向 ZC 坐标轴旋转 90°。

02 选择"菜单"→"编辑"→"移动对象"命令，系统弹出"移动对象"对话框，如图 8-29 所示。利用该对话框进行变换操作生成多个滚子，方法如下：

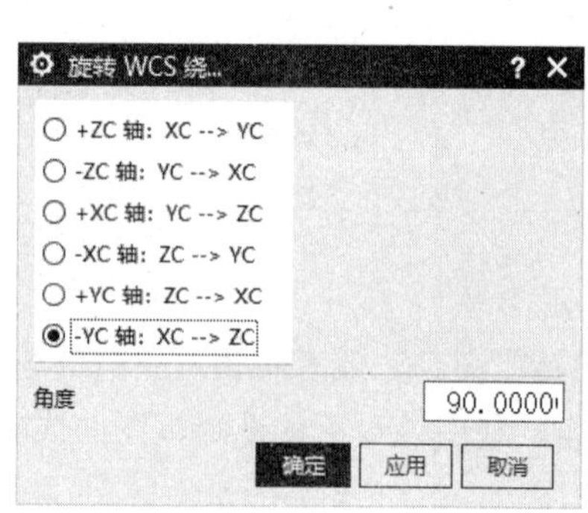

图 8-28　"旋转 WCS 绕…"对话框

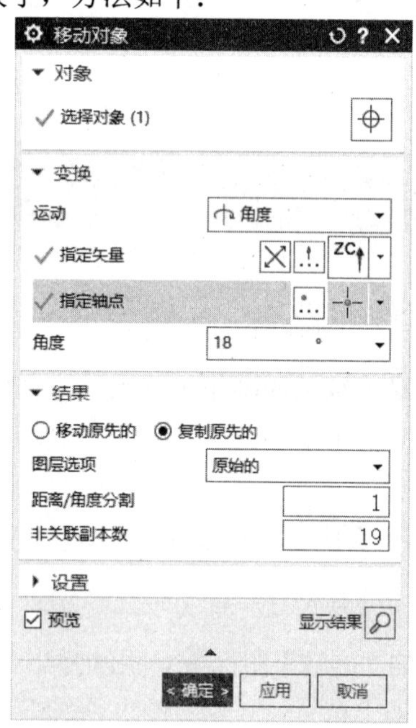

图 8-29　"移动对象"对话框

❶选择生成的滚子作为移动对象。

❷在"变换"选项组中的"运动"下拉列表中选择"角度"选项，在"角度"文本框中输入 18。

❸在"指定矢量"下拉列表中选择"ZC"轴，单击"点对话框"按钮，系统弹出"点"对

话框，在该对话框中设置旋转中心为原点。

❹勾选“复制原先的”单选按钮，在“非关联副本数”文本框中输入 19。单击“确定”按钮，生成所有的滚子。

生成的圆锥滚子轴承如图 8-30 所示。

图 8-30 生成圆锥滚子轴承

UG NX

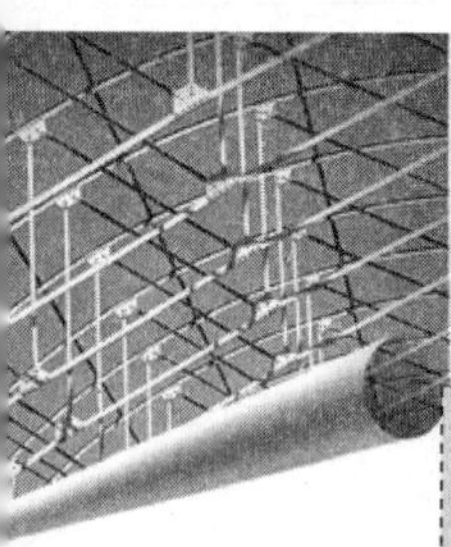

第9章

轴的设计

轴作为回转体，一般由多段直径相同或不同的圆柱组成，主要用于传递转矩。轴类零件上一般开有键槽（用于连接动力输入与动力输出的零件），同时轴上还有轴端倒角和圆角等特征。轴的创建一般有三种方式：一是先画草图，然后旋转成实体；二是先建立一个圆柱，在该圆柱上生成作为各轴段的圆台；三是直接用圆柱生成轴。在本章中，将分别采用前两种方法，建立减速器中的两个轴。在建立了轴的轮廓之后，还需要创建键槽、倒角、螺孔和定位孔等操作。

重点与难点

- 传动轴
- 齿轮轴

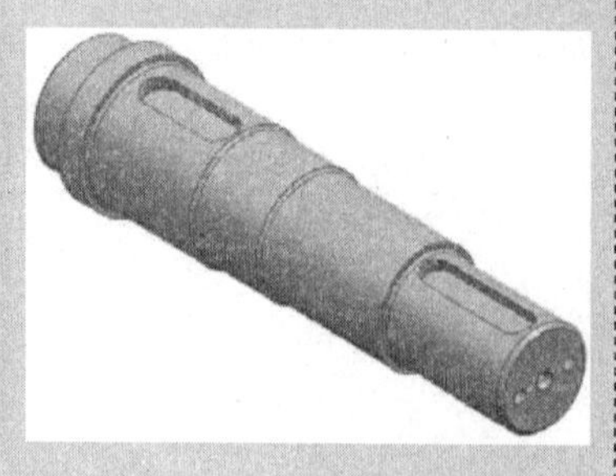

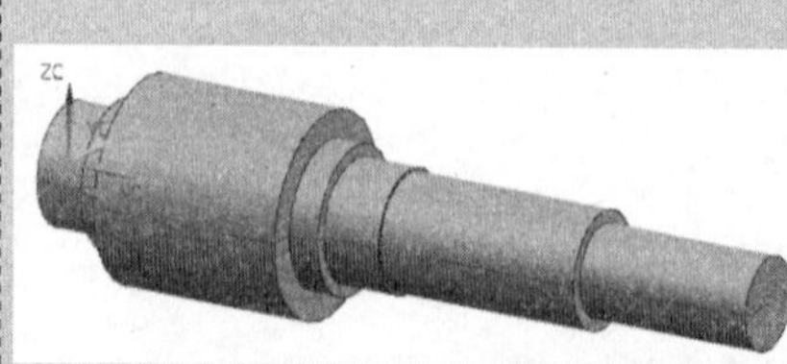

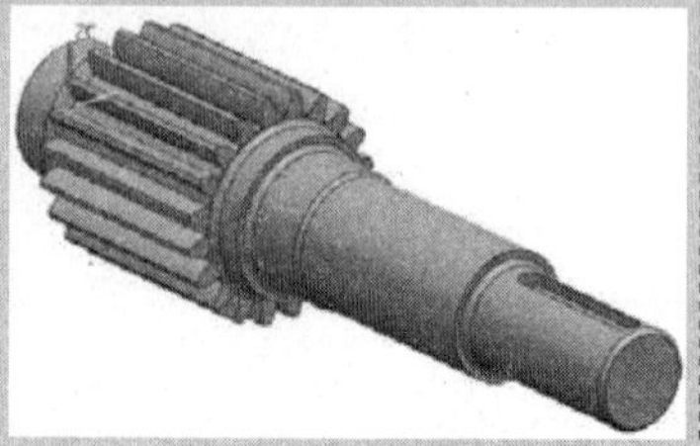

9.1 传动轴

制作思路

传动轴的制作思路为：建立一段圆柱，在该圆柱上通过创建圆台建立轴的其他部分；建立与要生成键槽的圆柱面相切的基准平面；生成键槽；建立简单孔，生成螺纹；创建埋头孔。

9.1.1　传动轴主体

01 选择“菜单”→“文件”→“新建”命令，或者单击“主页”选项卡 “标准”组中的“新建”图标，打开“新建”对话框。选择“模型”类型，创建新部件，输入文件名为“chuandongzhou”，打开建立模型模式。

02 选择“菜单”→“插入”→“设计特征”→“圆柱”命令，或单击“主页”选项卡中的“基本”组→“更多”库→“设计特征”库→“圆柱”图标，系统弹出“圆柱”对话框，如图 9-1 所示。利用该对话框建立圆柱，方法如下：

❶在图 9-1 所示的对话框中选择“轴、直径和高度”类型。

❷在“指定矢量”下拉列表中选择 XC 方向作为圆柱的轴向。

❸设置圆柱“直径”为 55、“高度”为 21。

❹单击“点对话框”图标，在弹出的“点”对话框中设置坐标原点为圆柱体的底面圆心。

生成的圆柱体如图 9-2 所示。

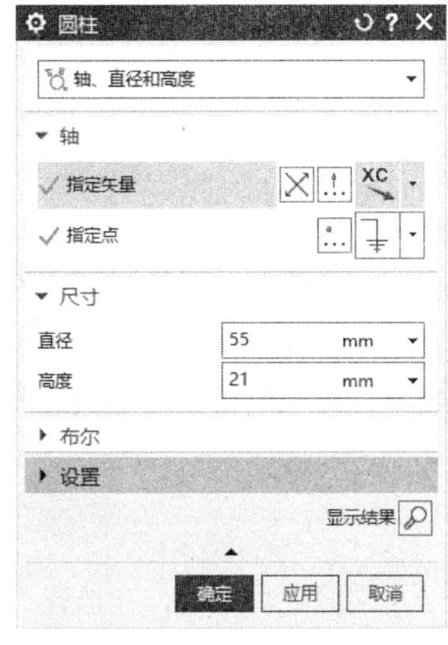

图 9-1　“圆柱”对话框

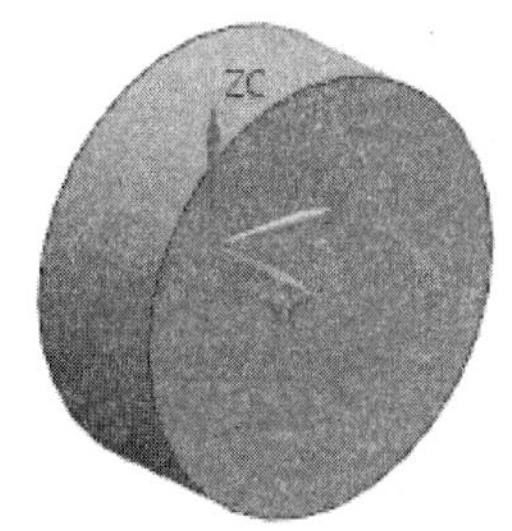

图 9-2　生成圆柱体

03 选择“菜单”→“插入”→“设计特征”→“凸台（原有）”命令，系统弹出“凸台”

UG NX

对话框，如图 9-3 所示。利用该对话框建立凸台，方法如下：

❶在图 9-3 所示的对话框中设置凸台的“直径”为 65、“高度”为 12、“锥角”为 0。

❷选择图 9-2 所示圆柱体的右侧表面为凸台的放置面，单击“确定”按钮。

❸系统弹出如图 9-4 所示的“定位”对话框，选择“点落在点上”的定位方法。

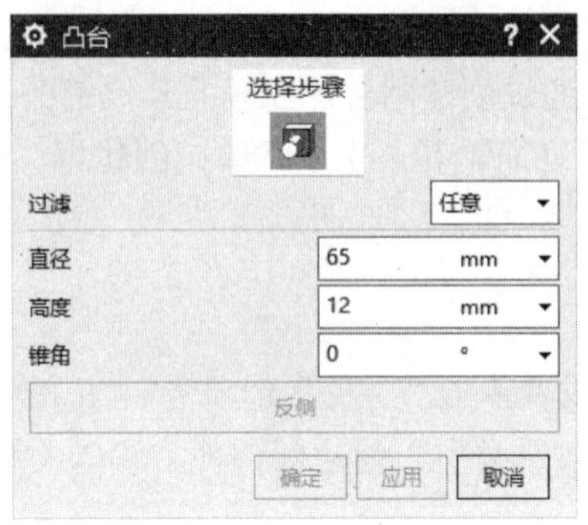

图 9-3 “凸台”对话框

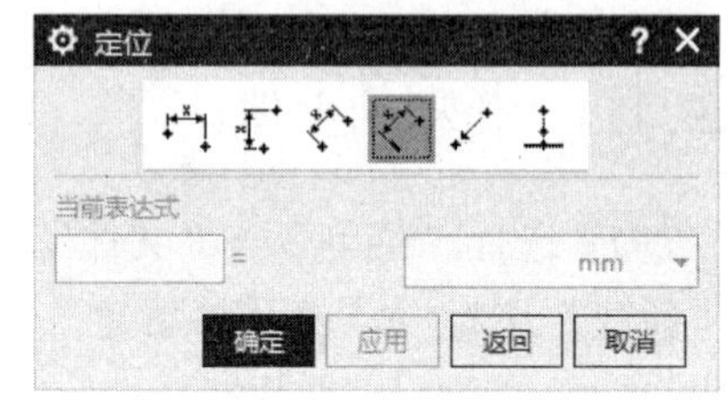

图 9-4 “定位”对话框

❹系统弹出如图 9-5 所示的对话框，在该对话框中单击“标识实体面”按钮，然后选择要放置凸台的圆柱体，系统自动将凸台和圆柱体的轴线对齐。

注意

也可以采用如下定位方法：选取圆柱体右侧表面的圆弧边缘，系统弹出如图 9-6 所示的对话框，单击“圆弧中心”按钮，将圆台和圆柱体的轴线对齐。

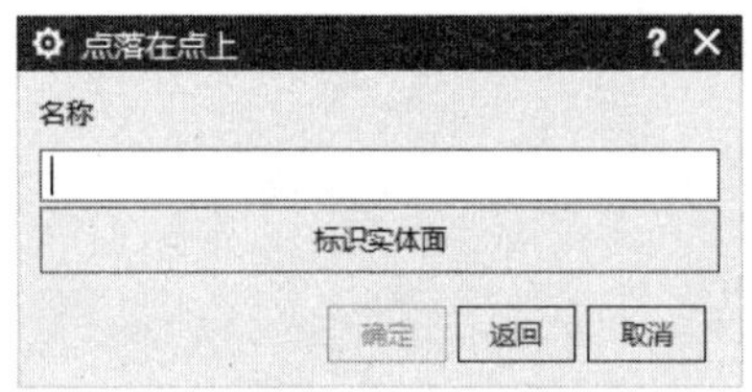

图 9-5 “点落在点上”对话框

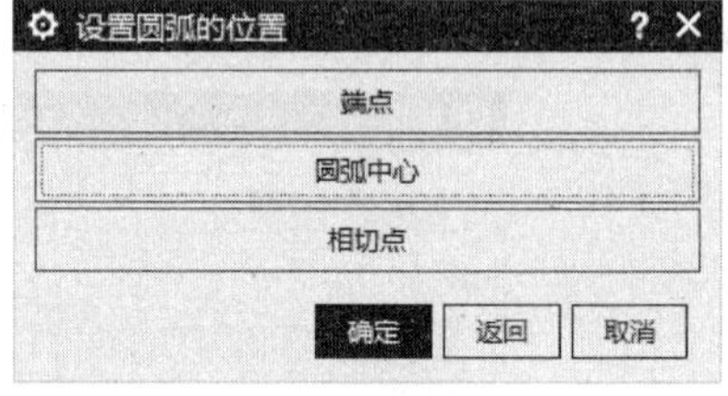

图 9-6 “设置圆弧的位置”对话框

创建的凸台如图 9-7 所示。

04 重复上述建立凸台的步骤，生成轴的其他部分，完成轴轮廓的创建并标注尺寸，结果如图 9-8 所示。

注意

有几段凸台是在步骤 **02** 创建的圆柱的另外一个端面上生成的，在选择“点落在点上”的定位实体面时，应选择另外一个端面。

所有生成凸台的操作均可以用生成圆柱的操作代替，然后将生成的圆柱通过“布尔操作”的“合并”合成为整体。

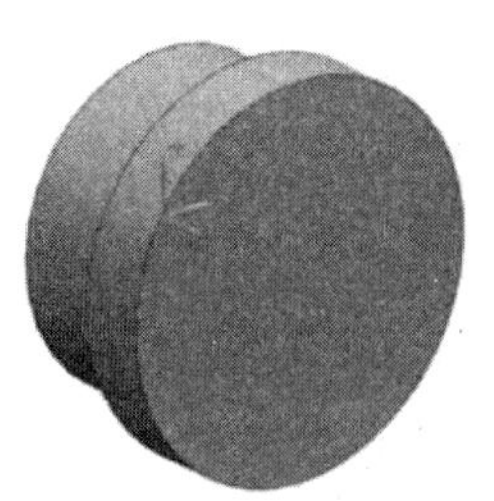

图9-7　创建凸台

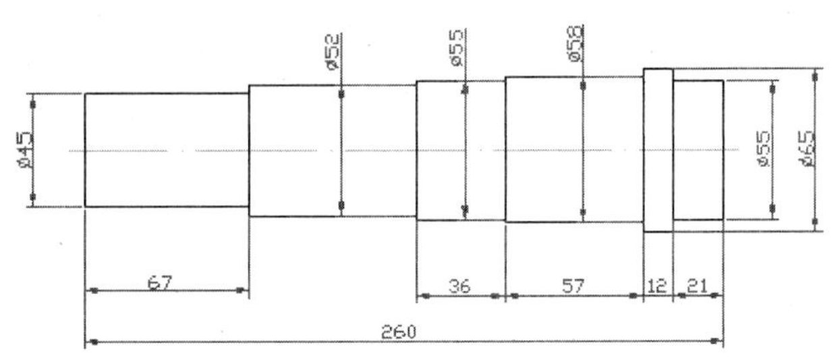

图9-8　创建轴轮廓并标注尺寸

9.1.2　键槽

01 选择“菜单”→“插入”→“基准”→“基准平面”命令，或者单击“主页”选项卡中的“构造”组→“基准下拉菜单”→“基准平面”图标，系统弹出如图9-9所示的“基准平面”对话框。利用该对话框建立基准平面，方法如下：

❶在“类型”下拉列表中选中“相切”类型，在“子类型”下拉列表中选择“相切”，在实体中选择一个圆柱面。在“基准平面”对话框中单击“应用”按钮，创建基准平面1。

❷步骤同上，创建与另一个圆柱面相切的基准平面2，建立的两个基准平面如图9-10所示。

图9-9　“基准平面”对话框

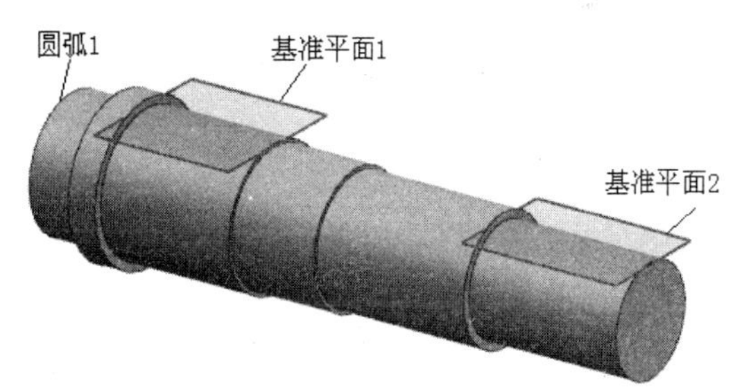

图9-10　创建基准平面

02 选择“菜单”→“插入”→“设计特征”→“键槽（原有）”命令，系统弹出“槽”对话框，如图9-11所示。利用该对话框建立键槽，方法如下：

❶在图9-11所示的对话框中选择“矩形槽”，单击“确定”按钮。

❷系统弹出如图9-12所示的对话框，选择图9-10所示的基准平面1作为放置面，并在随后系统弹出的对话框中采用默认边设置。

❸系统弹出“水平参考”对话框，如图9-13所示。在该对话框中可设定键槽的水平方向。

此处选择轴上任意一段圆柱面即可。

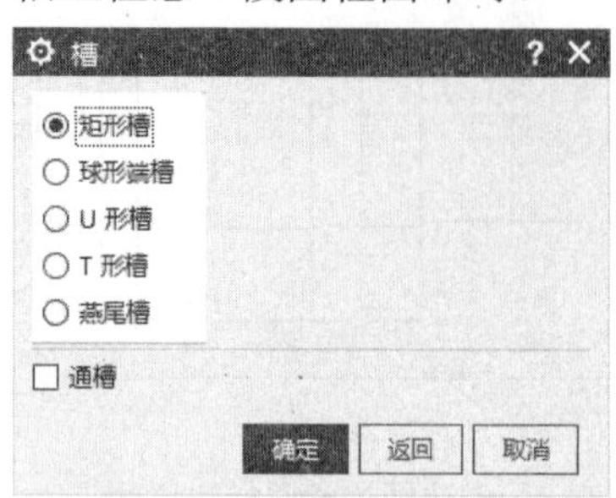

图 9-11　“槽”对话框

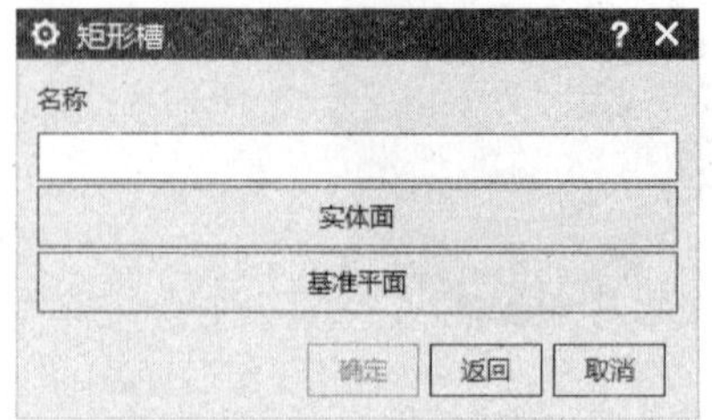

图 9-12　“矩形槽”选择放置面对话框

❹设置好水平参考后，系统弹出如图 9-14 所示的“矩形槽”参数设置对话框。在该对话框中设置键槽“长度”为 50、“宽度”为 16、“深度”为 6，单击“确定”按钮。

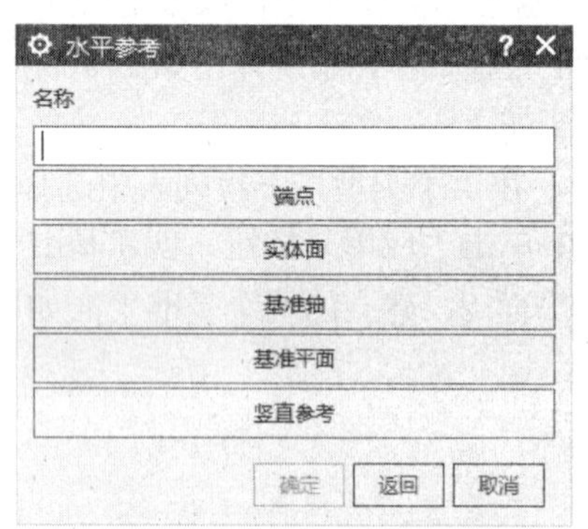

图 9-13　“水平参考”对话框

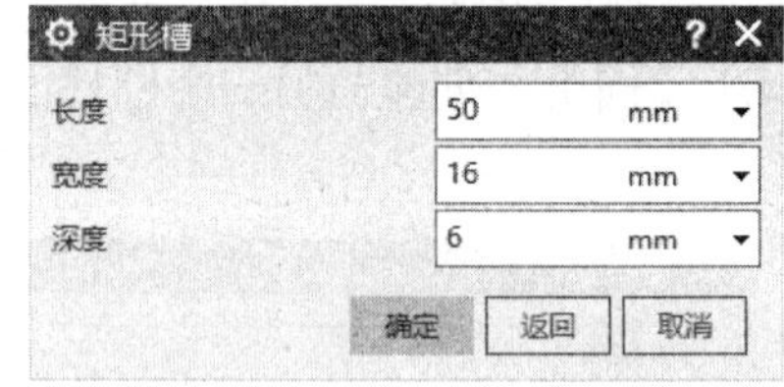

图 9-14　“矩形槽”参数设置对话框

❺系统弹出如图 9-15 所示的“定位”对话框，并且生成键槽的预览（采用线框模式即可以观察到），如图 9-16 所示。

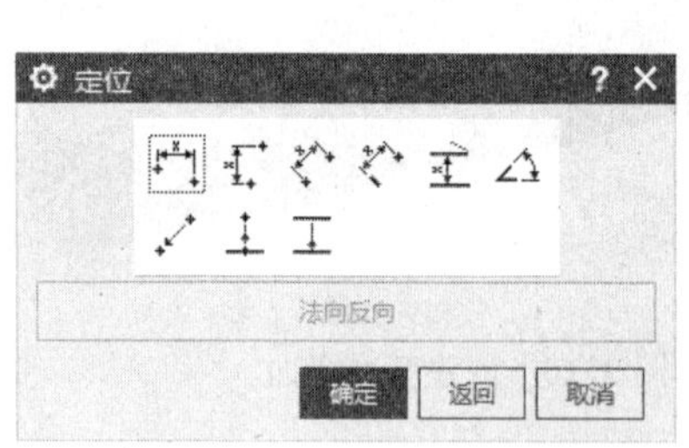

图 9-15　“定位”对话框

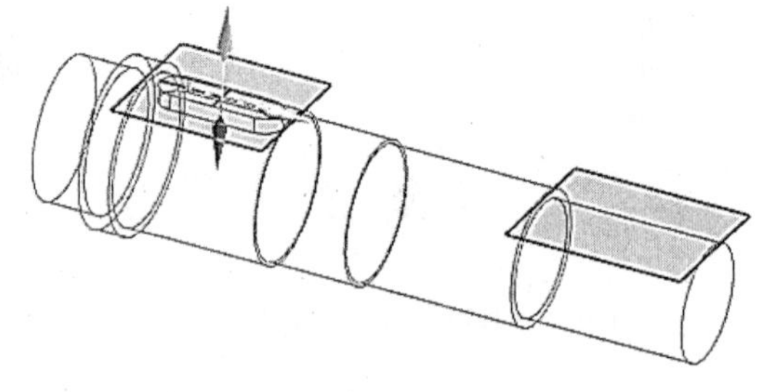

图 9-16　键槽预览图

❻在“定位”对话框中选择，系统弹出如图 9-17 所示的对话框。

❼选择图 9-10 中的圆弧 1 作为水平定位参照物，单击“确定”按钮。

❽系统弹出如图 9-18 所示的对话框，在该对话框中单击“圆弧中心”按钮。

❾系统再次弹出如图 9-17 所示的对话框，在该对话框中选择工具参考边，工具边选择图

9-16 中键槽的短中心线。

图 9-17　“水平”参考对话框

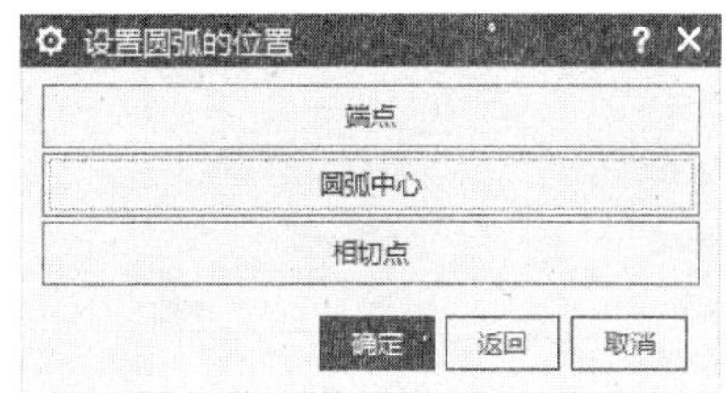

图 9-18　“设置圆弧的位置”对话框

⑩选择工具边后，系统弹出如图 9-19 所示的对话框，并且显示出水平方向的尺寸预览图。在该对话框中设定图 9-10 中的圆弧 1 与键槽的短中心线的水平距离为 64，单击“确定”按钮，创建一个键槽。

设置“长度”为 60、“宽度”为 14、“深度”为 5.5、圆弧 1 与键槽短中心线的水平距离为 226，创建另外一个键槽，结果如图 9-20 所示。

图 9-19　“创建表达式”对话框

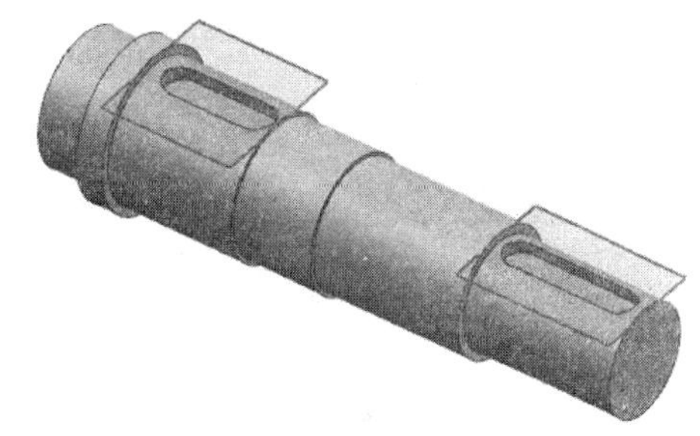

图 9-20　完成键槽的创建

9.1.3　倒角、螺孔和定位孔

01 选择“菜单”→“插入”→“细节特征”→“倒斜角”命令，或者单击“主页”选项卡 “基本”组中的“倒斜角”图标，系统弹出“倒斜角”对话框，如图 9-21 所示。利用该对话框进行倒角操作，方法如下：

❶在对话框的“横截面”中选择“对称”类型。

❷选择轴的两端面的边为倒角边。

❸在对话框中设置倒角的距离为 2。单击“确定”按钮，完成倒角的创建，如图 9-22 所示。

02 选择“菜单”→“插入”→“细节特征”→“边倒圆”命令，或者单击“主页”选项卡中的“基本”组→“倒圆下拉菜单”中的“边倒圆”图标，系统弹出如图 9-23 所示的“边倒圆”对话框。在该对话框的“半径 1”文本框中输入 1.5，选择各段圆柱相交的边，单击“确定”按钮，完成圆角的创建，结果如图 9-24 所示。

03 选择“菜单”→“插入”→“设计特征”→“孔”命令，或者单击“主页”选项卡 “基本”组中的“孔”图标，系统弹出“孔”对话框，如图 9-25 所示。利用该对话框建立孔，

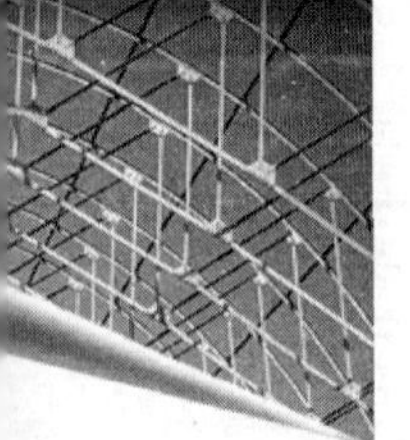

方法如下：

图 9-21　“倒斜角”对话框

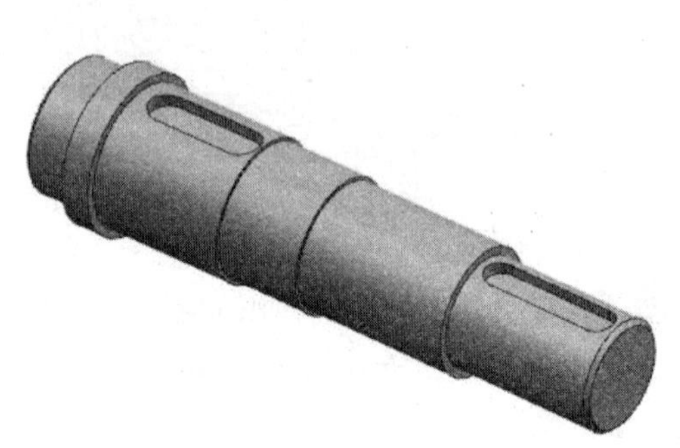

图 9-22　创建倒角

图 9-23　“边倒圆”对话框

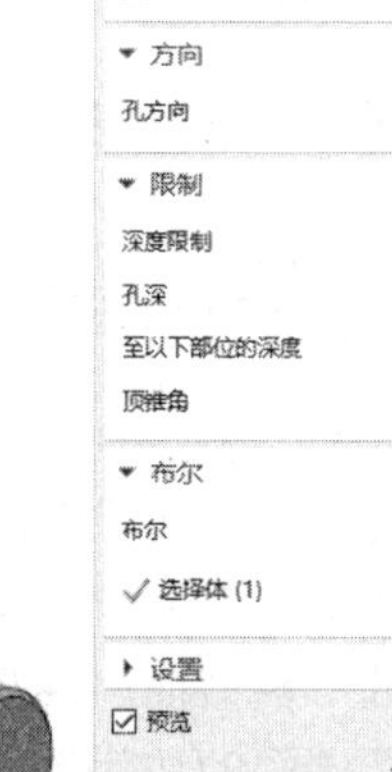

图 9-24　创建圆角

图 9-25　“孔”对话框

❶在“孔”对话框中选择“简单”类型。

❷设定“孔径”为 6、“孔深”为 12、“顶锥角”为 118。

❸选择轴右端面为孔的放置面，设置“孔”定位尺寸如图 9-26 所示。

❹单击“确定”按钮，完成孔的创建，结果如图 9-26 所示。

04 选择“菜单”→“插入”→“设计特征”→“螺纹”命令，或者单击“主页”选项卡“基本”组→“更多”库→“细节特征”库→“螺纹”图标，系统弹出“螺纹”对话框。在该对话框中选择螺纹类型为“符号”，然后选择刚创建的孔作为螺纹放置面，采用系统默认设置，创建螺纹。

05 重复上述操作，设置埋头“直径”为 8、埋头“角度”为 82、“孔径”为 4、“孔深”为 12、“顶锥角”为 118，在轴右端面中心创建定位孔。

通过剖视图可以看到创建的两个螺纹孔和定位孔，如图 9-27 所示。

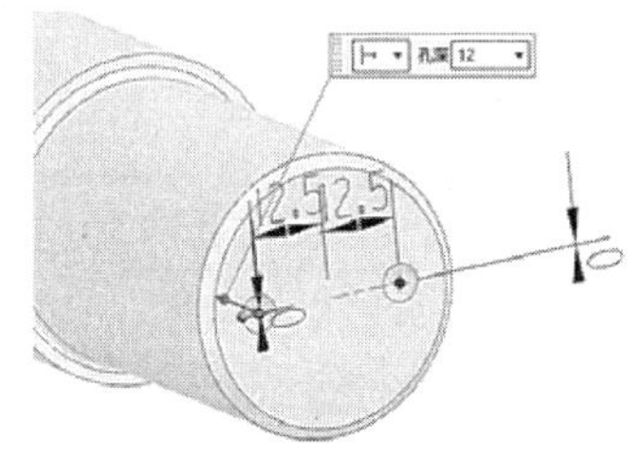

图 9-26　创建孔

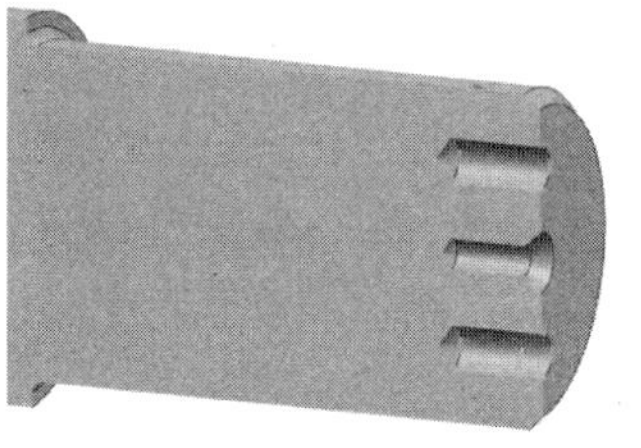

图 9-27　螺纹孔和定位孔

9.2 齿轮轴

制作思路

齿轮轴制作思路为：首先采用旋转草图轮廓的方法生成齿轮轴的阶梯轴部分，然后利用 GC 工具箱中的柱齿轮命令创建圆柱齿轮，最后添加边圆角和倒角特征。

9.2.1　齿轮轴主体

01 选择“菜单”→“文件”→“新建”命令，或者单击“主页”选项卡，选择“标准”组中的“新建”图标，打开“新建”对话框。选择“模型”类型，创建新部件，输入文件名为“chilunzhou”，打开建立模型模式。

02 选择“菜单”→“插入”→“草图”命令，或者单击“主页”选项卡“构造”组中的“草图”图标，系统弹出“创建草图”对话框，如图 9-28 所示。在绘图区选择 XY 平面，单击“确定”按钮，打开草图绘制界面。

03 选择“菜单”→“插入”→“曲线”→“轮廓”命令，或单击“主页”选项卡“曲线”组中的“轮廓”图标，绘制草图轮廓，如图 9-29 所示（水平线段的序号已在图 9-29 中标出）。

04 开启创建持久关系，选择草图场景条中的相关命令，创建持久关系。

❶令第 1 条竖直直线段（从左至右）与草图 Y 轴共线。

❷令第 1 条水平直线段（从上至下、从左至右）与草图 X 轴共线。

❸单击草图场景条中的“设为平行”按钮，使所有的竖直直线段和所有的水平直线段分别互相平行。

❹单击草图场景条中的“设为共线”按钮，在绘图区单击第 4 条和第 6 条水平直线段，使两线共线。

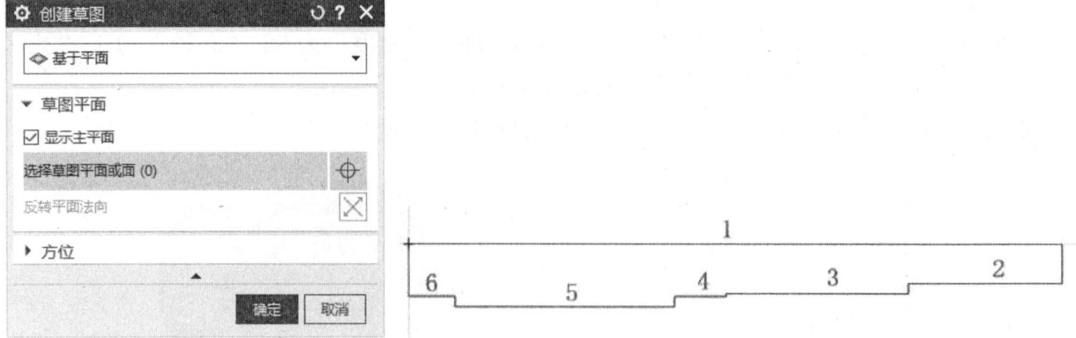

图 9-28　“创建草图”对话框　　　　图 9-29　绘制草图轮廓

05 选择“菜单”→“插入”→“尺寸”→“快速”命令或单击“主页”选项卡中的“求解”组→“尺寸下拉菜单”中的“快速尺寸”图标，弹出“快速尺寸”对话框。选择“水平”测量方法，对图中的水平线段进行尺寸标注。步骤如下：

❶将文本高度改为 3。

❷第 1 条水平直线长度设置为 253。

❸第 2 条水平直线长度设置为 60。

❹第 3 条水平直线长度设置为 70。

❺第 4 条水平直线长度设置为 20。

❻第 6 条水平直线长度设置为 18。

06 选择“菜单”→“插入”→“尺寸”→“快速”命令或单击“主页”选项卡，选择“求解”组→“尺寸下拉菜单”中的“快速尺寸”图标，弹出“快速尺寸”对话框。选择“竖直”测量方法，对图中的竖直线段进行尺寸标注。步骤如下：

❶第 1 条、第 6 条水平直线段的距离设置为 20。

❷第 1 条、第 5 条水平直线段的距离设置为 24。

❸第 1 条、第 3 条水平直线段的距离设置为 19。

❹第 1 条、第 2 条水平直线段的距离设置为 15。

❺结果如图 9-30 所示。此时草图已完全约束。

❻选择“菜单”→“任务”→“完成草图”命令，或者单击“主页”选项卡中的“草图”组中的“完成”图标，退出草图模式，打开建模模式。

07 选择“菜单”→“插入”→“设计特征”→“旋转”命令，或者单击“主页”选项卡 “基本”组中的“旋转”图标，系统弹出“旋转”对话框，如图 9-31 所示。利用该对话框选择草图曲线生成齿轮轴的轮廓，操作方法如下：

❶选择整个草图作为旋转体截面线串。

❷选择 XC 轴作为旋转体的旋转轴，采用默认的坐标（0,0,0）作为旋转中心基点。

❸设置旋转起始角度为 0 和结束角度为 360°。单击“确定”按钮，生成旋转体，如

图 9-32 所示。

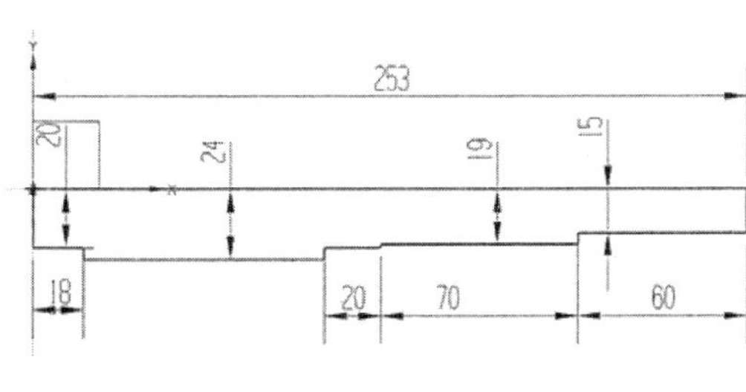

图 9-30 标注尺寸

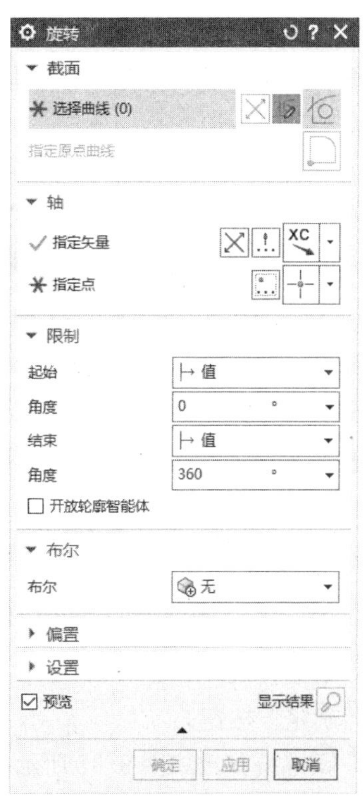

图 9-31 “旋转”对话框

08 选择“菜单”→“GC 工具箱”→“齿轮建模”→“柱齿轮”命令，或单击“主页”选项卡“齿轮建模 - GC 工具箱”组中的“柱齿轮建模”图标，系统弹出“渐开线圆柱齿轮建模”对话框，如图 9-33 所示。利用该对话框建立圆柱齿轮，方法如下：

❶在图 9-33 所示的对话框中选择“创建齿轮”单选按钮，单击“确定”按钮。

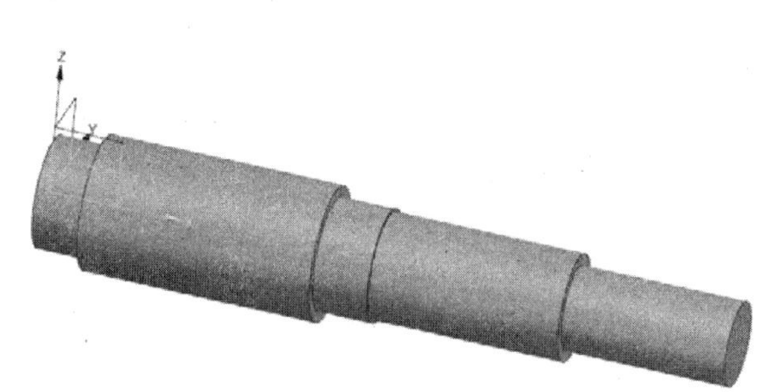

图 9-32 生成旋转体

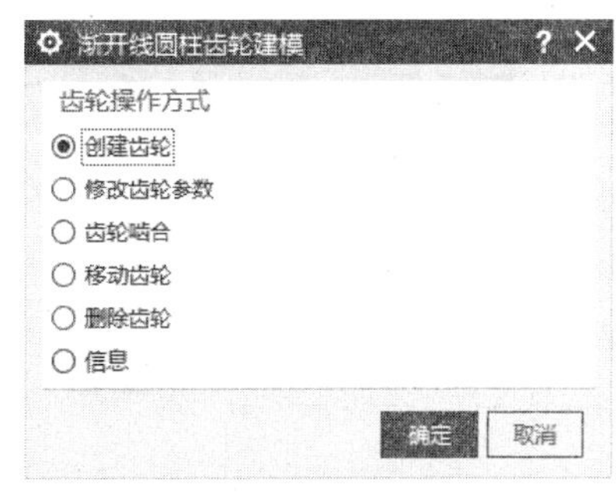

图 9-33 “渐开线圆柱齿轮建模”对话框

❷系统弹出“渐开线圆柱齿轮类型”对话框，如图 9-34 所示。在该对话框中可选择齿轮类型。选择“直齿轮”“外啮合齿轮”和“滚齿”单选按钮，单击“确定”按钮。

❸系统弹出“渐开线圆柱齿轮参数”对话框，如图 9-35 所示。在该对话框中可设置齿轮参数，在“标准齿轮”选项卡中输入“名称”为“gear1”、“模数”（毫米）为 3、“牙数”为 20、“齿宽”（毫米）为 65、“压力角”（度数）为 20，然后单击“确定”按钮。

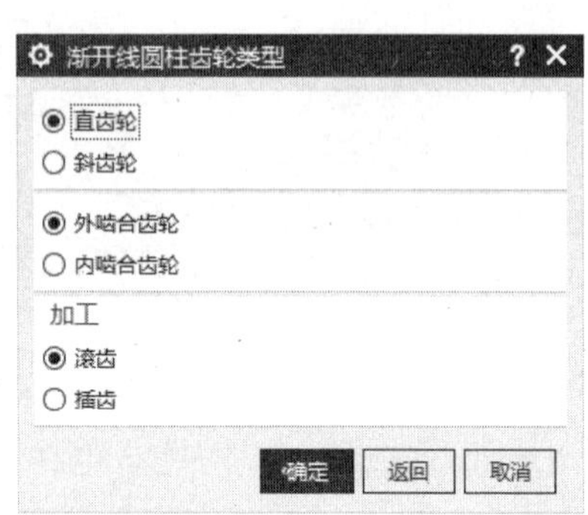

图 9-34　“渐开线圆柱齿轮类型”对话框

图 9-35　“渐开线圆柱齿轮参数”对话框

❹系统弹出如图 9-36 所示的“矢量”对话框，在矢量类型下拉列表中选择“XC 轴”，单击“确定”按钮。

❺系统弹出如图 9-37 所示的“点”对话框，输入坐标点为（28, 0, 0）。单击“确定”按钮，生成圆柱齿轮，如图 9-38 所示。

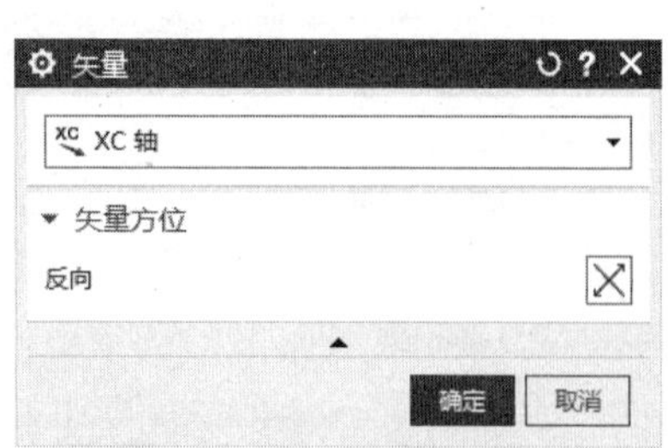

图 9-36　“矢量”对话框

图 9-37　“点”对话框

09 选择“菜单”→“插入”→“组合”→“合并”命令，或单击“主页”选项卡“基本”组中的“合并”图标，系统弹出“合并”对话框，在绘图区内依次选择步骤 **07** 创建的旋转体和步骤 **08** 创建的齿轮，单击“确定”按钮。

10 选择“菜单”→“插入”→“基准”→“基准平面”命令，或单击“主页”选项卡中的“构造”组→“基准下拉菜单”中的“基准平面”图标，弹出“基准平面”对话框，选择“相切”类型，单击如图 9-38 所示的最右侧小圆柱面。单击“确定”按钮，生成与所选圆柱面相切的基准平面，如图 9-39 所示。

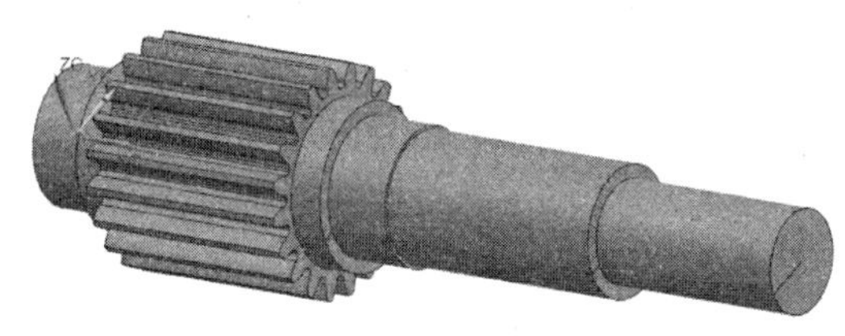

图 9-38　生成圆柱齿轮

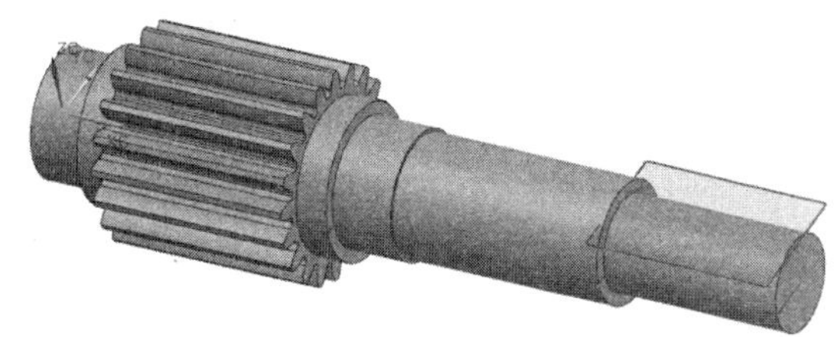

图 9-39　生成与所选圆柱面相切的基准平面

11 选择“菜单”→“插入”→“设计特征”→“键槽（原有）”命令，系统弹出“槽”对话框，如图 9-40 所示。利用该对话框建立键槽，方法如下：

❶在图 9-40 所示的对话框中选择“矩形槽”类型，单击“确定”按钮。

❷系统弹出如图 9-41 所示的对话框，选择步骤 10 创建的基准面作为键槽的放置面，如图 9-42 所示，在随后系统弹出的对话框中采用默认边设置。

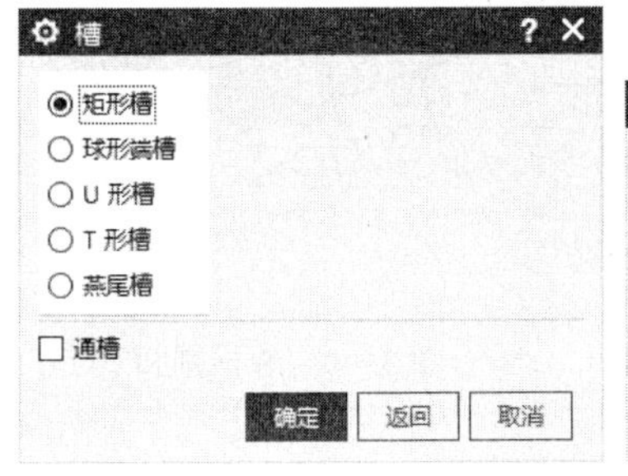

图 9-40　“槽”对话框

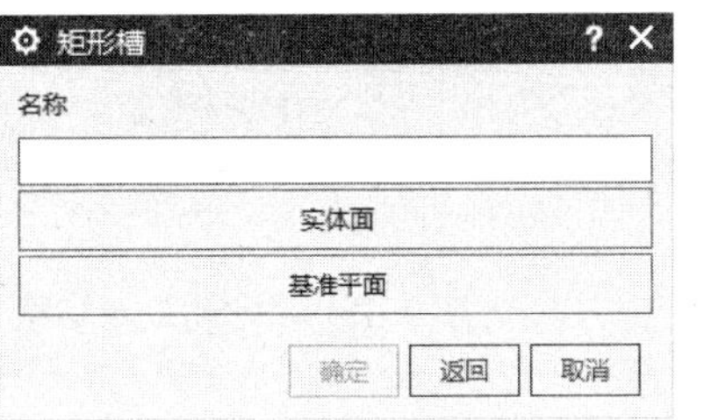

图 9-41　“矩形槽”对话框

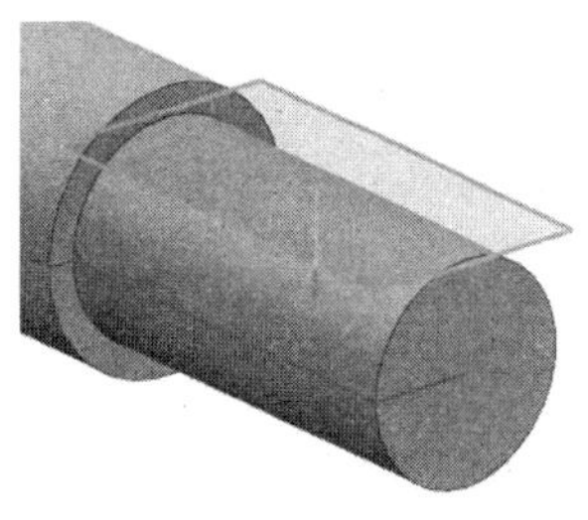

图 9-42　指定键槽的放置面

❸系统弹出“水平参考”对话框，如图 9-43 所示。在该对话框中可设定键槽的水平方向。选择键槽的放置面，指定键槽的水平方向，如图 9-44 所示。

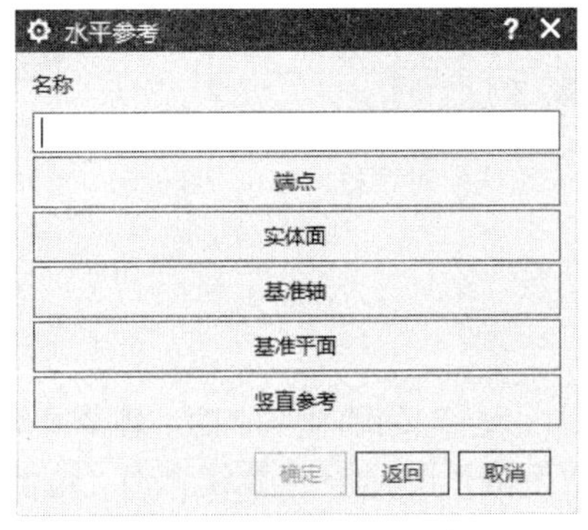

图 9-43　“水平参考”对话框

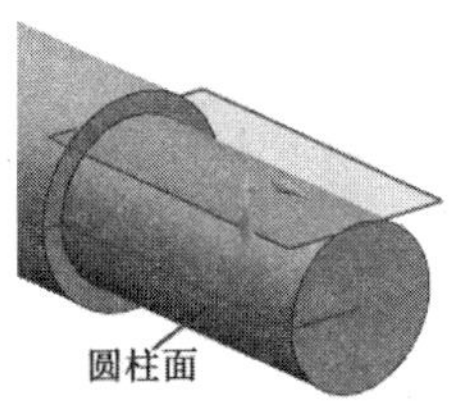

图 9-44　指定键槽的水平方向

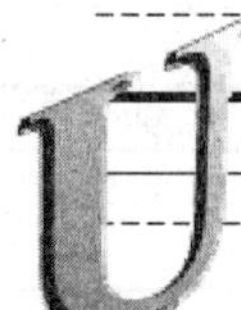

❹选择好水平参考后，系统弹出如图 9-45 所示的“矩形槽”参数设置对话框。在该对话框中设置键槽“长度”为 50、“宽度”为 8、“深度”为 4，单击“确定”按钮。

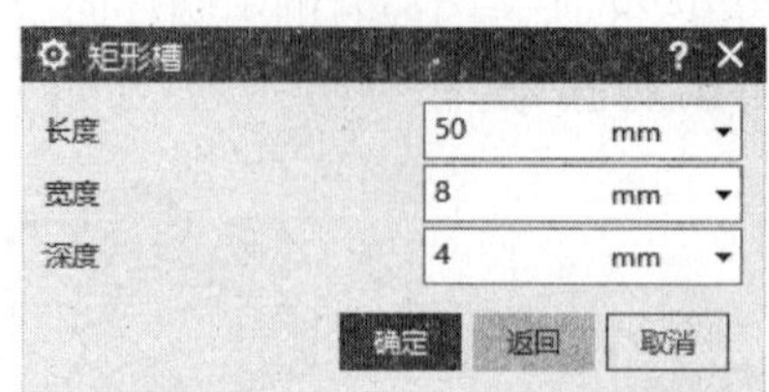

图 9-45 “矩形槽”参数设置对话框

❺系统弹出如图 9-46 所示的“定位”对话框。单击其中的“水平”按钮，弹出“水平”对话框，如图 9-47 所示。

❻选择如图 9-48 所示的圆弧，弹出“设置圆弧位置”对话框，如图 9-49 所示。单击“圆弧中心”按钮，再选择键槽短中心线，弹出“创建表达式”对话框，如图 9-50 所示。设置尺寸为 32，单击“确定”按钮，生成键槽，如图 9-51 所示。

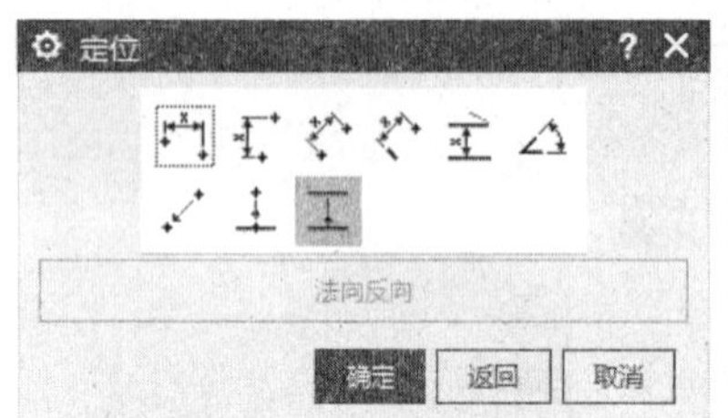

图 9-46 “定位”对话框

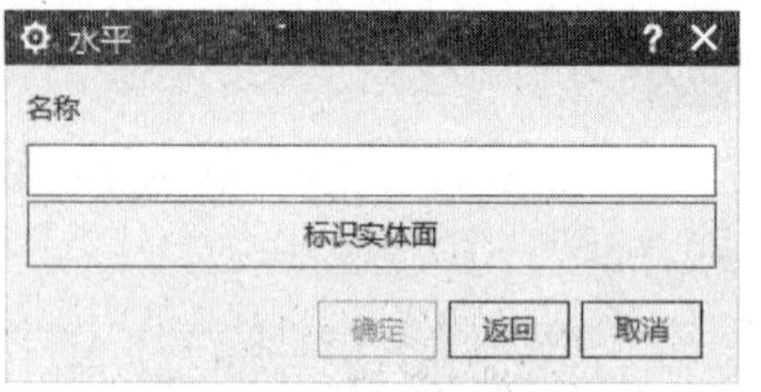

图 9-47 “水平”对话框

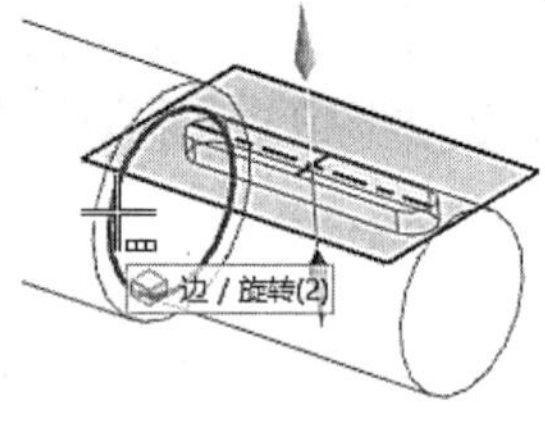

图 9-48 选择圆弧

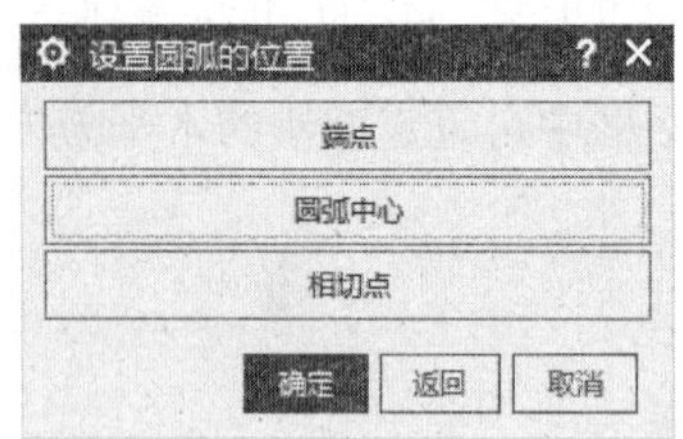

图 9-49 “设置圆弧的位置”对话框

图 9-50 “创建表达式”对话框

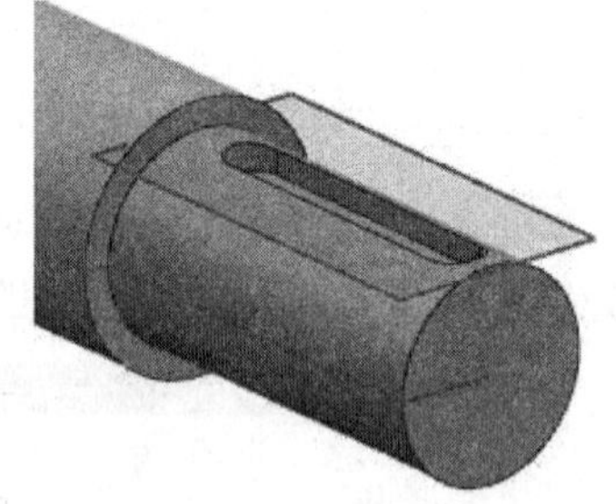

图 9-51 生成键槽

9.2.2 倒圆角和倒斜角

01 选择“菜单”→“插入”→“细节特征”→“边倒圆”命令，或者单击“主页”选项卡中的“基本”组→“倒圆下拉菜单”中的“边倒圆”图标，系统弹出“边倒圆”对话框。利用该对话框进行倒圆角，操作方法如下：

❶单击各段圆柱的相交边缘作为圆角边，如图 9-52～图 9-57 所示。

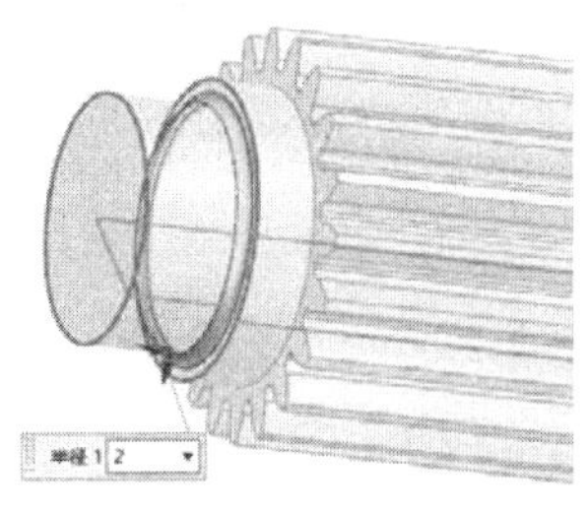

图 9-52　单击第 1 条圆角边

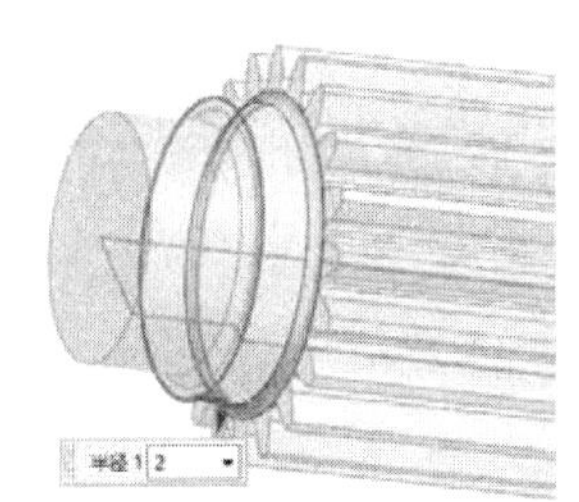

图 9-53　单击第 2 条圆角边

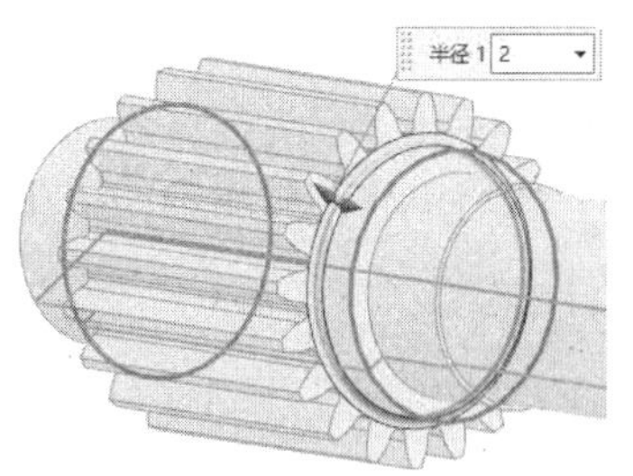

图 9-54　单击第 3 条圆角边

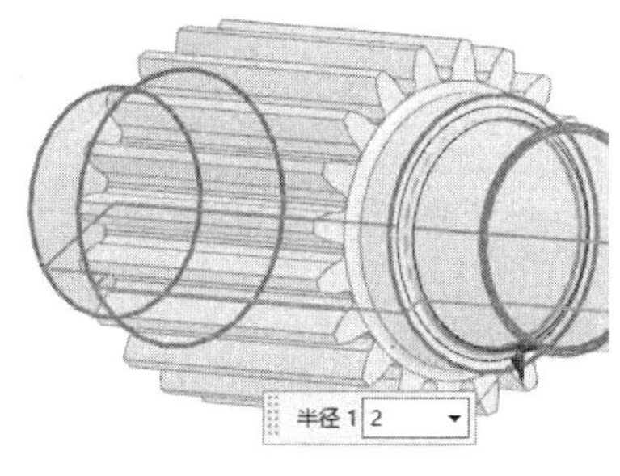

图 9-55　单击第 4 条圆角边

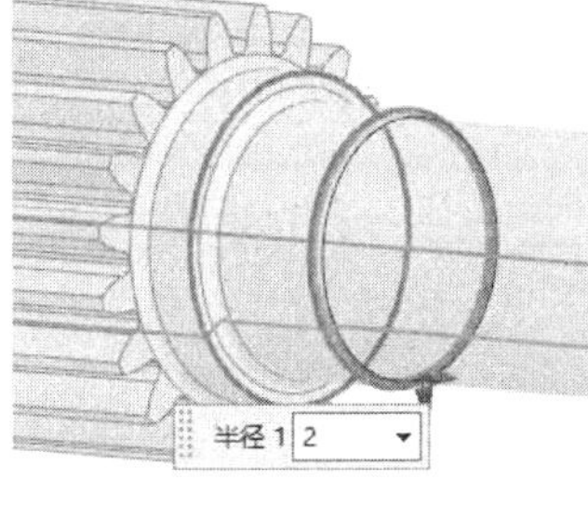

图 9-56　单击第 5 条圆角边

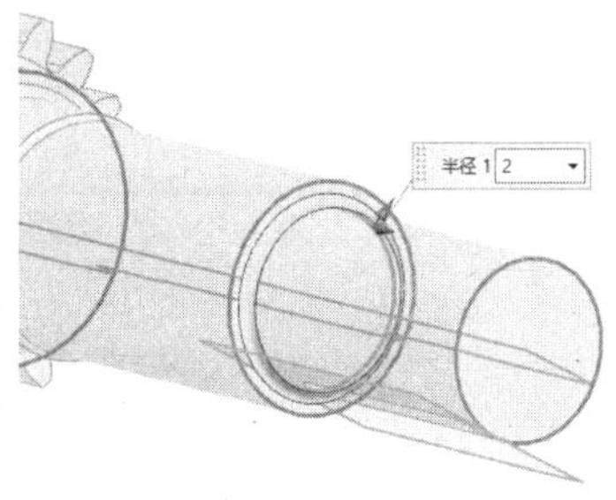

图 9-57　单击第 6 条圆角边

❷在对话框中设置圆角半径为 2。

❸单击“确定”按钮，生成 6 个圆角特征，如图 9-58 所示。

02 选择“菜单”→“插入”→“细节特征”→“倒斜角”命令，或者单击“主页”选项卡 “基本”组中的“倒斜角”图标，系统弹出“倒斜角”对话框。利用该对话框进行倒角，方法如下：

❶单击如图 9-59 和图 9-60 所示的两条倒角边。

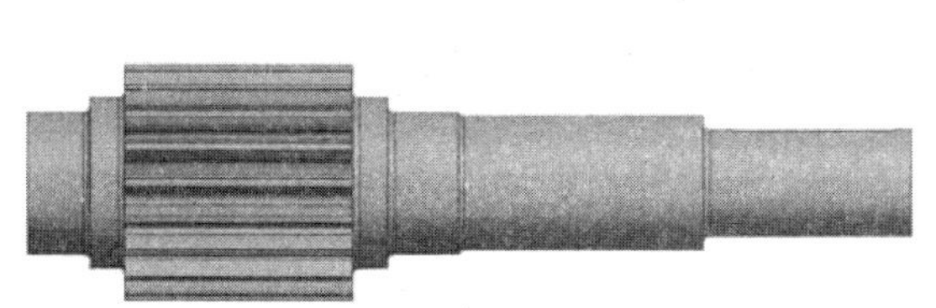

图 9-58　生成 6 个圆角特征

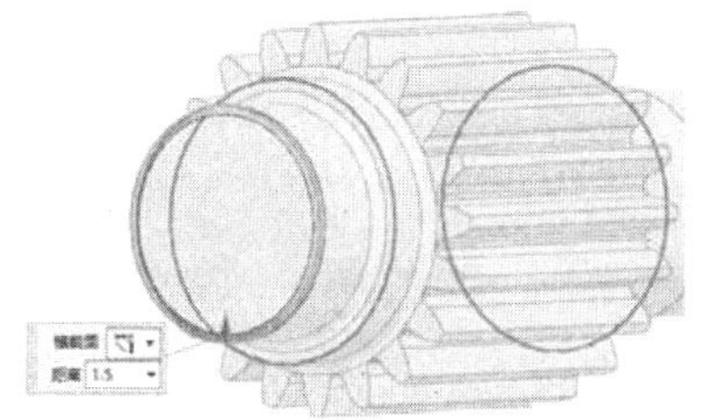

图 9-59　单击第 1 条倒角边

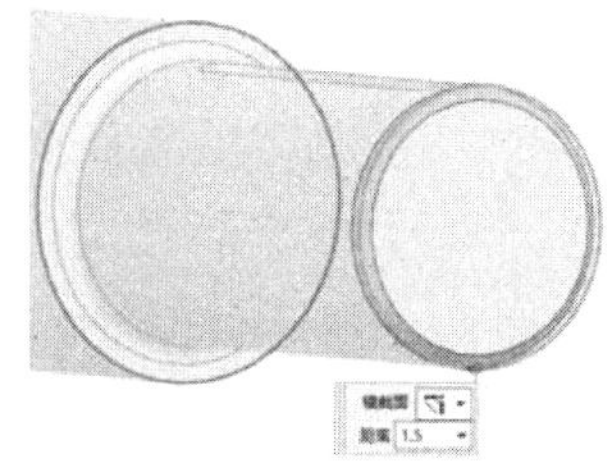

图 9-60　单击第 2 条倒角边

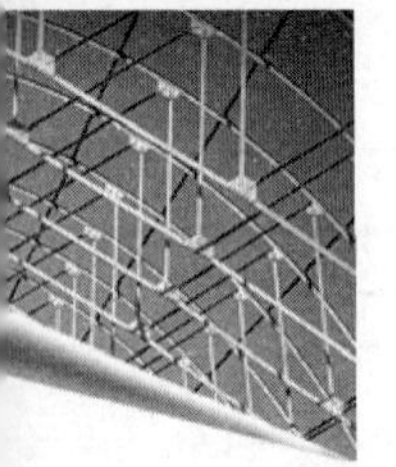

❷设置倒角对称值为 1.5。

❸单击“确定”按钮。在整个齿轮轴上、下底面边缘处生成两个倒角特征，如图 9-61 所示。最终生成的齿轮轴如图 9-62 所示。

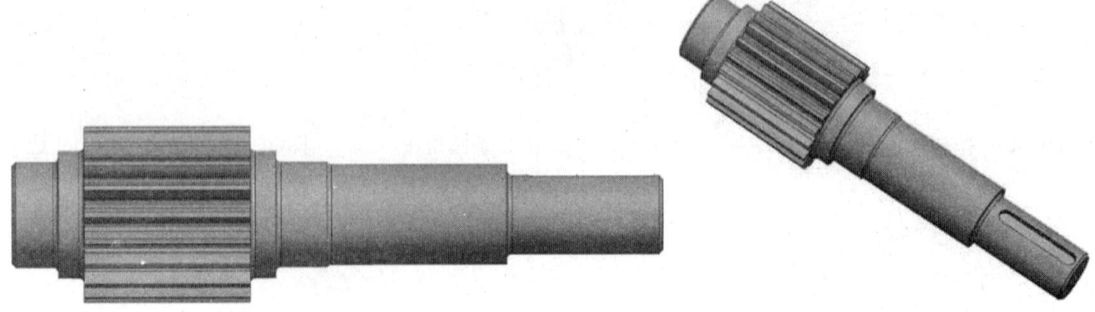

图 9-61　生成两个倒角特征

图 9-62　生成齿轮轴

第10章 齿轮设计

齿轮也是减速器中的重要零件，它的作用是将高速齿轮轴输入的动力通过键连接传递给低速轴然后输出。建立齿轮的方法与建立齿轮轴的方法类似。

重点与难点

- 创建齿轮主体轮廓
- 辅助结构设计

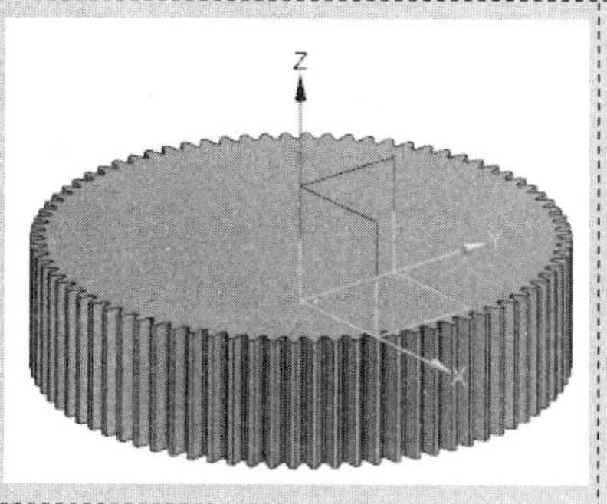

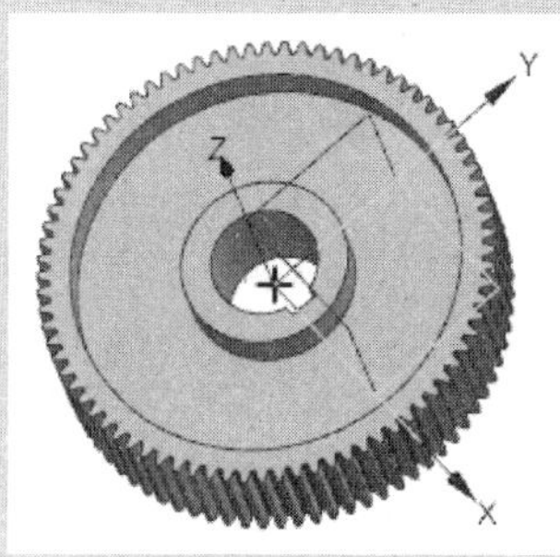

10.1 创建齿轮主体轮廓

制作思路

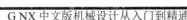

制作思路为：首先通过 GC 工具箱中的柱齿轮命令创建齿轮主体，然后通过拉伸命令创建齿轮的腹板、轴孔。

10.1.1 创建齿轮主体

01 选择“菜单”→“文件”→“新建”命令，或者单击“主页”选项卡 “标准”组中的“新建”图标，打开“新建”对话框。选择“模型”类型，创建新部件，输入文件名为“chilun”，打开建立模型模式。

02 选择“菜单”→“GC 工具箱”→“齿轮建模”→“柱齿轮”命令，或单击“主页”选项卡中的“齿轮建模 - GC 工具箱”组中的“柱齿轮建模”图标，系统弹出“渐开线圆柱齿轮建模”对话框，如图 10-1 所示。利用该对话框创建圆柱齿轮主体，方法如下：

❶在图 10-1 所示的对话框中选择“创建齿轮”单选按钮，单击“确定”按钮。

❷系统弹出“渐开线圆柱齿轮类型”对话框，如图 10-2 所示，该对话框用于选择齿轮类型，选择“直齿轮”“外啮合齿轮”和“滚齿”单选按钮，单击“确定”按钮。

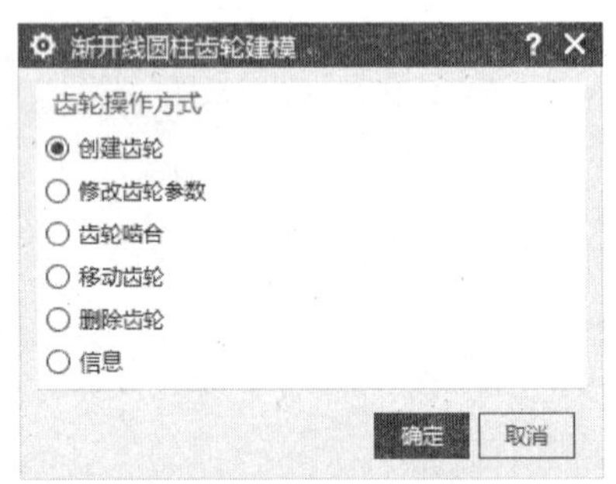

图 10-1 “渐开线圆柱齿轮建模”对话框

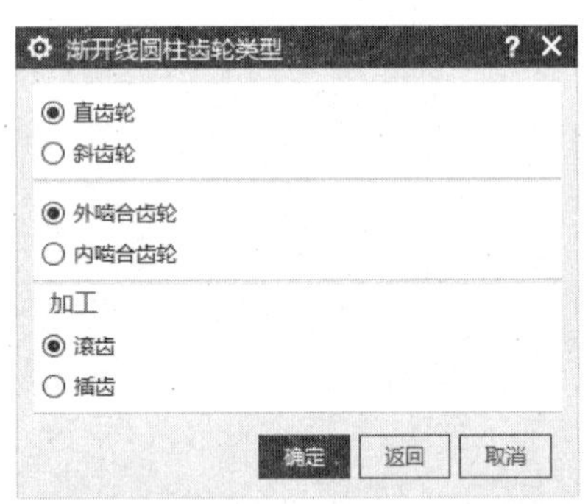

图 10-2 “渐开线圆柱齿轮类型”对话框

❸系统弹出“渐开线圆柱齿轮参数”对话框，如图 10-3 所示，该对话框用于设置齿轮参数，在“标准齿轮”选项卡中输入“名称”为“gear1”、“模数”（毫米）为 3、“牙数”为 80、“齿宽”（毫米）为 60、“压力角”（度数）为 20。单击“确定”按钮。

❹系统弹出如图 10-4 所示的“矢量”对话框，在“矢量类型”下拉列表中选择“ZC 轴”。单击“确定”按钮。

❺系统弹出如图 10-5 所示的“点”对话框中，输入“坐标点”为（0,0,-30），单击“确定”按钮，生成圆柱齿轮如图 10-6 所示。

图 10-3　“渐开线圆柱齿轮参数”对话框

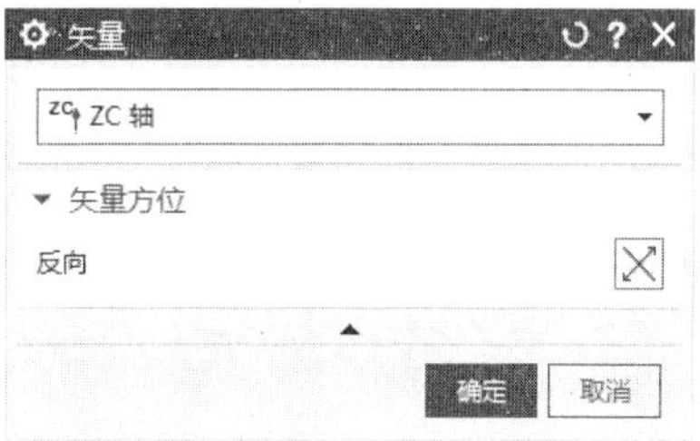

图 10-4　“矢量”对话框

图 10-5　“点”对话框

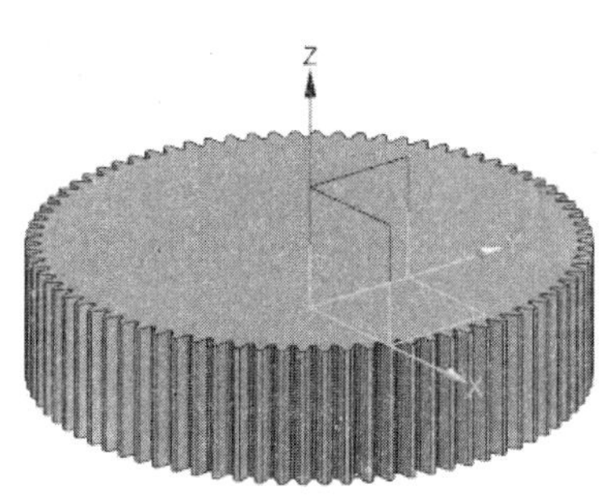

图 10-6　生成齿轮

10.1.2　创建齿轮腹板

01 选择“菜单”→“插入”→“设计特征”→“拉伸”命令，或者单击“主页”选项卡 “基本”组中的“拉伸”图标，弹出如图 10-7 所示的“拉伸”对话框。利用该对话框创建拉伸特征，方法如下：

❶在如图 10-7 所示对话框中单击按钮，弹出“创建草图”对话框，在绘图区选择如图 10-8 所示的草绘平面。单击“确定”按钮，打开草图模式。

❷选择“菜单”→“插入”→“曲线”→“圆”命令，或者单击“主页”选项卡 “曲线”组中的“圆”图标○，系统将弹出创建圆的对话框如图 10-9 所示，利用该对话框新建直径为 90 和 210 的两个圆，如图 10-10 所示。

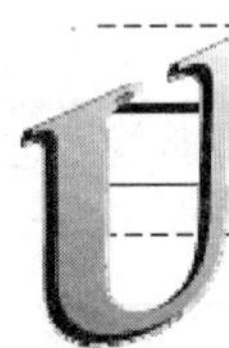

图 10-7 “拉伸”对话框

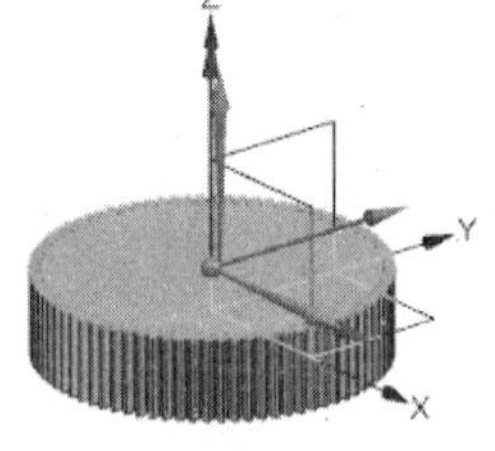

图 10-8 选择草绘平面

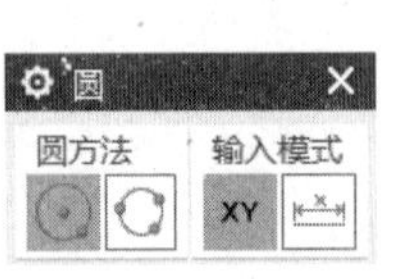

图 10-9 “圆”对话框

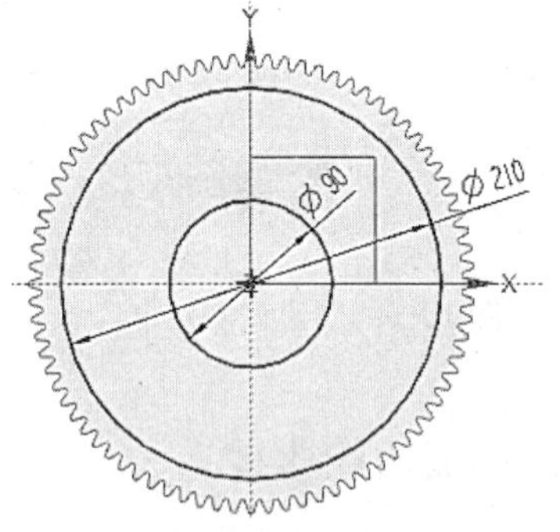

图 10-10 绘制两个圆

❸选择“菜单”→“任务”→“完成草图”命令，或者单击“主页”选项卡，选择“草图”组中的“完成”图标，退出草图模式，打开建模模式。

❹系统返回如图 10-7 所示的“拉伸”对话框，在“指定矢量”下拉列表中选择-ZC作为拉伸方向。

❺在该对话框中设定终止“距离”为 22.5，在“布尔”下拉列表中选择“减去”，单击“确定”按钮，完成拉伸。拉伸结果如图 10-11 所示。

02 选择“菜单”→“插入”→“关联复制”→“镜像特征”命令，或者单击“主页”选项卡“基本”组中的“镜像特征”图标，弹出如图 10-12 所示的“镜像特征”对话框。通过该对话框对步骤 01 创建的拉伸特征进行镜像，方法如下：

❶在绘图区中选择上一步创建的拉伸特征。

❷单击“镜像特征”对话框中的“平面”按钮，在绘图区选择 XY 平面，单击“确定”按钮，结果如图 10-13 所示。

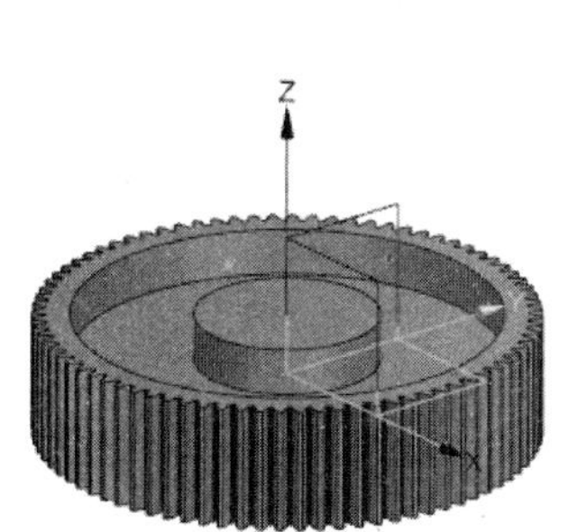

图 10-11　拉伸结果

图 10-12　“镜像特征”对话框

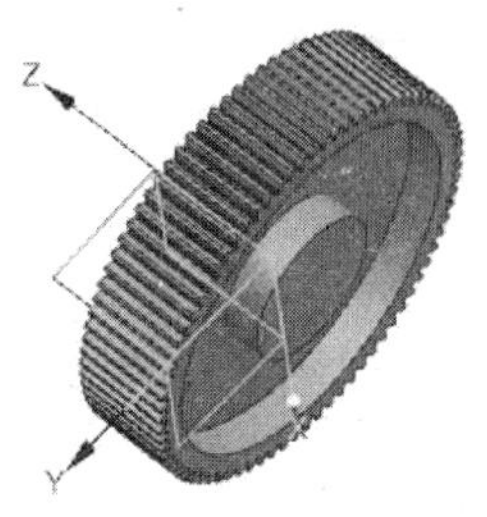

图 10-13　镜像特征结果

10.1.3　创建轴孔

01 选择“菜单”→“插入”→“设计特征”→“拉伸”命令，或者单击“主页”选项卡 “基本”组中的“拉伸”图标，弹出如图 10-14 所示的“拉伸”对话框。

02 在如图 10-14 所示对话框中单击按钮，弹出“创建草图”对话框，选择“基于平面”类型，然后单击“确定”按钮，以默认的 XY 平面为草绘平面，打开草图模式。

03 选择“菜单”→“插入”→“曲线”→“圆”命令，或者单击“主页”选项卡“曲线”组中的“圆”图标○，绘制一个直径为 58 的圆，如图 10-15 所示。

04 选择“菜单”→“插入”→“曲线”→“直线”命令，或者单击“主页”选项卡“曲线”组中的“直线”图标╱，绘制如图 10-16 所示的 3 条直线。

05 选择“菜单”→“编辑”→“曲线”→“修剪”命令，或者单击“主页”选项卡“编辑”组中的“修剪”图标，修剪结果如图 10-17 所示。

06 选择“菜单”→“任务”→“完成草图”命令，或者单击“主页”选项卡“草图”组中的“完成”图标，打开草图模式，打开建模模式。

07 系统返回如图 10-14 所示的“拉伸”对话框，在“指定矢量”下拉列表中选择 ZC↑ 作为拉伸方向，设置“起始”和“终止”均为“贯通”，“布尔”为“减去”。单击“确定”按钮，完成拉伸。拉伸结果如图 10-18 所示。

UG NX

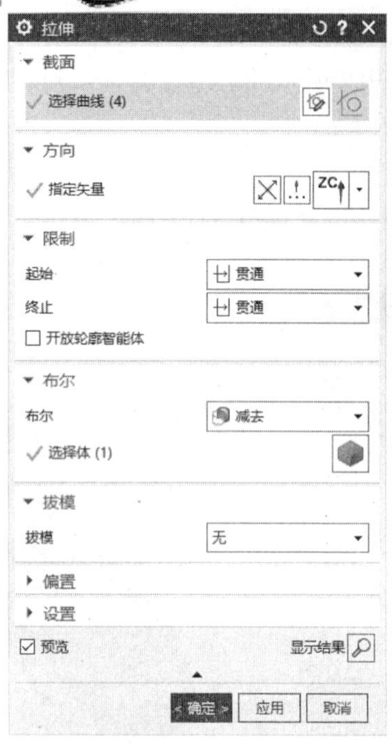

图 10-14 “拉伸”对话框

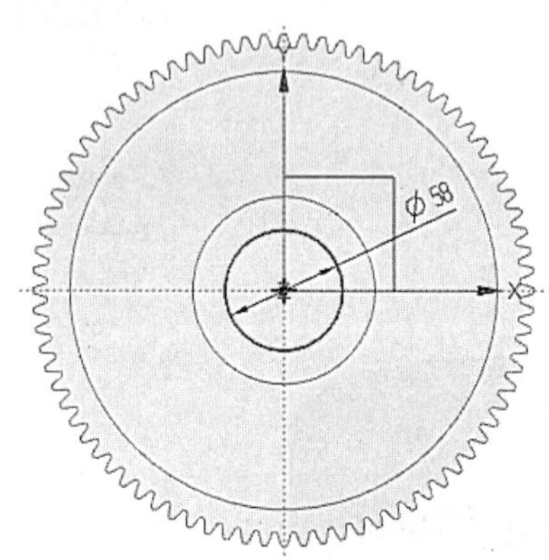

图 10-15 绘制一个圆

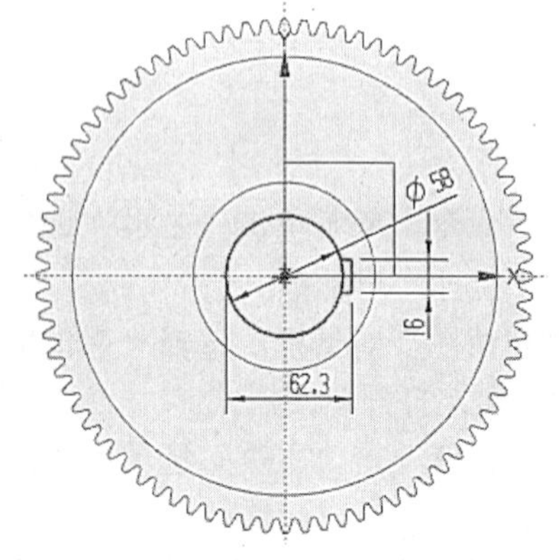

图 10-16 绘制 3 条直线

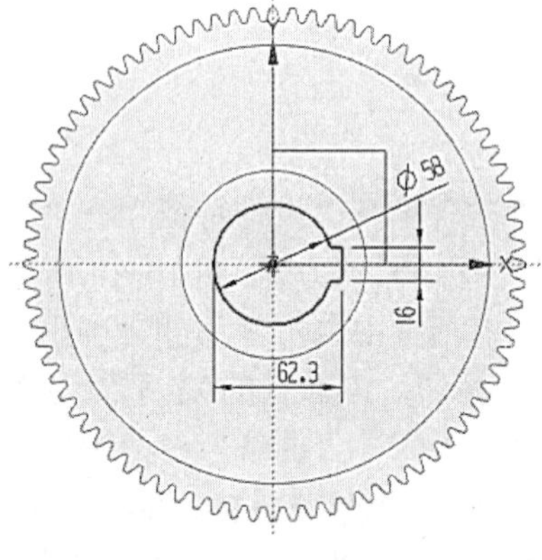

图 10-17 修剪结果

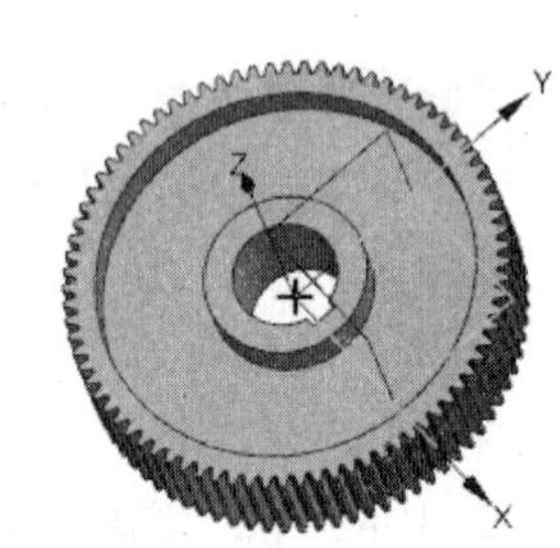

图 10-18 拉伸结果

10.2 辅助结构设计

制作思路

首先通过“孔”命令和“阵列特征”命令创建减重孔，然后通过倒斜角操作和倒圆角操作建立倒角与圆角特征。

10.2.1　创建减重孔

01 选择"菜单"→"插入"→"设计特征"→"孔"，或者单击"主页"选项卡"基本"组中的"孔"图标，系统弹出"孔"对话框，如图10-19所示。利用该对话框创建孔，操作方法如下：

❶在图10-19所示"孔"对话框的"孔类型"中选择"简单"。

❷设置"孔径"为35、"深度限制"为"贯通体"。

❸在腹板上侧的平面上的靠近Y轴方向处单击，在绘图区将"定位尺寸"设置为75和0，如图10-20所示。

❹单击"确定"按钮，得到图10-21所示的孔。

图10-19　"孔"对话框

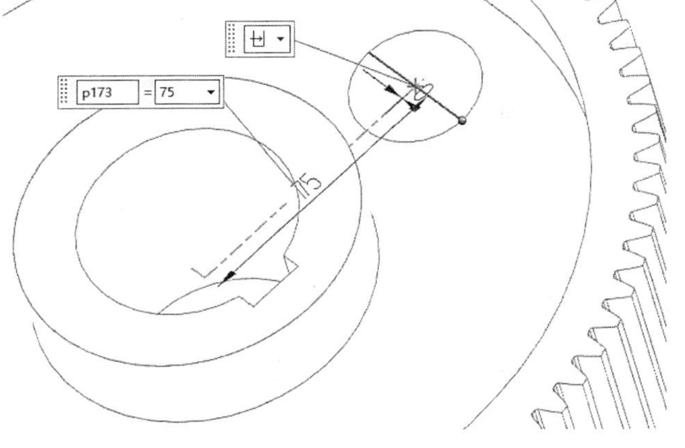

图10-20　对孔进行定位

02 选择"菜单"→"插入"→"关联复制"→"阵列特征"命令，或单击"主页"选项卡"基本"组中的"阵列特征"图标。系统弹出"阵列特征"对话框，如图10-22所示。利用该对话框对步骤 01 创建的一个减重孔进行阵列，操作方法如下：

❶在该对话框中设置"布局"为"圆形"，然后在绘图区或部件导航器中选择步骤 01 创建的孔特征。

❷输入阵列的"数量"为6、"间隔角"为60。

❸在该对话框中选择"ZC"轴作为旋转轴的指定矢量。

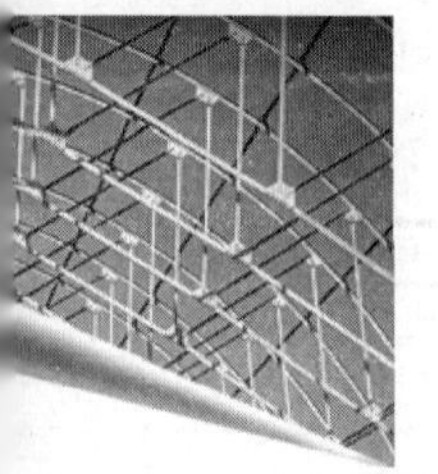

❹在该对话框中设定坐标原点作为圆形阵列的旋转轴指定点。

❺单击“确定”按钮，生成的圆周阵列如图 10-23 所示。

图 10-21　创建孔

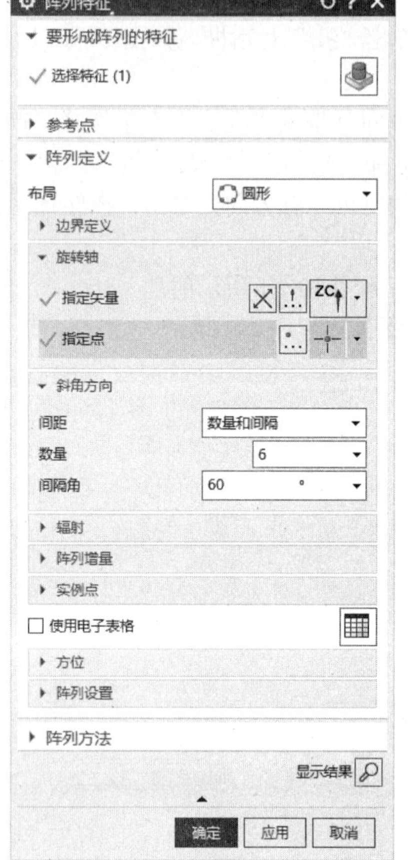

图 10-22　“阵列特征”对话框

图 10-23　阵列孔

10.2.2　倒角及圆角

01 选择“菜单”→“插入”→“细节特征”→“倒斜角”命令，或者单击“主页”选项卡“基本”组中的“倒斜角”图标，弹出“倒斜角”对话框，如图 10-24 所示。利用该对话框建立倒斜角，方法如下：

❶在图 10-24 所示对话框中“横截面”下拉列表中选择“对称”方式。

❷在该对话框中设置倒角的“距离”。

❸选择要倒角的边并单击“确定”按钮，完成倒角。

需要倒角的边如图 10-25 中所示，边倒角 1（所有齿顶圆的外缘边）的“距离”为 1，边倒角 2 的“距离”为 2，边倒角 3 的“距离”为 2.5。

02 选择“菜单”→“插入”→“细节特征”→“边倒圆”命令，或者单击“主页”选项卡，选择“基本”组→“倒圆下拉菜单”中的“边倒圆”图标，系统将弹出如图 10-26 所示的“边倒圆”对话框，在该对话框中设置圆角半径为 3，需要倒圆的边如图 10-27 中所示，单击“确定”按钮，完成倒圆角。

图 10-24 “倒斜角”对话框

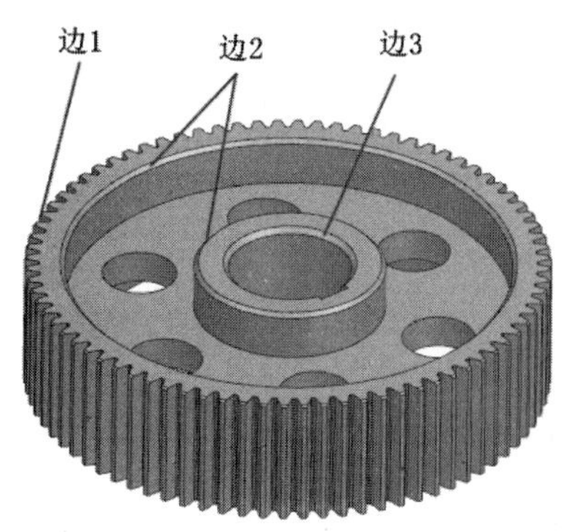

图 10-25 边倒角

图 10-26 “边倒圆”对话框

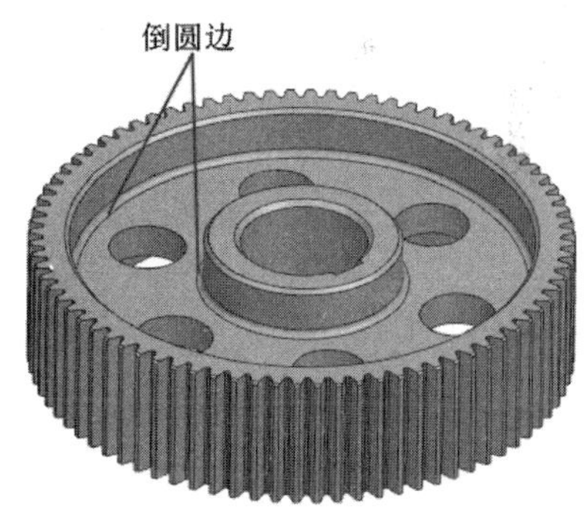

图 10-27 边倒圆的结果

03 选择“菜单”→“插入”→“关联复制”→“镜像特征”命令，或者单击“主页”选项卡“基本”组中的“镜像特征”图标，弹出“镜像特征”对话框。通过该对话框对所创建的倒角和圆角进行镜像，方法如下：

❶在部件导航器中选择上面所创建的所有倒斜角和边倒圆特征。

❷单击“镜像特征”对话框中的“平面”按钮，在绘图区选择 XY 平面，然后单击“确定”按钮，完成倒角和倒圆的镜像。

第 11 章

减速器机盖设计

减速器机盖是减速器中比较复杂的部件。本章将通过综合运用前面学习的建模方法，结合布尔运算、拔模和抽壳等操作，完成减速器机盖的创建。

重点与难点

- 机盖主体设计
- 机盖附件设计

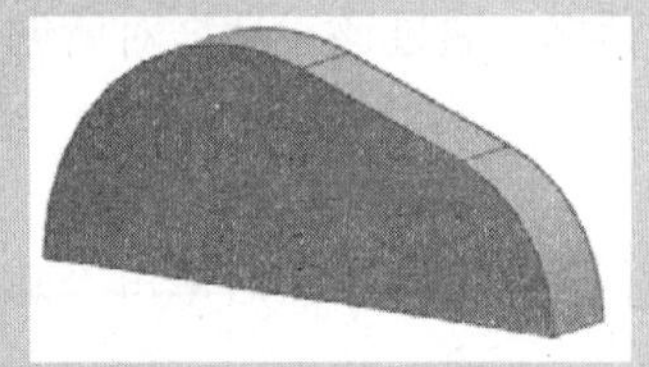

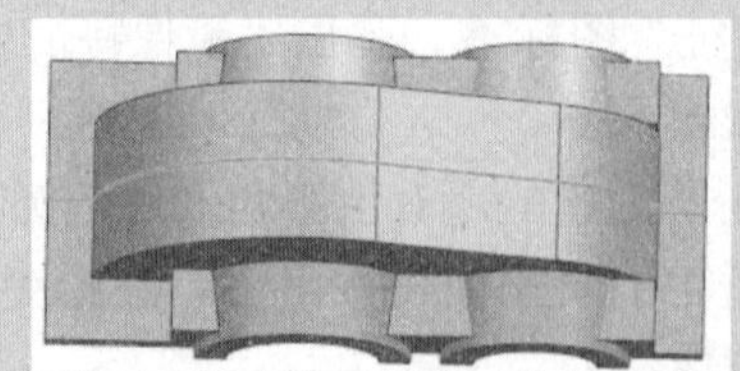

11.1 机盖主体设计

制作思路

减速器机盖是减速器中外形比较复杂的部件，其上分布了各种槽、孔、凸台等特征。在绘制减速器机盖时，首先在草图模式下绘制带有约束关系的二维图形，然后利用草图创建参数化的截面，最后通过对平面图形的拉伸和旋转等操作生成参数化实体模型。

本实例的制作思路是：利用草图模式绘制各种截面，然后利用“拉伸”“布尔运算”和“镜像”等命令，创建减速器机盖实体模型。

11.1.1　创建机盖的中间部分

01 选择“菜单”→“文件”→“新建”命令，或单击“主页”选项卡，选择“标准”组中的“新建”图标，打开“新建”对话框。选择“模型”类型，创建新部件，输入名称为“jigai”，打开建立模型模式。

02 选择“菜单”→“插入”→“草图”命令，或者单击“主页”选项卡“构造”组中的“草图”图标，系统弹出如图11-1所示的“创建草图”对话框，在绘图区选择XY平面，单击“确定”按钮，打开草图绘制界面。

03 选择“菜单”→“插入”→“圆”命令，或者单击“主页”选项卡“曲线”组中的“圆”图标○，绘制圆心坐标为（0,0）、直径为280的圆，如图11-2所示。

04 按同样的方法，绘制圆心坐标（130,0）、直径为196的另一个圆，如图11-3所示。

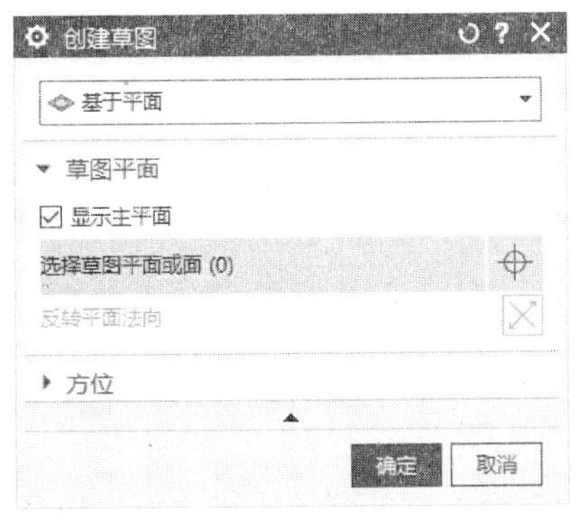

图11-1　“创建草图”对话框

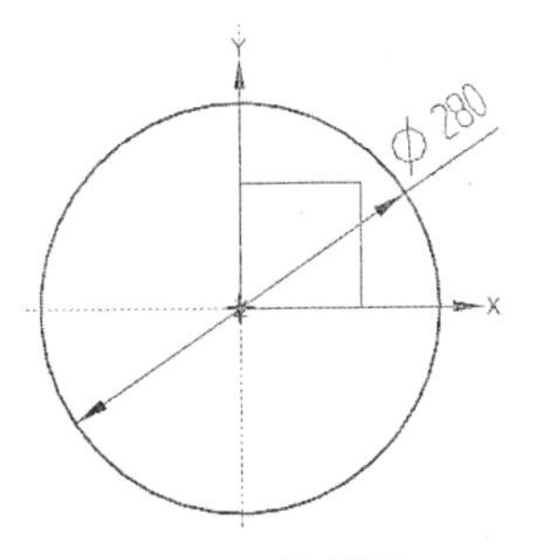

图11-2　绘制圆1

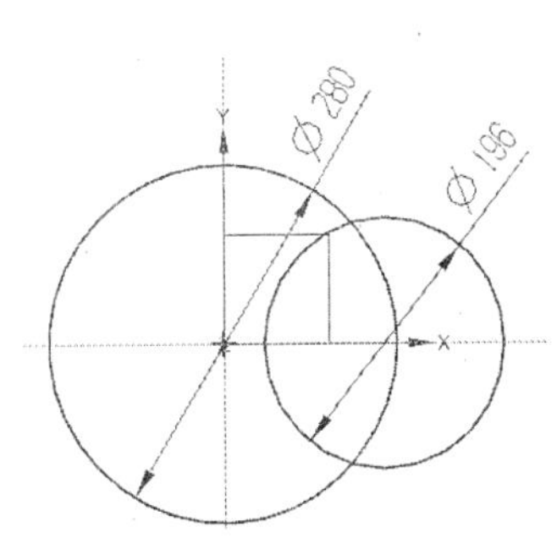

图11-3　绘制圆2

05 选择“菜单”→“插入”→“曲线”→“轮廓”命令，或者单击“主页”选项卡“曲线”组中的“轮廓”图标，建立两圆的外切线，方法如下：

选取大圆上任意一点，如图11-4所示，绘制直线到另一圆，直到出现切线的图标，单击建立公切线，如图11-5所示。

06 选择“菜单”→“插入”→“曲线”→“直线”命令，或者单击“主页”选项卡“曲线”组中的“直线”图标╱，以初始坐标为（-250,0），如图11-6所示，绘制长度为550、角

UG NX

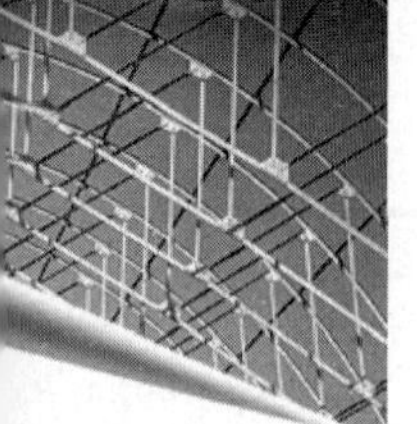

度为 0 的直线，结果如图 11-7 所示。

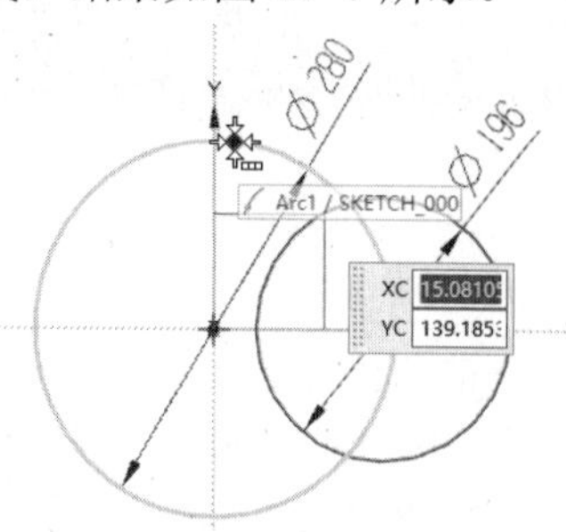

图 11-4　选取圆上任意点

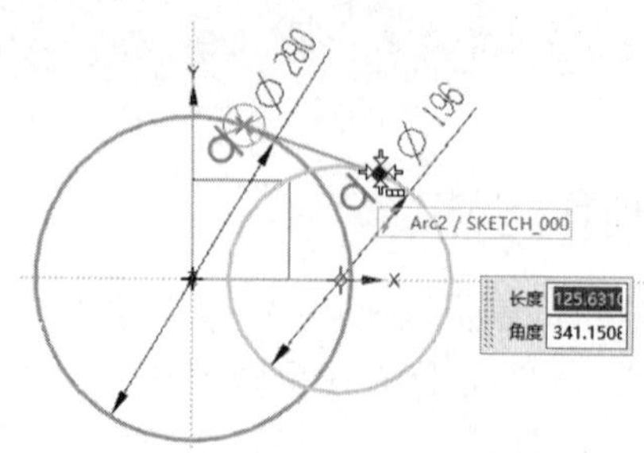

图 11-5　绘制切线

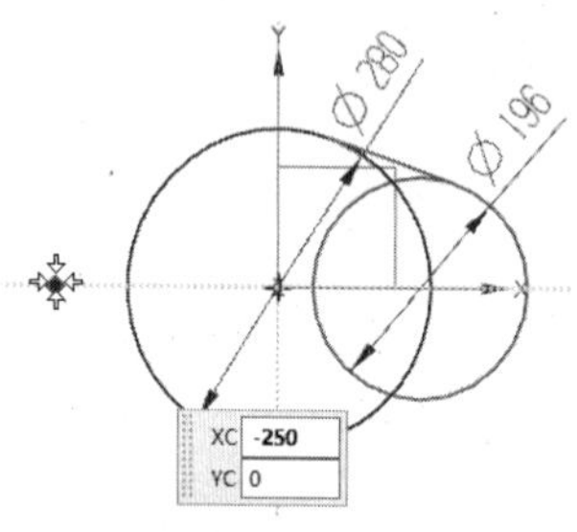

图 11-6　初始坐标

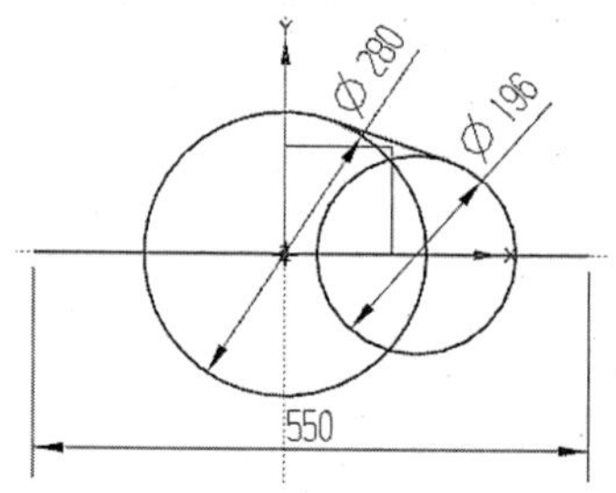

图 11-7　绘制直线

07 选择“菜单”→“编辑”→“曲线”→“修剪”命令，或者单击“主页”选项卡，选择“编辑”组中的“修剪”图标╳，修剪图形，结果如图 11-8 所示。

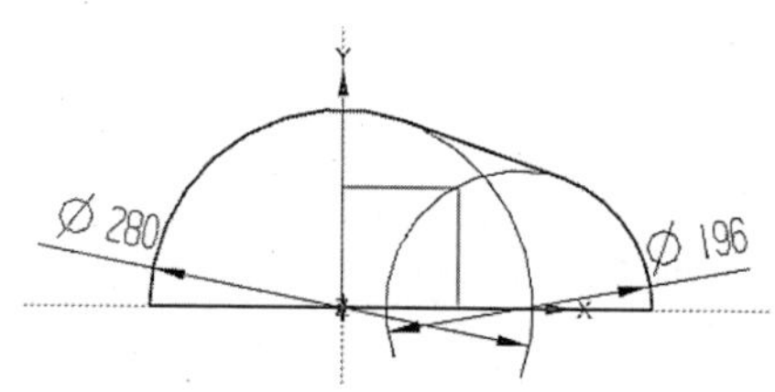

图 11-8　修剪外形

08 选择“菜单”→“任务”→“完成草图”命令，或者单击“主页”选项卡“草图”组中的“完成”图标，退出草图模式，打开建模模式。

09 选择“菜单”→“插入”→“设计特征”→“拉伸”命令，或者单击“主页”选项卡 “基本”组中的“拉伸”图标，系统弹出“拉伸”对话框。利用该对话框拉伸草图中创建的曲线，操作方法如下：

❶选择草图中绘制的曲线作为拉伸曲线。

❷在“指定矢量”下拉菜单中选择 ZC↑ 作为拉伸方向。

❸在对话框中输入终止距离为 51，设置其他参数为 0，如图 11-9 所示。单击“确定”按钮，完成拉伸。生成的实体如图 11-10 所示。

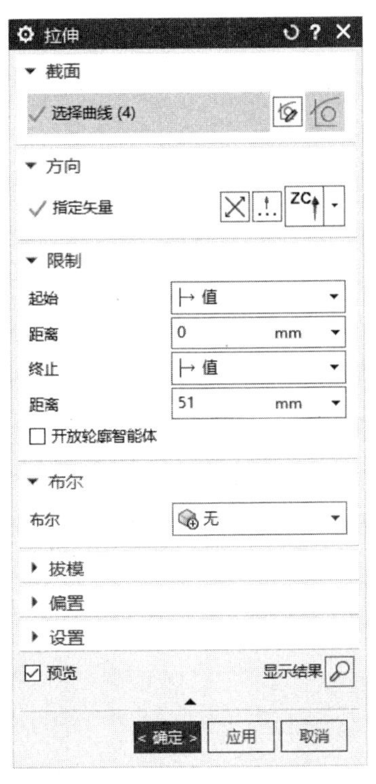

图 11-9　“拉伸”对话框

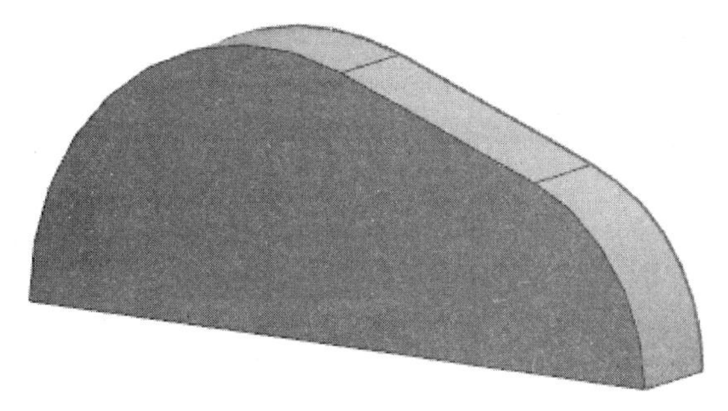

图 11-10　拉伸生成实体

11.1.2　创建机盖的端面

01 选择“菜单”→“插入”→“草图”命令，或者单击“主页”选项卡“构造”组中的“草图”图标，在绘图区选择 XY 平面，单击“确定”按钮，打开草图模式。

02 选择“菜单”→“插入”→“曲线”→“矩形”命令，或者单击“主页”选项卡“曲线”组中的“矩形”图标，系统弹出“矩形”对话框，如图 11-11 所示。该对话框中的图标从左到右分别表示“按 2 点”“按 3 点”“从中心”“坐标模式”和“参数模式”。利用该对话框建立矩形。方法如下：

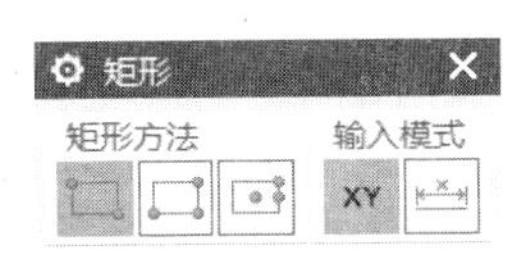

图 11-11　“矩形”对话框

❶单击图标，选择创建方式为“按 2 点”。

❷系统出现图 11-12a 中的文本框，在该文本框中设置起始点坐标为（-170, 0），然后按 Enter 键。

❸系统弹出如图 11-12b 所示的文本框，在该文本框中设定“宽度”和“高度”分别为 428 和 12，然后按 Enter 键。

03 按同样的方法，设置起点坐标为（-86, 0），设置“宽度”和“高度”分别为 312 和 45，创建了一个矩形，结果如图 11-13 所示。

04 选择“菜单”→“任务”→“完成草图”命令，或者单击“主页”选项卡“草图”组中的“完成”图标，退出草图模式，打开建模模式。

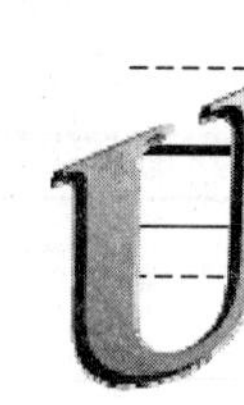

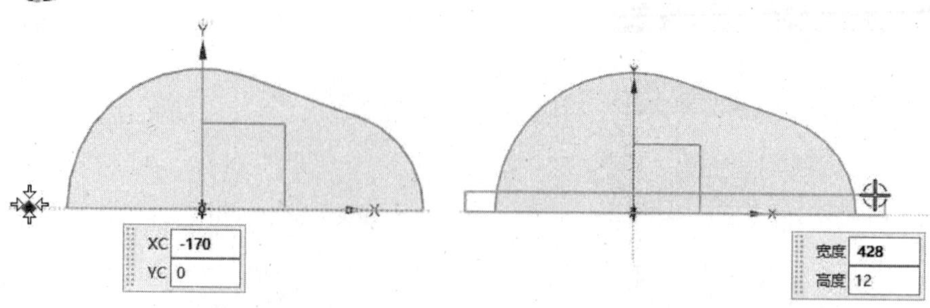

a）设定起始点　　b）设定宽度、高度

图 11-12　设置参数

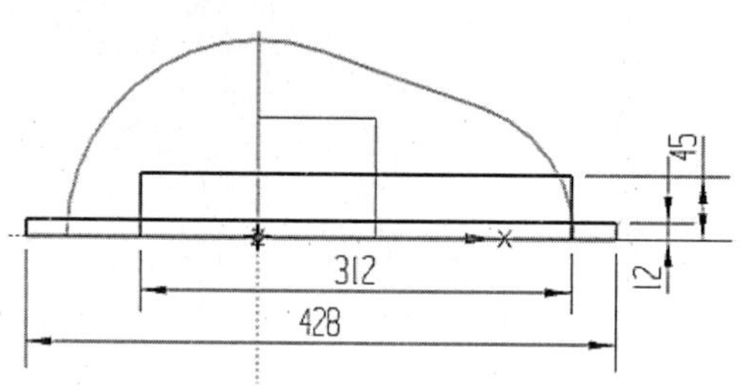

图 11-13　绘制矩形

05 选择“菜单”→“插入”→“设计特征”→“拉伸”命令，或者单击“主页”选项卡“基本”组中的“拉伸”图标，系统弹出“拉伸”对话框。利用该对话框拉伸草图中创建的曲线，操作方法如下：

❶选择草图中创建的第二个矩形（见图 11-14）作为拉伸曲线。

❷在“指定矢量”下拉列表中选择 ZC↑ 作为拉伸方向，并设置起始距离为 51、终止距离为 91、布尔操作为“合并”，单击“确定”按钮，生成如图 11-15 所示的实体。

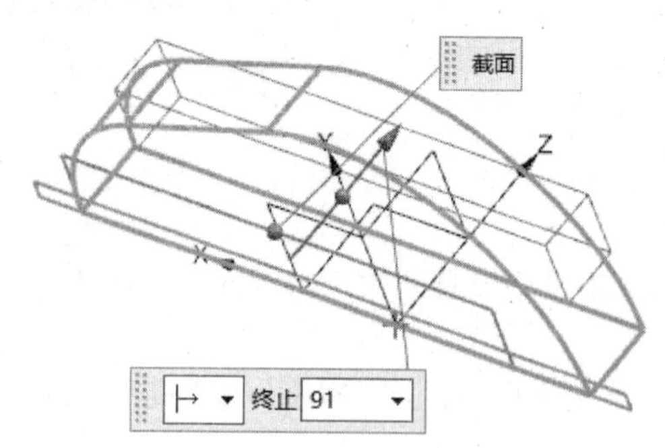

图 11-14　选择拉伸曲线

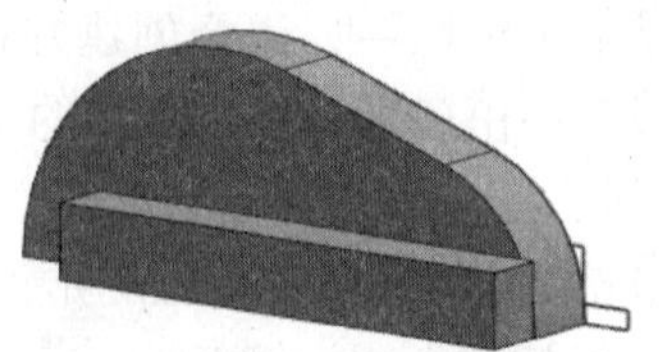

图 11-15　拉伸创建实体

06 按同样的方法拉伸另一个矩形。单击“菜单”→“插入”→“设计特征”→“拉伸”命令，或者单击“主页”选项卡“基本”组中的“拉伸”图标，系统弹出“拉伸”对话框，如图 11-16 所示。利用该对话框拉伸草图中创建的曲线，操作方法如下：

❶选择草图中绘制的第一个矩形（见图 11-17）作为拉伸曲线。

❷在“指定矢量”下拉列表中选择 ZC↑ 作为拉伸方向，并设置起始距离为 0、终止距离为 91。布尔操作设为“合并”，单击“确定”按钮，生成如图 11-18 所示的实体。

图 11-16　“拉伸”对话框

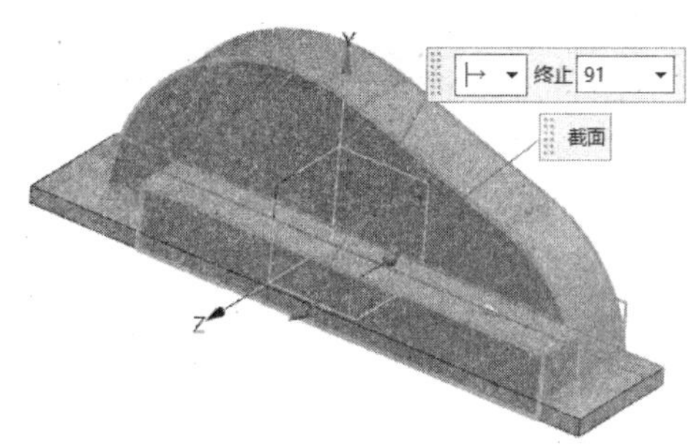

图 11-17　选择拉伸曲线

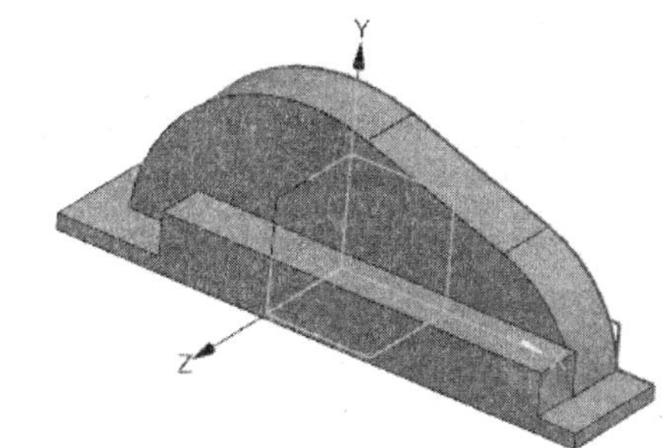

图 11-18　拉伸创建实体

11.1.3　创建机盖的整体

01 选择“菜单”→“编辑”→“变换”命令，弹出“变换”对话框，如图 11-19 所示。利用该对话框进行镜像变换，方法如下：

❶在图 11-19 所示的对话框中单击“全选”按钮，然后单击“确定”按钮。

❷系统弹出如图 11-20 所示的“变换”对话框，选择“通过一平面镜像”选项。

❸系统弹出“平面”对话框，选择“XC-YC 平面”（即法线方向为 ZC），设置其他选项如图 11-21 所示，单击“确定”按钮。

❹系统弹出如图 11-22 所示的“变换”对话框，选择“复制”选项，单击“取消”按钮。生成的实体如图 11-23 所示。

02 选择“菜单”→“插入”→“组合”→“合并”，或单击“主页”选项卡 “基本”组中的“合并”图标，系统弹出“合并”对话框，如图 11-24 所示。选择如图 11-25 所示的布尔求和的实体。单击“确定”按钮。生成的实体如图 11-26 所示。

注意

所选择的实体必须有相交的部分，否则不能进行求和运算（这时系统会提示操作错误，警告工具实体与目标实体没有相交的部分）。

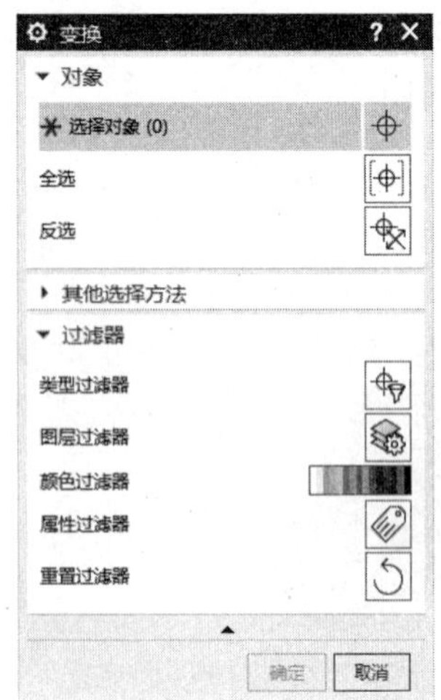

图 11-19 “变换”对话框

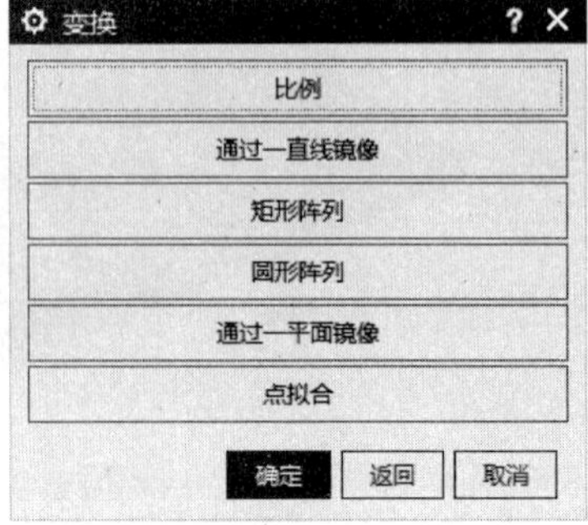

图 11-20 “变换”对话框

图 11-21 “平面”对话框

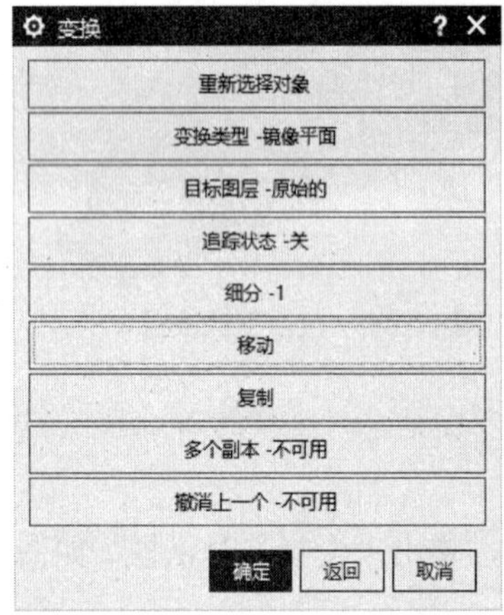

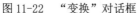

图 11-22 “变换”对话框

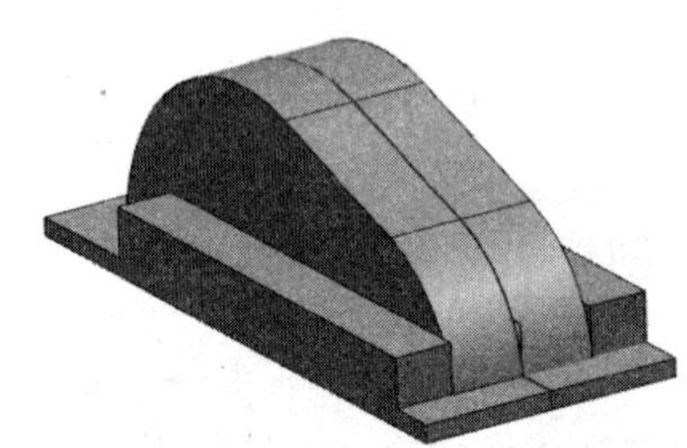

图 11-23 创建实体

图 11-24 “合并”对话框

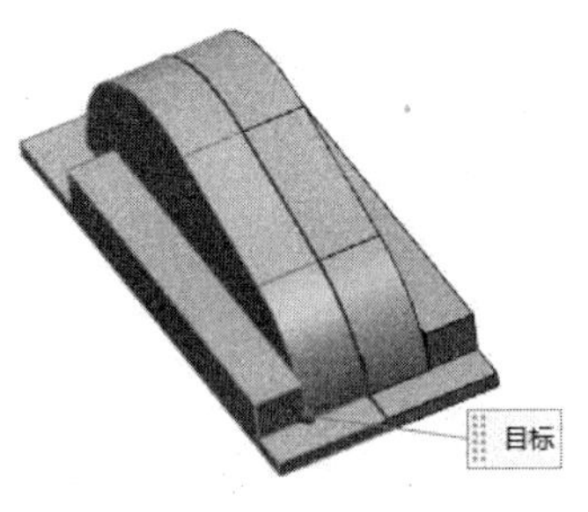

图 11-25　选择布尔求和的实体

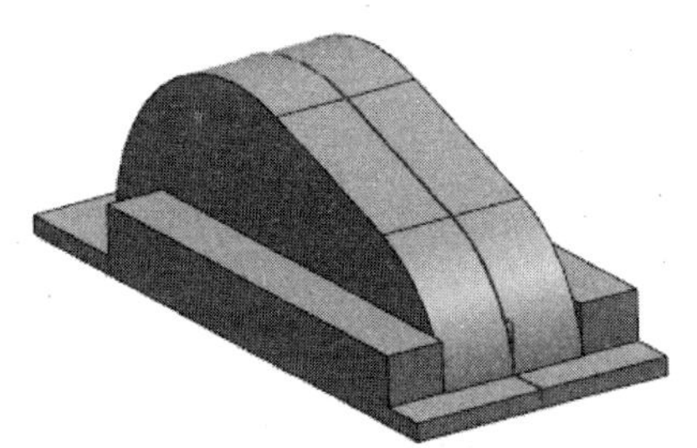

图 11-26　生成实体

11.1.4　抽壳

01 拆分实体。选择“菜单”→“插入”→“修剪”→“拆分体”命令，或单击“主页”选项卡 “基本”组→“更多”库→“修剪”库中的“拆分体”图标，系统弹出“拆分体”对话框，如图 11-27 所示。利用该对话框对生成的实体进行拆分，操作方法如下：

❶选择全部实体作为拆分对象。

❷单击“指定平面”按钮，选择机盖凸起部分的一侧平面作为基准面，如图 11-28 所示。

图 11-27　“拆分体”对话框

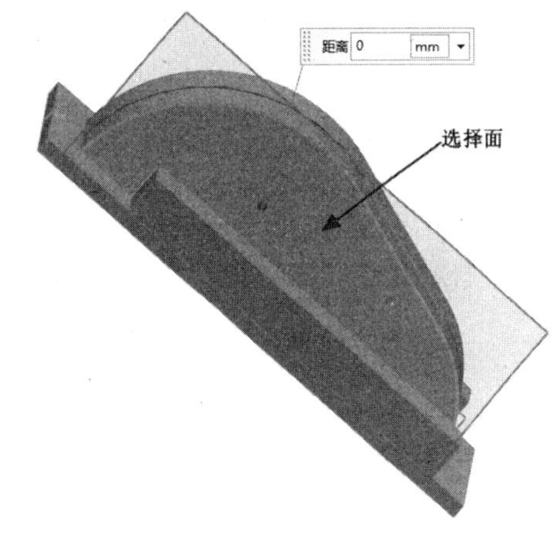

图 11-28　选择基准面

❸单击“确定”按钮，完成拆分，将箱体中间部分分离。

❹按如上方法，选择另一对称平面进行拆分，生成如图 11-29 所示的实体。

❺选择如图 11-30 所示的目标体，再进行拆分。方法同上，选择如图 11-30 所示的基准面，设置“距离为-30，如图 11-31 所示。

❻按上述方法，继续拆分如图 11-32 所示的目标体，选择如图 11-32 所示的基准面，设置“距离”为-30，生成如图 11-33 所示的实体。

02 抽壳。选择“菜单”→“插入”→“偏置/缩放”→“抽壳”命令，或者单击“主页”选项卡“基本”组中的“抽壳”图标。系统将弹出如图 11-34 所示的“抽壳”对话框。利用

该对话框对生成的实体进行抽壳，操作方法如下：

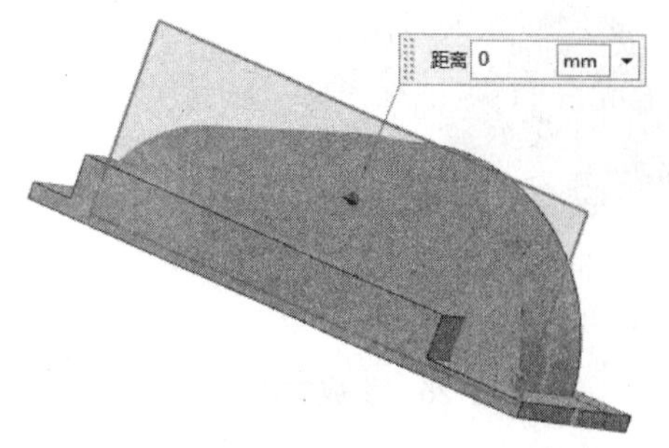

图 11-29　拆分生成实体

目标体

选择面

图 11-30　选择目标体和基准面

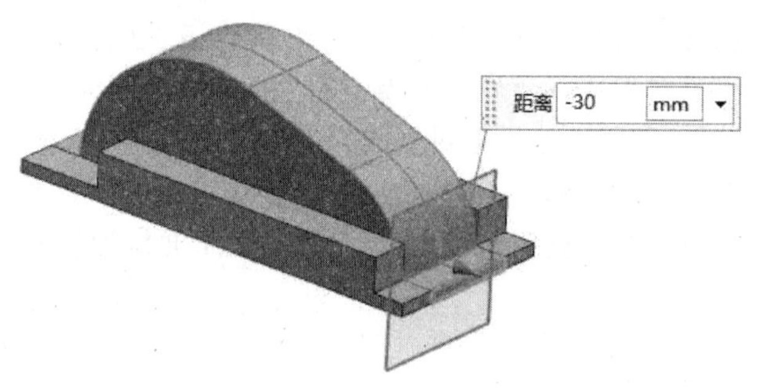

图 11-31　设置距离

❶在对话框中选择“打开”类型。

❷选择图 11-35 所示的端面作为抽壳面。

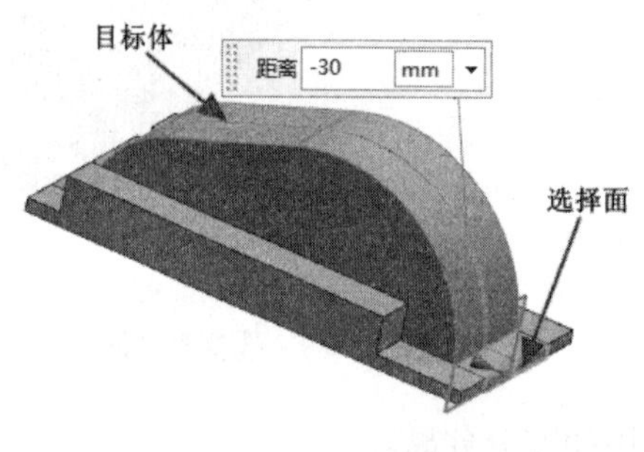

图 11-32　选择基准面

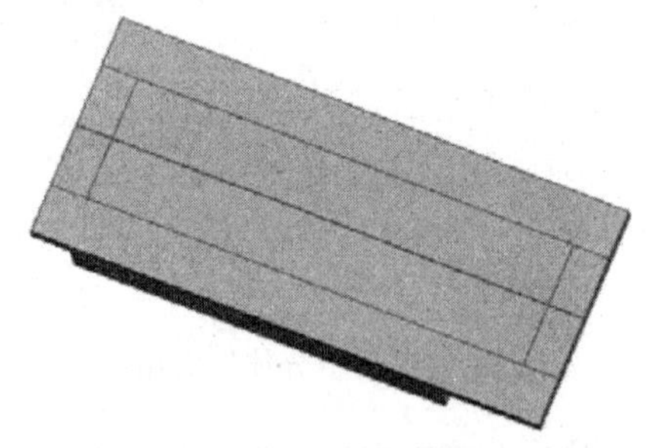

图 11-33　拆分生成实体

❸在“厚度”文本框输入 8，抽壳公差采用默认数值，单击“确定”按钮，生成如图 11-36 所示的抽壳特征。

03 圆角。选择“菜单”→“插入”→“细节操作”→“边倒圆”命令，或者单击“主页”选项卡中的“基本”组→“倒圆”下拉菜单中的“边倒圆”图标，系统弹出“边倒圆”对话框，如图 11-37 所示。利用该对话框进行倒圆角。

方法如下：

❶选择图 11-38 所示的边缘，然后在“半径 1”文本框中输入 6。

❷单击“确定”按钮，系统将生成如图 11-39 所示的圆角。

图 11-34　“抽壳”对话框

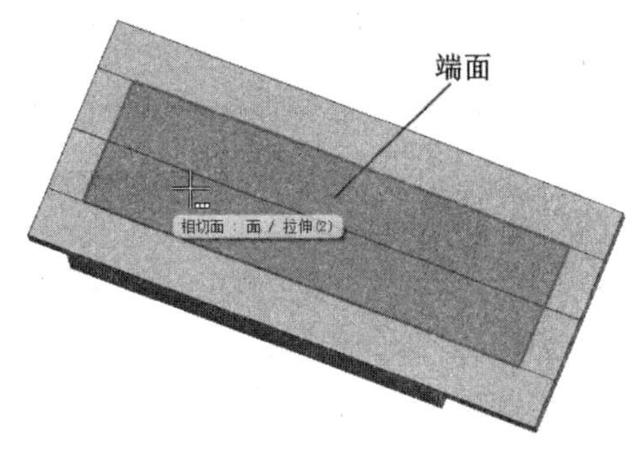

图 11-35　选择端面

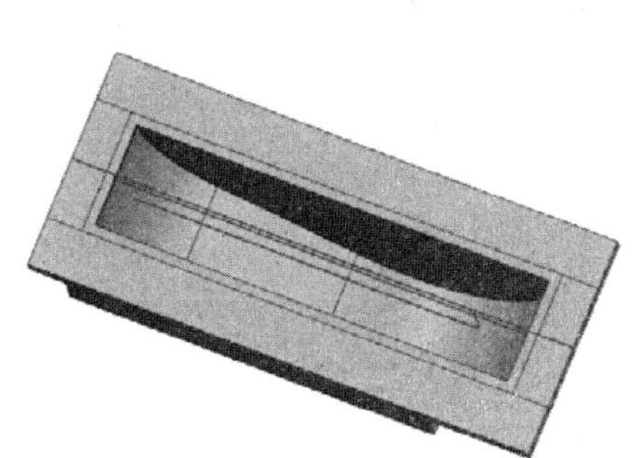

图 11-36　抽壳特征

图 11-37　“边倒圆”对话框

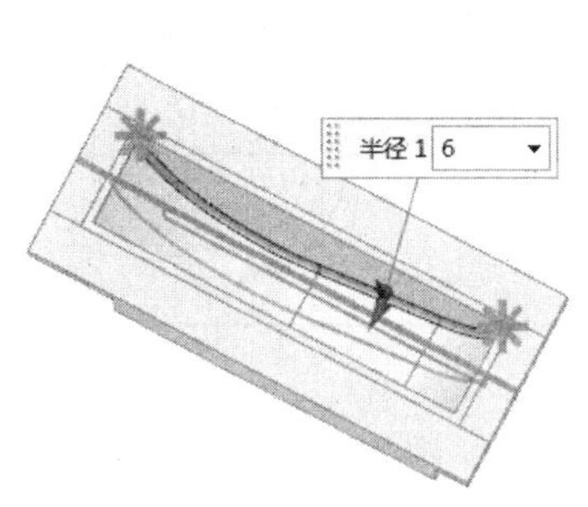

图 11-38　选择边缘

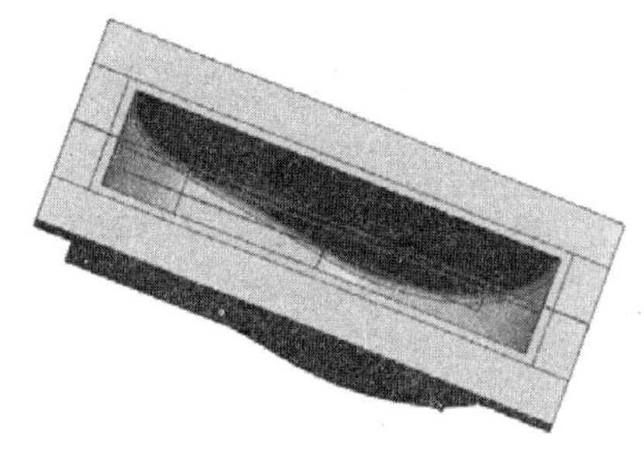

图 11-39　生成的圆角

11.1.5 创建大滚动轴承凸台

01 选择“菜单”→“插入”→“草图”命令，或者单击“主页”选项卡“构造”组中的“草图”图标，弹出“创建草图”对话框。在绘图区选择 XY 平面，单击“确定”按钮，打开草图模式。

02 选择“菜单”→“插入”→“曲线”→“圆”命令，或者单击“主页”选项卡“曲线”组中的“圆”图标○，如图 11-40 所示设置圆心坐标为（0,0）、直径为 140。按 Enter 键，生成如图 11-41 所示的圆。

03 用同样的方法，绘制直径为 100 的同心圆，如图 11-42 所示。

04 选择“菜单”→“插入”→“曲线”→“直线”命令，或者单击“主页”选项卡“曲线”组中的“直线”图标，绘制一条起点坐标为（-230,0）、长度为 400、角度为 0 的水平直线，如如图 11-43 所示。

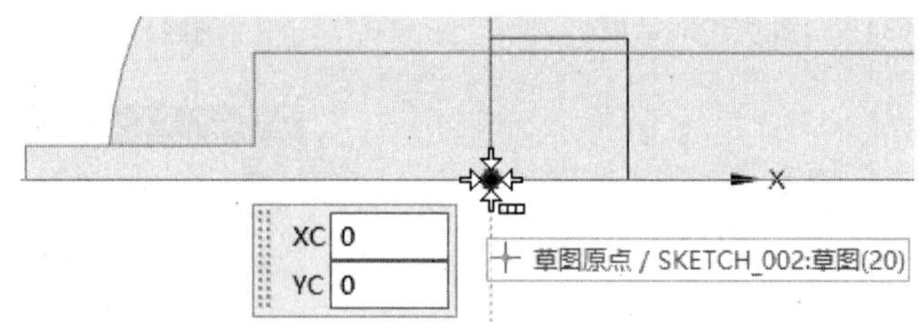

图 11-40 设定圆心坐标

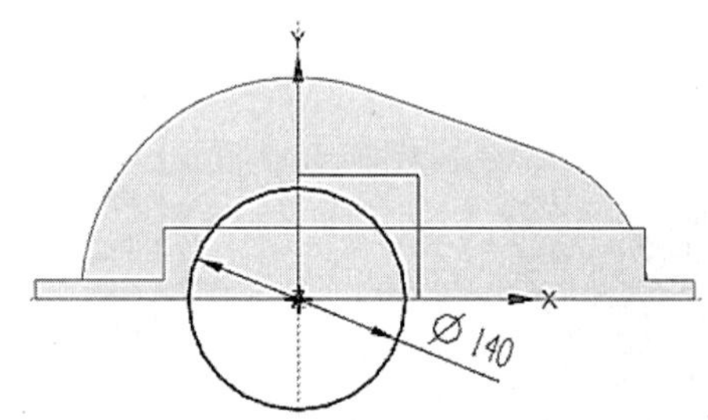

图 11-41 绘制圆

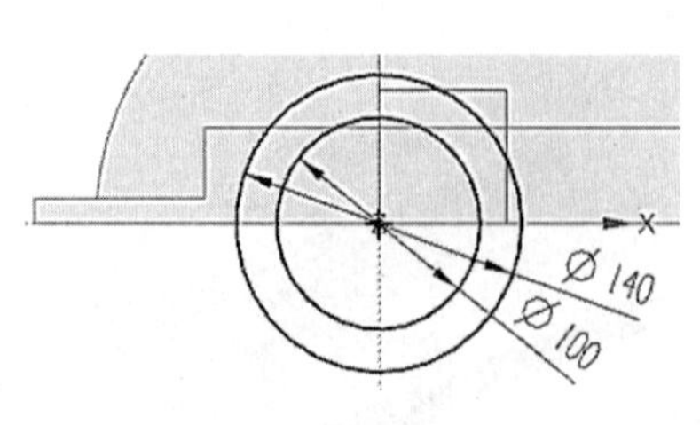

图 11-42 绘制同心圆

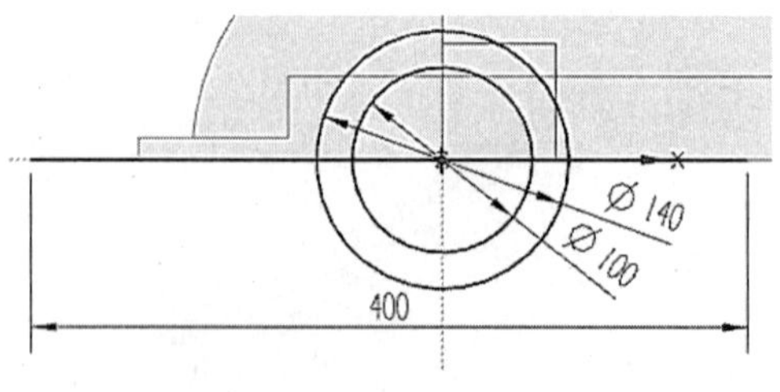

图 11-43 绘制直线

05 选择“菜单”→“编辑”→“曲线”→“修剪”命令，或者单击“主页”选项卡“编辑”组中的“修剪”图标，对草图进行修剪，结果如图 11-44 所示。

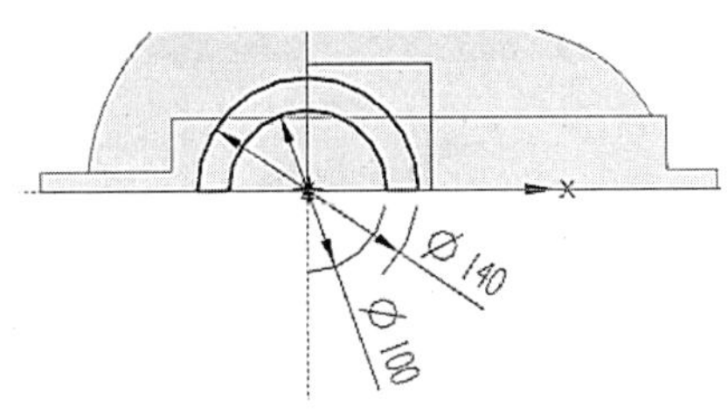

图 11-44　修剪草图

06 选择“菜单”→“任务”→“完成草图”命令，或者单击“主页”选项卡“草图”组中的“完成”图标，退出草图模式，打开建模模式。

07 选择单击“菜单”→“插入”→“设计特征”→“拉伸”命令，或者单击“主页”选项卡“基本”组中的“拉伸”图标，系统弹出“拉伸”对话框，如图 11-45 所示。利用该对话框拉伸草图中创建的曲线，操作方法如下：

❶选择步骤 **05** 中修剪的草图作为拉伸曲线。

❷在“指定矢量”下拉列表中选择 ZC 作为拉伸方向，设置起始距离为 51、终止距离为 98，如图 11-45 所示。单击“确定”按钮，创建如图 11-46 所示的实体。

图 11-45　“拉伸”对话框

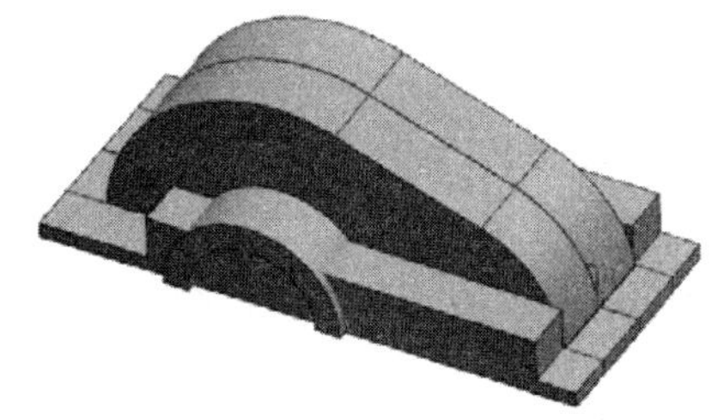

图 11-46　创建实体

08 选择“菜单”→“编辑”→“变换”命令，弹出“变换”对话框。利用该对话框进行镜像变换，方法如下：

❶选择拉伸生成的轴承面作为镜像对象，单击“确定”按钮。

❷系统弹出“变换”对话框，如图 11-47 所示。选择“通过一平面镜像”选项。

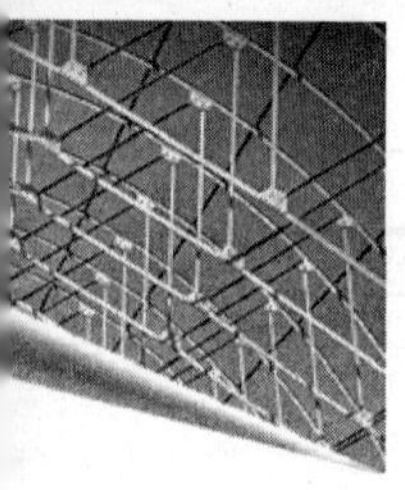

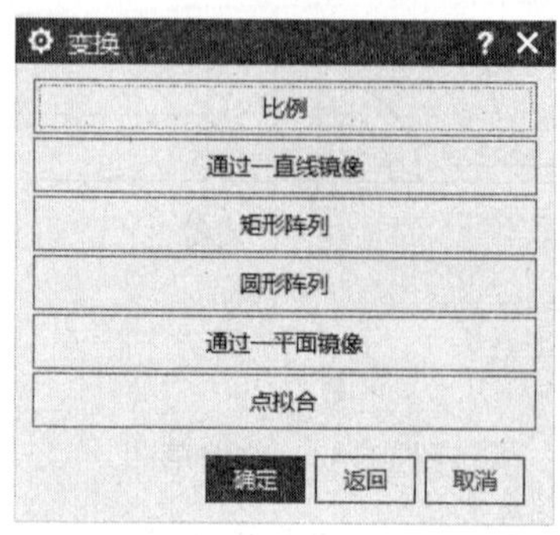

图 11-47 “变换”对话框

❸系统弹出“平面”对话框，选择“XC-YC 平面”（即法线方向为 ZC“，设置其他选项如图 11-48 所示，单击“确定”按钮。

❹系统弹出“变换”对话框，如图 11-49 所示。选择“复制”选项，单击“取消”按钮。镜像生成的实体如图 11-50 所示。

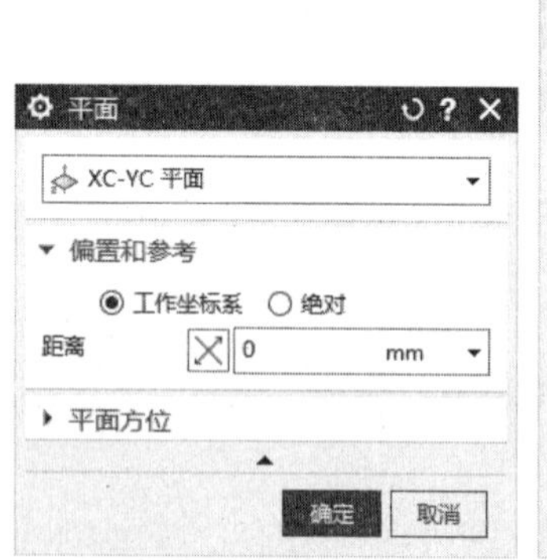

图 11-48 “平面”对话框

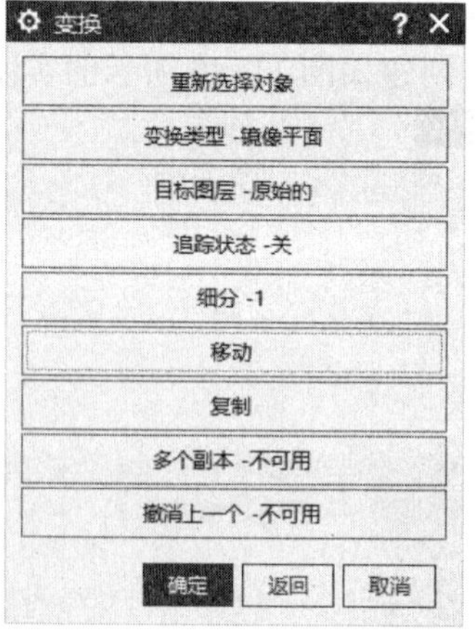

图 11-49 “变换”对话框

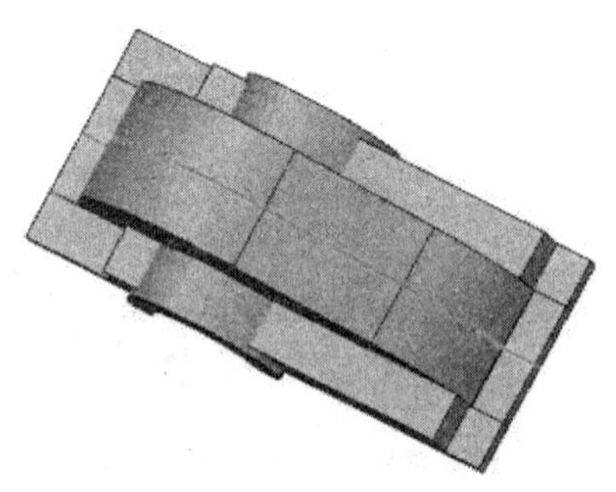

图 11-50 镜像生成实体

09 选择“菜单”→“插入”→“组合”→“合并”，或单击“主页”选项卡“基本”组中的“合并”图标，将所有实体进行合并运算。

10 选择“菜单”→“插入”→“草图”命令，或者单击“主页”选项卡“构造”组中的“草图”图标，弹出“创建草图“对话框。在绘图区选择 XY 平面，单击“确定”按钮，打开草图模式。

11 选择“菜单”→“插入”→“曲线”→“圆”命令，或者单击“主页”选项卡“曲线”组中的“圆”图标○，设置圆心坐标为（0,0）、直径为 100，按 Enter 键，生成如图 11-51 所示的圆。

12 选择“菜单”→“任务”→“完成草图”命令，或者单击“主页”选项卡，选择“草图”组中的“完成”图标，退出草图模式，打开建模模式。

13 选择“菜单”→“插入”→“设计特征”→“拉伸”命令，或者单击“主页”选项卡“基本”组中的“拉伸”图标，系统弹出“拉伸”对话框，如图 11-52 所示。利用该对话框拉伸草图中创建的曲线，操作方法如下：

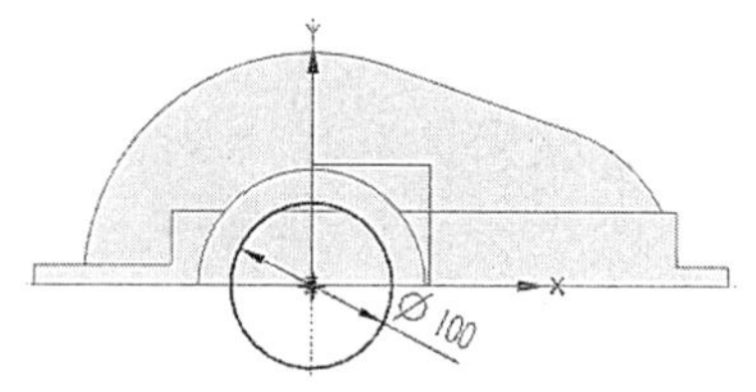

图 11-51　创建圆

❶选择刚绘制的草图作为拉伸曲线。

❷在“指定矢量”下拉列表中选择 ZC↑ 作为拉伸方向，输入起始距离为 100、终止距离为-100，设置布尔运算为“减去”，单击“确定”按钮。生成的实体如图 11-53 所示。

图 11-52　“拉伸”对话框

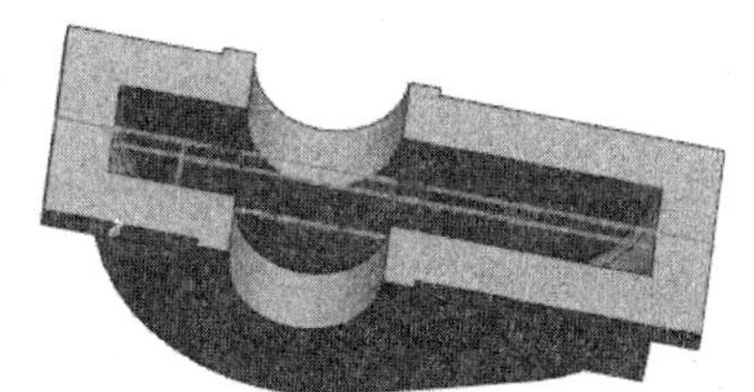

图 11-53　拉伸生成实体

11.1.6　创建小滚动轴承凸台

01 选择“菜单”→“插入”→“草图”命令，或者单击“主页”选项卡“构造”组中的“草图”图标，弹出“创建草图”对话框。在绘图区选择 XY 平面，单击“确定”按钮，打开草图模式。

UG NX

02 选择“菜单”→“插入”→“曲线”→“圆”命令，或者单击“主页”选项卡“曲线”组中的“圆”图标○，如图 11-54 所示设置圆心坐标为（150,0）、直径为 120。按 Enter 键，生成如图 11-55 所示的圆。

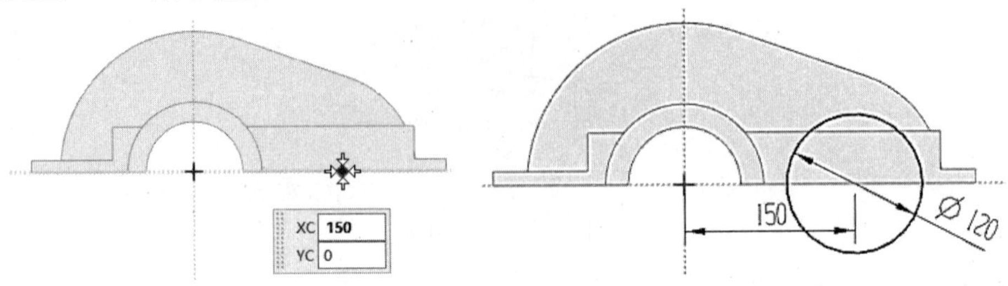

图 11-54　设置圆心坐标　　　　图 11-55　绘制圆

03 用同样的方法，绘制直径为 80 的同心圆，如图 11-56 所示。

04 选择“菜单”→“插入”→“曲线”→“直线”命令，或者单击“主页”选项卡“曲线”组中的“直线”图标╱，绘制一条起点坐标为（75,0）、长度为 250、角度为 0 的水平直线。

05 选择“菜单”→“编辑”→“曲线”→“修剪”命令，或者单击“主页”选项卡“编辑”组中的“修剪”图标╳，对草图进行修剪，结果如图 11-57 所示。

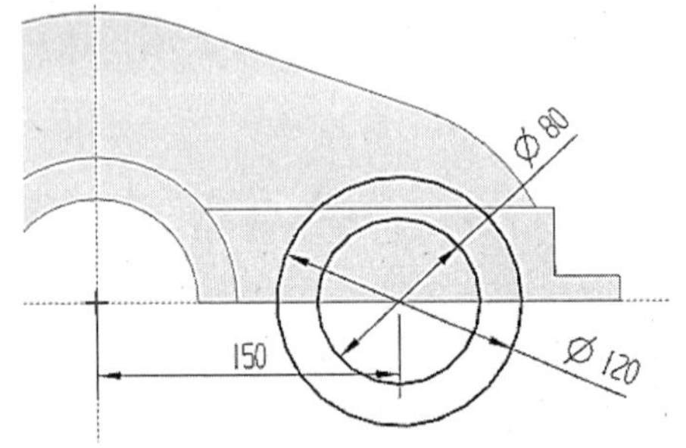

图 11-56　绘制同心圆

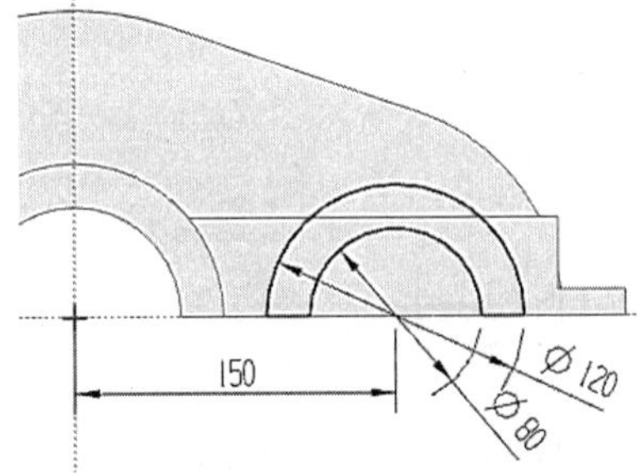

图 11-57　修剪草图

06 选择“菜单”→“草图”→“完成草图”命令，或者单击“主页”选项卡“草图”组中的“完成”图标，退出草图模式，进入建模模式。

07 选择单击“菜单”→“插入”→“设计特征”→“拉伸”命令，或者单击“主页”选项卡，选择“基本”组中的“拉伸”图标，系统弹出“拉伸”对话框。利用该对话框拉伸草图中创建的曲线，操作方法如下：

❶选择步骤 **01** ～ **06** 所绘制的草图为拉伸曲线，如图 11-58 所示。

❷在“指定矢量”下拉列表中选择 ZC↑ 作为拉伸方向，输入起始距离为 51、终止距离为 98，设置其他选项如图 11-59 所示。单击“确定”按钮，生成如图 11-60 所示的实体。

08 选择“菜单”→“编辑”→“变换”命令，弹出“变换”对话框。利用该对话框进行镜像变换，方法如下：

❶选择拉伸生成的面作为镜像对象，然后单击“确定”按钮。

❷“变换”对话框将切换为如图 11-61 所示，选择“通过一平面镜像”选项。

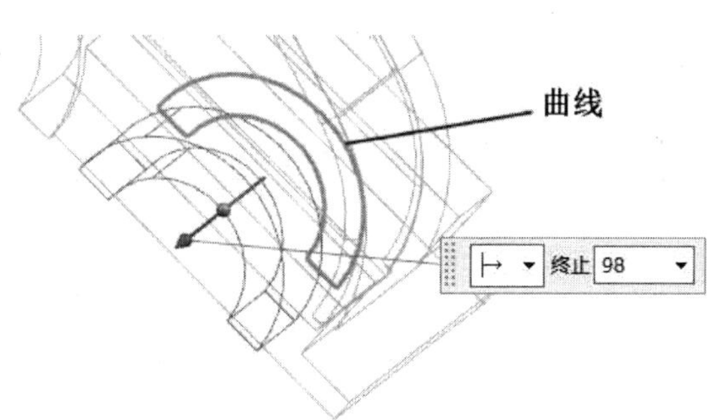

图 11-58　选择拉伸曲线

❸系统弹出“平面”对话框，选择“XC-YC 平面”(即法线方向为 ZC)，设置其他选项如图 11-62 所示。单击“确定”按钮。

图 11-59　“拉伸”对话框

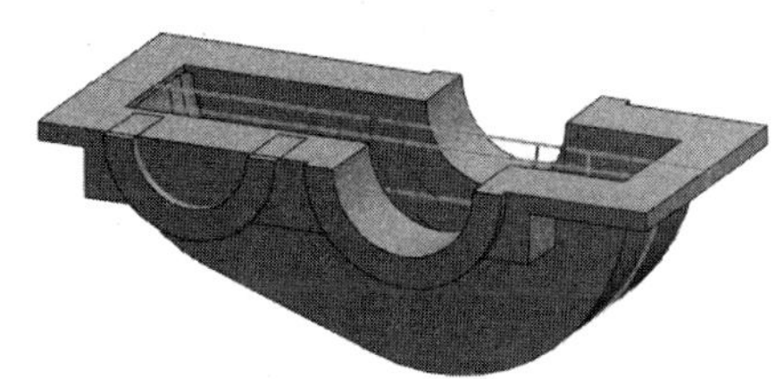

图 11-60　创建实体

❹系统弹出“变换”对话框，如图 11-63 所示。选择“复制”选项，单击“取消”按钮。镜像生成的实体如图 11-64 所示。

09 选择“菜单”→“插入”→“组合”→“合并”，或单击“主页”选项卡“基本”组中的“合并”图标，将小轴承凸台与实体进行合并运算。

10 选择“菜单”→“插入”→“草图”命令，或者单击“主页”选项卡“构造”组中的“草图”图标，弹出“创建草图”对话框。在绘图区选择 XY 平面，单击“确定”按钮，打开草图模式。

11 选择“菜单”→“插入”→“曲线”→“圆”命令，或者单击“主页”选项卡“曲线”组中的“圆”图标○，设置圆心坐标为(150,0)、直径为80，按Enter键，生成如图11-65所示的圆。

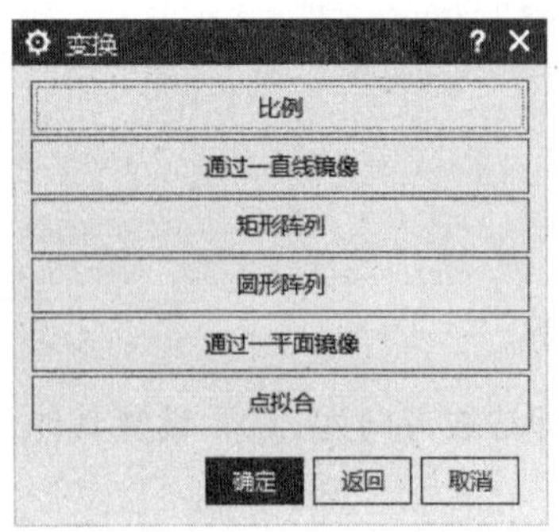

图 11-61 “变换”对话框

图 11-62 “平面”对话框

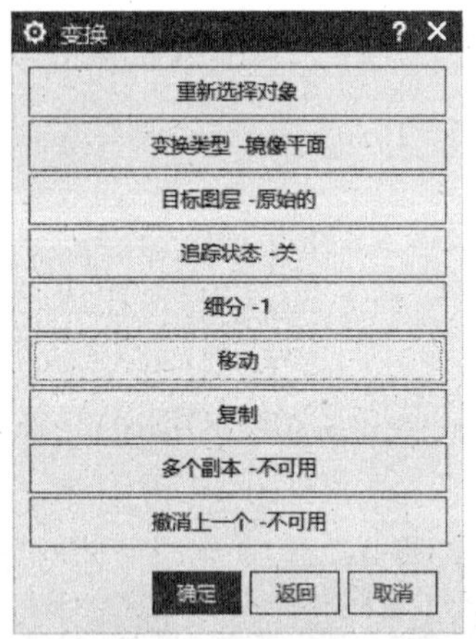

图 11-63 “变换”对话框

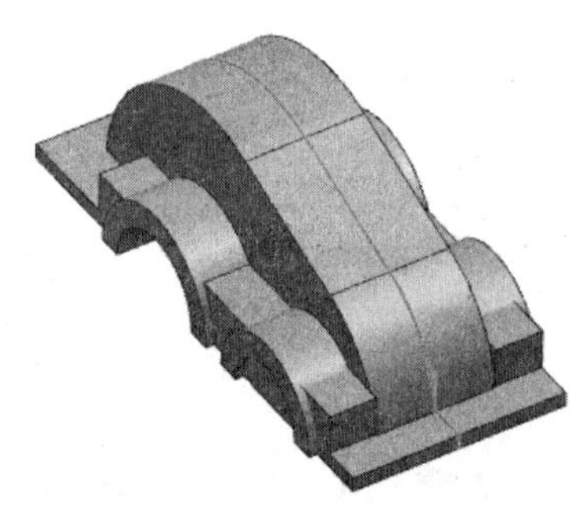

图 11-64 镜像生成实体

12 选择“菜单”→“任务”→“完成草图”命令，或者单击“主页”选项卡“草图”组中的“完成”图标，退出草图模式，打开建模模式。

13 选择“菜单”→“插入”→“设计特征”→“拉伸”命令，或者单击“主页”选项卡“基本”组中的“拉伸”图标，系统弹出“拉伸”对话框，如图11-66所示。

利用该对话框拉伸草图中创建的曲线，操作方法如下：

❶选择草刚绘制的圆作为拉伸曲线。

❷在“指定矢量”下拉列表中选择 ZC↑ 作为拉伸方向，输入起始距离为100、终止距离为-100，设置布尔运算为“减去”，如图11-66所示。单击“确定”按钮，生成如图11-67所示的实体。

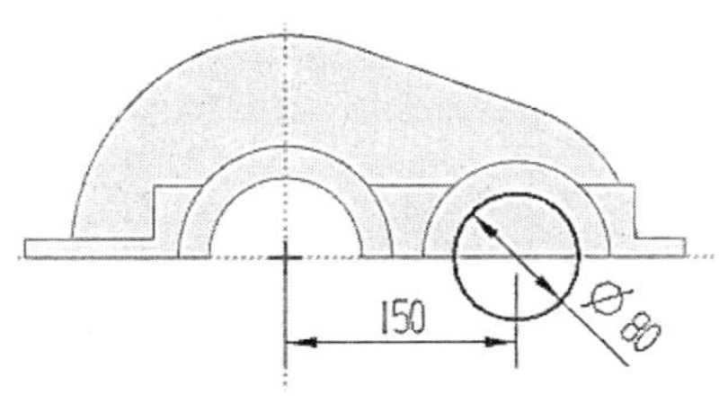

图 11-65　绘制圆

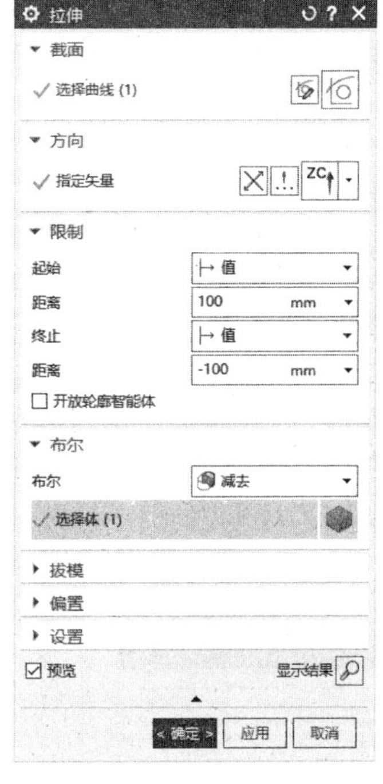

图 11-66　“拉伸”对话框

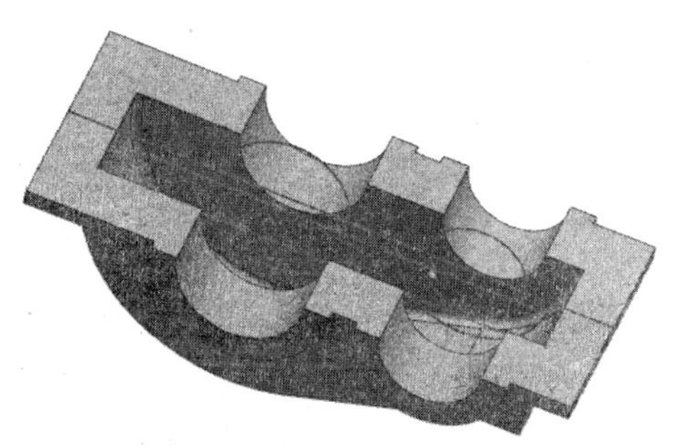

图 11-67　拉伸上次实体

11.2　机盖附件设计

制作思路

机盖附件主要包括窥视孔和吊环等。在绘制机盖附件时，首先在草图模式下绘制带有约束关系的二维图形，然后利用草图创建参数化的截面，最后通过对平面图形的拉伸及旋转等操作生成参数化实体模型。

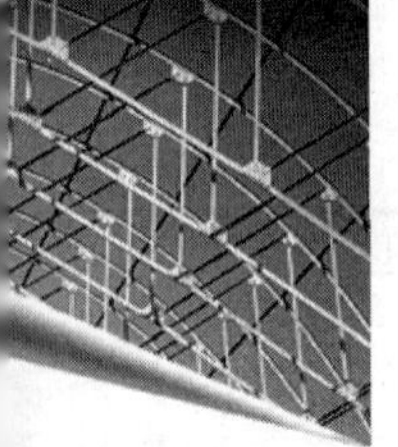

本实例的制作思路是：利用草图模式绘制各种截面，然后利用“拉伸”“布尔运算”和“镜像”等命令创建机盖附件实体模型。

11.2.1　轴承孔拔模

01 选择“菜单”→“插入”→“细节特征”→“拔模”命令，或者单击“主页”选项卡“基本”组中的“拔模”图标，系统弹出“拔模”对话框，如图 11-68 所示。利用该对话框进行拔模操作，方法如下：

❶在对话框的类型中选择“面”选项。

❷在“角度”文本框输入 6，距离公差和角度公差采用默认设置。

❸在“指定矢量”下拉列表中选择 ZC↑ 作为拔模方向。

❹选择固定和要拔模的面，如图 11-69 所示。

❺单击“确定”按钮，生成拔模特征。

02 按如上方法创建另一侧拔模特征，结果如图 11-70 所示。

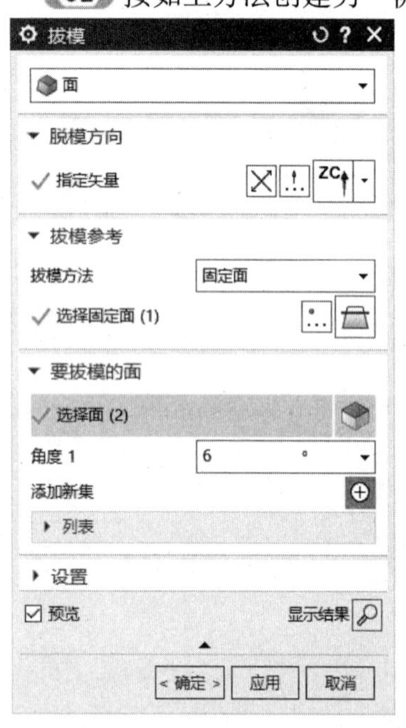

图 11-68　“拔模”对话框

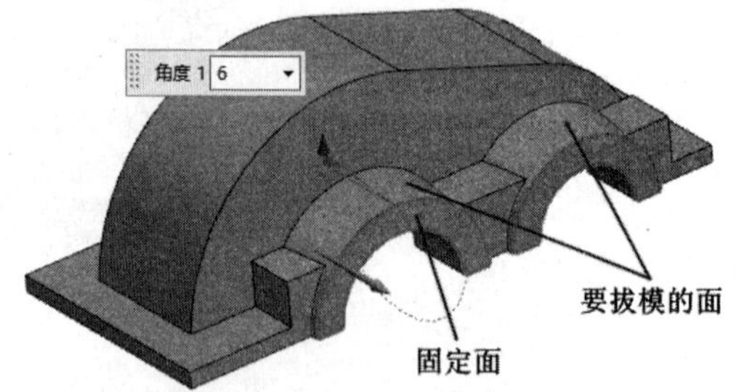

图 11-69　选择固定面和拔模曲面

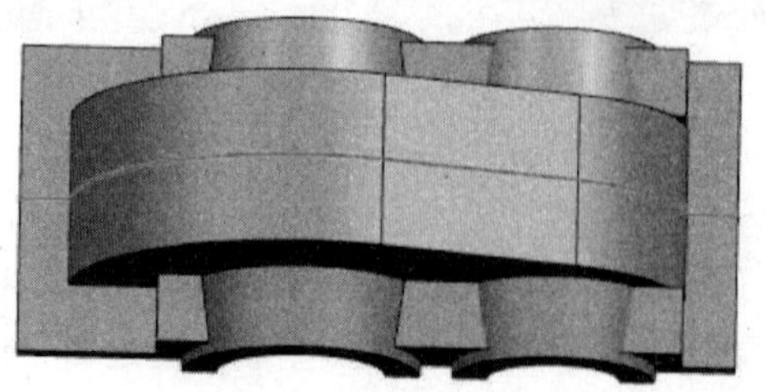

图 11-70　创建拔模特征

11.2.2　创建窥视孔

01 创建窥视孔凸台。选择“菜单”→“插入”→“设计特征”→“垫块（原有）”命令，系统弹出“垫块”对话框，如图 11-71 所示。利用该对话框创建垫块，方法如下：

❶选择图 11-71 所示对话框中的“矩形”选项。

❷系统弹出“矩形垫块”对话框，如图 11-72 所示。。选择“实体面”选项。

❸系统弹出“选择对象”对话框，如图 11-73 所示。选择图 11-74 所示的平面。

❹系统弹出“水平参考”对话框，如图 11-75 所示。选择“端点”选项。

❺选择所选平面的一边，即图 11-76 中光标所在位置，单击“确定”按钮。

❻系统弹出“矩形垫块”对话框，如图 11-77 所示。设置“长度”为 100、“宽度”为 65、“高度”为 5，其他选项设置为 0。单击“确定”按钮，生成如图 11-78 所示的垫块。

❼同时系统弹出“定位”对话框，如图 11-79 所示。选择“垂直”选项，选择垫块的一条边，再选择垫块相邻的一边，如图 11-80 所示。

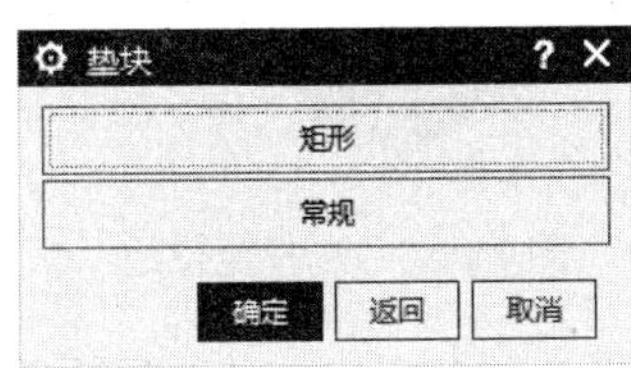

图 11-71　“垫块”对话框

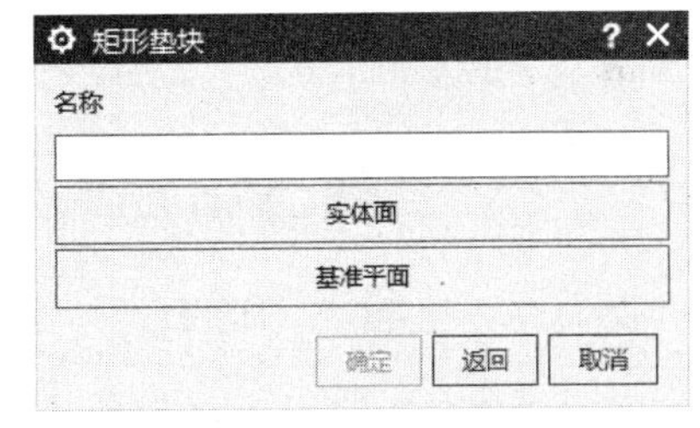

图 11-72　“矩形垫块”对话框

图 11-73　“选择对象”对话框

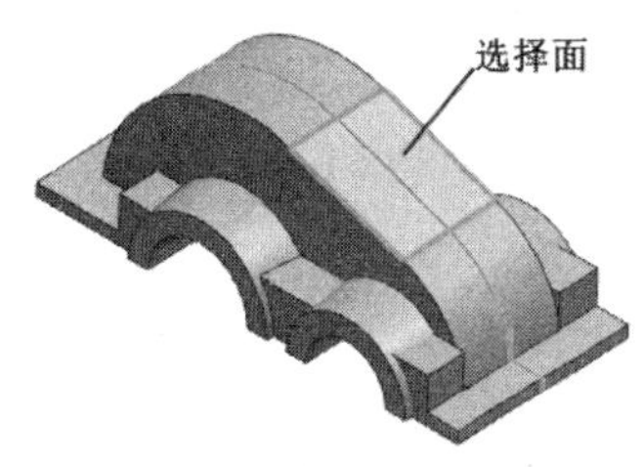

图 11-74　选择平面

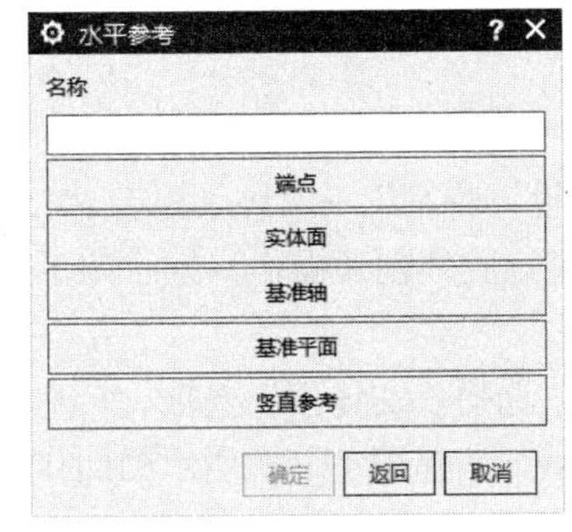

图 11-75　“水平参考”对话框

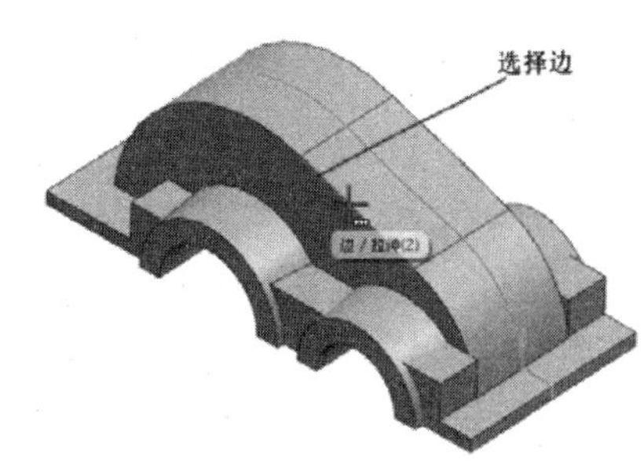

图 11-76　选择边

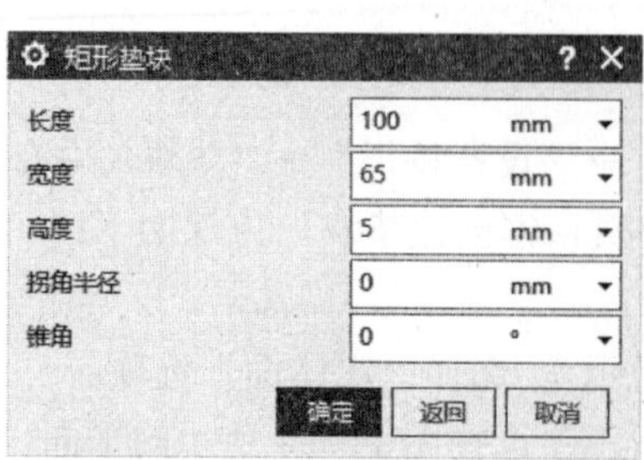

图 11-77 “矩形垫块”对话框

图 11-78 生成垫块

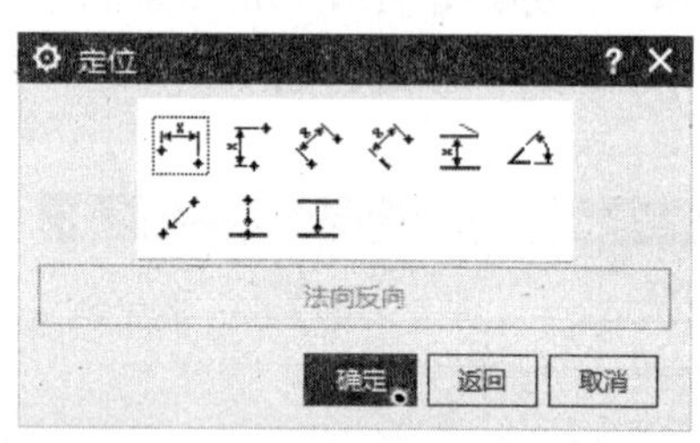

图 11-79 “定位”对话框

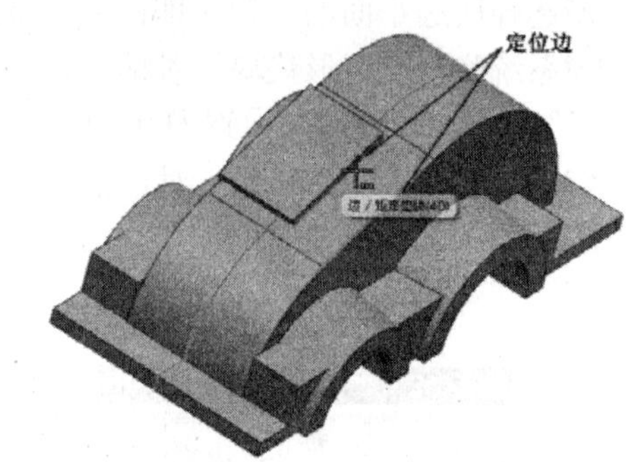

图 11-80 选择定位边

❽系统弹出“创建表达式”对话框，在表达式的文本框中输入 18.5，如图 11-81 所示。单击“确定”按钮。

❾选择垫块的另一边，再选择垫块相邻的一边。

❿系统弹出“创建表达式”对话框，在表达式的文本框中输入 10，如图 11-82 所示。单击“确定”按钮，完成垫块定位，结果如图 11-83 所示。

图 11-81 “创建表达式”对话框 1

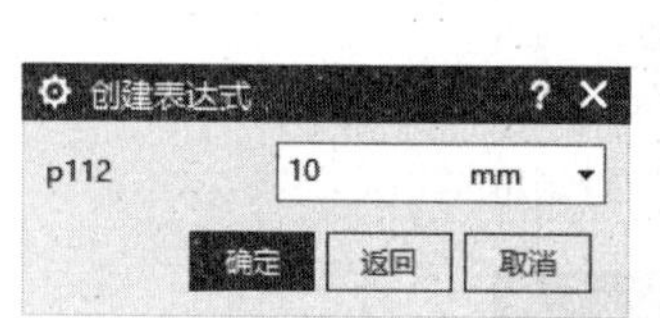

图 11-82 “创建表达式”对话框 2

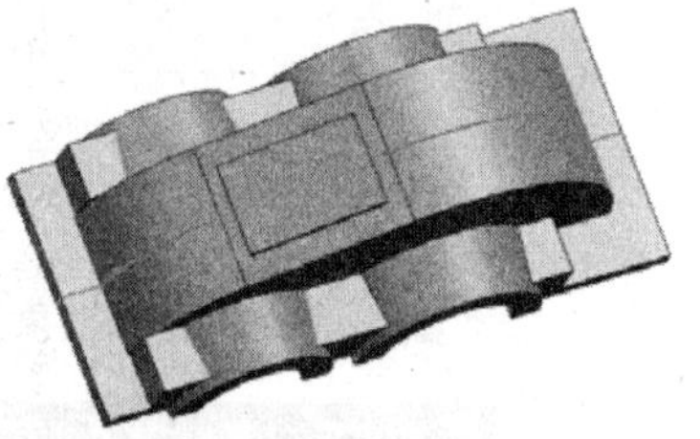

图 11-83 定位垫块

02 创建窥视孔。选择“菜单”→“插入”→“设计特征”→“腔（原有）”命令，系统弹出“腔”对话框，如图 11-84 所示。利用该对话框进行腔体创建操作，方法如下：

❶选择图 11-84 所示对话框中的“矩形”选项。

❷系统弹出如图 11-85 所示的“矩形腔”对话框，选择“实体面”选项。

❸系统弹出“选择对象”对话框，如图 11-86 所示。选择图 11-87 所示的面作为放置面，单击“确定”按钮。

❹系统弹出如图 11-88 所示的“水平参考”对话框，选择“实体面”选项。选择垫块的一个侧面作为参考平面，如图 11-89 所示。

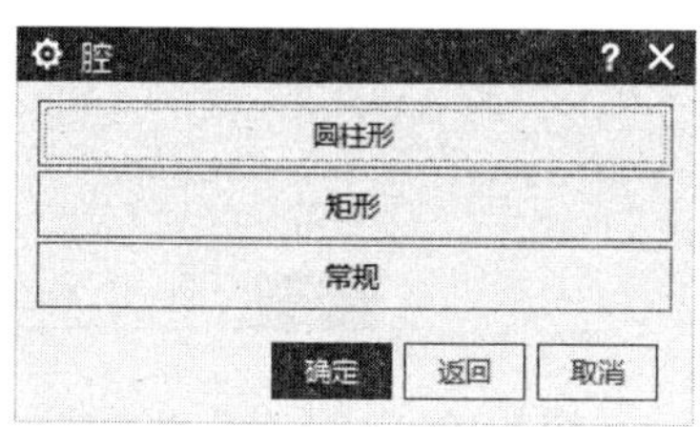

图 11-84　“腔”对话框

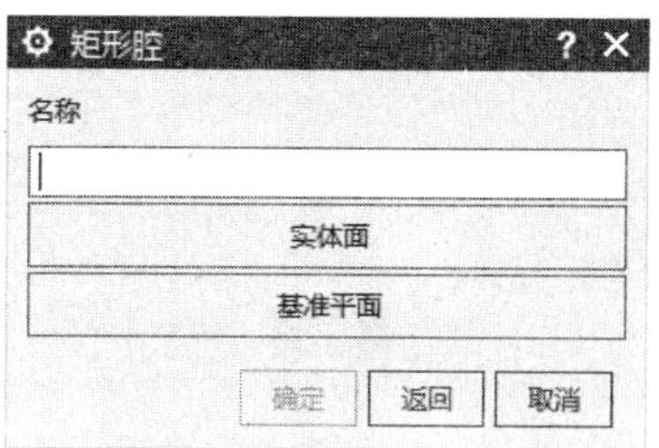

图 11-85　“矩形腔”对话框

图 11-86　“选择对象”对话框

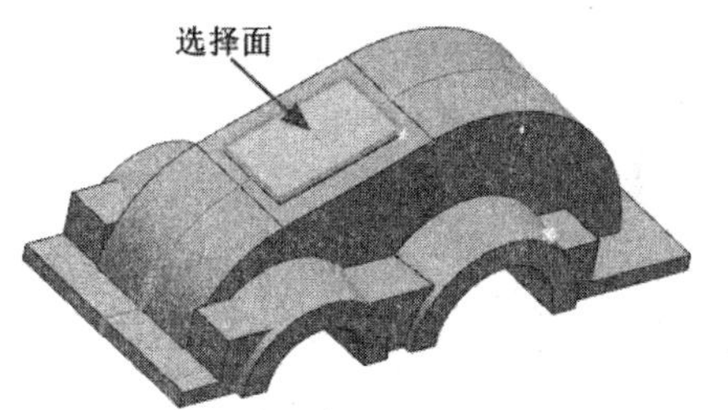

图 11-87　选择平面

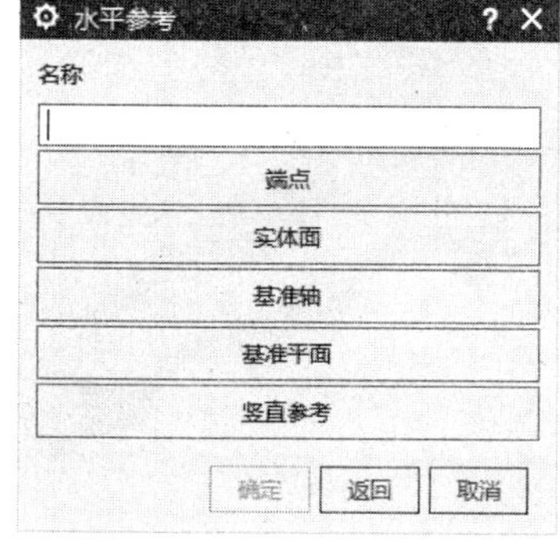

图 11-88　“水平参考”对话框

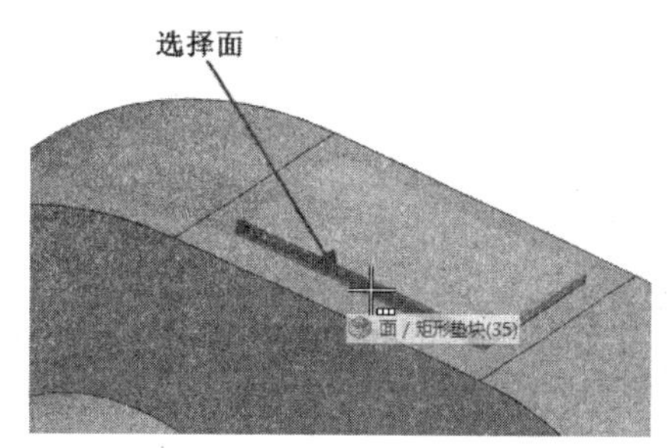

图 11-89　选择面

❺系统弹出“矩形腔”对话框，如图 11-90 所示输入矩形腔体的长度、宽度、深度、拐角半径、底面半径和锥角。单击“确定”按钮，系统弹出“定位”对话框，如图 11-91 所示。选择“垂直”选项。

❻选择垫块侧面的一边，如图 11-92 所示。

❼选择矩形腔的一边，如图 11-93 所示。

❽弹出“创建表达式”对话框，在文本框中输入 15，如图 11-94 所示。

❾用同样方法和参数对矩形腔的另外一边进行定位，结果如图 11-95 所示。

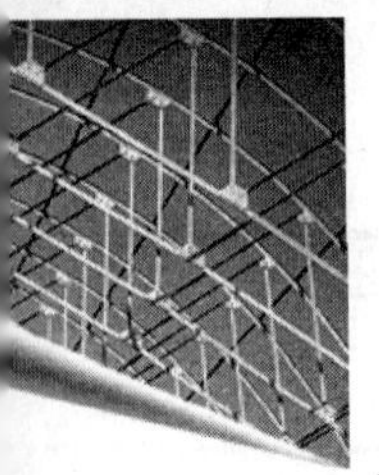

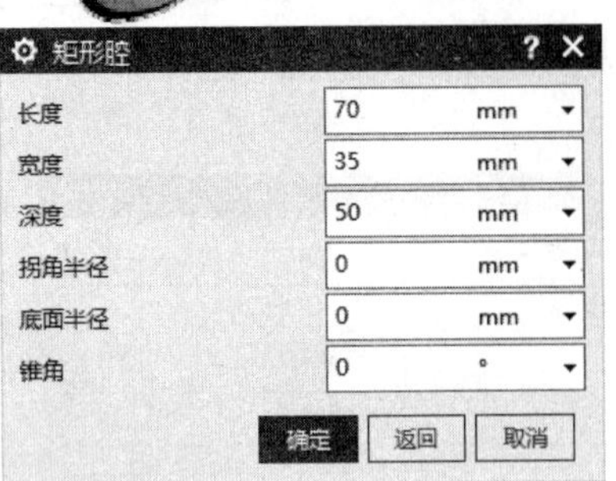

图 11-90 “矩形腔”对话框

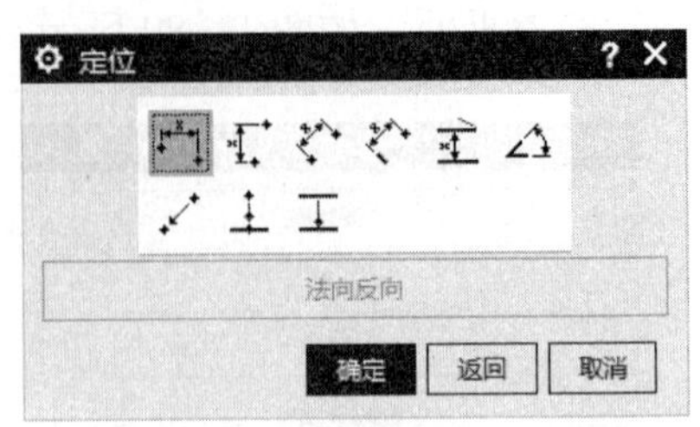

图 11-91 “定位”对话框

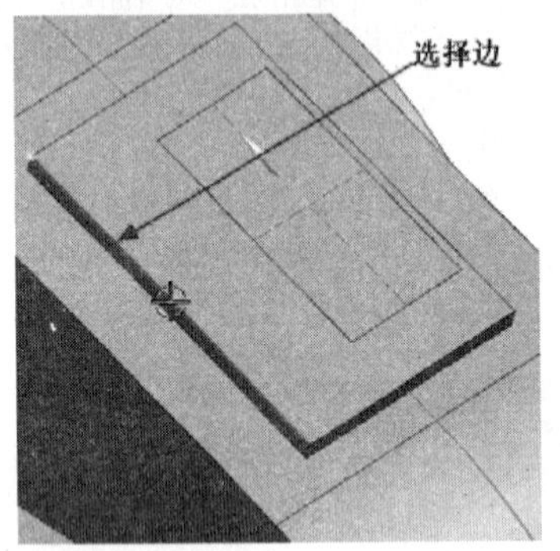

图 11-92 选择边

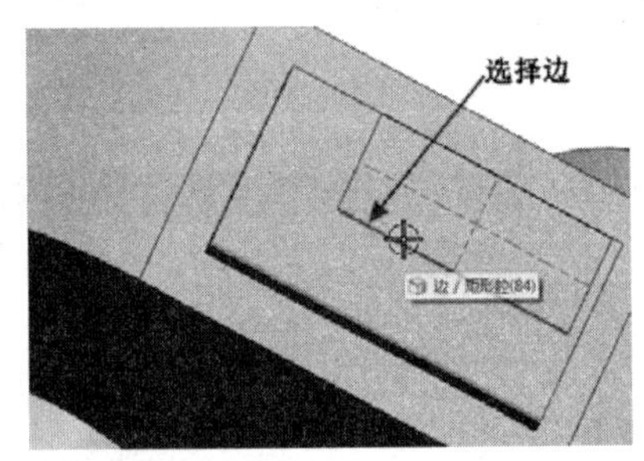

图 11-93 选择边

图 11-94 “创建表达式”对话框

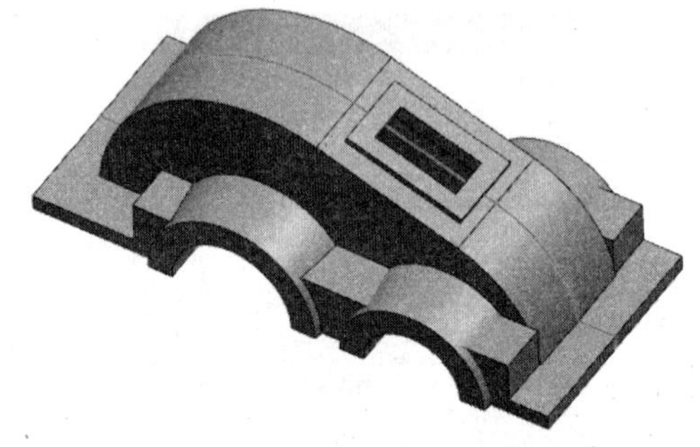

图 11-95 创建窥视孔

11.2.3 吊环

01 绘制一侧吊环草图。

❶选择“菜单”→“插入”→“草图”命令，或者单击“主页”选项卡“构造”组中的“草图”图标，弹出“创建草图”对话框。在绘图区选择 XY 平面，单击“确定”按钮，打开草图模式。

❷选择“菜单”→“插入”→“曲线”→“轮廓”命令，或者单击“主页”选项卡“曲线”组中的“轮廓”图标，设置初始点坐标为（-170, 12），如图 11-96 所示。

❸设置长度为 55、角度为 80，绘制一直线，如图 11-97 所示。

❹设置长度为 120、角度为 20，绘制一条与机盖相交的直线，如图 11-98 所示。

❺选择“菜单”→“插入”→“曲线”→“圆”命令，或者单击“主页”选项卡“曲线”组中的“圆”图标○，设置圆心坐标为（0,0）\直径为 280，绘制一圆，如图 11-99 所示。

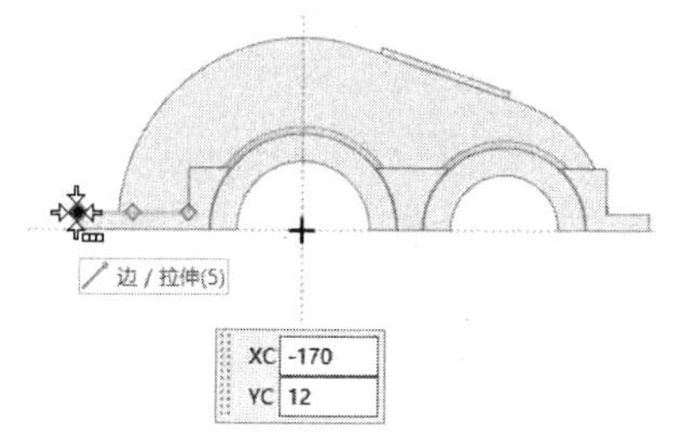

图 11-96　设置初始点

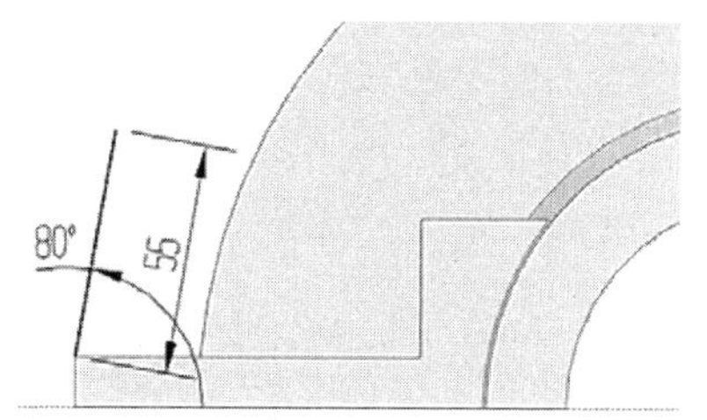

图 11-97　绘制直线

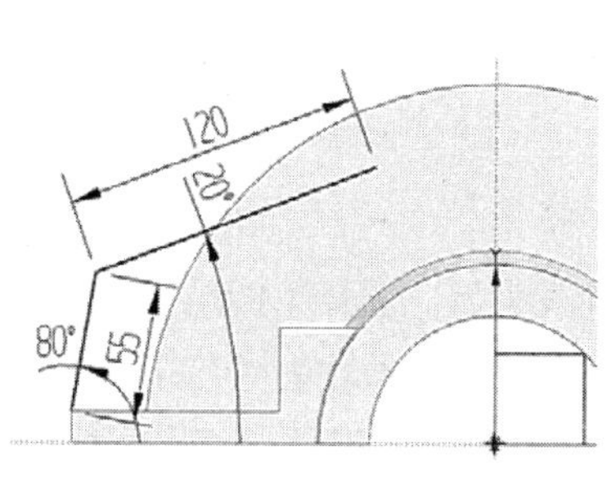

图 11-98　绘制直线

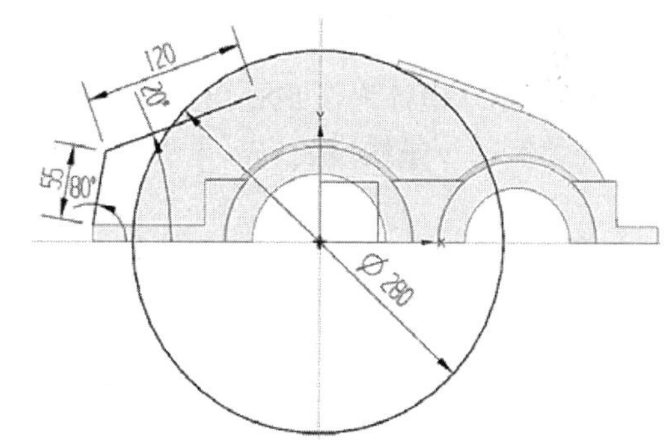

图 11-99　绘制圆

❻选择“菜单”→“插入”→“曲线”→“直线”命令，或者单击“主页”选项卡“曲线”组中的“直线”图标╱，设置初始点坐标为（-170,12）、长度为 80、角度为 0，绘制直线，结果如图 11-100 所示。

❼选择“菜单”→“编辑”→“曲线”→“修剪”命令，或者单击“主页”选项卡“编辑”组中的“修剪”图标╳，对图形进行修剪，结果如图 11-101 所示。

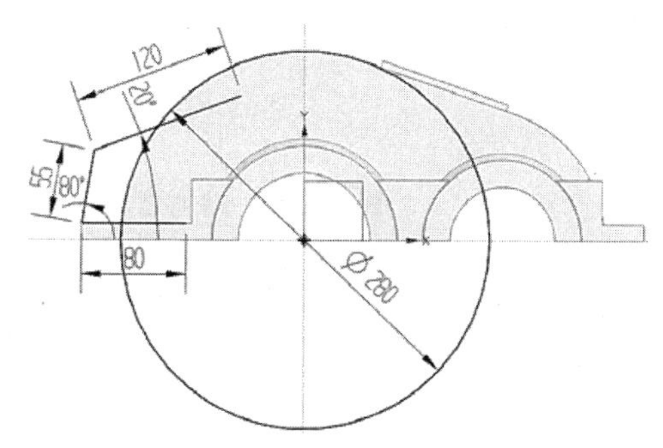

图 11-100　绘制直线

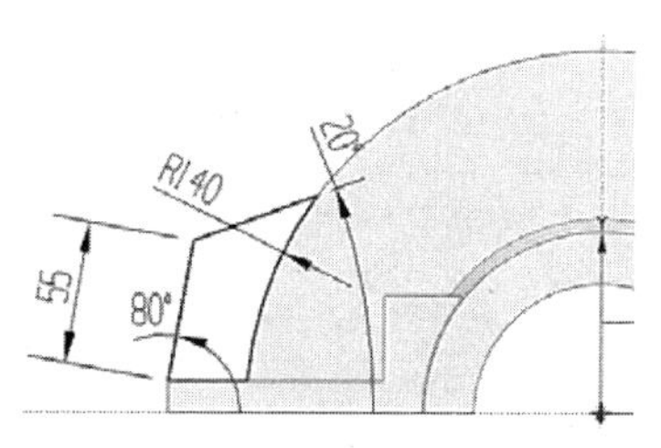

图 11-101　修剪图形

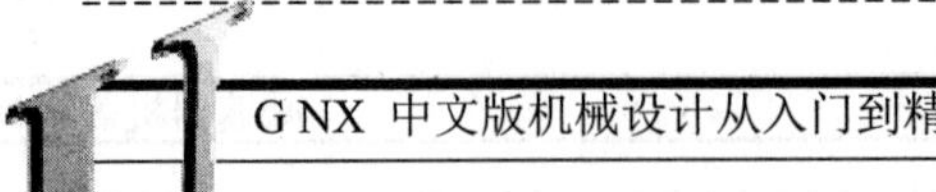

❽选择“菜单”→“插入”→“曲线”→“圆”命令，或者单击“主页”选项卡“曲线”组中的“圆”图标○，设置圆心坐标为（-145,55）、直径为 15，绘制圆，如图 11-102 所示。

02 绘制另一侧吊环草图。

❶选择“菜单”→“插入”→“曲线”→“轮廓”命令，或者单击“主页”选项卡“曲线”组中的“轮廓”图标。

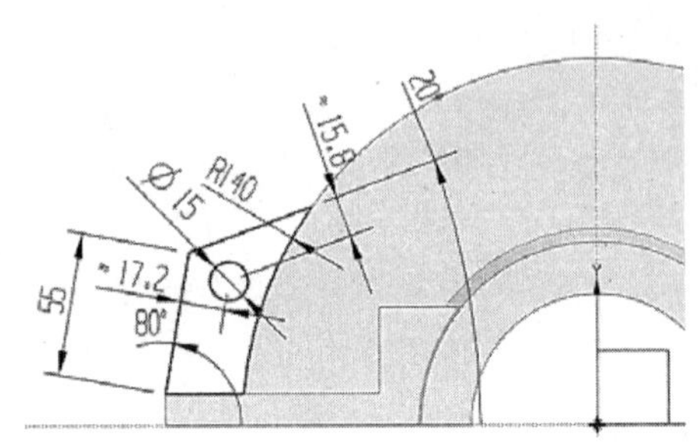

图 11-102　绘制圆

❷设置初始点坐标为（258,12），如图 11-103 所示，单击鼠标左健。设置长度为 50、角度为 108。绘制第一条线段。

注意

若绘制的轮廓线的尺寸与角度不正确，可开启创建持久关系，选择草图场景条中的“设为点在线串上”按钮，使第一条轮廓线的初始点落在机盖上，第一条轮廓线与第二条轮廓线的交点在第一条或第二条轮廓线上。若尺寸或角度不对，可双击尺寸或角度，取消参考进行修改。

❸设置长度为 70、角度为 160，绘制直线，结果如图 11-104 所示。

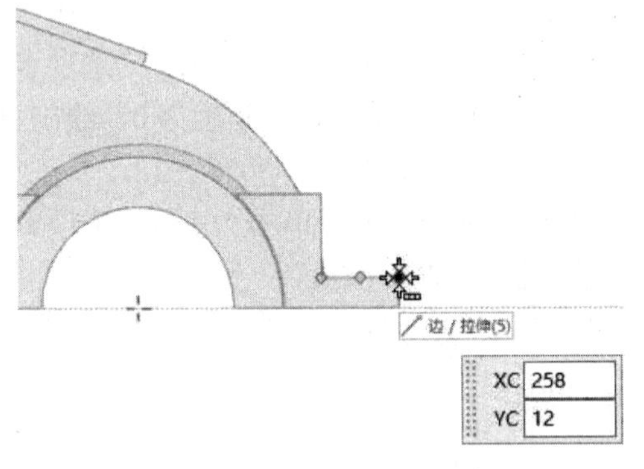

图 11-103　设定初始点

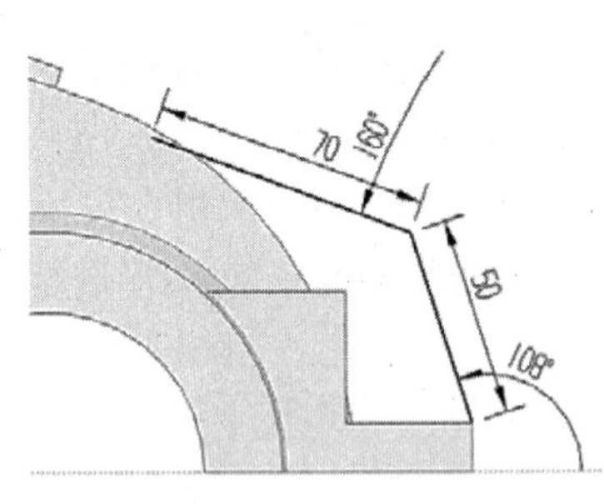

图 11-104　绘制直线

❹选择“菜单”→“插入”→“曲线”→“直线”命令，或者单击“主页”选项卡“曲线”组中的“直线”图标，绘制初始点坐标为（258,12）、长度为 120、角度为 180 的直线。结果如图 11-105 所示。

❺选择“菜单”→“插入”→“曲线”→“圆”命令，或者单击“主页”选项卡，选择“曲线”组中的“圆”图标○，设置圆心坐标为（130,0）、直径为 196，绘制圆，如图 11-106 所

示。

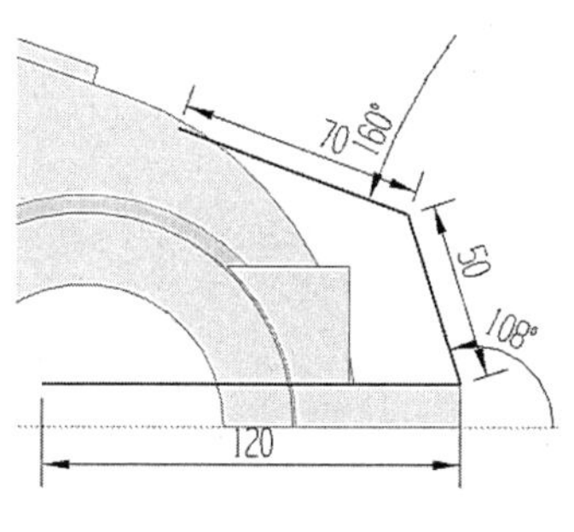

图 11-105　绘制直线

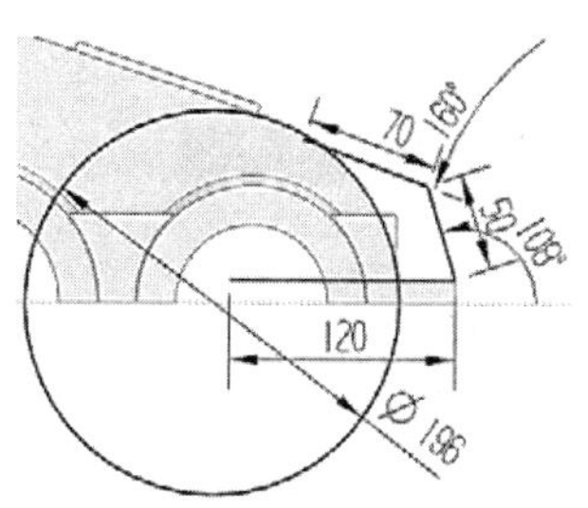

图 11-106　绘制圆

❻选择“菜单”→“编辑”→“曲线”→“修剪”命令，或者单击“主页”选项卡“编辑”组中的“修剪”图标╳，修剪图形结果如图 11-107 所示。

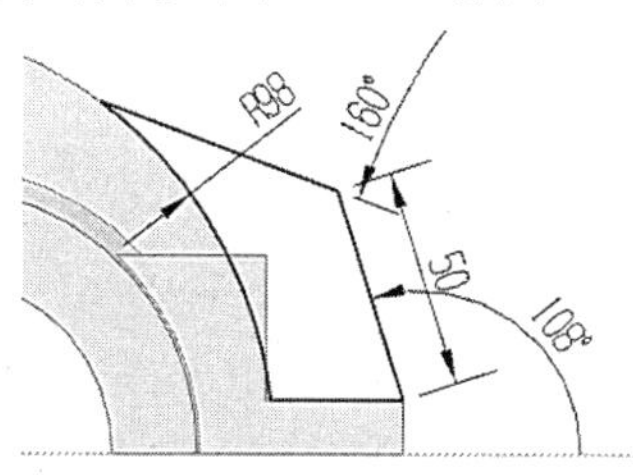

图 11-107　修剪图形

❼选择“菜单”→“插入”→“曲线”→“圆”命令，或者单击“主页”选项卡，选择“曲线”组中的“圆”图标○，设置圆心坐标为（230, 50）、直径为 15，绘制圆，如图 11-108 所示。此时绘制完成的草图如图 11-109 所示。

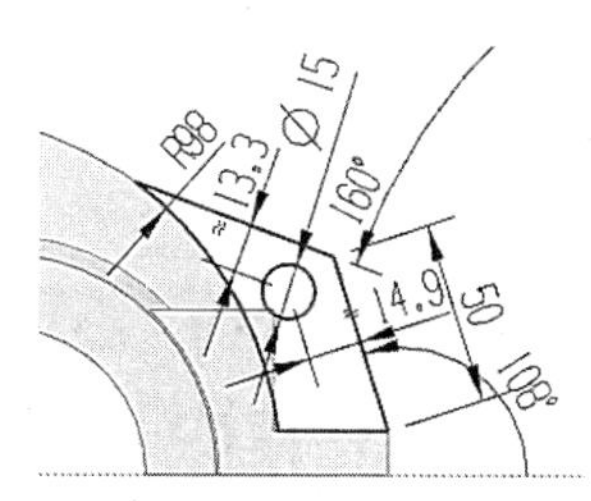

图 11-108　绘制圆

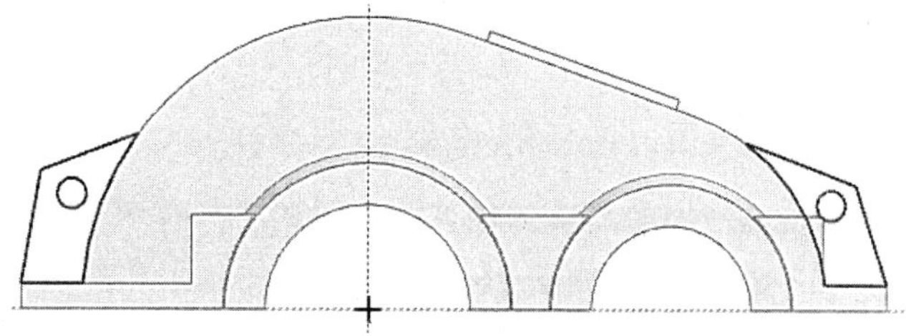

图 11-109　绘制完成的草图

03 选择“菜单”→“任务”→“完成草图”命令，或者单击“主页”选项卡，选择“草图”组中的“完成”图标，退出草图模式，进入建模模式。

04 选择“菜单”→“插入”→“设计特征”→“拉伸”命令，或者单击“主页”选项卡，选择“基本”组中的“拉伸”图标，系统弹出“拉伸”对话框如图 11-110 所示。利用该对话框拉伸草图中创建的曲线，操作方法如下：

❶选择绘制的曲线作为拉伸曲线，如图 11-111 所示。

❷在“指定矢量”下拉列表中选择ZC↑作为拉伸方向，并设置起始距离为-10、终止距离为10，单击“确定”按钮。创建的实体如图 11-112 所示。

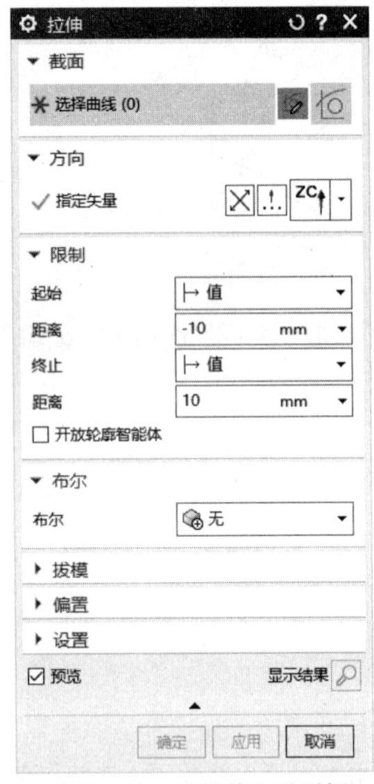

图 11-110 “拉伸”对话框

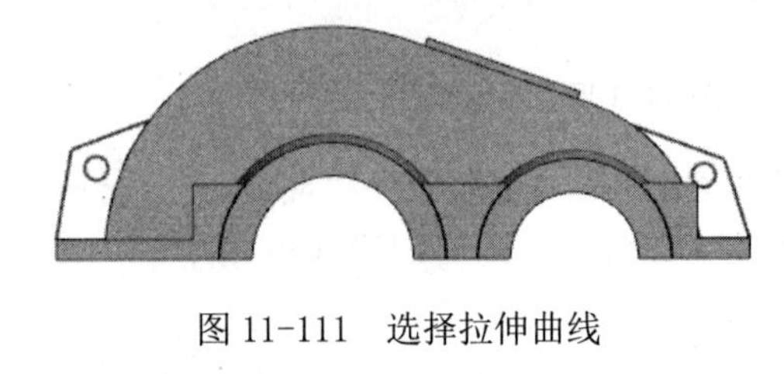
图 11-111 选择拉伸曲线

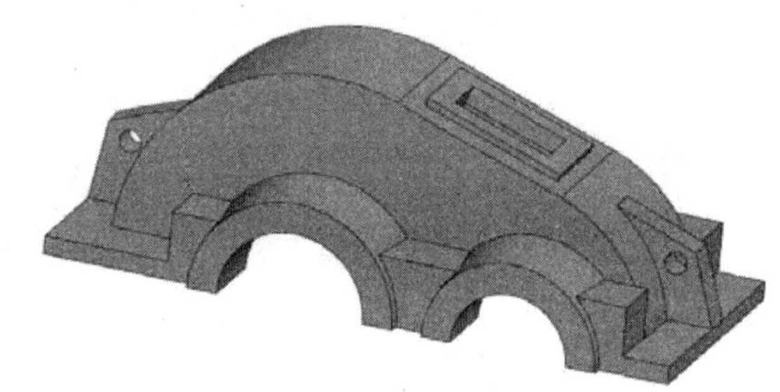
图 11-112 创建实体

注意

若出现输入截面无效警告，可以先选择绘制的曲线，再打开“拉伸”对话框。

11.2.4 孔系

01 选择“菜单”→“插入”→“组合”→“合并”命令，系统弹出“合并”对话框，如图 11-113 所示。选择如图 11-114 所示的布尔求和的实体。单击“确定”按钮，结果如图 11-115 所示。

注意

所选择的实体必须有相交的部分，否则不能进行求和操作（这时系统会提示操作错误，警告工具实体与目标实体没有相交的部分）。

02 定义孔的圆心。选择“菜单”→“插入”→“基准”→“点”命令，系统弹出“点”对话框，如图 11-116 所示。定义台阶上 6 个孔的圆心坐标分别为（-70, 45, -73）、（-70, 45, 73）、（80, 45, 73）、（80, 45, -73）、（210, 45, -73）、（210, 45, 73）。

图 11-113　“合并”对话框

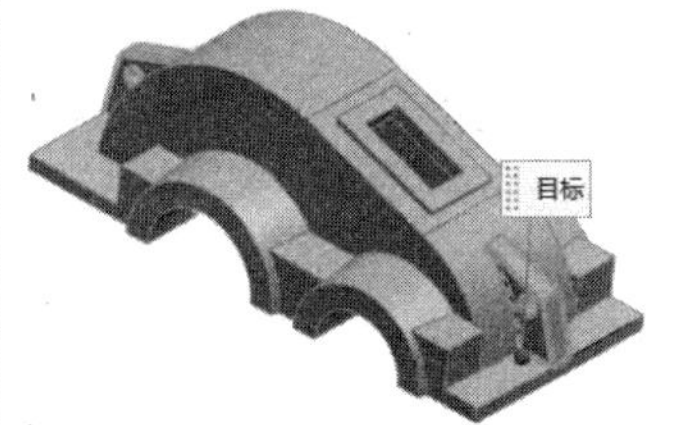

图 11-114　选择实体

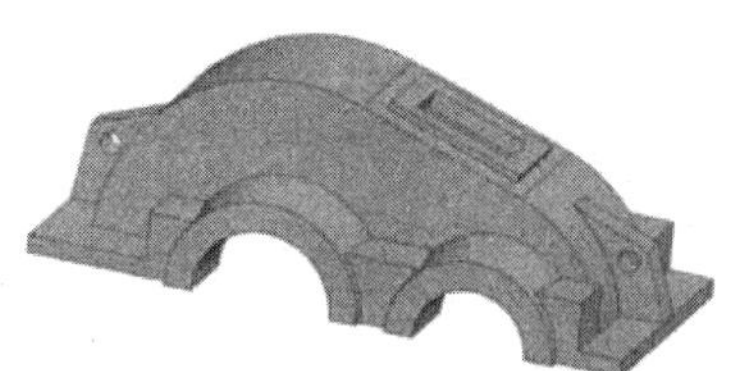

图 11-115　相加结果

03 选择“菜单”→“插入”→“设计特征”→“孔”命令，或者单击“主页”选项卡“基本”组中的“孔”图标，系统弹出“孔”对话框，如图 11-117 所示。利用该对话框建立孔，操作方法如下：

❶在图 11-117 所示对话框的孔类型中选择“沉头”。

❷设定“孔径”为 13、“沉头直径”为 30、“沉头深度”为 2。因为要建立一个通孔，此处设置“深度限制”为“贯通体”。布尔运算设置为“减去”。

❸选择上步所定的点，单击“确定”按钮，生成如图 11-118 所示的孔。

图 11-116　“点”对话框

图 11-117　“孔”对话框

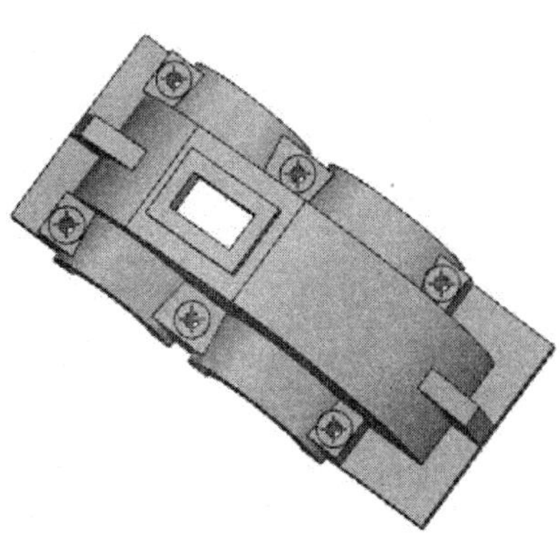

图 11-118　创建孔

04 选择“菜单”→“插入”→“基准”→“点”命令，系统弹出“点”对话框，如图 11-119 所示定义两个点。

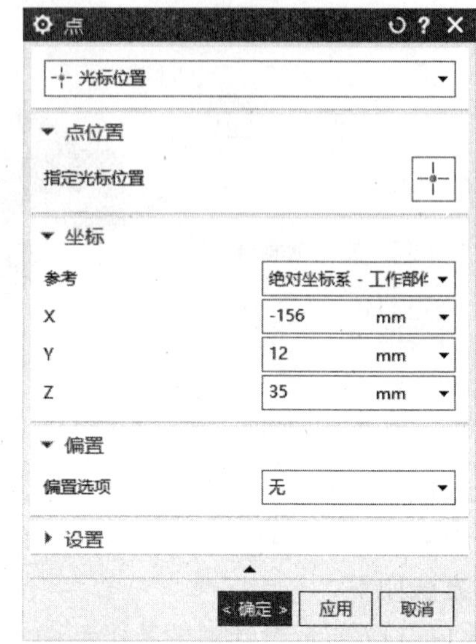

图 11-119　创建点

05 选择“菜单”→“插入”→“设计特征”→“孔”命令，或者单击“主页”选项卡“基本”组中的“孔”图标，系统弹出“孔”对话框，如图 11-120 所示。利用该对话框建立孔，操作方法如下：

❶在“孔”对话框的孔类型中选择“沉头”。

❷设定“孔径”为 11、“沉头直径”为 24、“沉头深度”为 2。因为要建立一个通孔，此处设置“深度限制”为“贯通体”。

❸选择上一步所定的两个点，单击“确定”按钮，生成如图 11-121 所示的孔。

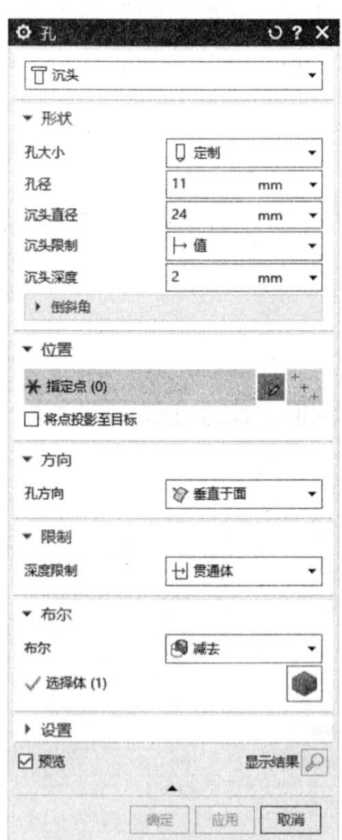

图 11-120　“孔”对话框

06 选择“菜单”→“插入”→“基准”→“点”命令，系统弹出“点”对话框，如图 11-122 所示定义两个点。

07 选择“菜单”→“插入”→“设计特征”→“孔”命令，或者单击“主页”选项卡“基本”组中的“孔”图标，系统弹出“孔”对话框，如图 11-123 所示。利用该对话框建立孔，操作方法如下：

❶在“孔”对话框的孔类型中选择“简单”。

❷设定“孔径”为 8，因为要建立通孔，所以此处设置“深度限制”为“贯通体”。

❸选择刚刚定义的两个点作为圆心，创建如图 11-124 所示的孔。

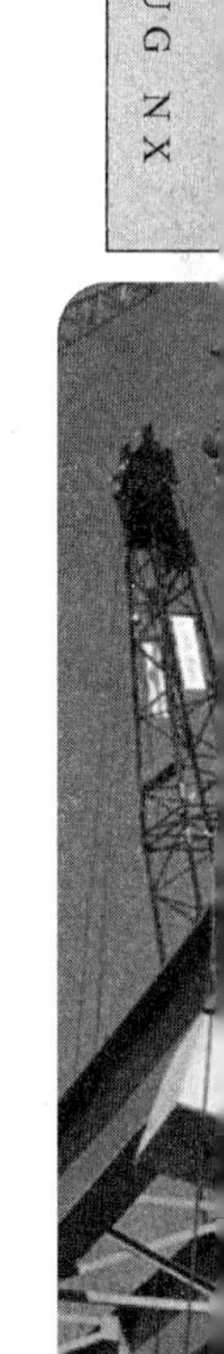

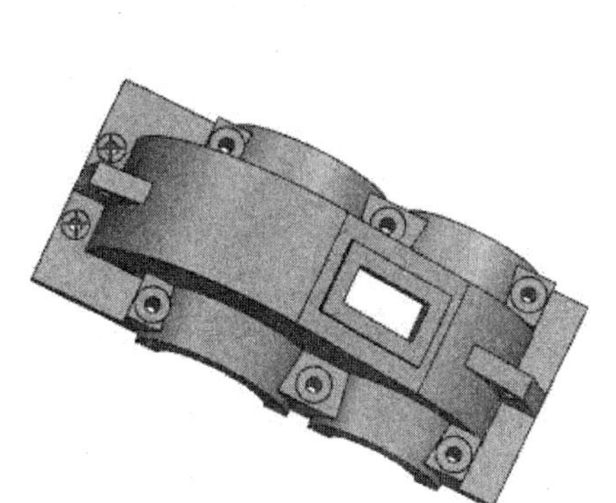

图 11-121　创建孔

图 11-122　创建点

图 11-123　“孔”对话框

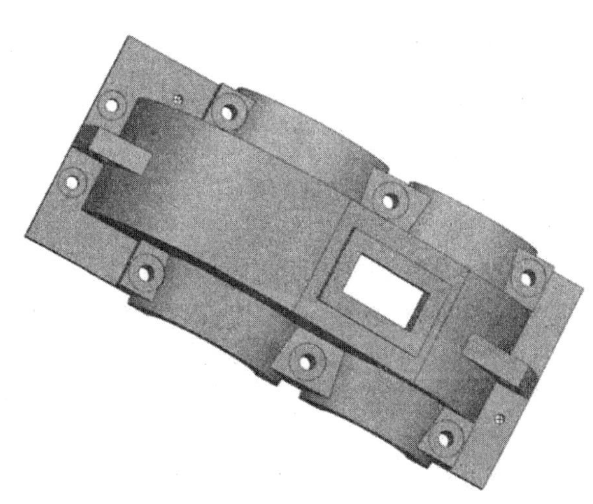

图 11-124　创建孔

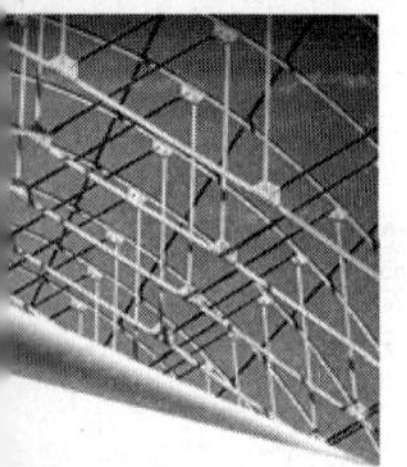
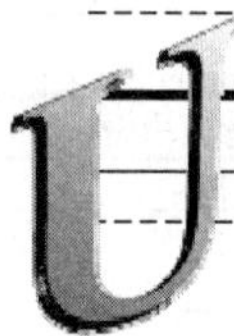

11.2.5　圆角

01 选择“菜单”→“插入”→“细节特征”→“边倒圆”命令，或者单击“主页”选项卡中的“基本”组→“倒圆下拉菜单”中的“边倒圆”图标，系统弹出“边倒圆”对话框，如图 11-125 所示。

利用该对话框进行圆角操作，方法如下：

❶在该对话框中输入“半径 1”为 44。

❷如图 11-126 所示选择底座的四条边。

图 11-125　“边倒圆”对话框

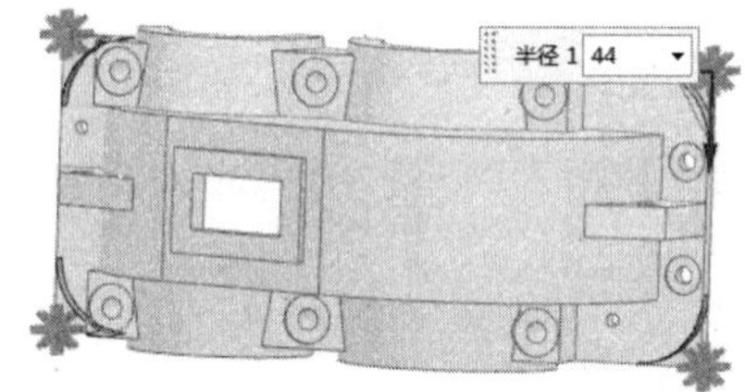

图 11-126　选择边

❸单击“确定”按钮，完成圆角的创建，结果如图 11-127 所示。

02 按步骤 **01** 所述的方法，如图 11-128 所示设置圆角半径为 5，选择凸台的边进行圆角。单击“确定”按钮，完成圆角的创建，结果如图 11-129 所示。

03 按步骤 **01** 所述的方法，设置圆角半径为 18，选择图 11-130、图 11-131 所示的边创建吊环的边圆角。单击“确定”按钮，完成圆角的创建，结果如图 11-132 所示。

04 按步骤 **01** 所述的方法，设置圆角半径为 15，选择凸台的边进行圆角。单击“确定”按钮，完成圆角的创建，结果如图 11-133 所示。

05 按步骤 **01** 所述的方法，在图 11-134 所示的“边倒圆”对话框中设置圆角半径为 5，选择凸台内孔的边进行圆角。单击“确定”按钮，完成圆角的创建，结果如图 11-135 所示。

图 11-127　圆角结果

图 11-128　“边倒圆”对话框

图 11-129　创建圆角

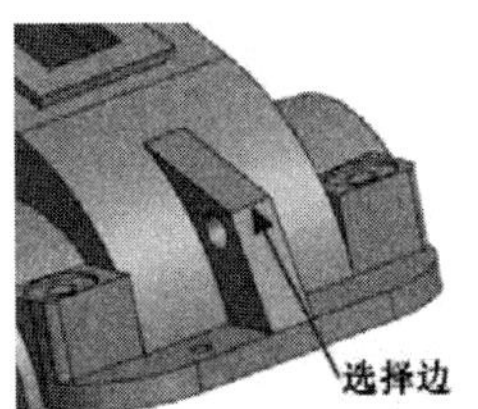

图 11-130　选择边 1

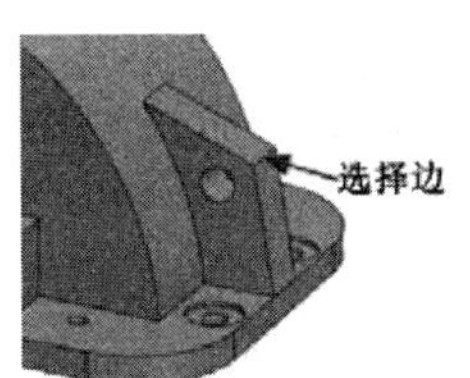

图 11-131　选择边 2

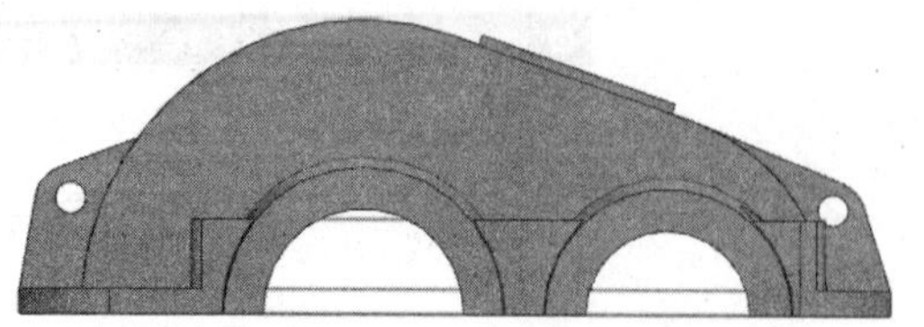

图 11-132　创建圆角

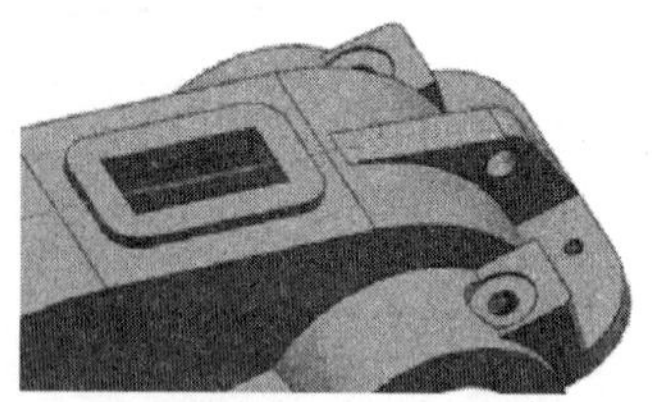

图 11-133　创建圆角

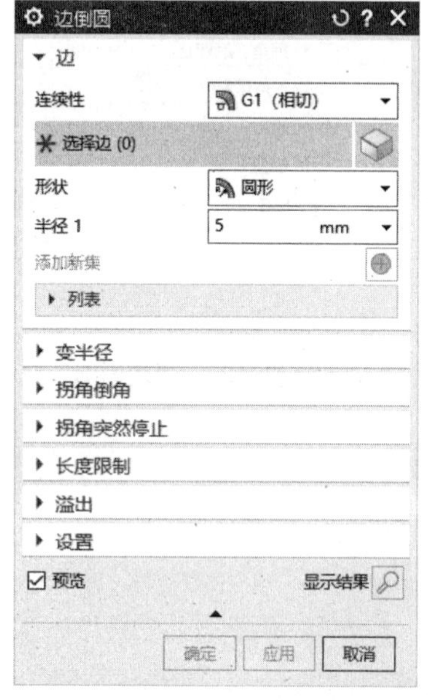

图 11-134　“边倒圆”对话框

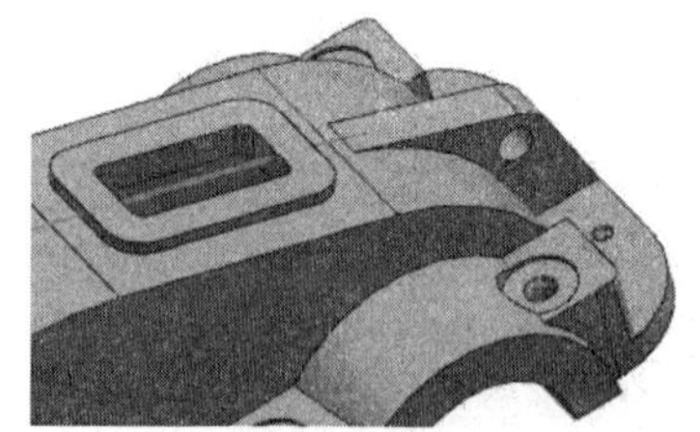

图 11-135　创建圆角

11.2.6　螺纹孔

01 选择“菜单”→“插入”→“基准”→“点”命令，系统弹出“点”对话框，如图 11-136 所示定义点的坐标。

02 选择“菜单”→“插入”→“设计特征”→“孔”命令，或者单击“主页”选项卡“基本”组中的“孔”图标，系统弹出“孔”对话框，如图 11-137 所示。利用该对话框建立孔，操作方法如下：

❶在“孔”对话框的孔类型中选择“简单”。

❷设定“孔径”为 8、“顶锥角”为 118、“孔深”为 15。

❸选取刚定义的点为圆心，单击“确定”按钮，生成如图 11-138 所示的孔。

03 选择“菜单”→“插入”→“关联复制”→“阵列特征”命令，系统弹出“阵列特征”对话框，如图 11-139 所示。利用该对话框进行圆周阵列，操作方法如下：

❶在对话框的“布局”下拉列表中选择“圆形”。

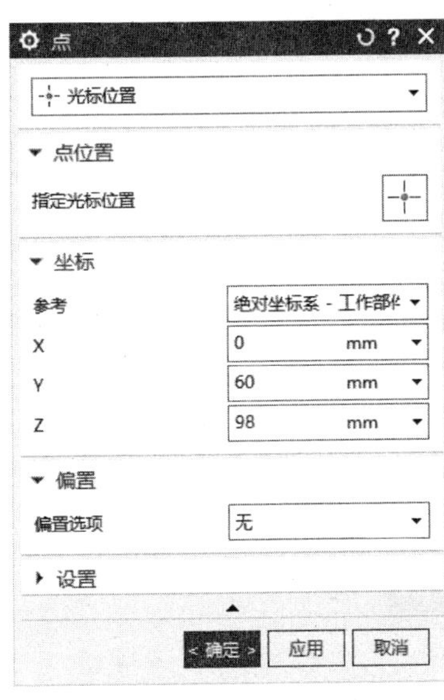

图 11-136　“点”对话框

图 11-137　“孔”对话框

图 11-138　创建孔

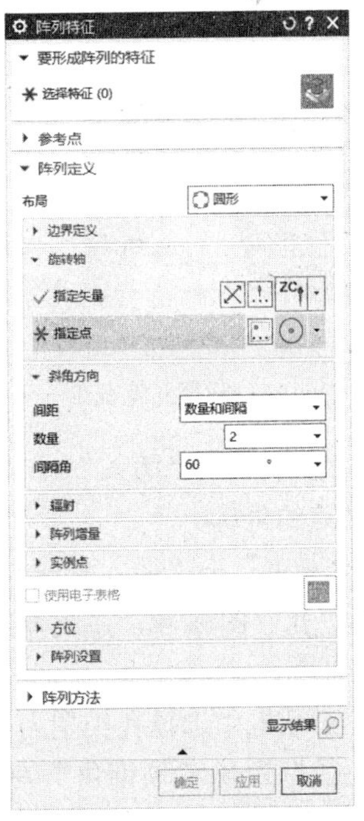

图 11-139　“阵列特征”对话框

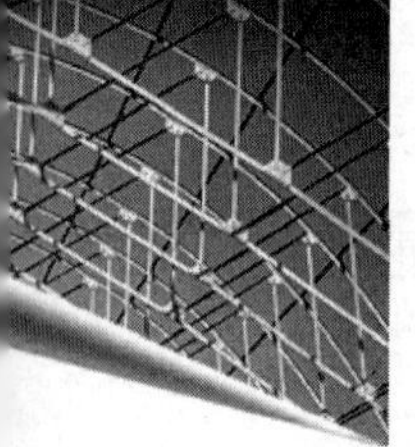

❷选择刚创建的简单孔特征为阵列特征。

❸设置“数量”为2、“间隔角”为60。

❹“指定矢量”选择ZC↑，单击“确定”按钮。

❺单击“点对话框”按钮，系统弹出“点”对话框，设置选项如图11-140所示，单击“确定”按钮。单击“确定”按钮。完成孔的阵列，结果如图11-141所示。

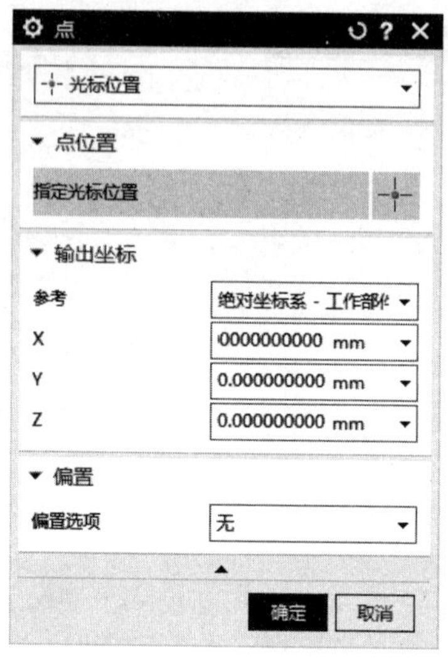

图11-140 “点”对话框

04 设置间隔角为-60，其他参数不变，选择步骤 02 创建的孔继续阵列，结果如图11-142所示。

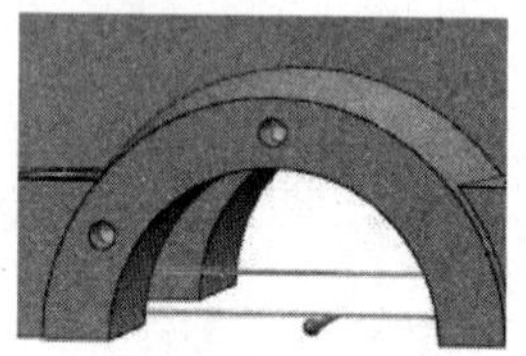

图11-141 阵列孔特征1

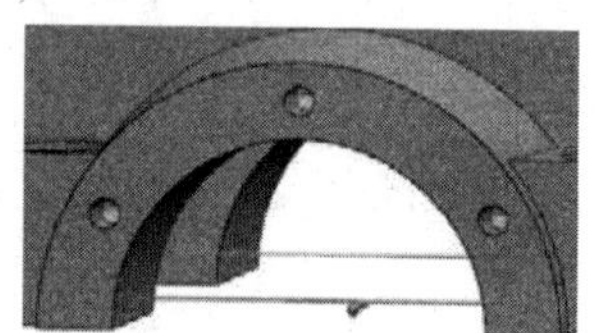

图11-142 阵列孔特征2

05 选择“菜单”→“插入”→“基准”→“点”命令，系统弹出“点”对话框，如图11-143所示定义点的坐标。

06 选择“菜单”→“插入”→“设计特征”→“孔”命令，或者单击“主页”选项卡“基本”组中的“孔”图标，系统弹出“孔”对话框，如图11-144所示。利用该对话框建立孔，操作方法如下：

❶在“孔”对话框中选择孔类型为“简单”。

❷设定“孔径”为8、“顶锥角”为118、“孔深”为15。

❸选取刚创建的点为孔的圆心，单击“确定”按钮，生成如图11-145所示的孔。

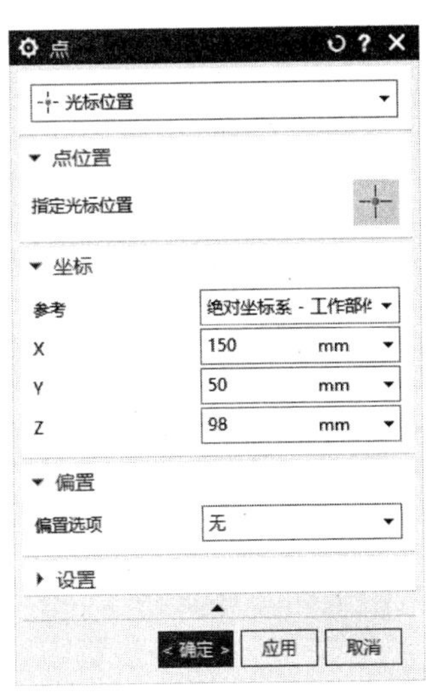

图 11-143　“点”对话框

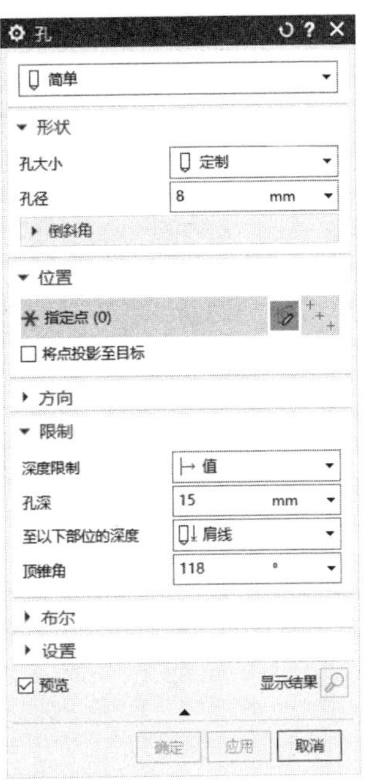

图 11-144　“孔”对话框

07 按步骤 **03** 中介绍的方法进行圆形阵列，在图 11-146 所示的“点”对话框中指定点坐标为为（150, 0, 0），他参数的设置与如图 11-139 所示的“阵列特征”对话框相同，单击“确定”按钮，完成孔的圆形阵列，结果如图 11-147 所示。

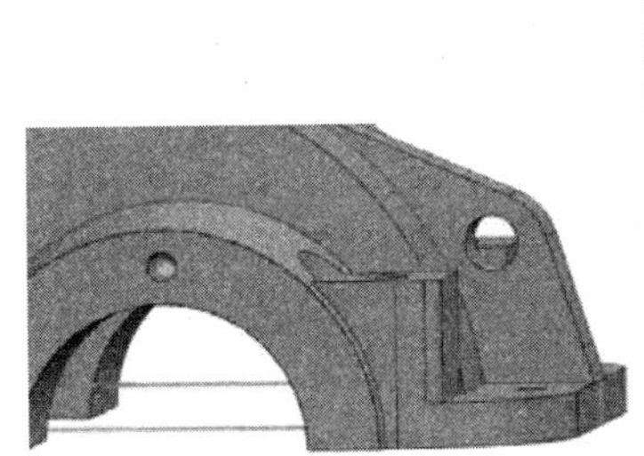

图 11-145　创建孔

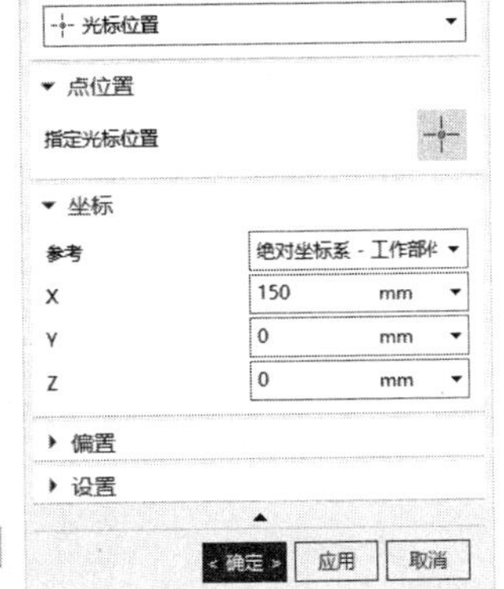

图 11-146　“点”对话框

图 11-147　圆形阵列孔

08 单击“主页”选项卡“基本”组中的“孔”图标，系统弹出“孔”对话框，如图 11-148 所示。利用该对话框进行孔的创建，方法如下：

❶在图 11-148 所示对话框中选择孔类型为“简单”。

❷设定“孔径”为 6，设置“深度限制”为“直至下一个”，然后单击“绘制截面”按钮。

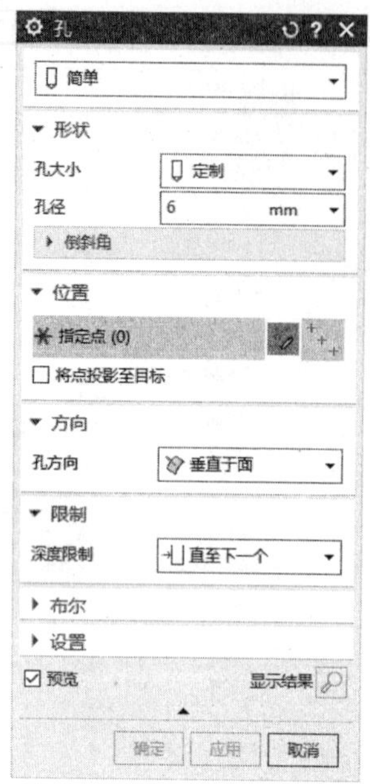

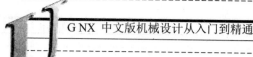

图 11-148 “孔”对话框

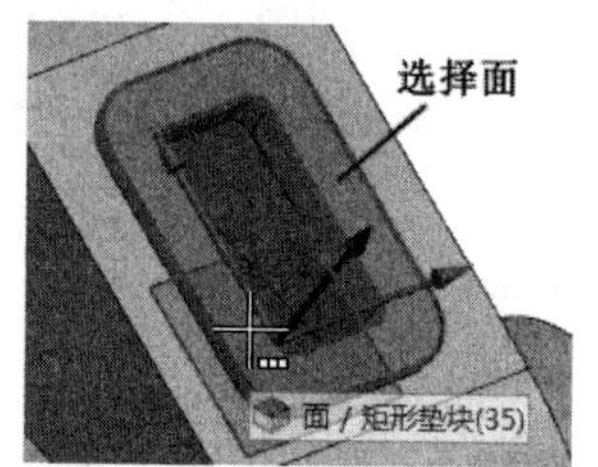

图 11-149 选择放置面

❸选择图 11-149 所示的平面为放置面，弹出“草图点”对话框，进入草图编辑状态。

❹指定两点大概位置，如图 11-150 所示。然后关闭“草图点”对话框。

❺单击“主页”选项卡中“求解”组→“尺寸”下拉菜单中的“快速尺寸”图标，弹出“快速尺寸”对话框。测量方法选择“自动判断”。选择凸台的一边，如图 11-151 所示。选择图 11-150 所示的点 1。激活当前表达式，在文本框中输入 10，单击“确定”按钮。

❻采用同样方法，编辑另一方向的尺寸，选择如图 11-152 所示的边，在“当前表达式”文本框中输入 10，单击“确定”按钮。

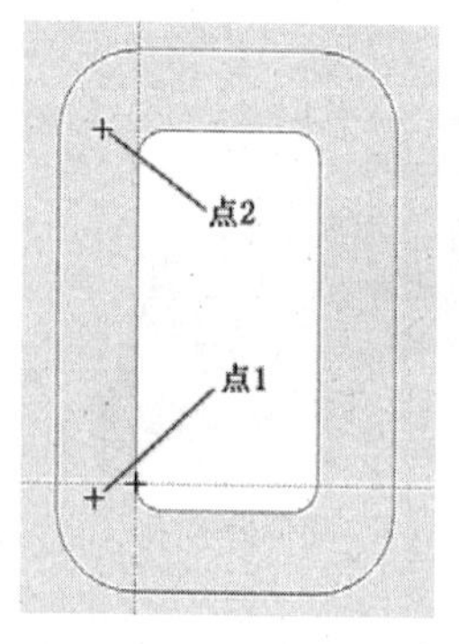

图 11-150 绘制两个点

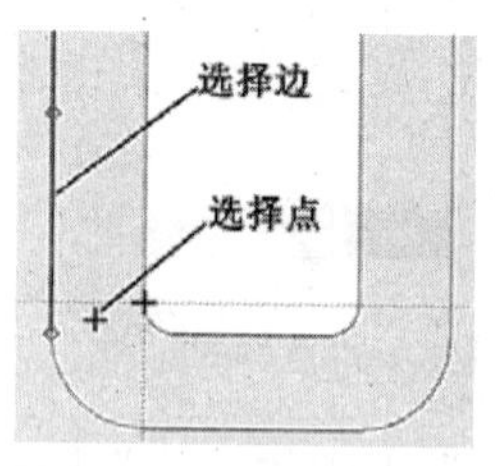

图 11-151 选择边和点

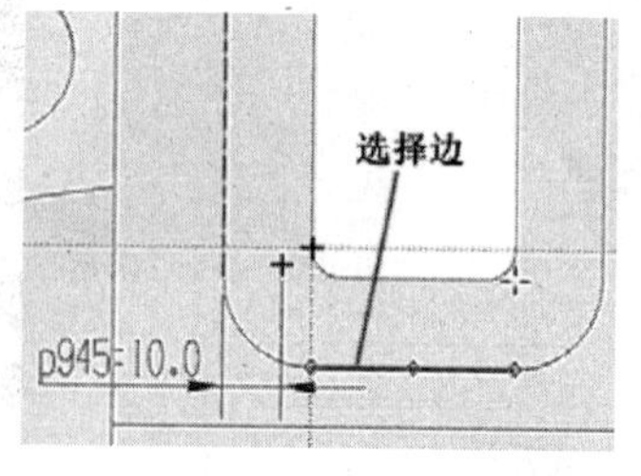

图 11-152 选择边

按如上方法编辑另一孔的位置尺寸，结果如图 11-153 所示。

❼单击“主页”选项卡 “草图”组中的“完成”图标，退出草图编辑状态。返回“孔”对话框，单击“确定”按钮，完成孔的创建，结果如图 11-154 所示。

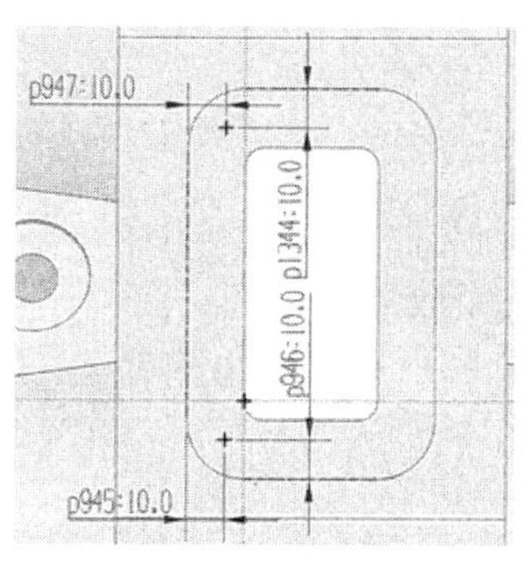

图 11-153　孔的位置尺寸

图 11-154　创建孔

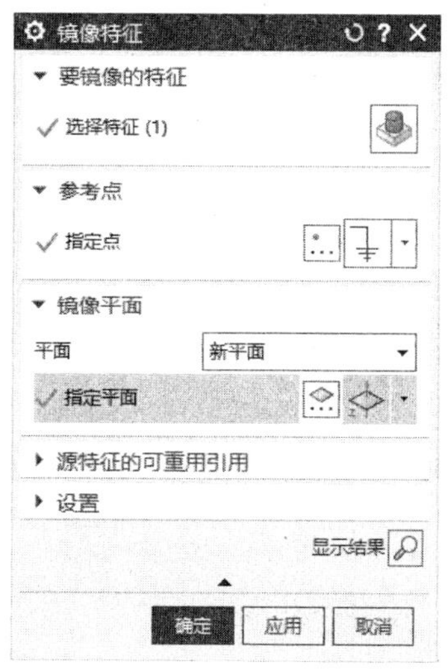

图 11-155　“镜像特征”对话框

09 选择“菜单”→“插入”→“关联复制”→“镜像特征”，系统弹出“镜像特征”对话框，如图 11-155 所示。利用该对话框对孔进行镜像复制，操作方法如下：

❶在绘图区或部件导航器中选择刚创建的两个孔作为要镜像的特征。

❷将“镜像平面”选项设置为“新平面”，“指定平面”选择 XC-YC 平面为镜像面。单击“确定”按钮，完成孔的镜像，结果如图 11-156 所示。

10 选择“菜单”→“插入”→“设计特征”→“螺纹”命令，系统弹出“螺纹”对话框。选择“详细”类型，设置参数如图 11-157 所示。选择图 11-158 所示的孔的内表面，单击“确定”按钮，生成螺纹孔。

11 按上述方法，选择轴承孔端面和垫块上的孔的内表面，创建螺纹孔，结果如图 11-159 所示。

12 选择“菜单”→“插入”→“关联复制”→“镜像特征”命令，在部件导航栏中选择孔进行镜像，创建另一轴承孔端面的螺纹孔，结果如图 11-160 所示。

UG NX

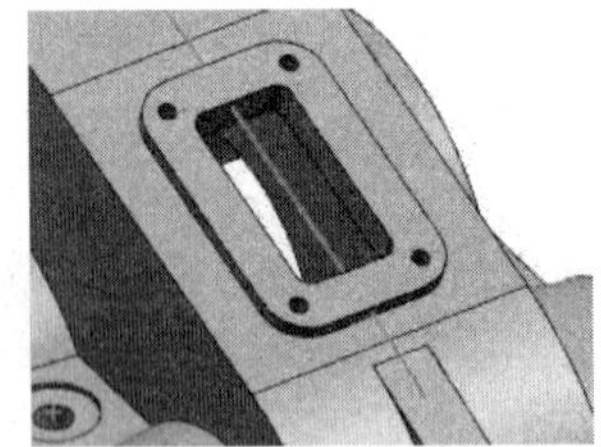

图 11-156　镜像孔

图 11-157　“螺纹”对话框

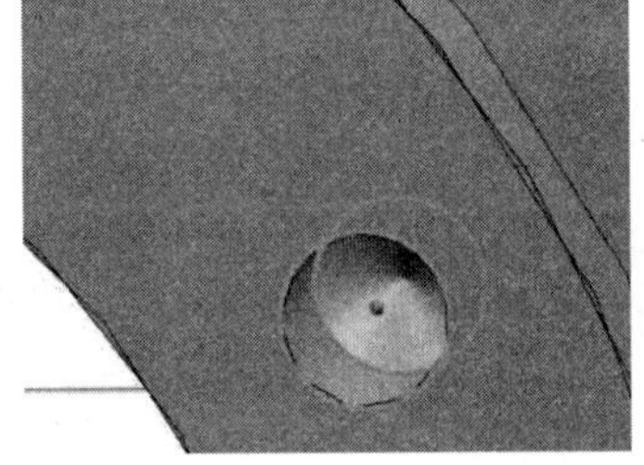

图 11-158　选择内表面

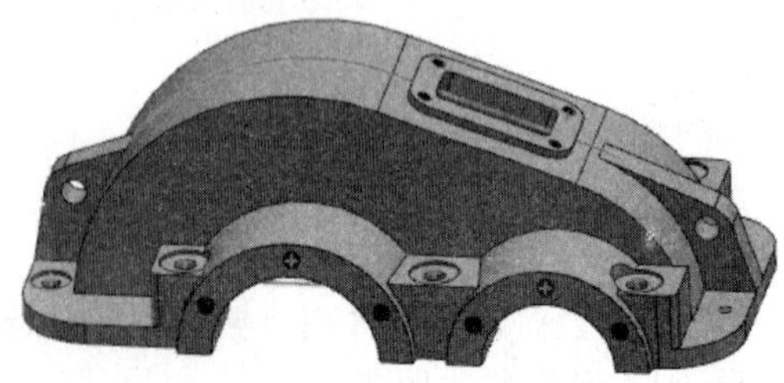

图 11-159　创建螺纹孔

图 11-160　镜像螺纹孔

第12章

减速器机座设计

本章将综合运用各种建模方法，结合布尔运算、拔模和抽壳等操作，完成减速器机座的创建。

重点与难点

- 机座主体设计
- 机座附件设计

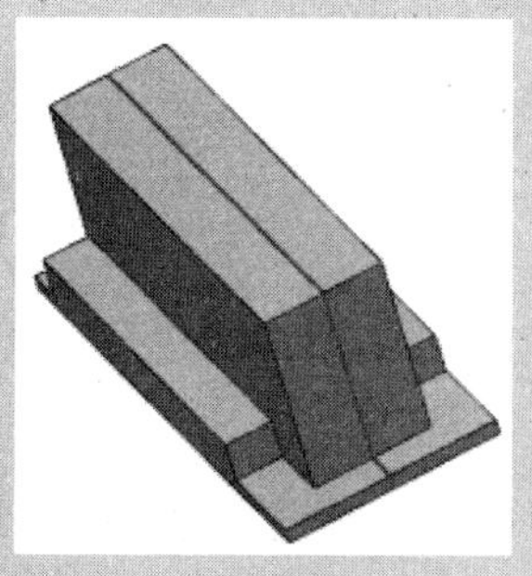

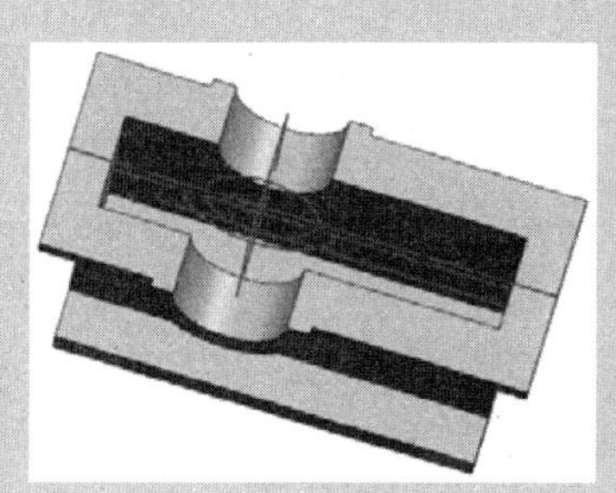

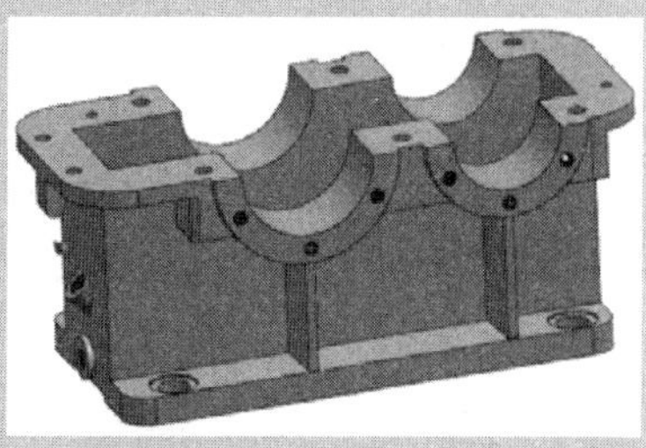

12.1 机座主体设计

制作思路

减速器机座是减速器中外形比较复杂的部件，其上分布了各种槽、孔、凸台等特征。在创建机座主体时，首先在草图模式下绘制带有约束关系的二维图形，然后利用草图创建参数化的截面，最后通过对平面图形的拉伸及旋转等操作生成参数化实体模型。

本实例的制作思路是：通过草图模式绘制各种截面，然后利用“拉伸”“拔模”和“镜像”等命令创建机座主体实体模型。

12.1.1 创建机座的中间部分

01 选择“菜单”→“文件”→“新建”命令，或者单击“主页”选项卡，选择“标准”组中的“新建”图标，打开“新建”对话框。选择“模型”类型，创建新部件，输入文件名为“jizuo”，打开建立模型模块。

02 选择“菜单”→“插入”→“草图”命令，或者单击“主页”选项卡“构造”组中的“草图”图标，系统弹出如图 12-1 所示的“创建草图”对话框。在绘图区选择 XY 平面，单击“确定”按钮，打开草图绘制界面。

03 选择“菜单”→“插入”→“曲线”→“矩形”命令，或者单击“主页”选项卡“曲线”组中的“矩形”图标，系统弹出“矩形”对话框，如图 12-2 所示。该对话框中的图标从左到右分别表示“按 2 点”“按 3 点”“从中心”“坐标模式”和“参数模式”。利用该对话框建立矩形，方法如下：

❶选择创建方式为“按 2 点”。

❷系统弹出如图 12-3 所示的文本框，在该文本框中输入起点坐标为（-140,0），然后按 Enter 键。

❸系统弹出如图 12-4 所示的文本框，在该文本框中设定“宽度”和“高度”分别为 368 和 165，然后按 Enter 键，建立矩形。

04 选择“菜单”→“任务”→“完成草图”命令，或者单击“主页”选项卡，选择“草图”组中的“完成”图标，退出草图模式，打开建模模式。

05 选择单击“菜单”→“插入”→“设计特征”→“拉伸”命令，或者单击“主页”选项卡“基本”组中的“拉伸”图标，系统弹出“拉伸”对话框，如图 12-5 所示。利用该对话框拉伸草图中创建的曲线，操作方法如下：

❶选择刚绘制的矩形为拉伸曲线。

❷在“指定矢量”下拉列表中选择 ZC↑ 作为拉伸方向。

❸在对话框中输入终止距离为 51，其他参数采用默认。单击“确定”按钮，完成拉伸，生成的实体如图 12-6 所示。

图 12-1　“创建草图”对话框

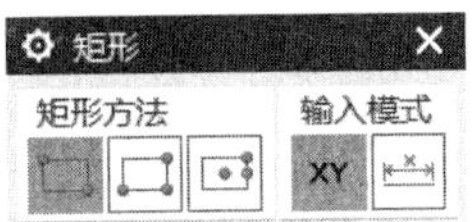

图 12-2　“矩形”对话框

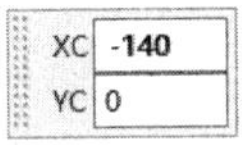

图 12-3　设定起点

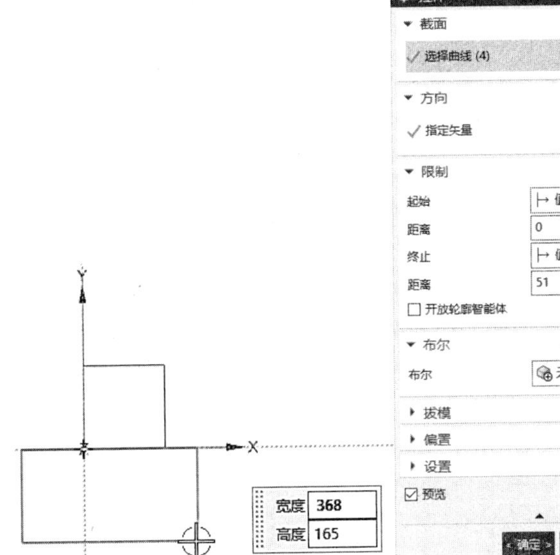

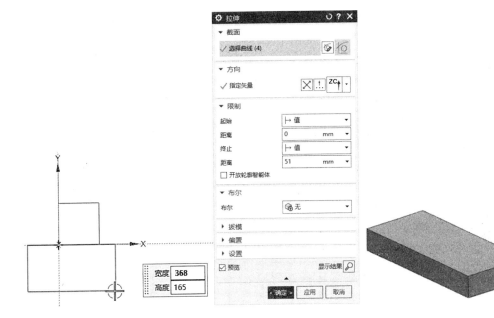

图 12-4　设定宽度、高度　　图 12-5　“拉伸”对话框　　图 12-6　拉伸生成实体

12.1.2　创建机座上端面

01 选择“菜单”→“插入”→“草图”命令，或者单击“主页”选项卡“构造”组中的“草图”图标，弹出“创建草图”对话框。在绘图区选择 XY 平面，单击“确定”按钮，打开草图模式。

02 选择“菜单”→“插入”→“曲线”→“矩形”命令，或者单击“主页”选项卡“曲线”组中的“矩形”图标，系统弹出“矩形”对话框，如图 12-7 所示。利用该对话框建立矩形，方法如下：

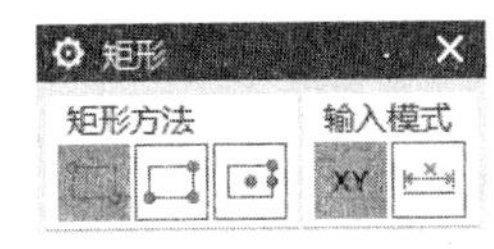

图 12-7　“矩形”对话框

❶选择创建方式为“按 2 点”。

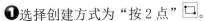

❷系统弹出如图 12-8 所示的文本框，在该文本框中输入起点坐标为（-170,0），然后按 Enter 键。

❸系统弹出如图 12-9 所示的文本框，在该文本框中设定“宽度”和“高度”分别为 428 和 12，然后按 Enter 键，建立矩形。

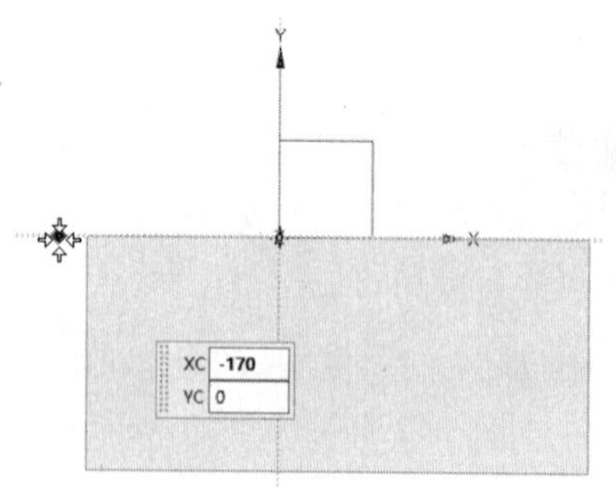

图 12-8　设定起点

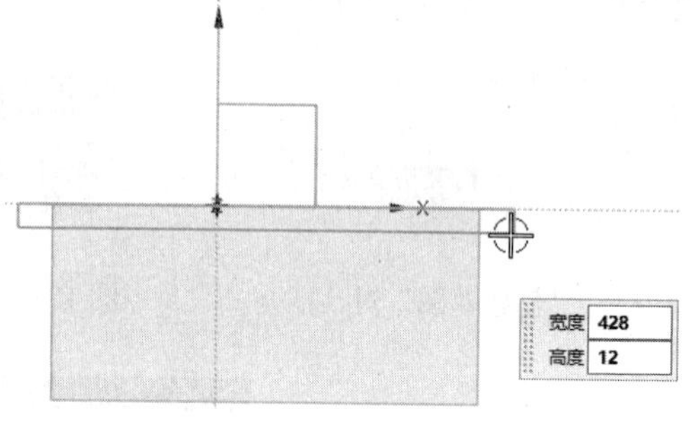

图 12-9　设定宽度、高度

03 按同样的方法输入起点坐标为（-86,0）\”高度”和“宽度”为（312,45），创建另一矩形，结果如图 12-10 所示。

04 选择“菜单”→“任务”→“完成草图”命令，或者单击“主页”选项卡“草图”组中的“完成”图标，退出草图模式，打开建模模式。

05 选择“菜单”→“插入”→“设计特征”→“拉伸”命令，或者单击“主页”选项卡“基本”组中的“拉伸”图标，系统弹出“拉伸”对话框。利用该对话框拉伸草图中创建的曲线，操作方法如下：

❶选择步骤 03 中绘制的矩形为拉伸曲线，如图 12-11 所示。

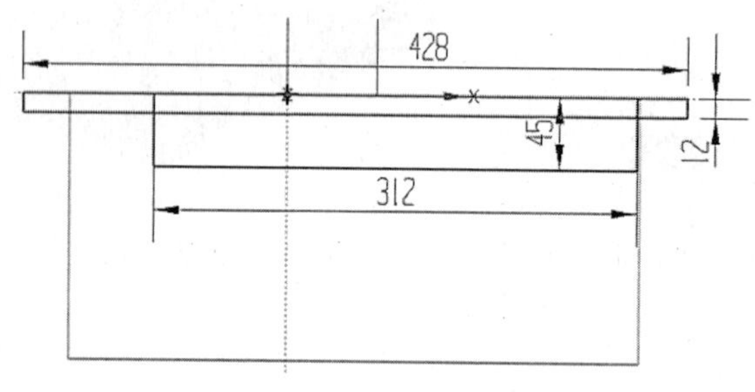

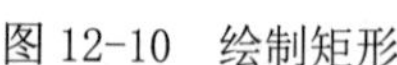

图 12-10　绘制矩形

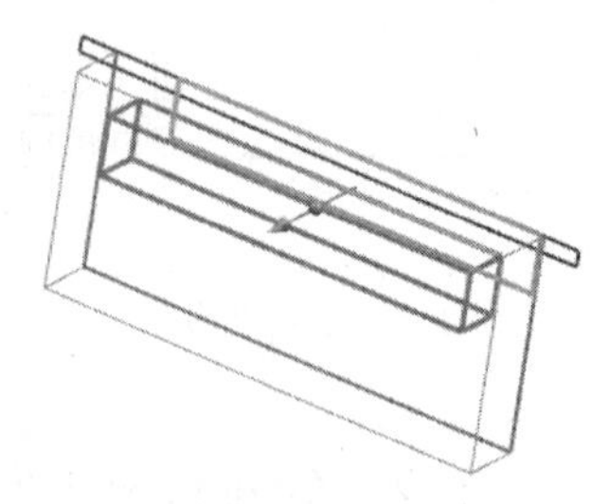

图 12-11　选择拉伸曲线

❷在“指定矢量”下拉列表中选择 ZC↑ 作为拉伸方向，输入起始距离为 51、终止距离为 91，如图 12-12 所示。单击“确定”按钮，拉伸生成实体。

06 按同样的方法拉伸另一矩形。操作方法如下：

❶选择步骤 02 中绘制的矩形为拉伸曲线，如图 12-13 所示。

❷在“指定矢量”下拉列表中选择 ZC↑ 作为拉伸方向。

❸输入起始距离为 0、终止距离为 91，如图 12-14 所示。单击“确定”按钮，创建的实体如图 12-15 所示。

图 12-12　“拉伸”对话框 1

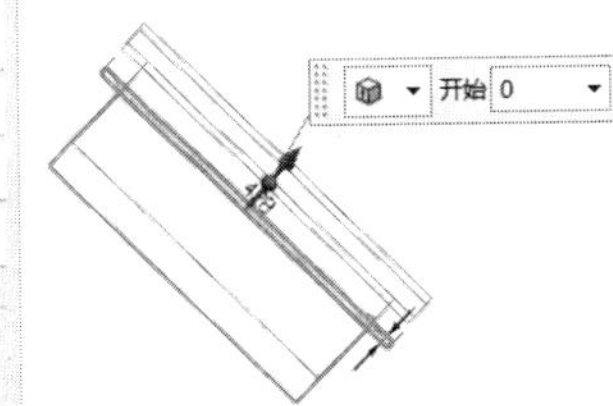

图 12-13　选择拉伸对象

图 12-14　“拉伸”对话框 2

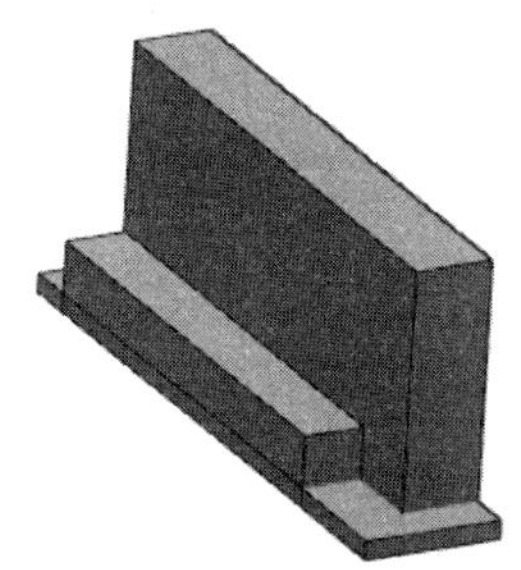

图 12-15　创建实体

12.1.3　创建机座的整体

01 选择“菜单”→“编辑”→“变换”命令，系统弹出“变换”对话框，如图 12-16 所示。利用该对话框进行镜像变换，方法如下：

❶在对话框选择“全选”按钮，再单击“确定”按钮。

❷单击“变换”对话框，如图 12-17 所示。选择“通过一平面镜像”选项。

❸系统弹出“平面”对话框，选择“XC-YC 平面”（即法线方向为 ZC），设置其他选项如图 12-18 所示，单击“确定”按钮。

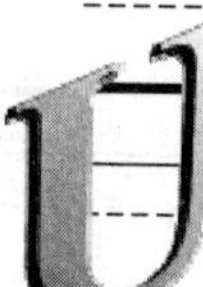

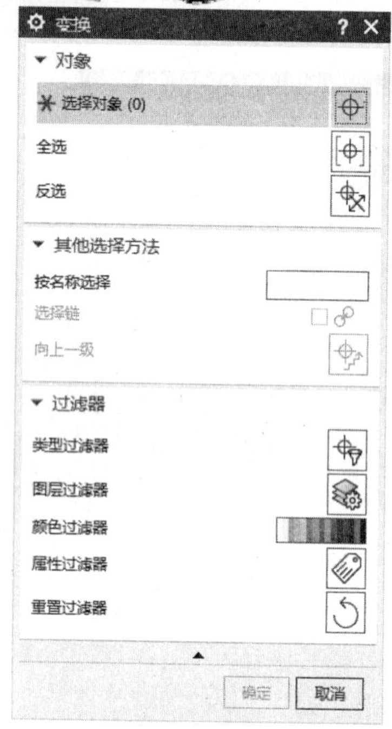

图 12-16 “变换”对话框 1

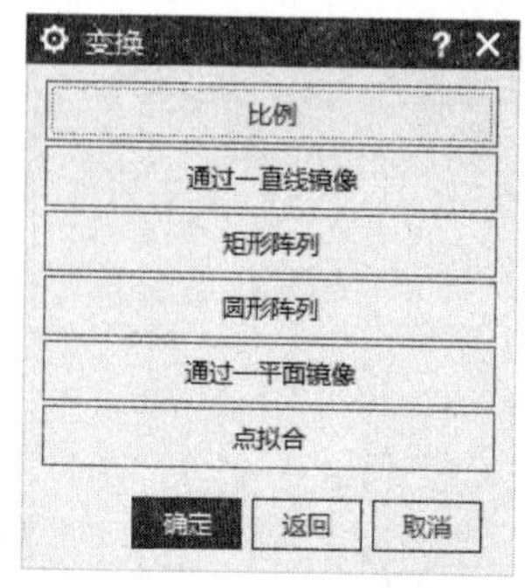

图 12-17 “变换”对话框 2

图 12-18 “平面”对话框

❹系统弹出“变换”对话框，如图 12-19 所示。选择“复制”选项，单击“取消”按钮，创建实体如图 12-20 所示。

02 选择“菜单”→“插入”→“组合”→“合并”，系统弹出“合并”对话框，如图 12-21 所示。选择如图 12-22 所示的实体。单击“确定”按钮，完成布尔求和运算，结果如图 12-23 所示。

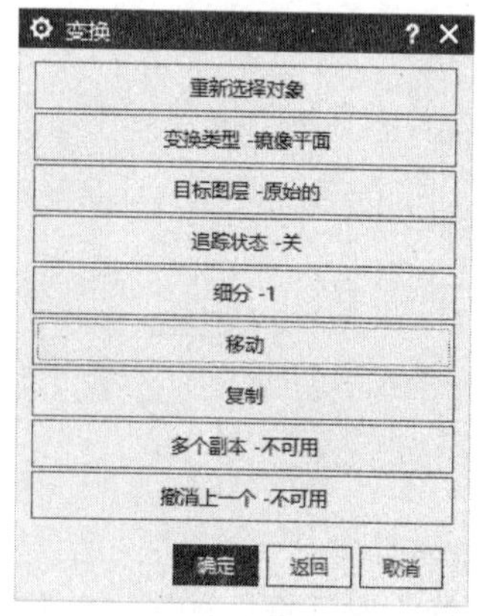

图 12-19 “变换”对话框 3

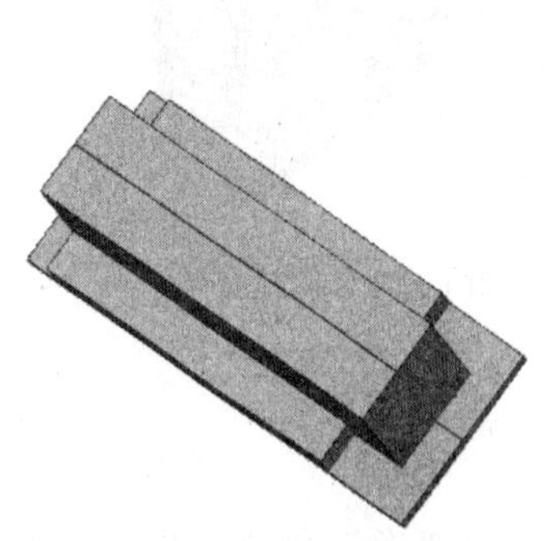

图 12-20 创建实体

图 12-21 “合并”对话框

注意

所选择的实体必须有相交的部分，否则不能进行求和操作（这时系统会提示操作错误，警告工具实体与目标实体没有相交的部分)。

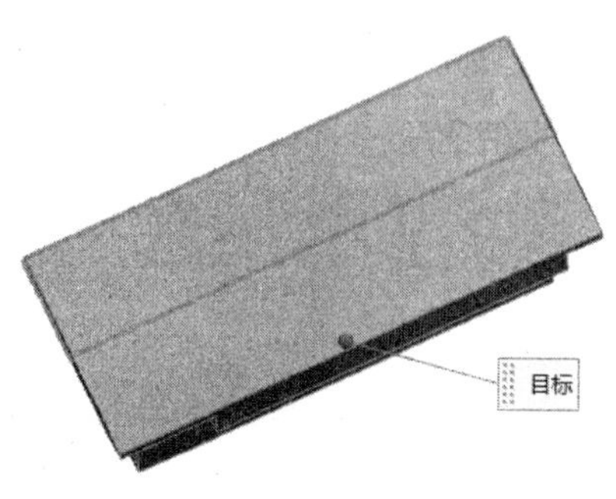

图 12-22　选择实体

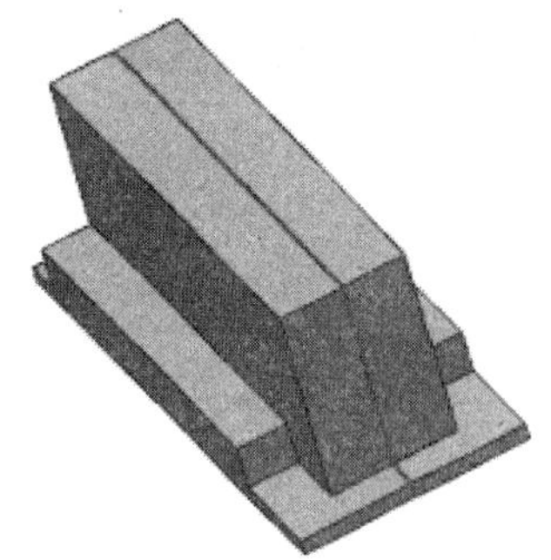

图 12-23　布尔求和

12.1.4　抽壳

01 拆分。选择“菜单”→“插入”→“修剪”→“拆分体”命令，或单击“主页”选项卡中“基本”组→“更多”库→“修剪”库中的“拆分体”图标，系统弹出如图 12-24 所示的“拆分体”对话框。利用该对话框对创建的实体进行拆分，操作方法如下：

❶选择实体全部为拆分对象。

❷选择机座一侧平面为基准面，将箱体中间部分分离出来。

❸按如上方法，选择其他平面进行拆分，将中间部分从整体中分离出来，生成如图 12-25 所示的实体。

02 抽壳。选择“菜单”→“插入”→“偏置/缩放”→“抽壳”命令，或单击“主页”选项卡“基本”组中的“抽壳”图标。系统将弹出“抽壳”对话框，如图 12-26 所示。利用该对话框对生成的实体进行抽壳，操作方法如下：

❶在对话框中选择“打开”类型。

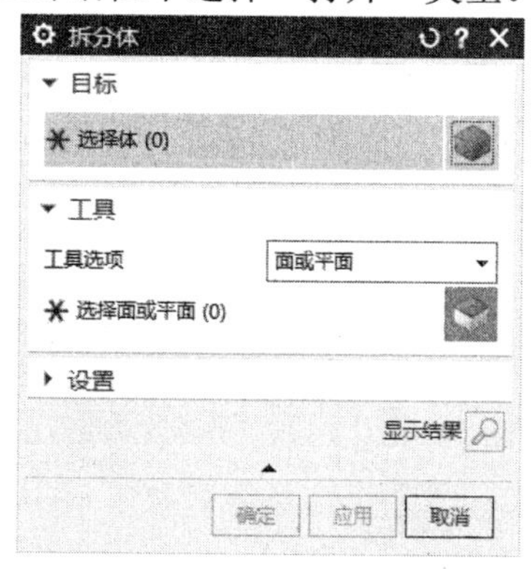

图 12-24　“拆分体”对话框

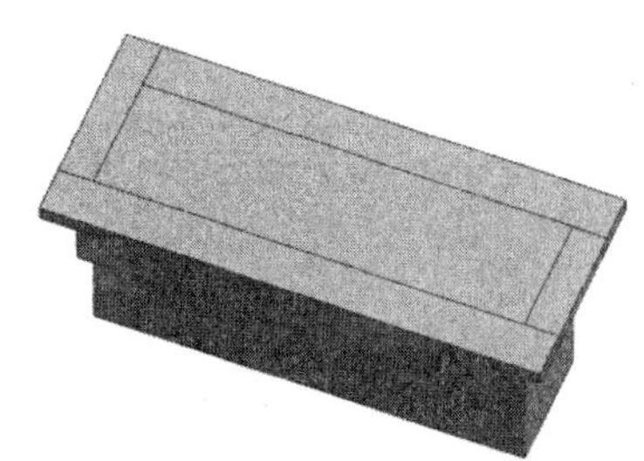

图 12-25　完成拆分

❷选择图 12-27 所示的端面作为抽壳面。

❸在“厚度”文本框中输入 8，抽壳公差采用默认数值，单击“确定”按钮，生成如图 12-28 所示的抽壳特征。

图 12-26 “抽壳”对话框

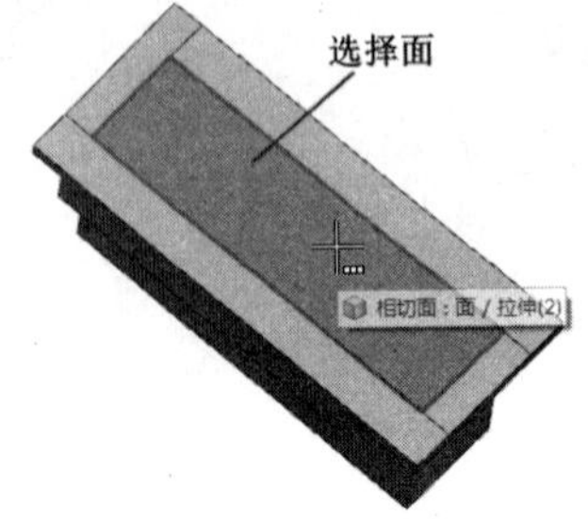

图 12-27 选择面

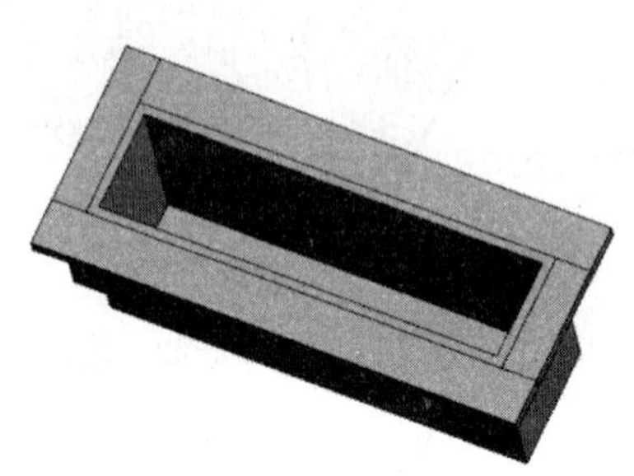

图 12-28 抽壳特征

12.1.5 创建壳体的底板

01 选择“菜单”→“插入”→“草图”命令，或者单击“主页”选项卡“构造”组中的“草图”图标，打开“创建词条”对话框。默认设置，单击“确定”按钮，打开草图模式。

02 选择“菜单”→“插入”→“曲线”→“矩形”命令，或者单击“主页”选项卡“曲线”组中的“矩形”图标，系统弹出“矩形”对话框，如图 12-29 所示。

❶选择创建方式为“按 2 点”。

❷系统弹出如图 12-30 所示的文本框，在该文本框中输入起点坐标为（-140,-150），然后按 Enter 键。

❸系统弹出如图 12-31 所示的文本框，在该文本框中设定“宽度”和“高度”分别为 368 和 20，然后按 Enter 键，建立矩形。

图 12-29 “矩形”对话框

图 12-30 设定起点

03 选择“菜单”→“任务”→“完成草图”命令，或者单击“主页”选项卡“草图”组中的“完成”图标，退出草图模式，打开建模模式。

04 选择“菜单”→“插入”→“设计特征”→“拉伸”命令，或者单击“主页”选项卡“基本”组中的“拉伸”图标，系统弹出“拉伸”对话框，如图 12-32 所示。利用该对话框拉伸草图中创建的曲线，操作方法如下：

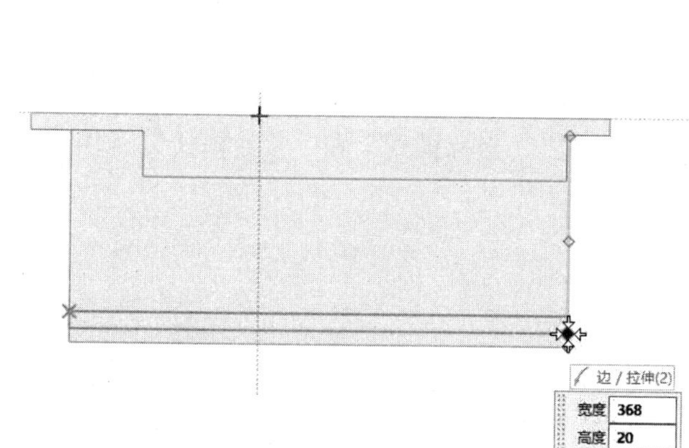

图 12-31　设定宽度、高度

图 12-32　“拉伸”对话框

❶选择刚绘制的草图为拉伸曲线。

❷在“指定矢量”下拉列表中选择 ZC 作为拉伸方向，设置起始距离为-95、终止距离为 95，单击“确定”按钮。

05 选择“菜单”→“插入”→“组合”→“合并”命令，系统弹出“合并”对话框，如图 12-33 所示。选择如图 12-34 所示的实体，单击“确定”按钮，完成布尔求和操作，结果图 12-35 所示。

图 12-33　“合并”对话框

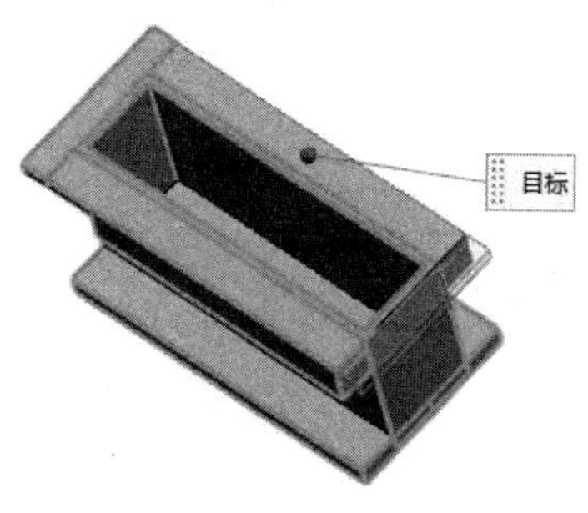

图 12-34　选择实体

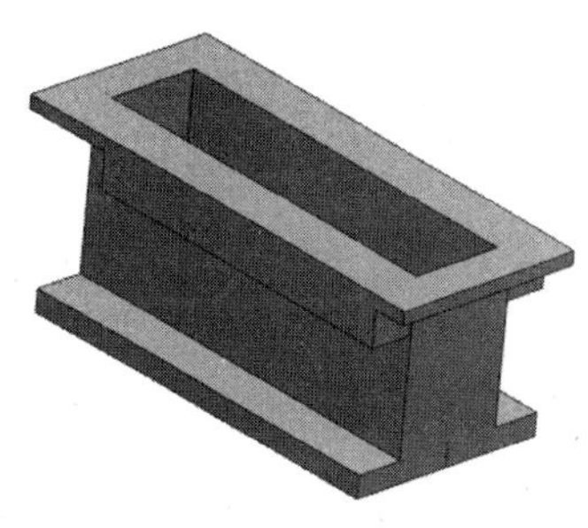

图 12-35　布尔求和

注意

所选择的实体必须有相交的部分，否则不能进行求和操作（这时系统会提示操作错误，警告工具实体与目标实体没有相交的部分）。

12.1.6 挖槽

01 选择“菜单”→“插入”→“草图”命令，或者单击“主页”选项卡“构造”组中的“草图”图标，系统弹出“创建草图”对话框，如图 12-36 所示。在绘图区选择 YZ 平面，单击“确定”按钮，打开草图模式。

02 选择“菜单”→“插入”→“曲线”→“矩形”命令，或者单击“主页”选项卡“曲线”组中的“矩形”图标，系统弹出“矩形”对话框，如图 12-37 所示。该对话框中的图标从左到右分别表示“按 2 点”“按 3 点”“从中心”“坐标模式”和“参数模式”。利用该对话框建立矩形。

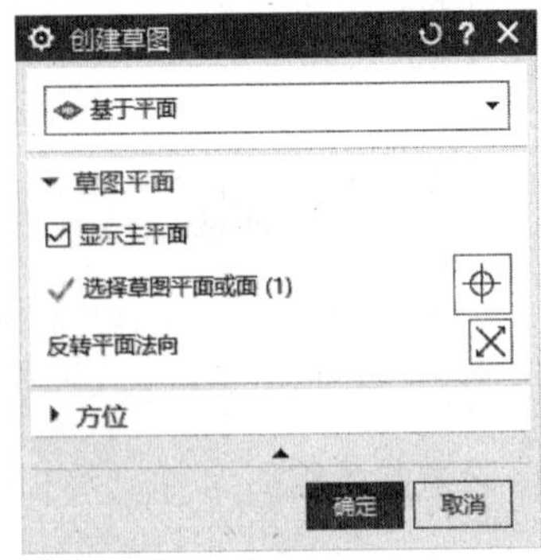

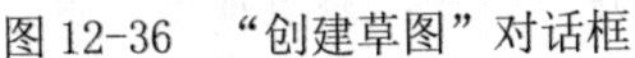

图 12-36 “创建草图”对话框

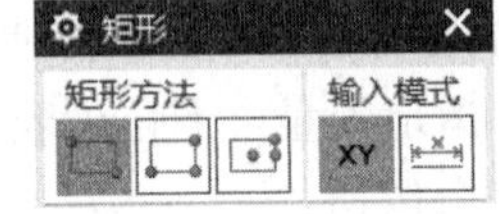

图 12-37 “矩形”对话框

❶选择创建方式为“按 2 点”。

❷系统出现图 12-38 中的文本框，在该文本框中输入起点坐标（-170, 35），然后按 Enter 键。

❸系统出现图 12-39 中的文本框，在该文本框中设定“宽度”和“高度”分别为 5 和 70，然后按 Enter 键，建立矩形。

03 选择“菜单”→“任务”→“完成草图”命令，或者单击“主页”选项卡“草图”组中的“完成”图标，退出草图模式，打开建模模式。

04 选择单击“菜单”→“插入”→“设计特征”→“拉伸”命令，或者单击“主页”选项卡“基本”组中的“拉伸”图标，系统弹出“拉伸”对话框。利用该对话框拉伸草图中创建的曲线，操作方法如下：

❶选择刚创建的草图为拉伸曲线。

❷在“指定矢量”下拉列表中下载 XC 作为拉伸方向，设置起始距离为-228、终止距离为228，如图 12-40 所示。单击“确定”按钮，生成如图 12-41 所示的实体。

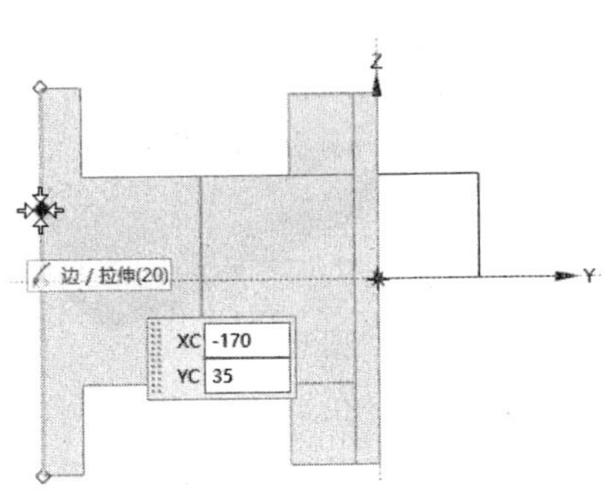

图 12-38　设定起点

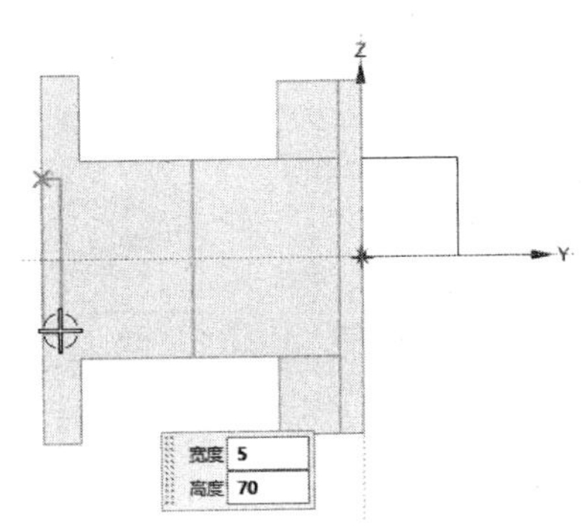

图 12-39　设定宽度、高度

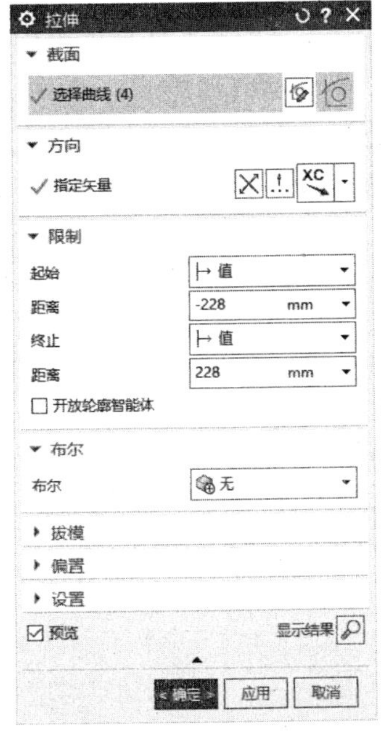

图 12-40　“拉伸”对话框

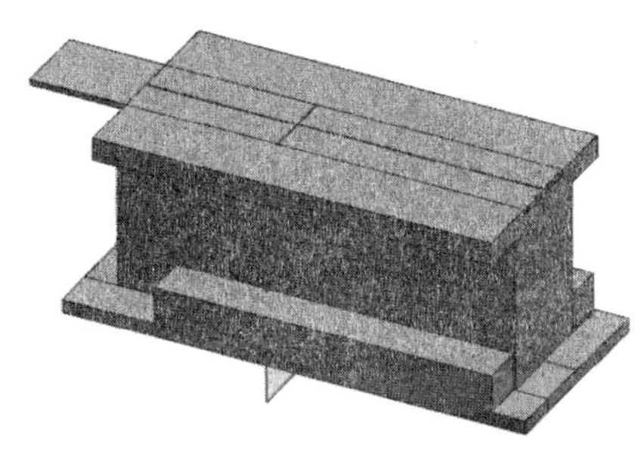

图 12-41　创建实体

05 选择“菜单”→“插入”→“组合”→“减去”命令，系统弹出“减去”对话框，如图 12-42 所示。选择机座主体为目标体，选择拉伸生成的实体为工具体。单击“确定”按钮，完成布尔减去操作，结果如图 12-43 所示。

注意

所选择的实体必须有相交的部分，否则不能进行相减操作（这时系统会提示操作错误，警告工具实体与目标实体没有相交的部分，而且目标体与工具体的边缘不能重合）。

图 12-42 “减去”对话框

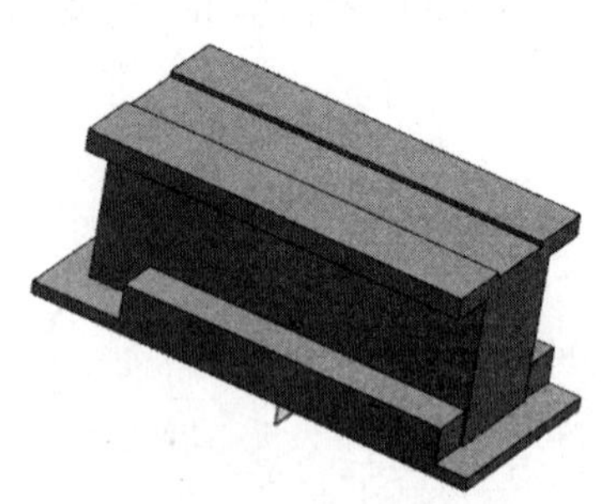

图 12-43 布尔运算减去

12.1.7 创建大滚动轴承凸台

01 选择“菜单”→“插入”→“草图”命令，或者单击“主页”选项卡“构造”组中的“草图”图标，弹出“创建草图”对话框。默认设置，单击“确定”按钮，打开草图模式。

02 选择“菜单”→“插入”→“曲线”→“圆”命令，或者单击“主页”选项卡“曲线”组中的“圆”图标○，设置圆心坐标为（0,0）、直径为 140（见图 12-44）绘制圆，结果如图 12-45 所示。

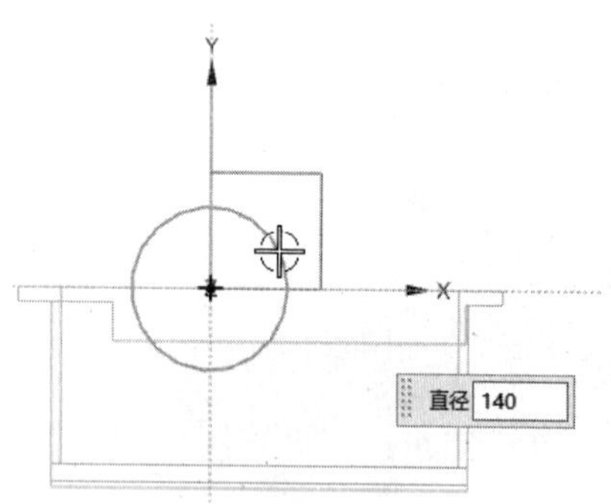

图 12-44 设定直径

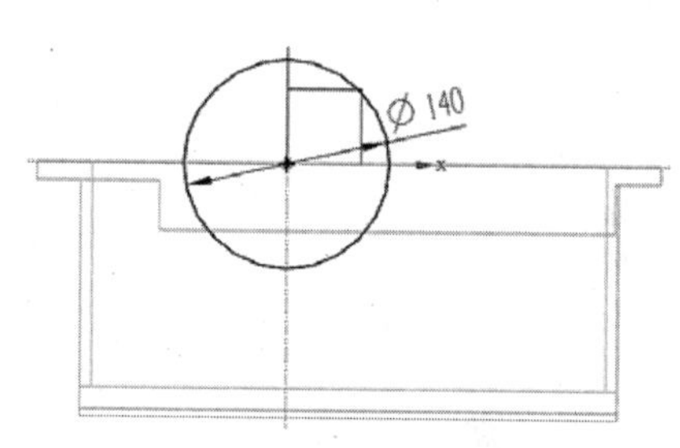

图 12-45 绘制圆

03 用同样的方法，绘制一直径为 100 的同心圆，如图 12-46 所示。

04 选择“菜单”→“插入”→“曲线”→“直线”命令，或者单击“主页”选项卡“曲线”组中的“直线”图标╱，绘制一条起点坐标为（-230,0）、长度为 400、角度为 0 的水平直线。

05 选择“菜单”→“编辑”→“曲线”→“修剪”命令，或者单击“主页”选项卡“编辑”组中的“修剪”图标╳，修剪草图如图 12-47 所示。

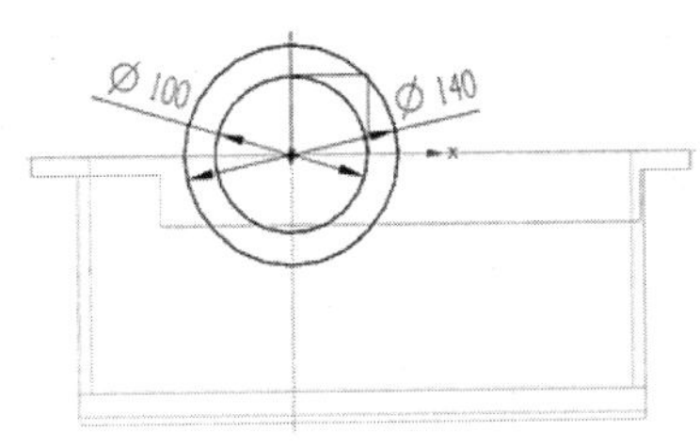

图 12-46　绘制同心圆

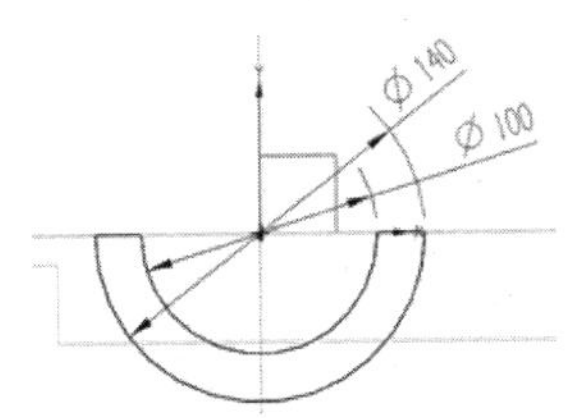

图 12-47　修剪圆弧

06 选择“菜单”→“草图”→“完成草图”命令，或者单击“主页”选项卡 “草图”组中的“完成”图标，退出草图模式，打开建模模式。

07 选择“菜单”→“插入”→“设计特征”→“拉伸”命令，或者单击“主页”选项卡“基本”组中的“拉伸”图标，系统弹出“拉伸”对话框。利用该对话框拉伸草图中创建的曲线，操作方法如下：

❶选择刚创建的草图为拉伸曲线。

❷在“指定矢量”下拉列表中选择 ZC↑ 作为拉伸方向，设置起始距离填写 51、终止距离为 98，如图 12-48 所示，单击“确定”按钮，完成拉伸操作，结果如图 12-49 所示。

图 12-48　“拉伸”对话框

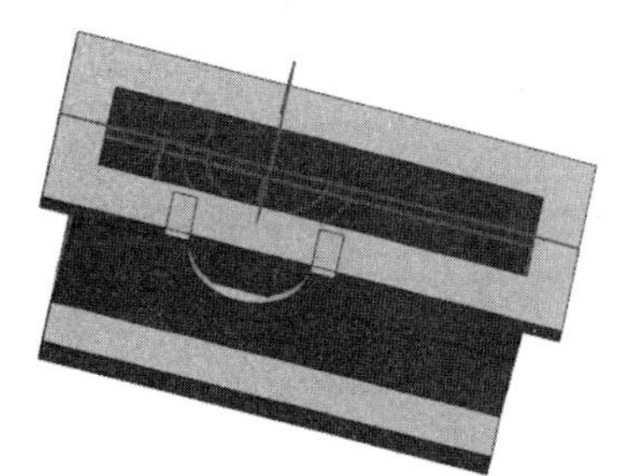
图 12-49　拉伸创建实体

08 选择“菜单”→“编辑”→“变换”命令，系统弹出“变换”对话框。利用该对话框进行镜像变换，方法如下：

❶选择拉伸生成的面为镜像对象。

❷系统弹出“变换”对话框，如图 12-50 所示。选择“通过一平面镜像”选项。

UG NX

❸系统弹出“平面”对话框，如图 12-51 所示。选择“XC-YC 平面”（即法线方向为 ZC），设置其他选项如图 12-51 所示，单击“确定”按钮。

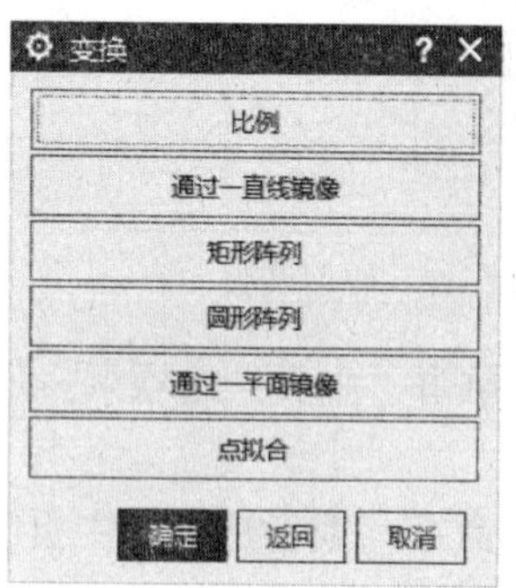

图 12-50　“变换”对话框 1

图 12-51　“平面”对话框

❹系统弹出“变换”对话框，如图 12-52 所示。选择“复制”选项，单击“取消”按钮，完成镜像操作，生成的实体如图 12-53 所示。

09 选择“菜单”→“插入”→“组合”→“合并”命令，对轴承凸台进行布尔合并运算。

10 选择“菜单”→“插入”→“草图”命令，或者单击“主页”选项卡“构造”组中的“草图”图标，弹出“创建草图”对话框。采用默认设置，单击“确定”按钮，打开草图模式。

11 选择“菜单”→“插入”→“曲线”→“圆”命令，或者单击“主页”选项卡“曲线”组中的“圆”图标○，设置圆心坐标为（0,0）、直径为 100，然后按 Enter 键，生成如图 12-54 所示的圆。

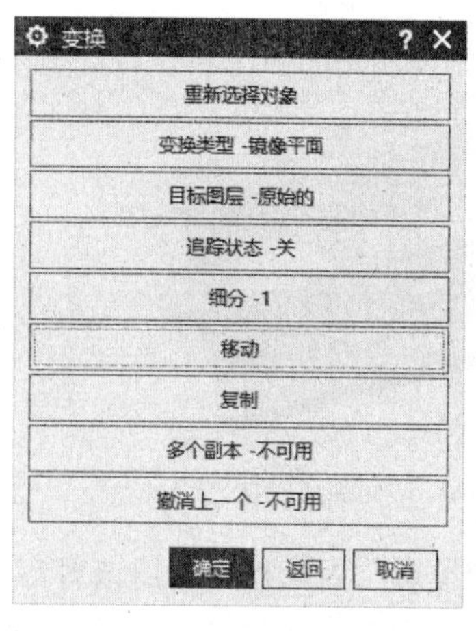

图 12-52　“变换”对话框 2

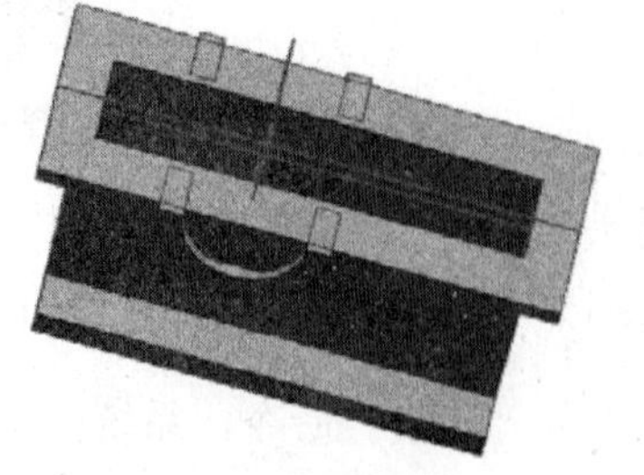

图 12-53　镜像操作

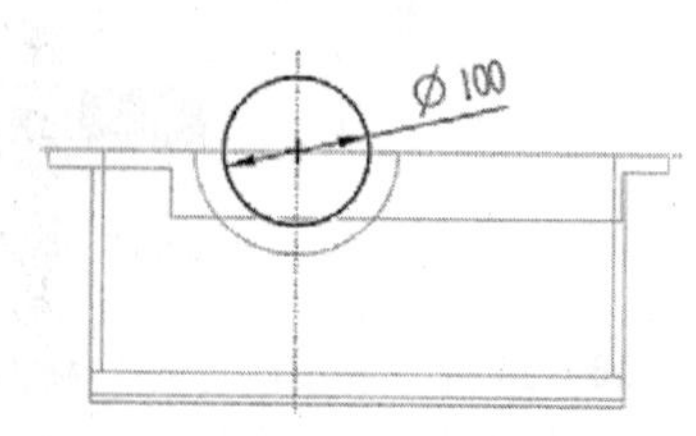

图 12-54　创建圆

12 选择“菜单”→“任务”→“完成草图”命令，或者单击“主页”选项卡“草图”

组中的“完成”图标，退出草图模式，打开建模模式。

13 选择“菜单”→“插入”→“设计特征”→“拉伸”命令，或者单击“主页”选项卡“基本”组中的“拉伸”图标，系统弹出“拉伸”对话框，如图 12-55 所示。利用该对话框拉伸草图中创建的曲线，操作方法如下：

❶选择步骤 **11** 绘制的草图圆作为拉伸曲线。

❷在“指定矢量”下拉列表中选择 ZC↑ 作为拉伸方向，，设置起始距离为 100、终止距离为 -100，在“布尔”下拉列表中选择“减去”，如图 12-55 所示。单击“确定”按钮，生成如图 12-56 所示的实体。

图 12-55　“拉伸”对话框

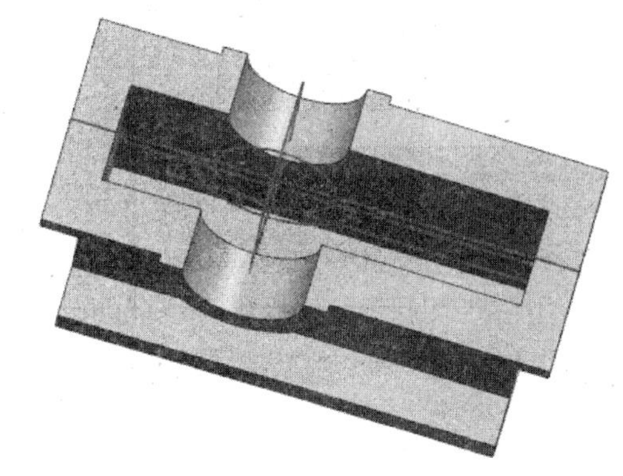

图 12-56　拉伸生成实体

12.1.8　创建小滚动轴承凸台

01 选择“菜单”→“插入”→“草图”命令，或者单击“主页”选项卡“构造”组中的“草图”图标，弹出“创建草图”对话框。默认设置，单击“确定”按钮，打开草图模式。

02 选择“菜单”→“插入”→“曲线”→“圆”命令，如图 12-57 所示。设置圆心坐标为（150,0）、直径为 120，按 Enter 键，生成如图 12-58 所示的圆。

03 用同样的方法，绘制一直径为 80 的同心圆，如图 12-59 所示。

04 选择“菜单”→“插入”→“曲线”→“直线”命令，或者单击“主页”选项卡“曲线”组中的“直线”图标，绘制一条起点坐标为（75,0）、长度为 250、角度为 0 的水平直线。

05 选择“菜单”→“编辑”→“曲线”→“修剪”命令，或者单击“主页”选项卡“编辑”组中的“修剪”图标，修剪草图，结果如图 12-60 所示。

06 选择“菜单”→“任务”→“完成草图”命令，或者单击“主页”选项卡“草图”组中的“完成”图标，退出草图模式，打开建模模式。

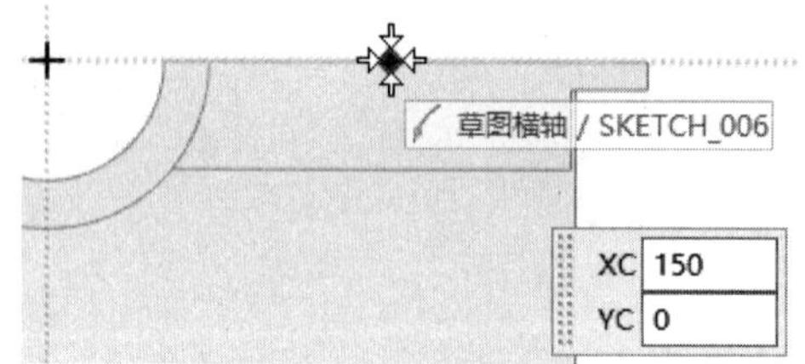

图 12-57　设置圆心坐标

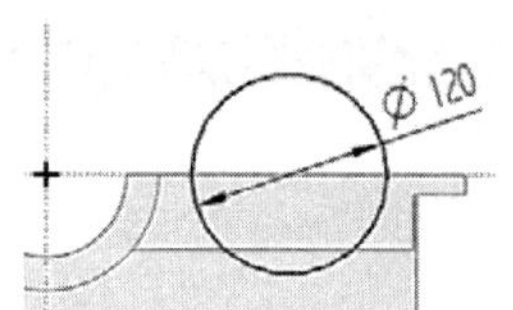

图 12-58　绘制圆

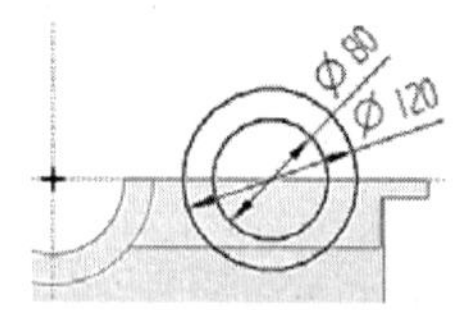

图 12-59　绘制同心圆

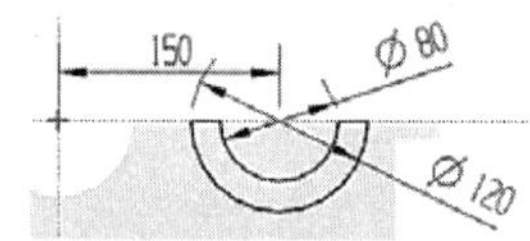

图 12-60　修剪草图

07 选择“菜单”→“插入”→“设计特征”→“拉伸”命令，或者单击“主页”选项卡“基本”组中的“拉伸”图标，系统弹出“拉伸”对话框。利用该对话框拉伸草图中创建的曲线，操作方法如下：

❶选择步骤 **01** ～ **06** 绘制的草图作为拉伸曲线。

❷在“指定矢量”下拉列表中选择 ZC↑ 作为拉伸方向，设置起始距离为 51、终止距离为 98，如图 12-61 所示。单击“确定”按钮，完成拉伸操作，结果如图 12-62 所示。

08 选择“菜单”→“编辑”→“变换”命令，弹出“变换”对话框。利用该对话框进行镜像变换，方法如下：

❶在“变换”对话框提示下选择拉伸生成的轴承面为镜像对象，单击“确定”按钮。

❷此时“变换”对话框如图 12-63 所示。选择“通过一平面镜像”选项。

❸系统弹出“平面”对话框，如图 12-64 所示。选择“XC-YC 平面”（即法线方向为 ZC），设置其他选项如图 12-65 所示，单击“确定”按钮。

❹系统弹出“变换”对话框，选择“复制”选项，单击“取消”按钮，完成镜像操作，结果如图 12-66 所示。

09 选择“菜单”→“插入”→“组合”→“合并”命令，对小轴承凸台进行布尔合并运算。

图 12-61　“拉伸”对话框

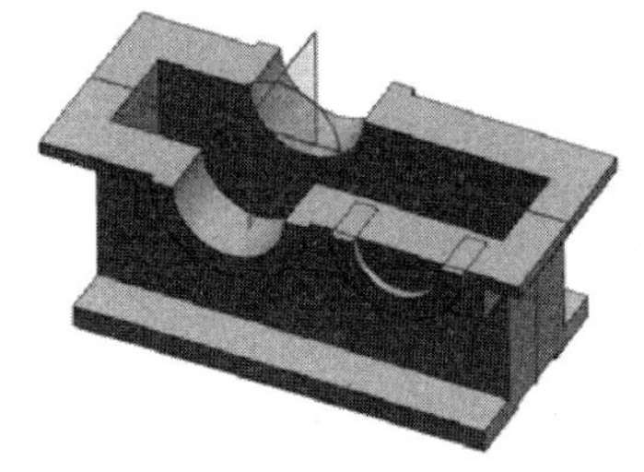

图 12-62　拉伸创建实体

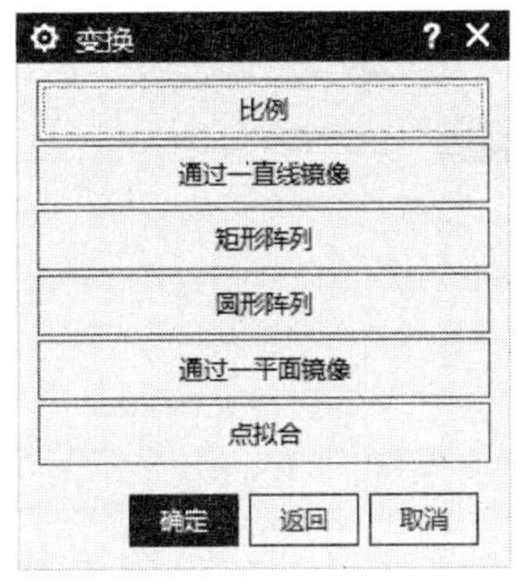

图 12-63　“变换”对话框 1

图 12-64　“平面”对话框

10 选择“菜单”→“插入”→“草图”命令，或者单击“主页”选项卡“构造”组中的“草图”图标，弹出“创建草图”对话框。采用默认设置，单击“确定”按钮，打开草图模式。

11 选择“菜单”→“插入”→“曲线”→“圆”命令，或者单击“主页”选项卡“曲线”组中的“圆”图标○，设置圆心坐标为（150，0）、直径为 80。按 Enter 键，生成如图 12-67 所示的圆。

12 选择“菜单”→“任务”→“完成草图”命令，或者单击“主页”选项卡“草图”组中的“完成”图标，退出草图模式，打开建模模式。

13 选择“菜单”→“插入”→“设计特征”→“拉伸”命令，或者单击“主页”选项卡“基本”组中的“拉伸”图标，系统弹出“拉伸”对话框，如图 12-68 所示。利用该对话框拉伸草图中创建的曲线，操作方法如下：

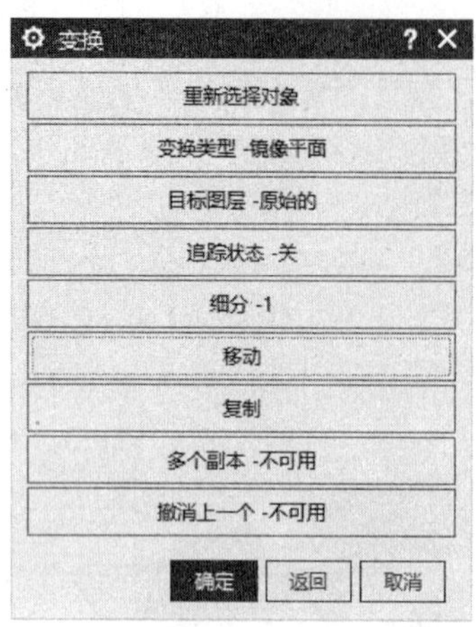

图 12-65 “变换”对话框 2

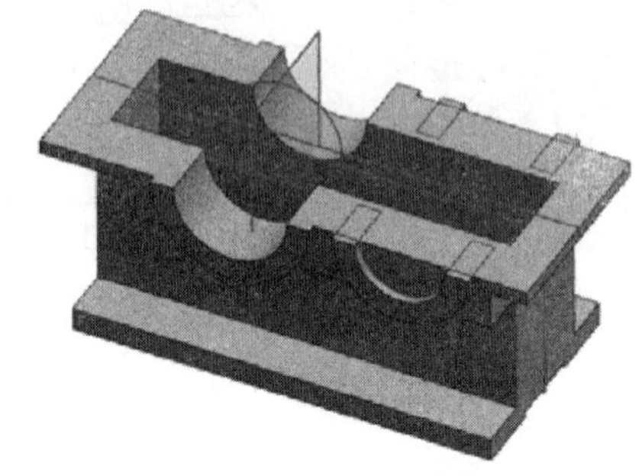

图 12-66 完成镜像操作

❶选择步骤 10 ～ 12 绘制的草图为拉伸曲线。

❷在“指定矢量”下拉列表中选择 ZC↑ 作为拉伸方向，设置起始距离为 100、终止距离为-100，在“布尔”下拉列表中选择“减去”，如图 12-68 所示填写，单击“确定”按钮。生成如图 12-69 所示的实体。

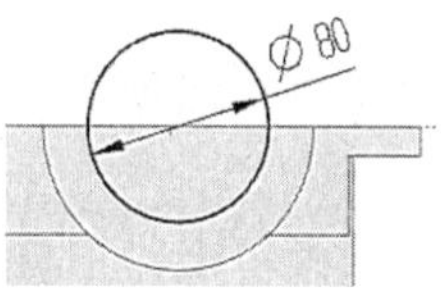

图 12-67 绘制圆

图 12-68 “拉伸”对话框

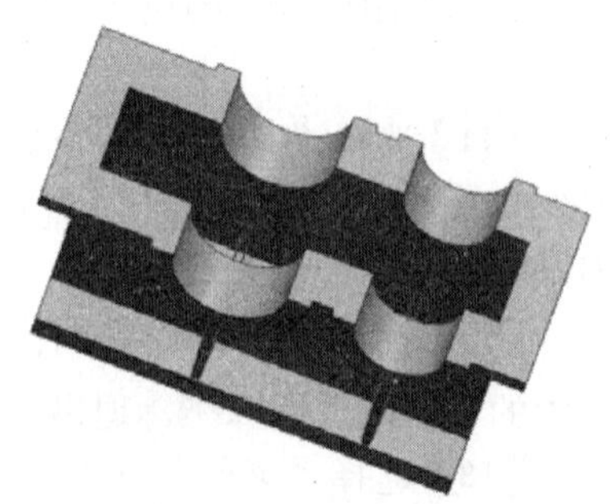

图 12-69 拉伸生成实体

12.2 机座附件设计

制作思路

机座附件包括油标孔和放油孔等。在绘制机座附件时，首先在草图模式下绘制带有约束关系的二维图形，然后利用草图创建参数化的截面，最后通过对平面图形的拉伸及旋转等操作生成参数化实体模型。

本实例的制作思路是：利用草图模式绘制各种截面，然后利用“拉伸”“布尔运算”和“镜像”等命令，创建机座附件实体模型。

12.2.1 创建加强肋

01 选择“菜单”→“插入”→“草图”命令，或者单击“主页”选项卡“构造”组中的“草图”图标，系统弹出“创建草图”对话框，如图 12-70 所示。采用默认设置，单击“确定”按钮，打开草图模式。

02 选择“菜单”→“插入”→“曲线”→“圆”命令，或者单击“主页”选项卡“曲线”组中的“圆”图标○，绘制圆心坐标为（0,0）、直径为 140 的圆。

03 按同样的方法，绘制圆心坐标为（150,0）、直径为 120 的圆，生成如图 12-71 所示的图形。

04 选择“菜单”→“插入”→“曲线”→“矩形”命令，或者单击“主页”选项卡“曲线”组中的“矩形”图标，系统弹出“矩形”对话框，如图 12-72 所示。利用该对话框建立矩形，方法如下：

图 12-70　创建“草图”对话框

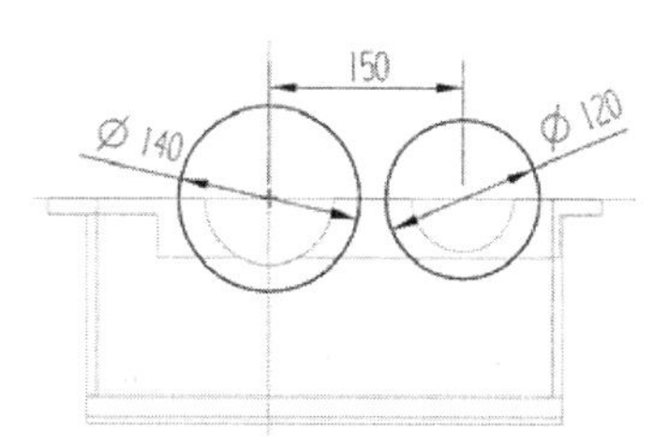

图 12-71　绘制两个圆

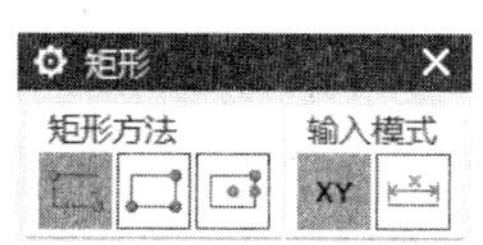

图 12-72　“矩形”对话框

❶选择创建方式为“按 2 点”。

❷系统弹出如图 12-73 的文本框，在该文本框中输入起点坐标为（-3.5，-55），然后按 Enter 键。

❸系统弹出“宽度、高度”文本框，在该文本框中设定“宽度”和“高度”分别为 7 和 95，然后按 Enter 键，建立矩形，如图 12-74 所示。

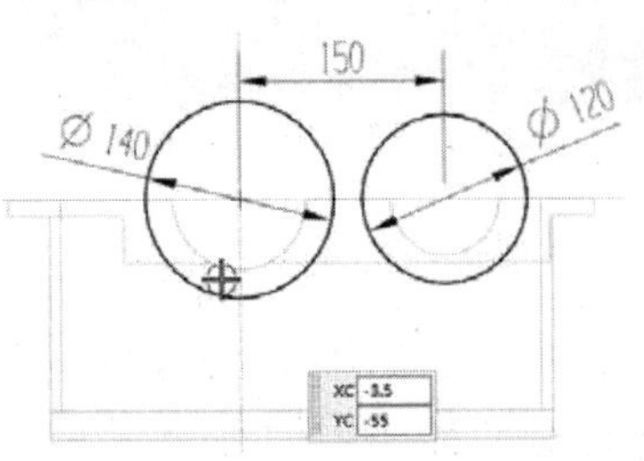

图 12-73　设定起点

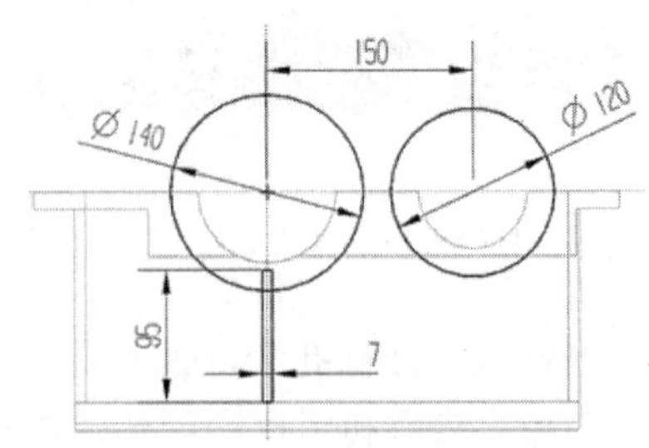

图 12-74　创建矩形

05 按同样的方法，设置起点坐标为为（146.5,-55），如图 12-75 所示，然后设置宽度和高度分别为 7 和 95，结果如图 12-76 所示。

06 选择“菜单”→“编辑”→“曲线”→“修剪”命令，或者单击“主页”选项卡“编辑”组中的“修剪”图标╳，修剪多余线段，结果如图 12-77 所示。

07 选择“菜单”→“任务”→“完成草图”命令，或者单击“主页”选项卡“草图”组中的“完成”图标🏁，退出草图模式，打开建模模式。

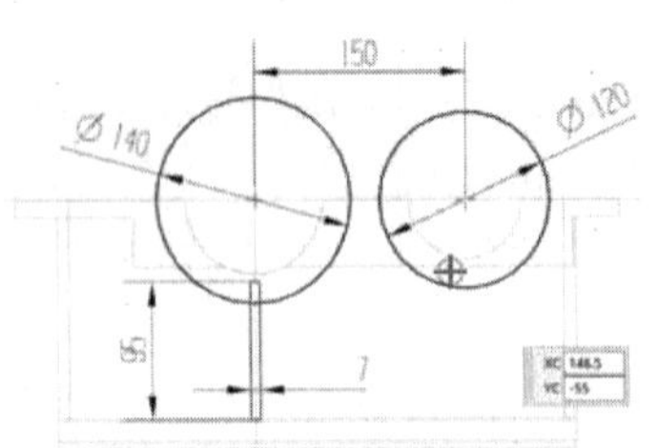

图 12-75　设定初始点

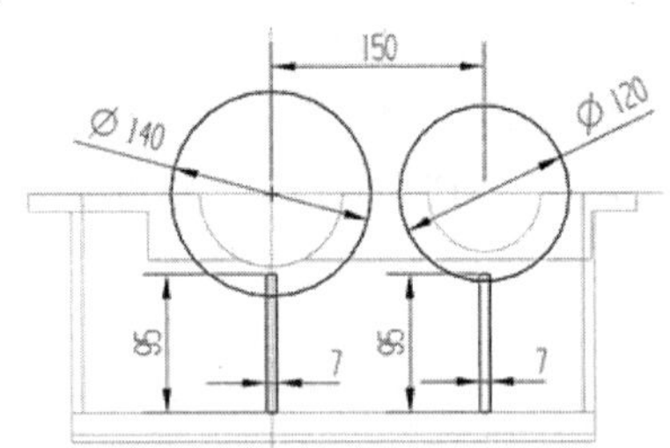

图 12-76　创建矩形

08 选择“菜单”→“插入”→“设计特征”→“拉伸”命令，或者单击“主页”选项卡“基本”组中的“拉伸”图标，系统弹出“拉伸”对话框。利用该对话框拉伸草图中创建的曲线，操作方法如下：

❶选择刚创建的草图为拉伸曲线，如图 12-78 所示。

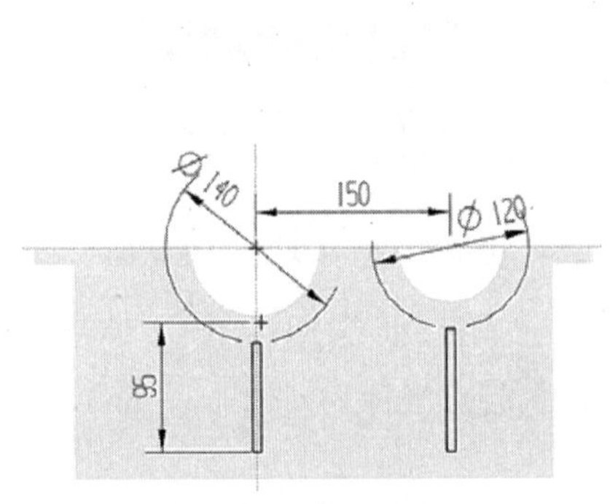

图 12-77　修剪后的图形

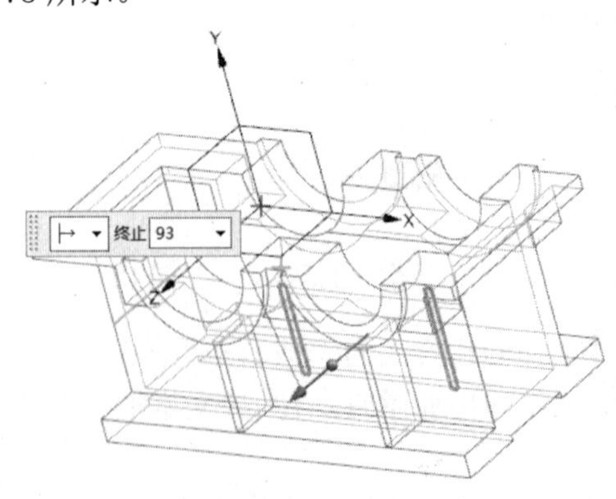

图 12-78　选择拉伸曲线

❷在“指定矢量”下拉列表中选择 ZC↑ 作为拉伸方向，设置起始距离为 51、终止距离为 93，如图 12-79 所示。单击“确定”按钮，完成拉伸操作，结果如图 12-80 所示。

图 12-79 “拉伸”对话框

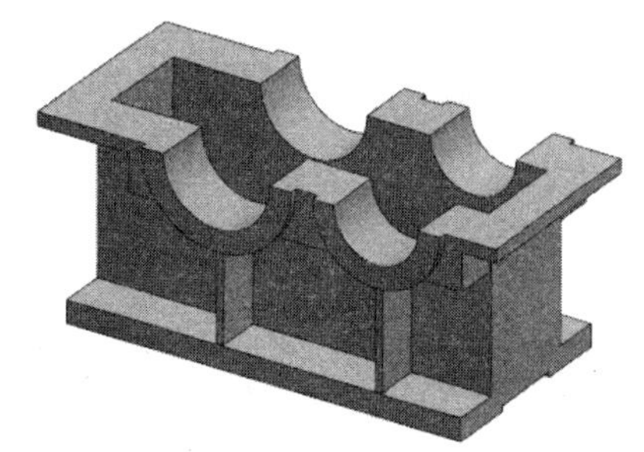

图 12-80 拉伸创建实体

12.2.2 拔模面

01 筋板拔模面。选择“菜单”→“插入”→“细节特征”→“拔模”，或者单击“主页”选项卡“基本”组中的“拔模”图标。系统弹出“拔模”对话框，如图 12-81 所示。利用该对话框进行拔模操作，方法如下：

❶在对话框中选择“面”选项。

❷在“角度”文本框中输入 3，距离公差和角度公差采用默认选项。

❸在“指定矢量”下拉列表中选择 ZC↑ 作为拔模方向。

❹选择如图 12-82 所示的面，确定固定面。

❺系统状态栏将提示选择需要拔模的面，选择如图 12-83、图 12-84 所示的拔模面。

❻单击“确定”按钮，完成拔模操作，结果如图 12-85 所示。

❼按如上方法，设置拔模角度为 3，选择拔模面与上一步相同，拔模生成另一处筋板，结果如图 12-86 所示。

02 镜像复制另一端面的筋板。选择“菜单”→“编辑”→“变换”，弹出“变换”对话框。利用该对话框进行镜像变换，方法如下：

❶在“变换”对话框提示下，选择刚创建的两个筋板。

UG NX

❷系统弹出“变换”对话框，如图 12-87 所示。选择“通过一平面镜像”选项。

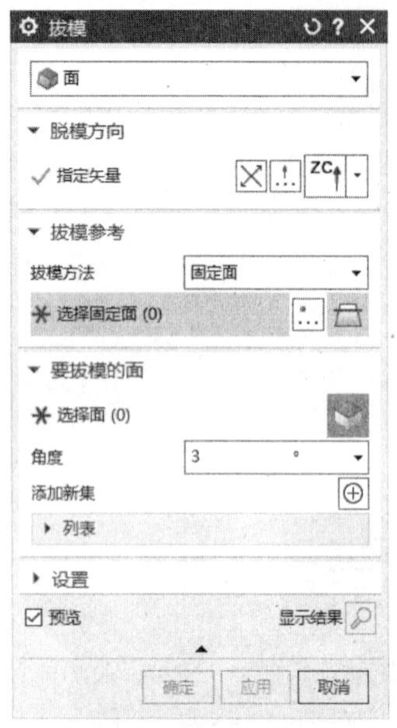

图 12-81 “拔模”对话框

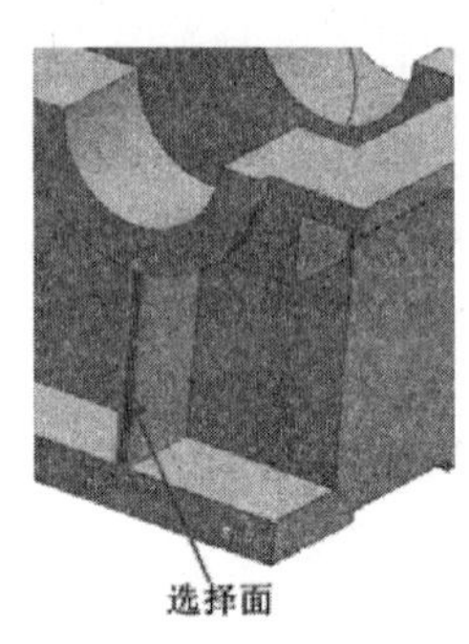

图 12-82 确定固定面

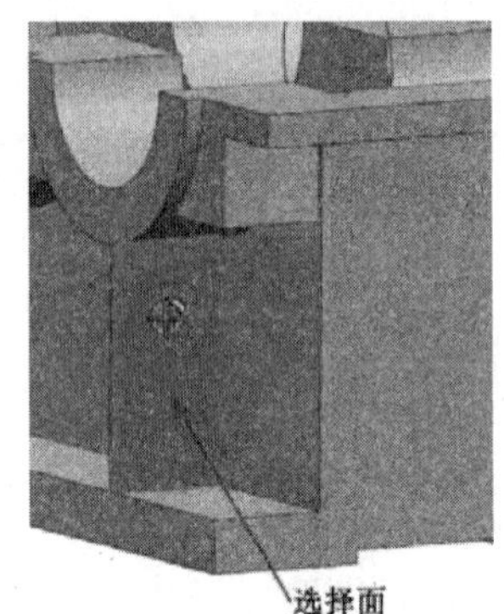

图 12-83 选择拔模面

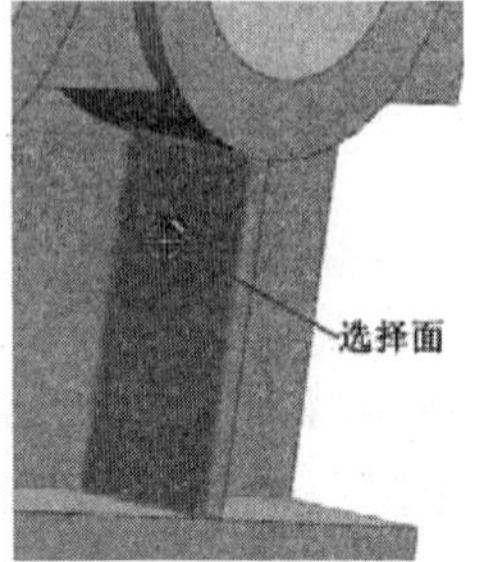

图 12-84 选择拔模面

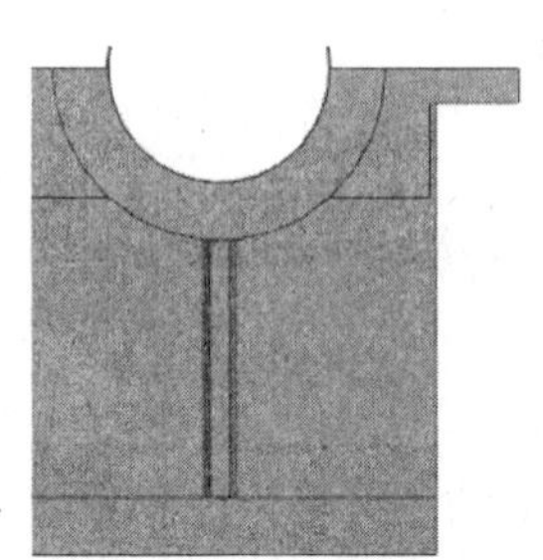

图 12-85 拔模结果

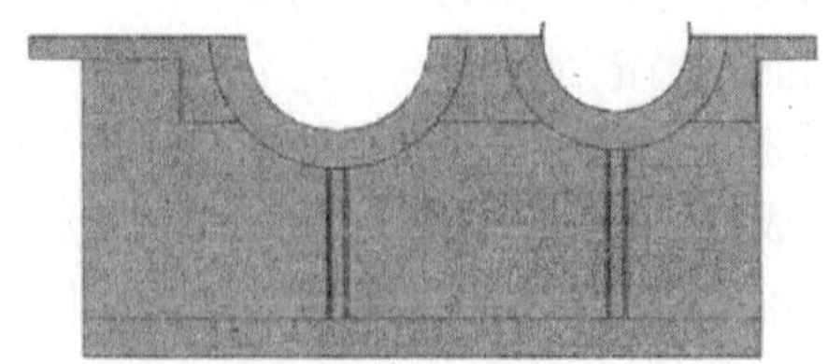

图 12-86 创建的筋板

❸系统弹出“平面”对话框，如图 12-88 所示。选择“XC-YC 平面”（即法线方向为 ZC），设置其他选项如图 12-88 所示，单击“确定”按钮。

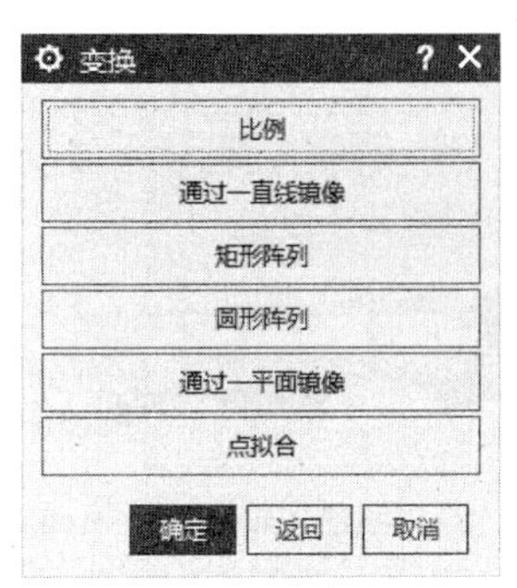

图 12-87　“变换”对话框 1

图 12-88　“平面”对话框

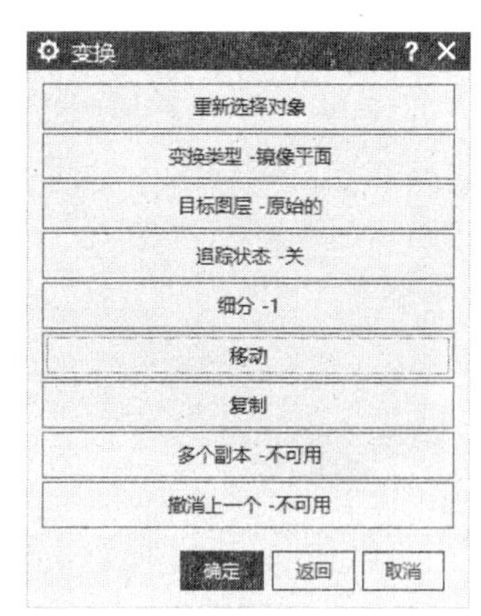

图 12-89　“变换”对话框 2

❹系统弹出“变换”对话框，如图 12-89 所示。选择“复制”选项，单击“取消”按钮，完成筋板的镜像复制，结果如图 12-90 所示。

03 创建轴承孔拔模面。选择“菜单”→“插入”→“细节特征”→“拔模”命令，或者单击“主页”选项卡“基本”组中的“拔模”图标，系统弹出“拔模”对话框，如图 12-91 所示。利用该对话框进行拔模操作，方法如下：

❶在对话框中选择“面”选项。

❷在“角度”文本框中输入 6，距离公差和角度公差采用默认选项。

❸在“指定矢量”下拉列表中选择 ZC↑ 作为拔模方向。

❹选择如图 12-92 所示面上的一点，确定固定平面。

❺选择如图 12-93 所示的大轴承孔拔模面，设置拔模角度为-6，进行拔模。

❻按如上方法，对另一侧的大轴承孔进行拔模。结果如图 12-94 所示。

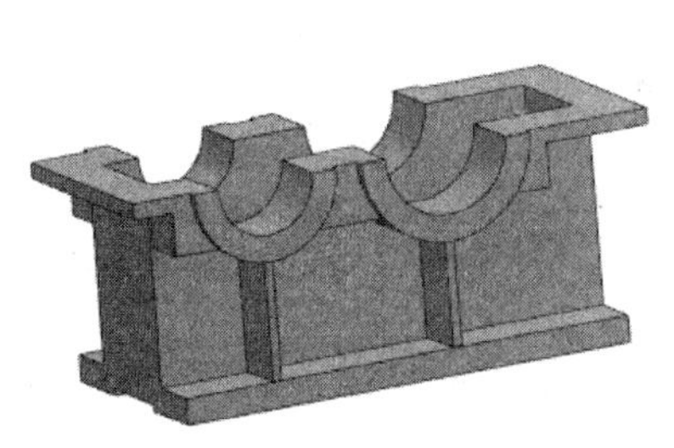

图 12-90　镜像复制筋板

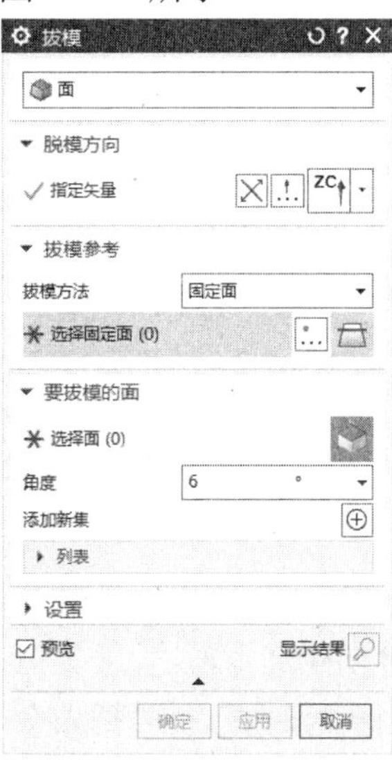

图 12-91　“拔模”对话框

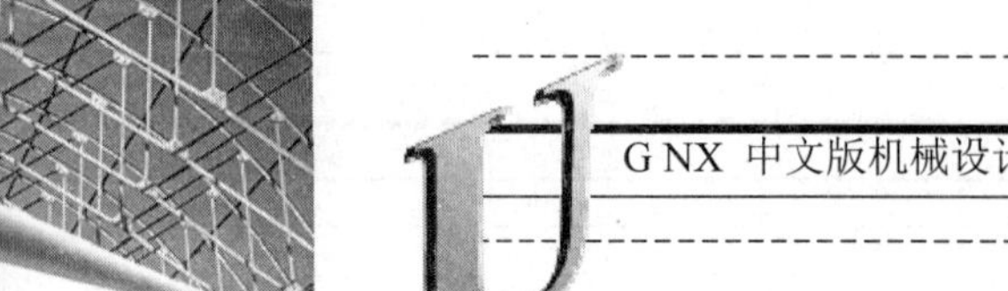

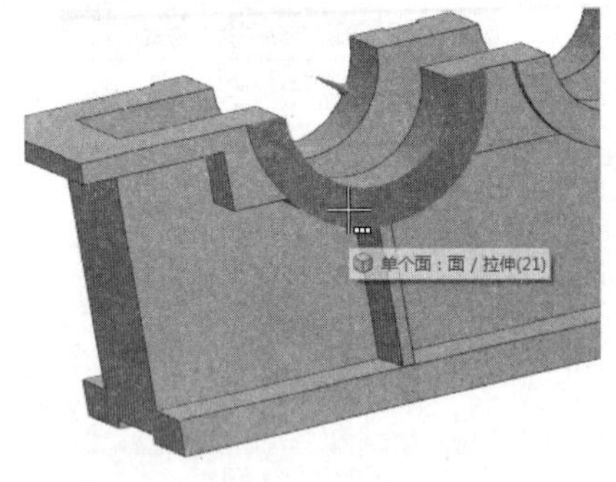

图 12-92　确定固定平面

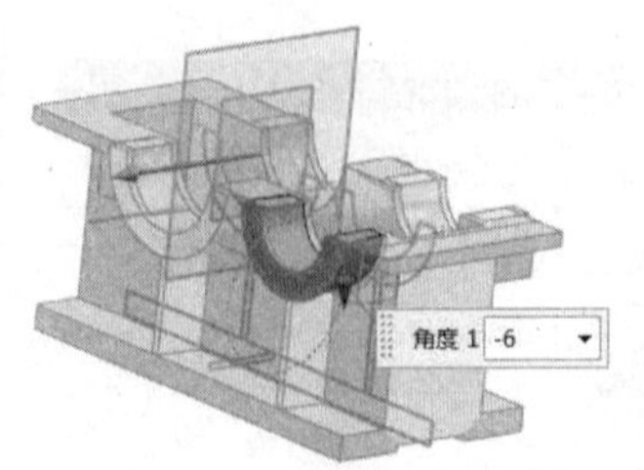

图 12-93　选择拔模面

图 12-94　创建大轴承孔拔模面

❼按如上方法，以相同参数完成小轴承孔拔模面的创建。

04 选择“菜单”→“插入”→“组合”→“合并”命令，对肋板进行布尔合并运算。

12.2.3　创建油标孔

01 创建基准平面。选择“菜单”→“插入”→“基准”→“基准平面”命令，或者单击“主页”选项卡，选择“构造”组→“基准”下拉菜单中的“基准平面”图标，弹出如图 12-95 所示的“基准平面”对话框。利用该对话框进行基准平面的创建，方法如下：

❶在如图 12-95 所示的“类型”下拉列表中选择“按某一距离”选项，在视图中选择如图 12-96 所示的平面。

图 12-95　“基准平面”对话框

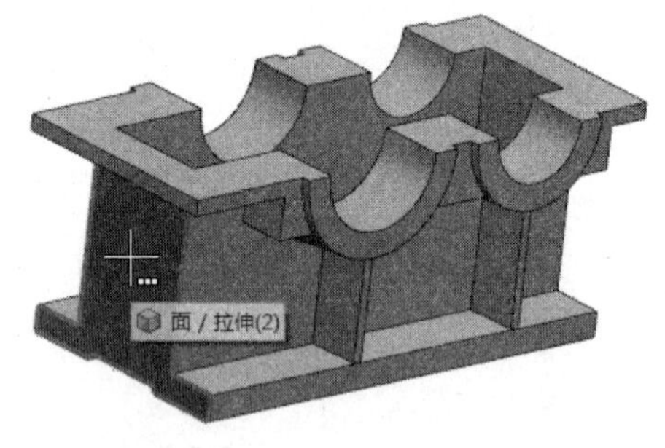

图 12-96　选择平面

❷在“距离”文本框中输入 0，单击“确定”按钮，生成如图 12-97 所示的基准平面。

02 创建基本轴。

❶选择“菜单”→“插入”→“曲线”→“基本曲线（原有）”命令，系统弹出“基本曲线”对话框，如图 12-98 所示。单击图标选择直线，在“点方法”下拉列表中选择点构造器图标…，弹出“点”对话框，分别输入两个端点的坐标为（-140，-90，-51）和（-140，-90，

51)，连续单击“确定”按钮，关闭“点”对话框。

图 12-97 生成基准平面

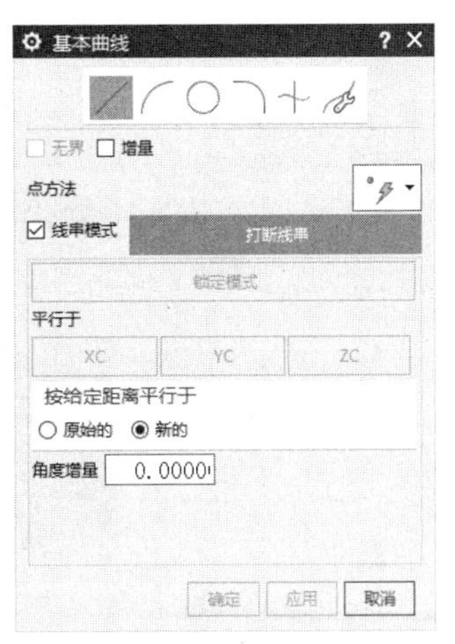

图 12-98 “基本曲线”对话框

❷生成的直线如图 12-99 所示。

❸单击“主页”选项卡中“构造”组→“基准”下拉菜单中的“基准轴”图标，系统弹出“基准轴”对话框，设置类型为“两点”方式，在凸 12-99 中依次选择如图 12-99 所示的第 2 点和第 1 点，结果如图 12-100 所示。

❹单击“确定”按钮，系统将生成如图 12-101 所示的基准轴。

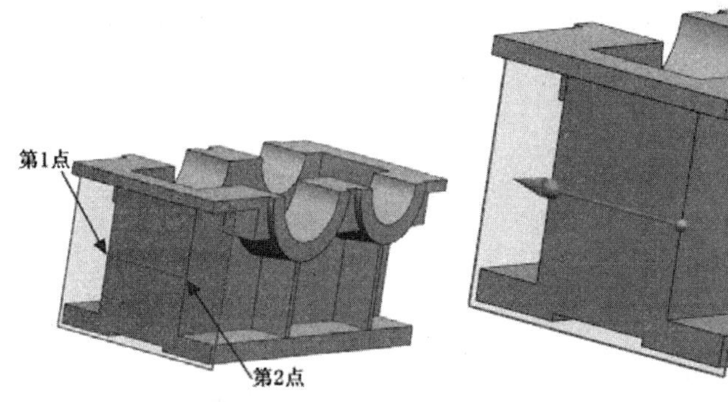

图 12-99 获得线段

图 12-100 创建端点

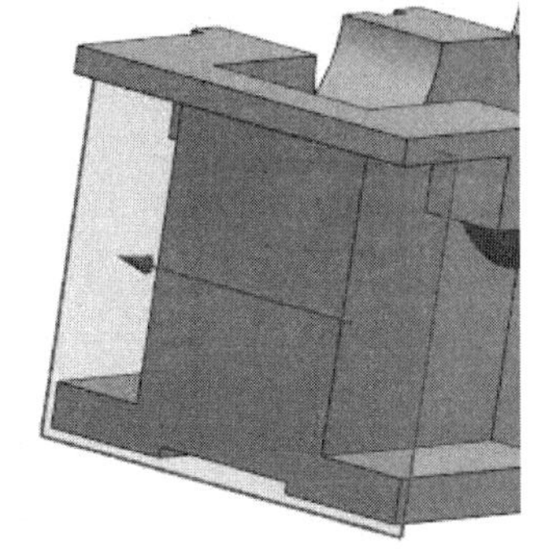

图 12-101 生成基准轴

03 创建倾斜平面。选择“菜单”→“插入”→“基准”→“基准平面”命令，或者单击“主页”选项卡中“构造”组→“基准”下拉菜单中的“基准平面”图标，弹出“基准平面”对话框。

❶选择“成一角度”类型，在“角度”文本框中输入 135，如图 12-102 所示。然后选择如图 12-103 所示的基准平面。

❷选择如图 12-104 所示的基准轴。注意：若基准平面不是如图 12-104 所示，可再次单击基准轴。

❸单击“确定”按钮，生成如图 12-105 所示的倾斜平面。

图 12-102 “基准平面”对话框

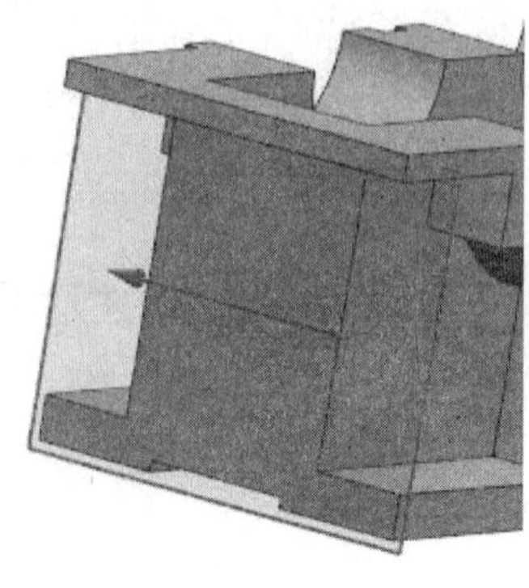

图 12-103 选择基准平面

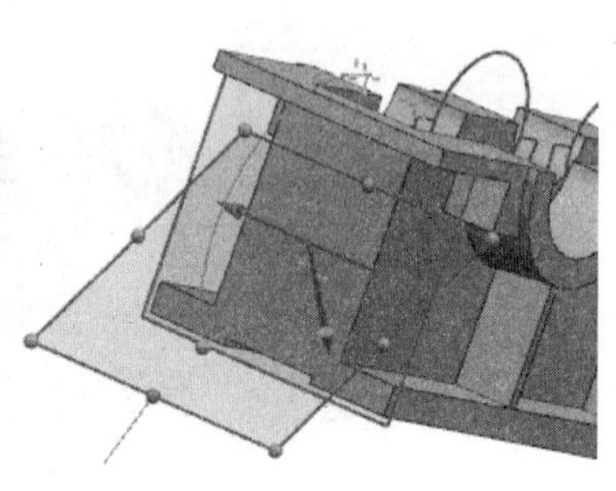

图 12-104 选择基准轴

04 创建油标孔凸台。选择“菜单”→“插入”→“设计特征”→“垫块（原有）”命令，系统弹出“垫块”对话框，如图 12-106 所示。利用该对话框进行垫块的创建，方法如下：

❶选择图 12-106 所示的话框中的“矩形”选项。

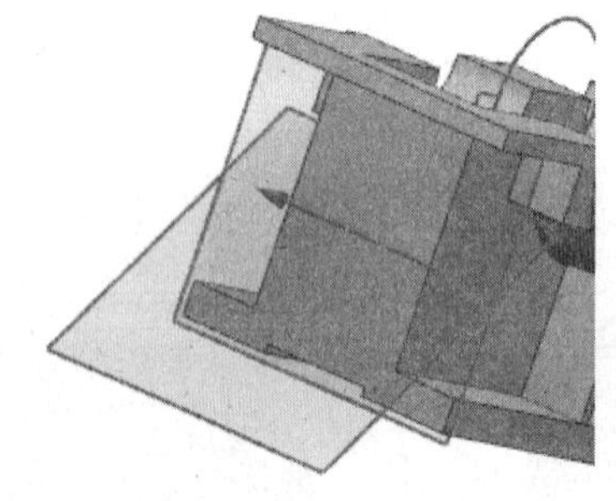

图 12-105 生成倾斜平面

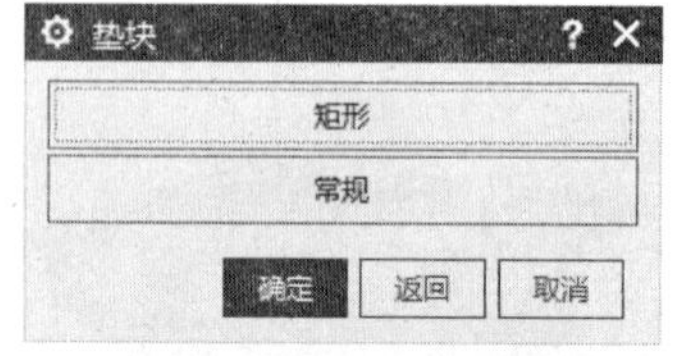

图 12-106 “垫块”对话框

❷系统弹出“矩形垫块”对话框，如图 12-107 所示。选择“基准平面”选项。

❸系统弹出“选择对象”对话框，如图 12-108 所示。选择刚生成的倾斜平面，如图 12-109 所示。

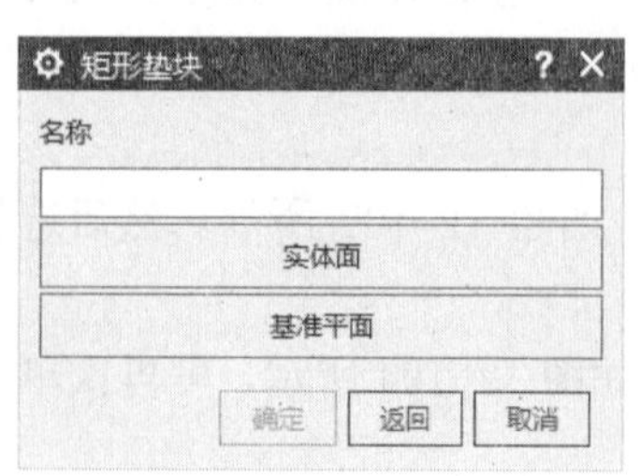

图 12-107 “矩形垫块”对话框 1

图 12-108 “选择对象”对话框

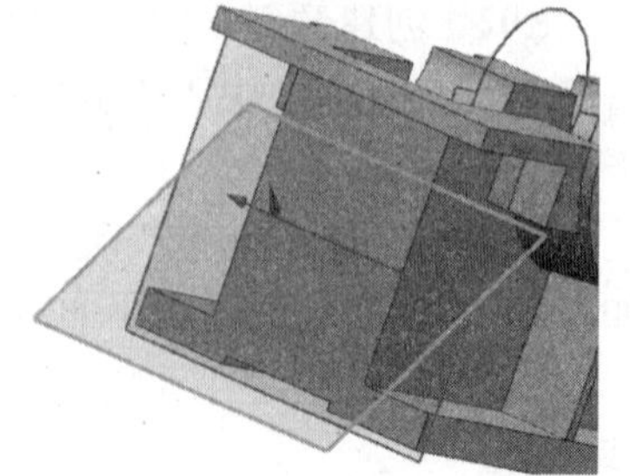

图 12-109 选择倾斜平面

❹系统弹出“选择方向”对话框，如图 12-110 所示。选择“翻转默认侧”选项，单击“启动”按钮，生成如图 12-111 所示的实体。

图 12-110　“选择方向”对话框

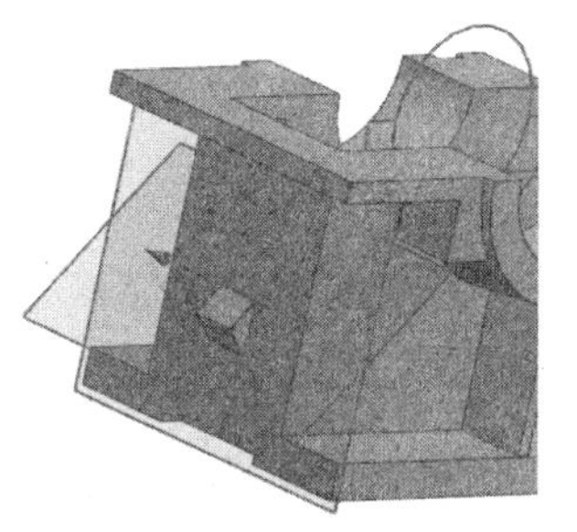

图 12-111　创建实体

❺系统弹出“水平参考”对话框，如图 12-112 所示。选择“基准轴”选项。

❻系统弹出“选择对象”对话框，如图 12-113 所示。选择如图 12-114 所示的基准轴。

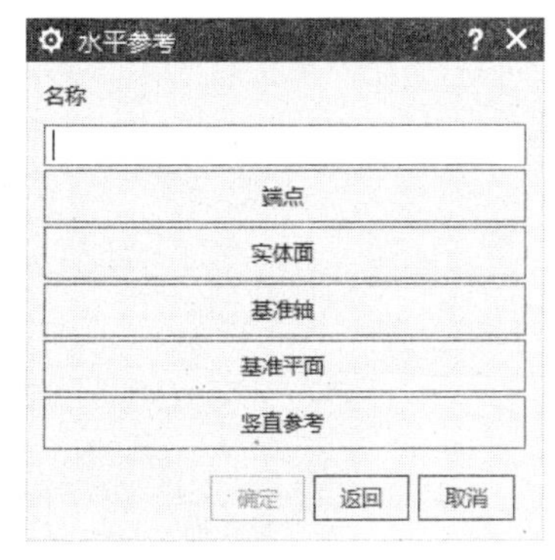

图 12-112　“水平参考”对话框

图 12-113　“选择对象”对话框

❼系统弹出“矩形垫块”对话框，如图 12-115 所示。在签字设置长度为 26、宽度为 42、高度为 20，其他参数为 0，单击“确定”按钮。

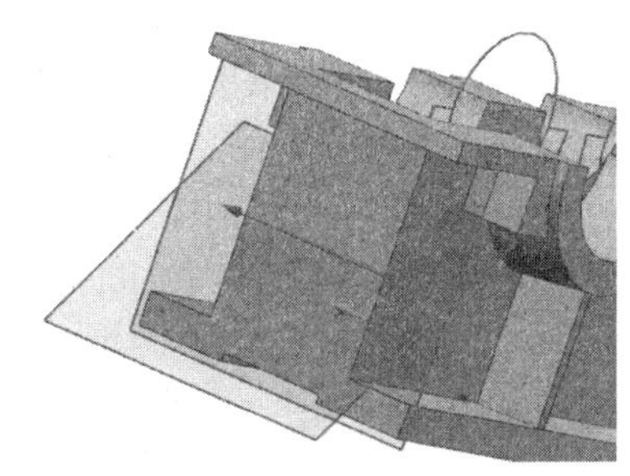

图 12-114　选择基准轴

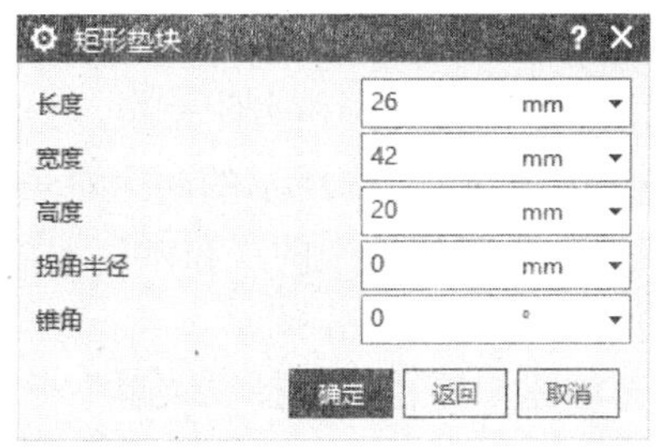

图 12-115　“矩形垫块”对话框 2

❽系统弹出“定位”对话框，如图 12-116 所示。单击“垂直”图标，选择基准轴和垫块的短中心线，弹出“创建表达式”对话框，在文本框中输入 0，如图 12-117 所示。单击“确定”按钮，生成如图 12-118 所示的垫块。

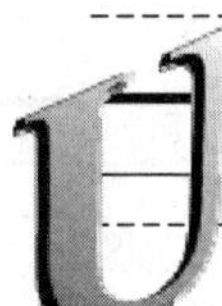

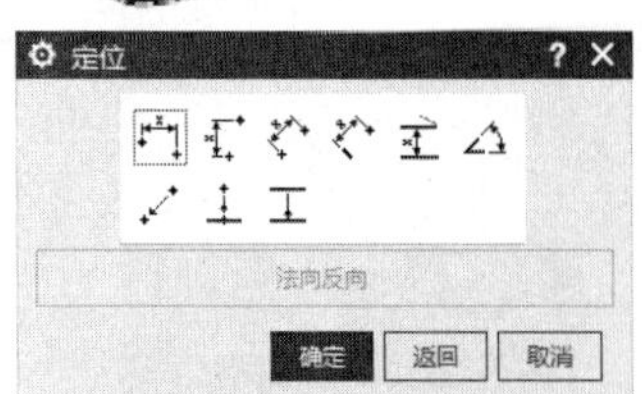

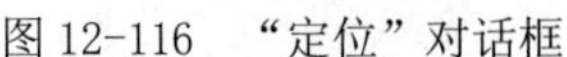

图 12-116 “定位”对话框

图 12-117 “创建表达式”对话框

05 选择“菜单”→“插入”→“细节特征”→“边倒圆”命令，或者单击“主页”选项卡“基本”组→“倒圆下拉菜单”中的“边倒圆”图标，系统弹出“边倒圆”对话框，如图 12-119 所示。利用该对话框进行圆角操作，方法如下：

❶输入半径为 13，选择凸台边，如图 12-120 所示。

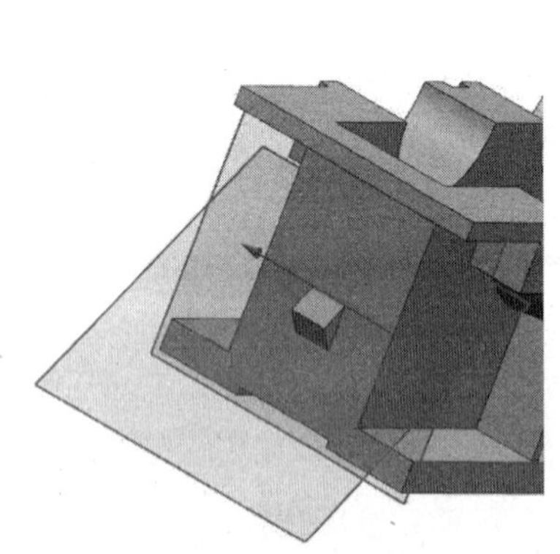

图 12-118 创建垫块

图 12-119 “边倒圆”对话框

图 12-120 选择凸台边

❷单击“确定”按钮，生成如图 12-121 所示的圆角。

06 选择“菜单”→“插入”→“设计特征”→“块”命令，或者单击“主页”选项卡中的“基本”组→“更多”库→“设计特征”库→“块”图标，系统弹出“块”对话框，如图 12-122 所示。利用块和实体差集，去掉垫块腔体内的部分，操作方法如下：

❶选择如图 12-123 所示的两个对角点，创建块。

❷在“块”对话框中的“布尔”下拉列表中选择“减去”，单击 “确定”按钮，结果如图 12-124 所示。

07 创建油标孔。选择“菜单”→“插入”→“设计特征”→“孔”，或者单击“主页”选项卡 “基本”组中的“孔”图标，系统弹出“孔”对话框，如图 12-125 所示。利用该对话框建立孔，操作方法如下：

❶在图 12-125 所示“孔”对话框的孔类型中选择“沉头”。

❷设定孔的“沉头直径”为 15、“沉头深度”为 1、“顶锥角”为 118、“孔径”为 13、“孔深”为 50。

图 12-121　生成圆角

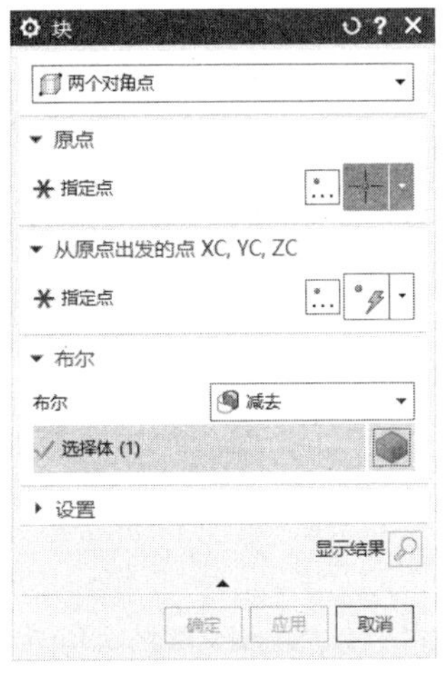

图 12-122　“块”对话框

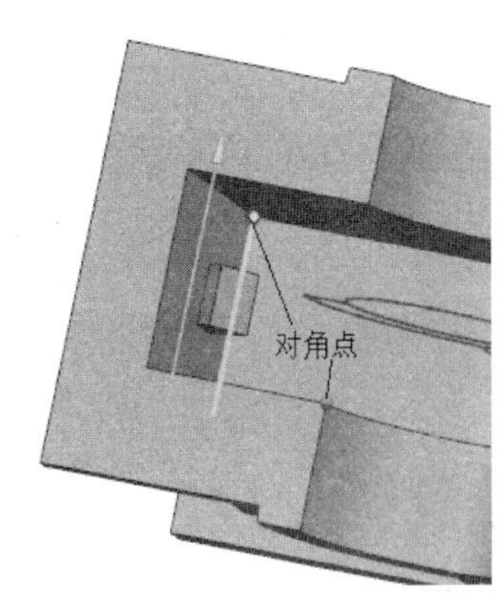

图 12-123　选择两对角点

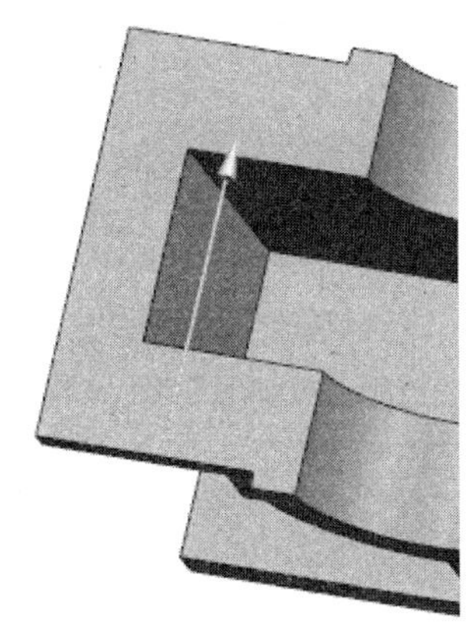
图 12-124　布尔减去

图 12-125　“孔”对话框

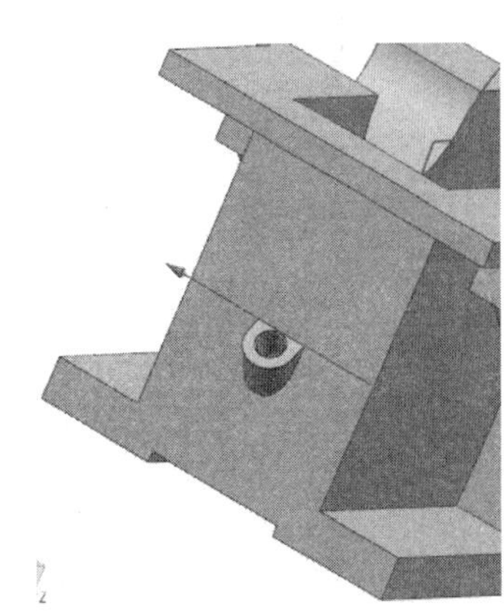
图 12-126　创建沉头孔

❸捕捉凸 12-121 色素圆台的圆心为孔的圆心。

❹单击“确定”按钮，生成如图 12-126 所示的圆孔。

08 选择“菜单”→“插入”→“设计特征”→“螺纹”，或者单击“主页”选项卡中的“基本”组→“更多”库→“细节特征”库→“螺纹”图标，系统弹出图 12-127 所示的“螺纹”对话框。

❶在如图 12-127 所示的“螺纹”对话框中选择“详细”类型，状态栏提示为螺纹选择圆

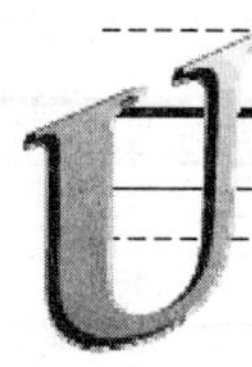

柱。

❷选择图 12-128 所示孔的内表面，在图 12-127 色素对话框中设置“外径”为 15、“螺纹长度”为 12、“螺距”为 1.25、“角度”为 60，单击“确定”按钮，生成如图 12-129 所示的螺纹孔。

图 12-127 “螺纹”对话框

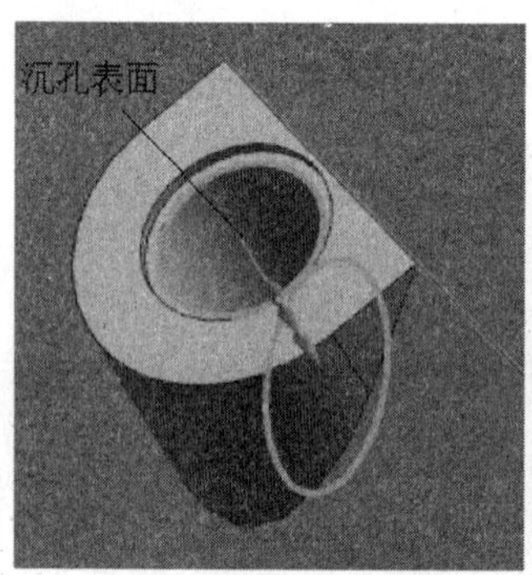

图 12-128 选择孔内表面

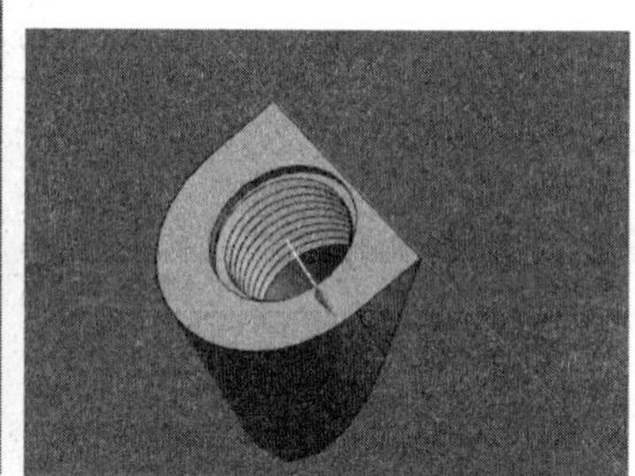

图 12-129 生成螺纹孔

12.2.4 吊环

01 选择“菜单”→“插入”→“草图”命令，或者单击“主页”选项卡“构造”组中的“草图”图标，弹出“创建草图”对话框。采用默认设置，单击“确定”按钮，打开草图模式。

02 选择“菜单”→“插入”→“曲线”→“直线”命令，或者单击“主页”选项卡“曲线”组中的“直线”图标，绘制起始坐标为（-170，-12）、长度为 23、角度为 270 的直线。

03 再绘制两条直线：直线 1 起始坐标为（-170, -12）、长度为 30、角度为 0，直线 2 起始坐标为（-140, -12）、长度为 40、角度为 270。

04 选择“菜单”→“插入”→“曲线”→“圆”命令，或者单击“主页”选项卡“圆”

组中的“圆”图标，绘制两个圆：圆 1 的圆心坐标为（-163,-35）、直径为 14，圆 2 的圆心坐标为（-148,-35）、直径为 16。

05 选择“菜单”→“编辑”→“曲线”→“修剪”命令，或者单击“主页”选项卡“编辑”组中的“修剪”图标，修剪图形，结果如图 12-130 所示。

06 选择“菜单”→“插入”→“曲线”→“直线”命令，或者单击“主页”选项卡“曲线”组中的“直线”图标。绘制起始坐标为（258,-12）、长度为 23、角度为 270 的直线。

07 再绘制两条直线：直线 1 起始坐标为（258,-12）、长度为 30、角度为 180，直线 2 起始坐标（228,-12）、长度为 40、角度为 270。

08 选择“菜单”→“插入”→“曲线”→“圆”命令，或者单击“主页”选项卡“圆”组中的“圆”图标，绘制两个圆：圆 1 的圆心坐标为（251,-35）、直径为 14，圆 2 的圆心坐标为（236,-35）、直径为 16。

09 选择“菜单”→“编辑”→“曲线”→“修剪”命令，或者单击“主页”选项卡“编辑”组中的“修剪”图标，修剪图形，结果如图 12-131 所示。

10 选择“菜单”→“任务”→“完成草图”命令，或者单击“主页”选项卡“草图”组中的“完成”图标，退出草图模式，打开建模模式。

11 选择“菜单”→“插入”→“设计特征”→“拉伸”命令，或者单击“主页”选项卡“基本”组中的“拉伸”图标，系统弹出“拉伸”对话框，如图 12-132 所示。利用该对话框拉伸草图中创建的曲线，操作方法如下：

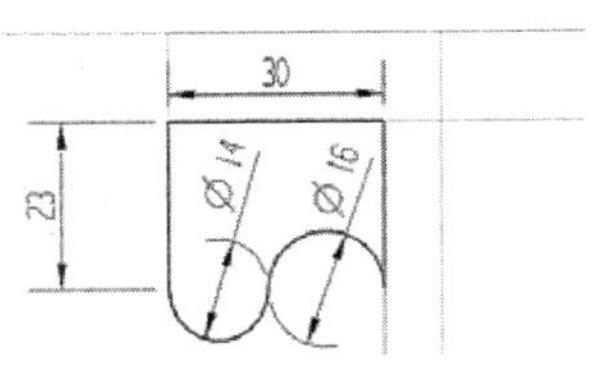

图 12-130 修剪图形 1

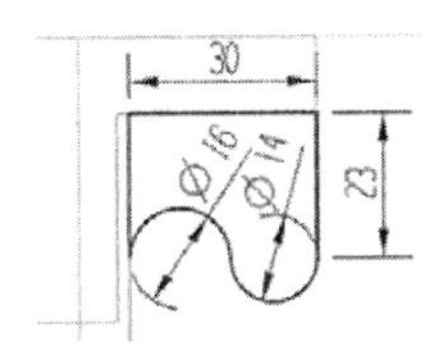

图 12-131 修剪图形 2

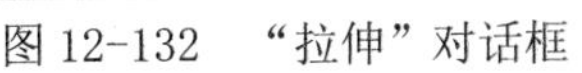

图 12-132 “拉伸”对话框

❶选择前面绘制的草图为拉伸曲线，如图 12-133 所示。

❷在“指定矢量”下拉列表中选择 ZC↑ 作为拉伸方向，设置起始距离为-10、终止距离为 10。单击“确定”按钮，生成如图 12-134 所示的实体。

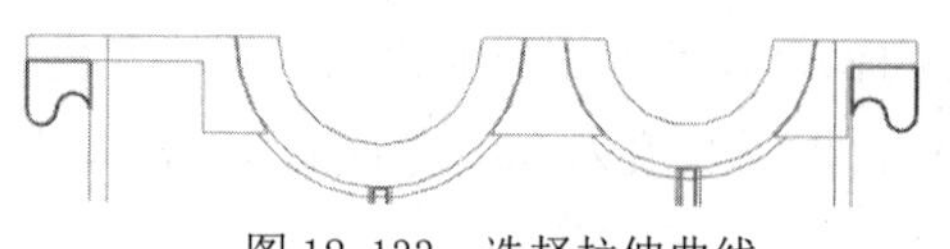

图 12-133　选择拉伸曲线

图 12-134　拉伸创建实体

12.2.5　放油孔

01 选择“菜单”→“插入”→“基准”→“点”命令，系统弹出“点”对话框，如图 12-135 所示定义点的坐标，作为凸台的圆心，单击“确定”按钮。

02 选择“菜单”→“插入”→“设计特征”→“凸台（原有）”命令，系统弹出“凸台”对话框，如图 12-136 所示。利用该对话框进行凸台的创建，方法如下：

❶在“过滤”下拉列表中选择“任意”，设置直径为 30、高度为 5、锥角为 0。

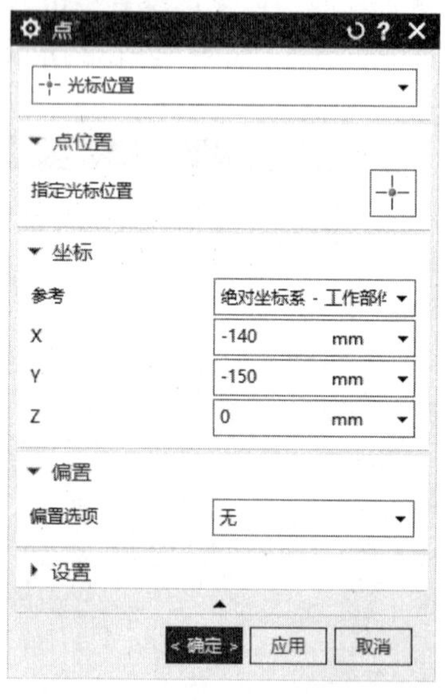

图 12-135　“点”对话框

图 12-136　“凸台”对话框

❷选择如图 12-137 所示的平面，单击对话框中的“确定”按钮。

❸系统弹出“定位”对话框，如图 12-138 所示。单击 图标。

❹系统弹出“点落在点上”对话框，如图 12-139 所示。选择步骤 **01** 中创建的点为圆心，如图 12-140 所示，生成如图 12-141 所示的凸台。

03 选择“菜单”→“插入”→“设计特征”→“孔”命令，或者单击“主页”选项卡“基本”组中的“孔”图标，系统弹出“孔”对话框，如图 12-142 所示。利用该对话框建立孔，操作方法如下：

图 12-137　选择平面

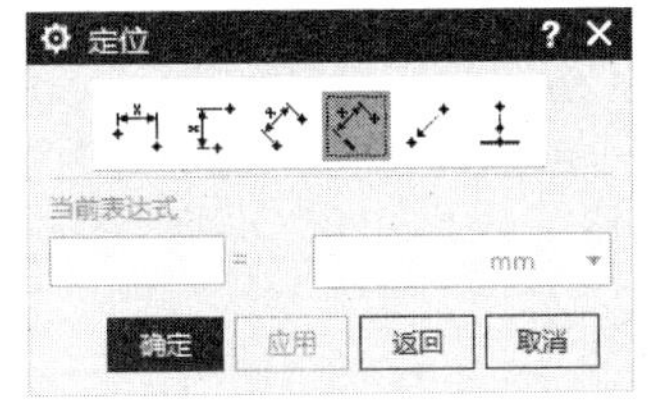

图 12-138　“定位”对话框

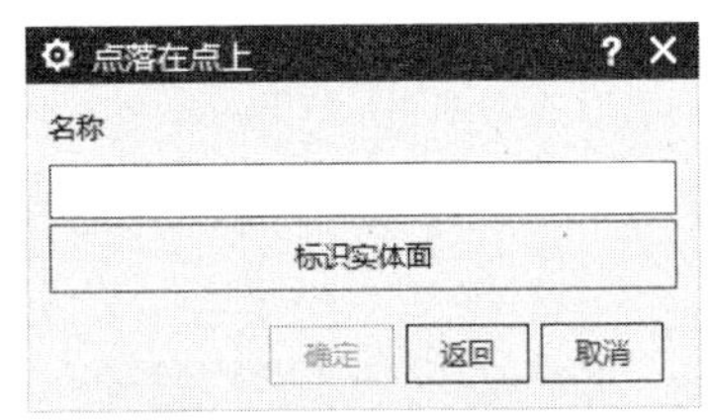

图 12-139　“点落在点上”对话框

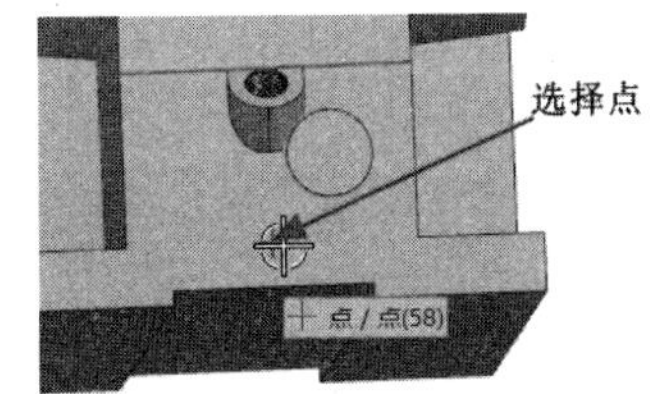

图 12-140　选择圆心

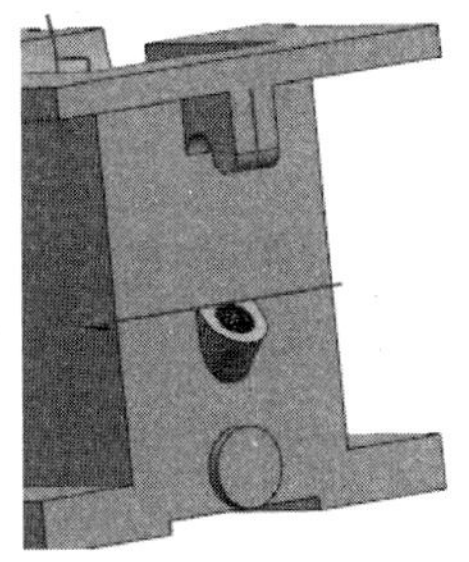

图 12-141　创建凸台

❶在“孔”对话框的“孔类型”下拉列表中选择“简单”。

❷设定“孔径”为 14、“顶锥角”为 118、“孔深”为 50。

❸捕捉刚绘制的凸台圆心为孔位置的圆心。

❹单击“确定”按钮，生成如图 12-143 所示的孔。

04 选择“菜单”→“插入”→“设计特征”→“螺纹”命令，或者单击“主页”选项卡中的“基本”组→“更多”库→“细节特征”库→“螺纹”图标，系统弹出如图 12-144 所示的“螺纹”对话框。选择图 12-145 所示孔的内表面，设置“外径”为 15、“螺距”为 1.25、“长度”为 12，其他采用默认值，单击“确定”按钮，完成放油孔的创建，结果如图 12-146 所示的实体。

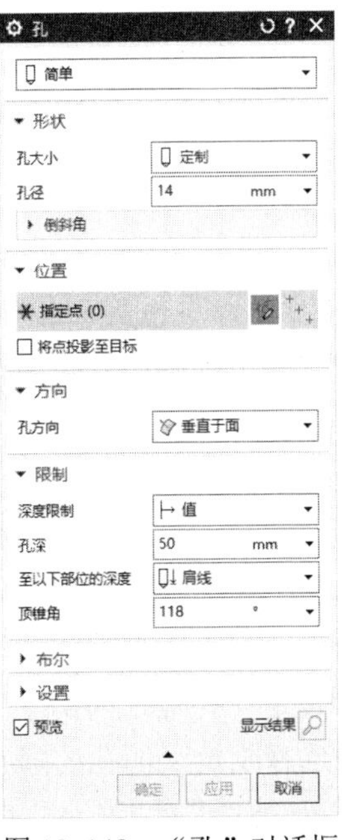

图 12-142　“孔”对话框

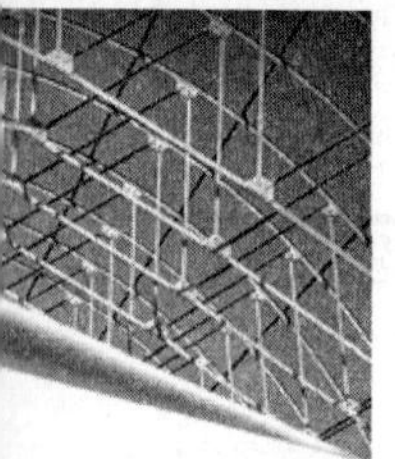

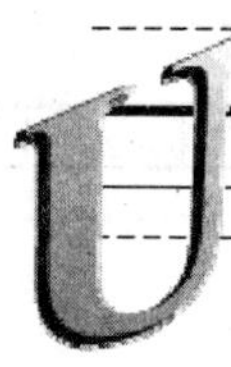

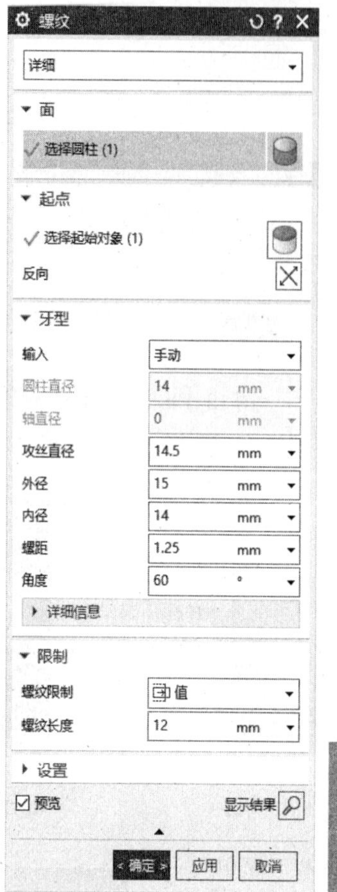

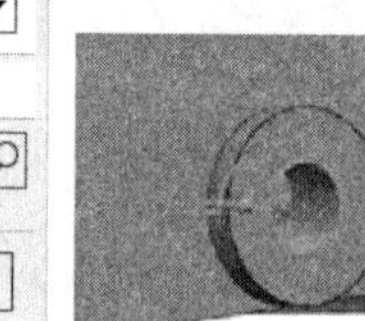

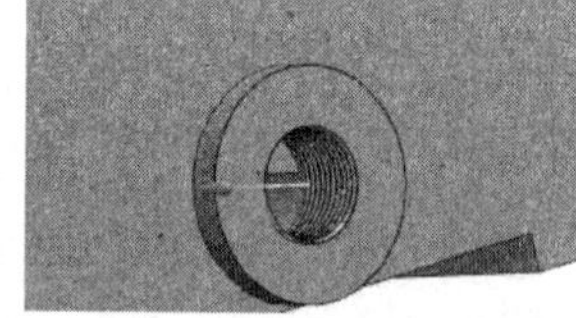

图 12-143 创建孔　图 12-144 “螺纹”对话框　图 12-145 选择内表面　图 12-146 创建的油标孔

12.2.6 孔系

01 选择“菜单”→“插入”→“基准”→“点”命令，系统弹出“点”对话框，如图 12-147 所示。分别定义孔的圆心坐标为（-70, 0, -73）、（-70, 0, 73）、（80, 0, 73）、（80, 0, -73）、（210, 0, -73）和（210, 0, 73）。

02 选择“菜单”→“插入”→“设计特征”→“孔”命令，或者单击“主页”选项卡“基本”组中的“孔”图标，系统弹出“孔”对话框，如图 12-148 所示。利用该对话框建立孔，操作方法如下：

❶在“孔”对话框的孔类型中选择“简单”。

❷设定“孔径”为 13、“深度限制”为“直至下一个”。

❸选择刚定义的孔的圆心，单击“确定”按钮，生成如图 12-149 所示的孔。

03 选择“菜单”→“插入”→“基准”→“点”命令，系统弹出“点”对话框如图 12-150。在其中定义（-156，0，-35）和（-156，0，35）两个点，作为孔的圆心。

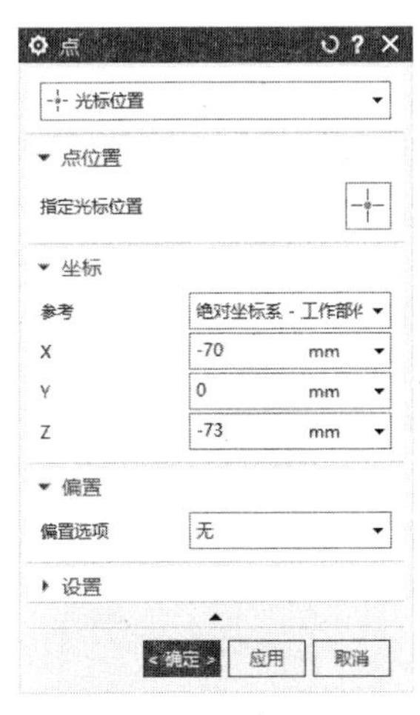

图 12-147　创建点的坐标

图 12-148　“孔”对话框

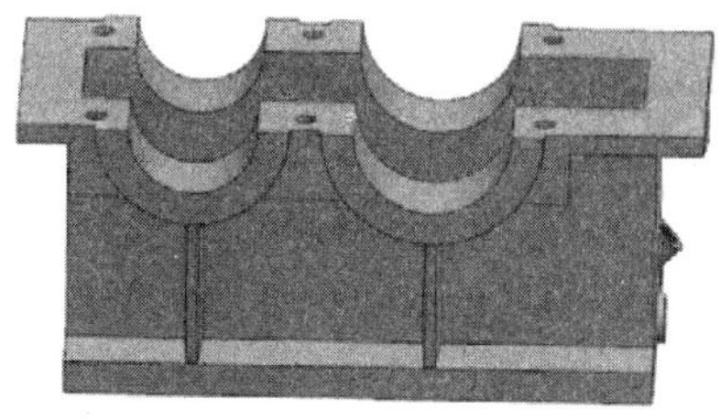

图 12-149　创建孔

04 选择“菜单”→“插入”→“设计特征”→“孔”命令，或者单击“主页”选项卡“基本”组中的“孔”图标，系统弹出“孔”对话框，如图 12-151 所示。利用该对话框建立孔，操作方法如下：

❶在“孔”对话框的孔类型中选择“简单”。

❷设定“孔径”为 11、“深度限制”为“直至下一个”。

❸选择刚定义的点，单击“确定”按钮，生成如图 12-152 所示的孔。

05 选择“菜单”→“插入”→“基准”→“点”命令，系统弹出“点”对话框，在其中定义（-110，0，-65）和（244，0，35）两个点，作为孔的圆心。

06 选择“菜单”→“插入”→“设计特征”→“孔”命令，或者单击“主页”选项卡“基本”组中的“孔”图标，系统弹出“孔”对话框，如图 12-153 所示。利用该对话框建立孔，操作方法如下：

❶在“孔”对话框的孔类型中选择“简单”。

❷设定“孔径”为 8、“深度限制”为“直至下一个”。

❸在图形中选择刚定义的孔的圆心，单击“确定”按钮，完成孔的创建，结果如图 12-154 所示。

07 选择“菜单”→“插入”→“基准”→“点”命令，系统弹出“点”对话框，定义的点坐标为（200，-150，75）、（200，-150，-75）、（-100，-150，75）和（-100，-150，-75），作为孔的圆心。

08 选择“菜单”→“插入”→“设计特征”→“孔”命令，或者单击“主页”选项卡“基本”组中的“孔”图标，系统弹出“孔”对话框，如图 12-155 所示，利用该对话框建

立孔，操作方法如下：

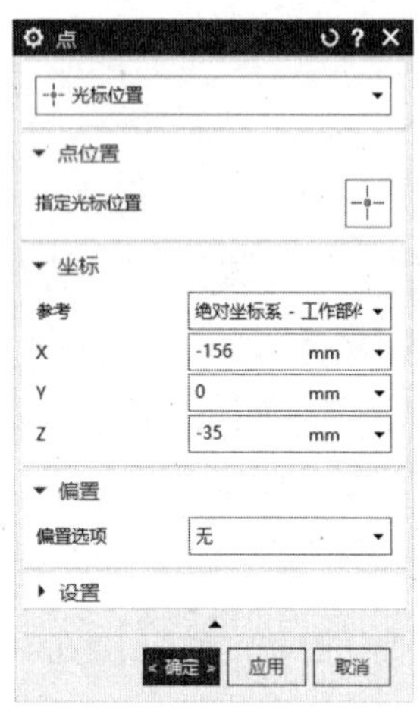

图 12-150　插入点的坐标

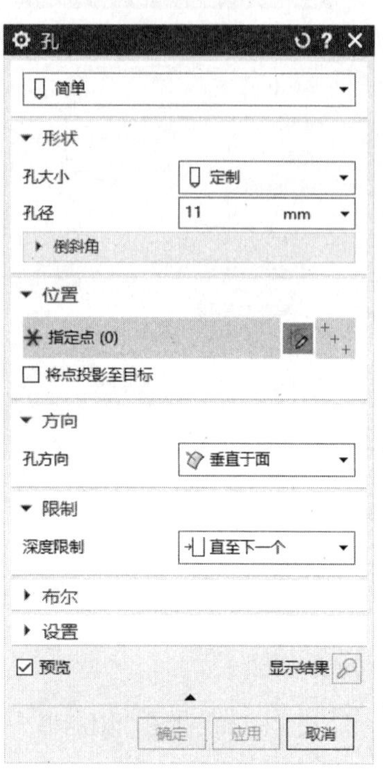

图 12-151　“孔”对话框

图 12-152　创建孔

图 12-153　“孔”对话框

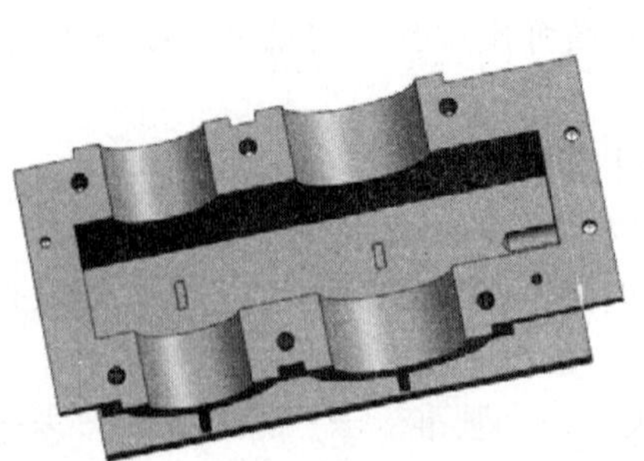

图 12-154　创建孔

图 12-155　“孔”对话框

❶在“孔”对话框的孔类型中选择“沉头”。

❷设定“孔径”为 24、“沉头直径”为 36、“沉头深度”为 2。因为要建立一个通孔，此

处设置“深度限制”为“贯通体”。

❸在图形中选择刚定义的孔的圆心，单击“确定”按钮，完成孔的创建，结果如图 12-156 所示。

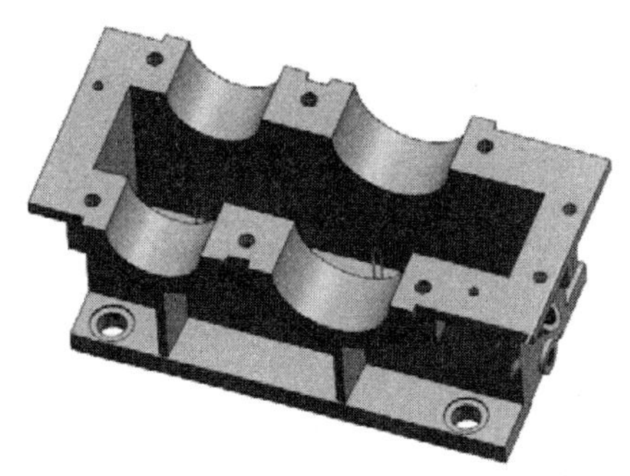

图 12-156　创建孔

12.2.7　圆角

01 选择“菜单”→“插入”→“细节特征”→“边倒圆”命令，或者单击“主页”选项卡“基本”组→“倒圆下拉菜单”中的“边倒圆”图标，系统弹出“边倒圆”对话框，如图 12-157 所示。利用该对话框进行圆角操作，方法如下：

❶设置“半径 1”为 20。

❷选择底座的 4 条边进行圆角操作。

❸单击“确定”按钮，生成如图 12-158 所示的圆角。

02 按步骤 **01** 所述的方法选择上端面的边，设置圆角半径为 44，继续进行圆角操作，结果图 12-159 所示。

图 12-157　“边倒圆”对话框

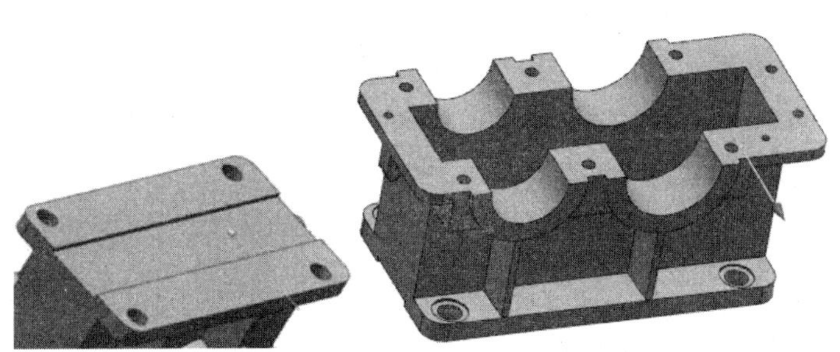

图 12-158　生成底座圆角　　图 12-159　生成上端面边圆角

03 按步骤 01 所述的方法选择凸台的边，设置圆角半径为 5（见图 12-160），继续进行圆角操作。单击“确定”按钮，结果如图 12-161 所示。

图 12-160 “边倒圆”对话框

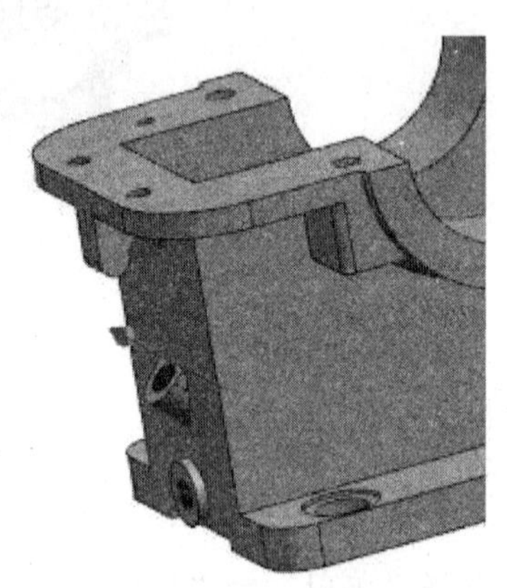

图 12-161 生成凸台圆角

12.2.8 螺纹孔

01 选择“菜单”→“插入”→“基准”→“点”命令，系统弹出“点”对话框，如图 12-162 所示。定义点的坐标为（0，-60，98）。

02 选择“菜单”→“插入”→“设计特征”→“孔”命令，或者单击“主页”选项卡“基本”组中的“孔”图标，系统弹出“孔”对话框，如图 12-163 所示。利用该对话框建立孔，操作方法如下：

❶在“孔”对话框的孔类型中选择“简单”。

❷设定“孔径”为 8、“顶锥角”为 118、“孔深”为 15。

❸在图形中捕捉刚定义的点为孔的圆心，单击“确定”按钮，完成孔的创建，如图 12-164 所示。

03 选择“菜单”→“插入”→“关联复制”→“阵列特征”命令，系统弹出“阵列特征”对话框，如图 12-165 所示。利用该对话框进行圆形阵列，操作方法如下：

❶在图 12-165 所示对话框的“布局”下拉列表中选择“圆形”选项。

❷选择上步创建的简单孔为阵列特征。

❸设置“数量”为 2、“间隔角”为 60。

❹在“指定矢量”选择“ZC 轴”，单击“点”对话框按钮，输入点坐标为（0,0,0）。单击“确定”按钮，结果如图 12-166 所示。

04 选择创建的简单孔继续阵列，设置“间隔角”为-60，其他参数不变。间隔如图 12-167

所示。

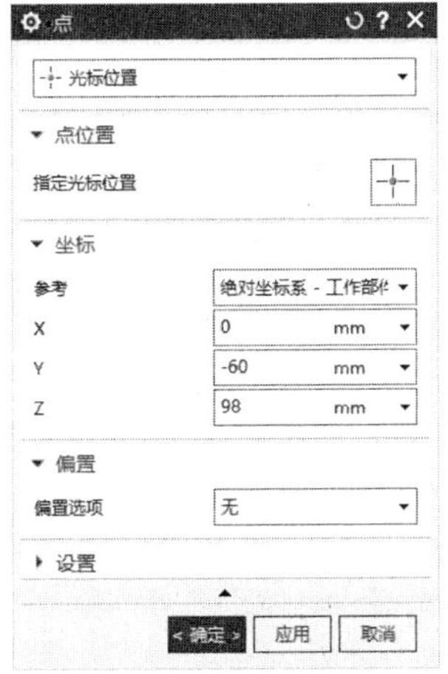

图 12-162　“点”对话框

图 12-163　“孔”对话框

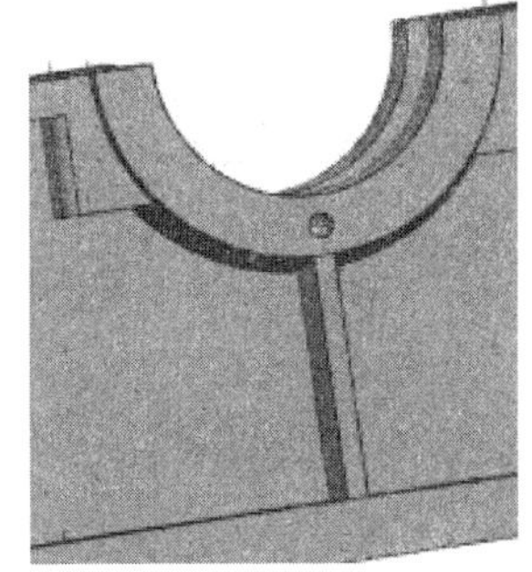

图 12-164　创建简单孔

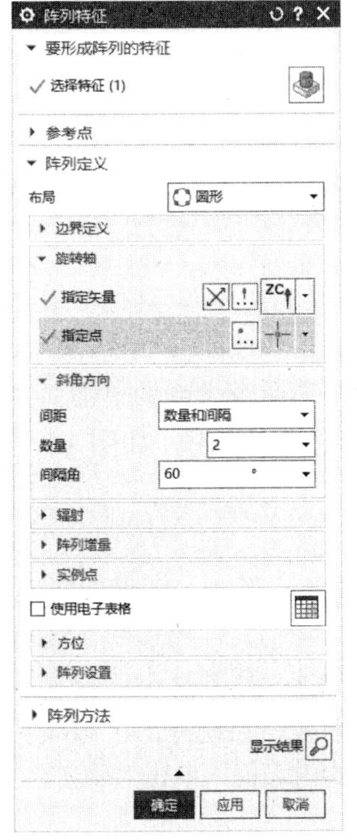

图 12-165　“阵列特征”对话框

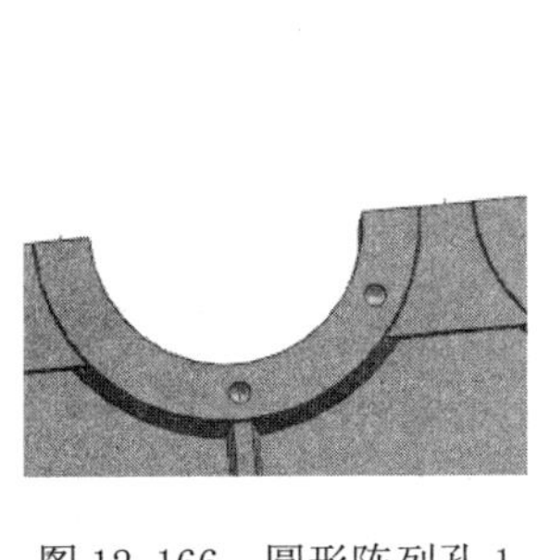

图 12-166　圆形阵列孔 1

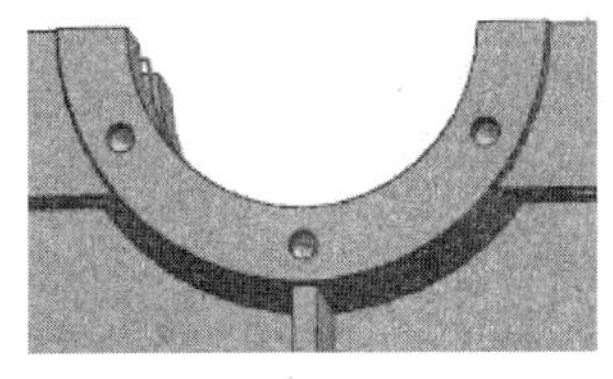

图 12-167　圆形阵列孔 2

05 选择“菜单”→“插入”→“基准”→“点”命令，系统弹出“点”对话框，如图 12-168 所示. 定义点的坐标为（150，-50，98）。

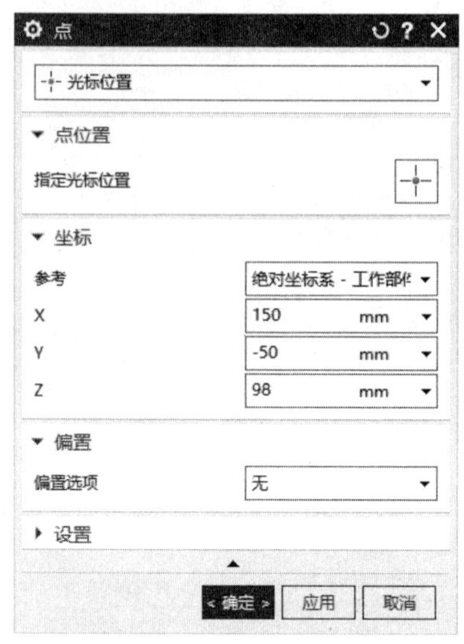

图 12-168 “点”对话框

06 选择“菜单”→“插入”→“设计特征”→“孔”，或者单击“主页”选项卡“基本”组中的“孔”图标，系统弹出“孔”对话框，如图 12-169 所示。利用该对话框建立孔，操作方法如下：

❶在图 12-169 所示“孔”对话框的孔类型中选择“简单”。

❷设定“孔径”为 8、“顶锥角”为 118、“孔深”为 15。

❸选择刚定义的点作为孔的圆心，单击“确定”按钮，完成孔的创建，间隔如图 12-170 所示。

07 在图 12-171 所示的“点”对话框中，旋转轴指定点为（150，0，0），其他参数不变。对刚创建的孔进行圆形阵列，间隔如图 12-172 所示。

08 选择“菜单”→“插入”→“关联复制”→“镜像特征”命令，或者单击“主页”选项卡“基本”组中的“镜像特征”图标，系统弹出“镜像特征”对话框，如图 12-173 所示。利用该对话框进行镜像操作，方法如下：

❶选择前面创建的两个孔以及孔的阵列特征。

❷“镜像平面”选择“新平面”，选择 XC-YC 平面。单击“确定”按钮，结果如图 12-174 所示。

09 选择“菜单”→“插入”→“设计特征”→“螺纹”命令，或者单击“主页”选项卡中“基本”组→“更多”库→“细节特征”库中的“螺纹”图标，系统弹出“螺纹”对话框，在其中设置参数如图 12-175 所示。选择图 12-176 所示的孔的内表面，单击“确定”按钮，生成螺纹孔。

10 选择其他孔的内表面，按上述方法厂家螺纹孔，间隔如图 12-177 所示。

图 12-169　“孔”对话框

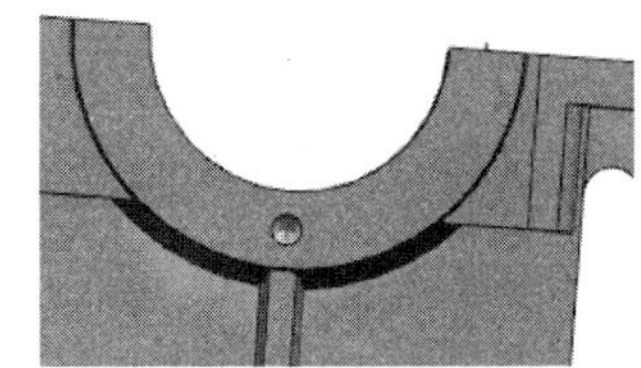

图 12-170　创建孔

图 12-171　“点”对话框

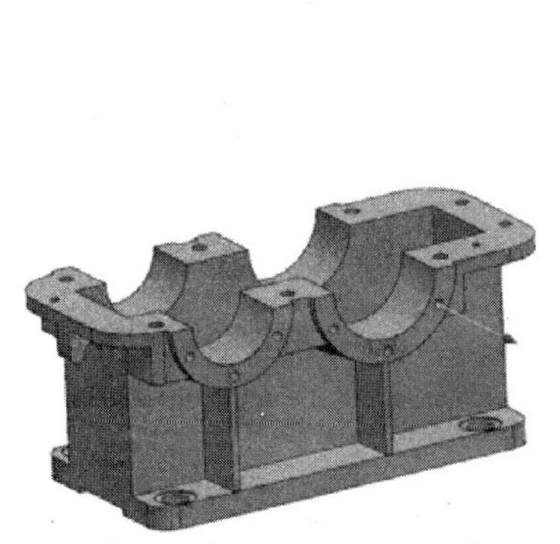

图 12-172　圆形阵列孔

图 12-173　“镜像特征”对话框

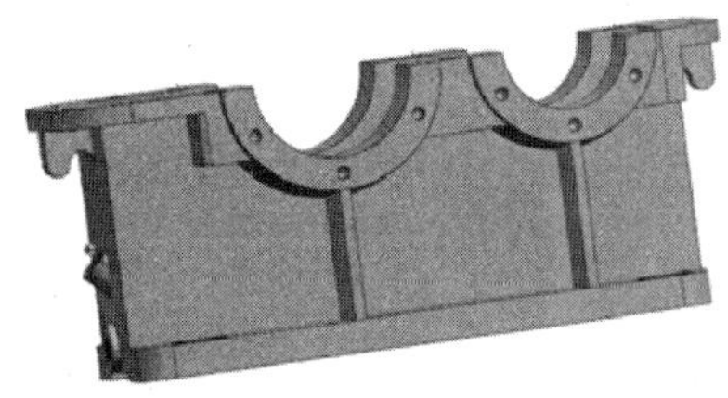

图 12-174　镜像孔特征

图 12-175 “螺纹”对话框

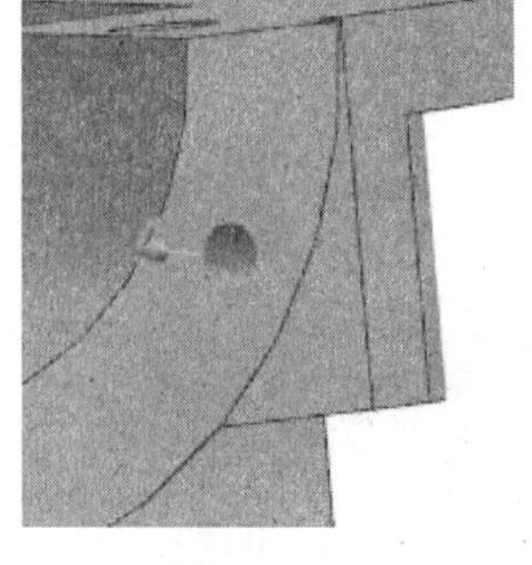

图 12-176 选择孔内表面

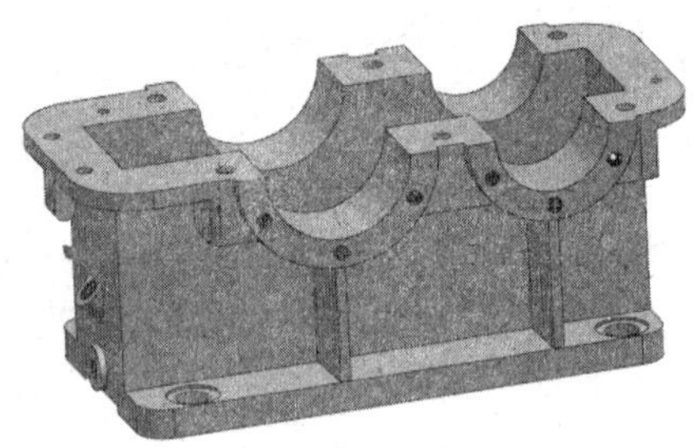

图 12-177 创建螺纹孔

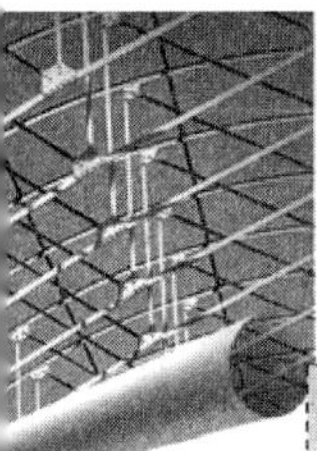

第13章

减速器装配

减速器总装的完整过程。通过本章的学习，读者可以通过实例掌握装配设计的具体方法与一般思路。

重点与难点

- 轴组件装配
- 箱体组件装配
- 机座与轴配合

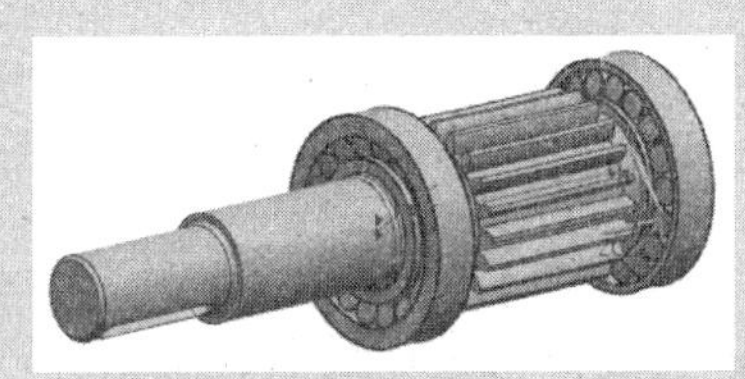

13.1 轴组件装配

轴类组件包括轴、键、定距环、轴承等，其中低速轴上还装配有齿轮（齿轮通过键与低速轴连接）。本章将通过轴的装配，介绍 UG 装配操作的相关功能。通过装配可以直观地了解零件间的装配和尺寸配合关系。

制作思路

轴组件装配的思路为：装配轴和键，装配齿轮、轴和键，装配定距环和轴承。

13.1.1 低速轴组件轴-键配合

01 选择“菜单”→“文件”→“新建”命令，或者单击“主页”选项卡“标准”组中的“新建”图标，弹出“新建”对话框，选择“装配”类型，输入文件名为“disuzhou”，如图 13-1 所示，单击“确定”按钮，打开装配模式。

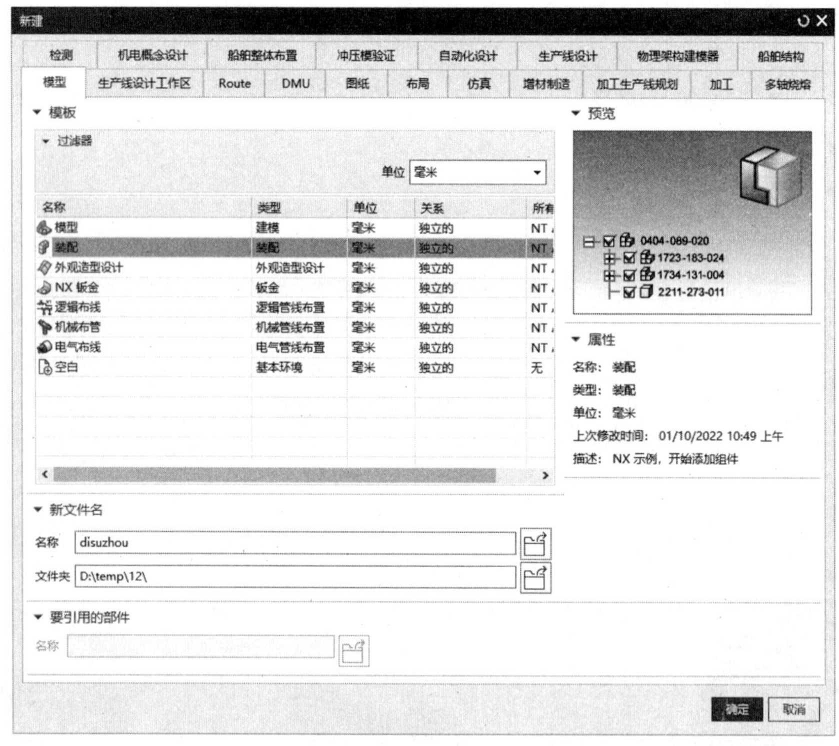

图 13-1 “新建”对话框

02 选择“菜单”→“装配”→“组件”→“添加组件”命令，或者单击“装配”选项卡“基本”组中的“添加组件”图标，系统弹出“添加组件”对话框，如图 13-2 所示。利用该对话框可以添加已经存在的组件。

03 在如图 13-2 所示的“添加组件”对话框中单击“打开”按钮，在系统弹出的对话框中选择“chuandongzhou”。由于该组件是第一个组件，所以在“组件锚点”下拉列表中选择“绝对”。单击“点对话框”按钮，打开“点”对话框，将点位置设置为坐标原点。单击“启动”按钮，返回“添加组件”对话框，对“引用集”和“图层选项”采用系统默认设置，单击“应用”按钮。

04 在如图 13-2 所示的“添加组件”对话框中单击“打开”按钮，在弹出的对话框中选择要装配的部件，此处选择“jian14×50”。装配键的方法如下：

❶选择键后，组件预览窗口中会显示如图 13-3 所示的预览图。

❷在“添加组件”对话框的“装配位置”下拉列表中选择“工作坐标系”，“放置”选项选择◉约束，如图 13-4 所示。

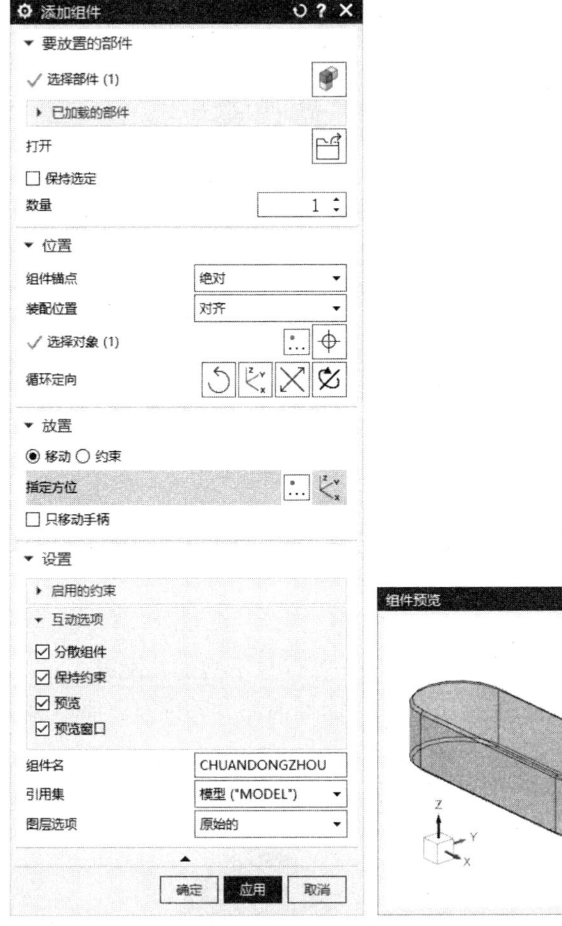

图 13-2　“添加组件”对话框 1

图 13-3　组件预览窗口

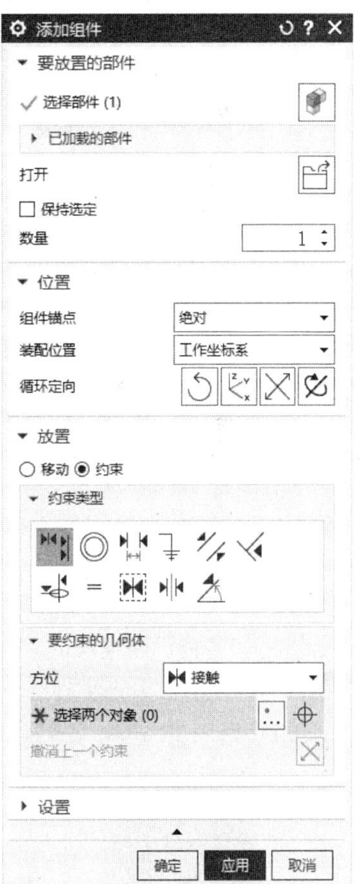

图 13-4　“添加组件”对话框 2

❸在如图 13-4 所示“添加组件”对话框中的“约束类型”中选择“接触对齐”类型，在“方位”下拉列表中选择“接触”，单击“选择几何体”按钮⌖，在组件预览窗口中首先选择如图 13-5 中键上的面 1，再选择如图 13-5 中轴上的面 1，然后依次选择图 13-5 中的键和轴上

的面 2 和面 3 进行装配，单击“应用”按钮，结果如图 13-6 所示。

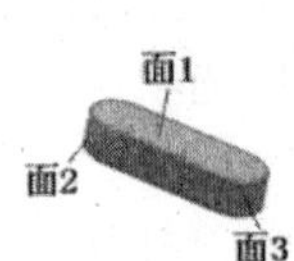

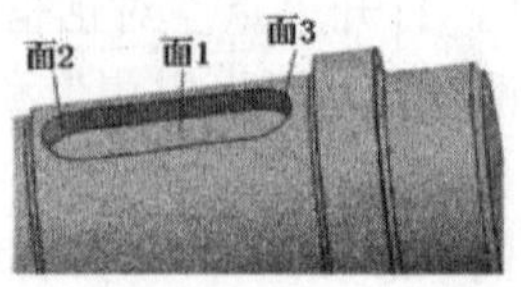

图 13-5　键和轴上的面

05 按照上述方法，选择“jian12×60”进行装配，结果如图 13-7 所示。

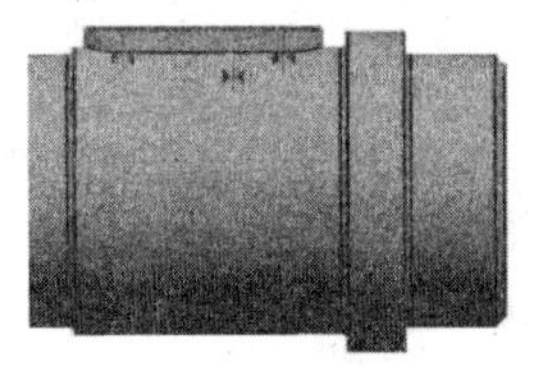

图 13-6　装配键

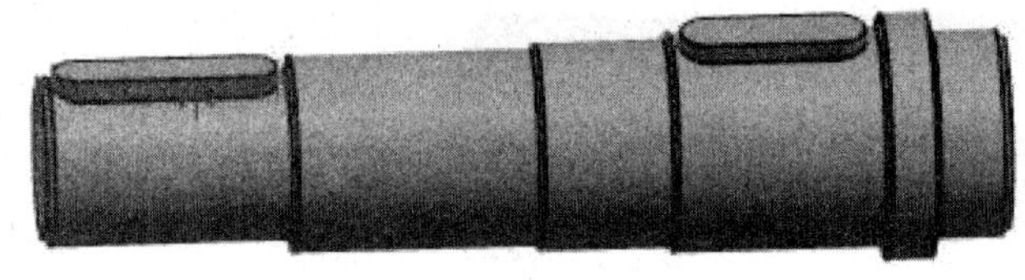

图 13-7　完成键装配的轴

13.1.2　低速轴组件齿轮-轴-键配合

01 在如图 13-4 所示的“添加组件”对话框中单击“打开”按钮，在系统弹出的对话框中选择“chilun”。

02 在如图 13-4 所示“添加组件”对话框的“方位”下拉列表中选择“自动判断中心/轴”装配类型，依次选择图 13-8 所示的齿轮上的面 1 和轴上的面 1。

03 在“方位”下拉列表选择“接触”装配类型，依次选择齿轮上的面 2 和键上的面 2。

注意

当装配有多种可能情况时，单击“撤销上一个约束”按钮可以查看不同的装配解。

04 在“方位”下拉列表中选择“接触”装配类型，依次选择齿轮上的面 3 和轴上的面 3，此时齿轮自由度为 0。装配好齿轮的轴，如图 13-9 所示。

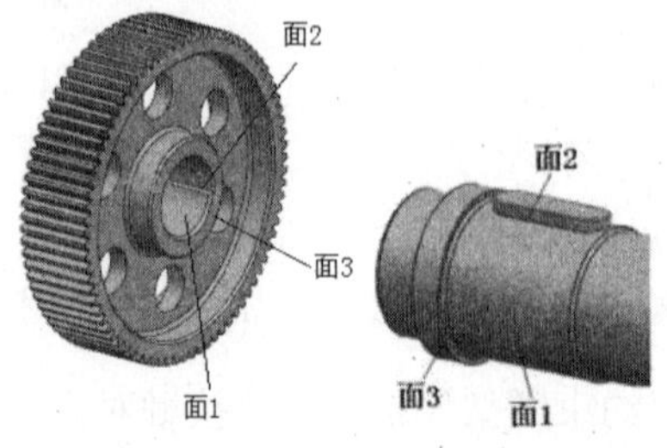

图 13-8　齿轮和轴上的面

图 13-9　装配齿轮

13.1.3　低速轴组件轴-定距环-轴承配合

01 为方便轴承的装配，先将已装配的齿轮隐藏。

02 在“添加组件”对话框中单击“打开”按钮，在弹出的对话框中选择轴承外径为 100 的“zhoucheng100”。

03 在“添加组件”对话框的“方位”下拉列表中选择“自动判断中心/轴”装配类型，依次选择图 13-10 中轴承上的面 1 和轴上的面 1。

注意

在“添加组件”对话框中，勾选“预览窗口”复选框，观察轴承凸起面的法向量是否指向 −XC 轴，如果不是，则单击“撤销上一个约束”按钮，改变轴承的方向。

04 在“添加组件”对话框的“方位”下拉列表中选择“接触”装配类型，依次选择图 13-10 中轴承上的面 2 和轴上的面 2，将轴承装配到轴上，结果如图 13-11 所示。此时轴承还保留一个自由度，即绕轴旋转的自由度。

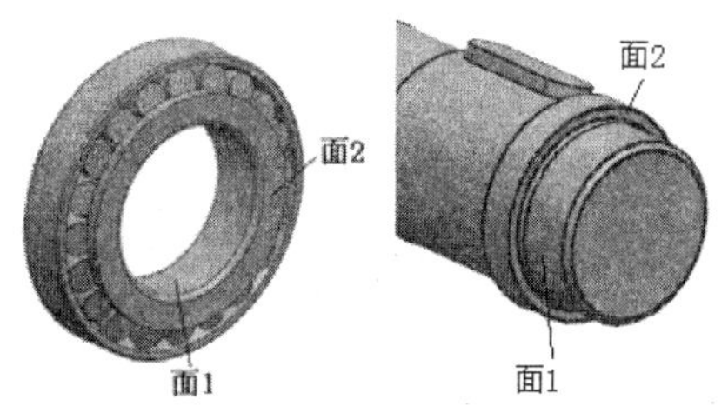

图 13-10　轴承和轴上的面

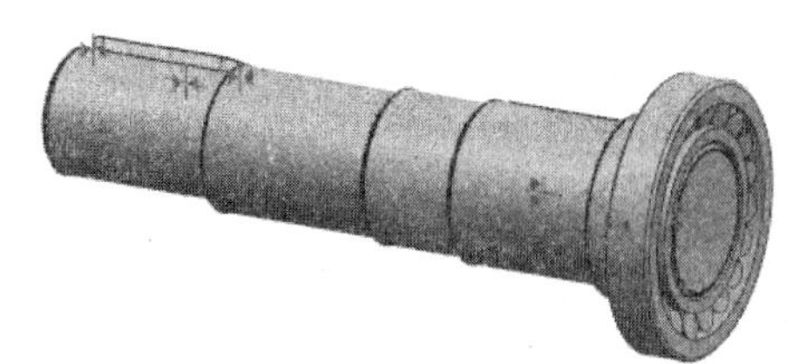
图 13-11　装配轴承 1

05 在“添加组件”对话框中单击“打开”按钮，在弹出的对话框中选择内外半径分别为 55 和 65，厚度为 14 的“dingjuhuan1”。

06 在“添加组件”对话框的“方位”下拉列表中选择“自动判断中心/轴”装配类型，依次选择图 13-12 中定距环上的面 1 和轴上的面 1。

07 在“添加组件”对话框的“方位”下拉列表中选择“接触”装配类型，依次选择图 13-12 中定距环上的面 2 和齿轮上的面 2，将定距环装配到轴上，结果如图 13-13 所示。此时定距环还保留一个自由度，即绕轴旋转的自由度。

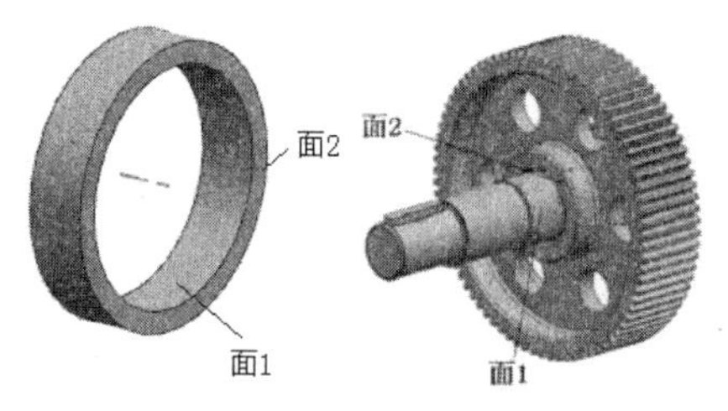

图 13-12　定距环和轴上的面

图 13-13　装配定距环

08 在“添加组件”对话框中单击“打开”按钮，在弹出的对话框中选择一个外径为 100

的轴承，在轴承上选择的面如图 13-10 中的轴承所示，在轴上选择的面如图 13-14 所示（面 2 为定距环的端面），按照上述装配方法将轴承装配到轴上，结果如图 13-15 所示。

注意

装配时注意将轴承凸起面的法向量指向 XC 轴的正向。

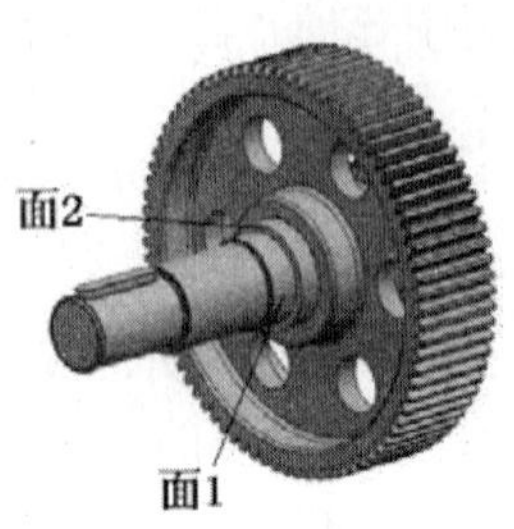

图 13-14　轴上的面

图 13-15　装配轴承 2

13.1.4　高速轴组件

01 选择“菜单”→“文件”→“新建”命令，或者单击“主页”选项卡，选择“标准”组中的“新建”图标，弹出“新建”对话框，选择“装配”类型，输入文件名为“gaosuzhou”，单击“确定”按钮。

02 选择“菜单”→“装配”→“组件”→“添加组件”命令，或者单击“装配”选项卡“基本”组中的“添加组件”图标，系统弹出“添加组件”对话框。利用该对话框可以加入已经存在的组件。

03 在“添加组件”对话框中单击“打开”按钮，在系统弹出的对话框中选择“chilunzhou”。由于该组件是第一个组件，所以在“组件锚点”下拉列表中选择“绝对”。单击“点对话框”按钮，打开“点”对话框，将点位置设置为坐标原点。单击“确定”按钮，返回“添加组件”对话框，对“引用集”和“图层选项”采用系统默认设置，单击“确定”按钮。

04 同上页，选择外径为 80 的轴承，装配高速轴，装配方法与低速轴的装配方法相同。装配时要求轴承的凸起面相对。

装配好的高速轴如图 13-16 所示。

图 13-16　装配好的高速轴

13.2 箱体组件装配

箱体组件包括机盖、窥视孔盖、机座、油标、油塞及端盖等，其中端盖上还有螺栓。

13.2.1 窥视孔盖-机盖配合

01 选择“菜单”→“文件”→“新建”命令，或者单击“主页”选项卡“标准”组中的“新建”图标，弹出如图 13-17 所示的“新建”对话框。选择“装配”类型，输入文件名为“shangxianggai”，单击“确定”按钮。打开装配模式。

02 选择“菜单”→“装配”→“组件”→“添加组件”命令，或者单击“装配”选项卡“基本”组中的“添加组件”图标，弹出“添加组件”对话框，单击“打开”按钮,在弹出的对话框中选择“jigai”。

图 13-17 “新建”对话框

03 在“添加组件”对话框的“组件锚点”下拉列表中选择“绝对”,“装配位置”选择“对齐”，然后单击“点对话框”按钮，打开“点”对话框，将点位置设置为坐标原点。单击“确定”按钮，返回“添加组件”对话框，对“引用集”和“图层选项”采用系统默认设置，单击“应用”按钮。

04 在“添加组件”对话框中单击“打开”按钮，在系统弹出的对话框中选择“kuishikonggai”，装配窥视孔盖的方法如下：

❶ 在“添加组件”对话框中“放置”选择“约束”方式，“引用集”和“图层选项”采用

系统默认设置。

❷ 在“方位”下拉列表中选择“接触”装配类型，依次选择图 13-18 中窥视孔盖上的面 1 和机盖上的面 1。

❸ 在“方位”下拉列表中选择“自动判断中心/轴”装配类型，选择窥视孔盖上的两个孔与机盖上的两个孔进行装配，将窥视孔盖装配到减速器上盖上。

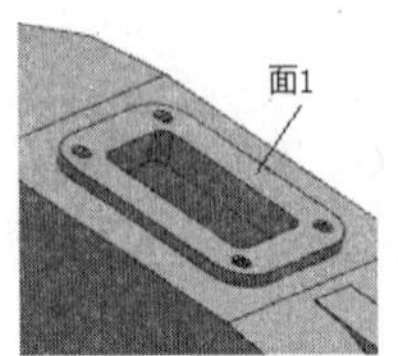

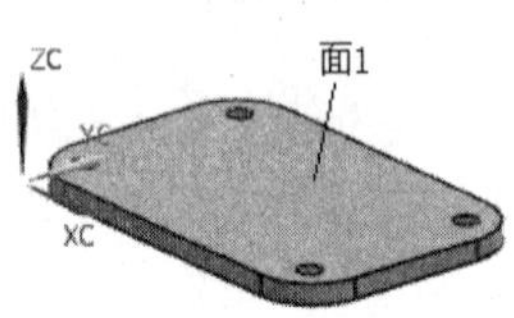

图 13-18 窥视孔盖和机盖上的面

05 在“添加组件”对话框中单击“打开”按钮，在弹出的对话框中选择尺寸为 M6×14 的螺栓进行装配。方法如下：

❶在“添加组件”对话框中“放置”选择“约束”方式，“引用集”和“图层选项”采用系统默认设置。

❷在“方位”下拉列表中选择“接触”装配类型，依次选择图 13-19 中螺栓上的面 1 和窥视孔盖上的面 1。

❸在“方位”下拉列表中选择“自动判断中心/轴”装配类型，依次选择图 13-19 中螺栓上的面 2 和窥视孔盖上的面 2，将螺栓装配到窥视孔盖上。

装配好窥视孔盖的减速器机盖如图 13-20 所示。

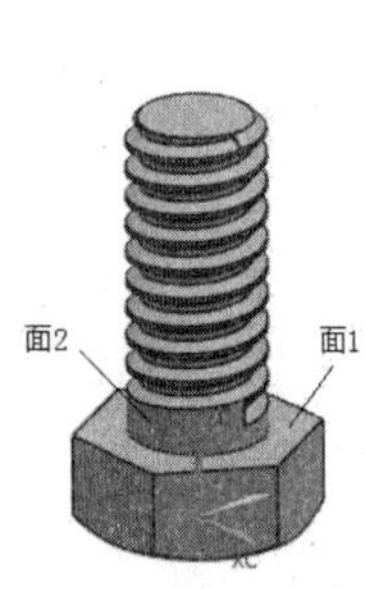

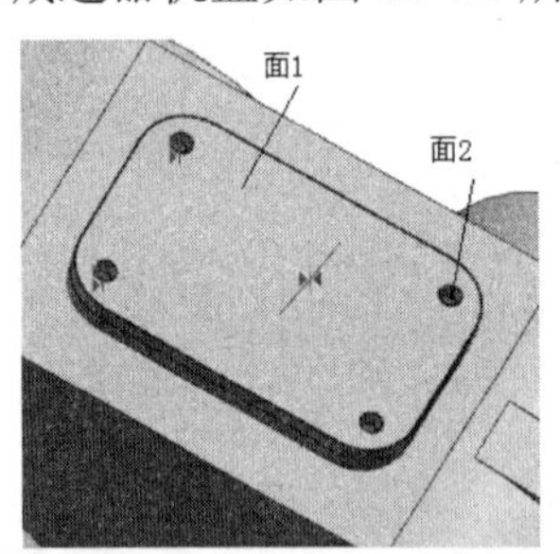

图 13-19 选择螺栓和窥视孔盖上的面

图 13-20 装配窥视孔盖

13.2.2 机座-油标配合

01 选择“菜单”→“文件”→“新建”命令，或者单击“主页”选项卡“标准”组中的“新建”图标，弹出“新建”对话框。选择“装配”类型，输入文件名为“xiaxiangti”，单击“确定”按钮，打开装配模式。

02 选择“菜单”→“装配”→“组件”→“添加组件”命令，或者单击“装配”选项卡“基本”组中的“添加组件”图标，弹出“添加组件”对话框。单击“打开”按钮，在系统弹出的对话框中选择“jizuo”，在“组件锚点”下拉列表中选择“绝对”。单击“点对话框”

按钮，打开“点”对话框，将点位置设置为坐标原点。单击“确定”按钮，返回“添加组件”对话框，对“引用集”和“图层选项”采用系统默认设置，单击“应用”按钮。

03 装配油标。方法如下：

❶在“添加组件”对话框中单击“打开”按钮，在系统弹出的对话框中选择“youbiao”。“放置”选择“约束”方式，“引用集”和“图层选项”采用系统默认设置。

❷在“方位”下拉列表中选择“接触”装配类型，依次选择图 13-21 中油标上的面 1 和减速器机座上的面 1。

❸在“方位”下拉列表中选择“自动判断中心/轴”装配类型，依次选择图 13-21 中油标上的面 2 和减速器机座上的面 2，将油标装配到减速器机座上。

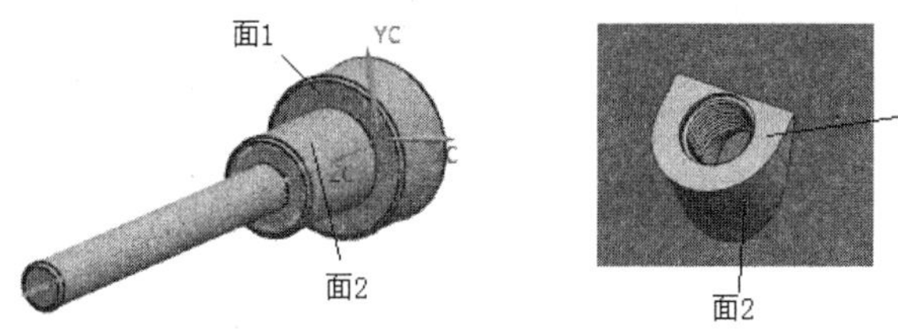

图 13-21　油标和减速器机座上的面

13.2.3　机座-油塞配合

油塞的装配与油标的装配类似，选择“菜单”→“装配”→“组件”→“添加组件”命令，或单击“装配”选项卡“基本”组中的“添加组件”图标，弹出“添加组件”对话框。单击“打开”按钮，在系统弹出的对话框中选择“yousai”，在“添加组件”对话框的“方位”下拉列表中选择“接触”装配类型，然后依次选择图 13-22 中的油塞上的面 1 和减速器机座上的面 1 进行装配，再选择“自动判断中心/轴”装配类型，将油塞上的面 2 和减速器机座上的面 2 进行装配，将油塞装配到减速器机座上。装配好油塞的减速器机座如图 13-23 所示。

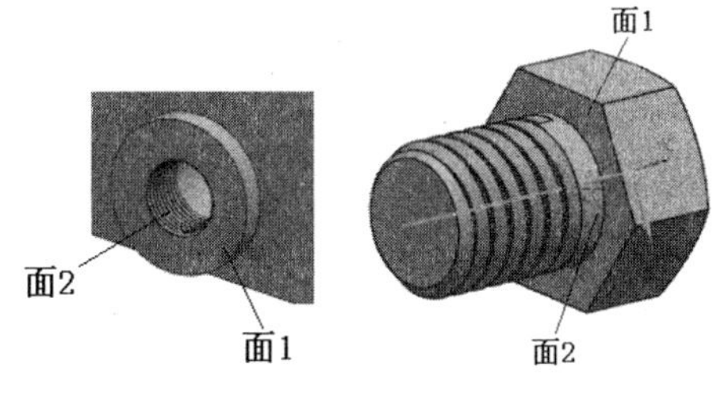

图 13-22　油塞和减速器机座上的面

图 13-23　装配油塞

13.2.4　端盖组件装配

01 选择“菜单”→“文件”→“新建”命令，或者单击“主页”选项卡“标准”组中的“新建”图标，弹出“新建”对话框。选择“装配”类型，输入文件名为“duangaizujian”，单击“确定”按钮，打开装配模式。

02 选择“菜单”→“装配”→“组件”→“添加组件”命令，或者单击“装配”选项卡“基本”组中的“添加组件”图标，弹出“添加组件”对话框。单击“打开”按钮，在系统弹出的对话框中选择“duangai”，选择“组件锚点”下拉列表中的“绝对”。单击“点对话框”按钮，打开“点”对话框，将点位置设置为坐标原点。单击“确定”按钮，返回“添加组件”对话框，对“引用集”和“图层选项”采用系统默认设置，单击“确定”按钮。

03 装配密封盖。

❶选择“菜单”→“装配”→“组件”→“添加组件”命令，或者单击“装配”选项卡“基本”组中的“添加组件”图标，弹出“添加组件”对话框。单击“打开”按钮，在系统弹出的对话框中选择“mifenggai”，在“添加组件”对话框中，“放置”选择“约束”方式，“引用集”和“图层选项”采用系统默认设置。

❷在“方位”下拉列表中选择“接触”装配类型，依次选择图 13-24 中密封盖上的面 1 和端盖主体上的面 1。

❸在“方位”下拉列表中选择“自动判断中心/轴”装配类型，依次选择图 13-24 中密封盖上的面 2 和端盖主体上的面 2、密封盖上的面 3 和端盖主体上的面 3，进行装配，将密封盖装配到端盖主体上。

04 将尺寸为 M6×14 的螺栓装配到端盖主体上。

装配结果如图 13-25 所示。

用同样的方法，完成小端盖的装配。

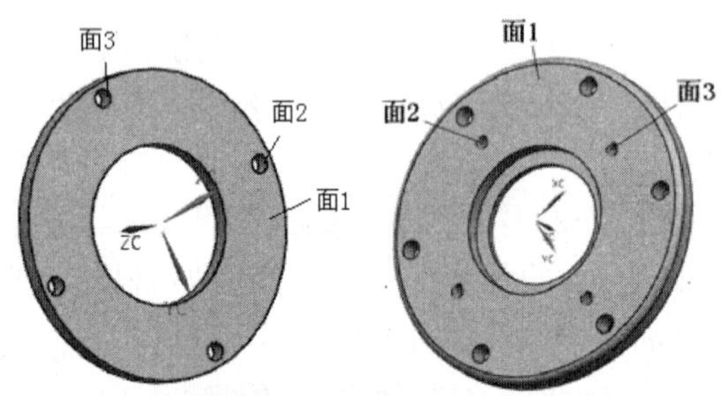

图 13-24 密封盖和端盖主体上的面

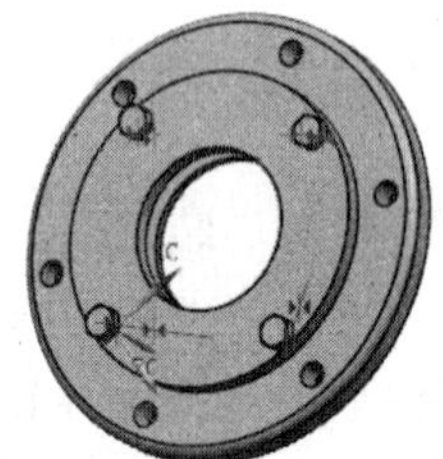

图 13-25 装配密封盖

13.3 机座与轴配合

13.3.1 机座-低速轴配合

01 选择“菜单”→“文件”→“新建”，或者单击“主页”选项卡“标准”组中的“新建”图标，弹出“新建”对话框。选择“装配”类型，输入文件名为“jiansuqi”，单击“确定”按钮。进入装配模式。

02 选择“菜单”→“装配”→“组件”→“添加组件”，或者单击“装配”选项卡“基本”组中的“添加组件”图标，弹出“添加组件”对话框。单击“打开”按钮，在系统弹出的对话框中选择“xiaxiangti”，在“添加组件”对话框中选择“组件锚点”下拉列表中的“绝对”，单击“点对话框”按钮，打开“点”对话框，将点位置设置为坐标原点，单击“确定”按钮，返回“添加组件”对话框，对“引用集”和“图层选项”采用系统默认设置，单击“确定”按钮。

03 将低速轴装配到机座上。方法如下：

❶选择“菜单”→“装配”→“组件”→“添加组件”，或者单击“装配”选项卡“基本”组中的“添加组件”图标，弹出“添加组件”对话框。单击“打开”按钮，在系统弹出的对话框中选择“disuzhou”，在“添加组件”对话框，“放置”选择“约束”方式，“引用集”和“图层选项”采用系统默认设置。

❷在“添加组件”对话框在的“方位”下拉列表中选择“自动判断中心/轴”装配类型，选择图 13-26 中低速轴(隐藏了齿轮)上的面 1 和减速器机座上的面 1。

注意

为了方便装配，可以将齿轮隐藏。

查看低速轴的方向是否为预定方向，如果不是，单击“撤销上一个约束”按钮可改变低速轴的方向。

❸ 在“方位”下拉列表中选择“对齐”装配类型，依次选择图 13-26 中低速轴上的面 2（轴承的端面）和减速器机座上的面 2，将低速轴装配到减速器机座上。

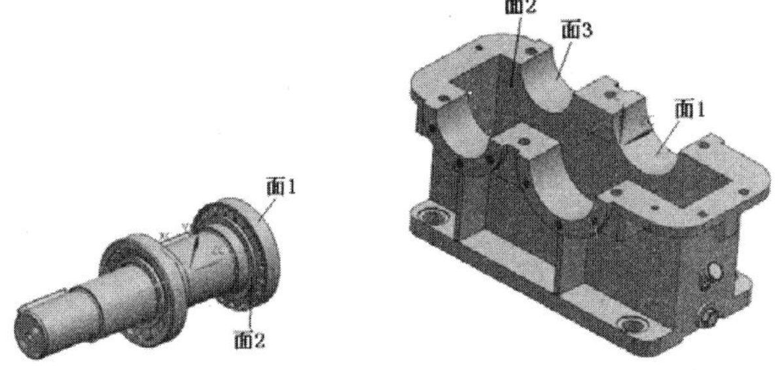

图 13-26　低速轴和减速器机座上的面

13.3.2　机座-高速轴配合

01 选择“菜单”→“装配”→“组件”→“添加组件”，或者单击“装配”选项卡“基本”组中的“添加组件”图标，弹出“添加组件”对话框。单击“打开”按钮，在系统弹出的对话框中选择 gaosuzhou，并在图 13-3 所示“添加组件”对话框中，“放置”选择“约束”方式，“引用集”和“图层选项”采用系统默认设置。

02 在“添加组件”对话框的“方位”下拉列表中选择“自动判断中心/轴”装配类型，依次选择图 13-27 中高速轴上的面 1 和图 13-26 中减速器机座上的面 3。

注意

查看高速轴的方向是否为预定方向，如果不是的话，单击“撤销上一个约束”按钮改变高

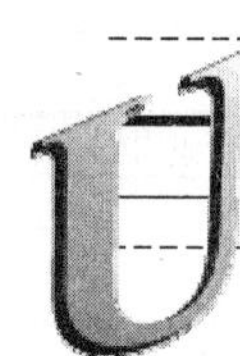

速轴的方向。

03 在“方位”下拉列表中选择“对齐”装配类型，依次选择图 13-27 中高速轴上的面 2（轴承的凸起面）和图 13-26 中减速器机座上的面 2，将高速轴装配到减速器机座上。

装配好高速轴、低速轴的机座如图 13-27 所示。

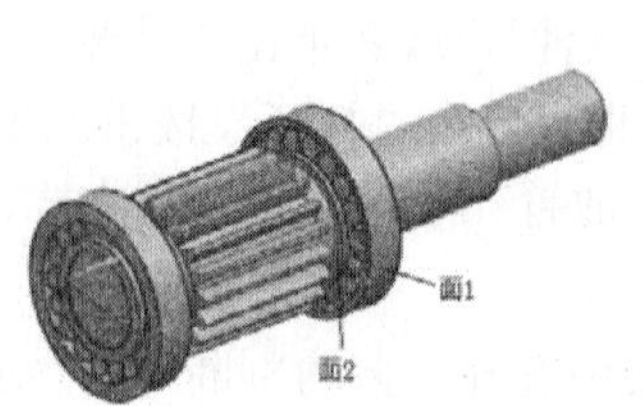

图 13-27 高速轴上的面

图 13-28 装配好高、低速轴的机座

13.3.3 机盖-机座配合

01 选择“菜单”→“装配”→“组件”→“添加组件”，或者单击“装配”选项卡“基本”组中的“添加组件”图标，弹出“添加组件”对话框。单击“打开”按钮，在系统弹出的对话框中选择“shangxiangti”，在“添加组件”对话框中，“放置”选择“约束”方式，“引用集”和“图层选项”采用系统默认设置。

02 在“添加组件”对话框的“方位”下拉列表中选择“接触”装配类型，依次选择图 13-29 中减速器机盖上的面 1 和减速器机座上的面 1。

03 在“方位”下拉列表中选择“自动判断中心/轴”装配类型，依次选择图 13-29 中所示的减速器机盖上的面 2 和减速器机座上的面 2、减速器机盖上的面 3 和减速器机座上的面 3，进行装配，将减速器机盖装配到减速器机座上。装配结果如图 13-30 所示。

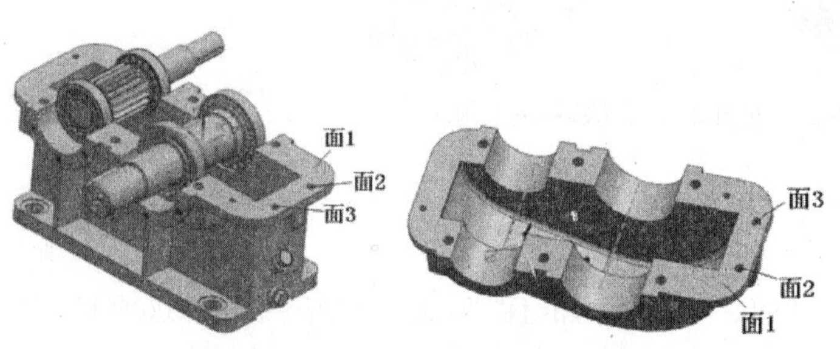

图 13-29 减速器机盖和机座上的面

图 13-30 减速器机盖和机座装配

13.3.4 定距环、端盖、闷盖的装配

01 装配定距环。

❶选择“菜单”→“装配”→“组件”→“添加组件”，或者单击“装配”选项卡“基本”组中的“添加组件”图标，弹出“添加组件”对话框。单击“打开”按钮，在系统弹出的对话框中选择“dingjuhuan”。在“添加组件”对话框中，“放置”选择“约束”方式，“引用集”

和“图层选项”采用系统默认设置。

❷在“添加组件”对话框的在“方位”下拉列表中选择“接触”装配类型，依次选择图 13-31 中定距环上的面 1 和轴承端上的面 1。

❸在“方位”下拉列表中选择“自动判断中心/轴”装配类型，依次选择图 13-31 中定距环上的面 2 和低速轴上的面 2 进行装配，将定距环装配到减速器轴上。

为了方便装配，可以将已装配的机盖隐藏。

低速轴和高速轴的轴承两端都需要装配定距环，低速轴两端要装配的定距环宽度为 15.25（即 dingjuhuan），高速轴两端要装配的定距环 2 为宽度 12.25（即 dingjuhuan2）。

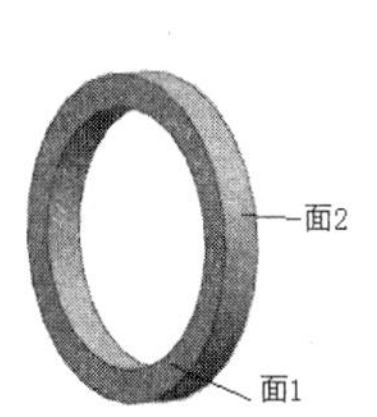

图 13-31　定距环和减速器上的面

02 装配端盖和闷盖。端盖和闷盖的装配方法基本相同，不同的是端盖装配在低速轴和高速轴凸出的一端，而闷盖装配在另外一端。

❶选择“菜单”→“装配”→“组件”→“添加组件”命令，或者单击“装配”选项卡“基本”组中的“添加组件”图标，弹出“添加组件”对话框。单击“打开”按钮，在系统弹出的对话框中选择“duangaizujian”，在“添加组件”对话框中，“放置”选择“约束”方式，“引用集”和“图层选项”采用系统默认设置。

❷在“添加组件”对话框的“方位”下拉列表中选择“接触”装配类型，选择图 13-32 中端盖上的面 1 与定距环上的面 1。

❸在“方位”下拉列表中选择“自动判断中心/轴”装配类型，依次选择图 13-32 中端盖上的面 2 与轴承座的面 2。

❹在“方位”下拉列表中选择“自动判断中心/轴”装配类型，依次选择图 13-32 中端盖上的面 3 与减速器机座上的面 3 进行装配，将端盖装配到减速器上。采用同样的方法，完成其他端盖和闷盖的装配，此时的减速器如图 13-33 所示（减速器机盖和齿轮已隐藏）。

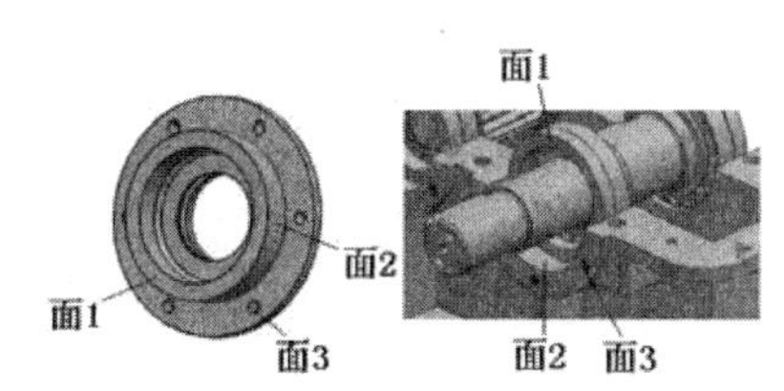

图 13-32　低速轴端盖和减速器上的面

图 13-33　完成端盖和闷盖装配的减速器

UG NX

13.3.5 螺栓、销等联接

螺栓等的装配与窥视孔盖的螺栓的装配方法相同。需要装配的有固定端盖用的 24 个规格为 M8×25 的螺栓、固定减速器机盖和机座的 6 个规格为 M12×75 的螺栓及与之配合的垫片和螺母、两个固定减速器机盖和机座的规格为 M10×35 的螺栓及与之配合的垫片和螺母。

两个定位销的装配方法如下：

❶选择"菜单"→"装配"→"组件"→"添加组件"，或者单击"装配"选项卡"基本"组中的"添加组件"图标，弹出"添加组件"对话框。单击"打开"按钮，在系统弹出的对话框中选择"xiao"，在"添加组件"对话框，"放置"选择"约束"方式，"引用集"和"图层选项"采用系统默认设置。

❷在"添加组件"对话框的选择"对齐"装配类型，选择图 13-34 中销上的面 1 与机座上的面 1。

❸在"方位"下拉列表中选择"自动判断中心/轴"装配类型，依次选择图 13-34 中销上的面 2 与机座上的面 2 进行装配。装配好的减速器如图 13-35 所示。

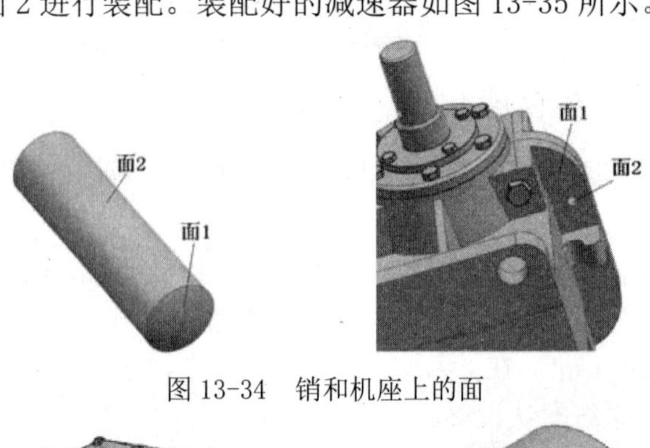

图 13-34 销和机座上的面

图 13-35 装配好的减速器

第14章 创建工程图

本章将介绍创建工程图的方法。在 UG NX 的工程图模块中，可以建立完整的工程图，包括标注尺寸、添加注释、标注公差及创建剖视图等，并且生成的工程图会随着实体模型的改变而同步更新。

本章的内容可以帮助读者掌握 UG NX 工程图的绘制方法和一般思路，并学会按照相关标准进行具体的工程图设置的方法和技巧。

重点与难点

- 设置工程图环境
- 建立工程视图
- 修改工程视图
- 尺寸标注、样式及修改

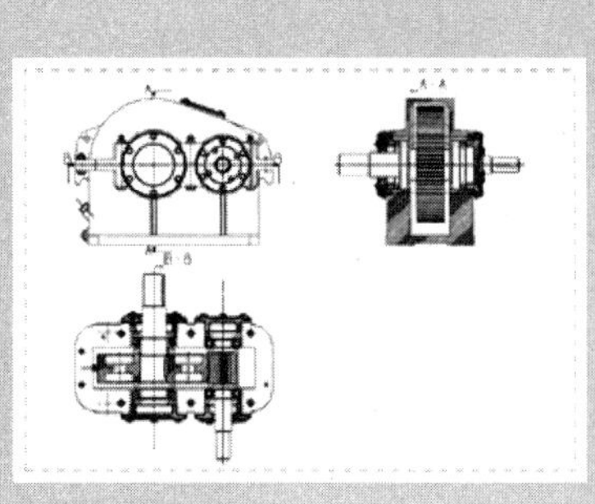

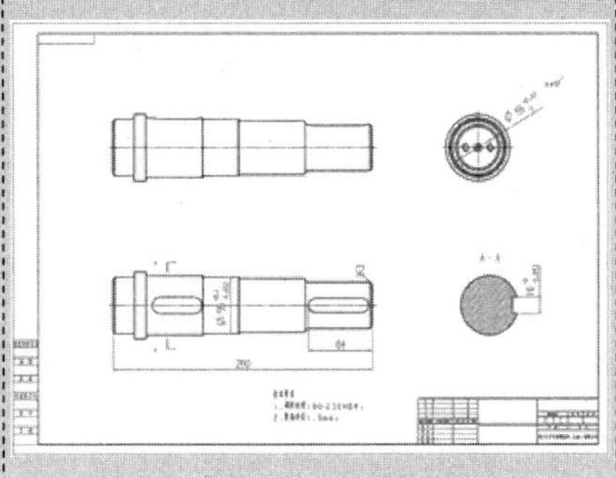

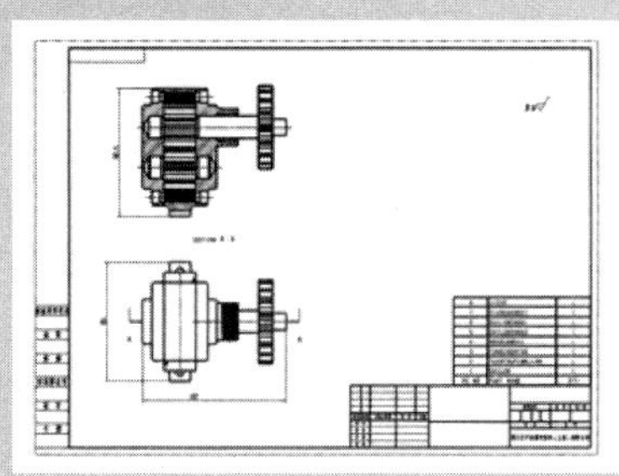

14.1 设置工程图环境

14.1.1 新建图纸

新建图纸的方法如下：

（1）选择“菜单”→“文件”→“新建”命令，或者单击“主页”选项卡“标准”组中的“新建”图标，弹出“新建”对话框。选择“图纸”模板，将“关系”选项设置为“全部”，选择“空白”选项，选择适当的要创建图纸的部件，单击“确定”按钮，打开制图模式。

（2）打开制图模式后，系统会自动弹出“图纸页”对话框，如图 14-1 所示。用户也可以通过选择“菜单”→“插入”→“图纸页”命令调出“图纸页”对话框。

1）在该对话框中设置图纸“大小”的方式有“使用模板”“标准尺寸”和“定制尺寸”。

2）在该对话框中可以设定图纸页名称。

3）在“大小”下拉列表中可以选择标准图纸的尺寸。“毫米”和“英寸”的下拉列表中列出了图纸的尺寸，如图 14-2 所示。

4）若选择“定制尺寸”选项，则可以在高度、长度文本框中设定非标准图纸的尺寸。

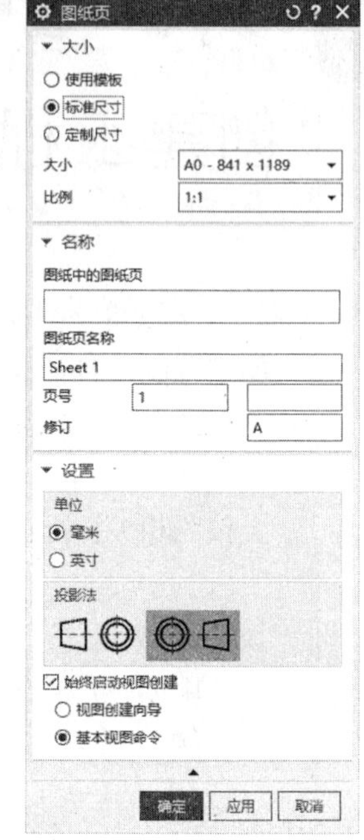

图 14-1 “图纸页”对话框

5）在“比例”下拉列表中可以设定比例值。

6）选择 “毫米”或“英寸”单选框，可以设定图纸单位为毫米或英寸。

7）在 “投影法”选项组中可以设定投影的角度。投影的角度的选项如图 14-3 所示，右边图标为“第三角投影”，左边图标为“第一角投影”。

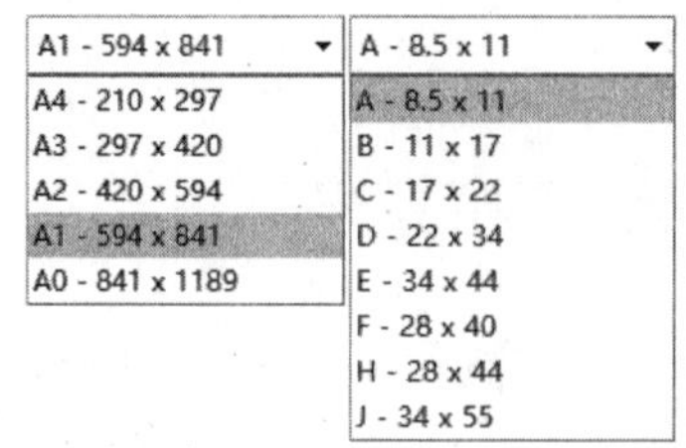

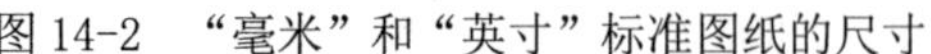
图 14-2 “毫米”和“英寸”标准图纸的尺寸

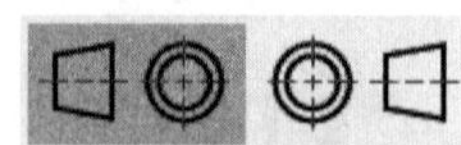
图 14-3 投影的角度选项

14.1.2 编辑图纸

选择“菜单”→“编辑”→“图纸页”命令，系统弹出与图 14-1 所示相同的“图纸页”

对话框，在该对话框中可以修改在新建图纸时所设定的所有参数，包括图纸的名称。

14.2 建立工程视图

14.2.1 添加视图

选择“菜单”→“插入”→“视图”命令，弹出如图 14-4 所示的“视图”菜单，在该菜单中可以选择插入的视图类型。或单击“主页”选项卡“视图”组中的视图类型插入视图，“视图”组如图 14-5 所示。

图 14-4 “视图”菜单

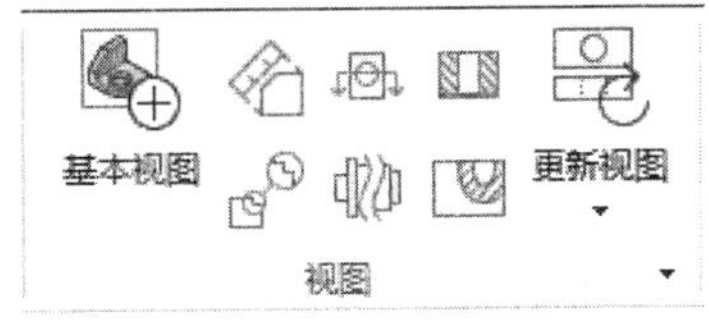

图 14-5 “视图”组

14.2.2 输入视图

1）在图 14-4 所示的菜单中单击“基本（B）”图标，系统弹出如图 14-6 所示的“基本视图”对话框。

2）在要使用的模型视图“下拉列表中选择某个视图，作为图纸的主视图。

3）在图纸中移动鼠标选择视图放置的位置，单击即可插入该视图。

新建的减速器正视图如图 14-7 所示。

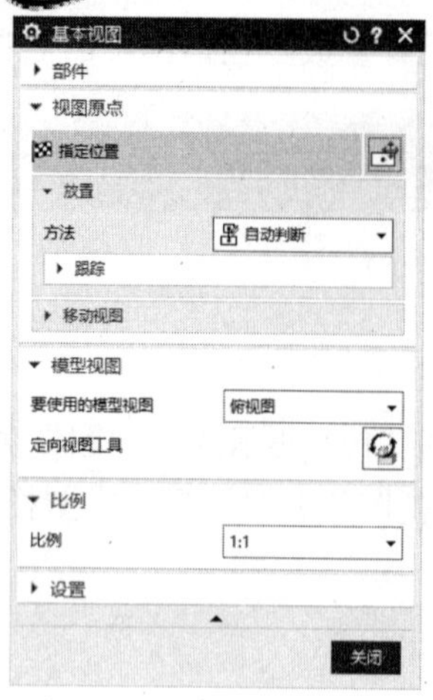

图 14-6 “基本视图”对话框

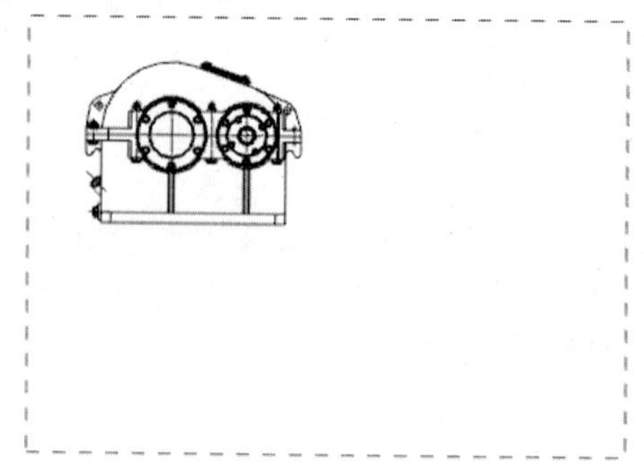

图 14-7 减速器正视图

14.2.3 建立投影视图

1）单击“主页”选项卡“视图”组中的“投影视图”图标，系统打开“投影视图”对话框，如图 14-8 所示。

2）选择投影视图的父视图。

3）在图纸中移动鼠标选择投影视图的放置位置，单击就可以建立投影视图。投影视图的创建如图 14-9 所示。

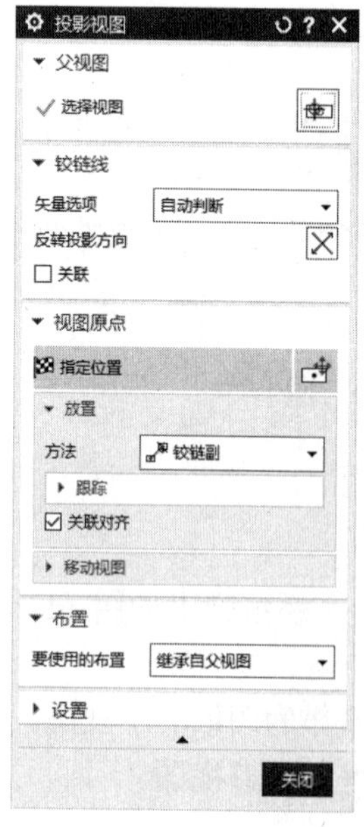

图 14-8 “投影视图”对话框

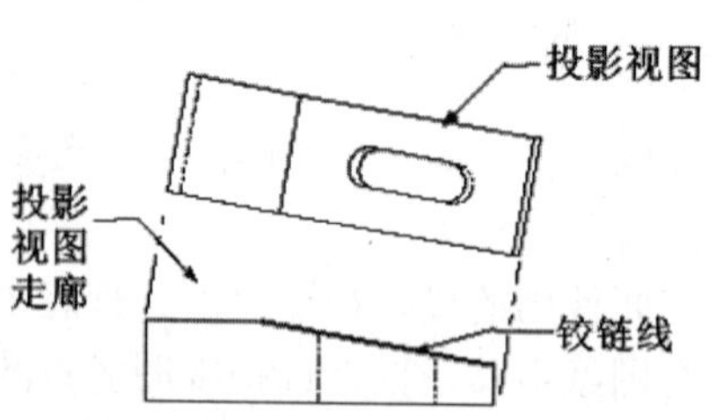

图 14-9 创建投影视图

14.2.4　建立局部放大图

1）单击“主页”选项卡“视图”组中的“局部放大图”图标，系统打开“局部放大图”对话框，如图 14-10 所示。

2）在图纸中选择要建立局部详图的中心点位置，移动鼠标确定详图的半径。

3）在“局部放大图”对话框中设定放大图的比例。

4）在图纸中指定局部放大图的放置位置单击，建立局部放大图。

上述步骤为选择“圆形”选项的局部放大图建立方法，当不选择“圆形”选项时，建立局部详图的方法如下：

1）在视图中直接用光标划定要建立局部放大图的矩形范围。

2）设定放大图的比例。

3）在图纸中指定局部放大图的放置位置单击，建立矩形局部放大图。

“圆形”类型的局部放大图如图 14-11 所示。

图 14-10　“局部放大图”对话框

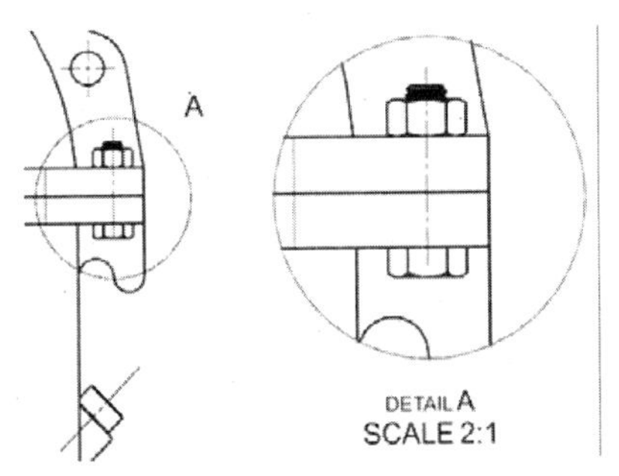

图 14-11　“圆形”类型局部放大图

14.2.5　建立剖视图

1）单击“主页”选项卡中的“视图”组→“剖视图”图标，系统打开“剖视图”对话框，如图 14-12 所示。

2）在“剖切线”方法下拉列表中选择“简单剖/阶梯剖。

3）将铰链线放在视图中要剖切的位置。

4）在视图中选择对象定义铰链线的矢量方向。

5）在图形界面中将剖视图拖动到适当的位置单击，就可以建立简单剖视图。

建立的减速器剖视图如图 14-13 所示。

注意

剖视图只能在原父视图的垂直走廊中移动。

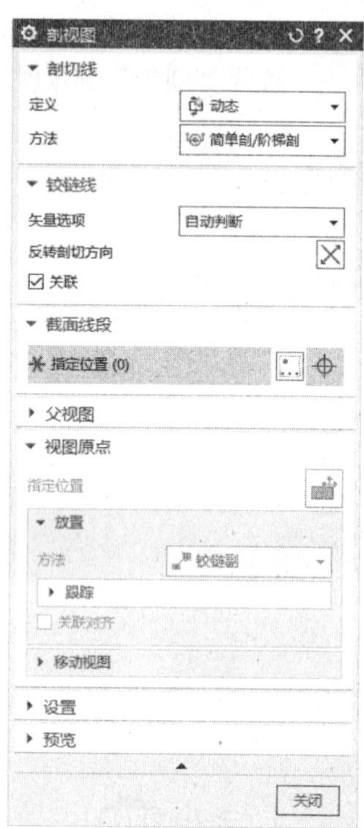

图 14-12　“剖视图”对话框

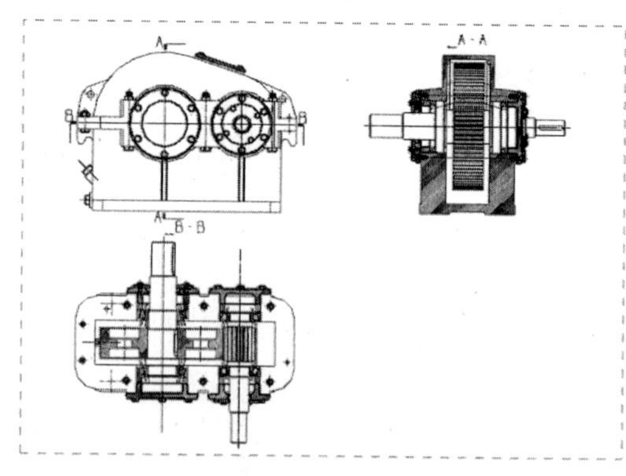

图 14-13　减速器剖视图

14.3　修改工程视图

14.3.1　移动和复制视图

选择“菜单”→“编辑”→“视图”→“移动/复制”命令，系统弹出“移动/复制视图”对话框，如图 14-14 所示。利用该对话框可以移动或复制视图，当不选择“复制视图”复选框时为移动视图，选择时为复制视图。对于复制视图，还可以在“视图名”文本框中设定新视图的名称。

移动或复制视图的方法完全相同，有以下几种：

（1）至一点。

1）可以在图 14-14 所示对话框的列表中选择要移动或复制的视图，或者在图形界面中直接选取视图（可以选择一个视图也可以选择多个视图）。单击“取消选择视图”按钮，可以取消已选的视图。

2）选择“至一点”方法，在图形界面中移动光标至适当位置，单击就可以完成视图的移动或复制。

3）选择“至一点”方法后，弹出如图 14-15 所示的文本框，在该文本框中输入点的坐标，然后按 Enter 键也可以完成视图的移动或复制。

注意

无论是移动或复制一个视图还是多个视图，所定义的点指的是所选第一个视图的中心位置。

（2）水平。

1）选择要移动或复制的视图。

2）选择“水平”方法，在图形界面中移动光标至适当位置（或者在弹出的如图 14-15 所示的文本框中输入点的坐标），单击（或按 Enter 键）即可完成视图的移动或复制。

选择“水平”方法时，视图只能在水平方向移动或复制，所以输入的坐标也只有 XC 坐标有效。

（3）竖直：该方法与水平方法类似，不同的是视图只能在竖直方向移动或复制，输入的坐标也只有 YC 坐标有效。

（4）垂直于直线。

1）选择要移动或复制的视图。

2）选择“垂直于直线”方法，利用矢量构造器或在图形界面中选择对象定义矢量。

3）在图形界面中移动光标至适当位置，移动时只能沿着垂直于所定义的矢量方向单击，完成视图的移动或复制。

（5）至另一图纸。

1）在存在多张图纸的情况下，选择要移动或复制的视图。

2）选择“至另一图纸”方法，系统弹出如图 14-16 所示的对话框，在该对话框中选择要移至的图纸，单击“确定”按钮完成视图的移动或复制。

14.3.2　对齐视图

选择“菜单”→“编辑”→“视图”→“对齐”命令，系统弹出“视图对齐”对话框，如图 14-17 所示。利用该对话框中可以对齐视图。

对齐的方法有“叠加”“水平”“竖直”“垂直于直线”“铰链副”和“自动判断”5 种。下面以“水平”对齐方法为例介绍对齐选项。

1．视图

选择要对齐的视图。既可以选择活动视图，也可以选择参考视图。

2．对齐

（1）放置方法：

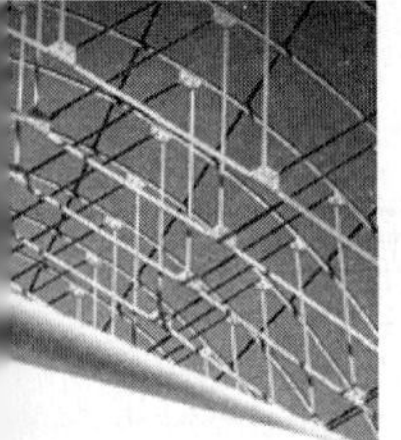

1）叠加：即重合对齐，系统会将视图的基准点进行重合对齐。

2）水平：系统会将视图的基准点进行水平对齐。

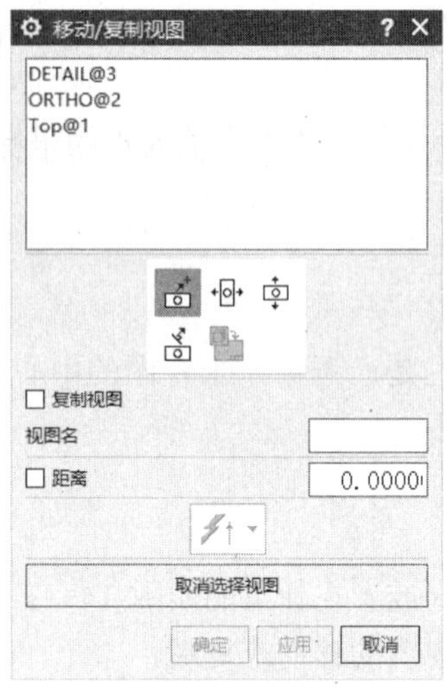

图 14-14 “移动/复制视图”对话框

图 14-15 点坐标文本框

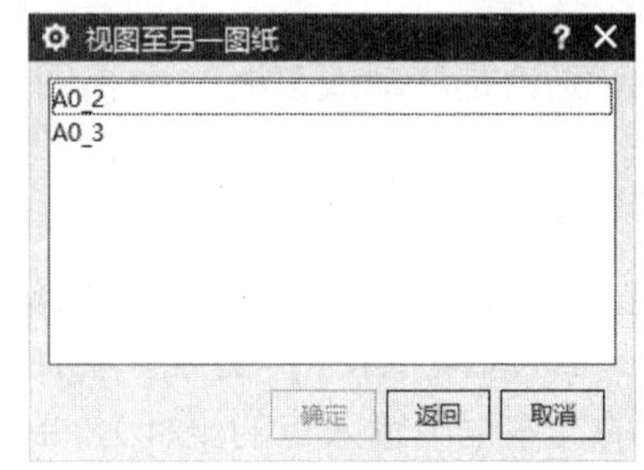

图 14-16 “视图至另一图纸”对话框

3）竖直：系统会将视图的基准点进行竖直对齐。

4）垂直于直线：系统会将视图的基准点垂直于某一直线对齐。

5）铰链副：使用父视图的铰链线对齐所选投影视图。此方法仅可用于通过导入视图创建的投影视图。该方法使用 3D 模型点对齐视图。

6）自动判断：选择该选项，系统会根据选择的基准点判断用户意图，并显示可能的对齐方式。

（2）放置对齐：

1）模型点：

- 选择“模型点”方法后，利用“点”对话框或在要保持位置不变的视图中直接选取模型中的点。
- 在图 14-17 所示“视图对齐”对话框的列表中或者在图形界面中选择要对齐的视图。
- 选择“水平”对齐方法，系统自动完成对齐视图，对齐时第一步选择的视图位置不变。

该方法以模型点在各个视图中的点作为对齐参考点在水平方向进行对齐，即视图只在竖直方向移动，水平坐标不变，如图 14-18 所示。

2）至视图：

- 选择“至视图”方法，然后选择要保持位置不变的视图。
- 选择要对齐的视图。

图 14-17 “视图对齐”对话框

- 选择“水平”对齐方法，系统自动完成对齐视图。

该方法以各个视图的中点作为对齐的参考点进行对齐，如图 14-19 所示。

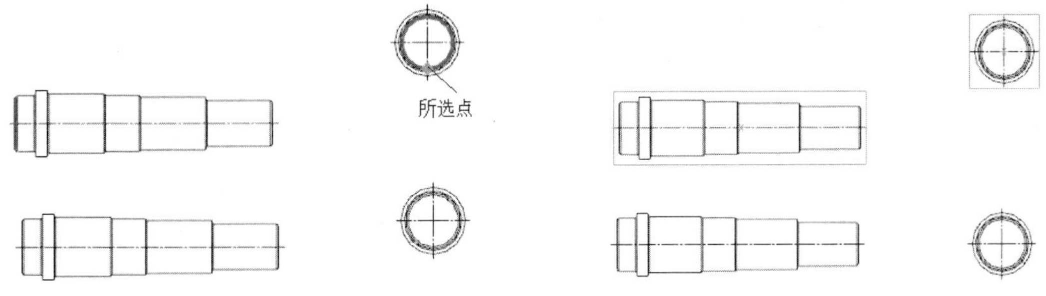

图 14-18　“模型点”方法对齐前后　　图 14-19　“至视图”方法对齐前后

3）点到点：

- 选择“点到点”方法，然后在要保持位置不变的视图中选择参考点。
- 在要对齐的视图中选择参考点。
- 选择“水平”对齐方法，系统自动完成对齐视图。

该方法将所选的参考点进行对齐，如图 14-20 所示。

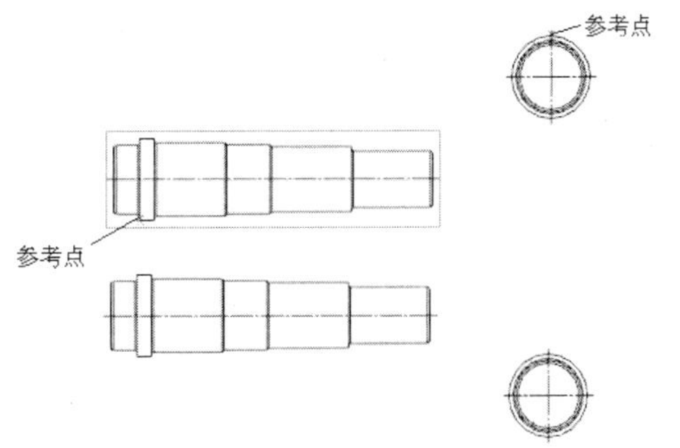

图 14-20　“点到点”方法对齐前后

14.3.3　删除视图

1）选择“菜单”→“编辑”→“删除”命令，在弹出的类选择器对话框中选择要删除的视图，单击“确定”按钮，删除该视图。

2）在图形界面中右击要删除的视图，然后在弹出的快捷工具条中单击“删除”按钮×，删除该视图。

3）在部件导航器中直接右击要删除的视图，然后在弹出的快捷菜单中选择“删除”，删除该视图。

14.4　尺寸标注、样式及修改

14.4.1　尺寸标注

选择“菜单”→“插入”→“尺寸”命令，系统弹出“尺寸”菜单，如图 14-21 所示。在该菜单中选择相应选项可以在视图中标注对象的尺寸。在如图 14-22 所示的“尺寸”组中选择相应选项也可以标注尺寸。

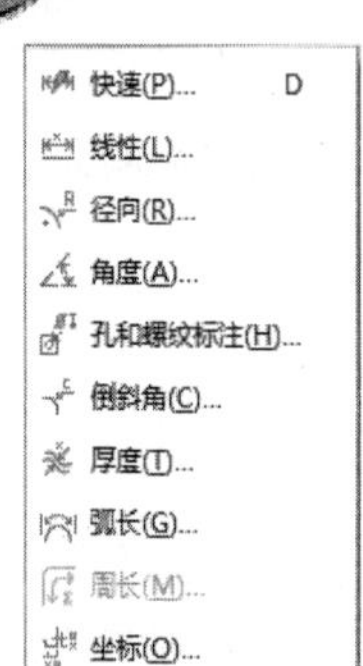

图 14-21 “尺寸”菜单

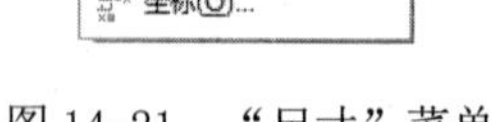
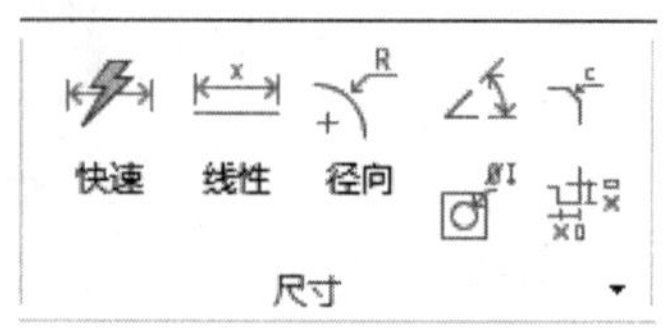

图 14-22 “尺寸”组

（1）快速：可用单个命令和一组基本选择项以一组常规的尺寸类型快速创建不同的尺寸。以下为“快速尺寸”对话框中的测量方法：

1）自动判断：系统根据所选对象的类型和鼠标位置自动判断并生成尺寸标注。可选对象包括点、直线、圆弧、椭圆弧等。

2）水平：用于指定和约束两点间距离的与 XC 轴平行的尺寸（也就是草图的水平参考），选择好参考点后，移动鼠标到适当位置，单击“确定”按钮就可以在所选的两个点之间建立水平尺寸标注。

3）竖直：用于指定和约束两点间距离的与 YC 轴平行的尺寸（也就是草图的竖直参考），选择好参考点后，移动鼠标到适当位置，单击“确定”按钮就可以在所选的两个点之间建立竖直尺寸标注。

4）点到点：用于指定和约束两点间距离。选择好参考点后，移动鼠标到适当位置，单击“确定”按钮就可以建立平行于所选的两个参考点连线的尺寸标注。

5）垂直：选择该选项后，首先选择一个线性的参考对象（线性参考对象可以是存在的直线、线性的中心线、对称线或者是圆柱中心线），然后利用捕捉点工具条在视图中选择定义尺寸的参考点，移动鼠标到适当位置，单击“确定”按钮就可以建立尺寸标注。建立的尺寸为参考点和线性参考之间的垂直距离。

（2）倒斜角：用于定义倒角尺寸，但是该选项只能用于 45º 角的倒角。在“尺寸型式”对话框中可以设置倒角标注的文字和引线等的类型。

（3）角度：用于标注两个不平行的线性对象间的角度尺寸。

（4）线性：可将 6 种不同线性尺寸中的一种创建为独立尺寸，或者在尺寸集中选择链或基线创建为一组链尺寸或基线尺寸。在“线性尺寸”对话框中，测量方法中的“水平”“竖直”“点到点”“垂直”与上述“快速尺寸”中的相同，“圆柱式”选项是以所选两对象或点之间的距离建立圆柱的尺寸标注，系统自动将系统默认的直径符号添加到所建立的尺寸标注上。在“尺寸型式”对话框中可以自定义直径符号以及直径符号与尺寸文本的对应关系。

（5）径向：用于创建 4 个径向尺寸类型。可在 4 个径向尺寸类型选择其中的一种。

1）直径：用于标注视图中的圆弧或圆。在视图中选取圆弧或圆后，系统自动建立尺寸标注，并且自动添加直径符号，所建立的标注有两个方向相反的箭头。

2）径向：用于建立径向尺寸标注，所建立的尺寸标注包括一条引线和一个箭头，并且箭头从标注文本指向所选的圆弧。系统还会在所建立的标注中自动添加半径符号。

（6）孔和螺纹标注：用于为轴与视图平面垂直或平行的孔的特征参数创建关联的圆柱孔和螺纹标注。

1）线性：创建关联的圆柱孔或螺纹标注。

2）径向：创建关联的径向孔或螺纹标注。

（7）厚度：用于标注等间距两对象之间的距离尺寸。选择该项后，在图纸中选取两个同心而半径不同的圆，移动鼠标到适当位置单击，系统会标注出所选两圆的半径差。

（8）弧长：用于建立所选圆弧的长度尺寸标注，系统自动在标注中添加弧长符号。

14.4.2　尺寸样式

单击“文件”选项卡中的“首选项”→“制图”选项，系统弹出“制图首选项”对话框，如图 14-23 所示。在该对话框的“公共”选项和“尺寸”选项中可以设置尺寸标注的引线和箭头形式，主尺寸的精确度、公差的精确度、倒角标注的形式、文字选项、尺寸的单位、标注半径或直径时的形式及符号。

图 14-23　“制图首选项”对话框

（1）公共

1）文字：用于设置标注中的文字位置、对齐方式、大小、颜色和高度等。

2）直线/箭头：用于详细设置各种类型的箭头、引出线的类型、颜色、长短和位置等。

3）层叠：用于设置尺寸公差的放置和间距大小。

4）前缀/后缀：用于设置径向尺寸的位置和直径符号、倒角尺寸的位置和文本。

（2）尺寸。

1）公差：用于设置在尺寸标注中公差的类型、精度、样式和文本位置等。

2）文本：用于控制尺寸的单位和角度、等尺寸标注的格式、精度、方向和位置等。

3）径向：用于设置直径和半径尺寸的标注样式。

4）倒斜角：用于设置倒角样式和指引线格式。

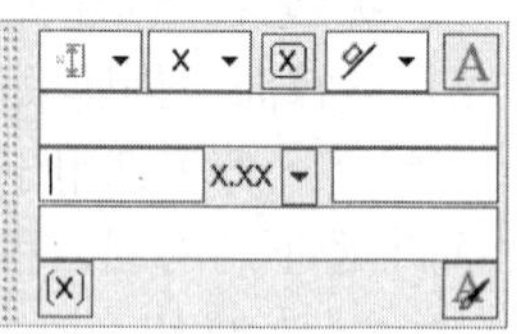

图 14-24　尺寸编辑栏

14.4.3　尺寸修改

尺寸标注完成后，如果要进行修改，双击尺寸，就可以重新弹出尺寸文本框及尺寸编辑栏（图 14-24），修改成需要的形式即可。

如果需要对尺寸进行更多的修改，首先单击该尺寸，将其选中，然后鼠标右键单击，弹出如图 14-25 所示的快捷工具条和快捷菜单。

1）原点：用于定义整个尺寸的起始位置和文本摆放位置等。

2）编辑：单击该按钮，系统回到尺寸标注环境，用户可以修改尺寸。

3）编辑附加文本。单击该按钮，弹出“附加文本”对话框，可以在尺寸上追加详细的文本说明。

其他选项类似于软件的基本操作，如可以删除、隐藏、编辑和显示线宽等。

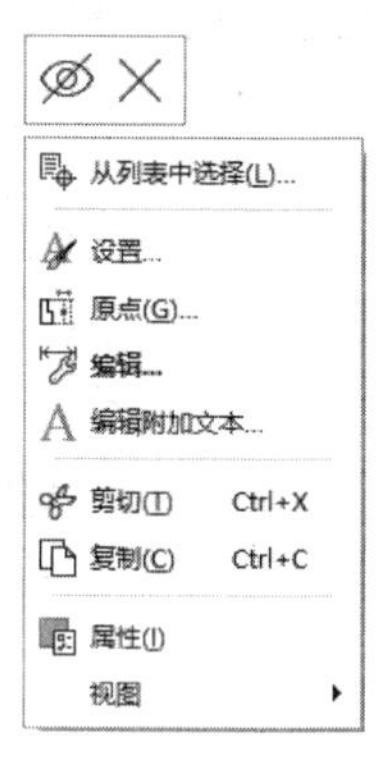

图 14-25　标注尺寸的快捷工具条和快捷菜单

14.4.4　注释

单击“主页”选项卡“注释”组中的“注释”图标A，系统弹出如图 14-26 所示的“注释”对话框。利用该对话框可以插入几何公差符号、图面符号、自定义符号及附加文本等。选择“菜单”→“插入”→“注释”→“注释”命令也可以添加上述符号。

（1）原点：用于选择原点的位置，原点位置既可以通过鼠标直接确定，也可以通过原点工具确定。在该选项组中还可以设置原点的对齐要求，选择要注释的视图。

（2）指引线：为 ID 符号指定引导线。单击“添加新指引线”按钮⊕，可以选择一个点以创建新的指引线。单击“指定折线位置”按钮，可以为当前活动的指引线添加折线位置。根据引导线类型，一般可选择尺寸线箭头、注释引导线箭头等作为引导线的开始端点。

（3）文本输入（如图 14-26 所示）：

1）编辑文本：用于编辑注释，具有复制、剪切、清除、粘贴及删除文本属性等功能。

2）格式设置：用于编辑注释中的字体格式，用户在输入时，通过单击鼠标右键弹出的快捷菜单和快捷工具条，可以在字体选项下拉列表中选择所需字体，如图 14-27 所示。

3）符号：在弹出的快捷工具条中单击“符号”按钮Ω，选择“更多符号”选项，将弹出如图 14-28 所示的“符号”对话框。通过单击该对话框顶部的标签，可以切换到“系统字体”

选项卡。

当要在视图中添加制图符号或几何公差符号时，用户可以在对话框中单击所需的符号，然后单击“插入字符”按钮，将其添加到注释编辑区，添加的符号会在“文本输入”窗口中显示。如果要改变符号的字体和大小，可以通过右键快捷菜单和工具条进行编辑。添加符号后，可以在如图 14-26 所示的对话框中选择一种放置方法，将其放置到视图中的指定位置。

如果要在视图中添加分数或双行文本，可以先指定分数的形式，并在其文本框中输入文本内容，再选择一种注释放置方式将其放到视图中的指定位置。

如果要编辑已存在的符号，可以在视图中直接双击要编辑的符号，所选符号在视图中会加亮显示，其内容也会显示在“注释”对话框的“文本输入”窗口中，用户可以对其进行修改。

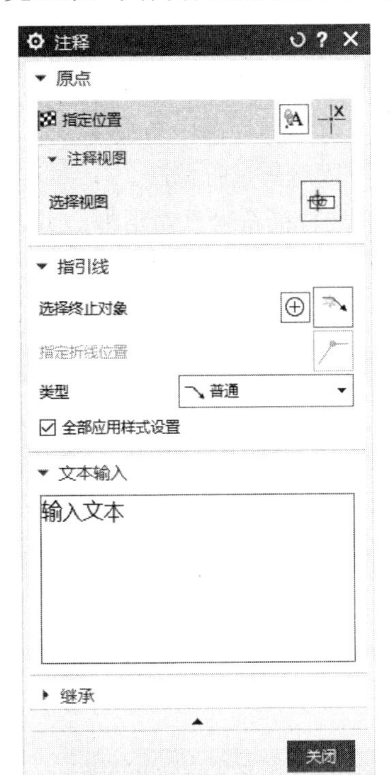

图 14-26　“注释”对话框

图 14-27　快捷菜单和工具条

图 14-28　“符号”对话框

（4）“常规”选项卡：在使用“注释”命令时，除了弹出“注释”对话框外，功能区中还会显示如图 14-29 所示的“常规”选项卡。在该选项卡中提供了注释的其他选项和命令。

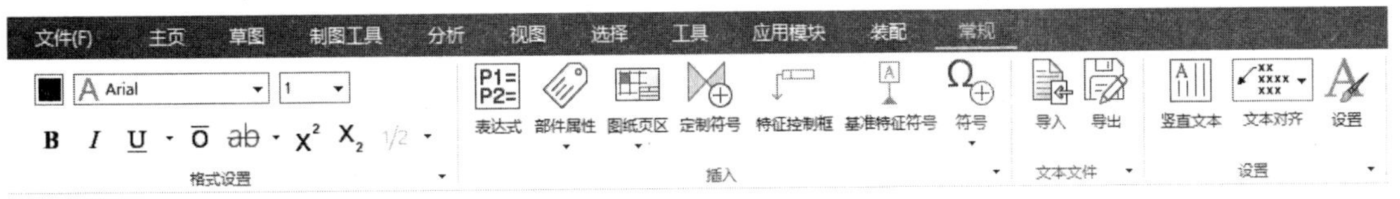

图 14-29　“常规”选项卡

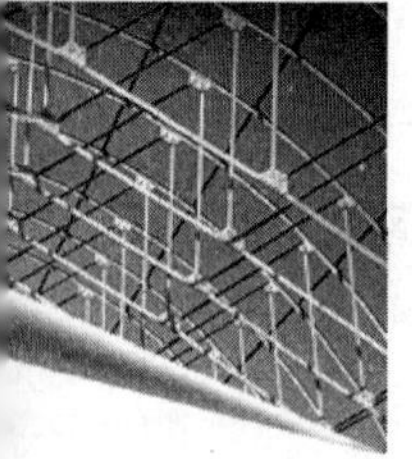

1）“格式设置”组：利用该组中的图标可以设置注释的颜色、字体、比例因子、粗体、斜体、上下划线、删除线、上下标和分数等。

2）“插入”组：

表达式：单击该按钮，弹出如图 14-30 所示的“表达式”对话框，可将对对象或部件属性的引用嵌入包含文本的任何制图对象，这些对象包括尺寸、注释、标签、符号标注符号和几何公差符号。

特征控制框：单击该按钮，弹出如图 14-31 所示的“特征控制框”对话框，可以在文本中插入特征控制框符号，指定应用到模型特征的几何公差。进行几何公差标注时，首先要选择公差框样式（可以根据需要选择单框或复合框），然后选择几何公差项目符号，并输入公差数值和选择公差的标准。如果是位置公差，还应该选择隔离线和基准符号。设置后的公差框会在“注释”对话框的“文本输入”窗口中显示，如果不符号要求，可在窗口中进行修改。完成设置后，选择一种注释放置方式，即可将其放置到视图中指定的位置。如果要编辑已存在的几何公差符号，可以在视图中直接双击要编辑的几何公差符号。所选符号在视图中会加亮显示，其内容也会显示在“注释”对话框的“文本输入”窗口中，用户可以对其进行修改。

基准特征符号：单击该按钮，弹出如图 14-32 所示的“基准特征符号”对话框，可以在文本中插入基准特征符号，以便在图纸上指明基准特征。

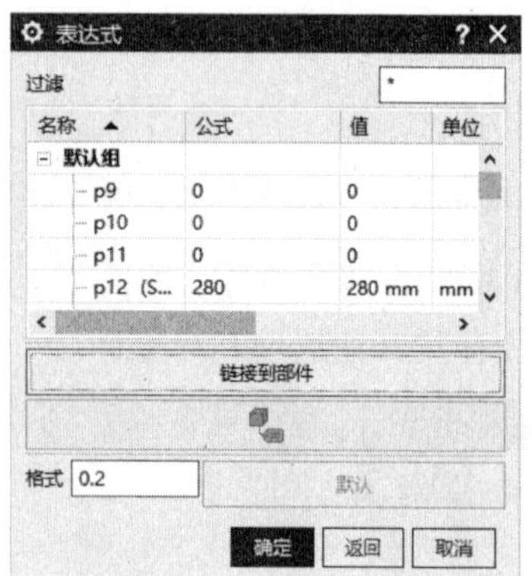

图 14-30 “表达式”对话框

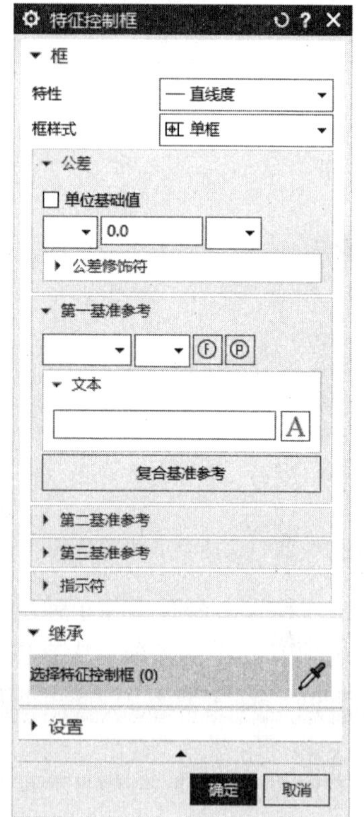

图 14-31 “特征控制框”对话框

图 14-32 “基准特征符号”对话框

3）“文本文件”组：利用该组中的图标，可以将文本文件中的内容插入到文本框或将文本输入框中的当前文本另存为文本文件。

4）“设置”组：利用该组中的图标，可以设置竖直文本和对齐方式并为注释设置文字样式。

14.5 综合实例

14.5.1 轴工程图

制作思路

首先创建基本视图、投影视图及剖视图，然后设置注释，标注各种尺寸，最后添加技术要求文本。生成的轴工程图如图 14-33 所示。

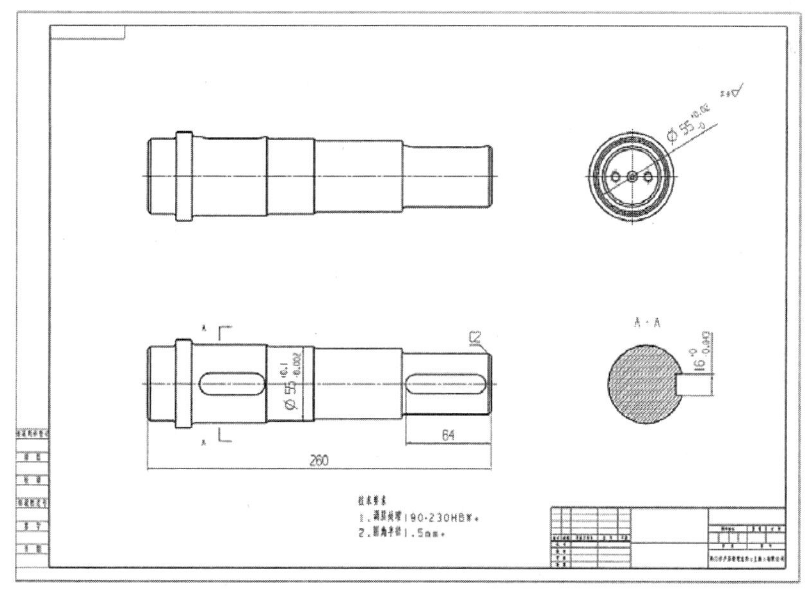

图 14-33 轴工程图

01 选择“菜单”→“文件”→“新建”命令，弹出“新建”对话框。在“关系”下拉列表中选择“引用现有部件”，在“图纸”选项卡中选择“A2-无视图”模板。在要创建图纸的部件下方单击“打开”按钮，选择并加载传动轴“chuandongzhou”部件，在存在的部件文件目录下，输入新文件名“zhougongchengtu”，单击“确定”按钮，打开制图界面。

02 选择“菜单”→“首选项”→“制图”命令，弹出“制图首选项”对话框，选择“图纸视图”→“公共”→“光顺边”选项，取消勾选“显示光顺边”复选框（创建的工程视图将不显示光顺边“，如图 14-34 所示。单击“确定”按钮，关闭对话框。

03 创建基本视图。单击“主页”选项卡“视图”组中的“基本视图”图标，弹出如图 14-35 所示的“基本视图”对话框。此时在窗口中出现所选视图的边框，拖拽视图到窗口的

左下角单击，将选择的视图定位到图样中，以此作为三视图中的俯视图，结果如图 14-36 所示。

注意

如果生成的俯视图跟图 14-36 所示不太一样，那就需要单击定向视图工具按钮，调整视图方向。

图 14-34 “制图首选项”对话框

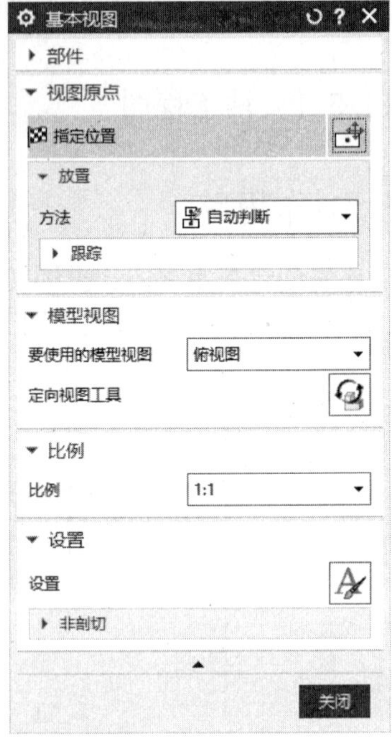

图 14-35 “基本视图”对话框

04 添加投影视图。

❶系统将弹出如图 14-37 所示的“投影视图”对话框，可以利用该对话框为刚生成的俯视图建立正交投影视图。在图样中单击刚建立的俯视图作为正交投影的父视图，此时出现正交投影视图的边框，沿垂直方向拖拽视图（若投影方向不对，可以单击“反转投影方向”按钮），在适当位置单击，将正交投影图定位到图样中，以此视图作为三视图中的主视图，结果如图 14-38 所示。

❷在图样中单击刚建立的主视图作为正交投影的父视图，如图 14-39 所示。此时出现正交投影视图的边框，沿水平方向拖拽视图，在适当位置单击，将正交投影图定位到图样中，以此视图作为三视图中的左视图，结果如图 14-40 所示。

05 添加剖视图。

❶单击“主页”选项卡“视图”组中的“剖视图”图标，弹出“剖视图”对话框，如图 14-41 所示。在图样中单击俯视图作为剖视图的父视图，如图 14-42 所示，系统激活点捕捉器，此时系统提示定义父视图的剖切位置，选择如图 14-43 所示的位置和方向作为剖切线的位置和方向。

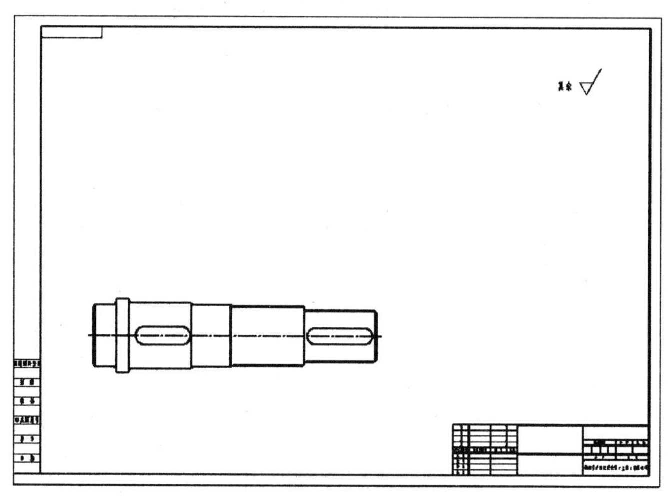

图 14-36　生成俯视图

图 14-37　“投影视图”对话框

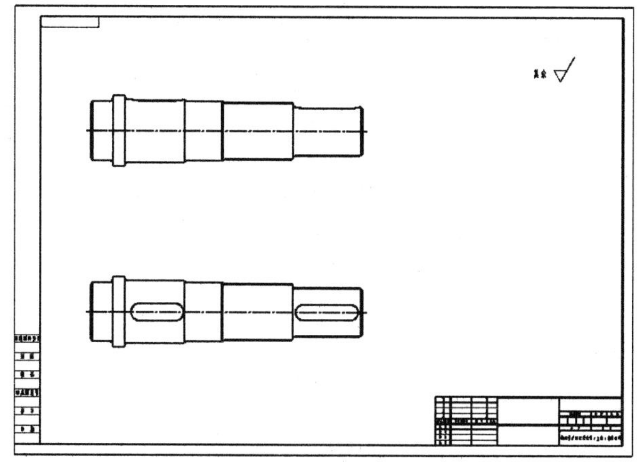

图 14-38　生成主视图

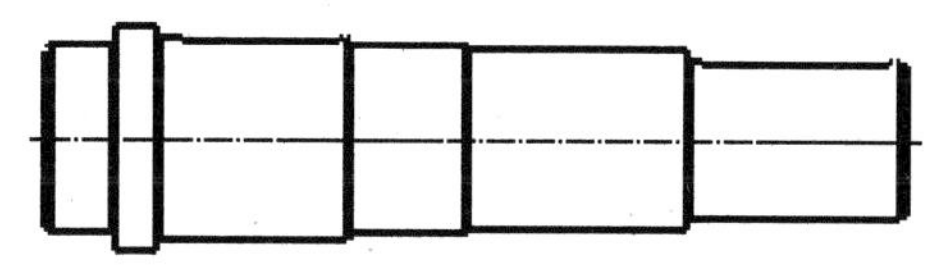

图 14-39　选择父视图

❷沿水平方向拖拽剖视图到适当的位置单击，将剖视图定位在图样中，结果如图 14-44 所示。

❸将光标放于剖视图标签处单击，将其选中，再鼠标右键单击，弹出如图 14-45 所示的快捷菜单，选择其中的“设置”命令，弹出“设置”对话框。

❹在对话框中选择“截面”→“标签”选项，然后将“前缀”文本框中的默认字符删除，设置“字符高度因子“为 3，设置标签的位置位于剖视图的上方，其他参数采用默认设置，如

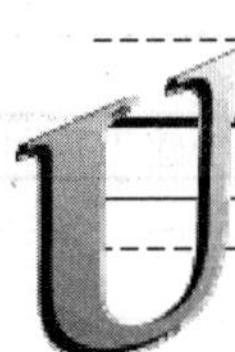

图 14-46 所示。单击“确定”按钮，图样中的剖视图标签变为“A-A”，几个如图 14-47 所示。

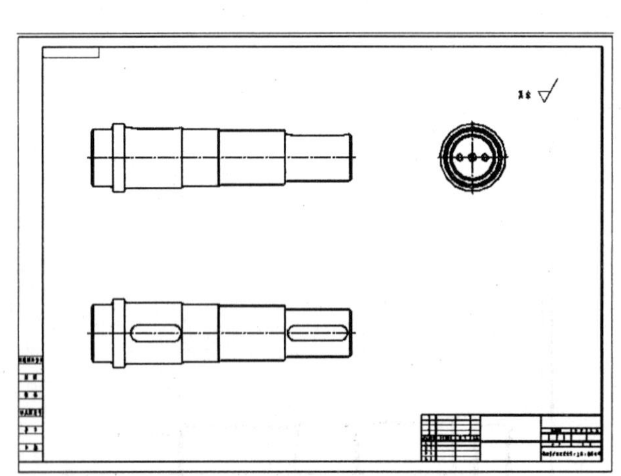

图 14-40　生成左视图

图 14-41　“剖视图”对话框

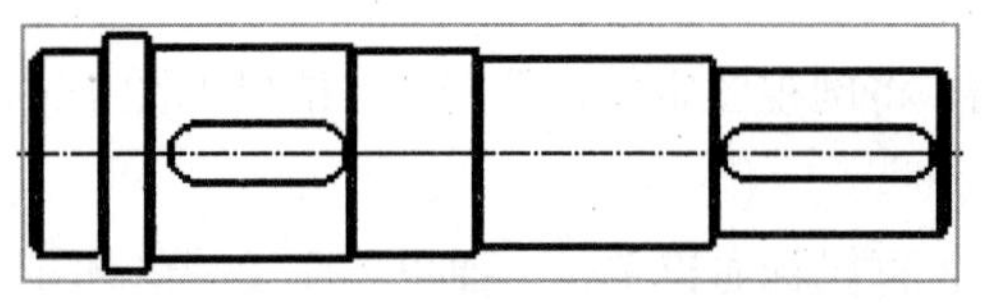

图 14-42　选择父视图

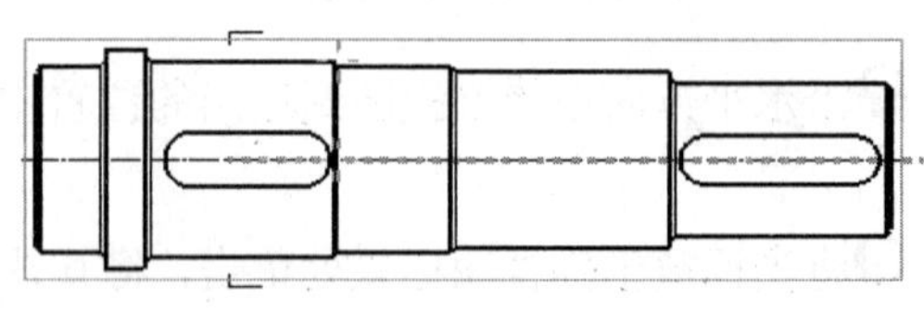

图 14-43　选择剖切线位置和方向

06 修改背景。

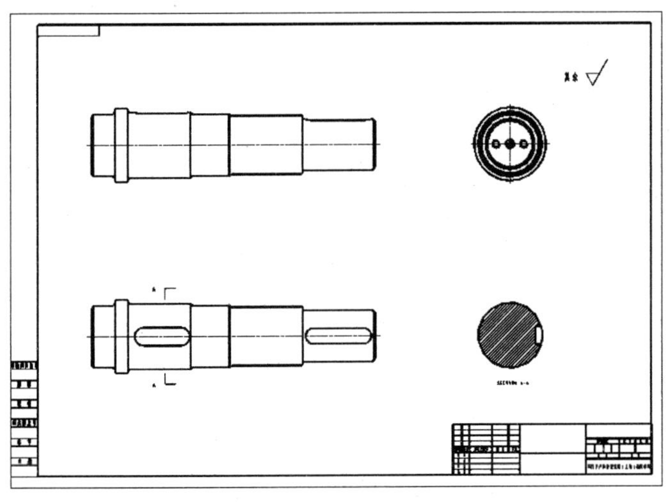

图 14-44　生成剖视图

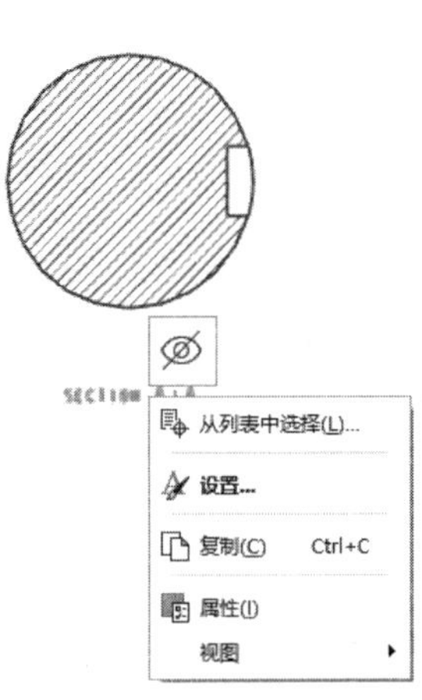

图 14-45　快捷菜单

图 14-46　“设置”对话框

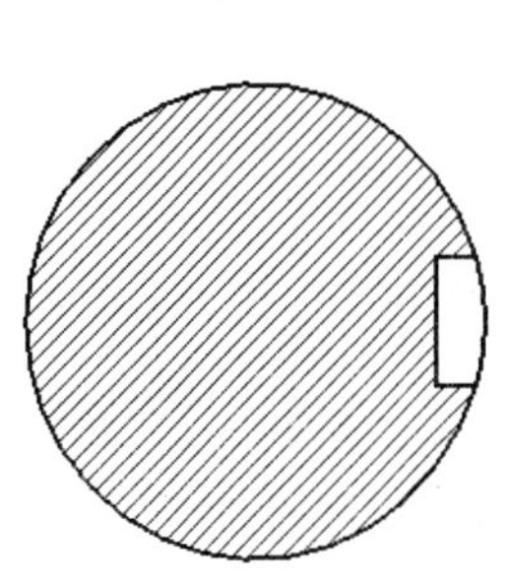

图 14-47　修改后的剖视图标签

❶将光标放置于剖视图附近，单击将其选中，然后鼠标右键单击，弹出如图 14-48 所示的快捷菜单，选择其中的“设置”命令，弹出“设置”对话框。

❷在对话框中选择“截面”→“设置”选项，取消“显示背景“复选框的勾选，如图 14-49 所示。

❸单击“确定”按钮，则剖视图不显示背景投影线框，效果如图 14-50 所示。

07 设置注释。

❶选择“菜单”→“首选项”→“制图”命令，弹出“制图首选项”对话框。选择“尺寸”→“文本”→“单位”选项，按照图 14-51 所示设置长度单位和角度尺寸显示类型。继续在“制图首选项“对话框中选择“尺寸”→“公差”选项，按照图 14-52 所示设置公差的类型、文本位置等参数。

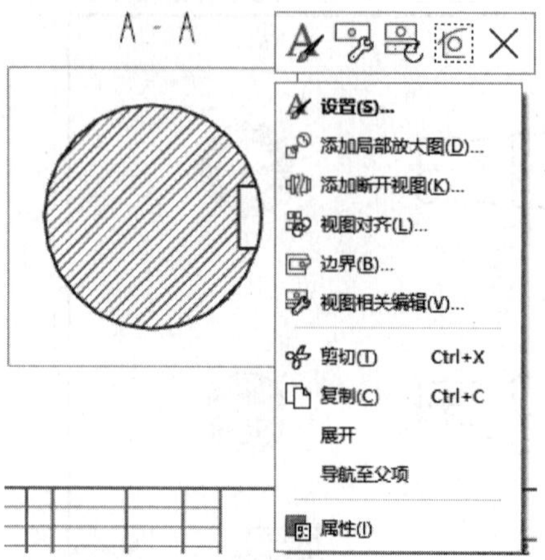

图 14-48　快捷菜单

图 14-49　“设置”对话框

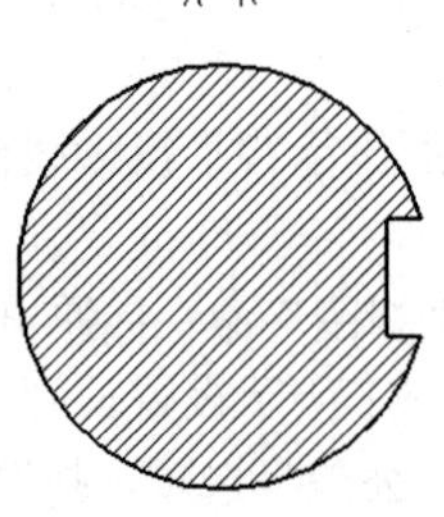

图 14-50　修改后的剖视图

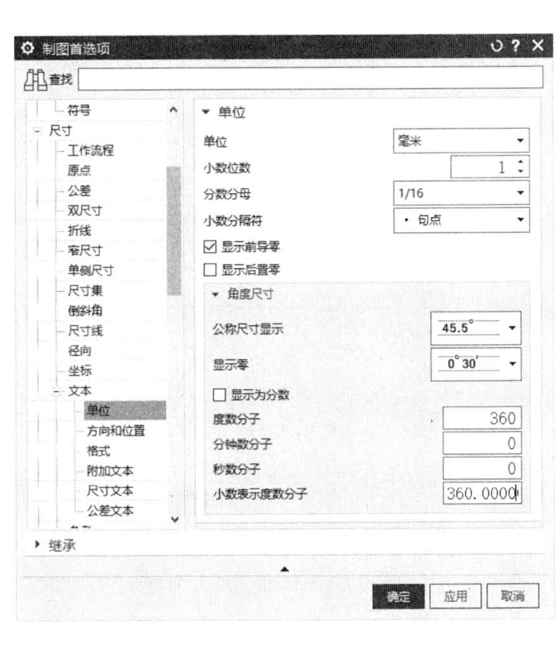

图 14-51 设置“单位”选项

图 14-52 设置“公差”选项

❷在“制图首选项”对话框中选择“公共”→“文字”选项，选择“尺寸”→“文本”→“附加文本”选项，选择“尺寸”→“文本”→“尺寸文本”选项，选择“尺寸”→“文本”→“公差文本”选项，按照图 14-53 所示设置各类字符的高度、字体间隙因子、宽高比及字体格式等参数。

❸在“制图首选项”对话框中选择“公共”→“直线/箭头”→“箭头”选项，按照图 14-54 所示设置尺寸线箭头的类型和参数，以及尺寸线和指引线的显示颜色。继续“在制图首选项”对话框中选择“公共”→“前缀/后缀”选项，按照图 14-55 所示设置直径和半径的符号。单击“确定”按钮，关闭对话框。

08 标注水平尺寸。

❶单击“主页”选项卡“尺寸”组中的“快速”图标，弹出如图 14-56 所示的“快速尺寸”对话框。

❷在对话框的测量方法中选择“水平”，然后选择俯视图的左右两端，再将弹出的尺寸拖动到适当的位置单击，结果如图 14-57 所示。

09 标注竖直尺寸。

❶在“快速尺寸”对话框的测量方法中选择“竖直”，然后选择剖视图中键槽的上下两端。

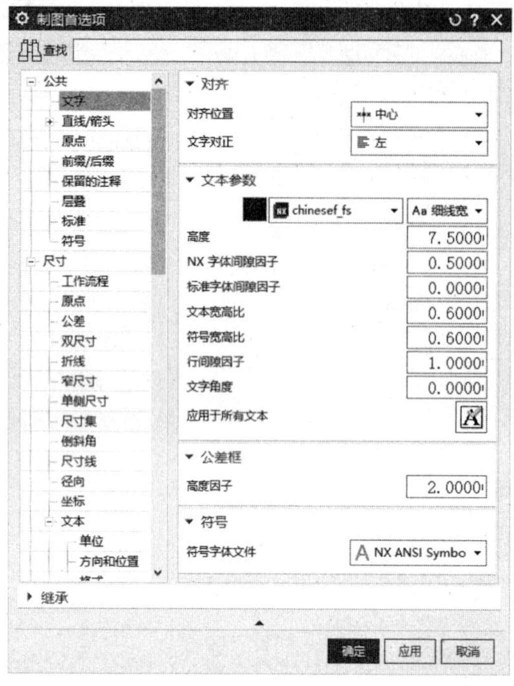

a) 设置"文字"选项

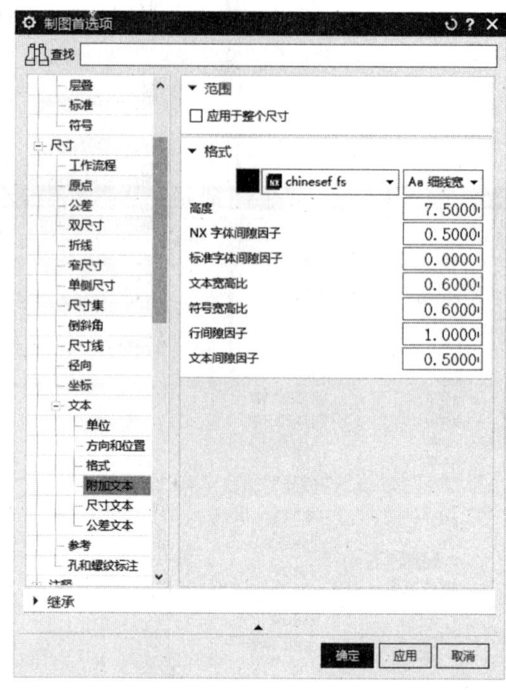

b) 设置"附加文本"选项

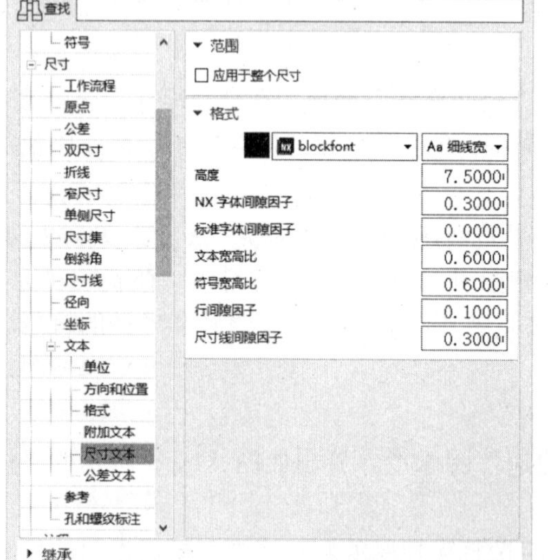

c) 设置"尺寸文本"选项

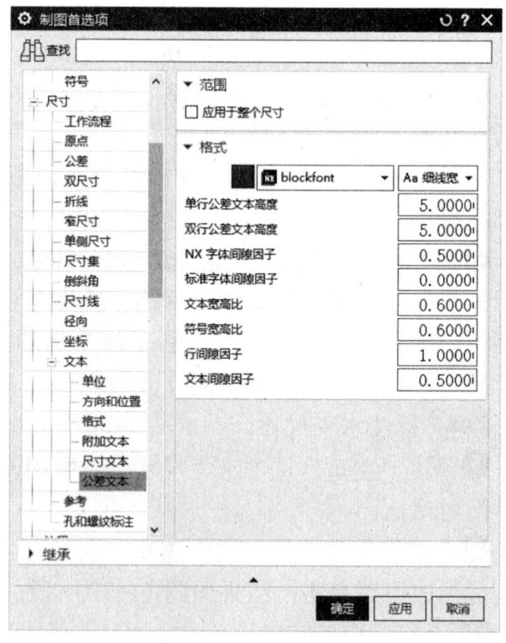

d) 设置"公差文本"选项

图 14-53　设置文字

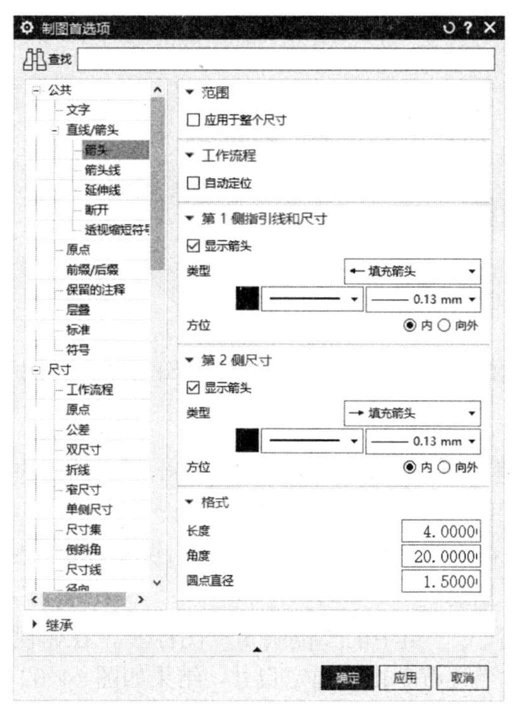

图 14-54 设置“箭头”选项

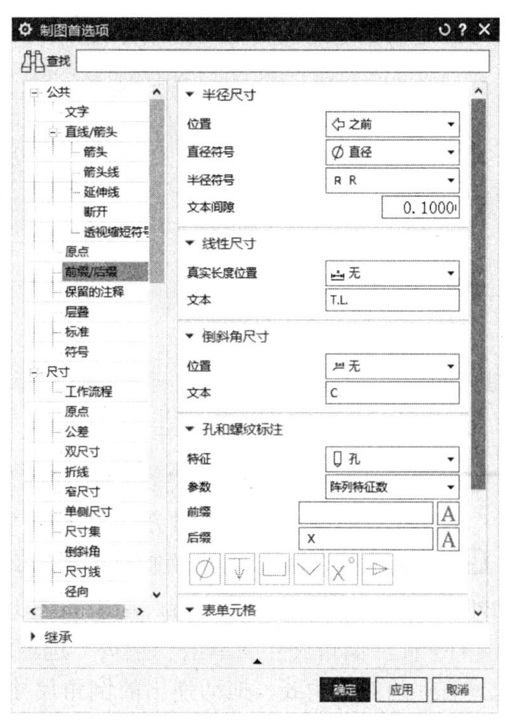

图 14-55 设置“前缀/后缀”选项

图 14-56 “快速尺寸”对话框

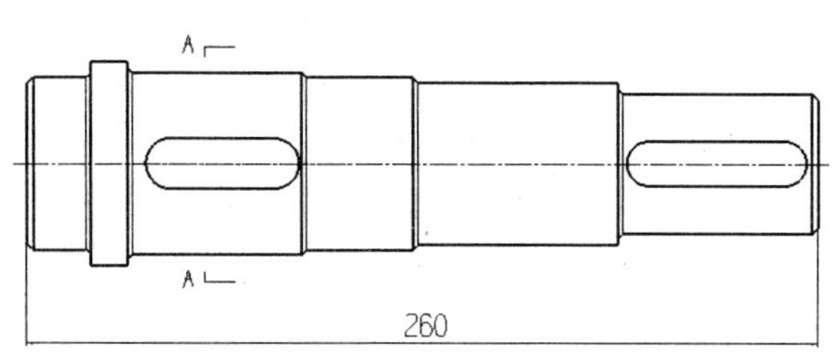

图 14-57 水平尺寸

❷在弹出的尺寸上单击鼠标右键，在弹出的快捷菜单（见图 14-58）中选择“编辑”命令，在弹出的“尺寸编辑栏”（见图 14-59）的左上角第二个选项中选择双向公差，编辑上极限偏差为 0，下极限偏差为-0.043，设置公差小数点后位数为 3。最后，拖动尺寸到适当位置单击，

将尺寸固定在指定的位置处，结果如图 14-60 所示。

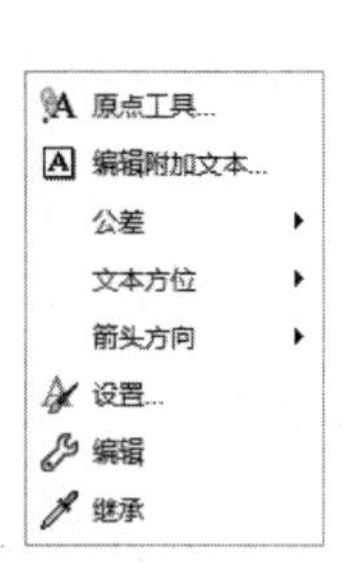

图 14-58　快捷菜单

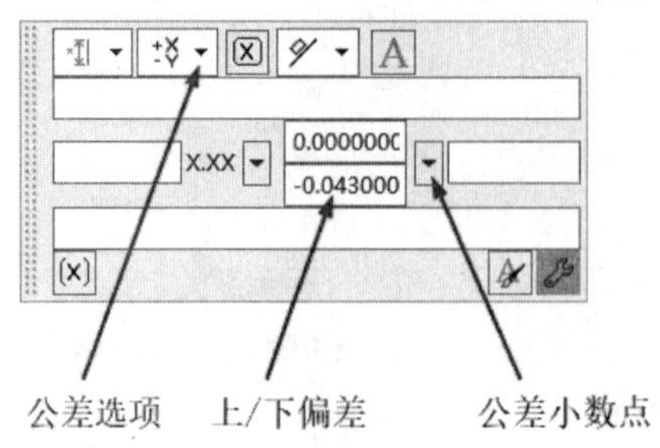

图 14-59　尺寸编辑栏

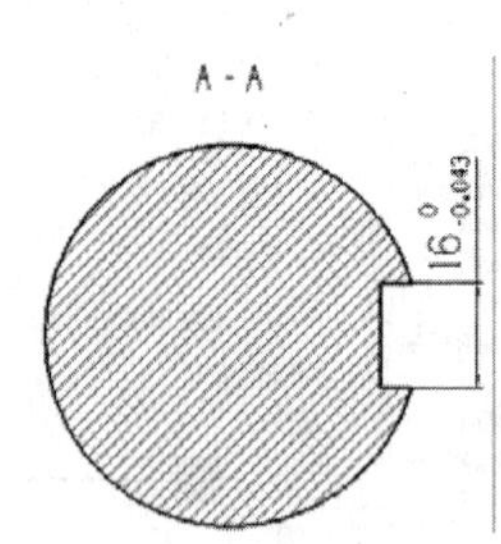

图 14-60　标注带公差的竖直尺寸

10 标注点到线的距离尺寸。

❶单击“主页”选项卡“尺寸”组中的“快速”图标，弹出如图 14-56 所示的“快速尺寸”对话框，在对话框的测量方法中选择“点到线的距离尺寸”。

❷在俯视图中选择最右端的竖直直线，再选择右侧键槽左端圆弧的最高点，弹出标注尺寸，拖动弹出的尺寸到适当位置单击，结果如图 14-61 所示。

11 标注倒角尺寸。单击“主页”选项卡“尺寸”组中的“倒斜角”图标，在俯视图中选择右上角的倒角线，拖动弹出的倒角尺寸到适当位置单击，固定尺寸，结果如图 14-62 所示。

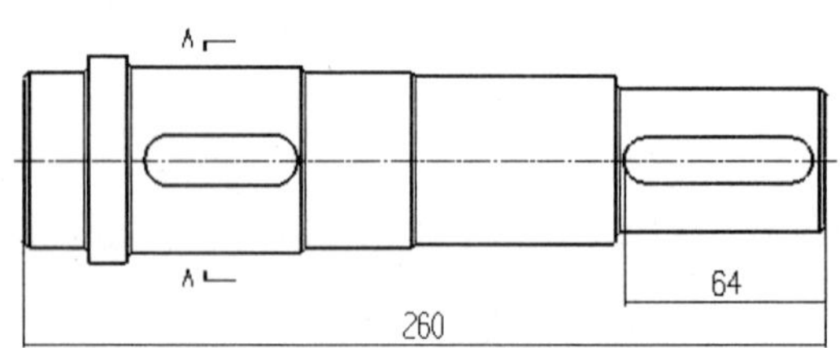

图 14-61　标注点到线的距离尺寸

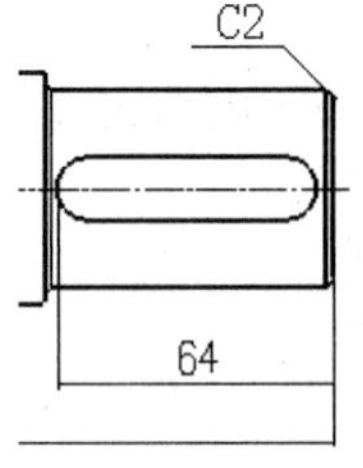

图 14-62　标注倒角尺寸

12 标注圆柱式尺寸。

❶单击“主页”选项卡“尺寸”组中的“快速”图标，弹出如图 14-56 所示的“快速尺寸”对话框，在对话框的测量方法中选择“圆柱式”。

❷在俯视图中选择第 3 段圆柱（从左向右数）的上下水平线，弹出圆柱式尺寸。按照图 14-63 所示的“尺寸编辑栏”设置公差。拖动圆柱式尺寸到适当位置单击，固定尺寸，结果如图 14-64 所示。

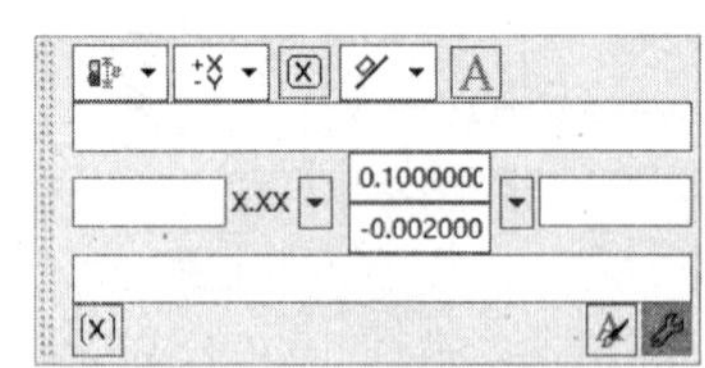

图 14-63　设置公差

13 标注直径。

❶单击“主页”选项卡“尺寸”组中的“快速”图标，弹出如图 14-56 所示的“快速尺寸”对话框，在对话框的测量方法中选择“直径”。

❷在右视图中选择中间圆，弹出直径尺寸。按照图 14-65 所示设置公差。旋转直径尺寸到

适当位置单击，固定尺寸，结果如图 14-66 所示。

完成尺寸标注的轴工程图如图 14-67 所示。

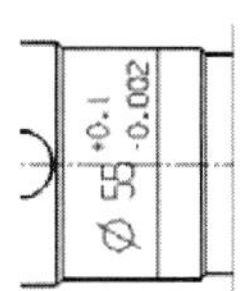

图 14-64　标注带公差的圆柱形尺寸

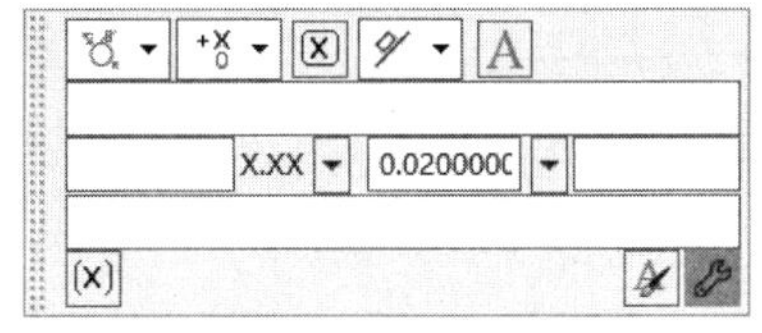

图 14-65　设置公差

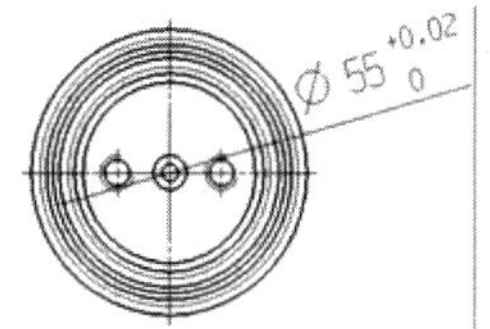

图 14-66　标注带公差的直径尺寸

14 单击“主页”选项卡“注释”组中的“注释”图标，弹出“注释”对话框。在“注释”对话框的“文本输入”栏内输入如图 14-68 所示的技术要求文本，不要关闭“注释”对话框，此时拖动鼠标指针，输入的技术要求文本将在绘图区内随着鼠标指针进行移动，在适当的位置处单击，即可将技术要求文本固定在图中，最后单击“注释”对话框中的“关闭”按钮，结果如图 14-69 所示。

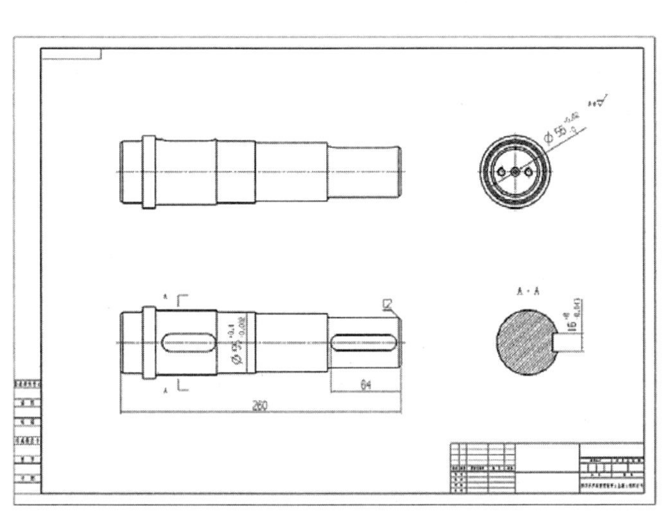

图 14-67　完成尺寸标注的轴工程图

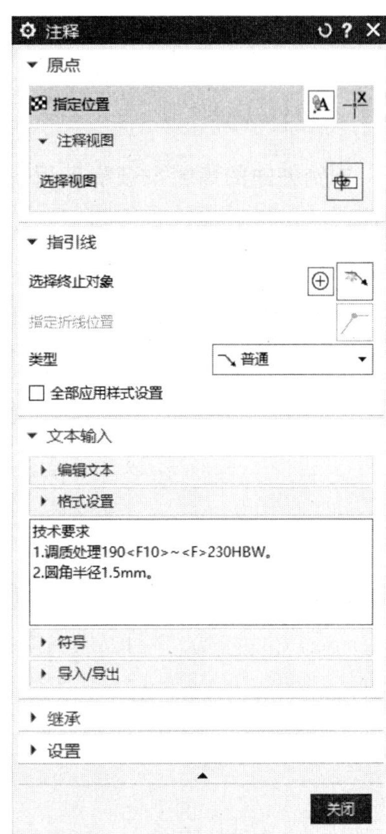

图 14-68　“注释”对话框

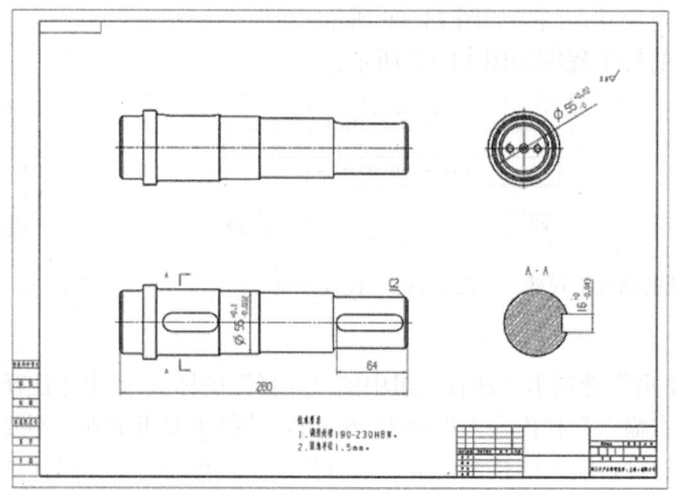
图 14-69　添加技术要求文本

14.5.2　齿轮泵装配工程图

制作思路

本例创建的齿轮泵装配工程图如图 14-70 所示。首先创建基本视图，然后创建剖视图，再标注尺寸，最后插入零件明细栏。

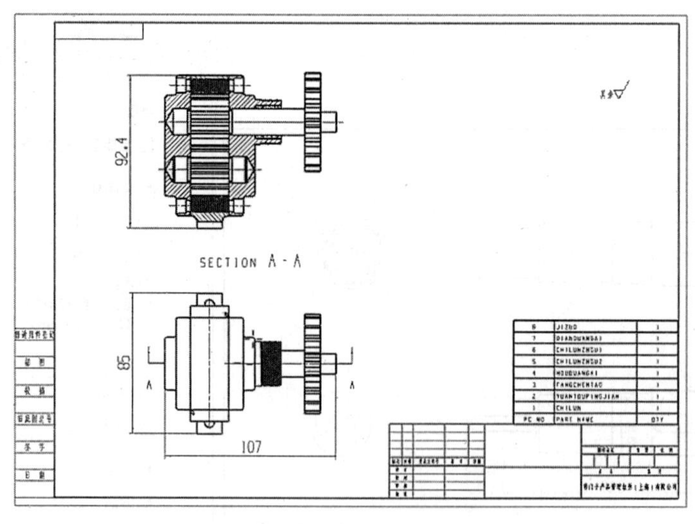
图 14-70　齿轮泵装配工程图

01 打开文件。

❶单击“主页”选项卡“标准”组中的“打开”图标，在弹出的“打开”对话框中选择“文件名”为“bengzhuangpei.prt”零件，单击“确定”按钮，打开齿轮泵零件图形。

❷单击“文件”选项卡中的“新建”图标，弹出“新建”对话框。单击“图纸”选项卡中的“A3-无视图”模板，再单击“确定”按钮，打开 UG 主界面。

02 添加基本视图。

❶系统弹出如图 14-71 所示的“基本视图”对话框。

❷在“要使用的模型视图”下拉列表中选择“俯视图”选项。

❸单击“定向视图工具”按钮，弹出“定向视图工具”对话框，如图 14-72 所示。

❹在 X 向“指定矢量”下拉列表中选择“YC 轴”图标，单击“反向”按钮，再单击“确定”按钮，完成俯视图的旋转，结果如图 14-73 所示。

图 14-71　“基本视图”对话框

图 14-72　“定向视图工具”对话框

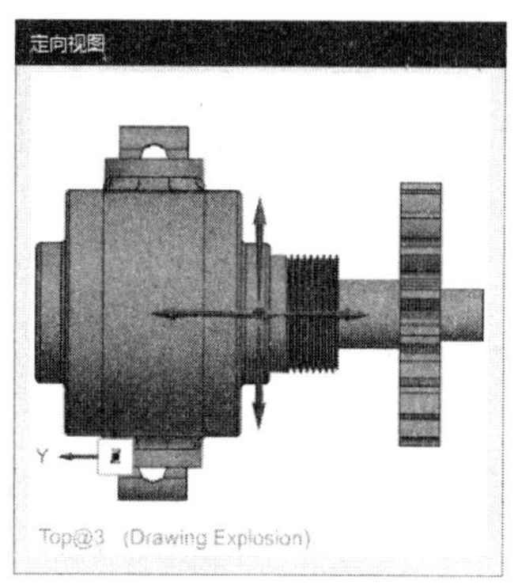

图 14-73　旋转俯视图

❺在绘图区选择适当的位置放置视图，完成基本视图的创建，如图 14-74 所示。

03 添加剖视图。

❶选择“菜单”→“插入”→“视图”→“剖视图”命令，或单击“主页”选项卡中的“视图”组→“剖视图”图标，弹出如图 14-75 所示的“剖视图”对话框。

❷选择要剖切的视图，指定截面线段的方向和位置，创建剖视图，然后放置剖视图如图 14-76 所示。

04 设置简单剖视图。

❶在部件导航器中选择刚创建的剖视图，鼠标右键单击，在弹出的快捷菜单中选择“编辑”选项，弹出“剖视图”对话框，如图 14-77 所示。单击“非剖切”选项组中的“选择对象”按钮，在视图中选择“齿轮轴零件”为不剖切零件，如图 14-78 所示。

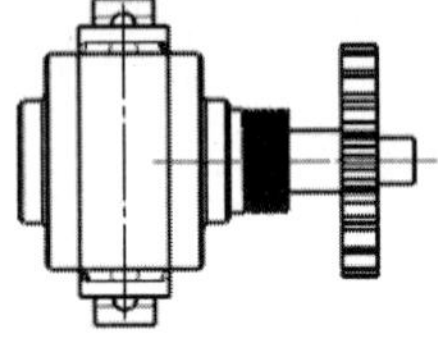

图 14-74　创建基本视图

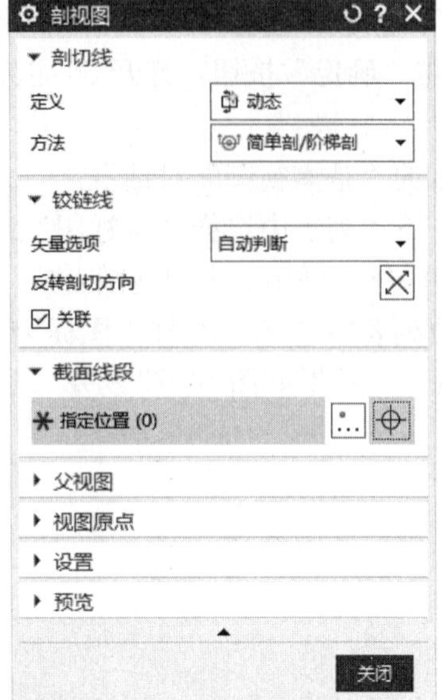

图 14-75　“剖视图”对话框

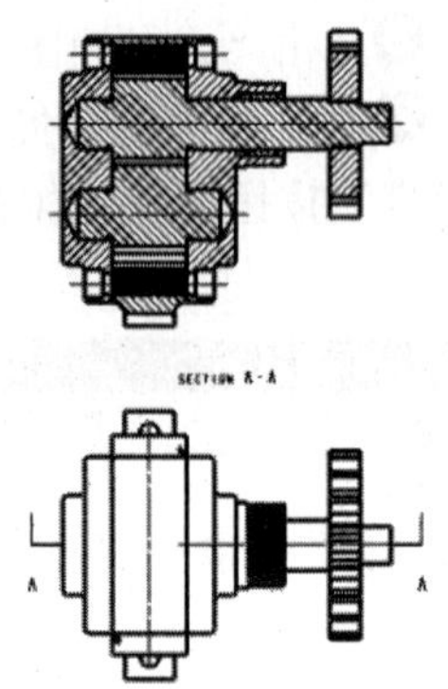

图 14-76　绘制剖视图

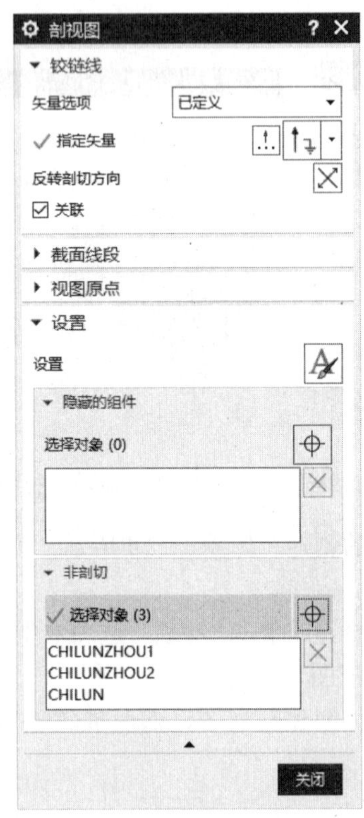

图 14-77　“剖视图”对话框

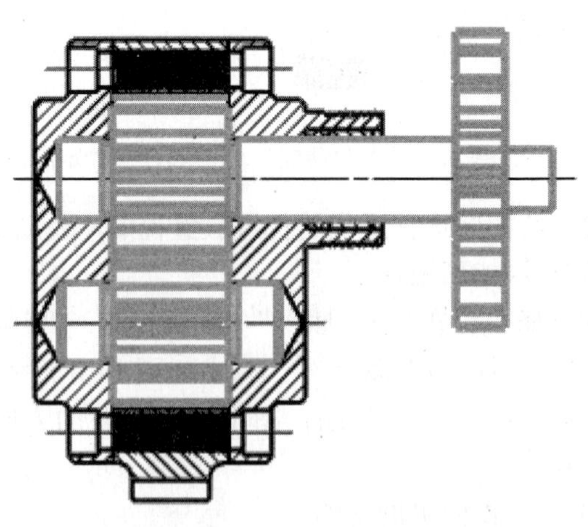

图 14-78　选择不剖切零件

❷单击“关闭”按钮，剖视图中的齿轮轴零件将不被剖切。可以看到齿轮轴零件处于不剖

切状态，如图 14-79 所示。

05 标注尺寸。

❶选择“菜单”→“插入”→“尺寸”→“快速”命令或单击“主页”选项卡“尺寸”组中的“快速”图标，弹出如图 14-80 所示的“快速尺寸”对话框。

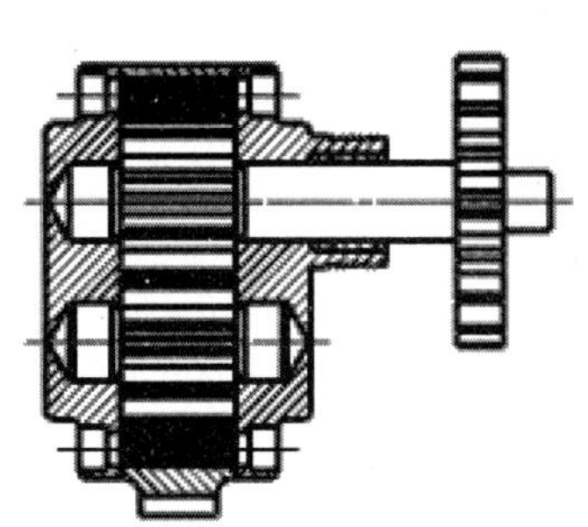

图 14-79　不剖处理效果

图 14-80　“快速尺寸”对话框

❷在对话框中选择测量方法为“水平”，在绘图区标注水平尺寸，再选择测量方法为“竖直”，标注相应的竖直尺寸。

❸标注尺寸后的齿轮泵工程图如图 14-81 所示。

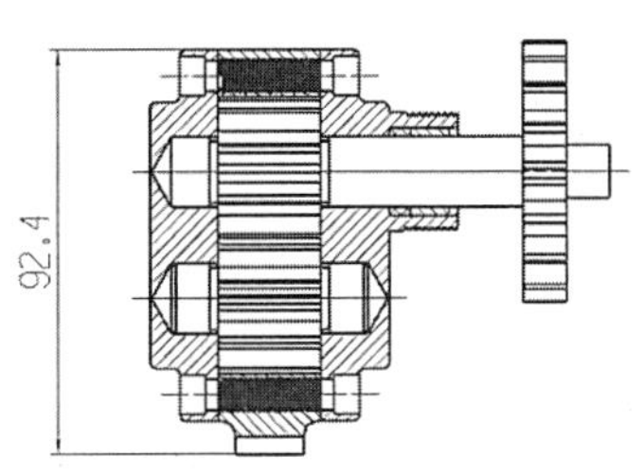

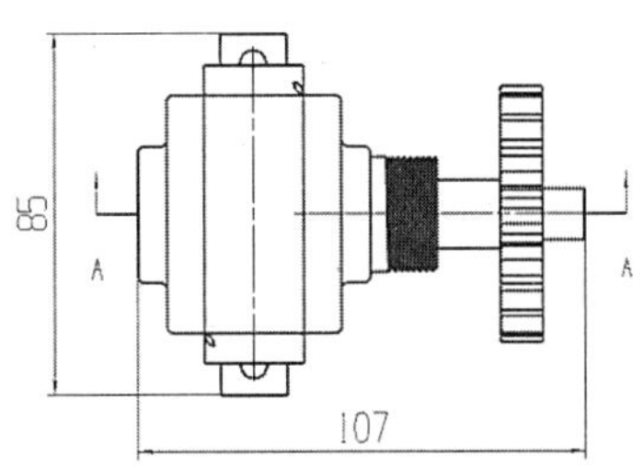

图 14-81　标注尺寸后的齿轮泵工程图

06 插入零件明细栏。

❶选择“菜单”→“插入”→“表”→“零件明细表”命令，在绘图区插入零件明细栏。

❷选中一个单元格，右击，弹出如图 14-82 所示快捷菜单。利用快捷菜单中的命令对插入的零件明细栏进行编辑。

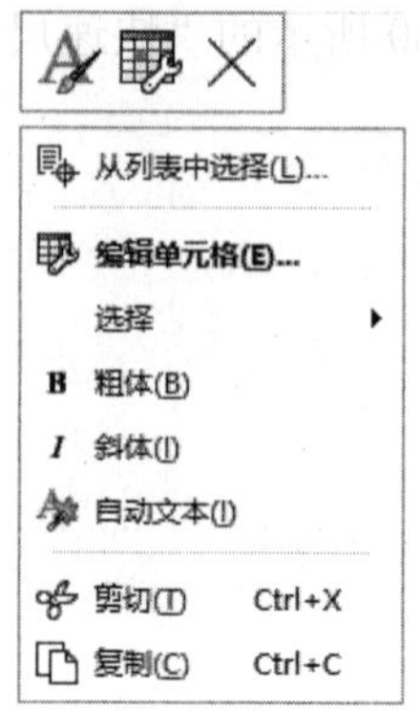

图 14-82 快捷菜单

❸拖动零件明细栏到适当的位置，结果如图 14-70 所示。

第 15 章

有限元分析

本章主要介绍了建立有限元分析时模块的选择、分析模型的建立、分析环境的设置、如何为模型指定材料属性、添加载荷、约束和划分网格等操作，以及有限元模型的分析和对求解结果的后处理。

用户建立完成有限元模型后，若对模型的某一部分感到不满意，可以重新对不满意的部分进行编辑。有限元模型编辑功能主要包括分析模型的编辑、主模型尺寸的编辑、二维网格的编辑和属性编辑器。

重点与难点

- 有限元模型和仿真模型的建立
- 添加载荷
- 边界条件的加载
- 划分网络
- 创建解法
- 单元操作
- 分析
- 后处理控制

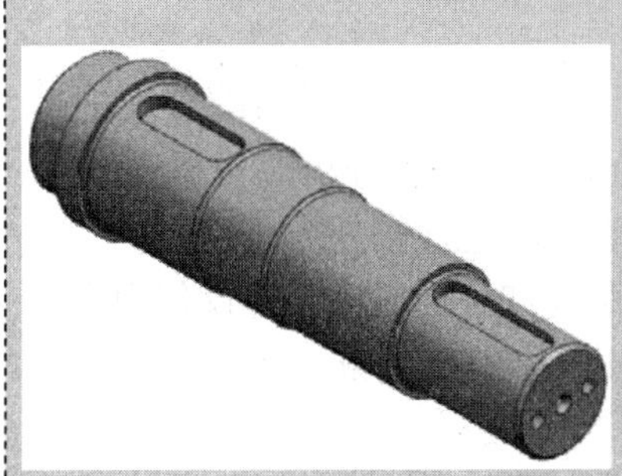

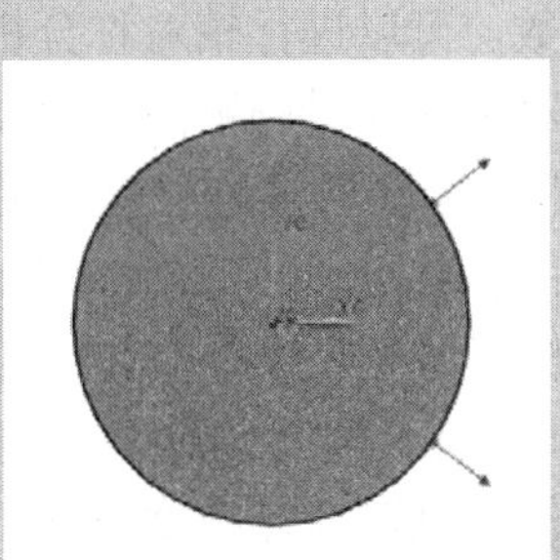

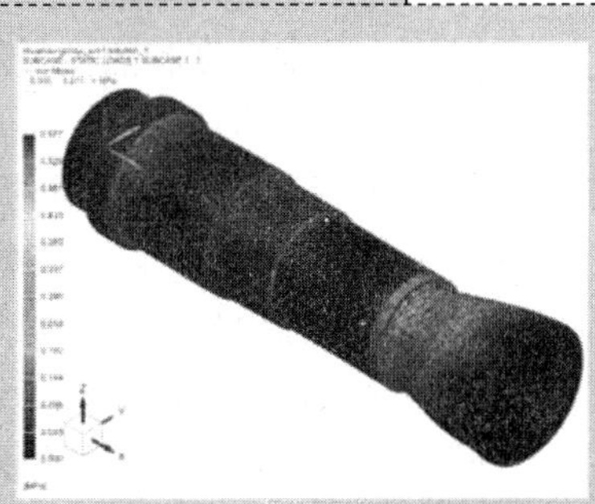

15.1 分析模块的介绍

在使用 UG NX 系统的高级分析模块时，首先将几何模型转换为有限元模型，然后进行包括赋予质量属性，施加约束和载荷等前处理，接着提交解算器进行分析求解，最后进入后处理，采用直接显示资料或采用图形显示等方法来表达求解结果。

该模块是专门针对设计工程师和对几何模型进行专业分析的人员开发的，功能强大，采用图形应用接口，使用方便，具有以下 4 个特点：

1）具有图形接口，交互操作简便。

2）前处理功能强大。在 UG NX 系统中建立模型，在高级分析模块中直接可以转化成有限元模型并可以对模型进行简化，忽略一些不重要的特征。可以添加多种类型载荷，指定多种边界条件，采用网格生成器自动生成网格。

3）支持多种分析求解器（如 Simcenter Nastran、Simcenter 3D Thermal/Flow、Simcenter 3D Space Systems Thermal、MSC Nastran、ANSYS 和 Abaqus 等），以及多种分析解算类型（包括结构分析、稳态分析、模态分析、热和热-结构分析等）。

4）后处理功能强大。后处理在一个独立窗口中运行，可以让分析人员同时检查有限元模型和后处理结果。结果可以以图形的方式直观地显示出来，方便分析人员的判断。分析人员也可以采用动画形式反映分析过程中对象的变化过程。

UG NX 的分析模块主要包括以下 5 种分析类型：

1）结构（线性静态分析）：在进行结构线性静态分析时，可以计算结构的应力、应变和位移等参数，施加的载荷包括力、力矩和温度等（其中温度主要计算热应力），可以进行线性静态轴对称分析（在环境选中轴对称选项）。结构线性静态分析是使用最为广泛的分析之一，UG NX 根据模型的不同和用户的需求提供了极为丰富的单元类型。

2）稳态（线性稳态分析）：线性稳态分析主要分析结构失稳时的极限载荷和结构变形，施加的载荷主要是力，不能进行轴对称分析。

3）模态（标准模态分析）：模态分析主要是对结构进行标准模态分析，分析结构的固有频率、特征参数和各阶模态变形等，对模态施加的激励可以是脉冲和阶跃等。该类型不能进行轴对称分析。

4）热（稳态热传递分析）：稳态热传递分析主要是分析稳定热载荷对系统的影响，可以计算温度、温度梯度和热流量等参数，可以进行轴对称分析。

5）热-结构（线性热结构分析）：线性热结构分析可以看成热和结构分析的综合，先对模型进行稳态热传递分析，然后对模型进行结构线性静态分析，应用该分析可以计算模型在一定温度条件下施加载荷后的应力和应变等参数。该类型可以进行轴对称分析。

“轴对称分析”表示如果分析模型是一个旋转体，且施加的载荷和边界约束条件仅作用在旋转半径或轴线方向，则在分析时可采用一半或四分之一的模型进行有限元分析，这样可以大大减少单元数量，提高求解速度，而且对计算精度没有影响。

15.2 有限元模型和仿真模型的建立

在 UG NX 建模模块中建立的模型称为主模型，它可以被系统中的装配、加工、工程图和高级分析等模块引用。有限元模型是在引用零件主模型的基础上建立起来的，用户可以根据需要由同一个主模型建立多个包含不同的属性有限元模型。有限元模型主要包括几何模型的信息（如对主模型进行简化后），在前、后处理后还包括材料属性、网格和分析结果等信息。

有限元模型虽然是从主模型引用而来，但在资料存储上是完全独立的，对该模型进行修改不会对主模型产生影响。

在建模模块中完成需要分析的模型建模，单击“应用模块”选项卡“仿真”组中的“前/后处理”图标，打开高级仿真模块，单击屏幕左侧的“仿真导航器”按钮，在屏幕左侧打开“仿真导航器”界面，如图 15-1 所示。

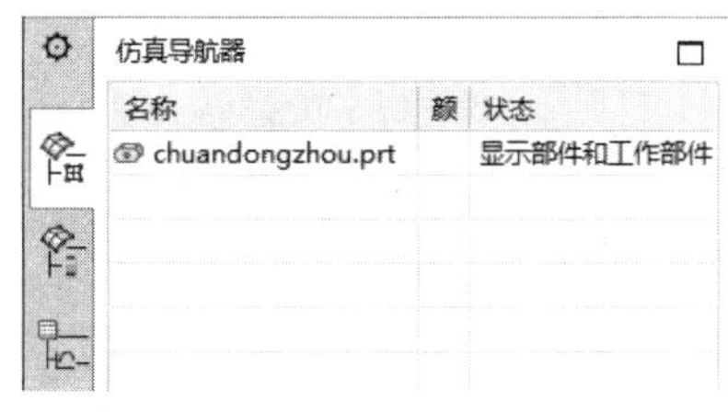

图 15-1　仿真导航器

在“仿真导航器”中鼠标右键单击模型名称，在弹出的快捷菜单中选择“新建 FEM 和仿真”命令，或者单击“主页”选项卡“关联”组中的“新建 FEM 和仿真”图标，打开如图 15-2 所示的“新建 FEM 和仿真”对话框。系统根据模型名称，默认给出有限元和仿真模型名称（模型名称：model1.prt；FEM 名称：model1_fem1.fem；仿真名称：model1_sim1.sim）。用户根据需要在“求解器”下拉菜单和“分析类型”下拉菜单中选择适当的求解器和分析类型，单击“确定”按钮，打开“解算方案”对话框，如图 15-3 所示。

采用系统设置的各选项值（包括最大作业时间、默认温度等），单击“确定”按钮，完成创建解法的设置。

这时，单击“仿真导航器”按钮，打开“仿真导航器”界面，用户可以清楚地看到各模型间的层级关系，如图 15-4 所示。

15.3 模型准备

在 UG NX 高级仿真模块中进行有限元分析，可以直接引用建立的有限元模型，也可以通过高级仿真操作简化模型。经过高级仿真处理过的仿真模型有助于网格划分，提高分析精度，缩短求解时间。

常用命令在“主页”选项卡中，如图 15-5 所示。

图 15-2 “新建 FEM 和仿真”对话框

图 15-3 “解算方案”对话框

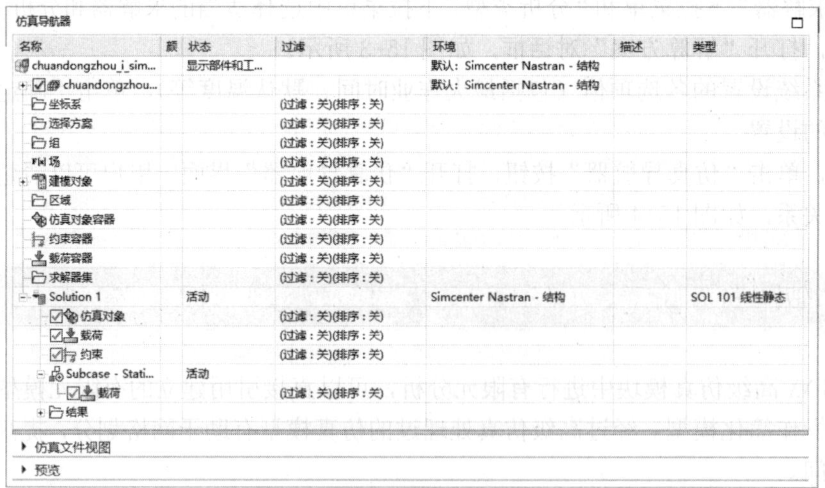

图 15-4 “仿真导航器”界面

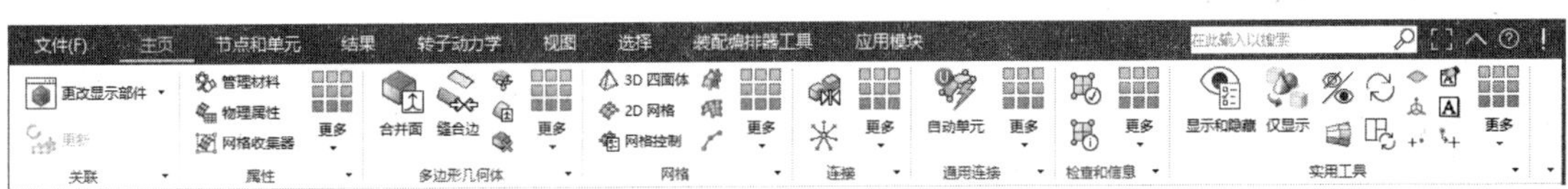

图 15-5　“主页”选项卡

15.3.1　理想化几何体

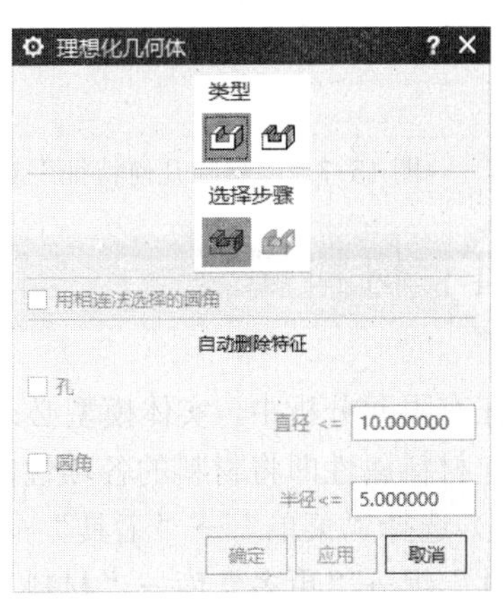

图 15-6　“理想化几何体”对话框

在建立仿真模型过程中，为模型划分网格是这一过程重要的一步。模型中有些诸如小孔、圆角对分析结果的影响并不重要，如果对包含这些不重要特征的整个模型进行自动划分网格，会产生数量巨大的单元，虽然得到的精度可能会高些，但在实际工作中意义不大，而且会对计算机提出很高的要求并影响求解速度。通过简化几何体，可将一些不重要的细小特征从模型中去掉，而保留原模型的关键特征和用户认为需要分析的特征，缩短划分网格时间和求解时间。

1）在“仿真导航器”中鼠标右键单击模型名称，在弹出的快捷菜单中选择“新建理想化部件”命令，然后单击“确定”按钮。

2）选择“菜单”→“插入”→“模型准备”→“理想化”命令，或单击“主页”选项卡“几何体准备”组中的“理想化几何体”图标，打开图 15-6 所示的“理想化几何体”对话框。

3）选择要简化的模型。

4）在“自动删除特征”中选择选项。

5）单击“确定”按钮。

15.3.2　移除几何特征

用户可以通过移除几何特征直接对模型进行操作，在有限元分析时对模型中不重要的特征进行移除。

1）选择“菜单”→“插入”→“模型准备”→“移除特征”命令，或单击“主页”选项卡中的“几何体准备”组→“更多”库→“编辑和移除特征”库中的“移除几何特征”图标，打开如图 15-7 所示的“移除几何特征”对话框。

2）可以直接在模型中选择单个面，同时也可以选择与之相关的面和区域，如添加与选择面相切的边界，相切的面以及区域。

3）单击“确定”按钮，完成移除几何特征操作，如图 15-8 所示。

图 15-7 “移除几何特征”对话框

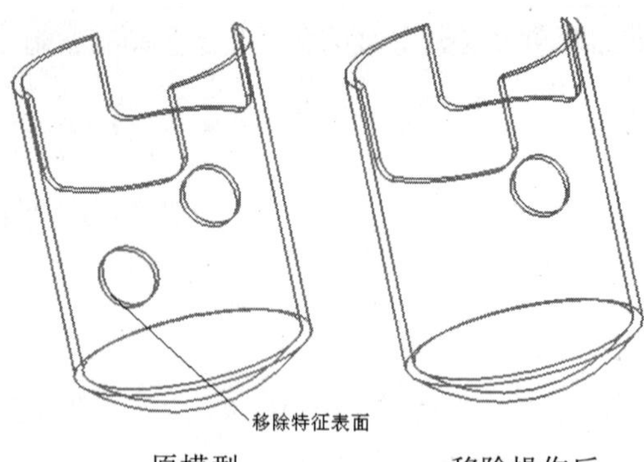

图 15-8 移除几何特征示意图

15.4 材料属性

在有限元分析中，实体模型必须赋予一定的材料，然后系统才能对模型进行有限元分析求解指定材料属性即将材料的各项性能（包括物理性能或化学性能）赋予模型。。

1）选择“菜单”→“工具”→“材料”→“指派材料”命令，或单击“主页”选项卡中“属性”组→“更多”库→“材料”库中的“指派材料”图标，打开如图 15-9 所示的“指派材料”对话框。

2）在“材料列表”和“类型”下拉列表中分别选择材料和所需选项。若出现用户所需材料，则选中即可。

3）若用户对材料进行删除、更名、取消材料赋予的对象或更新材料库等操作，可以单击如图 15-9 所示对话框下部相应的命令按钮。

材料的物理性能分为四种：

- 各向同性：在材料的各个方向具有相同的物理特性。大多数金属材料都是各向同性的。在 UG NX 中列出了各向同性材料常用物理参数，如图 15-10 所示。
- 正交各向异性：该材料是用于壳单元的特殊各向异性材料，在模型中包含三个正交的材料对称平面。在 UG NX 中列出了正交各向异性材料常用物理参数，如图 15-11 所示。

正交各向异性材料主要常用的物理参数和各向同性材料相同，但是由于正交各向异性材料在各正交方向的物理参数值不同，为方便计算列出了材料在三个正交方向（x，y，z）的物理参数值，同时也可根据温度不同给出各参数的温度表值。

- 各向异性：在材料各个方向的物理特性都不同。在 UG NX 中列出了各向异性材料物理参数，如图 15-12 所示。

各向异性材料由于在材料的各个方向具有不同的物理特性，不可能把每个方向的物理参数都详细列出来，用户可以根据分析需要列出材料重要的 6 个方向的物理参数值，同时也可根据温度不同给出各物理参数的温度表值。

- 流体：在做热或流体分析时，会用到材料的流体特性。系统给出了流体材料的常用物理参数，如图 15-13 所示。

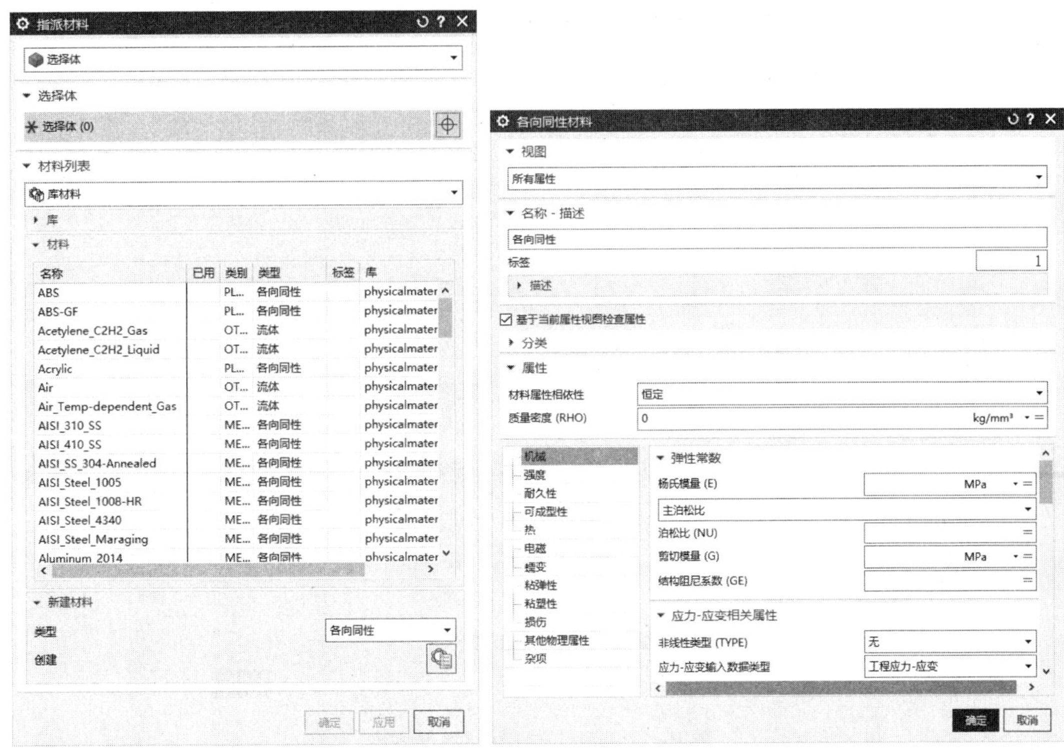

图 15-9　“指派材料”对话框　　图 15-10　各向同性材料常用物理参数

图 15-11　正交各向异性材料常用物理参数

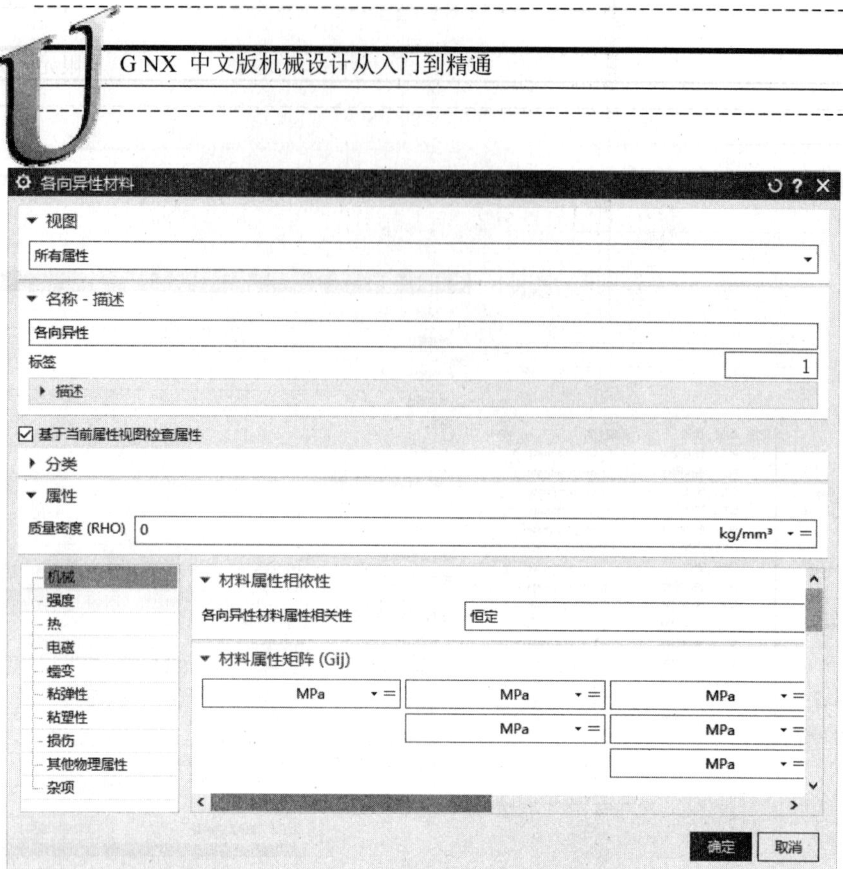

图 15-12　各向异性材料物理参数

流体材料
视图
所有属性
名称 - 描述
流体
标签
1
描述
基于当前属性视图检查属性
分类
属性
密度控制
常数或温度或频率
质量密度 (RHO)
0
kg/mm³
阻尼系数 (GE)
机械
热
其他物理属性
杂项
属性
体积模量 (K)
MPa
体积模量比 (GAMMA)
声速控制
恒定
声速 (C)
mm/s
确定
取消

图 15-13　流体材料物理参数

UG NX 提供了常用材料物理参数的数据库，用户根据自己需要可以直接从材料库中调出相应的材料，在材料库中的材料缺少某些物理参数时，用户也可以直接给出补充。

15.5 添加载荷

在 UG NX 高级分析模块中，载荷包括力、力矩、重力、压力、转矩、轴承载荷、离心力等，用户可以将载荷直接添加到几何模型上。载荷与作用的实体模型关联，当修改模型参数时，载荷可自动更新，而不必重新添加。在生成有限元模型时，系统通过映射关系作用到有限元模型的节点上。

15.5.1　载荷类型

载荷类型一般根据分析类型的不同包含不同的形式，在结构分析中常包括以下形式：

1）温度载荷：可以施加在面、边界、点、曲线和体上，符号采用单箭头表示。

2）加速度载荷：作用在整个模型上，符号采用单箭头表示。

3）力载荷：可以施加到点、曲线、边和面上，符号采用单箭头表示。

4）力矩载荷：可以施加在边界、曲线和点上，符号采用双箭头表示。

5）轴承载荷：应用一个径向轴承载荷以仿真加载条件，如滚子轴承、齿轮、凸轮和滚轮载荷。

6）转矩载荷：对圆柱的法向轴加载轴矩载荷。

7）压力载荷：可以作用在面、边界和曲线上，和正压力的区别在于压力可以在作用对象上指定作用方向，而不一定垂直于作用对象。符号采用单箭头表示。

8）节点压力载荷：垂直施加在作用对象上的载荷，施加对象包括边界和面两种，符号采用单箭头表示。

9）流体静压力载荷：应用流体静压力载荷以仿真每个深度静态液体处的压力。

10）离心压力载荷：作用在绕回转中心转动的模型上，系统默认坐标系的 Z 轴为回转中心，在添加离心力载荷时用户需指定回转中心与坐标系的 Z 轴重合。符号采用双箭头表示。

11）重力载荷：作用在整个模型上，不需用户指定，符号采用单箭头在坐标原点处表示。

12）旋转：作用在整个模型上，通过指定角加速度和角速度提供旋转载荷。

13）螺栓预紧力：在螺栓或紧固件中定义拧紧力或长度调整。

14）轴向 1D 单元变形：定义静力学问题中使用的 1D 单元的强制轴向变形。

15）强制运动载荷：在任何单独的 6 个自由度上施加位移载荷。

16）Darea 节点力和力矩：作用在整个模型上，为模型提供节点力和力矩。

15.5.2　载荷添加方案

在建立一个加载方案过程中，所有添加的载荷都包含在这个加载方案中。当需在不同加载状况下对模型进行求解分析时，系统允许提供多个加载方案，并为每个加载方案提供一个名称，

也可以自定义加载方案名称。可以对加载方案进行复制，删除操作。

1）单击“主页”选项卡中“载荷和条件”组→“载荷类型”中的“轴承”图标，打开如图 15-14 所示的“轴承”对话框。

图 15-14 “轴承”对话框

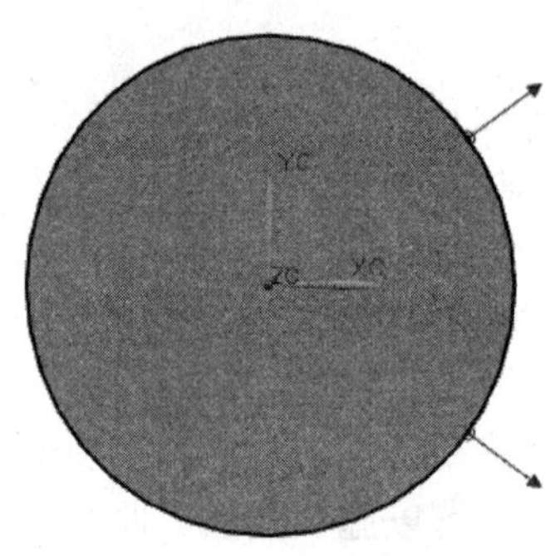

图 15-15 轴承载荷加载

2）选择模型的外圆柱面为载荷施加面。

3）指定载荷矢量方向。

4）设置力的大小，力的分布角度范围及分布方法。

5）单击“确定”按钮，完成轴承载荷的加载，如图 15-15 所示。

注意

在仿真模型中才能添加载荷，仿真模型系统默认名称为 model1_sim1.sim。

15.6 边界条件的加载

一个独立的分析模型，在不受约束的状况下存在 3 个移动自由度和 3 个转动自由度。施加边界条件就是为了限制模型的某些自由度，约束模型的运动。边界条件是 Unigraphics 系统的参数化对象，与作用的几何对象关联。当模型进行参数化修改时，边界条件自动更新，而不必重新添加。边界条件可以施加在模型上，由系统映射到有限元单元的节点上，不能直接指定到单独的有限元单元上。

15.6.1 边界条件类型

不同的分析类型有不同的边界类型，系统根据选择的分析类型提供相应的边界类型。常用的边界类型有 5 种：移动/旋转、移动、旋转、固定温度边界、自由传导。后面两种主要用于温度场的分析。

15.6.2　约束类型

在为约束对象选择了边界条件类型后，系统为用户提供了标准的约束类型，如图 15-16 所示。

1）用户定义约束：根据用户要求设置所选对象的移动和转动自由度。各自由度可以设置成为固定、自由或限定幅值的运动。

2）强制位移约束：可以为 6 个自由度分别设置一个运动幅值。

3）固定约束：选择对象的 6 个自由度都被约束。

4）固定平移约束：3 个移动自由度被约束，而转动副都是自由的。

5）固定旋转约束：3 个转动自由度被约束，而移动副都是自由的。

6）简支约束：选择面的法向自由度被约束，其他自由度处于自由状态。

7）销住约束：在一个圆柱坐标系中，旋转自由度是自由的，其他自由度被约束。

8）圆柱形约束：在一个圆柱坐标系中，根据需要设置径向长度、旋转角度和轴向高度 3 个值，各值可以分别设置为固定、自由和限定幅值的运动。

用户定义约束
强制位移约束
固定约束
固定平移约束
固定旋转约束
简支约束
销住约束
圆柱形约束
滑块约束
滚子约束
对称约束
反对称约束
自动耦合
手动耦合

图 15-16　约束类型下拉菜单

9）滑块约束：在选择平面的一个方向上的自由度是自由的，其他各自由度被约束。

10）滚子约束：滚子轴的移动和旋转方向是自由的，其他自由度被约束。

11）对称约束和反对称约束：在关于轴或平面对称的实体中，用户可以提取实体模型的一半或 1/4 部分进行分析，在实体模型的切分处施加对称约束或反对称约束。

15.7　划分网格

划分网格是有限元分析的关键一步，网格划分的优劣直接影响最后的结果，甚至会影响求解是否能完成。高级分析模块为用户提供了一种直接在模型上划分网格的工具——网格生成器。使用网格生成器为模型（包括点、曲线、面和实体）建立网格单元，可以快速建立网格模型，大大减少划分网格的时间。

注意

在有限元模型中才能为模型划分网格。有限元模型系统默认名称为 model1_fem1.fem。

15.7.1　网格类型

UG NX 高级分析模块包括零维网格、一维网格、二维网格、三维网格和接触网格 5 种类型，每种类型都适用于一定的对象。

1）一维网格：由两个节点组成，用于对曲线、边的网格划分（如杆和梁等）。

2）二维网格：包括三角形单元（3 节点或 6 节点组成）、四边形单元（4 节点或 8 节点组成），适用于对片体、壳体实体进行划分网格，如图 15-17 所示。注意：在使用二维网格划分网格时应尽量采用正方形单元，这样的分析结果比较精确；如果无法使用正方形网格，则要保证四边形的长宽比小于 10；如果是不规则四边形，则应保证四边形的各角度在 45° 和 135° 之间；在关键区域应避免使用有尖角的单元，且避免产生扭曲单元，因为对于严重的扭曲单元，UG NX 的各解算器可能无法完成求解。在使用三角形单元划分网格时，应尽量使用等边三角形单元。还应尽量避免混合使用三角形和四边形单元对模型划分网格。

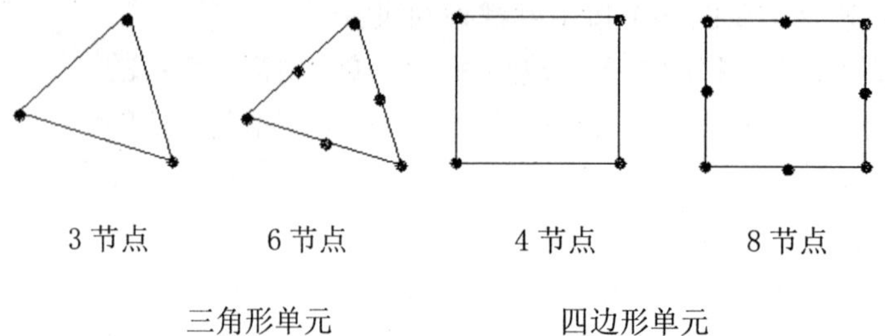

图 15-17　二维网格

3）三维网格：包括四面体单元（4 节点或 10 节点组成）、六面体单元（8 节点或 20 节点组成），如图 15-18 所示。10 节点四面体单元是应力单元，4 节点四面体单元是应变单元，后者刚性较高。在对模型进行三维网格划分时，使用四面体单元应优先采用 10 节点四面体单元。

4）接触网格：接触单元在两条接触边或接触面上产生点到点的接触单元，适用于有装配关系的模型的有限元分析。系统提供了焊接、边接触、曲面接触和边面接触 4 类接触单元。

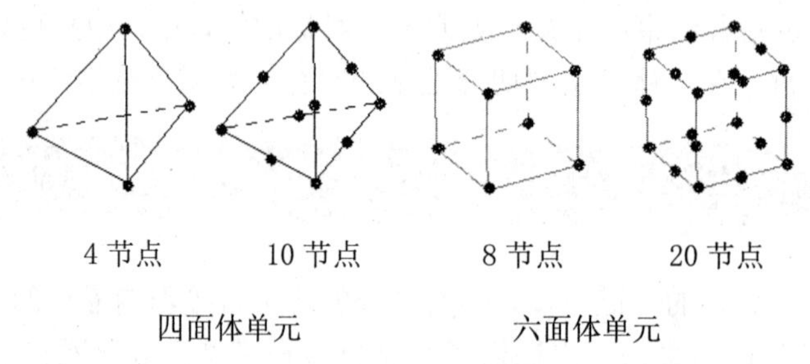

图 15-18　三维网格

15.7.2　零维网格

零维网格用于产生集中质量点，适用于为点，线，面，实体或网格的节点处产生质量单元。

1）选择“菜单”→“插入”→“网格”→“0D 网格”命令，或单击“主页”选项卡中“网格”组→“更多”库→“1D 和 0D”库中的“0D 网格”图标，打开如图 15-19 所示的“0D 网格”对话框。

2）选择现有的单元或几何体。

3）在“单元属性”中选择单元的属性。

4）通过设置单元大小或数量，将质量集中到用户指定的位置。

15.7.3　一维网格

一维网格用于定义两个节点的单元，是沿直线或曲线定义的网格。

选择“菜单”→“插入”→“网格”→“1D 网格”命令，或单击“主页”选项卡“网格”组中的“1D 网格”图标，打开“1D 网格”对话框，如图 15-20 所示。

图 15-19　“0D 网格”对话框

图 15-20　“1D 网格”对话框

（1）类型：一维网格包括梁、杆、棒、带阻尼弹簧、两自由度弹簧和刚性件等多种类型。

（2）网格密度选项：

1）数目：表示在所选定的对象上产生的单元个数。

2）大小：表示在所选定的对象上按指定的大小产生单元。

15.7.4　二维网格

对于片体或壳体，常采用二维网格划分单元。

选择“菜单”→“插入”→“网格”→“2D 网格”命令，或单击“主页”选项卡“网格”组中的“2D 网格”图标，打开如图 15-21 所示的“2D 网格”对话框。

1）类型：二维网格可以对面、片体以及二维网格进行再编辑的操作，生成网格的类型包括 3 节点三角形板元、6 节点三角形板元、4 节点四边形板元和 8 节点四边形板元。

2）网格参数：控制二维网格生成单元的方法和大小。用户可根据需要设置大小。单元设

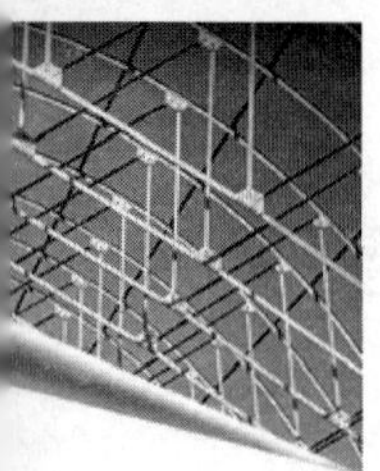

置小小，分析精度可以在一定范围内提高，但解算时间也会增加。

3）网格质量选项：当在“类型”选项中选择6节点三角形板元或8节点四边形板元时，“中节点方法”选项被激活。该选项用来定义三角形板元或四边形板元中节点类型，定义的中节点类型可以是“线性”“弯曲”或“混合”。在如图15-22所示的“线性”中节点和如图15-23所示的“弯曲”中节点两图中，片体均采用了4节点四边形板元划分网格. 可以看出，图15-22中的网格单元边为直线，网格单元中节点可能不在曲面片体上；图15-23中的网格单元边为分段直线，网格单元中节点在曲面片体上，对于单元尺寸大小相同的板元，采用“弯曲”中节点可以更好地为片体划分网格，解算的精度也较高。

图15-21 “2D网格”对话框

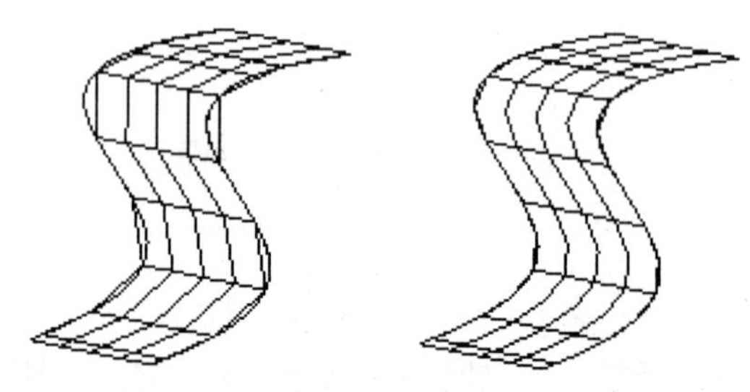

图15-22 “线性”中节点　　图15-23 “弯曲”中节点

4）高级参数：通过“基于曲率的大小变化”控制滑块，对曲率阀值进行设置。

5）模型清理选项：可设置“匹配边”，通过输入匹配边的距离公差来判定两条边是否匹配。当两条边的中点间距离小于用户设置的距离公差时，系统判定两条边匹配。

15.7.5　三维四面体网格

三维四面体网格常用来划分3D实体模型。不同的解算器能划分不同类型的单元，在Simcenter Nastran、MSC Nastran和ANSYS解算器中都包含4节点四面体和10节点四面体单元，在Abaqus解算器中三维四面体网格包含tet4和tet10两单元。

选择“菜单”→“插入”→“网格”→“3D四面体网格”命令，或单击“主页”选项卡“网格”组中的“3D四面体”图标，打开如图15-24所示的“3D四面体网格”对话框。

1）单元大小：可以自定义全局单元尺寸大小。当系统判定用户定义的单元大小不理想时，系统会根据模型判定单元大小，自动划分网格。

2）中节点方法：包含“混合”“弯曲”和“线性”三个选项。

划分网格示意图如图 15-25 所示。

图 15-24　“3D 四面体网格”对话框

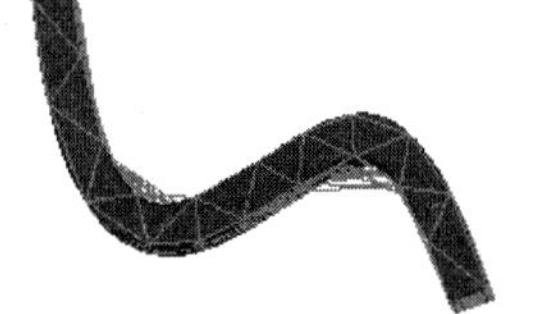

4 节点划分网格

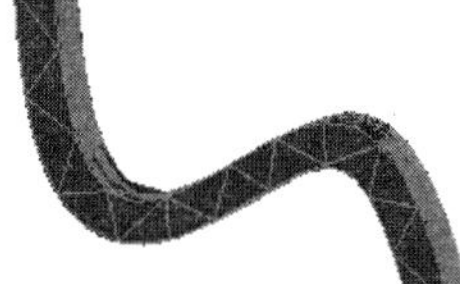

10 节点划分网格

图 15-25　划分网格

15.7.6　接触网格

接触网格是在两条边上或两条边的一部分上生成点到点的接触。

选择“菜单”→“插入”→“网格”→“接触网格”命令，或单击“主页”选项卡中“连接”组“更多”库中的“接触网格”图标，打开如图 15-26 所示的“接触网格”对话框。

1）类型：在不同解算器里有不同的类型单元，如在 Simcenter Nastran 和 MSC Nastran 解算器中只有“接触”一种类型，在 ANSYS 解算器中包含“接触弹簧”和“接触”两种类型，

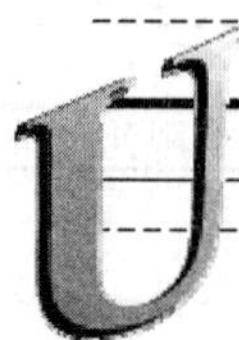

在 Abaqus 解算器中包含 “GAPUNI” 一种单元。

2）单元数：用户自定义在接触的两条边中间生成接触单元的个数。

3）对齐目标边节点：确定目标边上的节点位置，当选中该选项时，目标边上的节点位置与接触边上的节点对齐。对齐方式有两种，分别是按“最小距离”和“垂直于接触边”方式对齐。

4）间隙公差：通过间隙公差来判断是否生成接触网格。当两条接触边的距离大于间隙公差时，系统不会生成接触单元，只有小于或等于接触公差，才能生成接触单元，如图 15-27 所示。

图 15-26 “接触网格”对话框

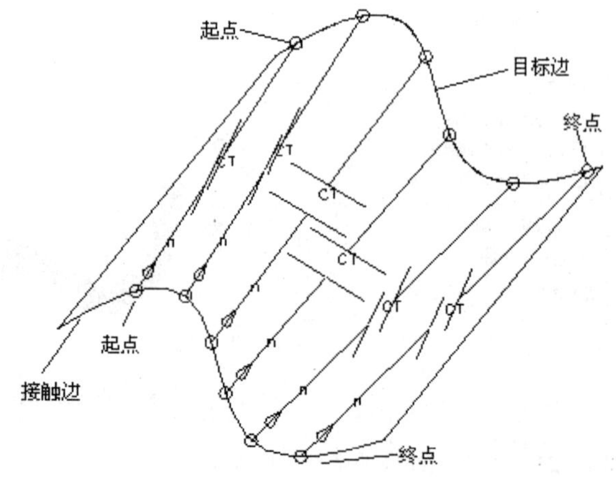

图 15-27 生成接触单元

15.7.7 表面接触

表面接触网格常用于装配模型间各零件装配面的网格划分。

选择“菜单”→“插入”→“网格”→“面接触网格”命令，或单击“主页”选项卡中的“连接”组→“更多”库→“面接触”图标，打开如图 15-28 所示的“面接触网格”对话框。

1）选择步骤：在生成曲面接触网格时，用户可以通过“选择步骤”选择操作对象。

2）自动创建接触对：选中该复选框时，由系统根据用户设置的捕捉距离自动判断各接触面是否进行面接触操作。不选中该复选框时，“选择步骤”选项被激活，可用于选择目标面和源面。如单击“翻转侧”按钮，可以将源面和目标面进行互换。

图 15-28　“面接触网格”对话框

15.8 创建解法

15.8.1　解算方案

打开仿真模型界面后（文件名为*.sim），选择“菜单”→“插入”→“解算方案”命令，或单击“主页”选项卡中“解算方案”组→“环境”下拉菜单中的“解算方案”图标，打开如图 15-29 所示的“解算方案”对话框。在该对话框中可根据需要选择解法的名称、求解器、分析类型和解算类型等。一般根据求解器和分析类型的不同，“解算方案”对话框有不同的选项。“解算类型”下拉列表中有多种类型可供选择，一般采用由系统自动选择的最优算法。完成参数设置后，单击“创建解算方案”按钮，可以对解算方案做进一步的设置。

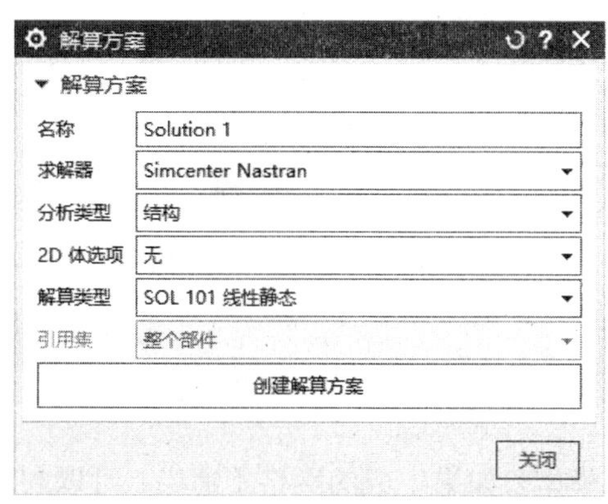

图 15-29　“解算方案”对话框

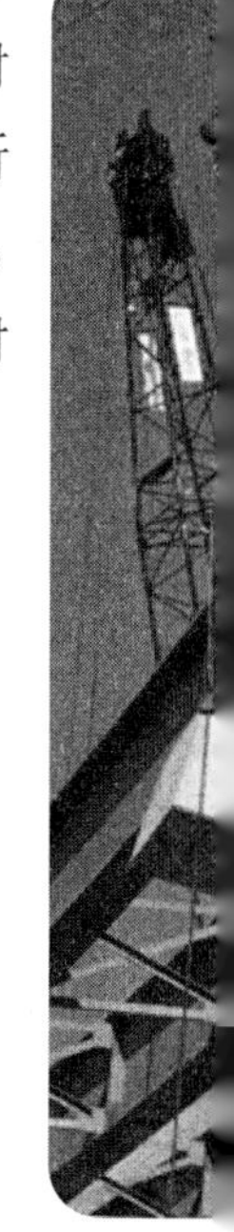

UG NX

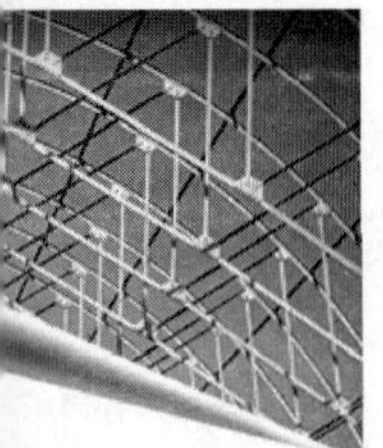

用户还可以选定解算完成后的结果输出选项。

15.8.2 步骤-子工况

此步骤可以为模型加载多种约束和载荷，系统在解算时会按各子工况分别进行求解，最后对结果进行叠加。

选择“菜单”→“插入”→“步骤-子工况”命令，或单击“主页”选项卡中“解算方案”组→“环境”下拉菜单中的“步骤-子工况”图标，打开如图 15-30 所示的“解算步骤”对话框。

不同的解算类型包括不同的选项，若在“仿真导航器”中出现子工况名称，激活该项，便可以在其中装入新的约束和载荷。

图 15-30 “解算步骤”对话框

15.9 单元操作

对于已生成网格单元的模型，如果生成的网格不适当，可以利用单元操作工具栏对不适当的单元和节点进行编辑，还可以对二维网格进行拉伸及旋转等操作。单元操作包括拆分壳、合并四边形单元、移动节点、删除单元和、生成单元、单元复制和平移等。该功能是在有限元模型界面中操作完成的（文件名称为*. fem）。

15. 9. 1　拆分壳

拆分壳操作是将选择的四边形单元分割成多个单元（包括 2 个三角形、3 个三角形、2 个四边形、3 个四边形，4 个四边形和按线划分多种形式）。

1）选择“菜单”→“编辑”→“单元”→“拆分壳”命令，或单击“节点和单元”选项卡中“单元”组→“更多”库→“编辑”库中的“拆分壳”图标，打开如图 15-31 所示的“拆分壳”对话框。

2）在类型下拉列表中选择“四边形分为 2 个三角形”，然后选择系统中任意四边形单元，系统自动生成两个三角形单元。单击对话框中的“翻转分割线”按钮，系统将变换对角分割线，生成不同形式的两个三角形单元。

3）单击“确定”按钮，生成如图 15-32 所示的三角形单元。

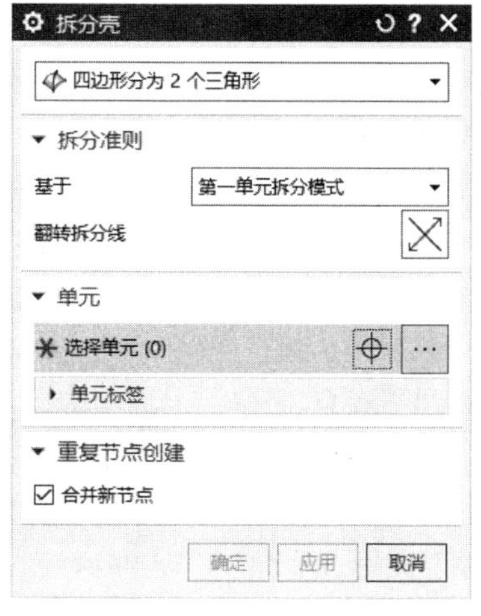

图 15-31　“拆分壳”对话框

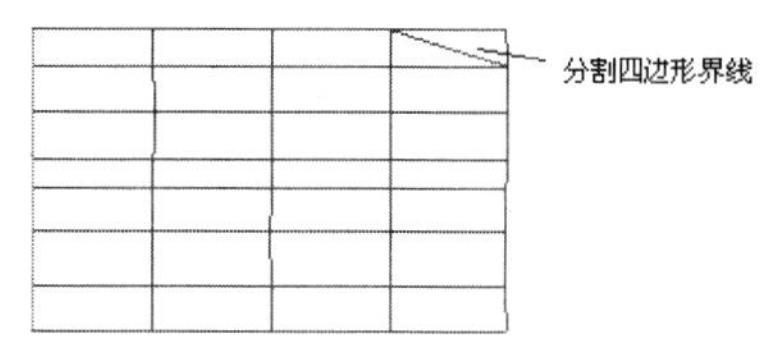

图 15-32　生成三角形单元

15. 9. 2　合并三角形单元

合并三角形单元操作可将模型中两个临近的三角形单元合并。

1）选择“菜单”→“编辑”→“单元”→“合并三角形”命令，或单击“节点和单元”选项卡中“单元”组→“更多”库→“编辑”库中的“合并三角形”图标，打开如图 15-33 所示的“合并三角形”对话框。

2）按选择步骤依次选择两相邻三角形单元。

3）单击“确定”按钮，完成合并三角形单元操作。

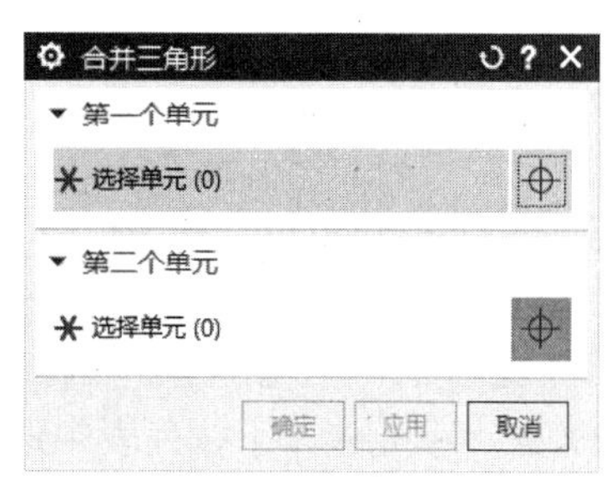

图 15-33　“合并三角形”对话框

UG NX

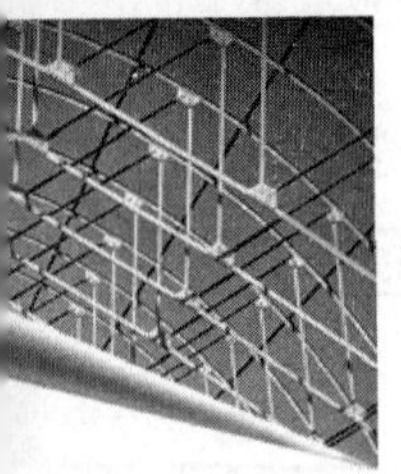

15.9.3 移动节点

移动节点操作可将单元中一个节点移动到面上或网格的另一节点上。

1）选择“菜单”→“编辑”→“节点”→“移动”命令，或单击“节点和单元”选项卡中“节点”组→“更多”库→“编辑”库中的“移动”图标，打开如图 15-34 所示的“移动节点”对话框。

2）依次在屏幕上选择“源节点”和“目标节点”。

3）单击“确定”按钮，完成移动节点操作，如图 15-35 所示。

图 15-34 “移动节点”对话框

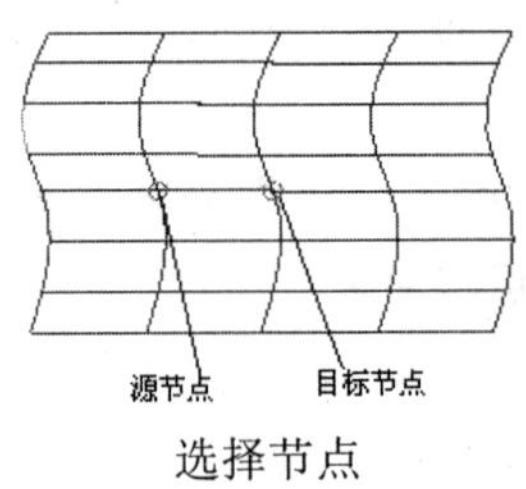

选择节点

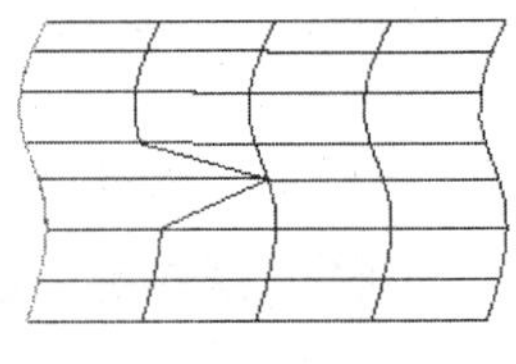

完成移动节点

图 15-35 移动节点示意图

15.9.4 删除单元

系统对模型划分网格后，用户如果对某些单元感到不满意，可以通过删除单元操作将不满意的单元删除。

1）选择“菜单”→“编辑”→“单元”→“删除”命令，或单击“节点和单元”选项卡“单元”组中的“删除”图标，打开如图 15-36 所示的“单元删除”对话框。

2）选择需删除的单元。

3）单击“确定”按钮，完成删除操作。

对于网格中的孤立节点，用户也可以选中对话框中的“删除孤立节点”选项，一起完成删除操作。

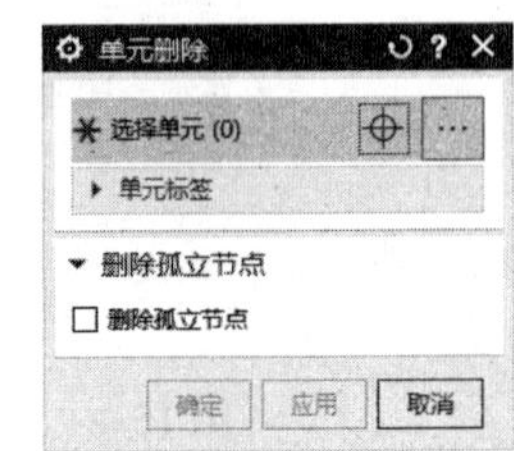

图 15-36 “单元删除”对话框

15.9.5 创建单元

创建单元操作可以在模型已有节点的情况下生成 0D、1D、2D 或 3D 单元。

1）选择“菜单”→“插入”→“单元”→“创建”命令，或单击“节点和单元”选项卡“单元”组中的“单元创建”图标，打开如图 15-37 所示的“单元创建”对话框。

2）在“单元族”下拉列表中选择要生成的单元族和单元属性类型，依次选择各节点，系统自动生成规定单元。

3）单击“关闭”按钮，完成创建单元操作。

15.9.6　单元拉伸

单元拉伸操作可对面单元或线单元进行拉伸，创建新的三维单元或二维单元。

1）选择“菜单”→“插入”→“单元”→“拉伸”命令，或单击“节点和单元”选项卡“单元”组中的“拉伸”图标，打开如图 15-38 所示的“单元拉伸”对话框。

2）在“单元拉伸”对话框里选择类型下拉列表中选择“单元面”，选择屏幕中任意一个二维单元，在“副本数”选项中输入需要创建的拉伸单元数量，在拉伸选项的“方向”下拉列表中选择拉伸的方向。

3）在拉伸的“距离”选项中选择“每个副本”，输入距离值。

4）在“扭曲角”（表示拉伸的单元按指定的点扭转一定的角度）选项中，指定点选择圆弧的中心点，输入角度值。

5）单击“确定”按钮，完成单元拉伸操作，结果如图 15-39 所示。

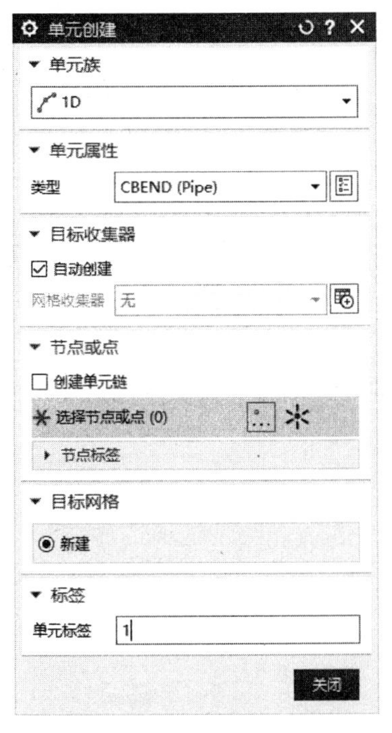

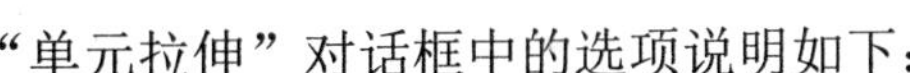
图 15-37　“单元创建”对话框

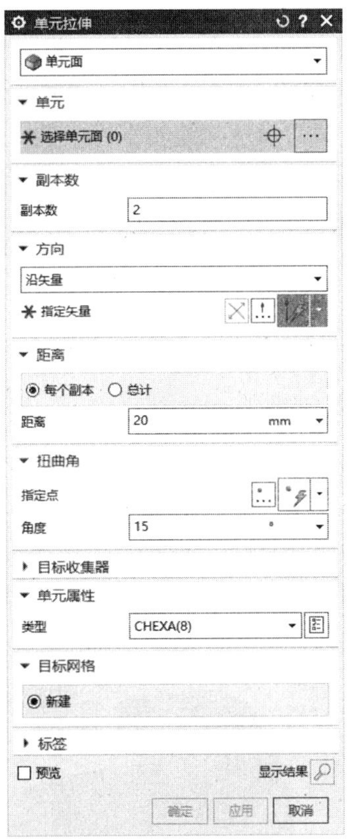

图 15-38　“单元拉伸”对话框

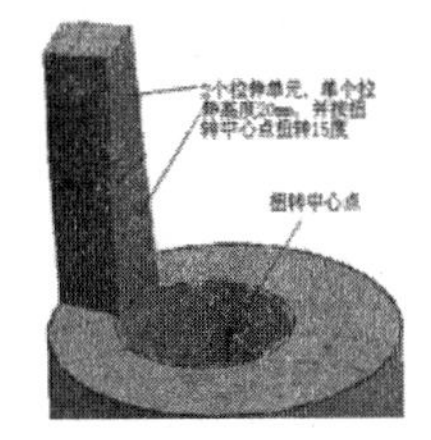
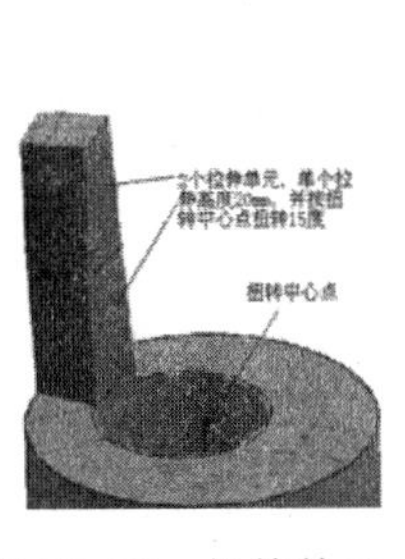

图 15-39　拉伸单元

“单元拉伸”对话框中的选项说明如下：

- 每个副本：表示单个副本的拉伸长度。
- 总计：表示所有副本的总拉伸距离。

15.9.7 单元旋转

单元旋转操作可对面或线单元绕某一矢量旋转一定角度，在原来的面或线单元和旋转生成的面或线单元之间创建新的三维或二维单元。

1）选择“菜单”→“插入”→“单元”→“旋转”命令或单击“节点和单元”选项卡“单元”组中的“旋转”图标，打开如图 15-40 所示的“单元旋转”对话框。

2）选择“单元面”类型，选择屏幕中的一个二维单元，在“副本数”选项中输入需要创建的拉伸单元数量，选择圆弧中心点为旋转轴原点。

3）在“角度”选项中选择“每个副本”，输入角度值。

4）单击“确定”按钮，完成单元旋转操作，结果如图 15-41 所示。

15.9.8 单元复制和平移

单元复制和平移操作可完成对 0 维、1 维、2 维和 3 维单元的复制平移。

1）选择“菜单”→“插入”→“单元”→“复制和平移”命令，或单击“节点和单元”选项卡中“单元”组→“更多”库→“编辑”库中的“平移”图标，打开如图 15-42 所示的“单元复制和平移”对话框。

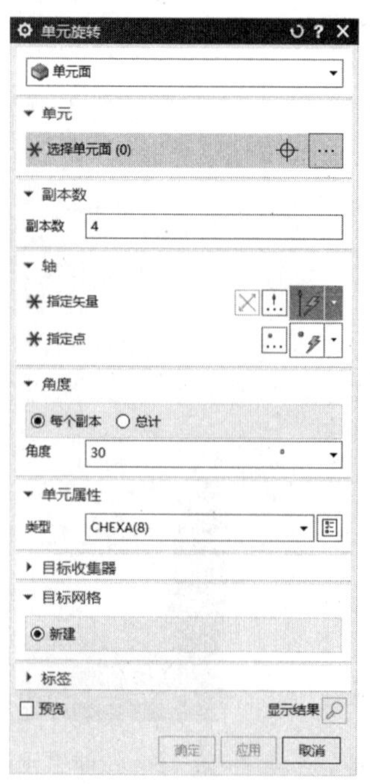

图 15-40 “单元旋转”对话框

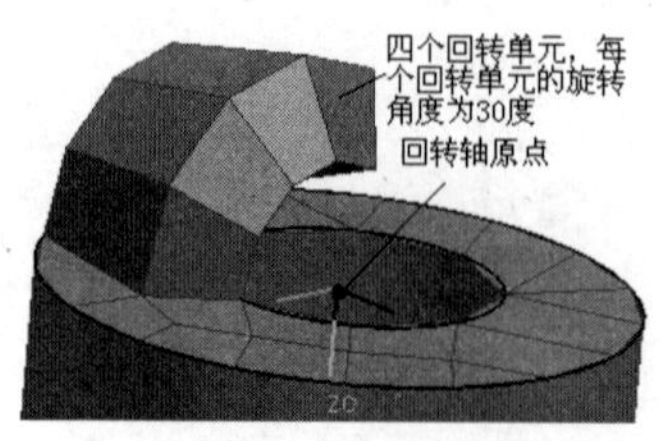

图 15-41 单元旋转

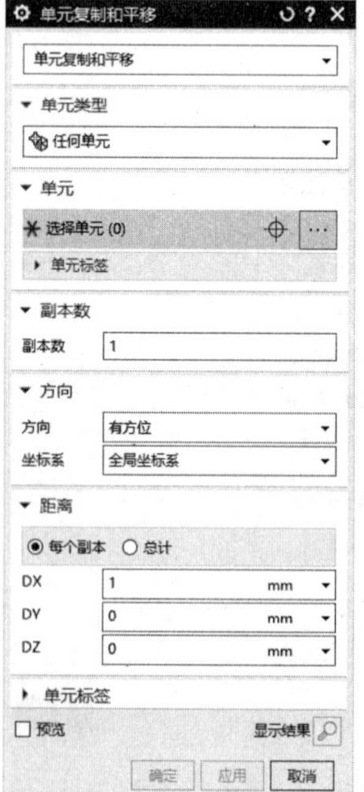

图 15-42 “单元复制和平移”对话框

2）选择“单元复制和平移”类型，在屏幕中选择任意一个单元，在“副本数”文本框中输入需要创建的复制单元数量，在“方向”下拉列表中选择“有方位”，在“坐标系”下拉列表中选择“全局坐标系”，在“距离”文本框中设置参数。

3）单击“确定”按钮，完成单元复制操作。

15.9.9　单元复制和投影

单元复制和投影操作可完成对一维或二维单元在指定曲面上的投影操作，并在投影面上生成新的单元。

“目标投影面”选项中的“曲面的偏移百分比”表示将指定的单元复制投影到新的位置距离与原单元和目标面之间距离的比值。

1）选择菜单栏中的“插入”→“单元”→“复制和投影”命令，或单击“节点和单元”选项卡中“单元”组→“更多”库→“编辑”库中的“投影”图标，打开如图 15-43 所示的“单元复制和投影”对话框。

2）选择“单元面”类型，根据选择步骤选择下底面为目标投影面，输入曲面的偏移百分比；在“方向”选项组中选择“单元法向”，并单击“指定矢量”反向按钮，使投影方向矢量指向目标投影面。

3）单击“确定”按钮，完成单元复制和投影操作，如图 15-44 所示。

图 15-43　“单元复制和投影”对话框

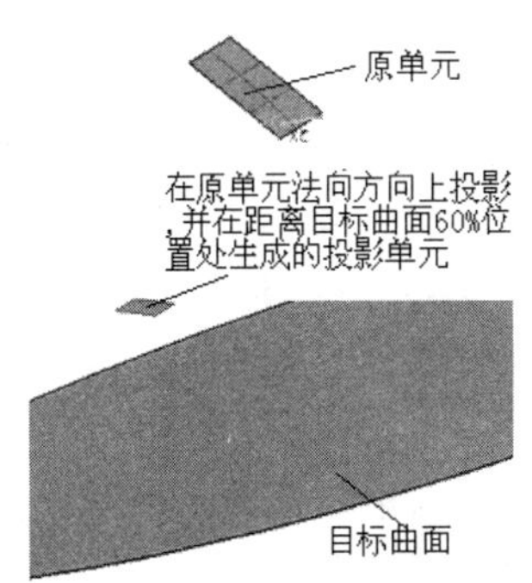

图 15-44　复制投影单元

15.9.10　单元复制和反射

单元复制和反射操作可完成对 0D、1D、2D 和 3D 单元的复制反射，操作过程与上述“单元

复制和投影”的操作过程相似。

15.10 分析

在完成有限元模型和仿真模型的建立后，就可以在仿真模型（文件名称为*.sim）中进入分析求解阶段。

15.10.1 求解

选择“菜单”→“分析”→“求解”命令，或单击“主页”选项卡“解算方案”组中的“求解”图标，打开如图 15-45 所示的“求解”对话框。

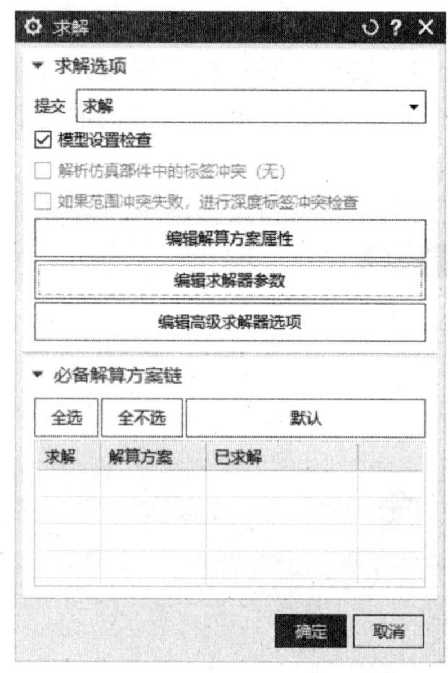

图 15-45 “求解”对话框

1）提交：包括“求解”“写入求解器输入文件”“求解输入文件”“写入、编辑并求解输入文件”4 个选项。在有限元模型前处理完成后一般直接选择“求解”选项。

2）编辑解算方案属性：单击该按钮，打开如图 15-46 所示的“解算方案”对话框。在该对话框中可对“常规”“文件管理”和“执行控制”等 5 个选项进行设置。

3）编辑求解器参数：单击该按钮，打开如图 15-47 所示的“求解器参数”对话框。利用该对话框可为当前求解器建立一个临时目录。完成各选项设置后，单击“确定”按钮，即可开始求解。

15.10.2 分析作业监视器

分析作业监视器可以在分析完成后查看分析任务信息和检查分析质量。

选择“菜单”→“分析”→“分析作业监视”命令，或单击“主页”选项卡“解算方案”组中的“分析作业监视”图标，打开如图 15-48 所示的“分析作业监视”对话框。

图 15-46　“解算方案”对话框　　　　图 15-47　“求解器参数”对话框

1）分析作业信息。在图 15-48 对话框中选中列表中完成的项，单击“分析作业信息”按钮，可打开如图 15-49 所示的“信息”对话框。

在“信息”对话框中列出了有关分析模型的各种信息，如“信息列表创建者”“节点名”“日期”等，若采用适应性求解，会给出自适应有关参数等信息。

2）检查分析质量。单击该按钮，可对分析结果进行综合评定，给出整个模型求解置信水

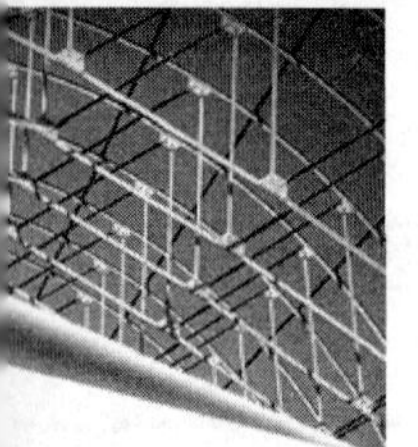

平，判断是否建议用户对模型进行更加精细的网格划分。

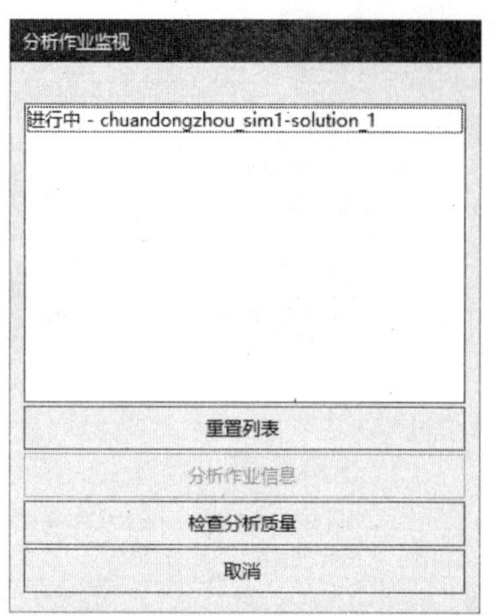

图 15-48 “分析作业监视”对话框

图 15-49 “信息”对话框

15.11 后处理控制

后处理控制对有限元分析来说是重要的一步，当求解完成后，得到的数据非常多，从中选出对用户有用的数据，将数据以适当的形式表达出来，都需要对数据进行合理的后处理。

UG NX 高级分析模块提供了较完整的后处理方式。

在求解完成后，选择后处理选项，就可以激活后处理控制的各项操作。在导入分析结果后，在“后处理导航器”中可以看见“已导入的结果”下列出了各种求解结果，如图 15-50 所示。选择不同的选项，在屏幕中会出现不同的结果。

图 15-50 求解结果

15.11.1 后处理视图

视图是最直观的数据表达形式，在 UG NX 高级分析模块中一般通过不同形式的视图表达结果。通过视图，用户能很容易识别最大变形量、最大应变和应力等在图形中的具体位置。

单击“结果”选项卡“后处理视图”组中的“编辑后处理视图”图标，打开如图 15-51 所示的“后处理视图”对话框。

（1）颜色显示：系统为分析模型提供了 8 种类型的显示方式：云图、等值线、等值曲面、箭头、立方体、球体、张量、流线。图 15-52 所示为用例图形式表示的 6 种模型分析结果图形显示方式。

图 15-51　“后处理视图”对话框

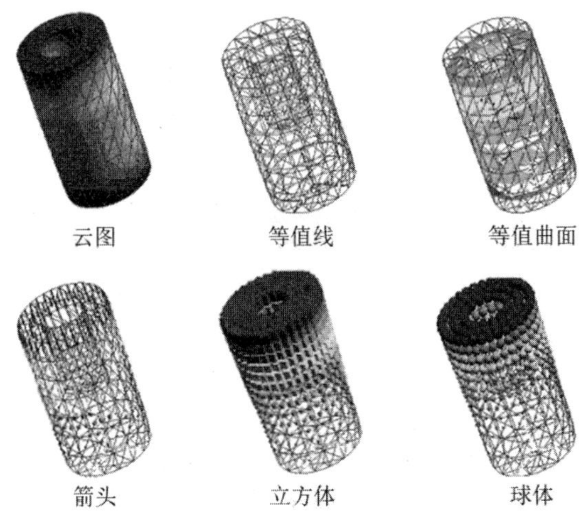

图 15-52　6 种显示方式

（2）显示于：有三种方式，分别为“自由面”“空间体”和“切割平面”。

选择“切割平面”选项可定义一个平面对模型进行切割。用户通过该选项可以查看模型内部切割平面处的数据结果。单击后面的“选项”按钮，打开“切割选项”对话框，如图 15-53

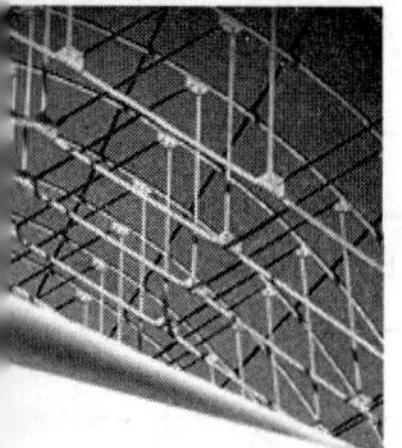

所示。对话框中各选项的含义如下：

1）切割侧：

- 正的：表示显示切削平面上部分模型。
- 负的：表示显示切削平面下部分模型。
- 两者：表示显示切削平面与模型接触平面的模型。

2）切割方向和切割位置：选择在不同坐标系下的各基准面定义为切割平面，或偏移各基准面来定义切割平面。

将颜色显示设置为平滑-云图，定义切割平面为 XC-YC 面偏移 60mm，且以“两者”方式显示的视图如图 15-54 所示。

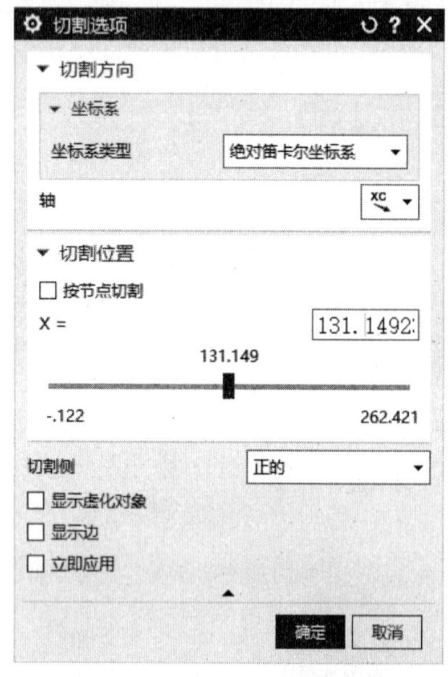

图 15-53　“切割选项”对话框

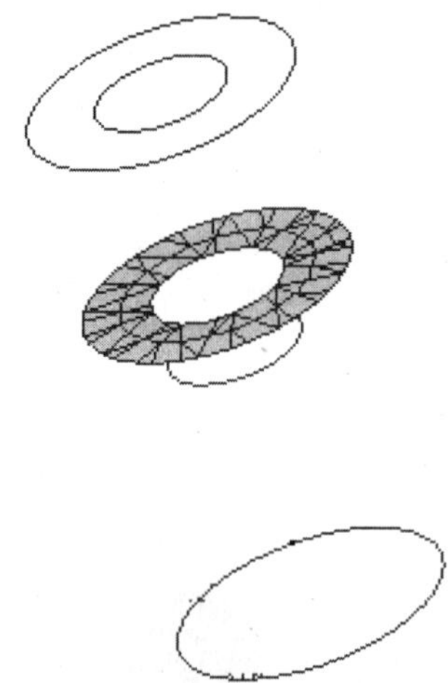

图 15-54　显示视图

（3）变形：表示是否用变形的模型视图来表达结果，“变形”选项卡如图 15-55 所示。

图 15-55　“变形”选项卡

15.11.2　标识（确定结果）

通过标识操作，可以直接在模型视图中选择感兴趣的节点，得到相应的结果信息。

系统提供了 5 种选取目标节点或单元的方式。

1）直接在模型中选择。

2）输入节点或单元号。

3）通过用户输入结果值范围，系统自动给出范围内各节点。

4）列出 N 个最大结果值节点。

5）列出 N 个最小结果值节点。

获取选中节点信息的操作步骤如下：

1）选择“菜单”→“工具”→“结果”→“标识”命令，打开如图 15-56 所示的“标识”对话框。

2）在“节点结果”下拉列表中选择“从模型中选取”，在模型中选择感兴趣的区域节点。当选中多个节点时，系统会自动判定选择的多个节点结果的最大值和最小值，做总和与平均计算，并显示最大值和最小值的 ID 号。

3）单击“在信息窗口中列出选择内容”按钮，打开“信息”对话框，其中详细显示了各被选中节点的信息，如图 15-57 所示。

UG NX

图 15-56　“标识”对话框

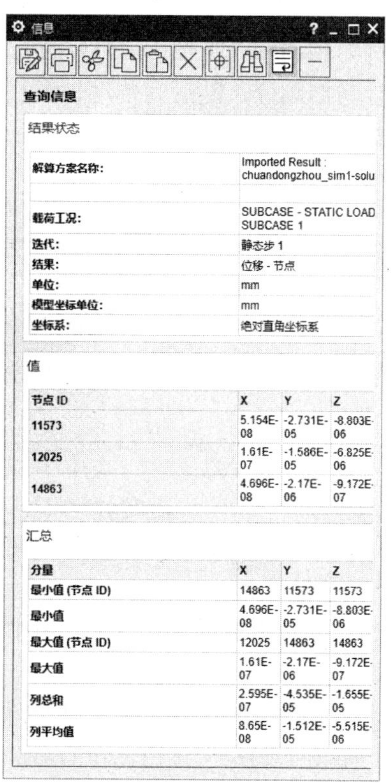

图 15-57　“信息”对话框

15.11.3 动画

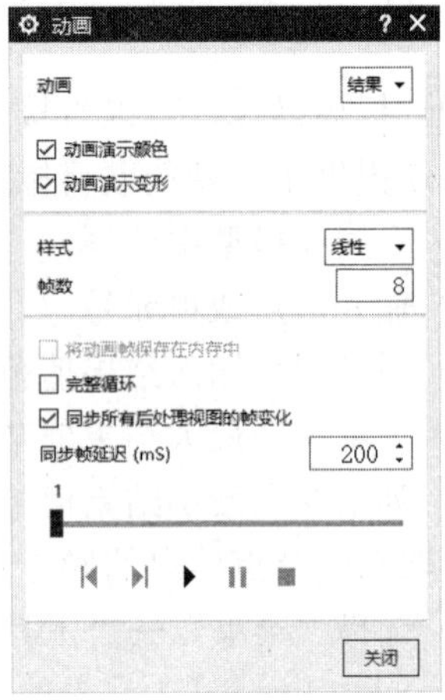

图 15-58 “动画”对话框

动画操作可模拟模型受力变形的情况，通过放大变形量使用户清楚地了解模型发生的变化。

单击“结果”选项卡“动画”组中的“动画”图标，打开如图 15-58 所示的“动画”对话框。

动画依据不同的分析类型，可以模拟不同的变化过程，在结构分析中可以模拟变形过程。用户可以通过设置较多的帧数来描述变化过程。设置完成后，单击动画设置中的播放按钮▶，屏幕中的模型动画将显示变形过程。用户还可以通过单步播放、后退、暂停和停止按钮对动画进行控制。

15.12 综合实例——传动轴有限元分析

制作思路

本实例为传动轴（见图 15-59）的有限元分析。首先打开已经建立好的模型，为模型指派材料，进行网格划分，然后为传动轴添加约束和转矩，进行求解操作。最后进行后处理操作，创建分析报告。

图 15-59 传动轴

01 打开模型。

❶单击“主页”选项卡“标准”组中的“打开”图标或选择“菜单”→“文件”→“打开”命令，打开“打开”对话框。

❷在“打开”对话框中选择目标实体目录路径和模型名称：yuanwenjian/15/chuandongzhou.prt。单击“确定”按钮，在 UG NX 系统中打开目标模型。

02 打开高级仿真界面。

❶单击“应用模块”选项卡“仿真”组中的“前/后处理”图标，打开高级仿真界面。

❷单击屏幕左侧“仿真导航器”，打开“仿真导航器”界面，并选中模型名称，鼠标单击右键，在弹出的如图 15-60 所示的快捷菜单中选择“新建 FEM 和仿真”选项，打开“新建 FEM 和仿真”对话框，如图 15-61 所示。采用系统默认设置，单击“确定”按钮，打开如图 15-62 所示的“解算方案”对话框，采用默认设置，单击“创建解算方案”按钮。

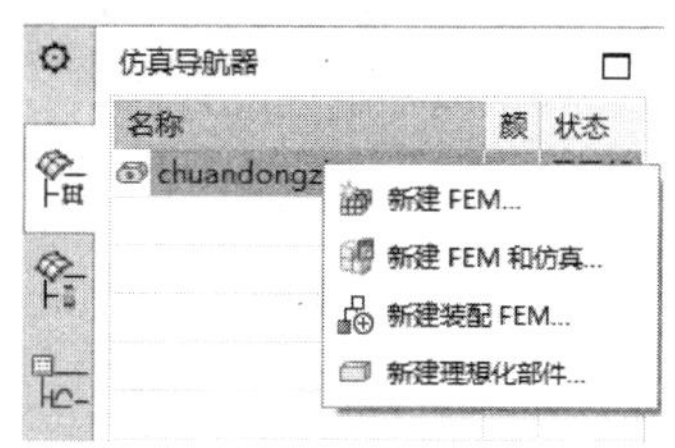

图 15-60　快捷菜单

❸此时打开的“解算方案”对话框如图 15-63 所示。采用默认设置，单击“确定”按钮，系统将自动切换到“(FEM) chuandongzhou_fem1.fem”编辑有限元模型窗口。

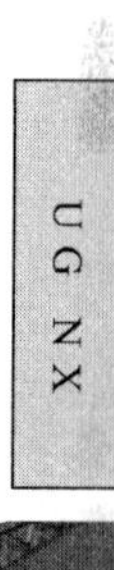

图 15-61　“新建 FEM 和仿真”对话框

图 15-62　“解算方案”对话框 1

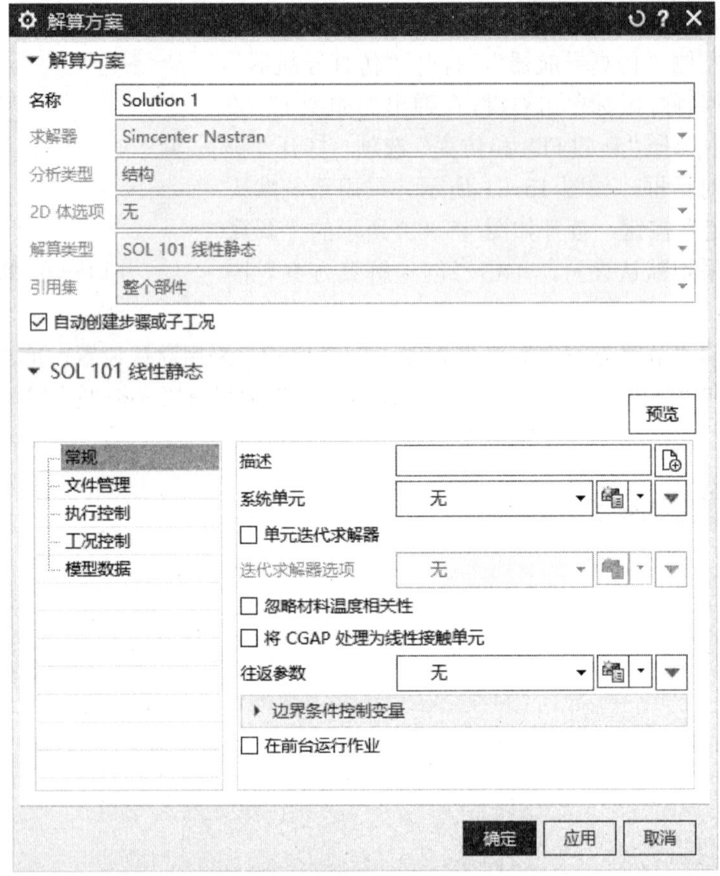

图 15-63　“解算方案”对话框 2

03 指派材料。

❶选择“菜单”→“工具”→“材料”→“指派材料”命令或单击“主页”选项卡中“属性”组→“更多”库→“材料”库中的“指派材料”图标，打开图 15-64 所示的“指派材料”对话框。

❷在材料列表中选择“Steel”材料，单击“选择体”按钮，然后在屏幕上选择模型，单击“确定”按钮。若材料列表中无用户需求的材料，则用户可以单击“创建材料”按钮，然后在弹出的对话框中设置材料各参数。

❸将在图 15-64 中选择的材料赋予该模型，完成材料设置。

04 创建 3D 四面体网格。

❶选择“菜单”→“插入”→“网格”→“3D 四面体网格”命令或单击“主页”选项卡“网格”组中的“3D 四面体”图标，打开如图 15-65 所示的“3D 四面体网格”对话框。

❷在绘图区中选择传动轴模型，选择单元属性类型为“CTETRA（10)”，输入“单元大小”为 10、“雅可比”为 20，其他采用默认设置。

❸单击“确定”按钮，开始划分网格。生成的有限元模型如图 15-66 所示。

图 15-64　“指派材料”对话框

图 15-65　“3D 四面体网格”对话框

图 15-66　有限元模型

05 施加约束。

❶在“仿真导航器”中选择“chuandongzhou_fem1.fem”，鼠标单击右键，在弹出的快捷菜单中选择“显示仿真”→“chuandongzhou_sim1.sim”选项，如图 15-67 所示，打开仿真模型界面。也可单击绘图区上方的“(仿真) chuandongzhou_sim1.sim”标签打开仿真模型界面。

❷单击“主页”选项卡中“载荷和条件”组→“约束类型”下拉菜单中的“固定约束”图标，打开如图 15-68 所示的“固定约束”对话框。

图 15-67　快捷菜单

图 15-68　“固定约束”对话框

❸在视图中选择需要施加约束的模型面，单击“确定”按钮，完成约束的施加，如图 15-69 所示。

06 添加转矩 1。

❶单击“主页”选项卡中“载荷和条件”组→“载荷类型”下拉菜单中的“扭矩”图标，打开如图 15-70 所示的“扭矩”对话框。

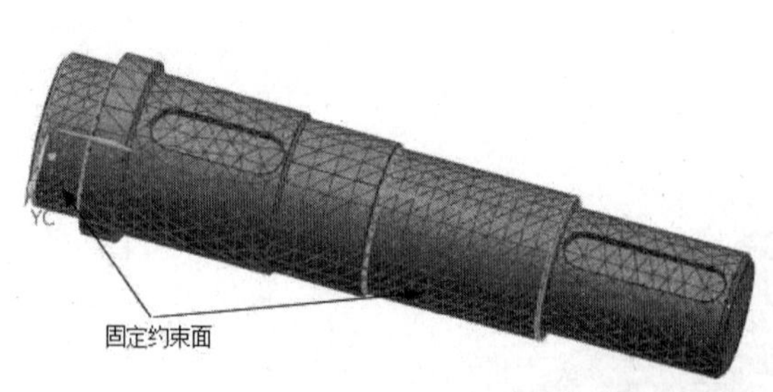

图 15-69　施加约束

图 15-70　“扭矩”对话框

❷在视图中选择第一个键槽的圆柱面为添加转矩的对象，如图 15-71 所示。

❸在“扭矩”文本框中输入 3900。

❹单击“确定”按钮，完成转矩的添加，结果如图 15-72 所示。

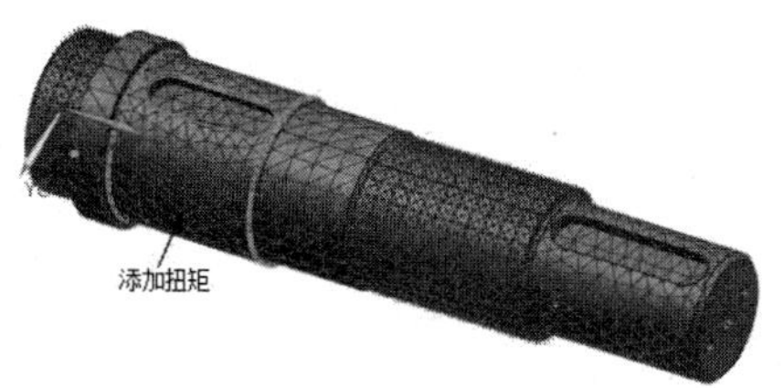

图 15-71　选择添加转矩

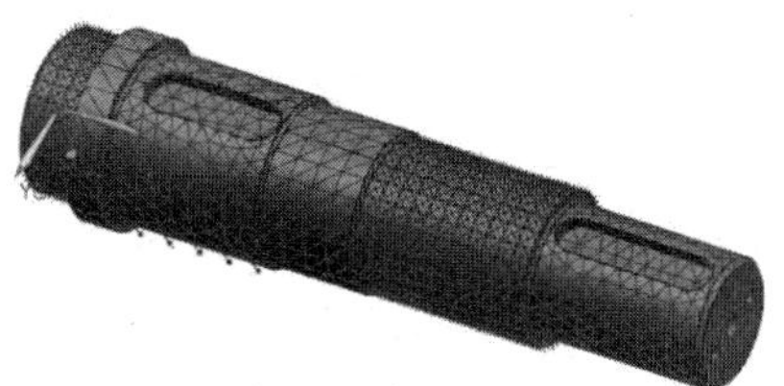

图 15-72　完成第一个转矩的添加

07 添加转矩 2。

❶单击“主页”选项卡中“载荷和条件”组→“载荷类型”下拉菜单中的“扭矩”图标，打开“扭矩”对话框。

❷在视图中选择第二个键槽的圆柱面为添加转矩的对象，如图 15-73 所示。

❸在“扭矩”文本框中输入-3900。

❹单击“确定”按钮，完成转矩的添加，结果如图 15-74 所示。

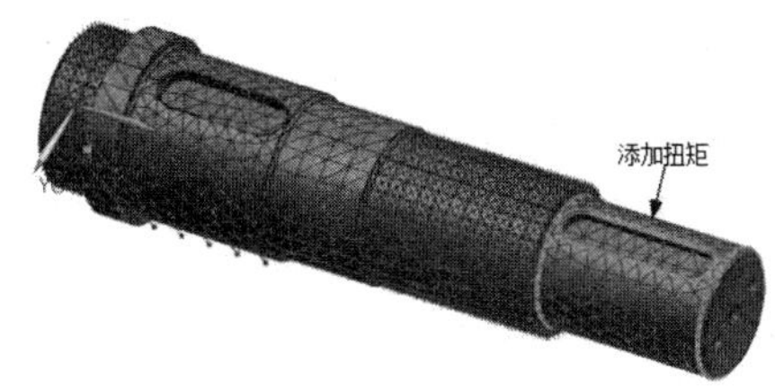

图 15-73　选择添加转矩的对象

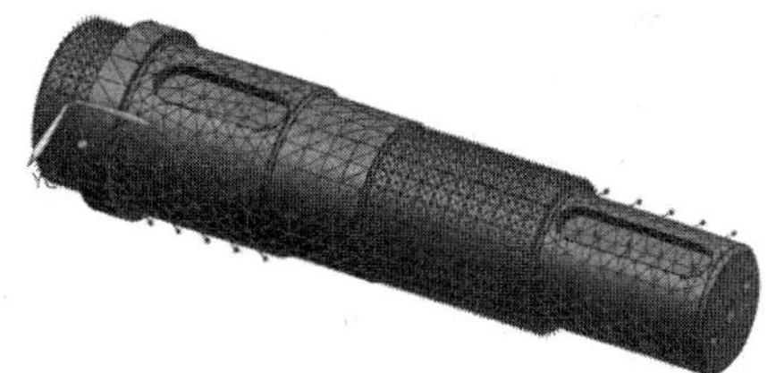

图 15-74　完成第二个转矩的添加

08 求解。

❶单击“主页”选项卡“解算方案”组中的“求解”图标或选择“菜单”→“分析”→“求解”命令，打开如图 15-75 所示的“求解”对话框。

图 15-75　“求解”对话框

❷单击“确定”按钮，打开如图 15-76 所示的“Solution Monitor”（解算监视器）窗口和如图 15-77 所示的“分析作业监视”对话框。

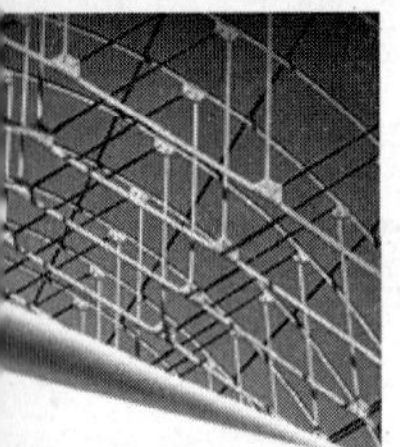

图 15-76 “Solution Monitor”窗口

❸单击“关闭”和“取消”按钮，完成求解过程。

09 生成云图。

❶单击资源条中的“后处理导航器”按钮，在打开的“后处理导航器”中选择“已导入的结果”，鼠标右键单击，在弹出的快捷菜单中选择“导入结果”选项，如图 15-78 所示，系统打开“导入结果”对话框，如图 15-79 所示。在用户硬盘中选择结果文件，单击“确定”按钮，系统激活后处理工具。

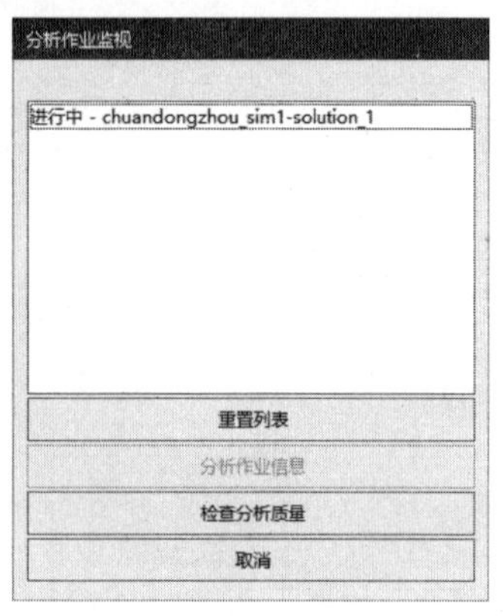

图 15-77 “分析作业监视”对话框

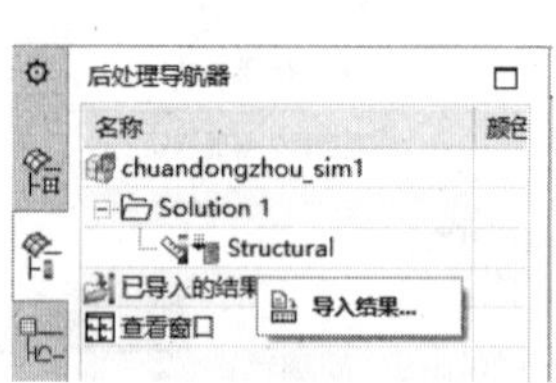

图 15-78 选择“导入结果”

图 15-79 “导入结果”对话框

❷在屏幕右侧“后处理导航器”的“已导入的结果”中选择“应力-单元”选项，选择“Von-Mises”并鼠标右键单击，在弹出的快捷菜单中选择“新建绘图”选项，如图 15-80 所示，生成有限元模型的应力云图，如图 15-81 所示。

图 15-80　选择“新建绘图”

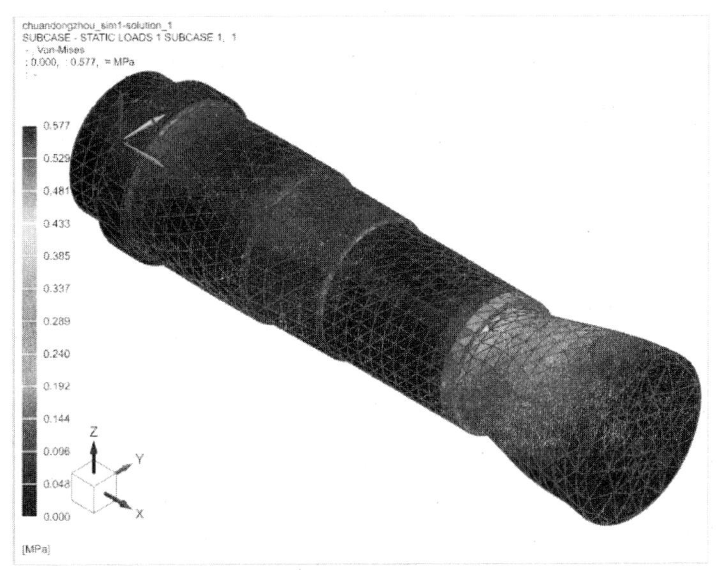

图 15-81　应力云图

❸在屏幕右侧“后处理导航器”的“已导入的结果”中双击“位移-节点”选项，生成有限元模型的位移云图，如图 15-82 所示。

10 创建分析报告。

❶单击“主页”选项卡“解算方案”组中的“创建报告”图标，或选择“菜单”→“工具”→“创建报告”命令，打开“在站点中显示模板文件”对话框，选择其中的一个模板，如“SPLM_Demo_Report_Template_01.docx”，单击“确定”按钮，系统将根据整个分析过程，创建一份完整的分析报告。

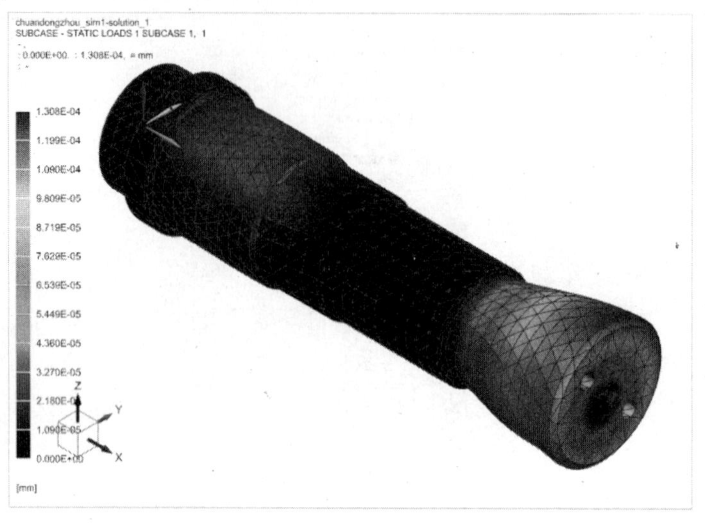

图 15-82　位移云图

❷在“仿真导航器”中选中报告，单击鼠标右键，在弹出的快捷菜单中选择“发布报告”选项，如图 15-83 所示，打开“指定新的报告文档名称”对话框，输入文件名称，单击“确定”按钮，进行报告文档的保存，系统显示上述创建的分析报告，如图 15-84 所示。至此整个分析过程结束。

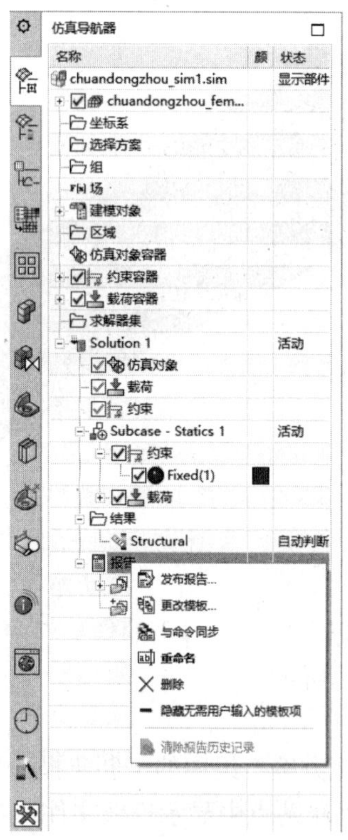

图 15-83　选择“发布报告”

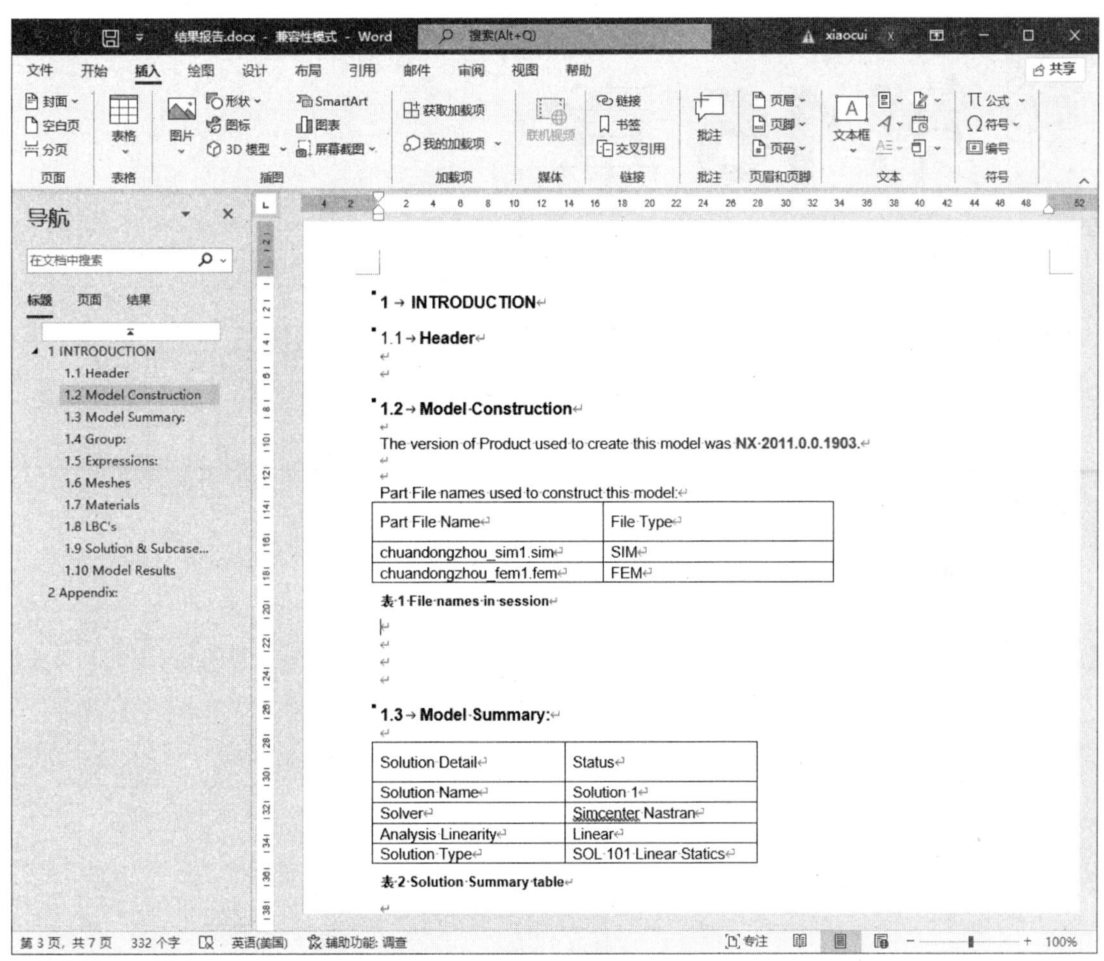
结果报告.docx - 兼容性模式 - Word
文件 开始 插入 绘图 设计 布局 引用 邮件 审阅 视图 帮助
导航
1 INTRODUCTION
1.1 Header
1.2 Model Construction
1.3 Model Summary:
1.4 Group:
1.5 Expressions:
1.6 Meshes
1.7 Materials
1.8 LBC's
1.9 Solution & Subcase...
1.10 Model Results
2 Appendix:
1 INTRODUCTION
1.1 Header
1.2 Model Construction
The version of Product used to create this model was NX 2011.0.0.1903.
Part File names used to construct this model:
Part File Name | File Type
chuandongzhou_sim1.sim | SIM
chuandongzhou_fem1.fem | FEM
表 1 File names in session
1.3 Model Summary:
Solution Detail | Status
Solution Name | Solution 1
Solver | Simcenter Nastran
Analysis Linearity | Linear
Solution Type | SOL 101 Linear Statics
表 2 Solution Summary table
第 3 页，共 7 页 332 个字 英语(美国) 辅助功能: 调查 100%

图 15-84　分析报告

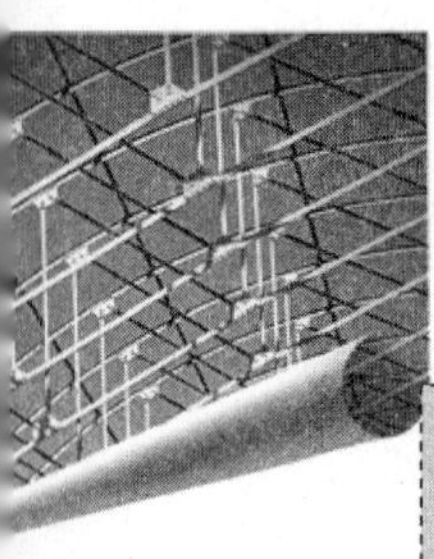

第16章

运动仿真

首先创建运动分析对象，若对创建对象感到不满意，可以在模型准备中对模型进行重新编辑和其他操作。模型准备阶段主要包括对模型尺寸的编辑、运动对象的编辑、标记点和智能点的创建、封装和函数管理器的建立等。

完成模型准备后，即可利用运动分析模块对模型进行全面的运动分析。

重点与难点

- 运动体及运动副
- 连接器和载荷
- 标记和智能点
- 解算方案的创建和求解
- 运动分析

16.1 机构分析基本概念

机构分析是 UG NX 的一个特殊分析功能，该功能涉及很多特殊的概念和定义，本节将简要介绍。

16.1.1 机构的组成

1）构件。任何机器都是由许多零件组合而成的。这些零件中，有的作为一个独立的运动单元体而运动，有的由于结构和工艺上的需要而与其他零件刚性地连接在一起，作为一个整体而运动，这些刚性连接在一起的零件共同组成了一个独立的运动单元体。机器中每一个独立的运动单元体称为一个构件。

2）运动副。由构件组成机构时，需要以一定的方式把各个构件彼此连接起来，这种连接不是刚性连接，而是能产生某些相对运动，这种由两个构件组成的可动连接称为运动副。两个构件上能够参加接触而构成运动副的表面称为运动副元素。

3）自由度和约束。任意两构件，它们在没有构成运动副之前，两者之间有 6 个相对自由度（在正坐标系中 3 个运动自由度和 3 个转动自由度）。若将两者以某种方式连接而构成运动副，则两者间的相对运动便受到一定的约束。

运动副常根据两构件的接触情况进行分类，两构件通过点或线接触而构成的运动副统称高副，通过面接触而构成的运动副称为低副。另外，也有按移动方式分类的，如移动副、回转副、螺旋副和球面副等，其移动方式分别为移动、转动、螺旋运动和球面运动。

16.1.2 机构自由度的计算

在机构创建过程中，每个自由构件将引入 6 个自由度，同时运动副又给机构运动带来约束。常用运动副的约束数目见表 16-1。

表 16-1　常用运动副的约束数目

运动副类型	转动副	移动副	柱面副	螺旋副	球副	平面副
约束数	5	5	4	1	3	3
运动副类型	齿轮副	齿轮齿条幅	缆绳副	万向联轴器	点线接触高副	曲线间接触高副
约束数	1	1	1	4	2	2

机构自由度总数可用下式计算：

机构自由度总数=活动构件数×6－约束总数－原动件独立输入运动数

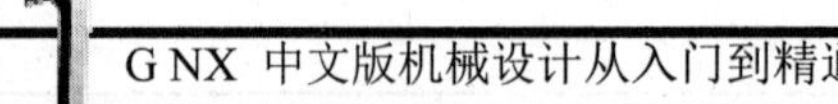

16.2 仿真模型

与结构分析相似，仿真模型是在主模型的基础上创建的，两者间存在密切联系。

1）单击“应用模块”选项卡“仿真”组中的“运动”图标，打开运动分析模式。

2）单击绘图窗口左侧“运动导航器”按钮，弹出“运动导航器”对话框，如图 16-1 所示。

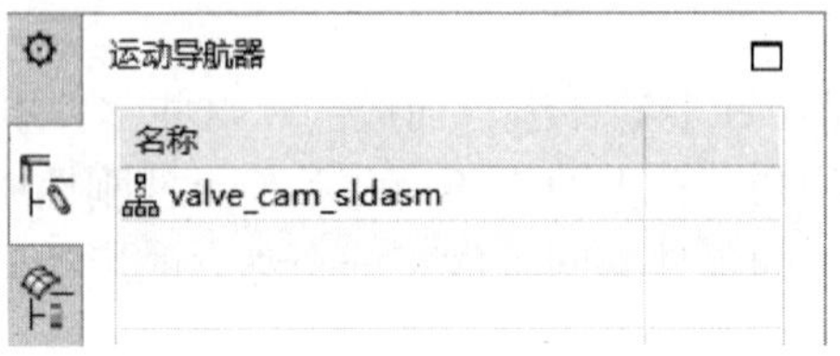

图 16-1 “运动导航器”对话框

3）鼠标右键单击“运动导航器”中的主模型名称，在弹出的快捷菜单中选择“新建仿真”，弹出“新建仿真”对话框，如图 16-2 所示。单击“确定”按钮，弹出如图 16-3 所示的“环境”对话框，完成参数设置后，单击“确定”按钮。

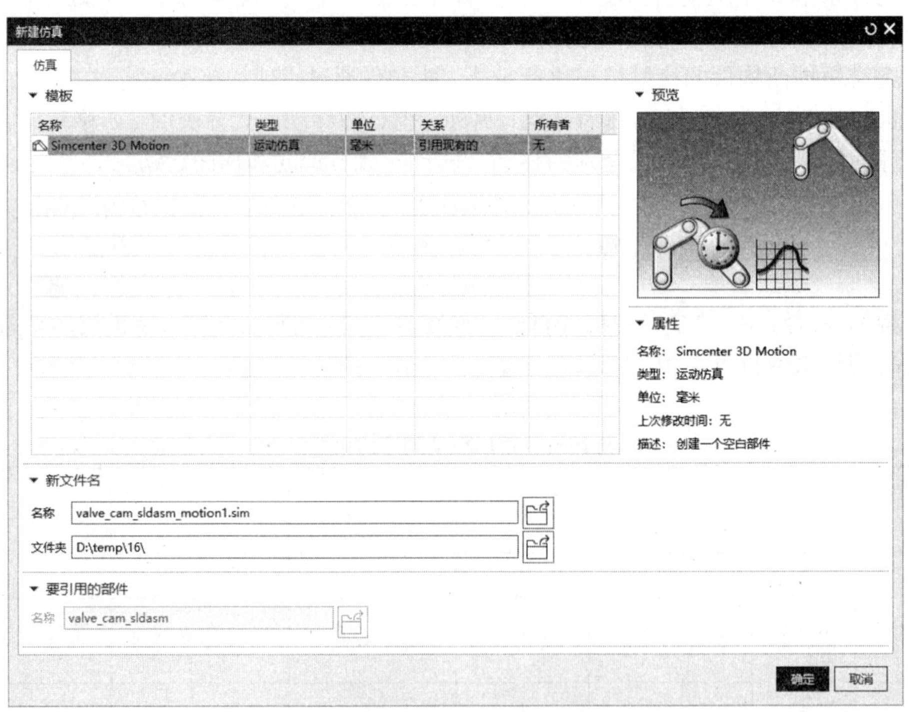

图 16-2 “新建仿真”对话框

4）如果该装配主模型中预先使用了装配约束，将弹出如图 16-4 所示的“机构运动副向导”对话框。单击“取消”按钮，创建默认名为“model_motion_1.sim”的运动仿真文件。

图 16-3　“环境”对话框

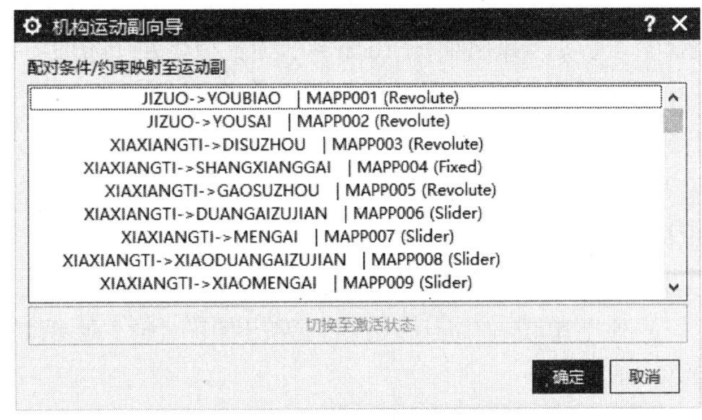

图 16-4　“机构运动副向导”对话框

5）打开运动仿真界面后，常用命令在“主页”选项卡中，如图 16-5 所示。用户可以对仿真模型进行多项操作。其中部分组的含义如下：

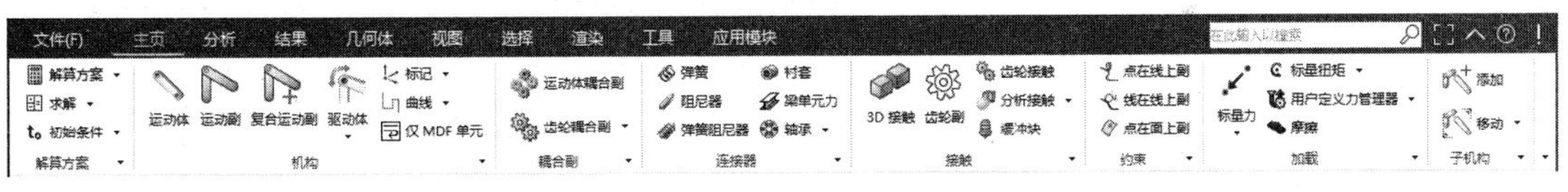

图 16-5　“主页”选项卡

- “解算方案”组：用于对解算方案、环境、求解以及初始条件进行设置和编辑。
- “机构”组：用于在模型中创建运动体、运动副、复合运动副、驱动体、标记、曲线，并且可以对运动对象进行编辑。
- “耦合副”组：用于为机构各运动体之间定义运动体耦合副、齿轮耦合副、齿轮齿条副、线缆副和 2-3 联接耦合副。
- “连接器”组：用于为机构各运动体之间定义力学对象，如弹簧、衬套、阻尼器、梁单元力、弹簧阻尼器、轴承等。
- “接触”组：用于为机构各运动体之间定义 3D 接触、齿轮副、齿轮接触、分析接触、缓冲块等。
- “约束”组：用于为机构各运动体之间定义点在线上副、线在线上副、点在面上副等约束。
- “加载”组：用于为机构各运动体定义标量力、矢量力、3 点力、标量扭矩、矢量扭矩、3 点扭矩等载荷。

16.3 运动分析首选项

运动分析首选项控制运动分析中的各种显示参数，分析文件和后处理参数，它是进行机构分析前的重要准备工作。

选择“菜单”→“首选项”→“运动”命令，或者单击“文件”选项卡中的“首选项”→“运动”选项，弹出如图 16-6 所示的“运动首选项”对话框，其中选项的含义如下：

（1）运动对象参数：控制显示何种运动分析对象以及显示形式。

1）名称显示：该选项控制在仿真模型中是否显示运动体及运动副的名称。

2）图标比例：该选项控制运动对象图标的显示比例。修改此参数会改变当前和以后创建的图标显示比例。

3）角度单位：确定角度单位是弧度还是度。默认选项为“度”。

4）列出单位：单击该按钮，弹出如图 16-7 所示的“信息”对话框，显示当前运动分析中的单位制。

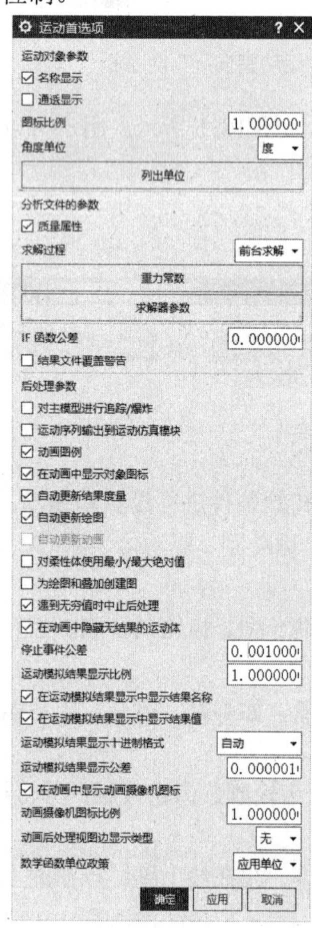

图 16-6 “运动首选项”对话框

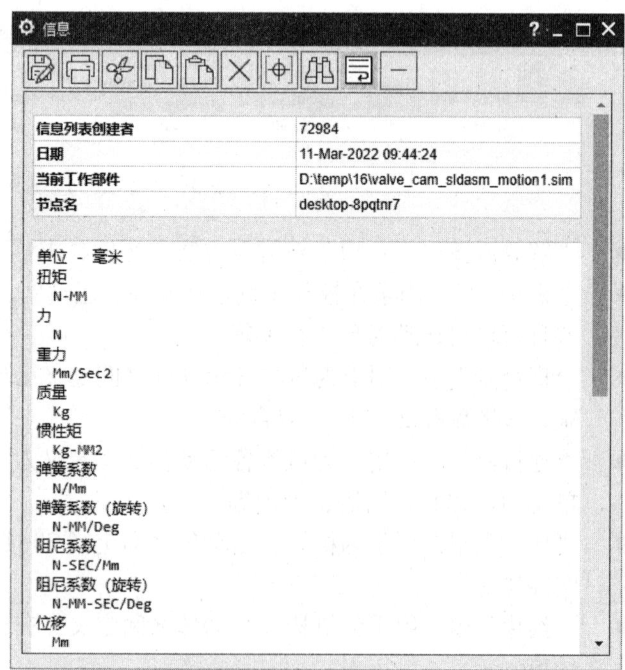

图 16-7 “信息”对话框

（2）分析文件的参数：控制对象的“质量属性”和“重力常数”两个参数。

1）质量属性：该选项控制解算器在求解时是否采用构件的质量特性。

2）重力常数：控制重力常数 G 的大小。单击该按钮，弹出“全局重力系数”对话框。在单位采用 mm 时，重力加速度为-9806.65mm/s^2(负号表示垂直向下方向)。

3）求解器参数：控制运动分析中的积分和微分方程的求解精度。求解精度越高，意味着对计算机的性能要求越高，耗费的时间也越长，因此需要合理选择求解精度。单击此按钮，打开如图 16-8 所示的“求解器参数”对话框。

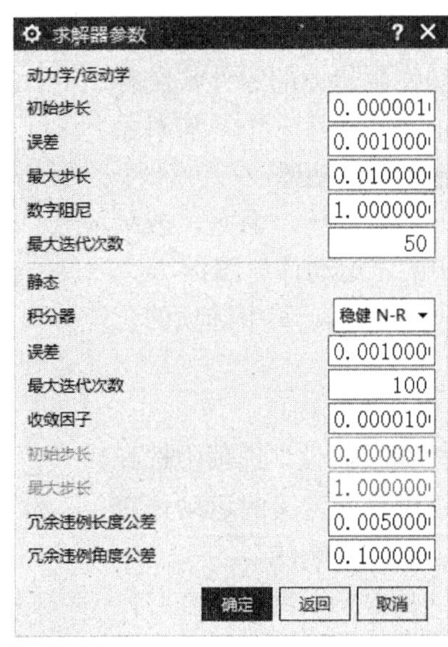

图 16-8　“求解器参数”对话框

步长：控制积分和微分方程中的 dx 因子大小。dx 越小，求解的精度越高。

误差：控制求解结果和求解方程间的误差。误差越小，解算精度越高。

最大迭代次数：控制解算器的最大迭代次数，当解算器达到最大迭代次数时，即使迭代结果不收敛，解算器也停止迭代。

（3）IF 函数公差：设置 IF 函数中数值比较的公差。

（4）后处理参数：对后处理过程的各个参数进行设置。

1）对主模型进行追踪/爆炸：选中此复选框，将在运动分析方案中创建的追踪或爆炸的对象输出到主模型中。

2）运动序列输出到运动仿真模块：选中此复选框，将在运动仿真文件中保存运动序列。

3）动画图例：选中该复选框，在通过动画显示运动仿真结果时，将出现一个显示当前时间和求解步的文本框。

4）遇到无穷值时中止后处理：当求解器出现无穷值时，停止后处理过程并显示错误信息。如果不勾选此复选框，则所有无穷值将被一个大数字（1.0e19）替换，后处理将继续使用该数字。

16.4 运动体及运动副

在运动分析中，运动体和运动副是组成构件最基本的要素，没有这两部分机构就不可能运动。

16.4.1 运动体

在通常机构学中，固定的部分称为机架，而在运动仿真分析模块中，固定的零件和发生运动的零件都统称为运动体。在创建运动体过程中，应注意一个几何对象只能创建一个运动体，不能创建多个运动体。

选择“菜单”→“插入”→“运动体”命令，或单击“主页”选项卡“机构”组中的“运动体”图标，打开如图 16-9 所示的“运动体”对话框。其中选项的含义如下：

（1）运动体对象：选择几何体为运动体。

（2）质量和惯性矩：当在“质量属性”选项中选择“用户定义”选项时，此选项组可以为定义的运动体赋予质量并可使用点构造器定义运动体的质心。

在定义惯性矩和惯性积前，必须先编辑坐标方向，也可以采用系统默认的坐标方向。惯性矩表达式为 $I_{xx}=\int_A x^2\mathrm{d}A \quad I_{yy}=\int_A y^2\mathrm{d}A \quad I_{zz}=\int_A z^2\mathrm{d}A$；惯性积表达式为 $I_{xy}=\int_A xy\mathrm{d}A \quad I_{xz}=\int_A xy\mathrm{d}A \quad I_{yz}=\int_A yz\mathrm{d}A$

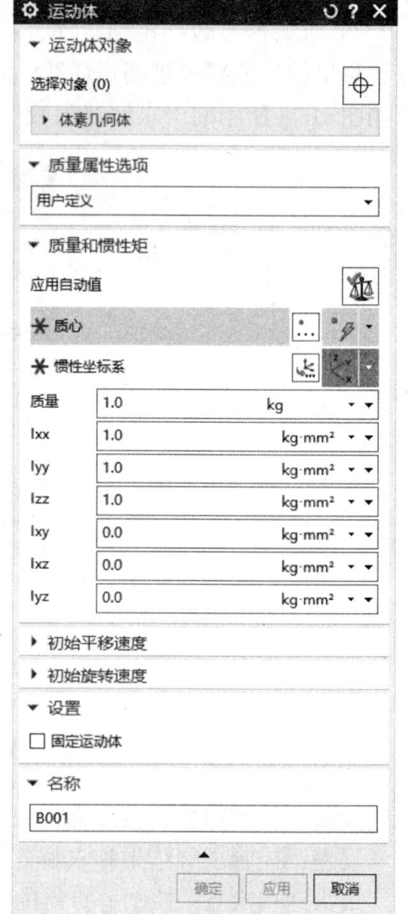

图 16-9 “运动体”对话框

（3）初始平移速度：为运动体定义一个初始平移速度。

1）指定方向：为初始速度定义速度方向。

2）平移速度：用于重新设定构件的初始平移速度。

（4）初始旋转速度：为运动体定义一个初始转动速度。

1）幅值：通过设定一个矢量作为角速度的旋转轴，然后在“旋转速度”选项中输入角速度大小。

2）分量：通过输入初始角速度的各坐标分量大小来设定运动体的初始角速度大小。

（5）固定运动体：勾选此复选框，将选择的目标零件作为固定运动体。

注意

若仅对机构进行运动分析，可不必为运动体赋予质量和惯性矩、惯性积参数。

16.4.2　运动副

运动副为运动体间定义的相对运动方式。不同运动副的创建对话框大致相同。

选择“菜单”→“插入”→“运动副”命令，或单击“主页”选项卡“机构”组中的“运动副”图标，打开如图 16-10 所示的“运动副”对话框。

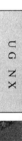

1. 旋转副

（1）对齐运动体：控制由不连接运动体组成的运动副在调用机构分析解算器时产生关联关系。

（2）限制：控制转动副的相对转动范围。该选项只在基于位移的动态仿真中有效。注意在“上限”和“下限”值应分别输入旋转副的旋转范围数值。

（3）摩擦：为运动副提供摩擦选项。“摩擦”选项卡如图 16-11 所示。

图 16-10　“运动副”对话框

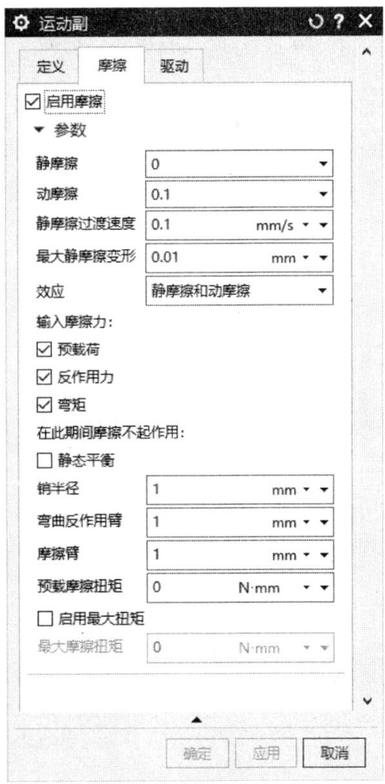

图 16-11　“摩擦”选项卡

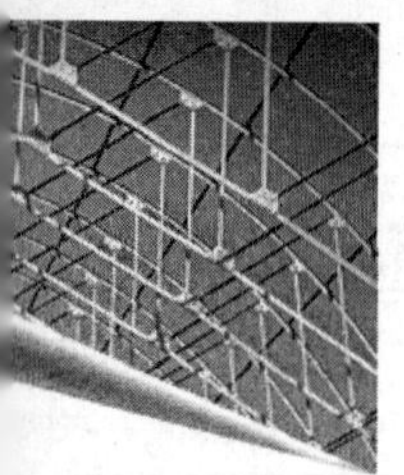

（4）驱动：控制转动副是否为原动运动副，系统为原动运动副提供了“多项式”“谐波”“函数”“铰接运动”“控制”和“曲线 2D”6 种驱动运动规律。

1）“多项式”驱动运动规律表达式：$x+v*t+1/2*a*t^2$。式中，x,v,a,t 分别为位移、速度、加速度和时间。在“驱动类型”下拉列表中选择“多项式”，弹出的对话框如图 16-12 所示。

2）“谐波”驱动运动规律表达式：$A*\sin(\omega*t+\phi)+B$。式中，A,ω,ϕ,B,t 分别为幅值、角频率、相位角、角位移和时间。在“驱动类型”下拉列表中选择“谐波”，弹出的对话框如图 16-13 所示。

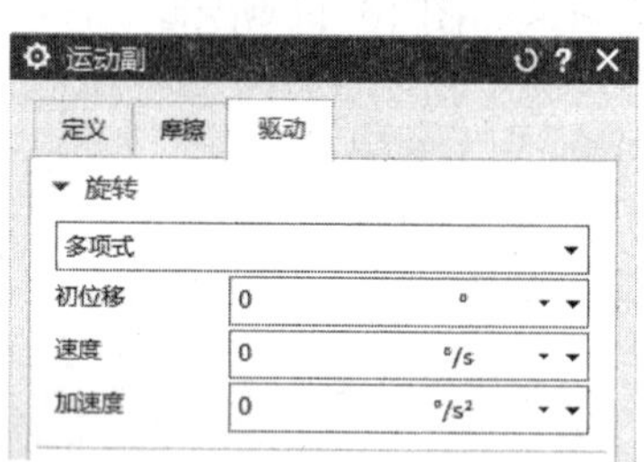

图 16-12 “多项式”选项

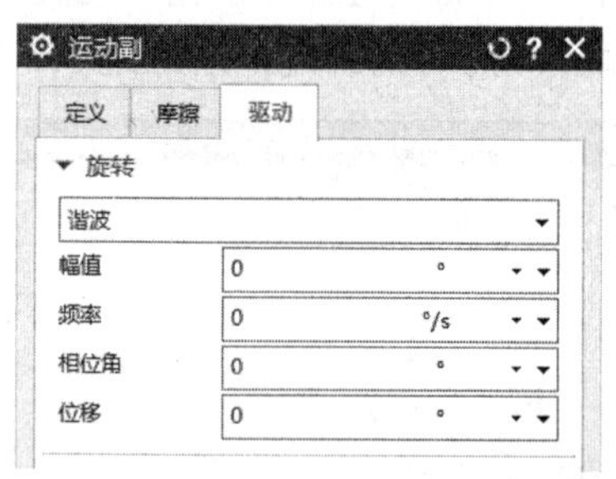

图 16-13 “谐波”选项

3）“函数”驱动运动规律：由用户通过函数编辑器自定义一个表达式。在“驱动类型”下拉列表中选择“函数”，弹出的对话框如图 16-14 所示。

单击图 16-14 所示对话框中的“函数管理器”图标 f(x)，弹出“XY 函数管理器”对话框，如图 16-15 所示。

图 16-14 “函数”类型的对话框

图 16-15 “XY 函数管理器”对话框

4）“铰接运动”驱动运动规律：选项用于设置基于位移的动态仿真。该选项可设定转动副具有独立时间的运动。

2．滑动副

选择“滑动副”选项打开的对话框和选择“旋转副”选项打开的对话框相同，各选项的意义也相似。

3．柱面副

柱面副包括沿某一轴的移动副和旋转副两种传动形式。选择该选项打开的对话框与上述介绍的相比没有了“极限”和“运动驱动”选项，其他选项相同。

4．螺旋副

组成螺旋副的两个运动体沿某轴做相对移动和相对转动运动，两者间只有一个独立运动参数。但实际上不可能依靠螺旋副单独为两个运动体生成 5 个约束，因此要达到施加 5 个约束的效果，应将螺旋副和柱面副结合起来使用，即首先为两个运动体定义一个柱面副，然后再定义一个螺旋副，两者结合起来才能为组成螺旋副的两个运动体定义 5 个约束。在螺旋副中，螺旋模数比表示输入螺旋副的螺距，其单位与主模型文件所采用的单位相同。若定义螺距为正，则第一个运动体相对于第二个运动体正向移动，若定义螺距为负，则反之。

5．万向节

用于将轴线不重合的两个回转构件连接起来，选择“万向节”打开的对话框如图 16-16 所示。万向节如图 16-17 所示。

图 16-16　“万向节”类型的对话框

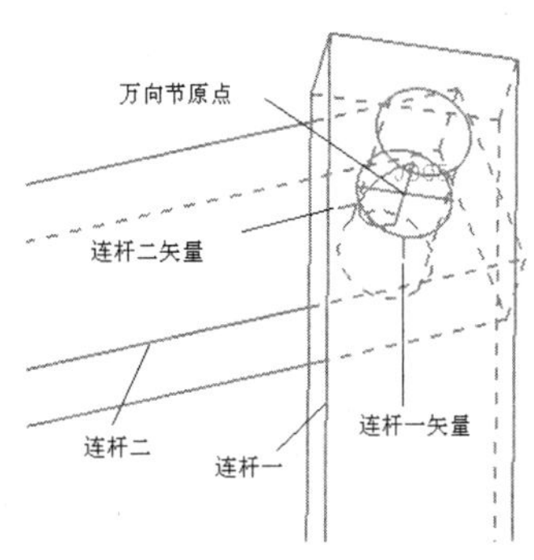

图 16-17　万向节

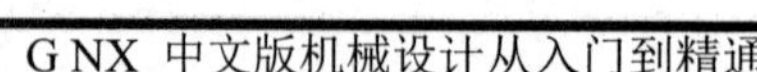
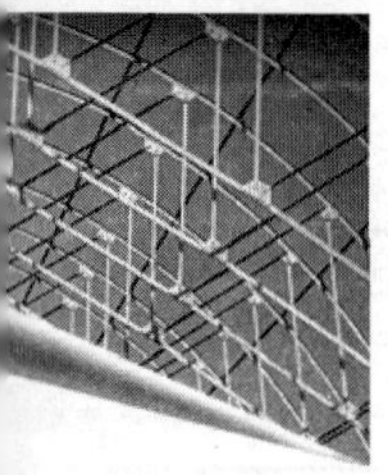

6．球面副

组成球面副的两个运动体具有三个分别绕 X、Y、Z 轴相对旋转的自由度。组成球面副的两运动体的坐标系原点必须重合。球面副如图 16-18 所示。

7．平面副

用于创建两个运动体的平面相对运动，包括在平面内的沿两轴向的相对移动和相对平面法向的相对转动。平面副如图 16-19 所示。平面矢量 Z 轴垂直于相对移动和旋转平面。

8．固定副

在两个运动体间创建一个固定连接副，相当于以刚性连接两个运动体，两运动体间无相对运动。

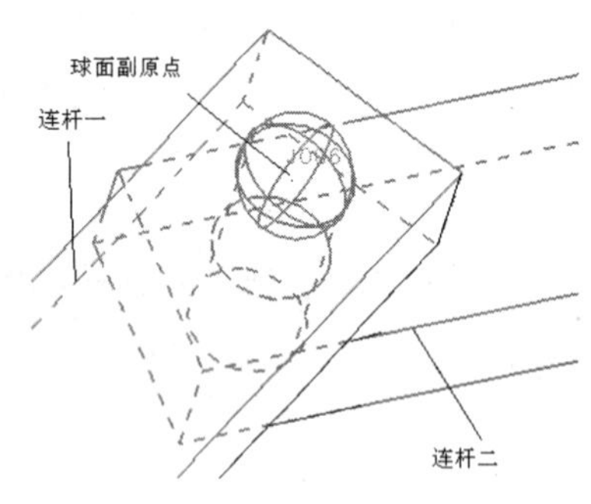

图 16-18　球面副

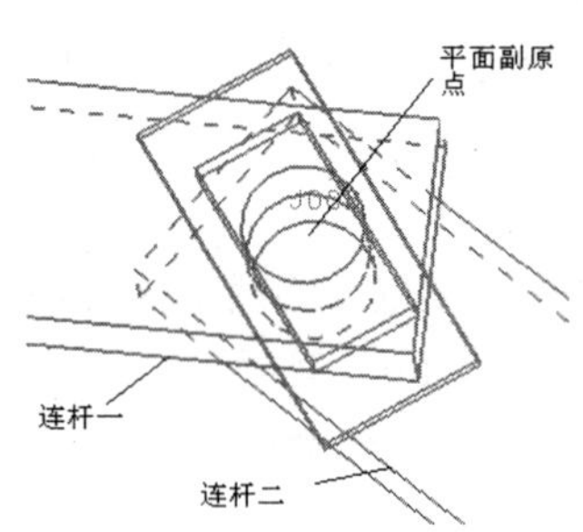

图 16-19　平面副

16.4.3　齿轮齿条副

齿轮齿条副可模拟齿轮与齿条间的啮合运动，在该副中齿轮相对于齿条做相对移动和相对转动运动。

创建齿轮齿条副之前，应先定义一个滑动副和一个旋转副，然后创建齿轮副。

1）选择“菜单”→“插入”→“耦合副”→“齿轮齿条副”命令，或单击“主页”选项卡中“耦合副”组→“耦合副”下拉菜单中的“齿轮齿条副”图标，弹出如图 16-20 所示的“齿轮齿条副”对话框。“比率（销半径）”参数等效于齿轮的节圆半径，即齿轮中心到接触点间距离。

2）选择已创建的滑动副、转动副和接触点。

3）系统自动给定“比率”值，用户也可以设定“比率”值，然后由系统给出接触点位置。

4）单击“确定”按钮。

齿轮齿条副如图 16-21 所示，由一个与机架连接的滑动副和一个与机架连接的具有驱动能力的转动副组成。

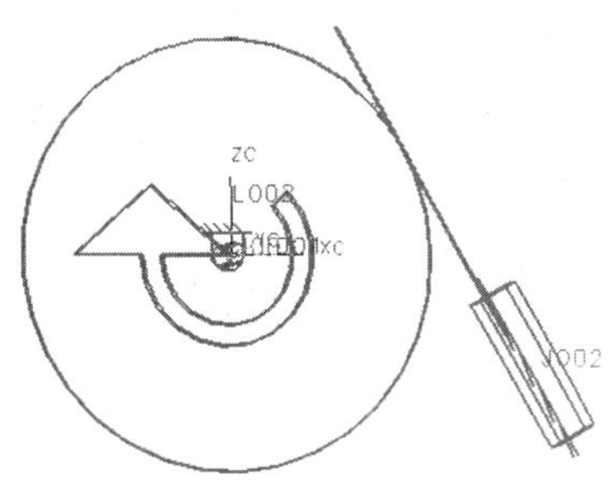

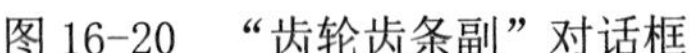
图 16-20　“齿轮齿条副”对话框　　　　图 16-21　齿轮齿条副

16. 4. 4　齿轮副

齿轮副用来模拟一对齿轮的啮合传动，在创建齿轮副之前，应先定义两个转动副。齿轮副可以通过为旋转副定义驱动或极限来设定驱动或运动极限范围。

1）选择“菜单”→“插入”→“耦合副”→“齿轮耦合副”命令，或单击“主页”选项卡中“耦合副”组→“耦合副”下拉菜单中的“齿轮耦合副”图标，弹出如图 16-22 所示的“齿轮耦合副”对话框。

2）依次选择两转动副和接触点。

3）系统由接触点自动给出“比率”值，用户也可以先设定“比率”值，然后由系统给出接触点位置。

4）单击“确定”按钮。

图 16-23 所示为一带驱动旋转副和一普通旋转副组成的齿轮副。

图 16-22　“齿轮耦合副”对话框

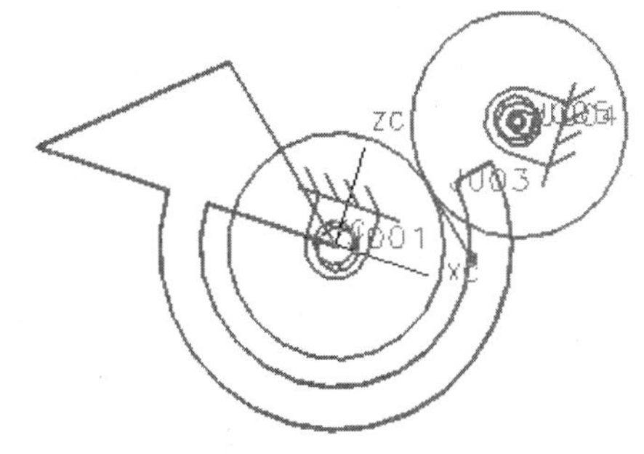

图 16-23　齿轮副

“齿轮耦合副”对话框中选项说明：

“显示比例”为两齿轮节圆半径比值。

16.4.5 线缆副

线缆副可使两个滑动副产生关联关系。在创建线缆副之前，应先定义两个滑动副。线缆副可以通过定义其中一个滑动副的驱动或极限来设定线缆副的驱动或运动极限范围。

1）选择“菜单”→“插入”→“耦合副”→“线缆副”命令，或单击“主页”选项卡“耦合副”组→“耦合副”下拉菜单中的“线缆副”按钮，弹出如图 16-24 所示的“线缆副”对话框。

2）首先选择运动体，然后选择接触副。

3）选择线，采用系统默认的显示比例和名称。

4）单击“确定”按钮，生成如图 16-25 所示的由两个滑动副组成的线缆副。

图 16-24 “线缆副”对话框

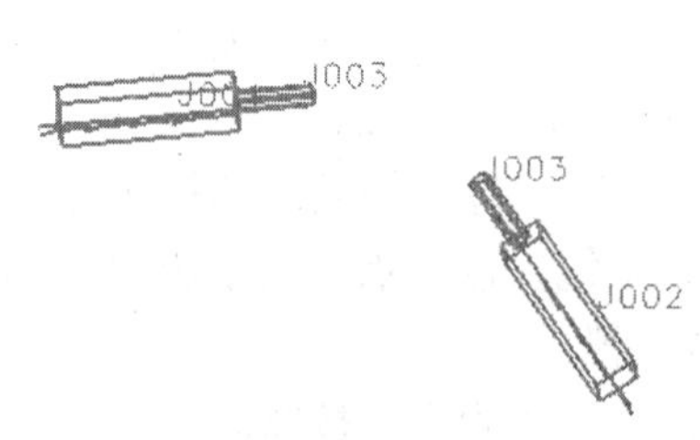

图 16-25 线缆副

“线缆副”对话框中的选项说明：

“比率”表示第一个滑动副相对于第二个滑动副的传动比。正值表示两滑动副滑动方向相同，负值表示两滑动副滑动方向相反。

16.4.6 点线接触副

点线接触副允许在两运动体间有 4 个运动自由度。

1）选择“菜单”→“插入”→“约束”→“点在线上副”命令，或单击“主页”选项卡“约束”组中的“点在线上副”按钮，打开如图 16-26 所示的“点在线上副”对话框。

2）首先选择运动体，然后选择接触点。

3）选择线，采用系统默认的显示比例和名称。

4）单击“确定”按钮，生成如图 16-27 所示的点线接触副。

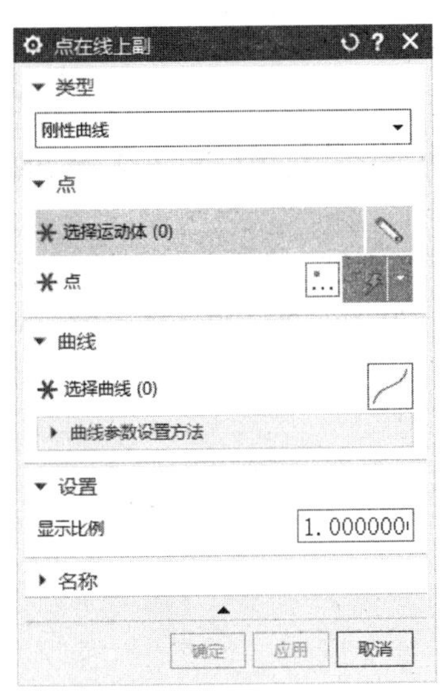

图 16-26　“点在线上副”对话框

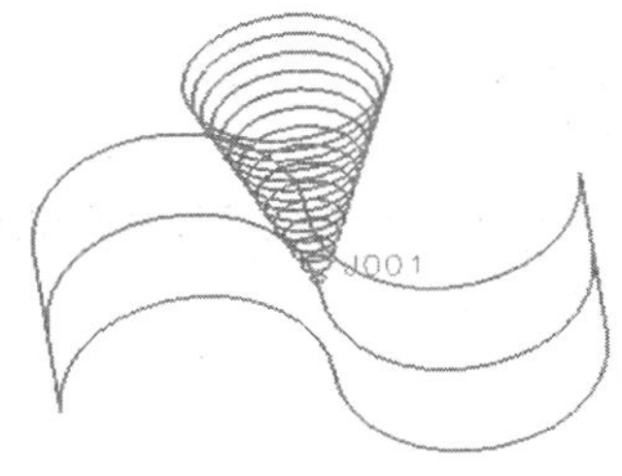

图 16-27　点线接触副

16.4.7　线线接触副

线线接触副常用来模拟凸轮运动关系。在线线接触副中，两构件共有 4 个自由度。接触副中两曲线不但要保持接触还要保持相切。

1）选择“菜单”→“插入”→“约束”→“线在线上副”命令，或单击“主页”选项卡“约束”组中的“线在线上副”图标，打开如图 16-28 所示的“线在线上副”对话框。

2）首先选择运动体，然后选择接触副。

3）选择线，采用系统默认的显示比例和名称。

4）单击“确定”按钮，生成如图 16-29 所示的线线接触副。

图 16-28　“线在线上副”对话框

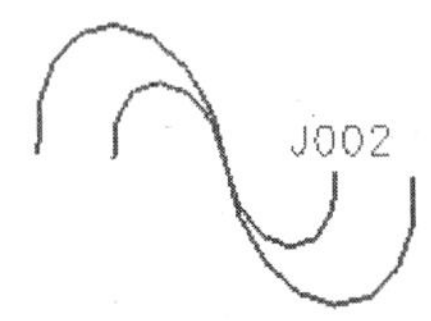

图 16-29　线线接触副

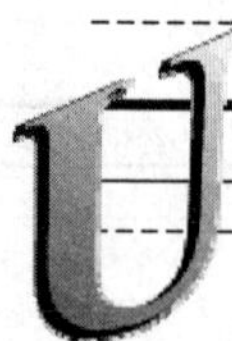

16.4.8　点面副

点面副允许两构件间有 5 个自由度（点在面上的两个移动自由度和绕自身轴的三个旋转自由度）。

1）选择“菜单”→“插入”→“约束”→“点在面上副”命令，或单击“主页”选项卡“约束”组中的“点在面上副”图标，打开如图 16-30 所示的“点在面上副”对话框。

2）选择运动体，然后选择点和面。

3）采用系统默认的显示比例和名称。

4）单击“确定”按钮，生成如图 16-31 所示的点面副。

图 16-30　“点在面上副”对话框

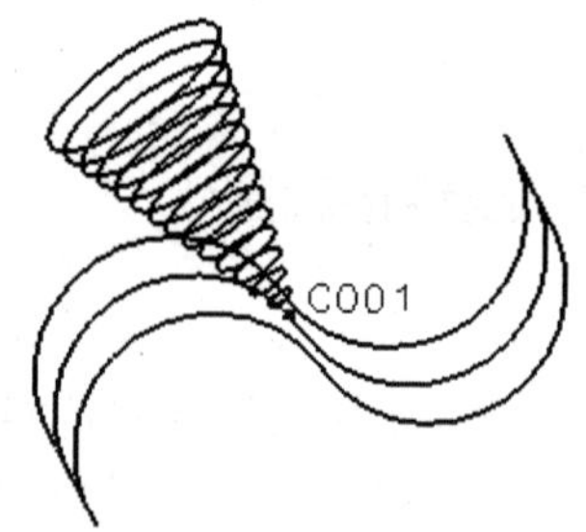

图 16-31　点面副

16.5　连接器和载荷

在机构分析中可以为两个运动体间添加载荷，用于模拟构件间的弹簧、阻尼、力或力矩等。在运动体间添加的载荷不会影响机构的运动分析，仅用于动力学分析中的求解作用力和反作用力。在系统中常用的载荷包括弹簧、阻尼、力、力矩、弹性衬套、接触副等。

16.5.1　弹簧

弹簧力是位移和刚度的函数。弹簧在自由长度时处于完全松弛状态，弹簧力为零，当弹簧伸长或缩短后，产生一个正比于位移的力。

1）选择“菜单”→“插入”→“连接器”→“弹簧”命令，或单击“主页”选项卡“连接器”组中的“弹簧”图标，打开如图 16-32 所示的“弹簧”对话框。

2）依次在屏幕中选择运动体一、原点一、运动体二和原点二。如果弹簧与机架连接，则可不选运动体二。

3）根据需要设置好“弹簧参数”选项组中的参数及弹簧名称（系统默认弹簧名称为“S001”）。

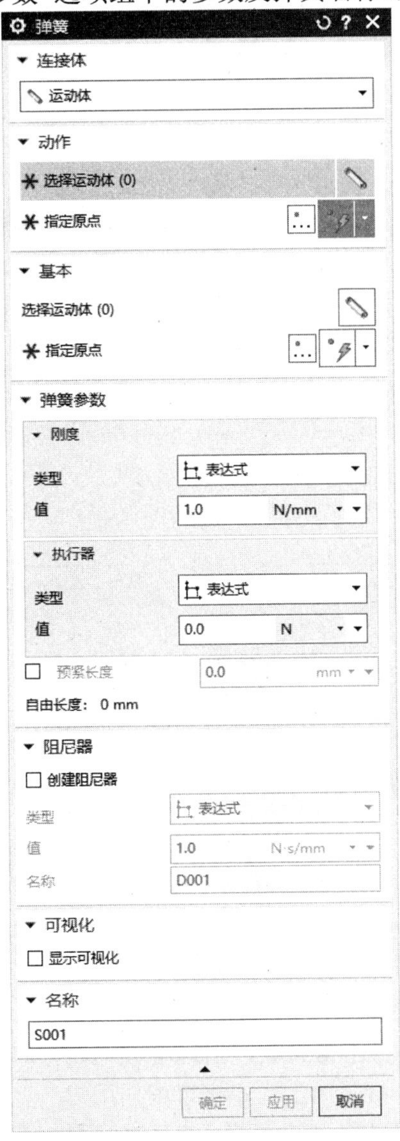

图 16-32　“弹簧”对话框

16.5.2　阻尼

阻尼是一个耗能组件。阻尼力是运动物体速度的函数，作用方向与物体的运动方向相反，对物体的运动起反作用。阻尼一般将运动体的机械能转化为热能或其他形式能量。与弹簧相似，系统也提供了拉伸阻尼和扭转阻尼两种形式元件。阻尼元件可添加在两运动体间或运动副中。

选择“菜单”→“插入”→“连接器”→“阻尼器”命令，或单击“主页”选项卡“连接器”组中的“阻尼器”图标，打开如图 16-33 所示的“阻尼器”对话框。

图 16-33　“阻尼器”对话框

添加阻尼的操作步骤和弹簧相似。用户可根据需要设置阻尼参数及阻尼名称。

16.5.3　标量力

标量力是一种施加在两运动体间的已知力。标量力的作用方向是从运动体一的一指定点指向运动体二的一点，由此可知标量力的方向与相应的运动体相关联，当运动体运动时，标量力的方向也不断变化。标量力的大小可以根据用户需要设定为常数，也可以用函数表达式来表示。系统默认名称为“F001”。

1）选择“菜单”→“插入”→“载荷”→“标量力”命令，或单击“主页”选项卡“加载”组→“力”下拉菜单中的“标量力”图标，弹出如图 16-34 所示的“标量力”对话框。

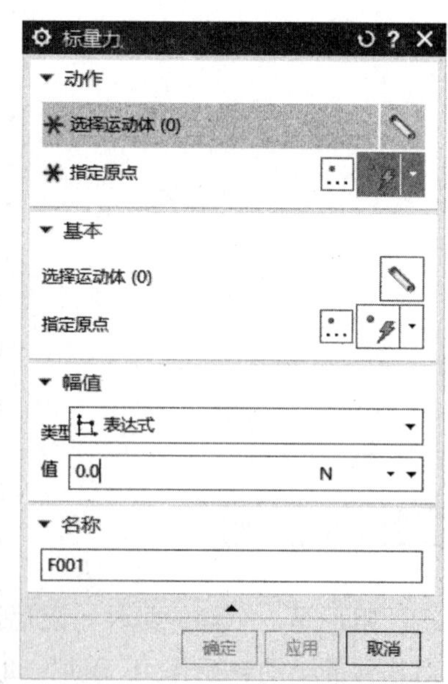

图 16-34　“标量力”对话框

2）在屏幕中选择第一运动体，选择标量力原点。

3）选择第二运动体，选择标量力终点（标量力方向由原点指向终点）。

4）设置“幅值”参数。

5）单击“确定”按钮，完成标量力的创建。

16.5.4　矢量力

矢量力与标量力的不同之处是，其方向在用户选定的一个坐标系中保持不变。

1）选择“菜单”→“插入”→“载荷”→“矢量力”命令，或单击“主页”选项卡“加载”组→“力”下拉菜单中的“矢量力”图标，打开如图 16-35 所示的“矢量力”对话框。

2）用户根据需要可以为矢量力定义不同的力坐标系。在绝对坐标系中，用户需分别给定三个力分量，力分量可以是常数，也可以是函数值。

3）在用户定义坐标系中，用户需给定力方向。系统默认矢量力名称为“G001”。

16.5.5　标量扭矩

标量扭矩只能添加在已存在的旋转副上，大小可以是常数或一函数值，正扭矩表示绕旋转轴正 Z 轴旋转，负扭矩与之相反。

1）选择“菜单”→“插入”→“载荷”→“标量扭矩”命令，或单击“主页”选项卡“加载”组→“扭矩”下拉菜单中的“标量扭矩”图标，打开如图 16-36 所示的“标量扭矩”对话框。

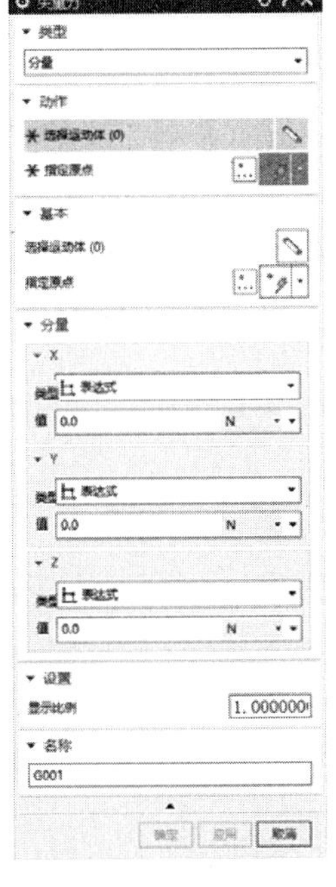

图 16-35　“矢量力”对话框

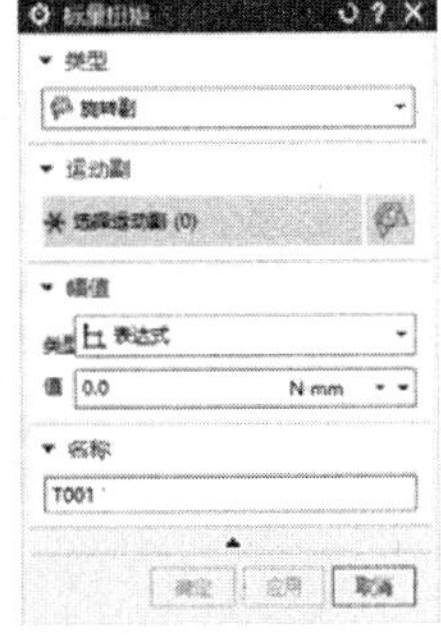

图 16-36　“标量扭矩”对话框

UG NX

2）为扭矩输入设定值。系统默认的标量扭矩名称为“T001”。

16.5.6　矢量扭矩

矢量扭矩与标量扭矩的主要区别是，标量扭矩必须施加在旋转副上，而矢量扭矩则是施加在运动体上，其旋转轴可以是用户自定义坐标系的 Z 轴或绝对坐标系的一个或多个轴线。

1）选择“菜单”→“插入”→“载荷”→“矢量扭矩”命令，或单击“主页”选项卡“加载”组→“扭矩”下拉菜单中的“矢量扭矩”图标，弹出如图 16-37 所示的“矢量扭矩”对话框。

2）选择运动体，选择原点。

3）单击“点对话框”按钮，弹出“点”对话框，选择适当的方位。

4）设置“分量”参数。

5）系统默认的矢量扭矩名称为“G001”。

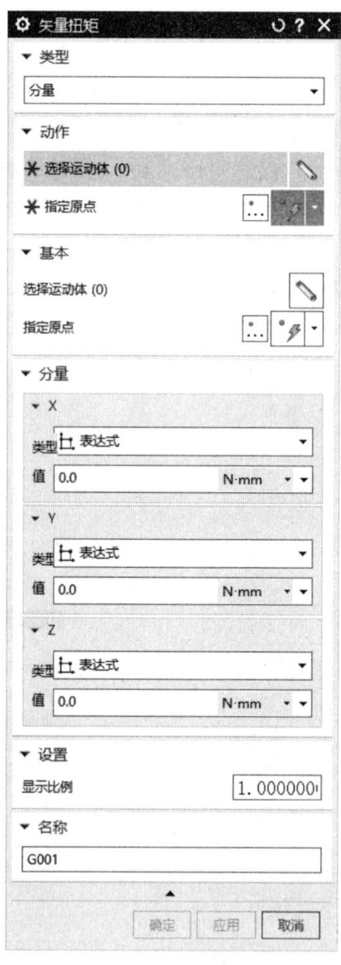

图 16-37　“矢量扭矩”对话框

16.5.7　弹性衬套

弹性衬套用来定义两个运动体之间弹性关系的对象。有两种类型的弹性衬套连接方式，即圆柱形弹性连接和一般弹性连接。圆柱形弹性连接需对径向、纵向、锥形和扭转 4 种不同运动类型分别定义刚度和阻尼两个参数，常用于由对称和均质材料构成的弹性衬套。常规弹性连接衬套需对 6 个不同的自由度（3 个平动自由度和 3 个旋转自由度）分别定义刚度、阻尼和预装入 3 个参数。

“预装入”参数表示在系统进行运动仿真前载入的作用力或作用力矩。

1）选择“菜单”→“插入”→“连接器”→“衬套”命令，或单击“主页”选项卡“连接器”组中的“衬套”图标，弹出如图 16-38 所示的“衬套”对话框。

2）在屏幕中依次选择第一运动体、第一原点、第一方位、第二运动体、第二原点、第二方位。

3）分别在“刚度”“阻尼”和“执行器”选项卡中，设置选项。

4）单击“确定”按钮，生成如图 16-39 所示的弹性衬套。系统默认的弹性衬套名称为“G001”。

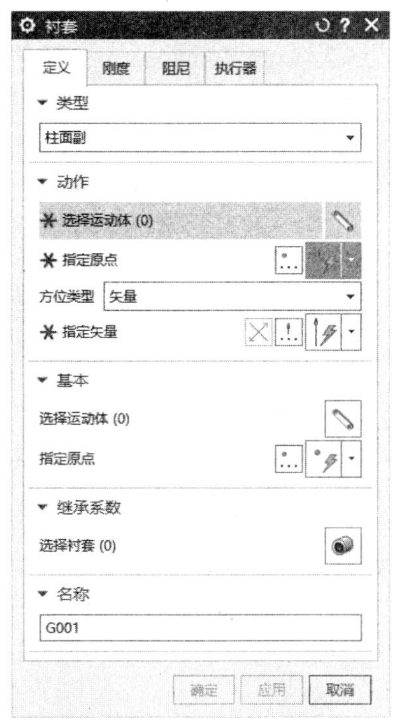

图 16-38　“衬套”对话框

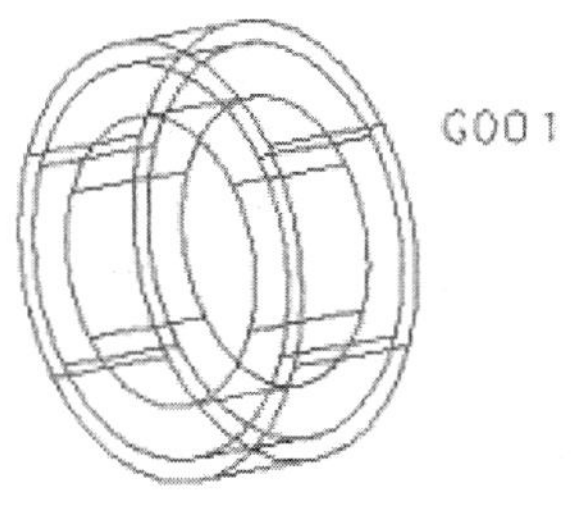

图 16-39　弹性衬套

16.5.8　2D 接触

2D 接触用来定义组成曲线接触副间两杆件的接触力，通常用来表达两杆件间弹性或非弹性冲击。

选择“菜单”→“插入”→“接触”→“2D 接触”命令，弹出如图 16-40 所示的“2D 接触”对话框。

图 16-40　“2D 接触”对话框

在选择平面曲线过程中，若选择的曲线为封闭曲线，则激活“反向”选项。该选项用来确定实体在曲线外侧或内侧。

在“2D 接触”对话框中，最多接触点数表示两接触曲线最大点数目，取值范围在 1～32 之间，当取值为 1 时，系统定义曲线接触区域中点为接触点。

16.5.9　3D 接触副

3D 接触副通常用来建立运动体之间的接触类型，可描述运动体间的碰撞或运动体间的支撑状况。

选择“菜单”→“插入”→“接触”→“3D 接触”命令，单击“主页”选项卡“接触”组中的“3D 接触”图标，弹出如图 16-41 所示的“3D 接触”对话框。其中选项的含义如下：

（1）刚度。刚度用来描述材料抵抗变形的能力。不同材料具有不同的刚度。

（2）刚度指数。定义输入变形特征指数。当接触变硬时选择大于 1，变软时选择小于 1。对于钢，通常选择 1～8.3。

（3）材料阻尼。定义材料最大的黏性阻尼，根据材料的不同定义的值不同。通常取值范围在 1～1000，一般可取刚度的 0.1%。对于钢，通常选择 100。

（4）最大穿透深值。单击“高级”标签，弹出该参数的设置栏，输入碰撞表面的陷入深度。该值一般较小，在国际单位制中常取 0.001M。一般为保持求解的连续性，必须设置该选项。

（5）摩擦参数。对于有相对摩擦的运动体，根据两者间是否有相对运动，需设置以下参数：

1）静摩擦系数：取值范围在 0～1 之间，如钢与钢之间取 0.08 左右。

2）静摩擦速度：与静摩擦系数相关的滑动速度。该值一般取 0.1 左右。

3）动摩擦系数：取值范围在 0～1 之间，钢与钢之间取 0.05 左右。

4）动摩擦速度：与动摩擦系数相关的滑动速度。

对于不考虑摩擦的运动分析，可在“库仑摩擦”选项中设置“关”。

3D 接触副的默认名称为“G001”。

图 16-41　“3D 接触”对话框

16.6 模型编辑

16.6.1　主模型尺寸编辑

主模型和运动仿真模型之间具有关联性，对主模型进行修改会直接影响运动仿真模型。但对运动仿真模型进行修改不能直接影响到主模型，需通过输出表达式才能达到编辑主模型目的。

1）选择“菜单”→“编辑”→“主模型尺寸”命令，或单击“主页”选项卡“主模型尺

寸”图标，打开如图 16-42 所示的“编辑尺寸”对话框。

2）在列表框中选择需编辑的特征，在“特征表达式”中选择“描述”选项。

3）在对话框下部的文本框中输入新值。

4）单击“用于何处”按钮，弹出如图 16-43 所示的“信息”窗口。

5）按 Enter 键，再单击“确定”按钮，完成对模型尺寸的编辑操作。

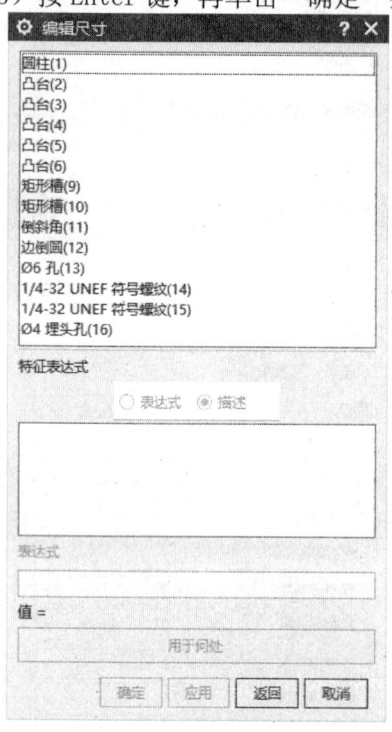

图 16-42　“编辑尺寸”对话框

图 16-43　“信息”窗口

在图 16-42 所示的“编辑尺寸”对话框中，上半部分为列表框，列出了模型包含的各项特征。中间部分为“特征表达式”，可通过尺寸描述特征，有两种表达方式：一是通过表达式，分别给出特征名称、尺寸代号和尺寸大小；二是通过描述，给出尺寸形式和大小。前者给出的内容比较详细而后者更直观。

16.6.2　编辑运动对象

编辑运动对象可以对已创建的机构对象进行编辑，如对运动体、运动副、力类对象、标记和约束进行编辑。

1）选择“菜单”→“编辑”→“运动对象”命令，或单击“主页”选项卡“机构”组中的“编辑运动对象”图标，打开如图 16-44 所示的“类选择”对话框。

2）在屏幕中选择需要编辑的对象，打开用来生成该对象的对话框。

3）根据需要重新对其进行编辑，单击“确定”按钮完成编辑运动对象的操作。

16.7 标记和智能点

标记和智能点一般和运动机构分析的结果相联系。例如，在机构模型中希望得到一点的运动位移，速度等分析结果，在进行分析解算前是通过标记或智能点确定用户关心的点，分析解算后便可获取标记或智能点所在位置的机构分析结果。

16.7.1 标记

与智能点相比，标记功能更加强大。在创建标记时应当注意，标记始终是与运动体相关的，且必须为其定义方向。标记的方向特性在复杂的动力学分析中特别有用，如分析一些与运动体相关的矢量结果问题——角速度和角加速度等。系统默认的标记名称是“A001”。

1）选择“菜单”→“插入”→“标记”命令，或单击“主页”选项卡中“机构”组→“标记”下拉菜单中的“标记”图标，打开如图 16-45 所示的“标记”对话框。

图 16-44　“类选择”对话框

图 16-45　“标记”对话框

2）在屏幕中选择运动体对象，或在 “点”对话框中输入坐标。

3）在指定点步骤中根据需要调整标记的坐标，完成标记方向的定义。

4）单击“确定”按钮，完成标记的创建。

16.7.2 智能点

智能点是没有方向的点，只作为空间的一个点且不与运动体相关联，这是与标记最大的区别。

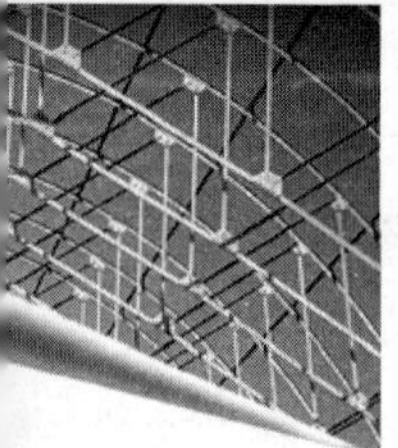

1）选择“菜单”→“插入”→“智能点”命令，或单击“主页”选项卡中“机构”组→“标记”下拉菜单中的“智能点”图标+•，打开“点”对话框，如图 16-46 所示。

2）利用“点”对话框在屏幕中选择用户需要的点（可以连续选择多个点）。

3）单击“确定”按钮，完成智能点的创建。

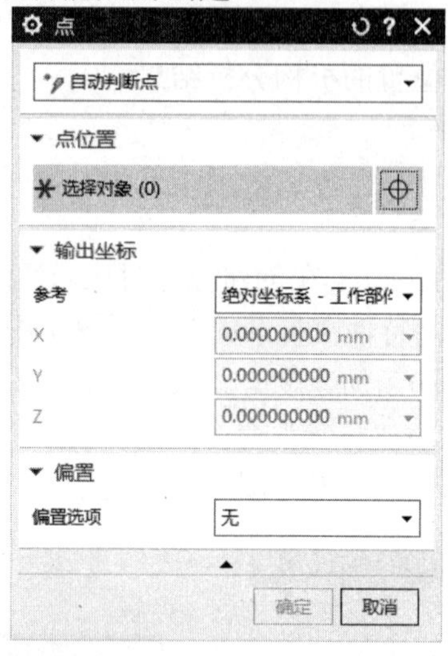

图 16-46 “点”对话框

16.8 封装

封装是用来收集用户感兴趣的一组工具。封装有测量、追踪和干涉检查三项功能，分别用来测量机构中目标对象间的距离关系，追踪机构中目标对象的运动、确定机构中目标对象是否发生干涉。

16.8.1 测量

测量功能用来测量机构中目标对象的距离或角度，并可以建立安全区域，若测量结果与定义的安全区域有冲突，则系统会发出警告。系统默认的测量名称是“Me001”。

选择“菜单”→“工具”→“封装”→“动画测量”命令，或单击“分析”选项卡“运动”组中的“动画测量”图标，弹出如图 16-47 所示的“动画测量”对话框。其中选项的含义如下：

图 16-47 “动画测量”对话框

1）阈值：设定两运动体间的距离。系统每做一步运动都会比较测量距离和设定的距离，若与测量条件相矛盾，则系统会给出提示信息。

2）测量条件：包括小于、大于和目标三个选项。

16.8.2 追踪

追踪功能用来生成每一分析步骤处目标对象的一个复制对象。

选择“菜单”→“工具”→“封装”→“追踪”命令，或单击“分析”选项卡，选择“运动”组中的“追踪”图标，弹出如图16-48所示的“轨迹”对话框。

（1）参考框：用来指定追踪对象的参考框架.在绝对参考框架中，被追踪对象作为机构正常运动范围的一部分进行定位和复制；在相对参考框架中，系统会生成相对于参考对象的追踪对象。

（2）目标层：用来指定放置复制对象的层。

16.8.3 干涉

干涉功能用来比较在机构运动过程中是否发生重叠现象。

选择“菜单”→“工具”→“封装”→“干涉”命令，或单击“分析”选项卡“运动”组中的“干涉”图标，打开如图16-49所示的“干涉”对话框。

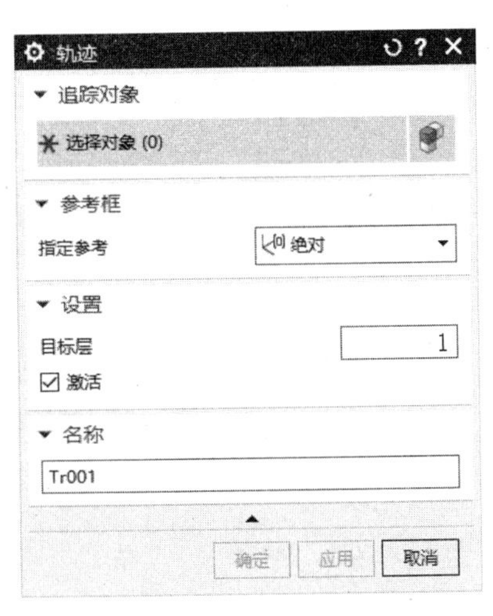

图16-48 “轨迹”对话框

图16-49 “干涉”对话框

1）类型：当机构发生干涉时，系统有“高亮显示”“创建实体”和“显示相交曲线”3个

选项可供选择。若选择“高亮显示”时发生干涉，则会高亮显示干涉运动体，同时在状态行给出提示信息。若选择创建实体时发生干涉，系统会生成一个相交实体，描述干涉发生的体积。若选择“显示相交曲线”时发生干涉，系统会显示干涉体积的临时相交曲线。

2）参考框：包括绝对、相对于组 1、相对于组 2、相对于两个组和相对于选定的选项。当选择绝对参考帧时，重叠体定位于干涉发生处；当选择相对参考帧时，重叠体定位于干涉运动体上。可以通过相对参考帧将重叠体和运动体做布尔减操作，达到消除干涉现象的目的。

16.9 解算方案的创建和求解

当用户完成运动体、运动副和驱动等条件的设置后，即可以进行解算方案的创建和求解，以及运动的仿真分析。

16.9.1 解算方案的创建

解算方案包括定义分析类型、解算方案类型以及特定的传动副驱动类型等。用户可以根据需求对同一组运动体、运动副定义不同的解算方案。

选择“菜单”→“插入”→“解算方案”→“解算方案”命令，或单击“主页”选项卡中“解算方案”组→“解算方案”下拉菜单中的“解算方案”图标，弹出如图 16-50 所示的“解算方案”对话框。

1）常规驱动：这种解算方案包括动力学分析和静力平衡分析，可通过设定时间和步数，在此范围内进行仿真分析解算。

2）铰接运动：在求解的后续阶段通过设定的传动副及定义步长进行仿真分析。

3）电子表格驱动：用户通过 Excel 电子表格列出传动副的运动关系，系统根据输入的电子表格进行运动仿真分析。

与求解器相关的参数基本采用默认设置，解算方案的默认名称为“Solution_1”。

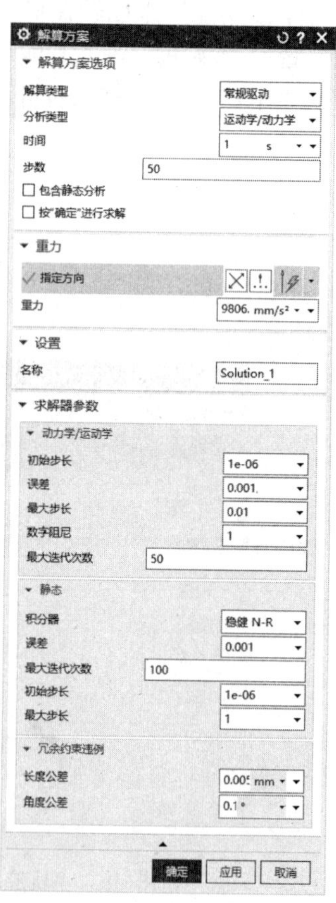

图 16-50 “解算方案”对话框

16.9.2 求解

完成解算方案的设置后，进入系统求解阶段。对于不同的解算方案，求解方式亦不同。对于常规解算方案，系统可直接完成求解。用户利用运动分析的工具条完成运动仿真分析的后置处理。

铰接运动和电子表格驱动方案需要用户设置传动副、定义步长和输入电子表格来完成仿真分析。

16.10　运动分析

运动分析模块可用多种方式输出机构分析结果，如基于时间的动态仿真、基于位移的动态仿真、输出动态仿真的图像文件、输出机构分析结果的数据文件、用线图表示机构分析结果以及用电子表格输出机构分析结果等。

在每种输出方式中可以输出各类数据，如用线图输出位移图、速度或加速度图等，输出构件上标记的运动规律图、运动副上的作用力图。利用机构模块还可以计算构件的支承反力、动态仿真构件的受力情况。

本节将对运动分析模块的功能做比较详细的介绍。

16.10.1　动画

动画是基于时间的机构动态仿真，包括静力平衡分析和静力/动力分析两类仿真分析。静力平衡分析可将模型移动到平衡位置，并输出运动副上的反作用力。

选择“菜单”→“分析”→“运动”→“运动模拟播放器”命令，或单击“分析”选项卡中“运动”组→“仿真”下拉菜单中的“运动模拟播放器”图标，打开如图 16-51 所示的“运动模拟播放器”对话框，其选项含义如下：

（1）控制类型：包括“实时”和“循序渐进”两个选项。“实时”表示以恒定的时钟速度来播放动画，循序渐进表示以步长间隔来播放动画。

（2）滑动模式：包括“时间（秒）”和“步数”两个选项，时间（秒）表示动画以时间（秒）为单位进行播放，步数表示动画以步数为单位一步一步进行连续播放。

（3）动画延时：当动画播放速度过快时，可以设置动画每帧之间间隔时间。每帧间最长延迟时间是 1 秒。

（4）播放模式：系统提供了播放一次、循环播放和往返播放三种播放模式。

（5）设计位置：表示机构各运动体在进入仿真分析前所处的位置。

（6）装配位置：表示机构各运动体按运动副设置的连接关系所处的位置。

（7）封装选项：如果用户在封装操作中设置了测量、追踪或干涉，则激活“封装选项”。

1）测量：勾选此复选框，在动态仿真时将根据“封装”对话框中设置的最小距离或角度，计算所选对象在各帧位置的最小距离。

2）轨迹：勾选此复选框，在动态仿真时将根据“封装”对话框中设置的追踪，对所选构件或整个机构进行运动追踪。

3）干涉：勾选此复选框，将根据“封装”对话框中设置的干涉，对所选的运动体进行干涉检查。

4）事件发生时停止：勾选此复选框，在进行分析和仿真时，如果发生测量的最小距离小于安全距离或发生干涉现象，则系统停止进行分析和仿真，并会弹出提示信息。

（8）追踪整个机构和爆炸机构：根据“封装”对话框中的设置，对整个机构或其中某运动体进行追踪，包括“追踪当前位置”“追踪整个机构”和“机构爆炸图”。“追踪当前位

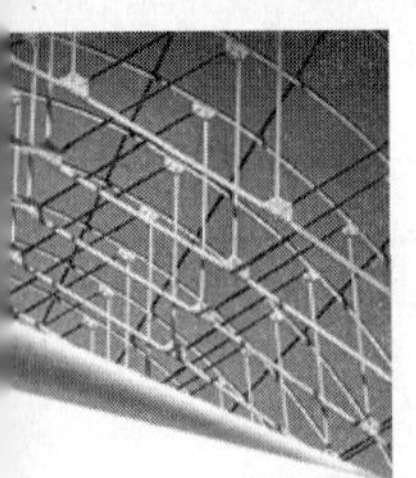

置”将封装设置中选择的对象复制到当前位置，“追踪整个机构”将追踪机构中所有运动体的运动到当前位置，“机构爆炸图”用来创建及保存做铰接运动时的任意位置的爆炸视图。

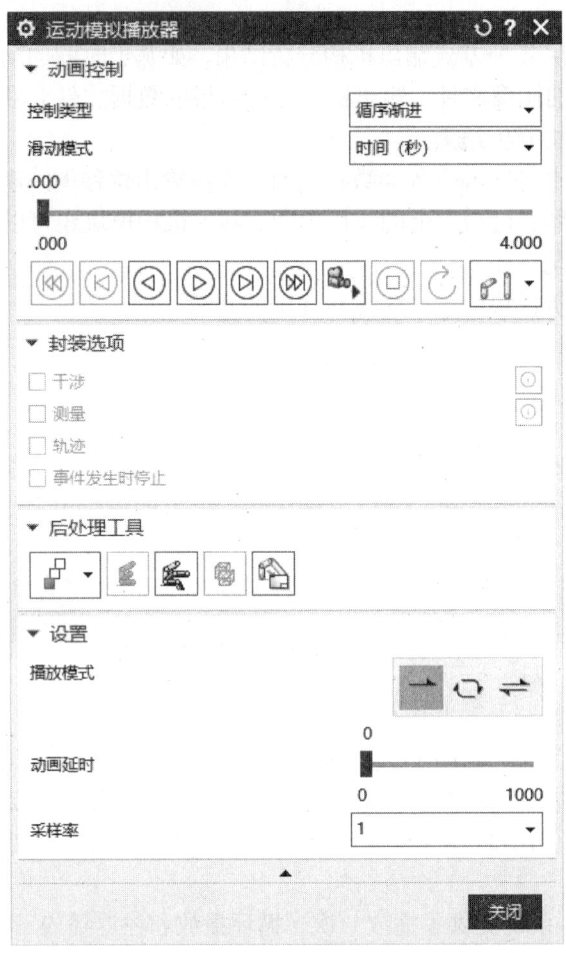

图 16-51 “运动模拟播放器”对话框

16.10.2 生成图表

在通过前面的动画或铰接运动对模型进行仿真分析后，还可以采用生成图表的方式输出机构的分析结果。

在“运动导航器”中选中要分析的对象，在“XY 结果视图”中选中需要创建图的对象鼠标右键单击，在弹出的快捷菜单中选择“创建图对象”，如图 16-52 所示，结果显示在“运动导航器”中，如图 16-53 所示。选中结果鼠标右键单击，弹出如图 16-54 所示的快捷菜单，用户可以根据需要选取其中的命令，如选择“信息”选项，则打开“信息”窗口，显示所选分析对象的相关信息，如图 16-55 所示。

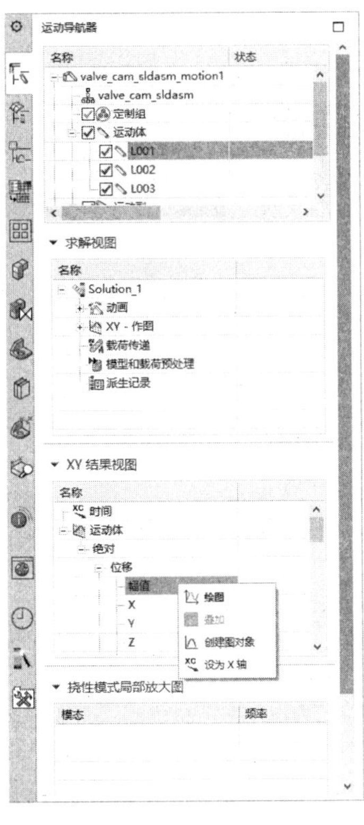

图 16-52　选择"创建图对象"

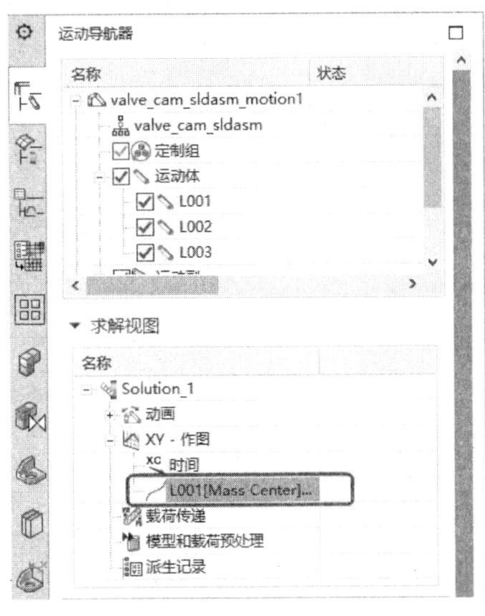

图 16-53　显示结果

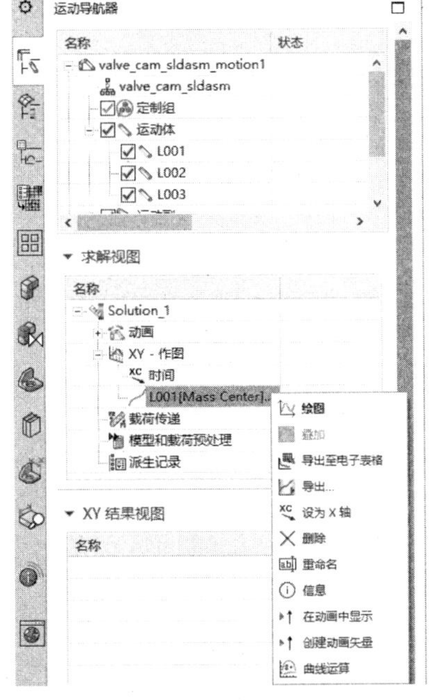

图 16-54　快捷菜单

信息

图名称：L001[Mass Center]->MAG,Displacement(abs)

对象的引用：L001

X：时间 (sec)

Y：L001[Mass Center]->MAG,Displacement(abs) (mm)

	X 值	Y 值
0.	0.000000E+00	4.335170E+01
1.	4.000000E-03	4.338475E+01
2.	8.000000E-03	4.341563E+01
3.	1.200000E-02	4.344373E+01
4.	1.600000E-02	4.346861E+01
5.	2.000000E-02	4.348988E+01
6.	2.400000E-02	4.350722E+01
7.	2.800000E-02	4.352035E+01
8.	3.200000E-02	4.352907E+01
9.	3.600000E-02	4.353325E+01
10.	4.000000E-02	4.353282E+01

图 16-55　"信息"窗口

16.10.3　运行电子表格

当机构进行动画或铰接运动时，若用户选择电子表格输出数据，则可通过运行电子表格中的数据来驱动机构，进行仿真分析。具体操作过程将在后面的综合实例中介绍。

16.10.4　载荷传递

载荷传递是系统根据对某特定运动体的反作用力来定义加载方案的功能。该反作用力是通过对特定构件进行动态平衡计算得来的。用户可以根据需要将该加载方案由机构分析模块输出到有限元分析模块，或对构件的受力情况进行动态仿真。

图 16-56　“载荷传递”对话框

1）选择“菜单”→“分析”→“运动”→“载荷传递”命令，或单击“分析”选项卡中“运动”组→“仿真”下拉菜单中的“载荷传递”图标，打开如图 16-56 所示的“载荷传递”对话框。

2）单击“选择运动体”图标，在屏幕中选择受载运动体。

3）单击“播放”按钮，系统生成如图 16-57 所示的反映仿真中每步对应的载荷数据电子表格。通过电子表格，用户可以查看运动体在每一步的受力情况，也可以使用电子表格中的图表功能编辑运动体在整个仿真过程中的受力曲线。

	A	B	C	D	E	F	G	H	I
1					载荷分析部件 =L003				
2		L003/J003_i_FX	L003/J003_i_FY	L003/J003_i_FZ	L003/J003_i_FM	L003/J003_i_TX	L003/J003_i_TY	L003/J003_i_TZ	L003/J003_i_TM
3	0	0.000	0.000	0.000	**0.000**	-0.225	-0.176	0.000	**0.286**
4	1	0.000	0.000	0.000	**0.000**	-0.225	-0.176	0.000	**0.286**
5	2	0.000	0.000	0.000	**0.000**	-0.225	-0.176	0.000	**0.286**
6	3	0.000	0.000	0.000	**0.000**	-0.225	-0.176	0.000	**0.286**
7	4	0.000	0.000	0.000	**0.000**	-3.899	-3.057	-0.286	**4.963**
8	5	0.000	0.000	0.000	**0.000**	-0.225	-0.176	0.000	**0.286**
9	6	0.000	0.000	0.000	**0.000**	-0.225	-0.176	0.000	**0.286**
10	7	0.000	0.000	0.000	**0.000**	-0.225	-0.176	0.000	**0.286**
11	8	0.000	0.000	0.000	**0.000**	-0.225	-0.176	0.000	**0.286**
12	9	0.000	0.000	0.000	**0.000**	-0.225	-0.176	0.000	**0.286**
13	10	0.001	0.001	0.000	**0.001**	-0.225	-0.176	0.000	**0.286**
14	11	0.002	0.002	0.001	**0.003**	-0.225	-0.176	0.000	**0.286**
15	12	0.002	0.001	0.001	**0.002**	-0.225	-0.176	0.000	**0.286**
16	13	0.001	0.001	0.001	**0.001**	-0.225	-0.176	0.000	**0.286**
17	14	0.000	0.000	0.000	**0.000**	-0.225	-0.176	0.000	**0.286**

图 16-57　电子表格

4）利用“载荷传递”对话框，用户可以根据需要创建运动体加载方案。

16.11 综合实例

16.11.1　连杆滑块运动机构

制作思路

连杆滑块运动机构中包含 3 个旋转副和 1 个滑块副，主运动设置在最短连杆的旋转副内。

连杆滑块运动机构一共由 4 个零件组成，其中底部连杆是固定不动的，因此底部连杆可以不定义为运动体，也可以定义为固定运动体。

01 进入运动仿真环境。

❶单击文件“yuanwenjian/16/huakuai/LINK_LINK_BLOCK.prt”，打开如图 16-58 所示的三连杆运动机构模型。

❷单击“应用模块”选项卡“仿真”组中的“运动”图标，打开运动仿真界面。

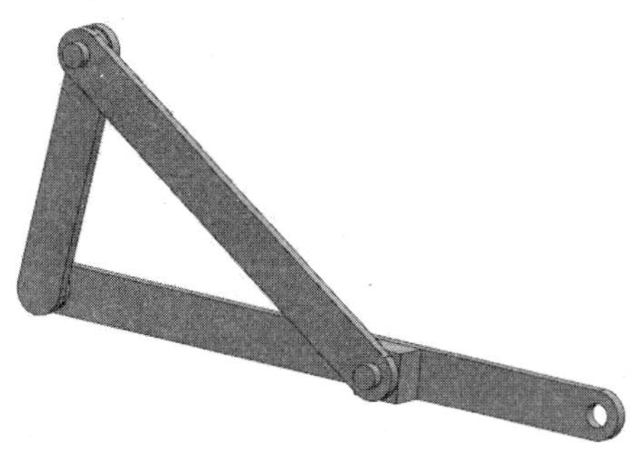

图 16-58　三连杆运动机构模型

02 新建仿真。

❶在资源导航器中选择“运动导航器”，鼠标右键单击“运动仿真”按钮，在弹出的快捷菜单中选择“新建仿真”选项，如图 16-59 所示。

❷自动打开“新建仿真”对话框，单击“确定”按钮，自动打开“环境”对话框，如图 16-60 所示。设置各参数后，单击“确定”按钮，系统自动弹出“机构运动副向导”对话框，如图 16-61 所示。单击“机构运动副向导”对话框中的“取消”按钮，进入运动仿真环境。

03 创建运动体。

❶单击“主页”选项卡“机构”组中的“运动体”图标，打开“运动体”对话框，如图 16-62 所示。

❷在绘图区选择连杆 L001，如图 16-63 所示。单击“应用”按钮，完成运动体 B001 的创建。

❸在绘图区选择连杆 L002。单击“应用”按钮，完成运动体 B002 的创建。

图 16-59　选择“新建仿真”

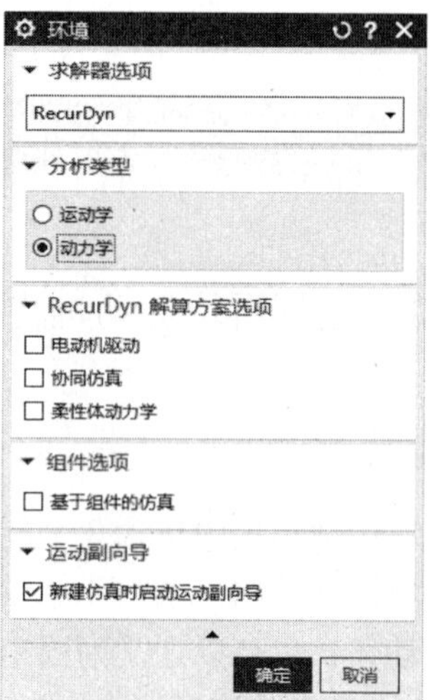

图 16-60　“环境”对话框

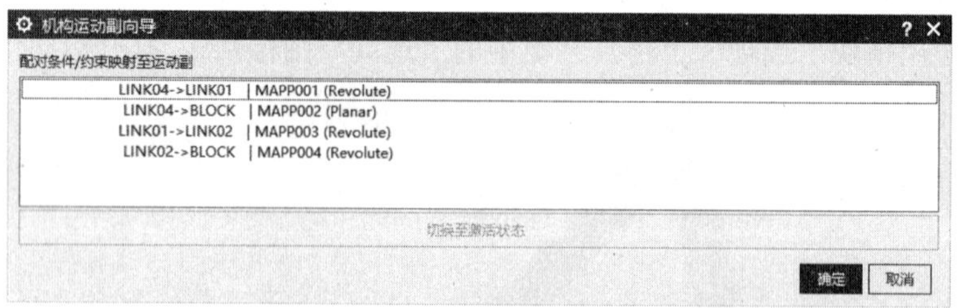

图 16-61　“机构运动副向导”对话框

图 16-62　“运动体”对话框

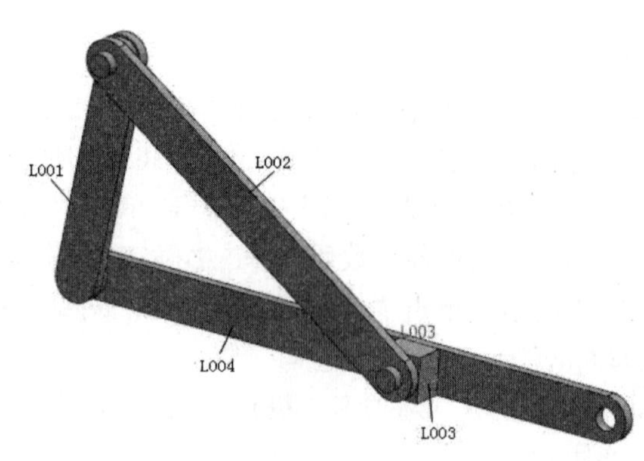

图 16-63　选择运动体

❹在绘图区选择滑块 L003。单击“应用”按钮，完成运动体 B003 的创建。

❺在绘图区选择连杆 L004。在“设置”选项组中勾选“固定运动体”复选框，使连杆 L004

固定。单击“确定”按钮，完成运动体 B004 的创建。

04 创建旋转副 1。

❶单击“主页”选项卡“机构”组中的“运动副”图标，打开“运动副”对话框，在“类型”下拉列表中选择“旋转副”，如图 16-64 所示。

❷在绘图区选择运动体 B001。

❸单击“指定原点”按钮，在绘图区选择运动体 B001 下端圆心为原点，如图 16-65 所示。

❹单击“指定矢量”按钮，选择如图 16-66 所示的面。

❺单击“驱动”标签，打开“驱动”选项卡，在“旋转”下拉列表中选择“多项式”类型，在“速度”文本框输入 55，如图 16-67 所示。

❻单击“运动副”对话框中的“确定”按钮，完成旋转副 1 的创建，如图 16-68 所示。

需要说明的是，本小节当中运动体 B001 和运动体 B002 之间的运动副可以在它们当中任意一个运动体中创建，运动体 B002 和运动体 B003 之间的运动副也是一样。

05 创建旋转副 2。

❶单击“主页”选项卡“机构”组中的“运动副”图标，打开“运动副”对话框，在“类型”下拉列表中选择“旋转副”。

❷在绘图区选择运动体 B002。

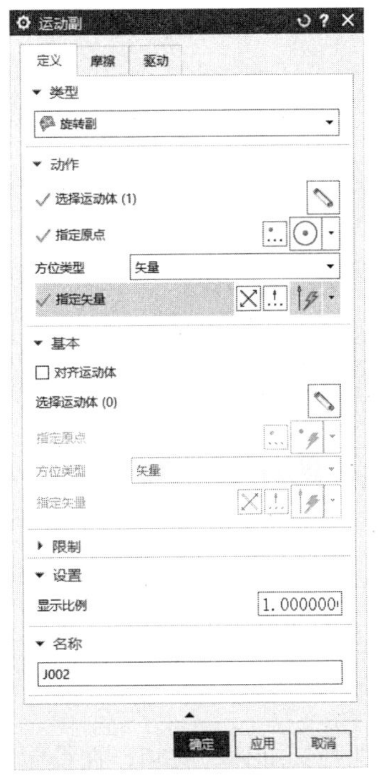

图 16-64　“运动副”对话框

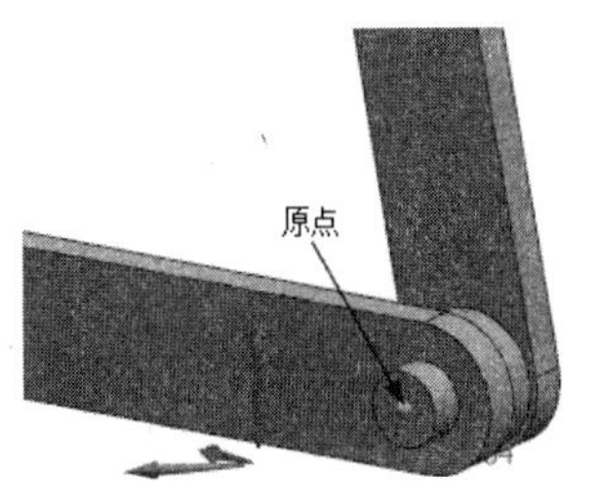

图 16-65　指定原点

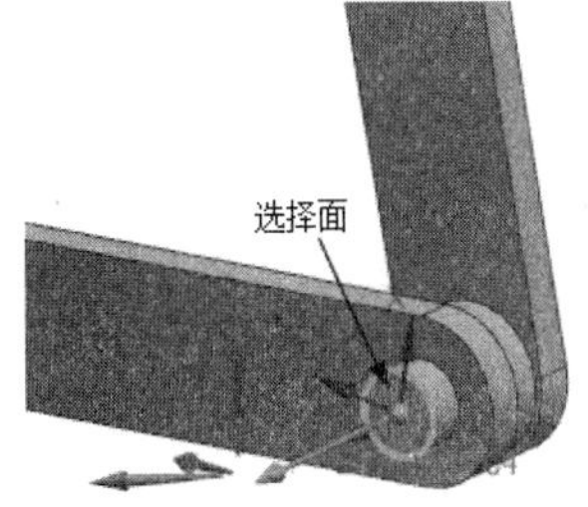

图 16-66　指定矢量

❸单击“指定原点”按钮，在绘图区选择运动体 B002 左端圆心为原点，如图 16-69 所示。

❹单击“指定矢量”按钮，选择如图 16-70 所示的面。

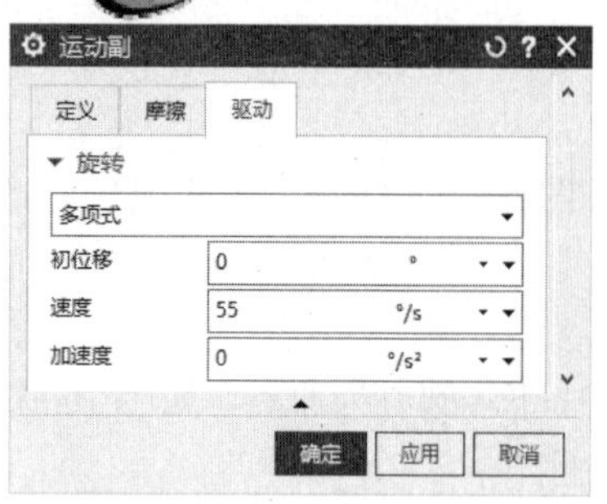

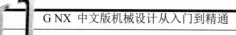

图 16-67 “驱动”选项卡

图 16-68 创建旋转副 1

❺在“基本”选项组中勾选“对齐运动体”复选框，单击“选择运动体”按钮，在绘图区选择运动体 B001。

❻单击“指定原点”按钮，在绘图区选择运动体 B001 的上端圆心，使它和运动体 B002 的原点重合，如图 16-71 所示。

❼单击“指定矢量”按钮，选择如图 16-72 所示的面，使它和运动体 B002 矢量相同。

❽单击“运动副”对话框中的“确定”按钮，完成旋转副 2 的创建，如图 16-73 所示。

06 创建旋转副 3。

❶单击“主页”选项卡“机构”组中的“运动副”图标，打开“运动副”对话框，在“类型”下拉列表中选择“旋转副”。

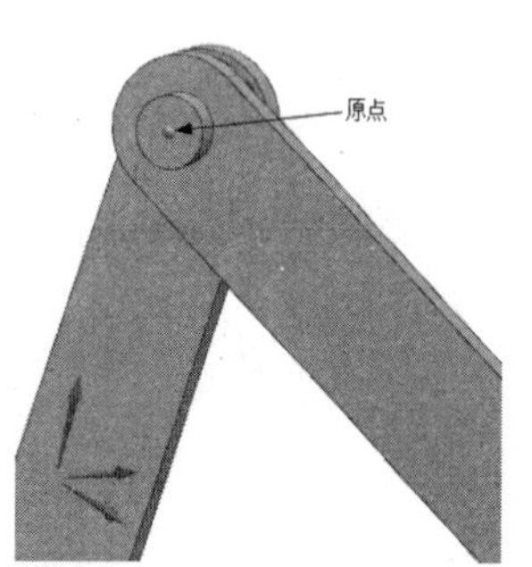

图 16-69 指定原点

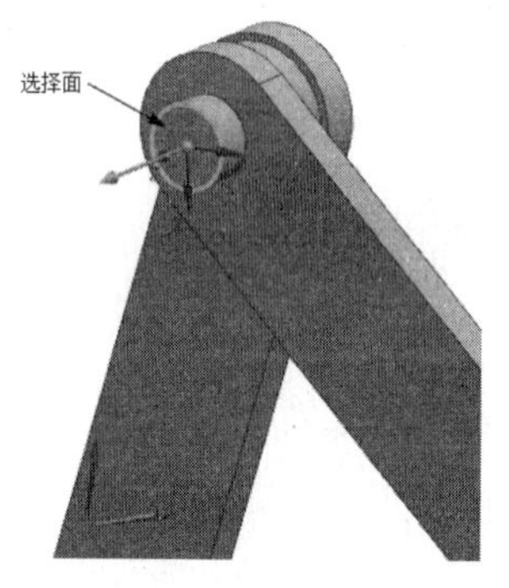

图 16-70 指定矢量

❷在绘图区选择运动体 B002。

❸单击“指定原点”按钮，在绘图区选择运动体 B002 右端圆心为原点，如图 16-74 所示。

❹单击“指定矢量”按钮，选择如图 16-75 所示的面。

❺在“基本”选项组中勾选“对齐运动体”复选框，单击“选择运动体”按钮，在绘图区选择运动体 B003。

❻单击“指定原点”按钮，在绘图区选择运动体 B002 的右端圆心。

❼单击“指定矢量”按钮，选择如图 16-75 所示的面，使它和运动体 B002 矢量相同。

❽单击“运动副”对话框中的“确定”按钮，完成旋转副 3 的创建，如图 16-76 所示。

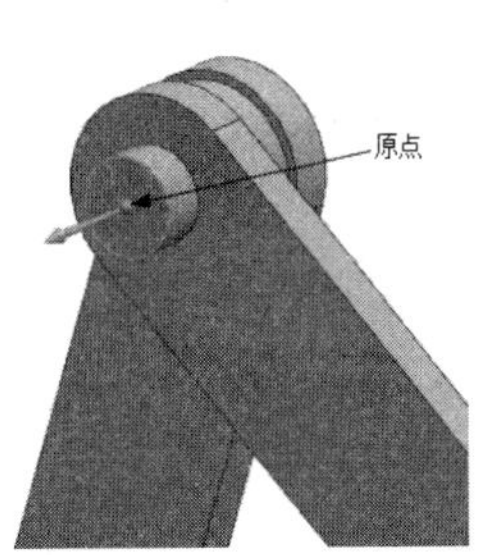

图 16-71　指定原点

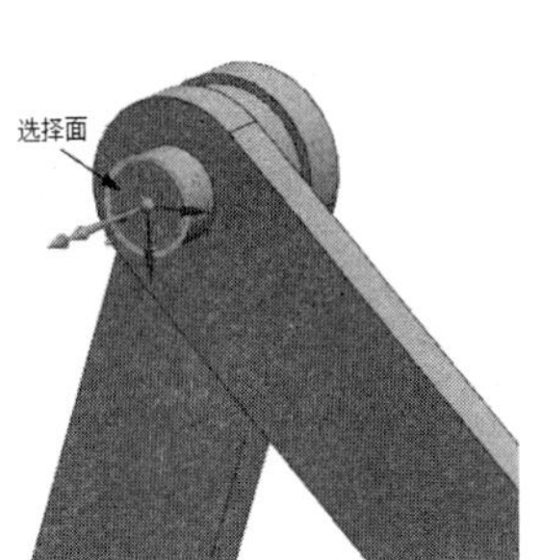

图 16-72　指定矢量

图 16-73　创建旋转副 2

07 创建滑动副。

❶单击“主页”选项卡“机构”组中的“运动副”图标，打开“运动副”对话框，在“类型”下拉列表中选择“滑动副”。

❷在绘图区选择运动体 B003。

❸单击“指定原点”按钮，在绘图区选择运动体 B003 右侧面上任意一点。

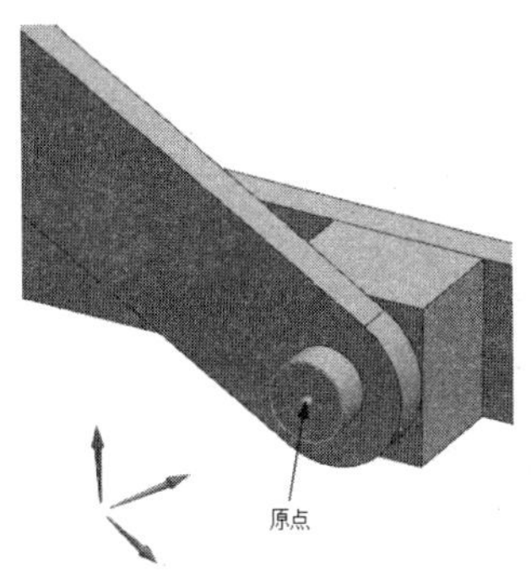

图 16-74　指定原点

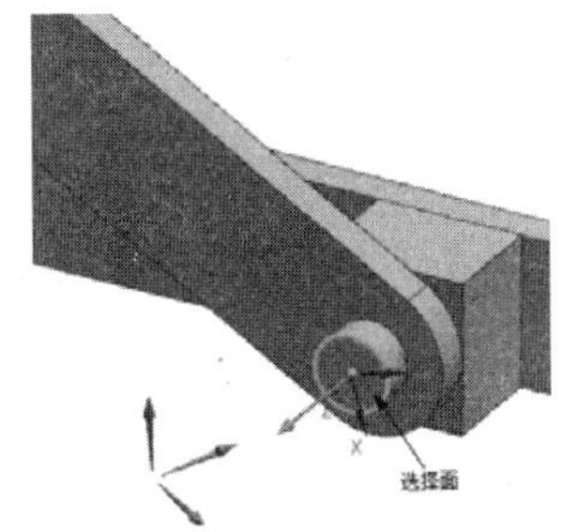

图 16-75　指定矢量

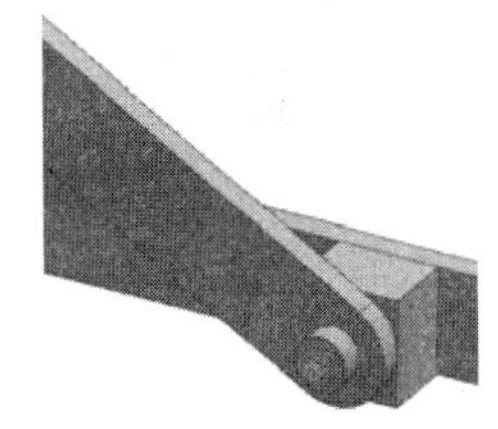

图 16-76　创建旋转副 3

❹单击“指定矢量”按钮，在绘图区选择运动体 B003 上的侧面，使 Z 轴平行于运动体 B004，如图 16-77 所示。

❺单击“运动副”对话框中的“确定”按钮，完成滑动副的创建，如图 16-78 所示。

至此完成运动体和运动副的创建，接下来对三连杆运动机构的运动进行动画分析。

08 创建解算方案。

❶单击“主页”选项卡中“解决方案”组→“解决方案”下拉菜单中的“解算方案”图标，打开“解算方案”对话框。

❷在“解算方案”对话框中输入“时间”为 8、“步数”为 800，如图 16-79 所示。

❸单击“解算方案”对话框在的“确定”按钮，完成解算方案的创建。

09 求解。单击“主页”选项卡“解算方案”组→“求解”下拉菜单中的“求解”图标，

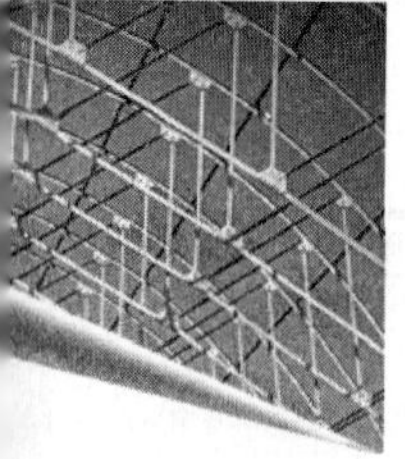

求解出当前解算方案的结果，如图 16-80 所示。

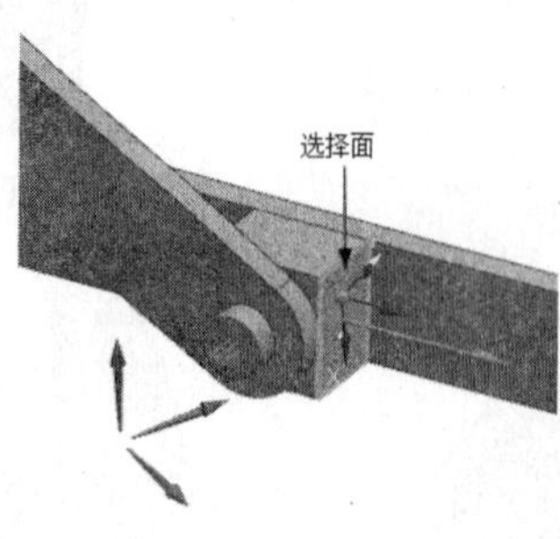

图 16-77　指定矢量

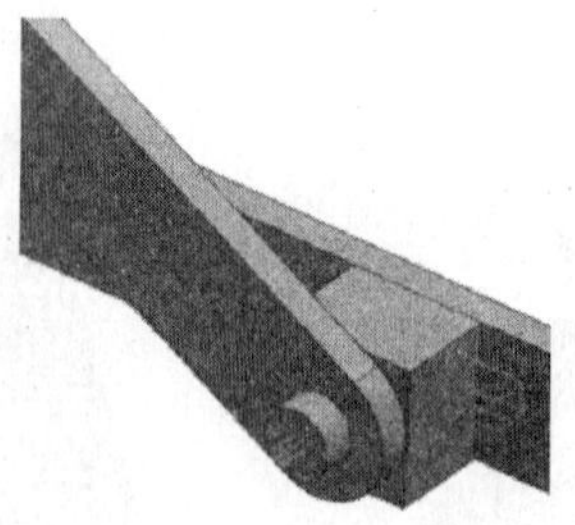

图 16-78　创建滑动副

10 动画分析。

❶单击“结果”选项卡“动画模拟播放器”组中的“播放”图标▷，播放动画，其过程如图 16-81 所示。

❷单击“结果”选项卡“动画模拟播放器”组中的“完成”图标，完成当前连杆滑块运动机构的动画分析。

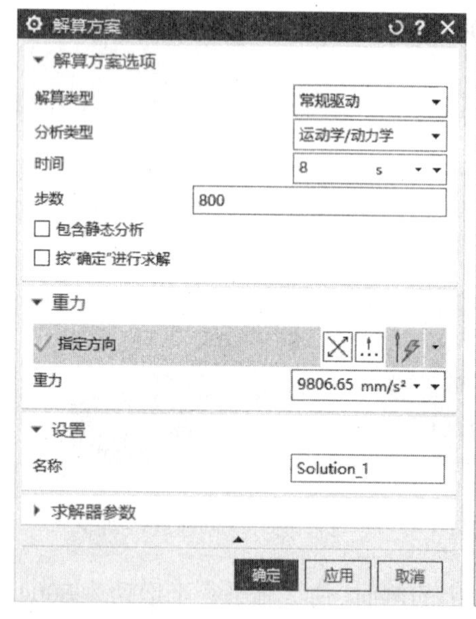

图 16-79　“解算方案”对话框

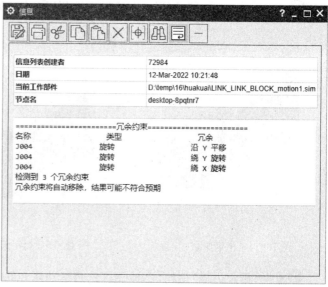

信息

信息列表创建者	72984
日期	12-Mar-2022 10:21:48
当前工作部件	D:\temp\16\huakuai\LINK_LINK_BLOCK_motion1.sim
节点名	desktop-8pqtnr7

========================冗余约束========================

名称	类型	冗余
J004	旋转	沿 Y 平移
J004	旋转	绕 Y 旋转
J004	旋转	绕 X 旋转

检测到 3 个冗余约束

冗余约束将自动移除，结果可能不符合预期

图 16-80　求解结果信息

16.11.2　阀门凸轮机构

制作思路

阀门凸轮机构通过凸轮的旋转运动使阀门进行周期性滑动。

01 进入运动仿真环境。

❶打开源文件/16/famen/valve_cam_sldasm.prt，阀门凸轮机构模型如图 16-82 所示。
❷单击“应用模块”选项卡“仿真”组中的“运动”图标，打开运动仿真界面。

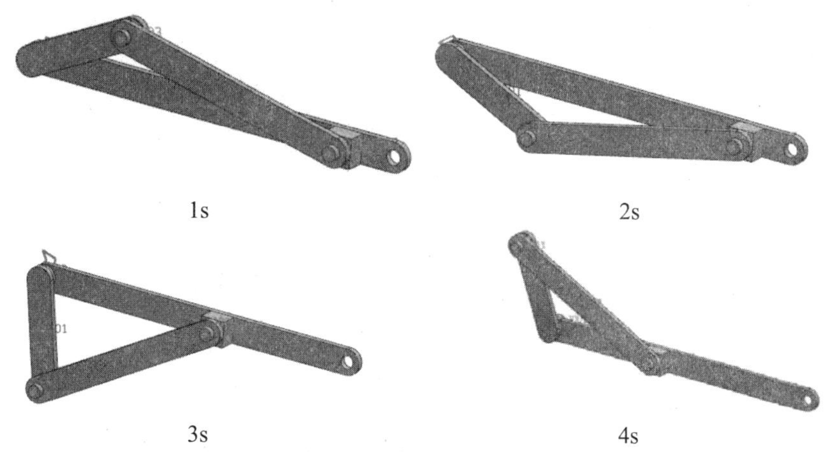

图 16-81　动画播放过程

02 新建仿真。

❶在资源导航器中选择“运动导航器”，鼠标右键单击“运动仿真”按钮，弹出如图 16-83 所示的快捷菜单，选择“新建仿真”选项，打开“新建仿真”对话框，单击“确定”按钮。

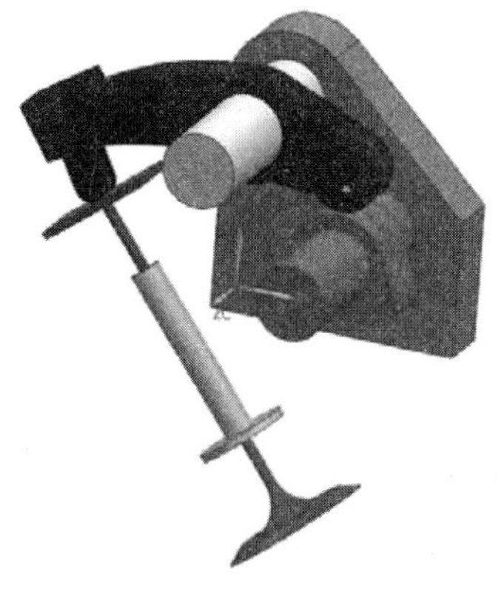
图 16-82　阀门凸轮机构模型

❷打开如图 16-84 所示的“环境”对话框。设置各参数之后，单击“确定”按钮，进入运动仿真环境。

03 创建运动体。

❶单击“主页”选项卡“机构”组中的“运动体”图标，打开“运动体”对话框，如图 16-85 所示。

❷单击“选择运动体对象”按钮，在绘图区选择凸轮及凸轮上的 4 条线为运动体 B001，单击“运动体”对话框中的“为选定的运动体对象计算和显示质量属性值”按钮，然后单击“应用”按钮，完成运动体 B001 的创建，如图 16-86 所示。

❸在绘图区选择摇杆轴、摇杆及摇杆上的两条线为运动体 B002，单击“应用”按钮，完

成运动体 B002 的创建，如图 16-87 所示。

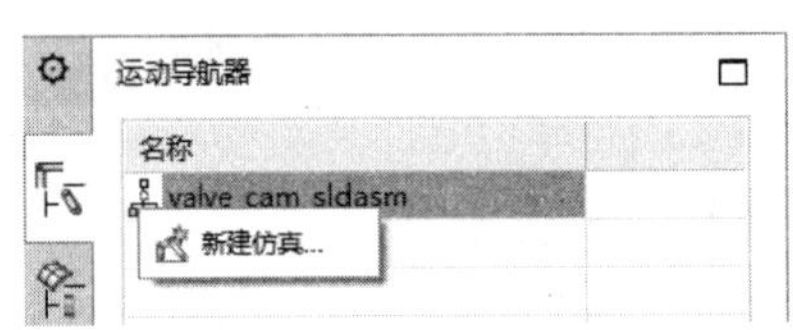

图 16-83　快捷菜单

图 16-84　“环境”对话框

图 16-85　“运动体”对话框

图 16-86　创建运动体 B001

❹在绘图区选择阀及其上的曲线为运动体 B003。单击“确定”按钮，完成运动体 B003 的创建，如图 16-88 所示。

04 创建旋转副 1。

❶单击“主页”选项卡“机构”组中的“运动副”图标，打开“运动副”对话框，选择“旋转副”类型，如图 16-89 所示。

❷在绘图区或“运动导航器”中选择运动体 B001。

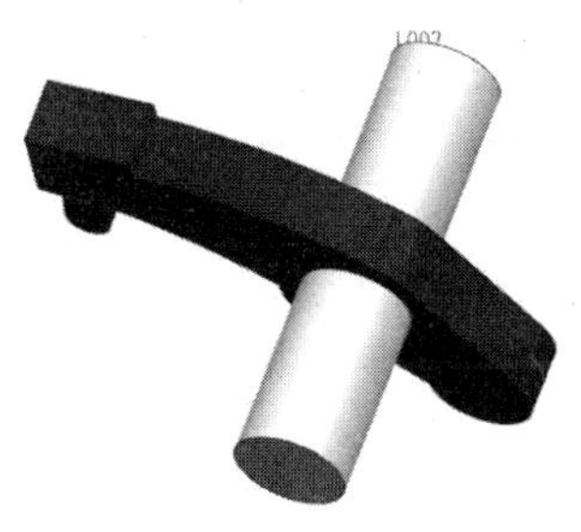

图 16-87　创建运动体 B002

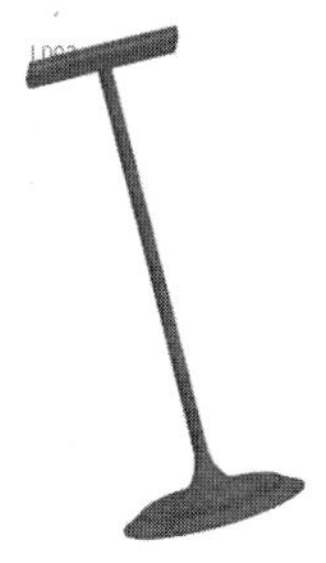

图 16-88　创建运动体 B003

❸单击“指定原点”按钮，在绘图区选择运动体 B001 圆心为原点，如图 16-90 所示。

图 16-89　“运动副”对话框

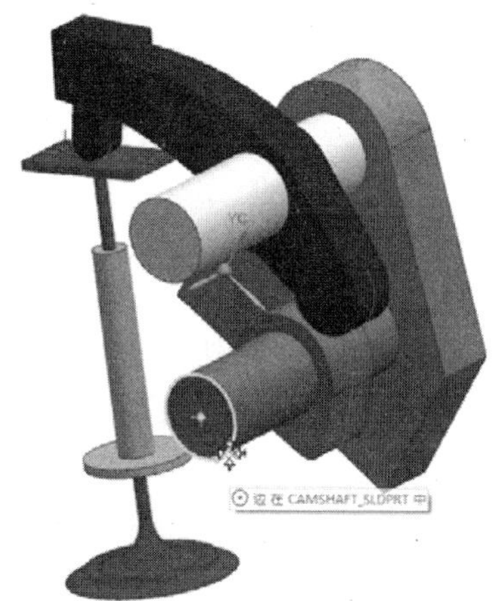

图 16-90　指定原点

❹单击“指定矢量”按钮，选择如图 16-91 所示面，使临时坐标系的 Z 轴指向面。

❺单击“驱动”标签，打开“驱动”选项卡，如图 16-92 所示。

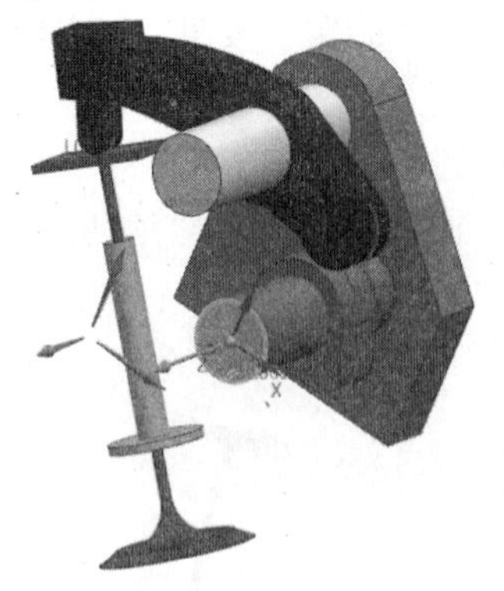

图 16-91　指定矢量

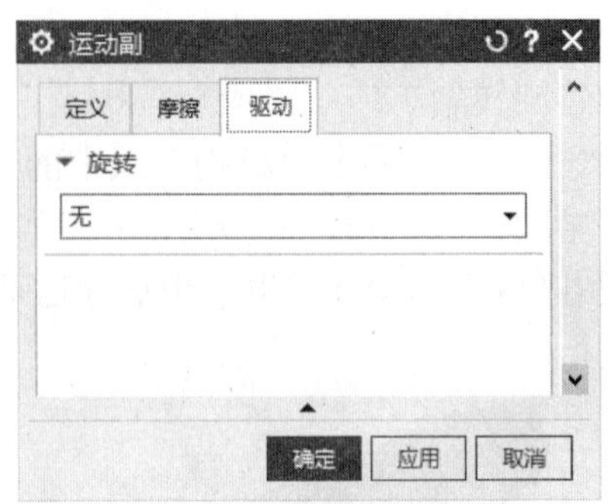

图 16-92　“驱动”选项卡

❻在“旋转”下拉列表中选择“多项式”类型，在“速度”文本框中输入 1800，如图 16-93 所示。单击“确定”按钮，完成旋转副 1 的创建，如图 16-94 所示。

05 创建旋转副 2。

❶单击“主页”选项卡“机构”组中的“运动副”图标，打开“运动副”对话框，选择“旋转副”类型。

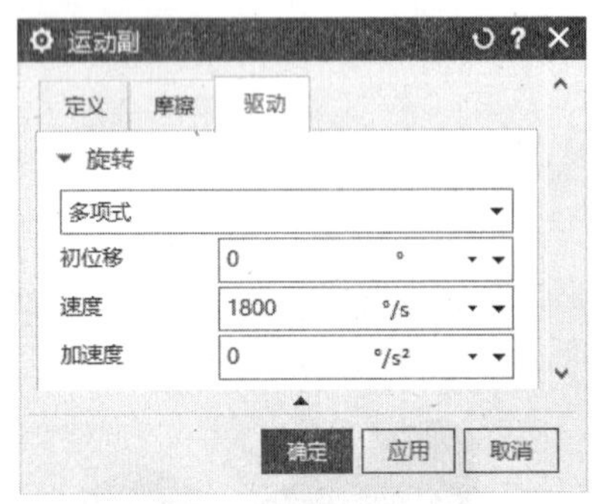

图 16-93　设置“驱动”选项卡

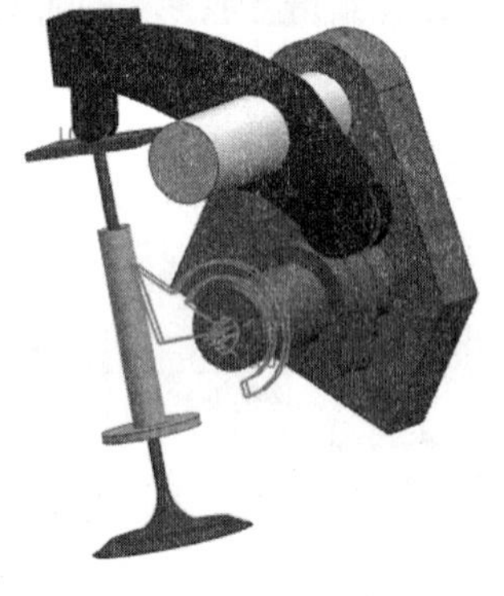

图 16-94　创建旋转副 1

❷在绘图区或“运动导航器”中选择运动体 B002。

❸单击“指定原点”按钮，在绘图区选择运动体 B002 左端圆心为原点，如图 16-95 所示。

❹单击“指定矢量”按钮，选择如图 16-96 所示的面，使临时坐标系的 Z 轴垂直于面。单击“确定”按钮，完成旋转副 2 的创建。

06 创建柱面副。

❶单击“主页”选项卡“机构”组中的“运动副”图标，打开“运动副”对话框。选择“柱面副”类型，如图 16-97 所示。

❷在绘图区或“运动导航器”中选择左侧气门杆 B003。

❸单击“指定原点”按钮。在绘图区选择运动体 B003 中任一点为原点。

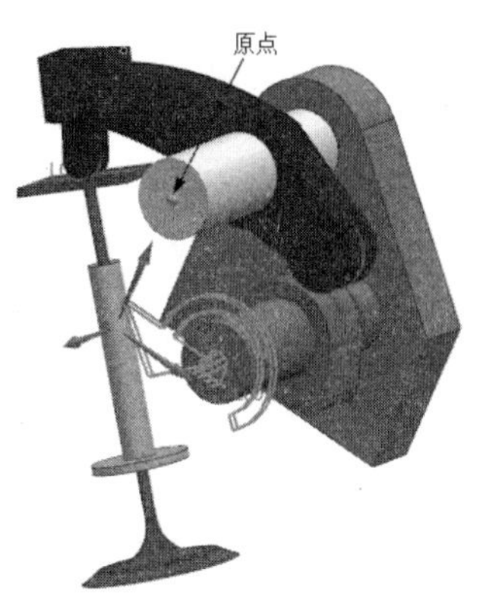

图 16-95　指定原点

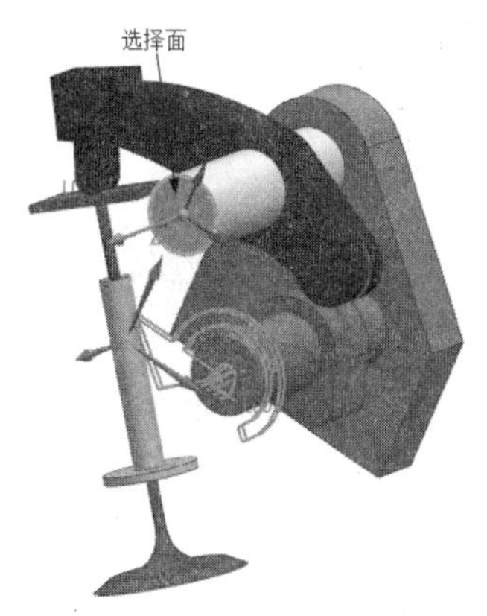

图 16-96　指定矢量

❹单击“指定矢量”按钮，选择阀杆的柱面，使临时坐标系的 Z 轴指向轴心，如图 16-98 所示。单击“确定”按钮，完成柱面副的创建，如图 16-99 所示。

这里需要为该运动机构模型创建两个约束：一个为线在线上副，另一个为点在线上副。

07 创建线在线上副。

图 16-97　“运动副”对话框

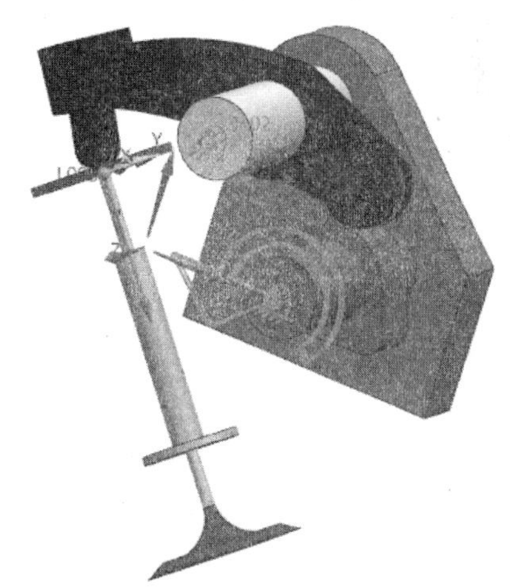

图 16-98　指定矢量

❶选择“菜单”→“插入”→“约束”→“线在线上副”命令，或单击“主页”选项卡“约束”组中的“线在线上副”图标，打开“线在线上副”对话框，如图 16-100 所示。

❷选择摇杆右侧的曲线为第一曲线集，选择运动体 B001 上的 4 条曲线为第二曲线集，如图 16-101 所示。

UG NX

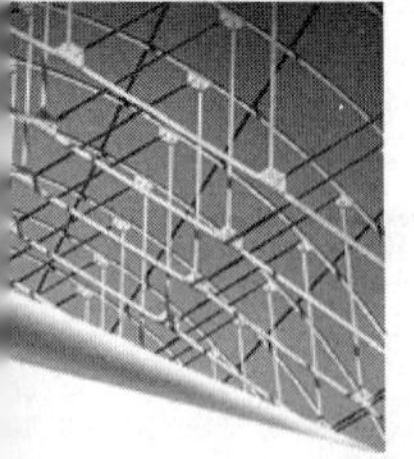

❸单击“确定”按钮，完成线在线上副的创建。

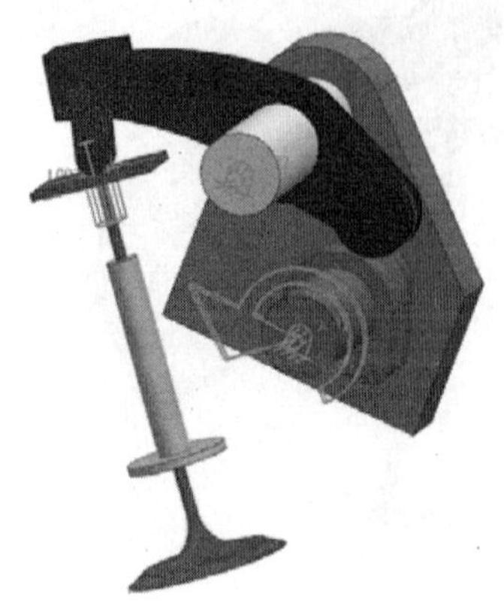

图 16-99　创建柱面副

图 16-100　“线在线上副”对话框

08 创建点在线上副。

❶选择“菜单”→“插入”→“约束”→“点在线上副”命令，或单击“主页”选项卡，选择“约束”组中的“点在线上副”图标，打开“点在线上副”对话框，如图 16-102 所示。

❷选择运动体 B003，然后选择阀杆上线段的中点，如图 16-103 所示。

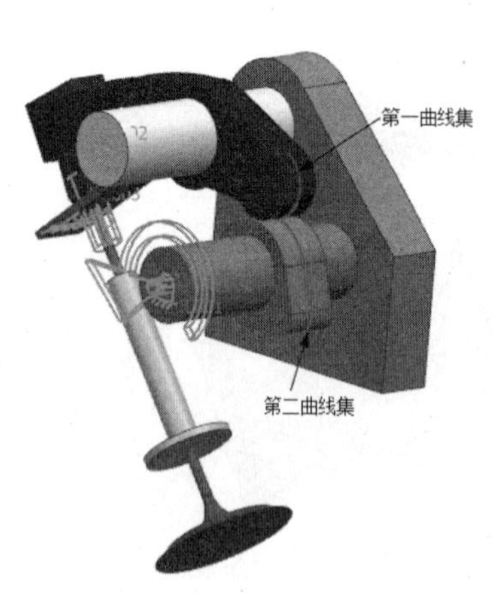

图 16-101　选择曲线集

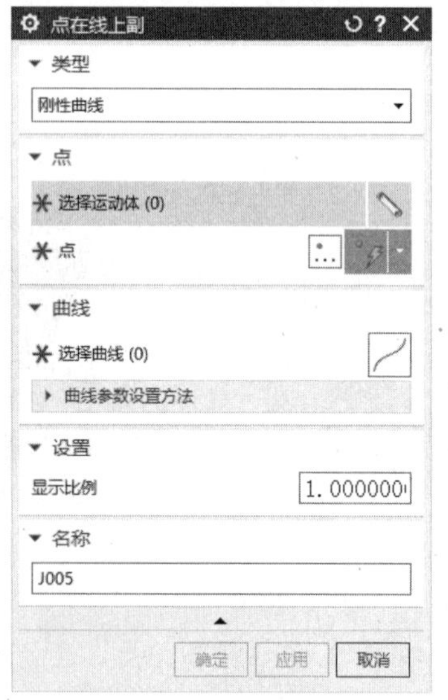

图 16-102　“点在线上副”对话框

图 16-103　选择点

❸在绘图区选择滑块左侧的曲线，如图 16-104 所示。单击“确定”按钮，完成点在曲线上的创建。创建完成后的“运动导航器”如图 16-105 所示。

完成运动体、运动副和约束的创建后，接下来对模型进行动画分析。

09 创建解算方案。

❶单击“主页”选项卡“解算方案”组→“解决方案”下拉菜单中的“解算方案”图标，打开“解算方案”对话框。

❷在“解算方案”对话框中输入“时间”为 4、“步数”为 1000，如图 16-106 所示。单击“确定”按钮，完成解算方案的创建。

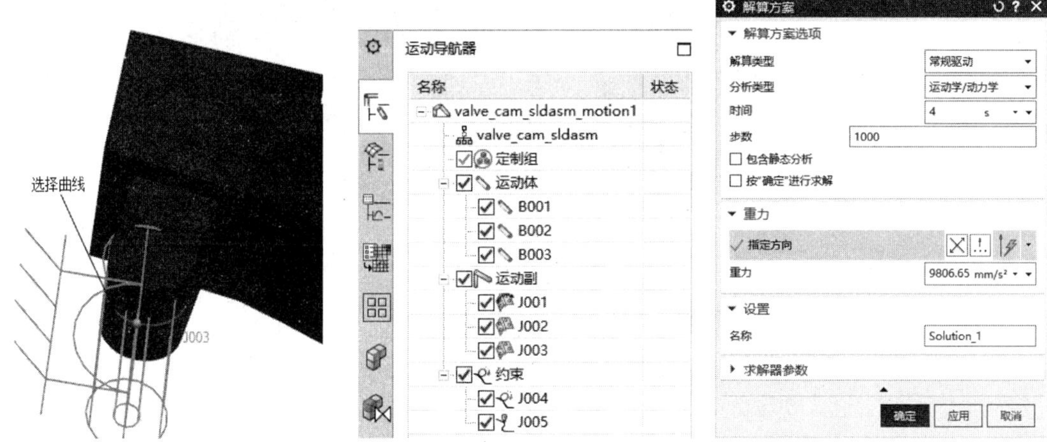

图 16-104　选择曲线　　图 16-105　运动导航器　　图 16-106　“解算方案”对话框

10 求解。单击“主页”选项卡中“解算方案”组→“求解”下拉菜单中的“求解”图标，在弹出的“信息”窗口中显示出求解当前解算方案的结果，如图 16-107 所示。

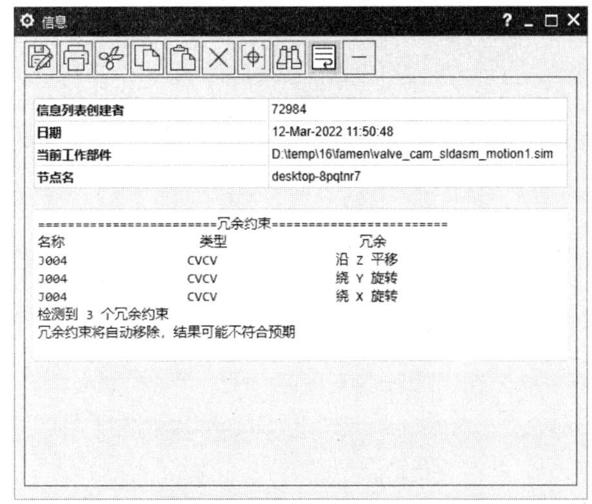

图 16-107　“信息”窗口

11 动画分析。

❶单击“结果”选项卡“动画模拟播放器”组中的“播放”图标，如图 16-108 所示。

❷单击“结果”选项卡“动画模拟播放器”组中的“完成”图标，完成阀门凸轮机构的动画分析。

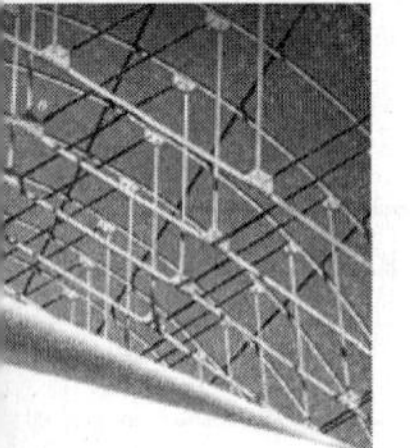

1.8s

2.7s

图 16-108 动画播放过程